UG NX 12.0 中文版钣金设计从入门到精通

胡仁喜　卢园　等编著

机 械 工 业 出 版 社

本书共 11 章，从 UG NX 12.0 钣金设计概述、钣金基础折弯、冲孔、切割、成形、拐角、转换、展平和高级钣金等方面，就钣金设计中所涉及的各个特征的创建方法和步骤进行了较为系统详细的介绍。为了使读者能够更快、更熟练地掌握 UG NX 12.0 的钣金设计技术，为工程设计带来更多的便利，编者在讲述特征命令的同时加以实例操作，并且在主要章节都配以综合实例。

附赠的电子资料包含全书实例源文件和实例操作过程动画教学文件，可以帮助读者更加形象直观地学习本书的知识和内容。通过本书的学习，能够使读者体会 UG NX 12.0 钣金的设计理念和技巧，迅速提高钣金设计能力。

图书在版编目（CIP）数据

UG NX 12.0中文版钣金设计从入门到精通/胡仁喜等编著. —4版.
—北京：机械工业出版社，2019.10（2025.1重印）
ISBN 978-7-111-63603-8

Ⅰ.①U… Ⅱ.①胡… Ⅲ.①钣金工—计算机辅助设计—应用软件 Ⅳ.①TG382-39

中国版本图书馆CIP数据核字（2019）第195270号

机械工业出版社（北京市百万庄大街22号 邮政编码 100037）
责任编辑：曲彩云 责任校对：刘秀华 责任印制：常天培
固安县铭成印刷有限公司印刷
2025年1月第4版第2次印刷
184mm×260mm · 22印张 · 541千字
标准书号：ISBN 978-7-111-63603-8
定价：80.00元

电话服务	网络服务
客服电话：010-88361066	机 工 官 网：www.cmpbook.com
010-88379833	机 工 官 博：weibo.com/cmp1952
010-68326294	金 书 网：www.golden-book.com
封底无防伪标均为盗版	机工教育服务网：www.cmpedu.com

前　言

由于钣金件具有广泛用途，UG NX 12.0 中文版设置了钣金设计模块，专门用于钣金的设计工作。将 UG NX 12.0 软件应用到钣金件的设计制造中，可以使钣金件的设计非常快捷，制造装配效率得以显著提高。UG NX 12.0 钣金设计模块基于实体和特征的方法来定义钣金件。UG NX 12.0 钣金设计模块采用特征造型技术，可以建立一个既反映钣金件特点，又能满足 CAD/CAM 系统要求的钣金件模型。它除了提供钣金件的完整信息模型外，还可以较好地解决现有的一些几何造型设计存在的问题。

本书共 11 章，第 1 章 UG NX 12.0 钣金设计概述；第 2 章 UG NX 12.0 钣金基础；第 3 章折弯，介绍了弯边、轮廓弯边、放样弯边、二次折弯、折弯以及折边弯边特征的创建；第 4 章冲孔，介绍了冲压开孔、凹坑、百叶窗、筋、实体冲压以及加固板特征的创建；第 5 章切割，介绍了法向开孔和折弯拔锥特征的创建；第 6 章成形，介绍了伸直和重新折弯特征的创建；第 7 章拐角，介绍了封闭拐角、倒角、三折弯角和倒斜角特征的创建；第 8 章转换，介绍了撕边和转换为钣金件特征的创建；第 9 章展平，介绍了展平实体、展平图样和导出展平图样特征的创建；第 10 章 UG NX 12.0 高级钣金，介绍了高级弯边、桥接折弯及钣金成形特征的创建；第 11 章消毒柜综合实例，介绍了消毒柜各个零件的创建以及装配。为了使读者能够更快、更熟练地掌握 UG NX 12.0 的钣金设计技术，为工程设计带来更多的便利，编者在讲述特征命令的同时加以实例说明，并且在主要章节都配以综合实例。

随书附赠电子资料包含全书实例源文件和实例操作过程动画教学文件，可以帮助读者更加形象直观地学习本书的知识和内容。通过本书的学习，能够使读者体会 UG NX 12.0 钣金的设计理念和技巧，迅速提高钣金设计能力。读者可以通过登录百度网盘（地址：https://pan.baidu.com/s/1pMLK4qv）下载本书电子资料，密码：bzea（如果读者没有百度网盘，可以提前免费注册一个）。

本书由胡仁喜、卢园、康士廷、王敏、王玮、孟培、王艳池、闫聪聪、王培合、王义发、王玉秋、杨雪静、孙立明、甘勤涛、路纯红、阳平华、李亚莉、张俊生、李鹏、周冰、董伟、李瑞、王渊峰编写。由于编者水平有限，书中难免出现疏漏，希望广大读者登录网站 www.sjzswsw.com 或发邮件至 win760520@126.com 批评指正，也可以 QQ 群 811016724 交流讨论。

编　者

目 录

第 1 章

UG NX 12.0 钣金设计概述

本章将简单介绍 UG NX 12.0 钣金的相关基础知识，包括钣金设计概述及钣金流程等内容。通过本章的学习，读者将对钣金设计有初步的了解。

重点与难点

- 钣金设计概述
- UG NX 12.0 钣金设计概述
- UG NX 12.0 钣金流程

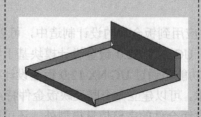

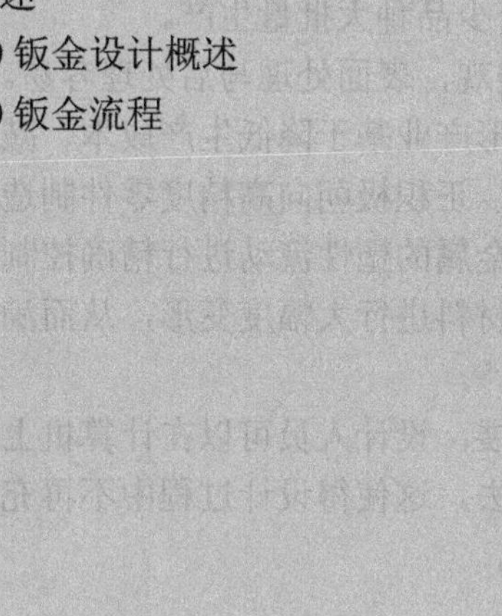

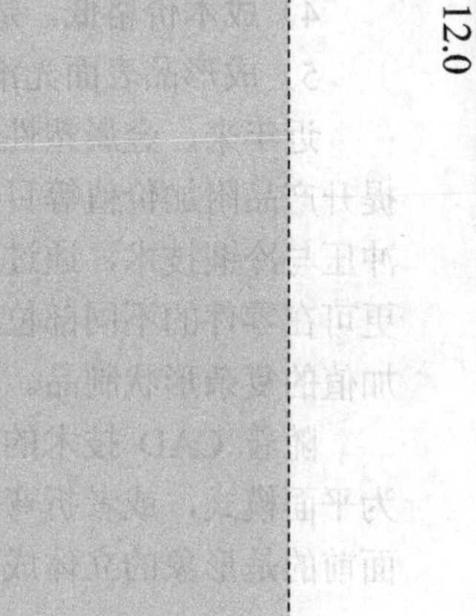

1.1 钣金设计概述

钣金件在工业界一直扮演着非常重要的角色，不论是家用电器行业、汽车行业，还是电子产品行业等都大量使用钣金件。钣金件与人们的日常生活密不可分。

简单地说，钣金就是厚度均匀的金属薄板，通过剪床、折床和压力机将二维的薄板加工成立体形状，利用点焊或螺钉、铆钉将其组合起来构成最后的成品。

常见钣金加工的定义有以下几种表述形式：

钣金加工指利用金属的可塑性，将薄金属板做成各种零件的加工。

钣金加工是使用在常温时材质柔软且延展性大的软钢板、铜板、铝板以及铝合金板等材料，利用各种钣金加工机械和工具，施以各种加工方法制造各种各样形状的零件。

钣金件是钣金设计的主体部分，通常可分为平板类零件、弯曲类零件和曲面成形类零件等。

运用钣金成形加工法则来设计产品有以下几个特点：

1）成形加工容易，且有利于复杂成形品的加工。

2）产品有薄壁中空特征，所以重量轻且坚固。

3）零件组装便利。

4）成本价格低，适合少品种大批量生产。

5）成形品表面光滑美观，表面处理与后处理容易。

近年来，金属塑性成形产业基于降低生产成本、减轻产品重量、简化零件设计与制造及提升产品附加价值等目的，正积极朝向高精度零件制造技术发展，先进国家已有非常成熟的冲压与冷锻技术，通过对金属的塑性流动进行精确控制的手段，不仅可提升产品尺寸精度，更可在零件的不同部位对材料进行大幅度变形，从而满足不同厚度尺寸的需求，加工出高附加值的复杂形状制品。

随着 CAD 技术的发展，设计人员可以在计算机上创建钣金件的多视图，随时可以展开为平面模式，或者折弯回去，这使得设计过程中不再充满繁杂的平面线段，呈现在设计人员面前的是形象的立体成品。

1.2 UG NX 12.0 钣金设计模块

将 UG NX 12.0 软件应用到钣金件的设计制造中，可以使钣金件的设计非常快捷，制造、装配效率得以显著提高。UG NX 12.0 钣金设计模块基于实体和特征的方法来定义钣金件。UG NX 12.0 钣金设计的功能是通过 UG NX 12.0 钣金设计模块来实现的。UG NX 12.0 钣金设计模块采用特征造型技术，可以建立一个既反映钣金件特点又能满足 CAD/CAM 系统要求的钣金件模型。它除了提供钣金件的完整信息模型外，还可以较好地解决现有的一些几何造型设计中难以解决的问题。

图 1-1 所示为利用 UG NX 12.0 钣金模块设计的钣金件。

UG NX 12.0 钣金模块设计的特点：

1）高效地实现钣金弯边、桥接、冲压、裁剪和创建钣金孔、槽等特征。

2）指定明确的特征属性和标准检查。

3）实现动态的钣金模型状态。

4）多层平面展开的生成、注释和更新功能。

5）通过自定义特征编辑和修整钣金件的功能。

6）钣金件的平面展开。

7）显示钣金弯边设计的次序和成形表面信息的功能。

8）可同时使用建模和钣金特征进行钣金设计。

图 1-1　利用 UG NX 12.0 钣金模块设计的钣金件

1.3　UG NX 12.0 钣金设计流程

1）设置钣金属性的默认值。

2）草绘基本特征形状，或者选择已有的草图。

3）创建基本特征（常用突出块特征）。创建钣金件的典型工作流程首先是创建基本特征。基本特征是要创建的第一个特征，即定义典型的零件形状。在 UG NX 12.0 钣金模块中，常使用标签特征来创建基本特征，也可以使用轮廓弯边和放样弯边来创建基本特征。

4）添加特征，如弯边、二次折弯和使用折弯进一步定义已经成形的钣金件的基本特征。

在创建了基本特征之后，使用 UG NX 12.0 钣金命令和成形特征命令来完成钣金件的设计。这些命令有弯边、二次折弯、折弯、裁剪、孔和腔体等。

5）根据需要采用伸直、在钣金件上添加孔、法向开孔、实体冲压、筋和百叶窗等特征。

6）重新折弯展开的折弯面来完成钣金件的设计。

7）生成零件平板实体。平板实体在时间次序表总是放在最后。每当有新特征添加到父特征上时，将平板实体都放在最后，通过更新父特征来进行更改。

第2章

UG NX 12.0 钣金基础

本章主要介绍如何进入 UG NX 12.0 钣金界面，如何进行钣金首选项设置，并通过一个综合实例使读者对钣金设计有个大体了解。

重点与难点

- UG NX 12.0 钣金界面
- 钣金首选项
- 突出块

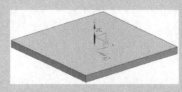

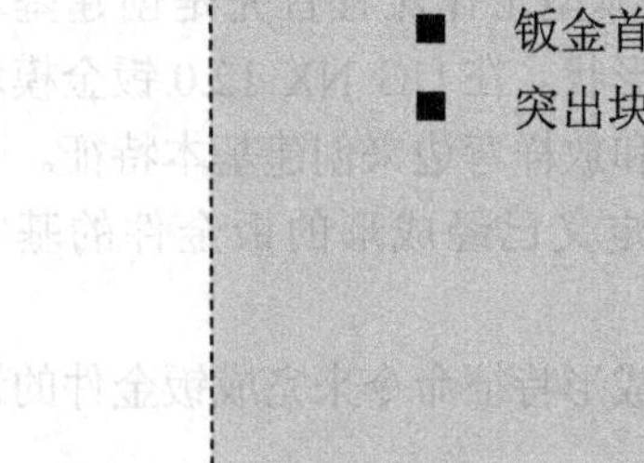

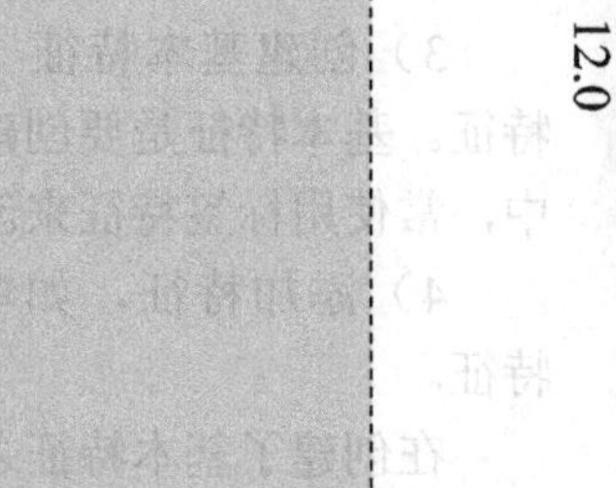

2.1　UG NX 12.0 钣金界面

2.1.1　进入钣金界面

进入 UG NX 12.0 钣金界面有两种方法。

方法一：选择“菜单(M)”→“文件(F)”→“新建(N)...”选项，或者单击“主页”功能区中的“新建”按钮，弹出如图 2-1 所示的“新建”对话框。在“模型”选项卡中选择“NX 钣金”选项，输入新的文件名，指定文件路径，单击“确定”按钮，进入 UG NX 12.0 钣金设计环境，如图 2-2 所示。

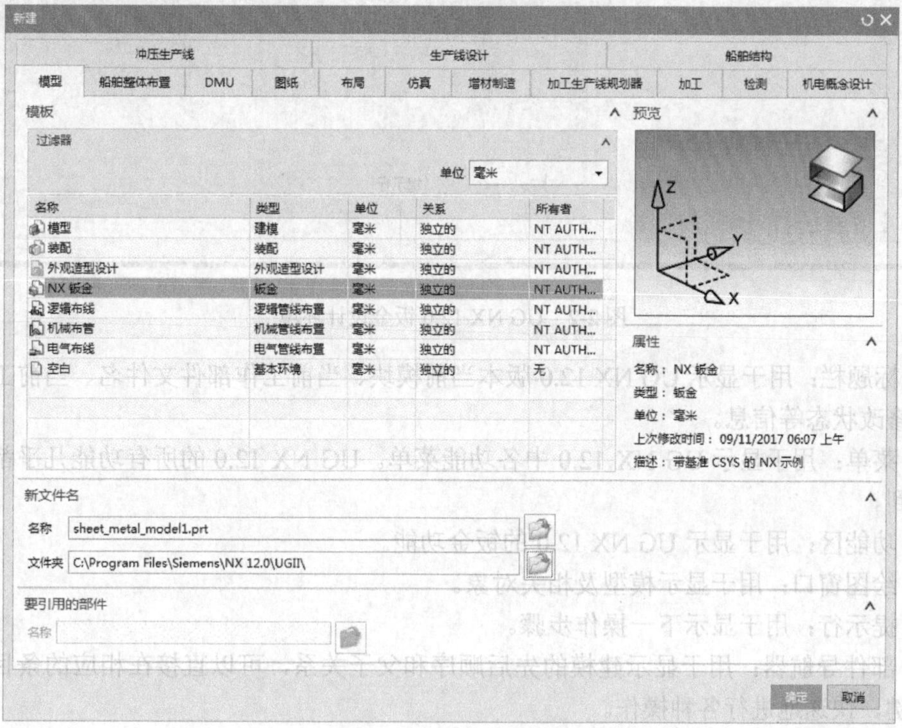

图 2-1　“新建”对话框

方法二：在其他设计环境中，单击“应用模块”功能区“设计”面组中的“钣金”按钮，切换到 UG NX 12.0 钣金设计环境，如图 2-2 所示。

2.1.2　钣金界面介绍

UG NX 12.0 在界面上倾向于 Windows 8 风格，功能强大，设计友好。在创建一个部件

文件后，进入 UG NX 12.0 的钣金设计环境，如图 2-2 所示。

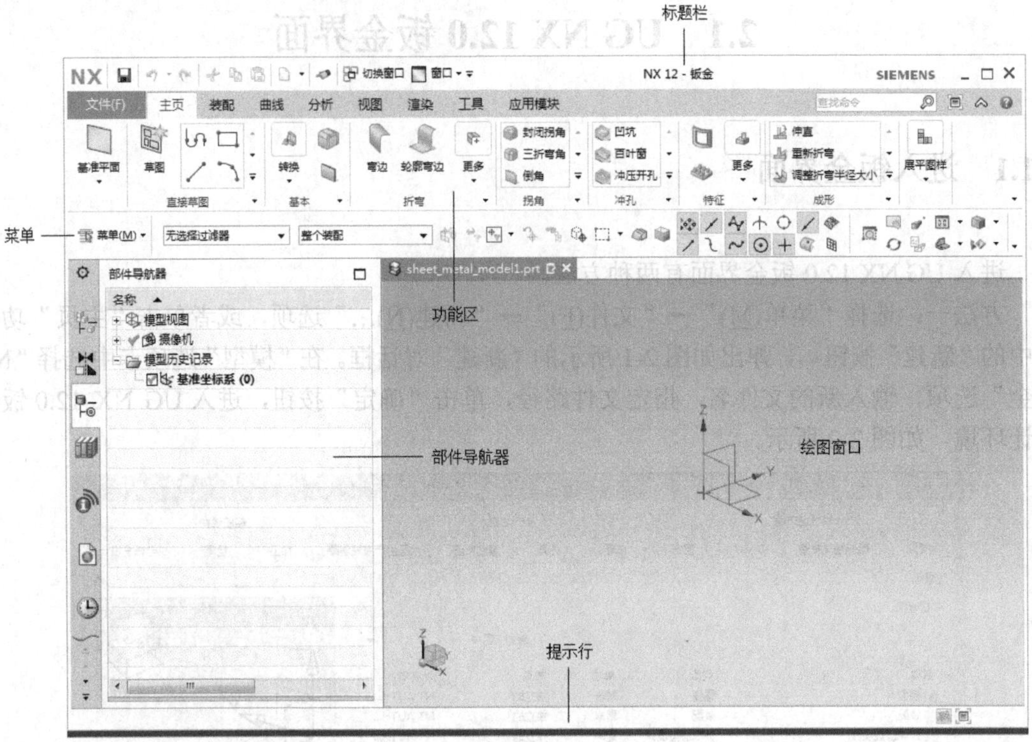

图 2-2　UG NX 12.0 钣金设计环境

1）标题栏：用于显示 UG NX 12.0 版本当前模块、当前工作部件文件名、当前工作部件文件的修改状态等信息。

2）菜单：用于显示 UG NX 12.0 中各功能菜单。UG NX 12.0 的所有功能几乎都能在菜单上找到。

3）功能区：用于显示 UG NX 12.0 的钣金功能。

4）绘图窗口：用于显示模型及相关对象。

5）提示行：用于显示下一操作步骤。

6）部件导航器：用于显示建模的先后顺序和父子关系，可以直接在相应的条目上单击鼠标右键，快速地进行各种操作。

2.2　钣金首选项

钣金应用提供了材料厚度、折弯半径和折弯让位槽等默认属性设置，也可以根据需要更改这些设置。在钣金设计环境中，选择“菜单(M)”→“首选项(P)”→“钣金(H)...”选项，弹出如图 2-3 所示的“钣金首选项”对话框。在该对话框中可以改变钣金的默认设置项。默认设置项包括部件属性、展平图样处理、展平图样显示、钣金验证、标注配置、榫接和突出块曲线 7 个选项。

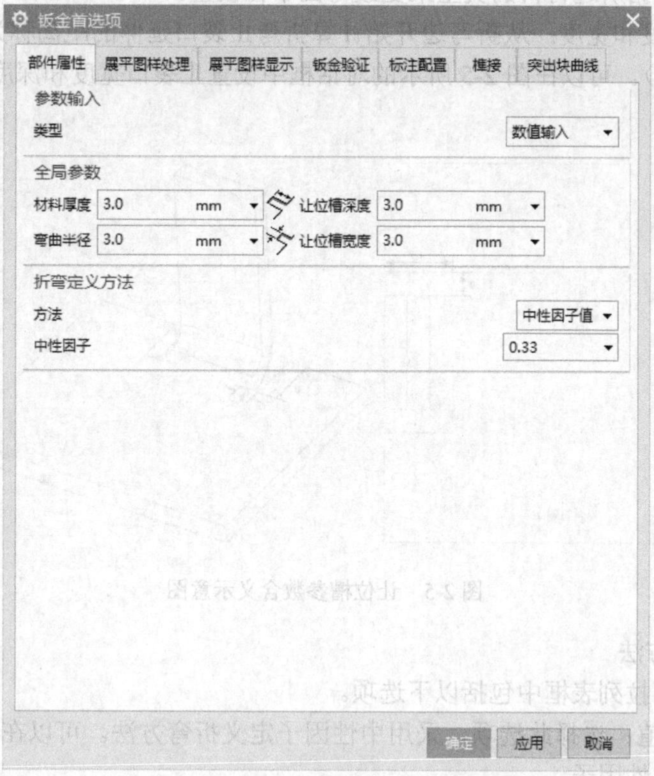

图 2-3　“钣金首选项”对话框

2.2.1　部件属性

1. 参数输入

用于确定钣金折弯的定义方式。其下拉列表框中包括以下选项。

1）数值输入：选择此选项，在折弯定义方法中输入钣金折弯参数。

2）材料选择：选择此选项，激活“选择材料”按钮。单击此按钮，弹出如图 2-4 所示的“选择材料”对话框。在该对话框中选择一种材料来定义钣金折弯参数。

3）刀具 ID 选择：通过材料表文件中定义的工具表指定全局参数。

2. 全局参数

1）材料厚度：钣金件默认厚度。可以在图 2-3 所示的对话框中设置材料厚度。

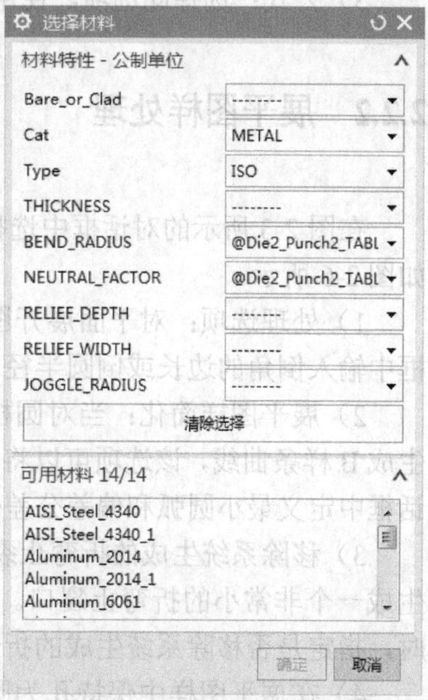

图 2-4　“选择材料”对话框

UG NX 12.0

2）弯曲半径：折弯默认半径（基于折弯时发生断裂的最小极限来定义）。在图 2-3 所示的对话框中可以根据所选材料的类型来更改弯曲半径设置。

3）让位槽深度和宽度：从折弯边开始计算折弯止裂口延伸的距离称为折弯深度（*D*），跨度称为宽度（*W*）。可以在图 2-5 所示的对话框中设置止裂口宽度和深度，其含义如图 2-5 所示。

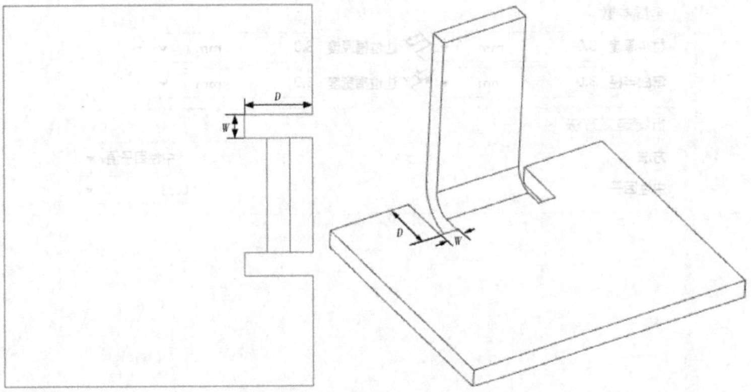

图 2-5　让位槽参数含义示意图

3. 折弯定义方法

在“方法”下拉列表框中包括以下选项。

1）中性因子值：选择此选项，采用中性因子定义折弯方法。可以在其文本框中输入数值以定义折弯的中性因子。

2）折弯表：选择此选项，在创建钣金折弯时可使用折弯表来定义折弯参数。

3）公式：选择此选项，使用半径公式来确定折弯参数。

2.2.2　展平图样处理

在图 2-3 所示的对话框中选择“展平图样处理”选项卡，可以设置平面展开图处理参数，如图 2-6 所示。

1）处理选项：对平面展开图的内拐角和外拐角进行倒角和倒圆。可以在其右侧的文本框中输入倒角的边长或倒圆半径。

2）展平图样简化：当对圆柱表面或折弯线上具有裁剪特征的钣金件进行平面展开时，生成 B 样条曲线，该选项可以将 B 样条曲线转化为简单直线和圆弧。可以在图 2-6 所示的对话框中定义最小圆弧和偏差公差值。

3）移除系统生成的折弯止裂口：当创建没有止裂口的封闭拐角时，系统在 8-D 模型上生成一个非常小的折弯止裂口。当在图 2-6 所示的对话框中设置在定义平面上展开图实体时，指定是否移除系统生成的折弯止裂口。

4）在展平图样中保持孔为圆形：勾选此复选框，在平面展开图中保持折弯曲面上的孔为圆形。

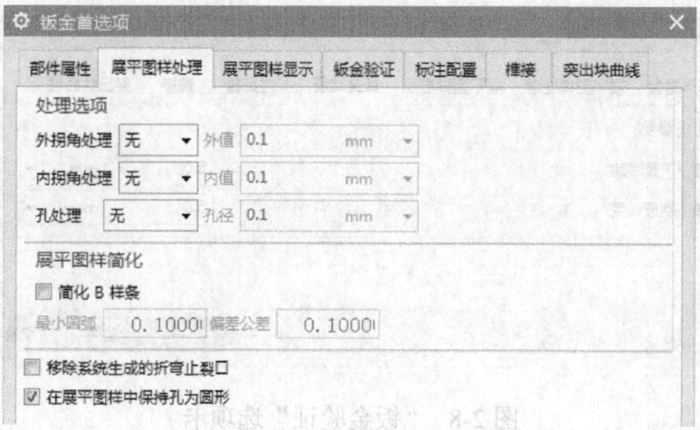

图 2-6　“展平图样处理”选项卡

2.2.3　展平图样显示

在图 2-3 所示的“钣金首选项”对话框中选择“展平图样显示”选项卡，可以设置平面展开图显示参数，如图 2-7 所示。包括各种曲线的显示颜色、线性、线宽和标注。

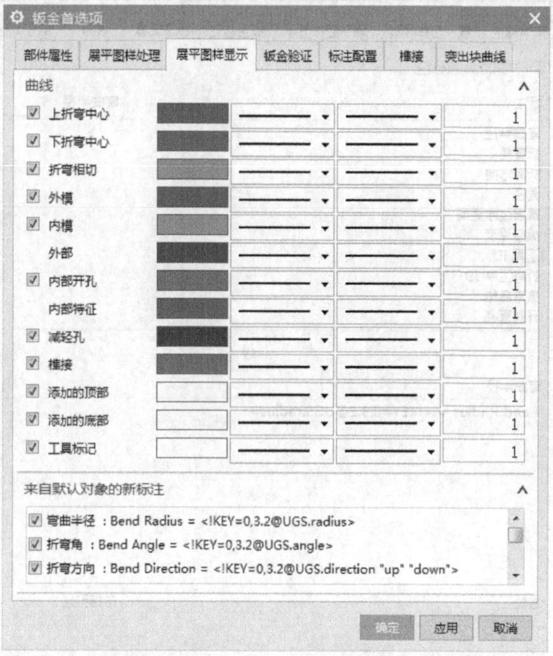

图 2-7　“展平图样显示”选项卡

2.2.4　钣金验证

在图 2-3 所示的对话框中选择“钣金验证”选项卡，可以在其中设置钣金件的验证参数，包括最小工具间隙和最小腹板长度，如图 2-8 所示。

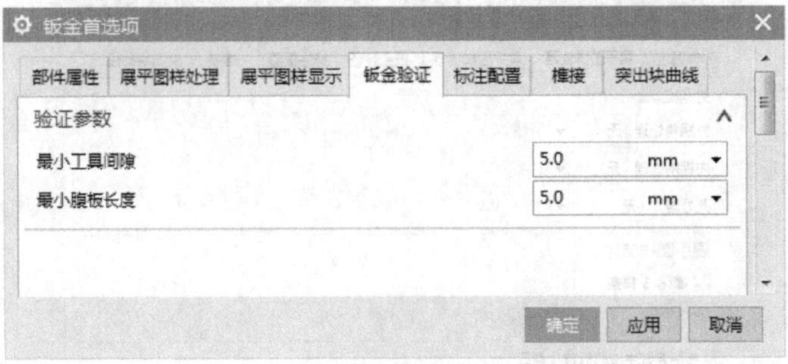

图 2-8 “钣金验证”选项卡

2.2.5 标注配置

在图 2-3 所示的对话框中选择“标注配置”选项卡，可以在其中设置钣金件中的当前标注，包括弯曲半径、折弯角、折弯方向和孔径等，如图 2-9 所示。

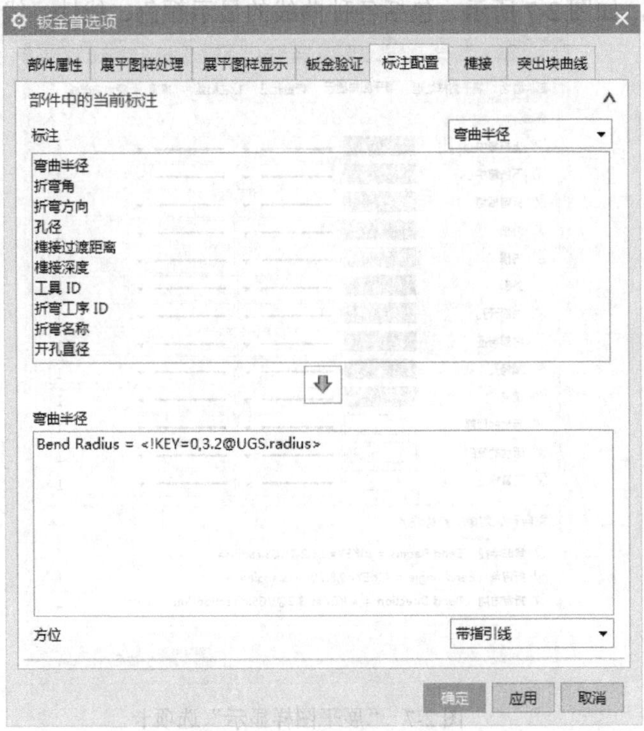

图 2-9 “标注配置”选项卡

2.2.6 榫接

在图 2-3 所示的对话框中选择“榫接”选项卡，可以在其中设置榫接属性参数和榫接补偿参数，如图 2-10 所示。

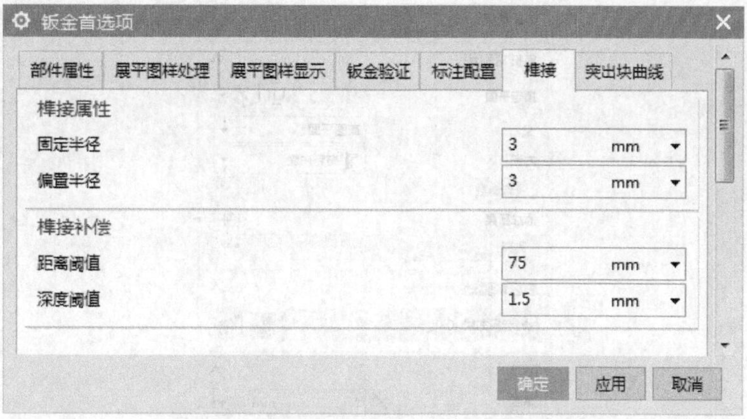

图 2-10　“榫接”选项卡

2.2.7　突出块曲线

在图 2-3 所示的对话框中选择“突出块曲线”选项卡，可以在其中设置折弯中心曲线和折弯相切曲线的颜色、线型和线宽，如图 2-11 所示。

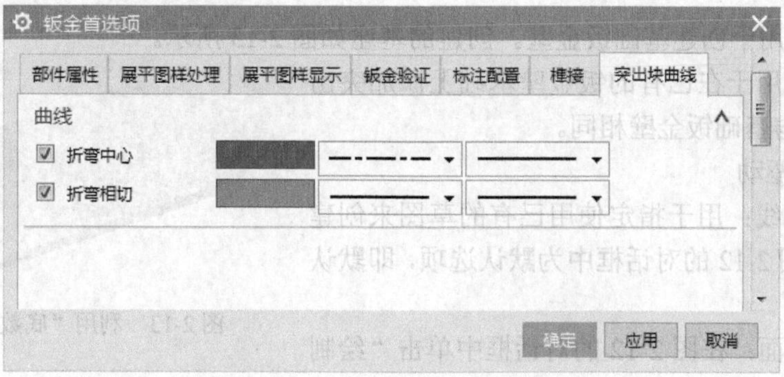

图 2-11　“突出块曲线”选项卡

2.3　突出块特征

“突出块”命令可以使用封闭轮廓创建任意形状的扁平特征。

突出块是在钣金件上创建平板特征，可以使用该命令来创建基本特征，或者在已有钣金件的表面添加材料。

选择“菜单(M)”→“插入(S)”→“突出块(B)...”选项，或者单击“主页”功能区“基本”面组中的“突出块”按钮，弹出如图 2-12 所示的“突出块”对话框。

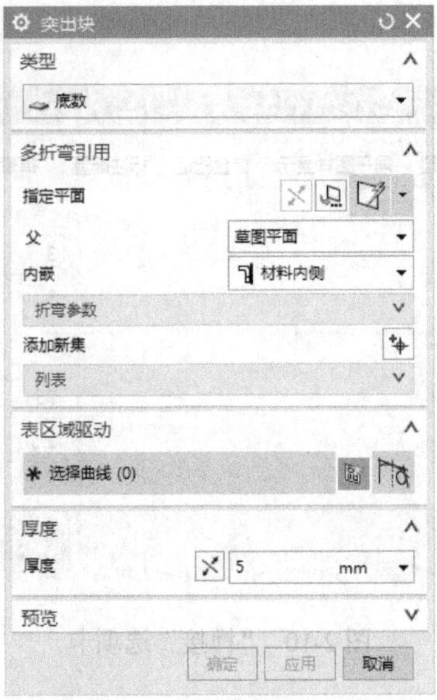

图 2-12 “突出块”对话框

2.3.1 选项及参数

1. 类型

1）底数：用于创建基础钣金壁。创建的基座如图 2-13 所示。

2）次要：用于在已有的钣金壁基础上添加突出块，使其壁厚与基础钣金壁相同。

图 2-13 利用“底数”创建基座

2. 表区域驱动

1）选择曲线：用于指定使用已有的草图来创建平板特征。在图 2-12 的对话框中为默认选项，即默认选择按钮。

2）绘制截面：在图 2-12 的对话框中单击“绘制截面”按钮，可以通过在参考平面上绘制草图来创建平板特征。

3. 厚度

1）厚度：用于指定平板的厚度。

2）反向：在图 2-12 所示的对话框中单击按钮，可以切换基本突出块特征的拉伸方向，与在绘图窗口中更改拉伸方向功能相同。

2.3.2 实例——创建基本突出块特征

1. 创建钣金文件

选择“菜单(M)”→“文件(F)”→“新建(N)...”选项，或者单击“主页”功能区中的“新建”按钮，弹出“新建”对话框，如图 2-14 所示。在“模型”选项卡中选择“NX 钣金”选项。在“名称”文本框中输入 tuchukuai，单击“确定”按钮，进入 UG NX 12.0 钣金设计环境。

2. 预设置 NX 钣金参数

选择“菜单(M)”→“首选项(P)”→“钣金(H)...”选项，弹出如图 2-15 所示的“钣金首选项”对话框。设置“材料厚度”为 3，“弯曲半径”为 3，“让位槽深度”和“让位槽宽度”均为 3，“中性因子”为 0.33，其他参数采用默认设置。

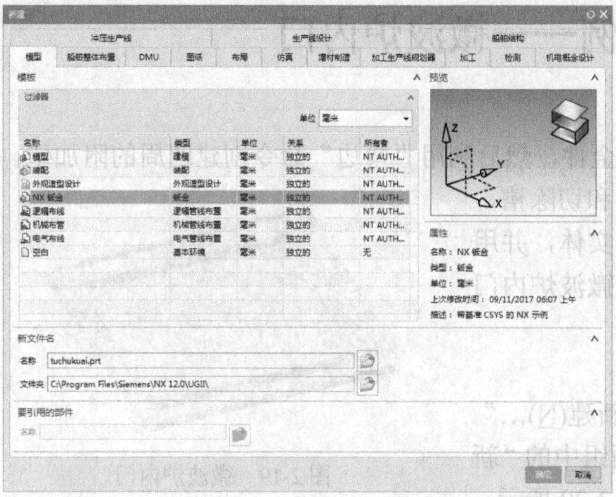

图 2-14 “新建”对话框

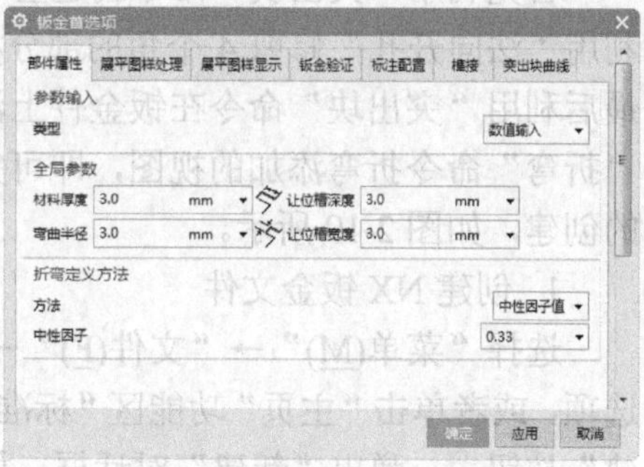

图 2-15 “钣金首选项”对话框

3. 创建基本突出块特征

1）选择“菜单(M)”→“插入(S)”→“突出块(B)...”选项，或者单击“主页”功能区“基本”面组中的“突出块”按钮，弹出如图 2-16 所示“突出块”对话框。

2）单击“绘制截面”按钮，选择 XC-YC 平面为草图绘制面，绘制轮廓草图，如图 2-17 所示。单击“完成”按钮，草图绘制完毕。

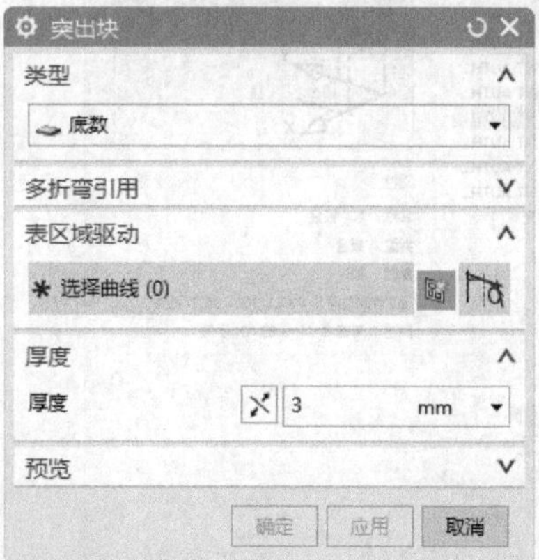

图 2-16 “突出块”对话框

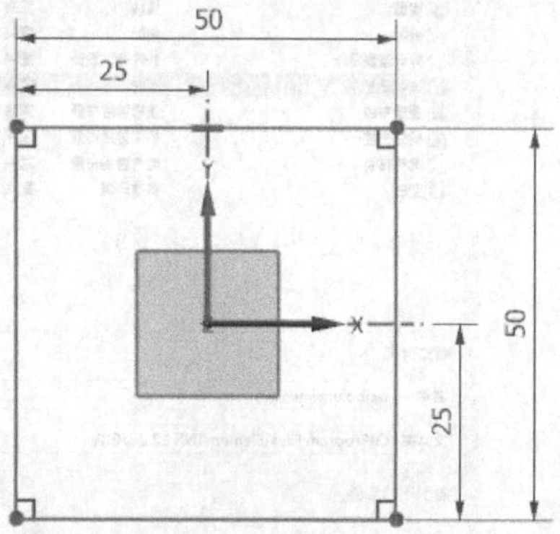

图 2-17 绘制轮廓草图

3）在“突出块”对话框中单击“确定”按钮，创建基本突出块特征，如图 2-18 所示。

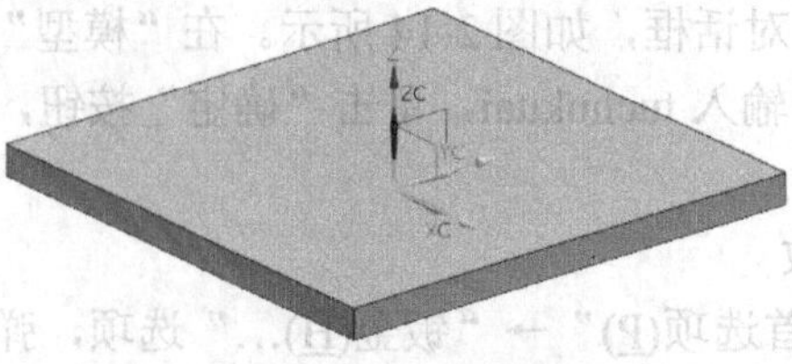

图 2-18　创建基本突出块特征

2.4　综合实例——微波炉内门

首先利用“突出块”命令创建基本钣金件，然后利用“弯边”命令创建四周的附加壁，利用“法向开孔”修剪 4 个角的部分材料和切除槽，最后利用“突出块”命令在钣金件上添加实体，并用“折弯”命令折弯添加的视图，即可完成微波炉内门的创建，如图 2-19 所示。

图 2-19　微波炉内门

1. 创建 NX 钣金文件

选择“菜单(M)”→“文件(F)”→“新建(N)…”选项，或者单击“主页”功能区“标准”面组中的“新建”按钮，弹出“新建”对话框，如图 2-20 所示。在“名称”文本框中输入 weiboluneimen，在“文件夹”文本框中输入非中文保存路径，单击“确定”按钮，进入 UG NX 12.0 钣金设计环境。

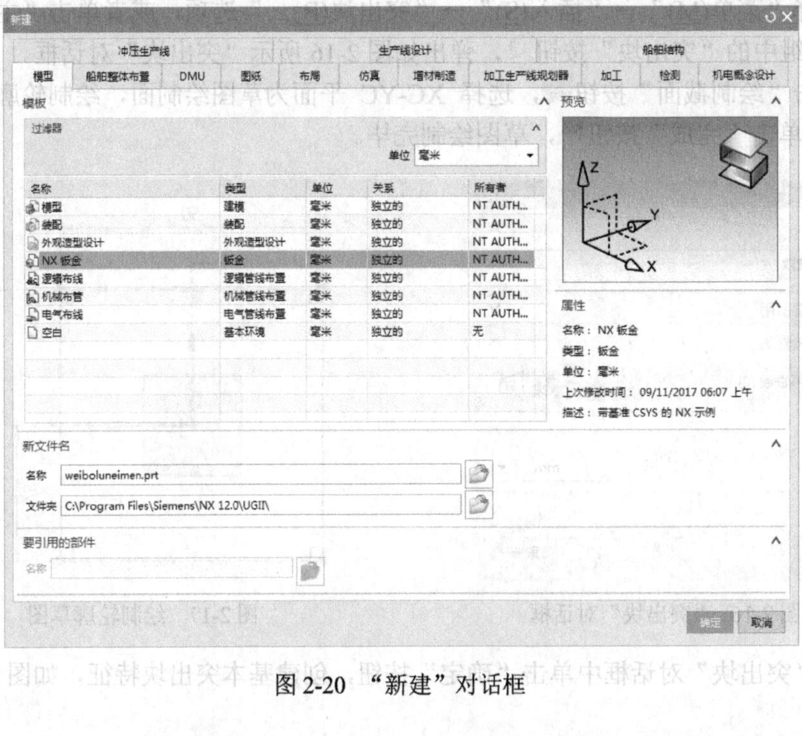

图 2-20　“新建”对话框

2. 钣金参数预设置

选择“菜单(M)”→“首选项(P)”→“钣金(H)…”选项，弹出如图 2-21 所示的“钣金首选项”对话框。设置“全局参数”列表框中的“材料厚度”为 0.6，“弯曲半径”为 0.6，“让位槽深度”和“让位槽宽度”都为 1，选择“折弯定义方法”选项组“方法”下拉列表框中的“公式”选项，单击“确定”按钮，完成钣金预设置。

3. 创建突出块特征 1

1）选择“菜单(M)”→“插入(S)”→“突出块(B)…”选项，或者单击“主页”功能区“基本”面组中的“突出块”按钮，弹出如图 2-22 所示的“突出块”对话框。

2）在“突出块”对话框中的“类型”下拉列表框中选择“底数”，单击“绘制截面”按钮，弹出如图 2-23 所示的“创建草图”对话框。

3）在“创建草图”对话框中设置“水平”面为参考平面，选择 XC-YC 平面为草图工作平面，单击“确定”按钮，进入草图绘制环境，绘制如图 2-24 所示的草图 1。单击“完成”按钮，草图绘制完毕。

4）在绘图窗口中预览所创建的突出块特征 1，如图 2-25 所示。

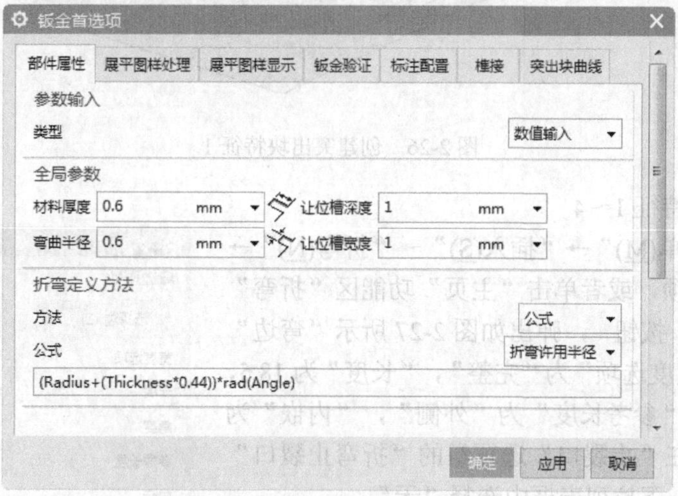

图 2-21　“钣金首选项”对话框

图 2-22　“突出块”对话框

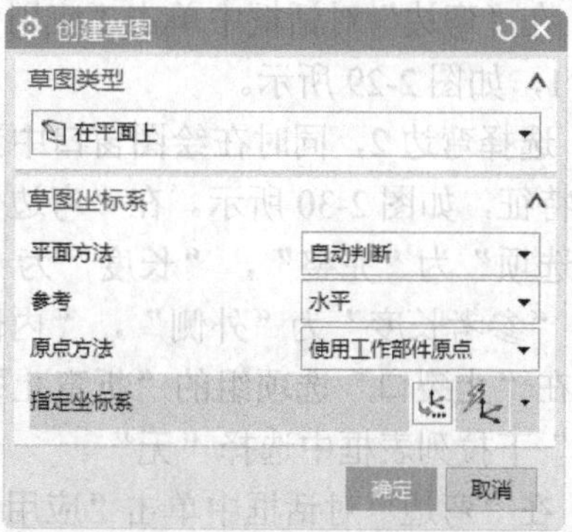

图 2-23　“创建草图”对话框

UG NX 12.0

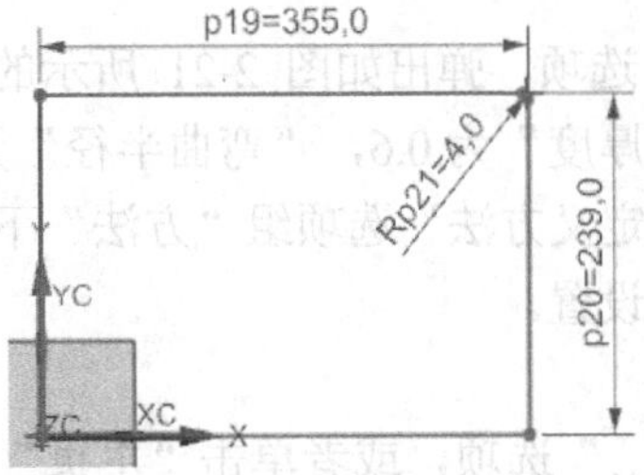

图 2-24　绘制草图 1

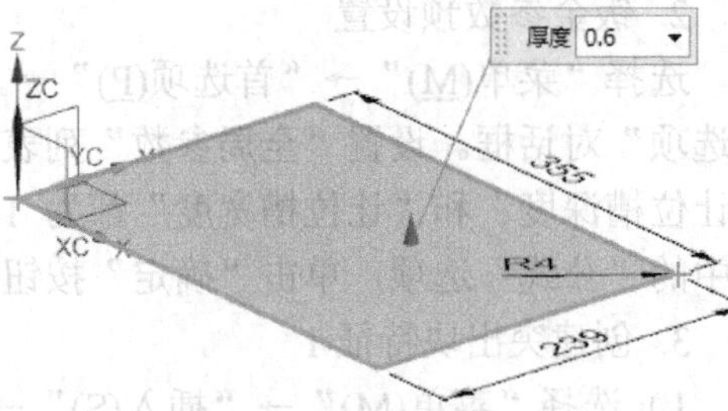

图 2-25　预览所创建的突出块特征 1

5）在“突出块”对话框中单击“确定”按钮，创建突出块特征 1，如图 2-26 所示。

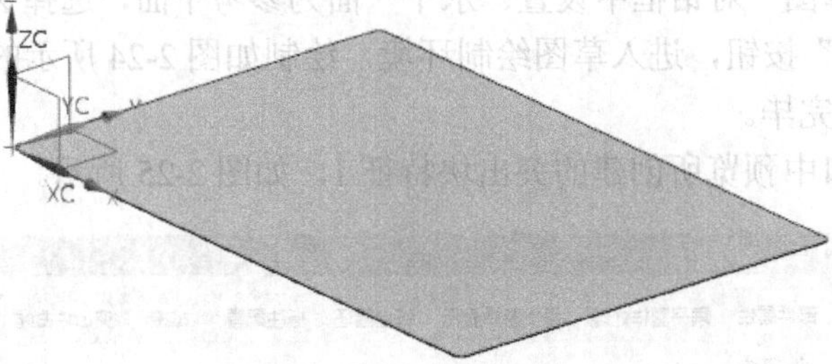

图 2-26　创建突出块特征 1

4. 创建弯边特征 1～4

1）选择“菜单(M)”→“插入(S)”→“折弯(N)”→“弯边(F)...”选项，或者单击“主页”功能区“折弯”面组中的“弯边”按钮，弹出如图 2-27 所示“弯边”对话框。设置“宽度选项”为“完整”，“长度”为 18.5，“角度”为 90，“参考长度”为“外侧”，“内嵌”为“材料外侧”，在“止裂口”选项组的“折弯止裂口”和“拐角止裂口”下拉列表框中选择“无”。

2）选择弯边 1，同时在绘图窗口中预览显示所创建的弯边特征，如图 2-28 所示。

3）在“弯边”对话框中单击“应用”按钮，创建弯边特征 1，如图 2-29 所示。

4）选择弯边 2，同时在绘图窗口中预览显示所创建的弯边特征，如图 2-30 所示。在“弯边”对话框中设置“宽度选项”为“完整”，“长度”为 18.5，“角度”为 90，“参考长度”为“外侧”，“内嵌”为“材料外侧”，在“止裂口”选项组的“折弯止裂口”和“拐角止裂口”下拉列表框中选择“无”。

5）在“弯边”对话框中单击“应用”按钮，创建弯边特征 2，如图 2-31 所示。

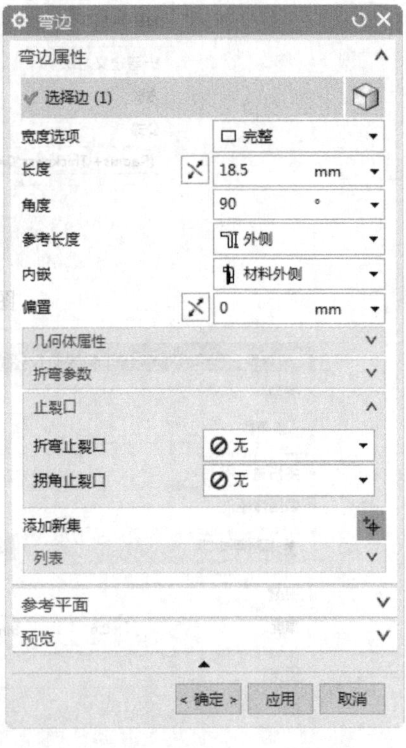

图 2-27　“弯边”对话框

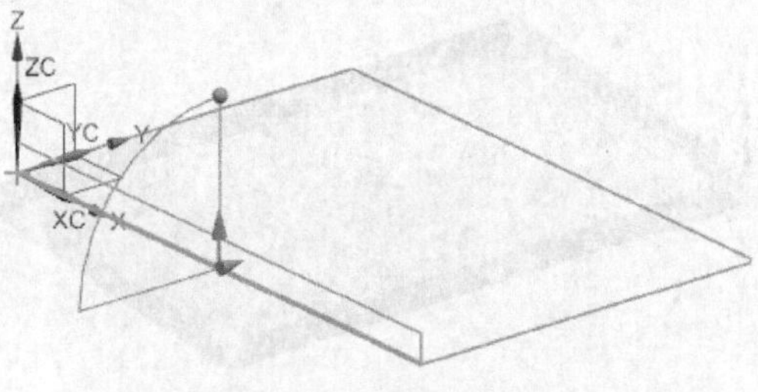

图 2-28　选择弯边 1

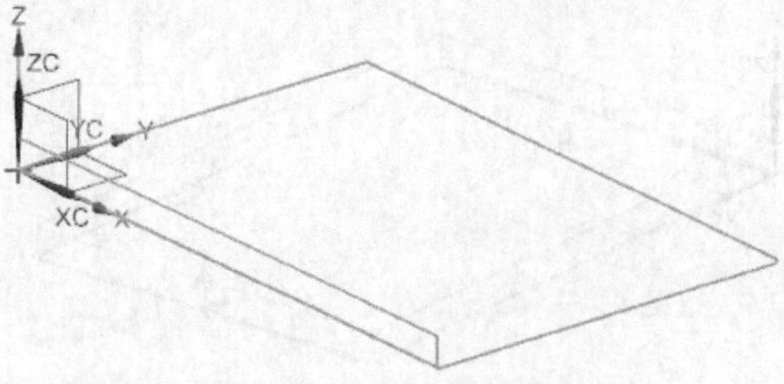

图 2-29　创建弯边特征 1

6）选择弯边 3，同时在绘图窗口中预览显示所创建的弯边特征，如图 2-32 所示。在“弯边”对话框中设置“宽度选项”为“完整”，“长度”为 18.5，“角度”为 90，“参考长度”为“外侧”，“内嵌”为“材料外侧”，在“止裂口”选项组的“折弯止裂口”和“拐角止裂口”下拉列表框中选择“无”。

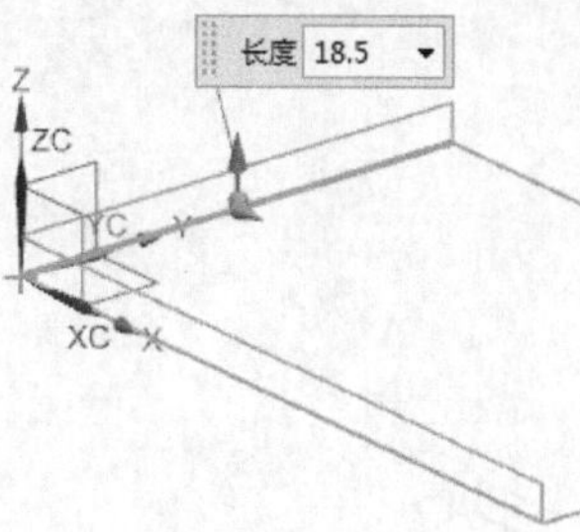

图 2-30　选择弯边 2

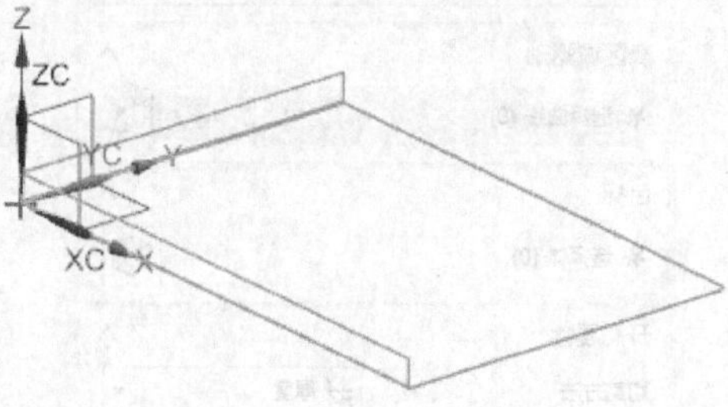

图 2-31　创建弯边特征 2

7）在“弯边”对话框中单击“应用”按钮，创建弯边特征 3，如图 2-33 所示。

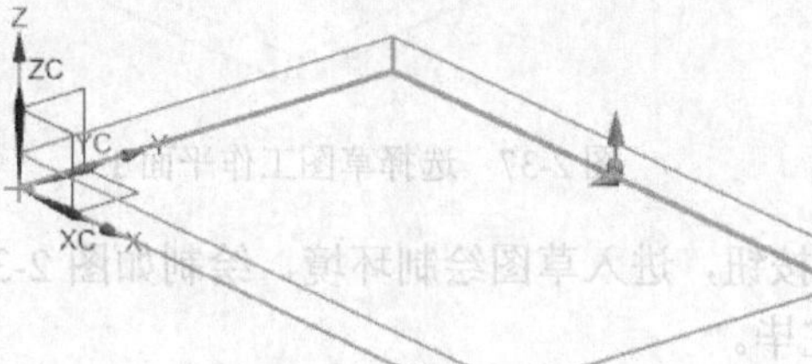

图 2-32　选择弯边 3

图 2-33　创建弯边特征 3

8）选择弯边 4，同时在绘图窗口中预览显示所创建的弯边特征，如图 2-34 所示。在“弯边”对话框中设置“宽度选项”为“完整”，“长度”为 18.5，“角度”为 90，“参考长度”为“外侧”，“内嵌”为“材料外侧”，在“止裂口”选项组的“折弯止裂口”和“拐角止裂口”下拉列表框中选择“无”。

9）在“弯边”对话框中单击“确定”按钮，创建弯边特征 4，如图 2-35 所示。

5. 创建法向开孔特征 1

1）选择“菜单(M)”→“插入(S)”→“切割(T)”→“法向开孔(N)…”选项，或者单击“主页”功能区“特征”面组中的“法向开孔”按钮，弹出如图 2-36 所示“法向开孔”对话框。

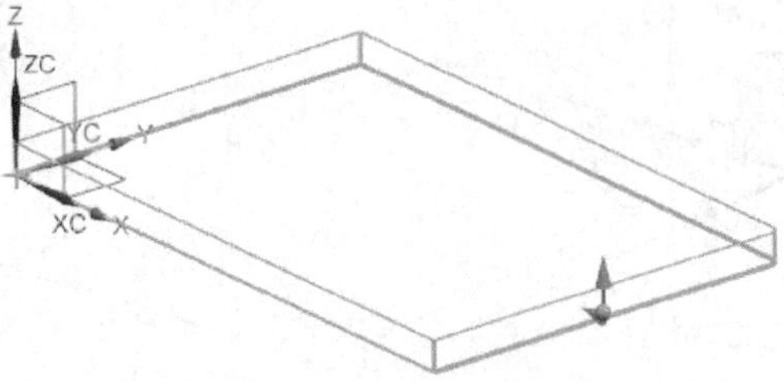

图 2-34　选择弯边 4

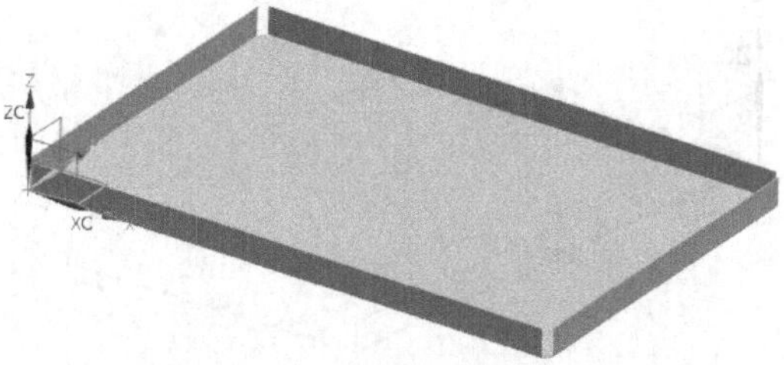

图 2-35　创建弯边特征 4

2）在“法向开孔”对话框中单击“绘制截面”按钮，弹出“创建草图”对话框。在绘图窗口中选择草图工作平面，如图 2-37 所示。

图 2-36　“法向开孔”对话框

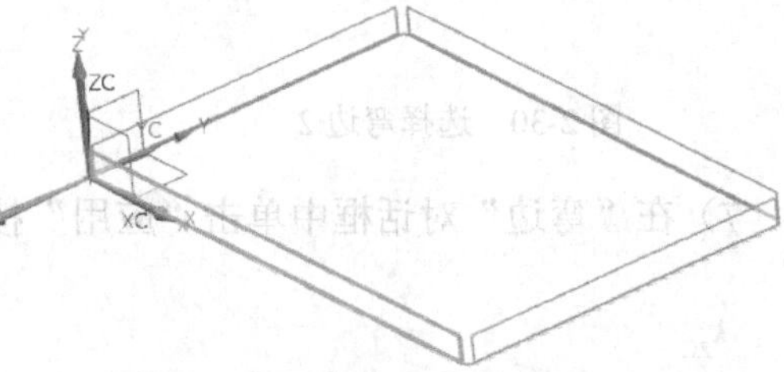

图 2-37　选择草图工作平面 1

3）在“创建草图”对话框中单击“确定”按钮，进入草图绘制环境，绘制如图 2-38 所示的草图 2。单击“完成”按钮，草图绘制完毕。

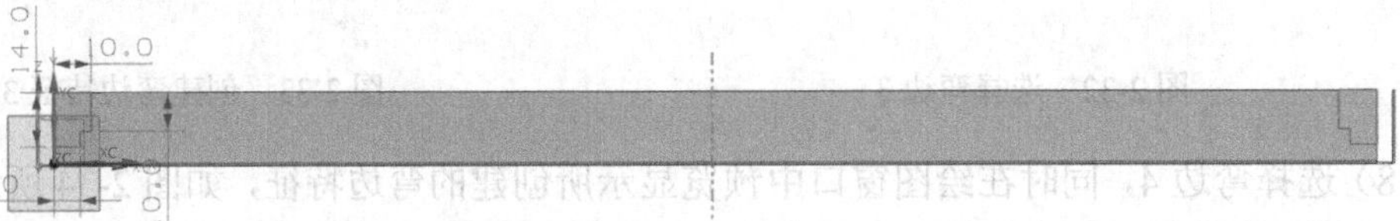

图 2-38　绘制草图 2

4）在绘图窗口中预览所创建的法向开孔特征 1，如图 2-39 所示。

5）在“法向开孔”对话框中单击“确定”按钮，创建法向开孔特征 1，如图 2-40 所示。

6. 创建法向开孔特征 2

1）选择“菜单(M)”→“插入(S)”→“切割(T)”→“法向开孔(N)...”选项，或者单击“主页”功能区“特征”面组中的“法向开孔”按钮，弹出“法向开孔”对话框。

2）在“法向开孔”对话框中单击“绘制截面”按钮，弹出“创建草图”对话框。

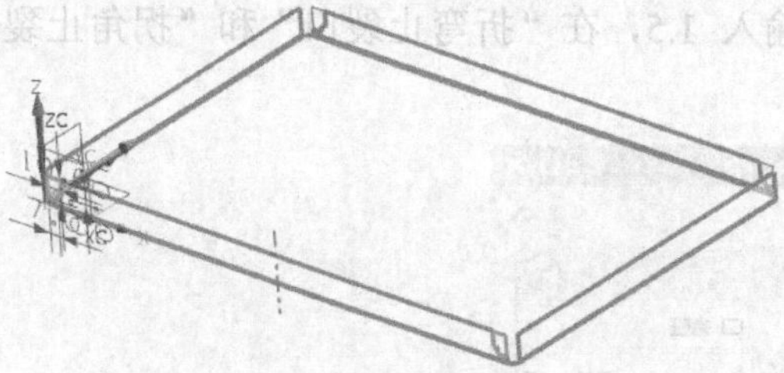

图 2-39　预览所创建的法向开孔特征 1

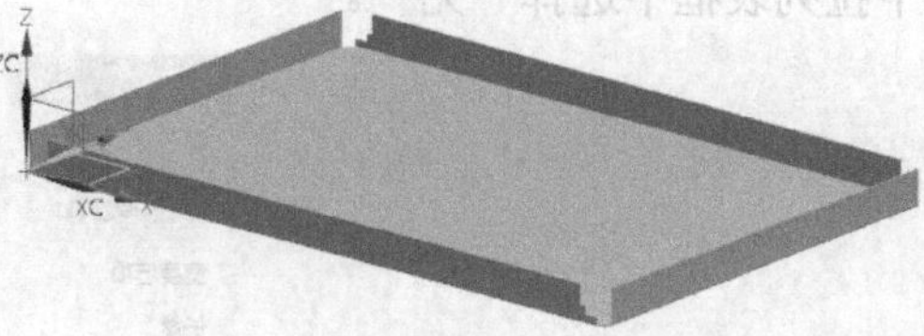

图 2-40　创建法向开孔特征 1

3）在绘图窗口中选择草图工作平面 2，如图 2-41 所示。

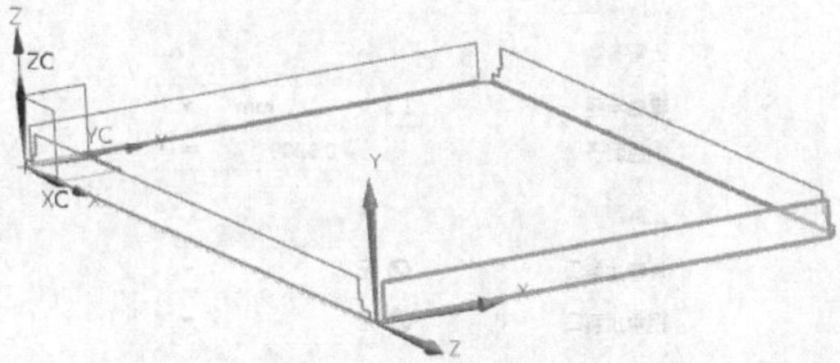

图 2-41　选择草图工作平面 2

4）在“法向开孔”对话框中单击“确定”按钮，进入草图绘制环境，绘制如图 2-42 所示的草图 3。单击“完成”按钮，草图绘制完毕。

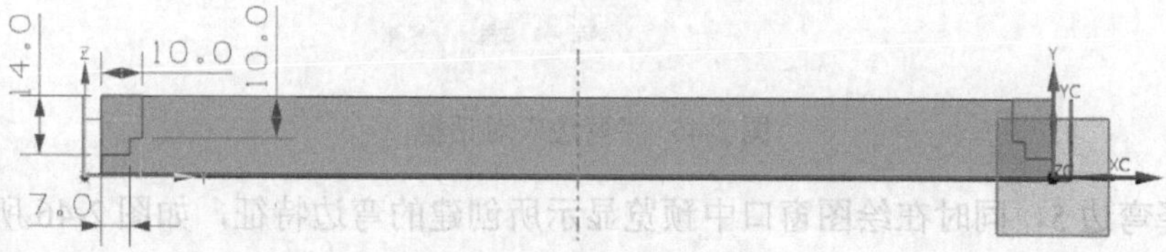

图 2-42　绘制草图 3

5）在绘图窗口中预览所创建的法向开孔特征 2，如图 2-43 所示。

6）在“法向开孔”对话框中单击“确定”按钮，创建法向开孔特征 2，如图 2-44 所示。

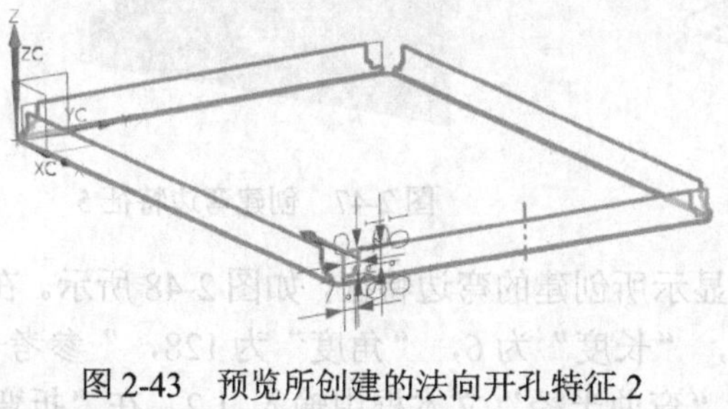

图 2-43　预览所创建的法向开孔特征 2

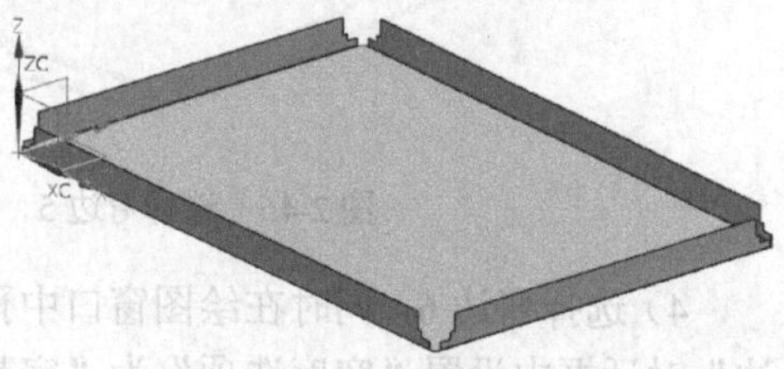

图 2-44　创建法向开孔特征 2

7. 创建弯边特征 5～8

1）选择“菜单(M)”→“插入(S)”→“折弯(N)”→“弯边(F)...”选项，或者单击“主页”功能区“折弯”面组中的“弯边”按钮，弹出如图 2-45 所示“弯边”对话框。设置“宽度选项”为“完整”，“长度”为 6，“角度”为 128，”参考长度”为“外侧”，“内嵌”

为“材料外侧”，在“弯曲半径”文本框中输入 1.5，在“折弯止裂口”和“拐角止裂口”下拉列表框中选择“无”。

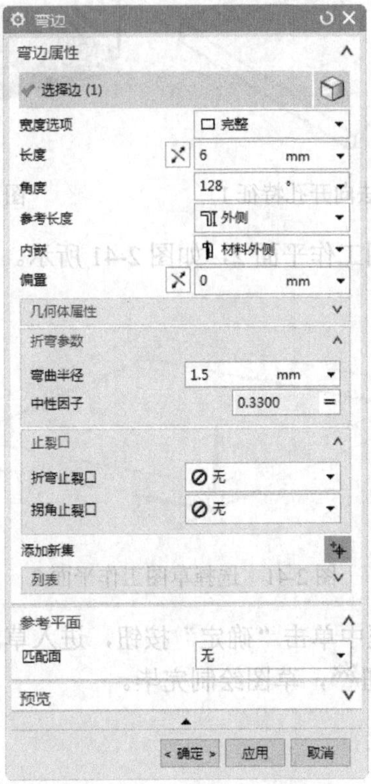

图 2-45 “弯边”对话框

2）选择弯边 5，同时在绘图窗口中预览显示所创建的弯边特征，如图 2-46 所示。

3）在“弯边”对话框中单击“应用”按钮，创建弯边特征 5，如图 2-47 所示。

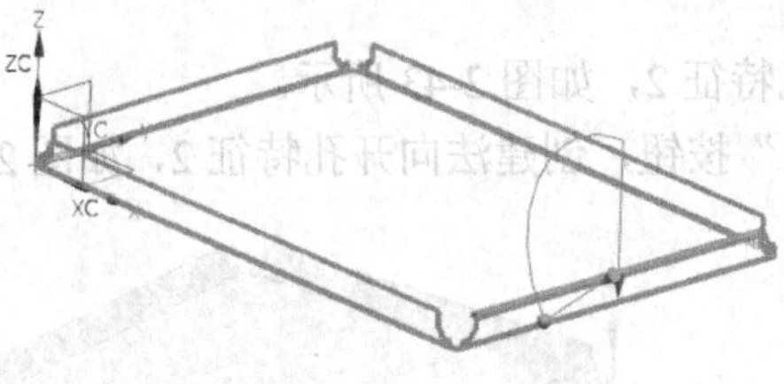

图 2-46 选择弯边 5

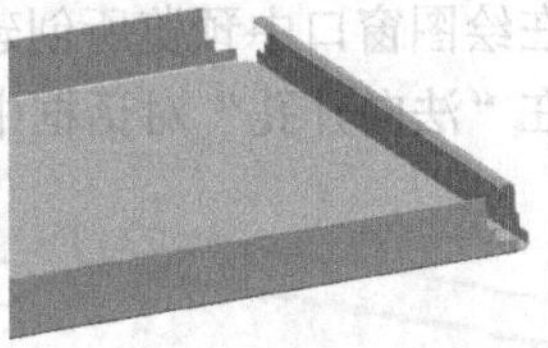

图 2-47 创建弯边特征 5

4）选择弯边 6，同时在绘图窗口中预览显示所创建的弯边特征，如图 2-48 所示。在“弯边”对话框中设置“宽度选项”为“完整”，“长度”为 6，“角度”为 128，”参考长度”为“外侧”，“内嵌”为“材料外侧”，在“弯曲半径”文本框中输入 1.2，在“折弯止裂口”和“拐角止裂口”下拉列表框中选择“无”。

5）在“弯边”对话框中单击“应用”按钮，创建弯边特征 6，如图 2-49 所示。

6）选择弯边 7，同时在绘图窗口中预览显示所创建的弯边特征，如图 2-50 所示。在“弯边”对话框中设置“宽度选项”为“完整”，“长度”为 6，“角度”为 128，”参考长度”

为“外部”，“内嵌”为“材料外侧”，在“折弯半径”文本框中输入 1.2，在“折弯止裂口”和“拐角止裂口”下拉列表框中选择“无”。

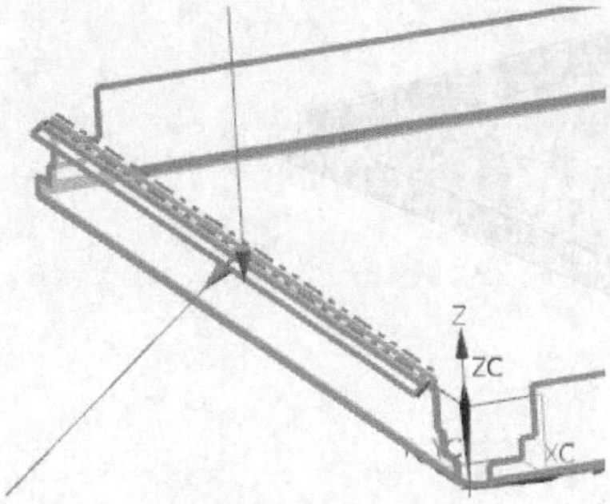

图 2-48　选择弯边 6

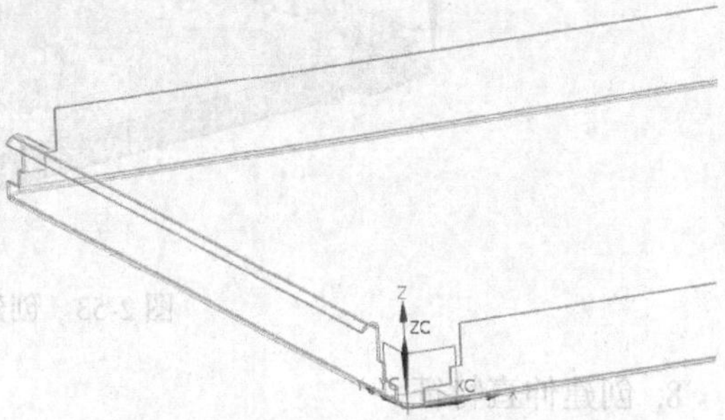

图 2-49　创建弯边特征 6

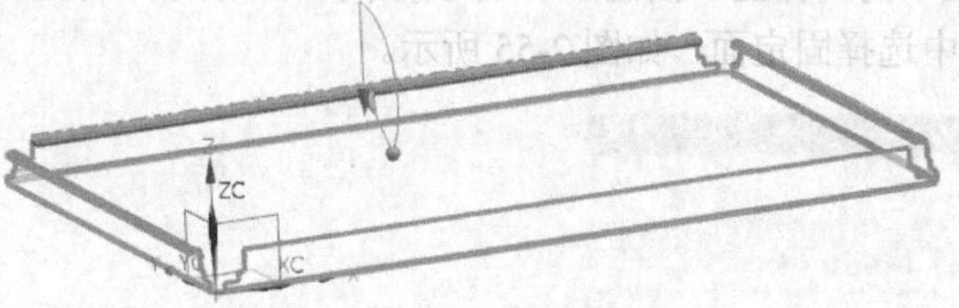

图 2-50　选择弯边 7

7）在“弯边”对话框中单击“应用”按钮，创建弯边特征 7，如图 2-51 所示。

8）选择弯边 8，同时在绘图窗口中预览显示所创建的弯边特征，如图 2-52 所示。在“弯边”对话框中设置“宽度选项”为“完整”，“长度”为 6，“角度”为 128，”参考长度”为“外侧”，“内嵌”为“材料外侧”，在“弯曲半径”文本框中输入 1.2，在“折弯止裂口”和“拐角止裂口”下拉列表框中选择“无”。

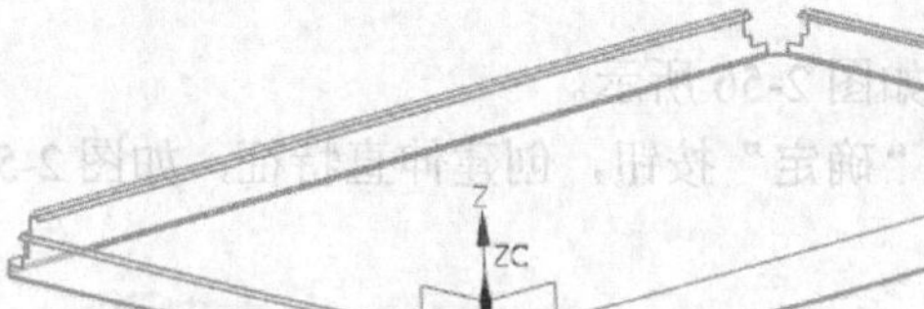

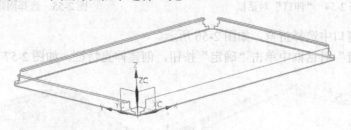

图 2-51　创建弯边特征 7

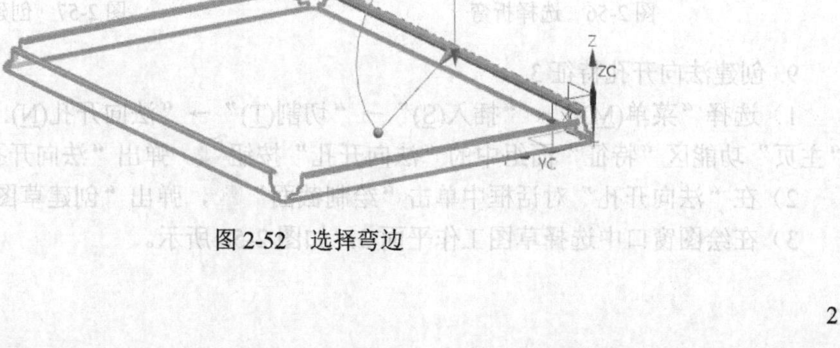

图 2-52　选择弯边

9）在“弯边”对话框中单击“确定”按钮，创建弯边特征 8，如图 2-53 所示。

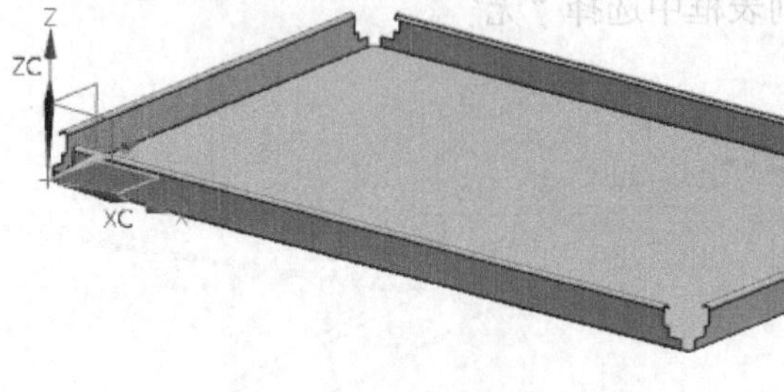

图 2-53　创建弯边特征 8

8. 创建伸直特征

1）选择菜单(M)”→“插入(S)”→“成形(R)”→“伸直(U)…”选项，或者单击“主页”功能区“成形”面组中的“伸直”按钮，弹出如图 2-54 所示“伸直”对话框。

2）在绘图窗口中选择固定面，如图 2-55 所示。

图 2-54　“伸直”对话框

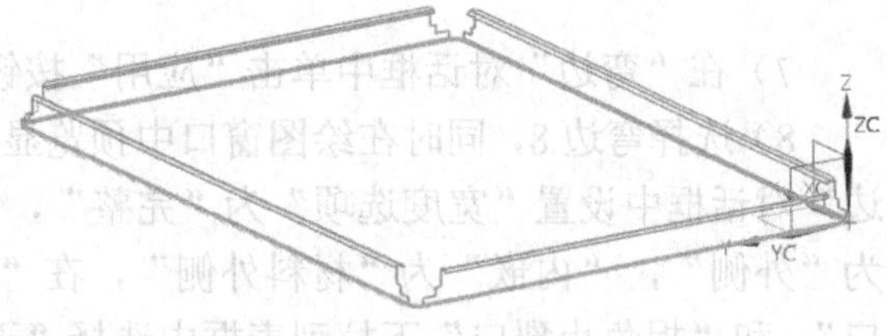

图 2-55　选择固定面

3）在绘图窗口中选择折弯，如图 2-56 所示。

4）在“伸直”对话框中单击“确定”按钮，创建伸直特征，如图 2-57 所示。

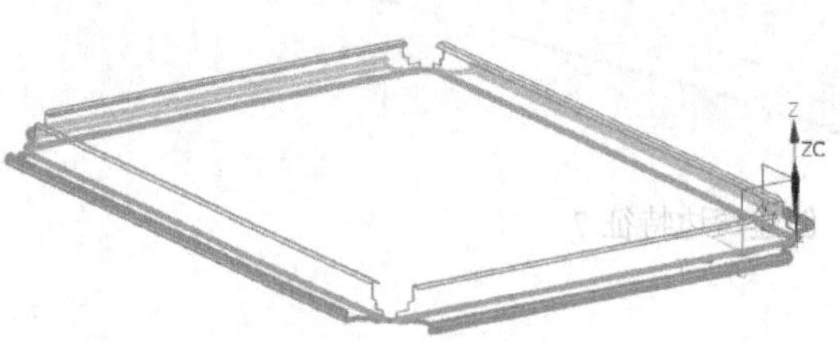

图 2-56　选择折弯

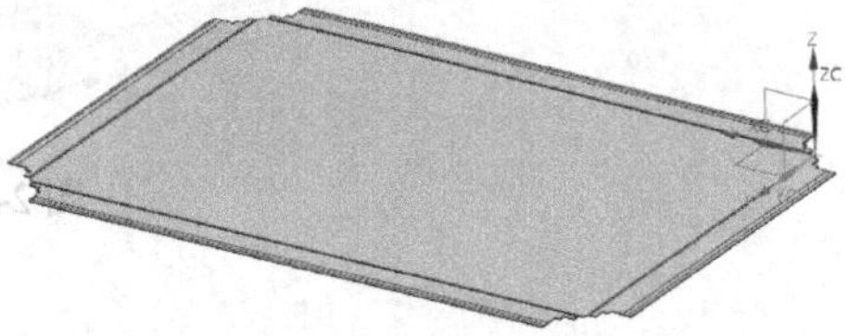

图 2-57　创建伸直特征

9. 创建法向开孔特征 3

1）选择“菜单(M)”→“插入(S)”→“切割(T)”→“法向开孔(N)…”选项，或者单击“主页”功能区“特征”面组中的“法向开孔”按钮，弹出“法向开孔”对话框。

2）在“法向开孔”对话框中单击“绘制截面”，弹出“创建草图”对话框。

3）在绘图窗口中选择草图工作平面 3，如图 2-58 所示。

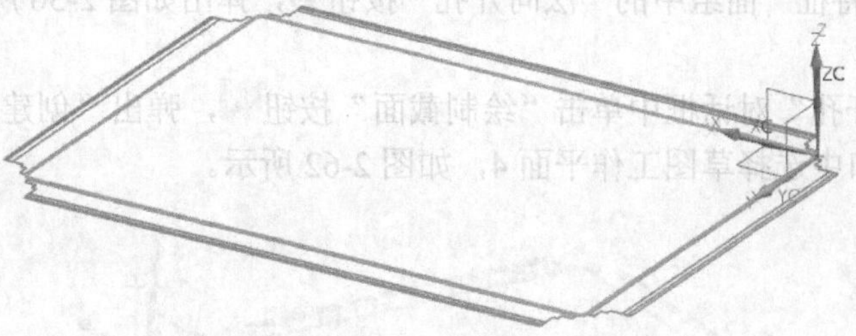

图 2-58　选择草图工作平面 3

4）在“创建草图”对话框中单击“确定”按钮，进入草图绘制环境，绘制如图 2-59 所示的草图 4。单击“完成”按钮🏁，草图绘制完毕。

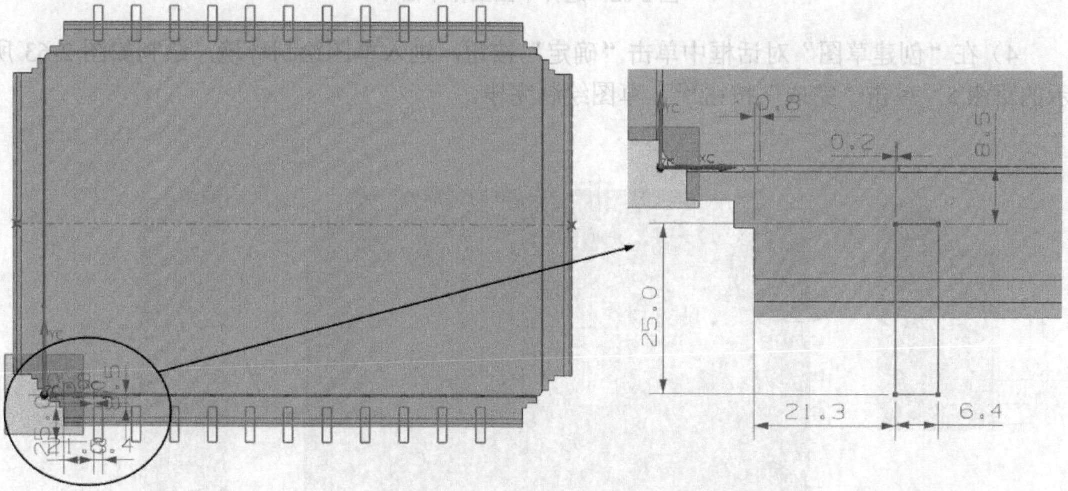

图 2-59　绘制草图 4

5）在绘图窗口中预览所创建的法向开孔特征 3，如图 2-60 所示。

6）在“法向开孔”对话框中单击“确定”按钮，创建法向开孔特征 3，如图 2-61 所示。

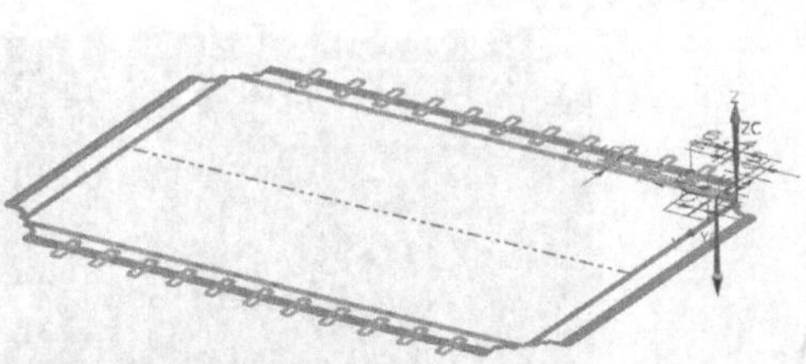

图 2-60　预览所创建的法向开孔特征 3

图 2-61　创建法向开孔特征 3

10. 创建法向开孔特征 4

1）选择“菜单(M)”→“插入(S)”→“切割(T)”→“法向开孔(N)...”选项，或者单击

“主页”功能区“特征”面组中的“法向开孔”按钮，弹出如图 2-36 所示“法向开孔”对话框。

2）在“法向开孔”对话框中单击“绘制截面”按钮，弹出“创建草图”对话框。

3）在绘图窗口中选择草图工作平面 4，如图 2-62 所示。

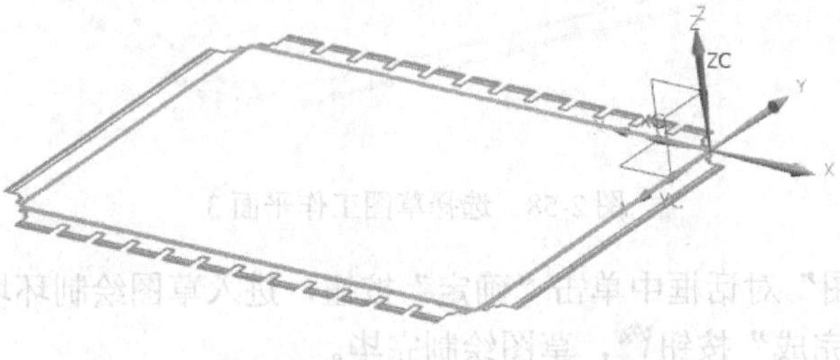

图 2-62　选择草图工作平面 4

4）在“创建草图”对话框中单击“确定”按钮，进入草图绘制环境，绘制如图 2-63 所示的草图 5。单击“完成”按钮，草图绘制完毕。

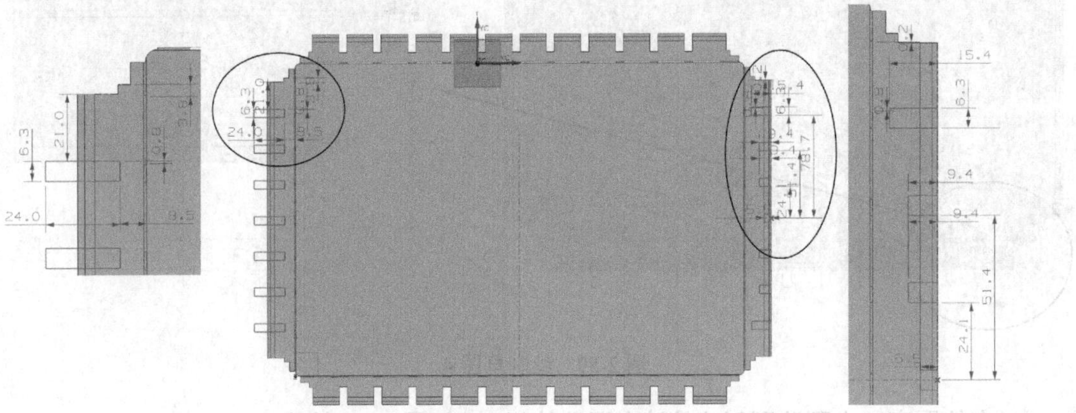

图 2-63　绘制草图 5

5）在绘图窗口中预览所创建的法向开孔特征 4，如图 2-64 所示。

6）在“法向开孔”对话框中单击“确定”按钮，创建法向开孔特征 4，如图 2-65 所示。

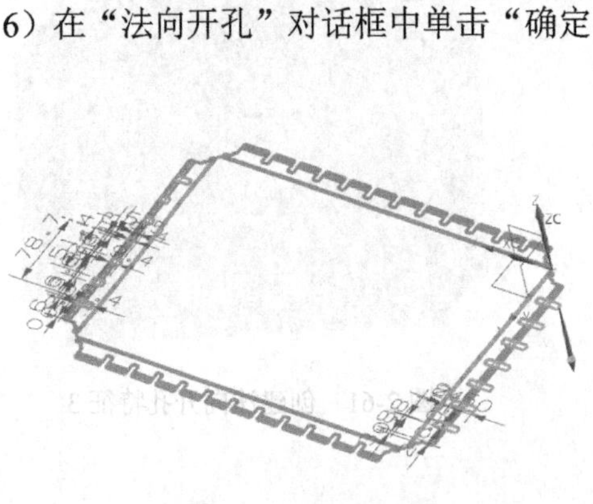

图 2-64　预览所创建的法向开孔特征 4

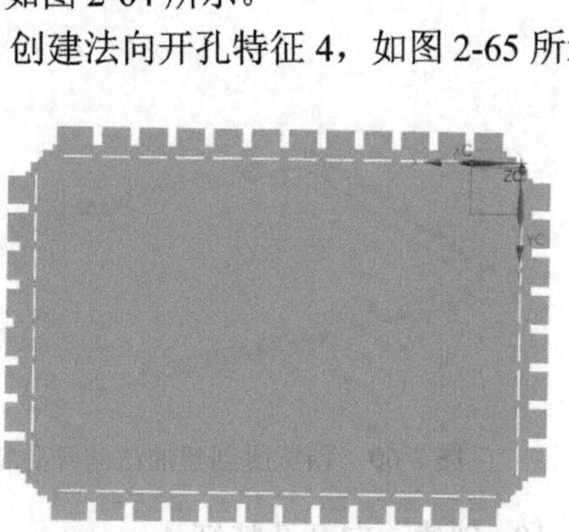

图 2-65　创建法向开孔特征 4

11. 创建凹坑特征 1

1）选择“菜单(M)”→“插入(S)”→“冲孔(H)”→“凹坑(D)...”选项，或者单击“主页”功能区“冲孔”面组中的“凹坑”按钮，弹出如图 2-66 所示的“凹坑”对话框。

2）单击“绘制截面”按钮，弹出“创建草图”对话框。在绘图窗口中选择草图工作平面 5，如图 2-67 所示。

图 2-66 “凹坑”对话框

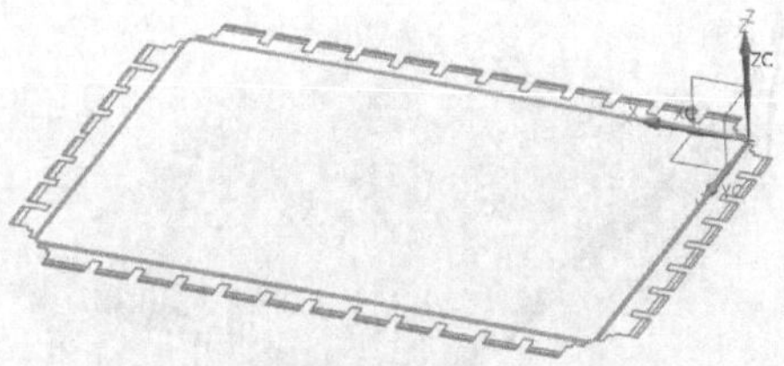

图 2-67 选择草图工作平面 5

3）进入草图绘制环境，绘制如图 2-68 所示的草图 6。单击“完成”按钮，草图绘制完毕。

4）绘制窗口中预览所创建的凹坑特征 1，如图 2-69 所示。

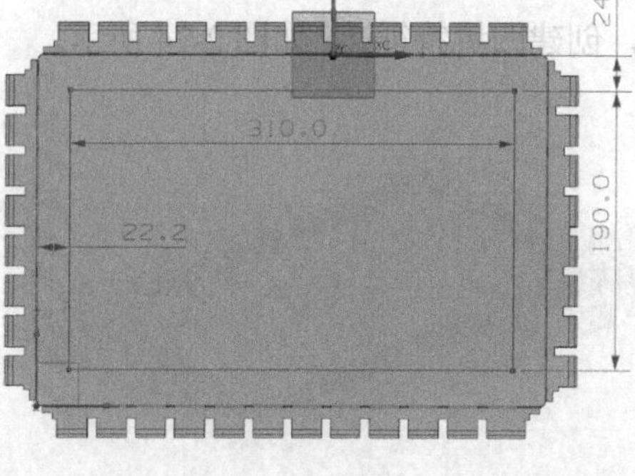

图 2-68 绘制草图 6

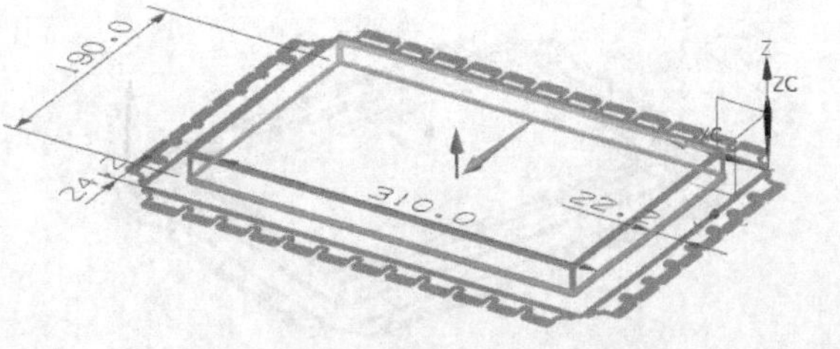

图 2-69 预览所创建的凹坑特征 1

5）在“凹坑”对话框中设置“深度”为 20，“侧角”为 0，“参考深度”为“外侧”，“侧壁”为“材料外侧”。勾选“凹坑边倒圆”复选框，设置“冲压半径”和“冲模半径”都为 1。单击“确定”按钮，创建凹坑特征 1，如图 2-70 所示。

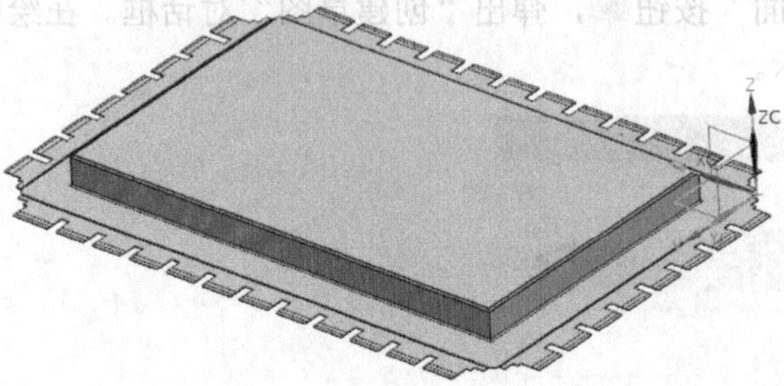

图 2-70　创建凹坑特征 1

12. 创建凹坑特征 2

1）选择“菜单(M)”→“插入(S)”→“冲孔(H)”→“凹坑(D)...”选项，或者单击“主页”功能区“冲孔”面组中的“凹坑”按钮，弹出如图 2-66 所示的“凹坑”对话框。单击“绘制截面”按钮，在绘图窗口中选择草图工作平面 6，如图 2-71 所示。

2）进入草图绘制环境，绘制如图 2-72 所示的草图 7。单击“完成”按钮，草图绘制完毕。

图 2-71　选择草图工作平面 6

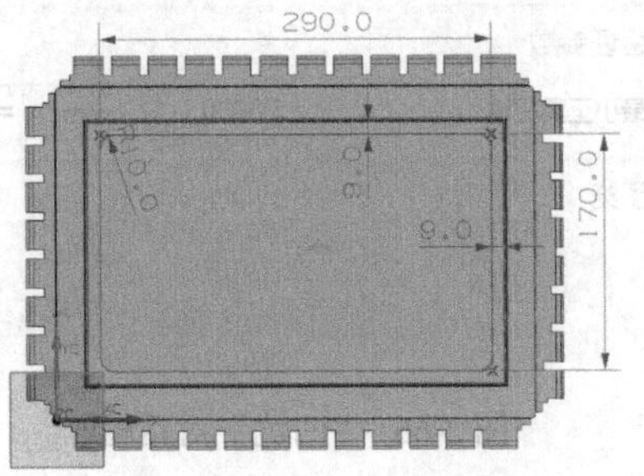

图 2-72　绘制草图 7

3）在绘图窗口中预览所创建的凹坑特征 2，如图 2-73 所示。

4）在“凹坑”对话框中设置“深度”为 20，“侧角”为 3，“参考深度”为“外侧”，“侧壁”为“材料外侧”。勾选“凹坑边倒圆”和“截面拐角倒圆”复选框，设置“冲压半径”、“冲模半径”和“角半径”都为 1。单击“确定”按钮，创建凹坑特征 2，如图 2-74 所示。

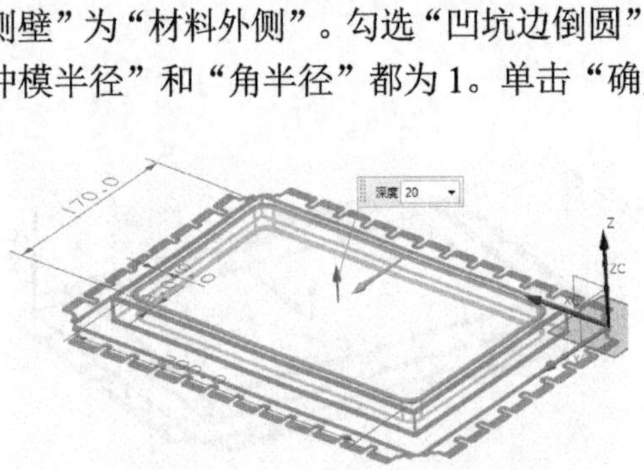

图 2-73　预览所创建的凹坑特征 2

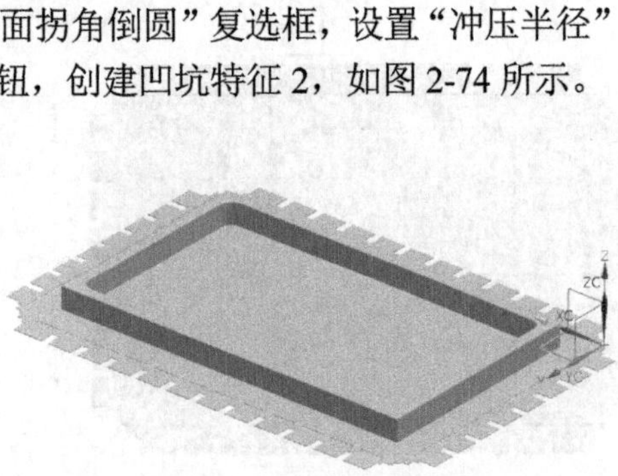

图 2-74　创建凹坑特征 2

13. 创建重新折弯特征

1）选择“菜单(M)”→“插入(S)”→“成形(R)”→“重新折弯(R)…”选项，或者单击“主页”功能区“成形”面组中的“重新折弯”按钮，弹出如图 2-75 所示“重新折弯”对话框。

2）在绘图窗口中选择折弯，如图 2-76 所示。

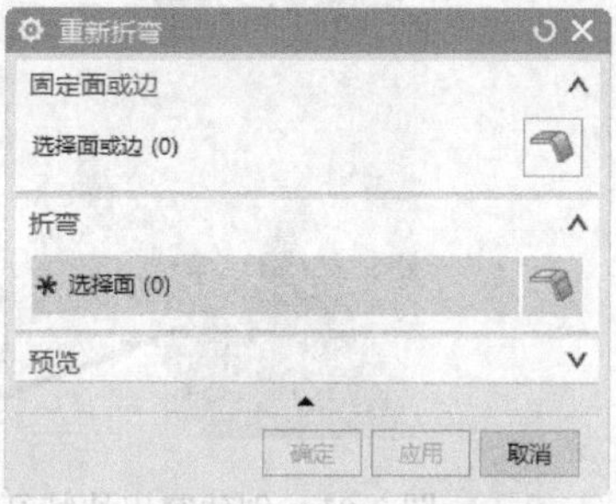

图 2-75　“重新折弯”对话框

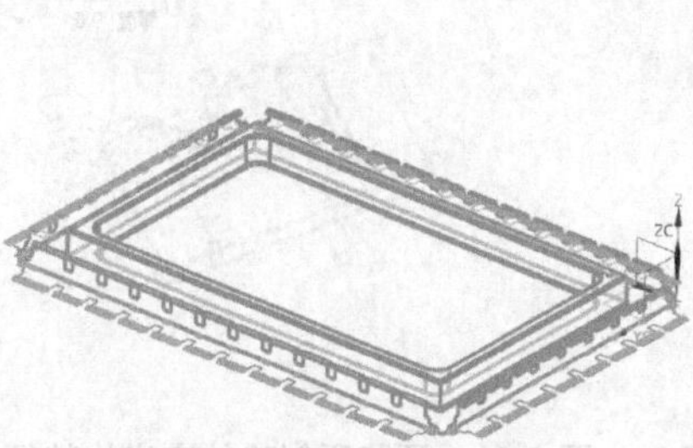

图 2-76　选择折弯

3）在“重新折弯”对话框中单击“确定”按钮，创建重新折弯特征，如图 2-77 所示。

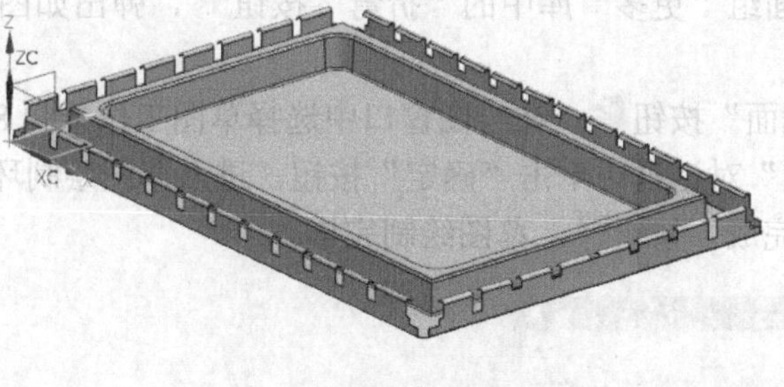

图 2-77　创建重新折弯特征

14. 创建突出块特征 2

1）选择“菜单(M)”→“插入(S)”→“突出块(B)…”选项，或者单击“主页”功能区“基本”面组中的“突出块”按钮，弹出“突出块”对话框。选择草图工作平面 7，如图 2-78 所示。

2）进入草图绘制环境，绘制如图 2-79 所示的草图 8。单击“完成”按钮，草图绘制完毕。

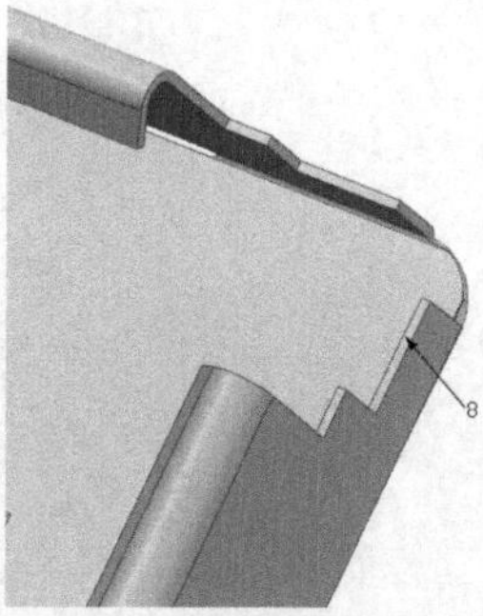

图 2-78　选择草图工作平面 7

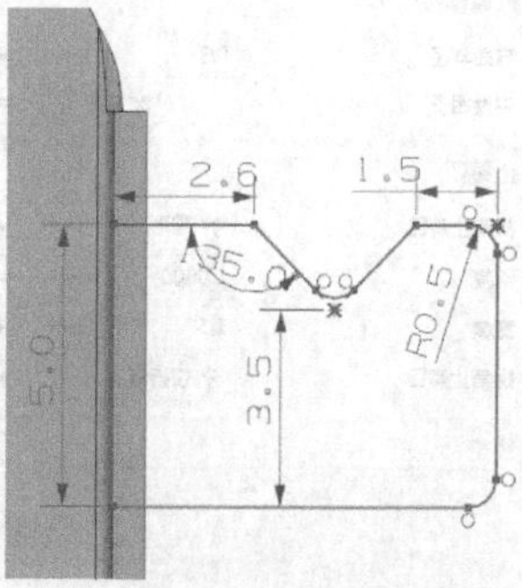

图 2-79　绘制草图 8

3）在绘图窗口中预览所创建的突出块特征 2，如图 2-80 所示。

4）在“突出块”对话框中单击“确定”按钮，创建突出块特征 2，如图 2-81 所示。

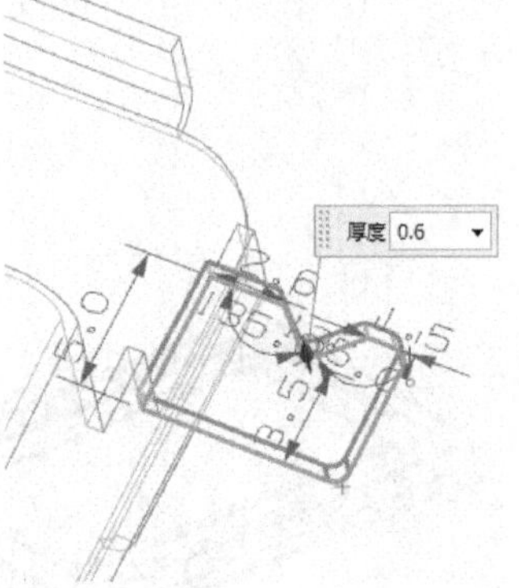

图 2-80　预览所创建的突出块特征 2

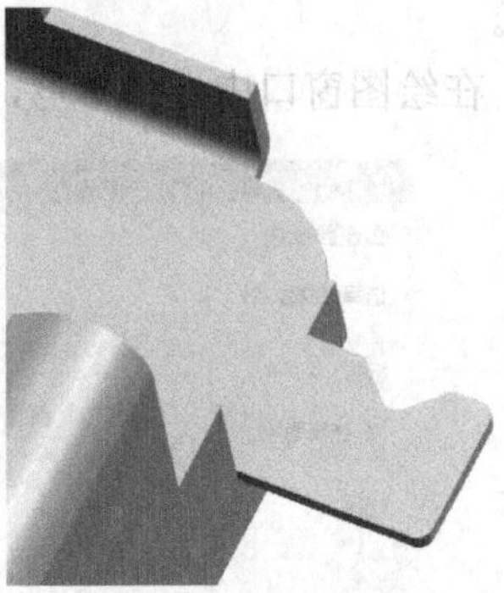

图 2-81　创建突出块特征 2

15. 创建折弯特征

1）选择“菜单(M)”→“插入(S)”→“折弯(N)”→“折弯(B)...”选项，或者单击“主页”功能区“折弯”面组“更多”库中的“折弯”按钮，弹出如图 2-82 所示的“折弯”对话框。

2）单击“绘制截面”按钮，在绘图窗口中选择草图工作平面 8，如图 2-83 所示。

3）在“创建草图”对话框中单击“确定”按钮，进入草图绘制环境，绘制如图 2-84 所示的折弯线。单击“完成”按钮，草图绘制完毕。

图 2-82　“折弯”对话框

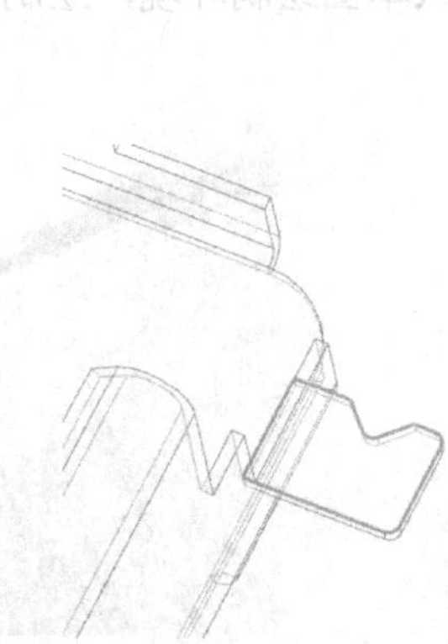

图 2-83　选择草图工作平面 8

4）在绘图窗口中预览所创建的折弯特征，如图 2-85 所示。

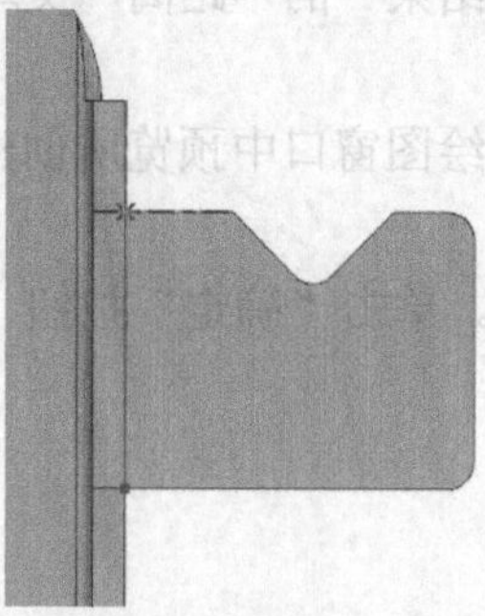

图 2-84　绘制折弯线

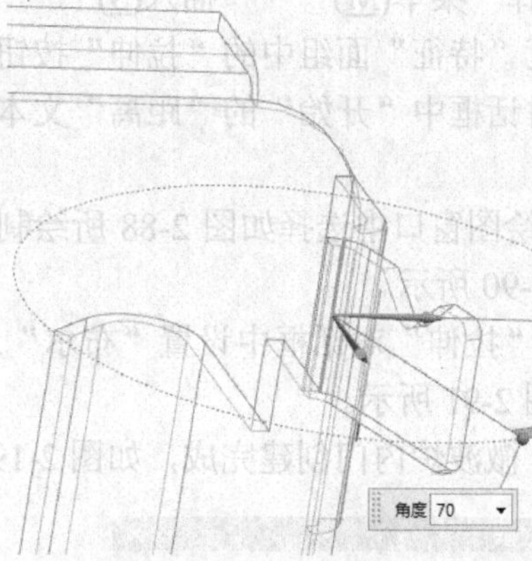

图 2-85　预览所创建的折弯特征

5）在“折弯”对话框中的 “角度”文本框中输入 70，在“内嵌”下拉列表框中选择“折弯中心线轮廓”，设置“折弯止裂口”为“圆形”，“宽度”为 1.5。单击“确定”按钮，创建折弯特征，如图 2-86 所示。

16. 绘制草图

1）选择“菜单(M)”→“插入(S)”→“草图(H)…”选项，弹出“创建草图”对话框。选择草图工作平面 9，如图 2-87 所示。

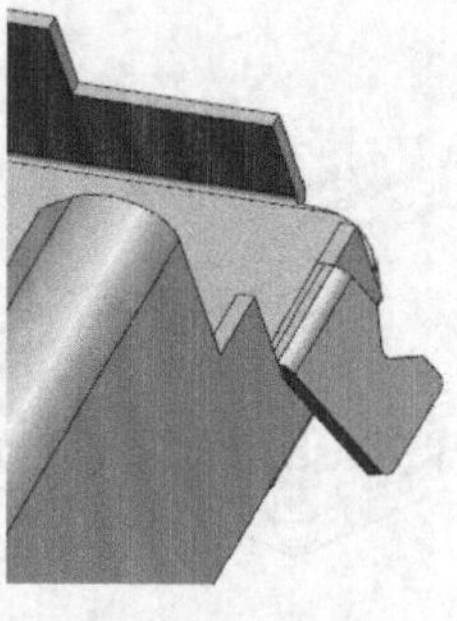

图 2-86　创建折弯特征

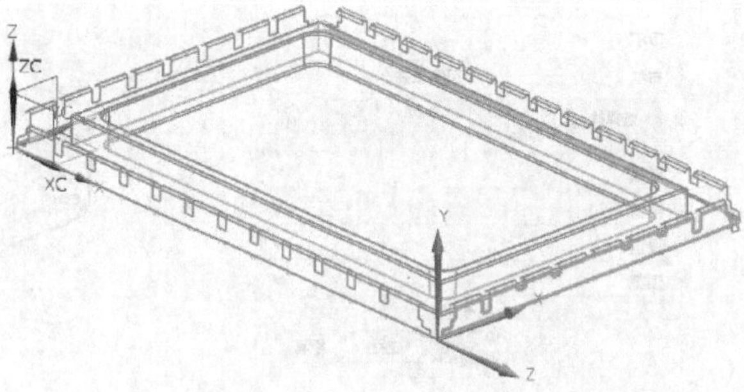

图 2-87　选择草图工作平面 9

2）进入草图绘制环境，绘制如图 2-88 所示的草图 9。单击“完成”按钮，草图绘制完毕。

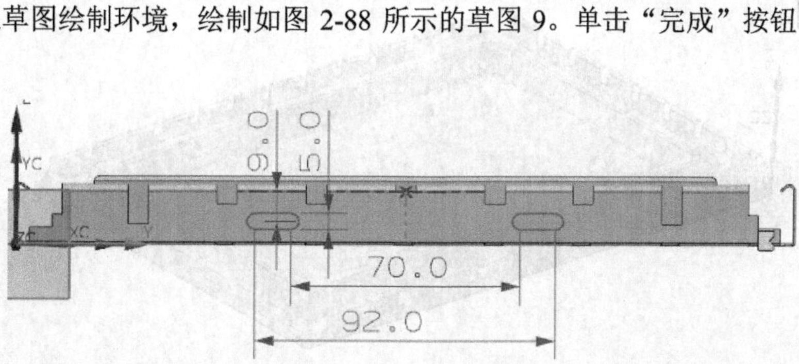

图 2-88　绘制草图 9

17. 创建拉伸特征

1）选择“菜单(M)”→“插入(S)”→“切割(T)”→“拉伸(X)...”选项，或者单击“主页”功能区“特征”面组中的“拉伸”按钮，弹出如图 2-89 所示的“拉伸”对话框。在“拉伸”对话框中“开始”的“距离”文本框中输入 0，“结束”的“距离”文本框中输入 0.6，

2）在绘图窗口中选择如图 2-88 所绘制的草图曲线。在绘图窗口中预览所创建的拉伸特征，如图 2-90 所示。

3）在“拉伸”对话框中设置“布尔”运算为“合并”。单击“确定”按钮，创建拉伸特征，如图 2-91 所示。

至此，微波炉内门创建完成，如图 2-19 所示。

图 2-89 “拉伸”对话框

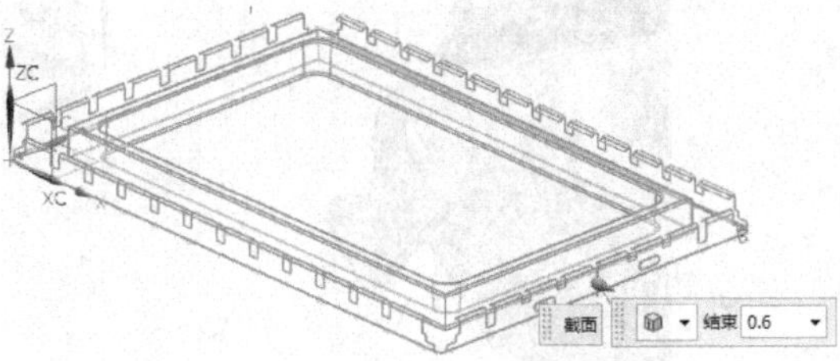

图 2-90 预览所创建的拉伸特征

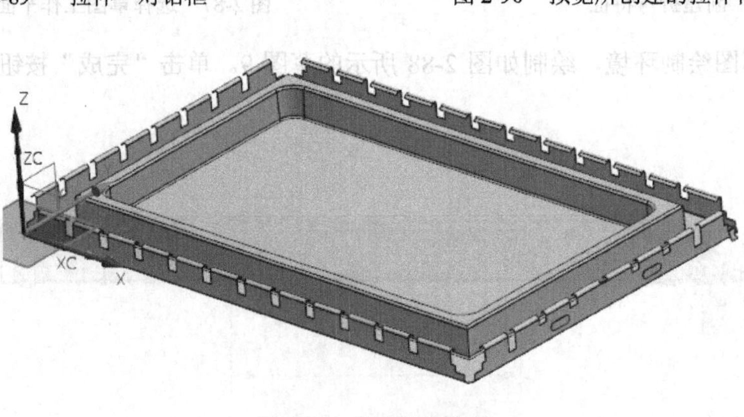

图 2-91 创建拉伸特征

第3章

折弯

本章主要介绍“折弯”子菜单中各种特征的创建方法和步骤。通过对实例的操作，可以使读者更快速地掌握创建钣金件的方法和操作技巧。

重点与难点

- 弯边特征
- 轮廓弯边特征
- 放样弯边特征
- 二次折弯特征
- 折弯特征
- 折边弯边特征

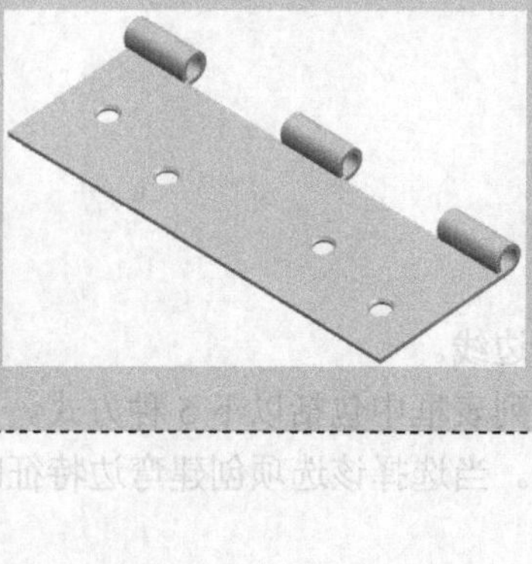

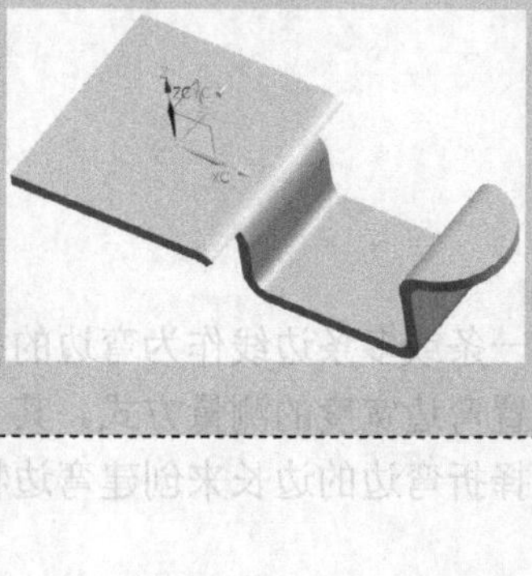

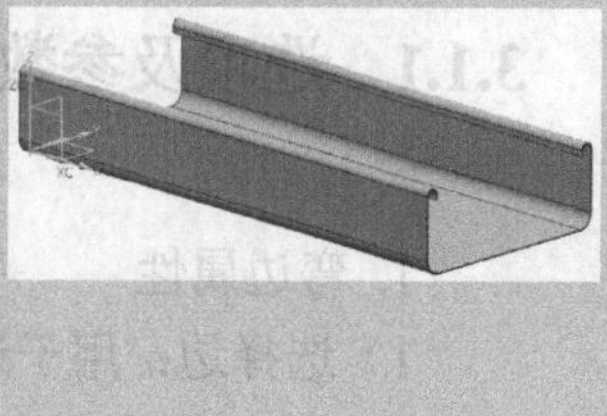

3.1 弯边特征

利用“弯边”命令可以创建简单折弯和弯边区域。弯边包括圆柱区域，即通常所说的折弯区域和矩形区域。

选择“菜单(M)”→“插入(S)”→“折弯(N)”→“弯边(F)...”选项，或者单击“主页”功能区“折弯”面组中的“弯边”按钮，弹出如图 3-1 所示的“弯边”对话框。

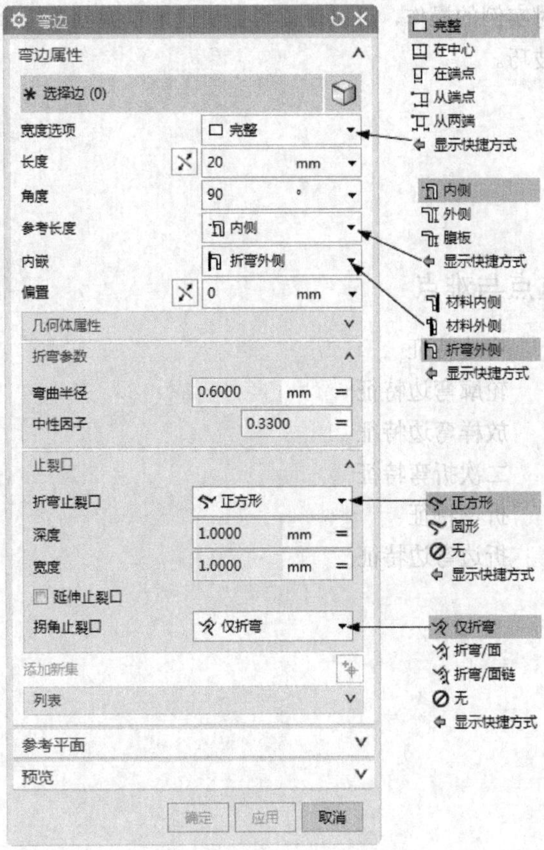

图 3-1 “弯边”对话框

3.1.1 选项及参数

1. 弯边属性

1）选择边：用于选择一条或多条边线作为弯边的折弯边线。

2）宽度选项：用于设置弯边宽度的测量方式。其下拉列表框中包括以下 5 种方式。

① 完整：指沿着所选择折弯边的边长来创建弯边特征。当选择该选项创建弯边特征时，

弯边的主要参数有长度、偏置和角度。

② 在中心：指在所选择的折弯边中部创建弯边特征。可以通过编辑弯边宽度值使弯边居中，默认宽度是所选择折弯边长的1/3。当选择该选项创建弯边特征时，弯边的主要参数有长度、偏置、角度和宽度（两边宽度相等），如图 3-2a 所示。

③ 在端点：指从所选择的端点开始创建弯边特征。当选择该选项创建弯边特征时，弯边的主要参数有长度、偏置、角度和宽度，如图 3-2b 所示。

④ 从两端：指从所选择折弯边的两端通过定义距离来创建弯边特征，默认宽度是所选择折弯边长的1/3。当选择该选项创建弯边特征时，弯边的主要参数有长度、偏置、角度、距离 1 和距离 2，如图 3-2c 所示。

⑤ 从端点：指从所选折弯边的端点通过定义距离来创建弯边特征。当选择该选项创建弯边特征时，弯边的主要参数有长度、偏置、角度、从端点（从端点到弯边的距离）和宽度，如图 3-2d 所示。

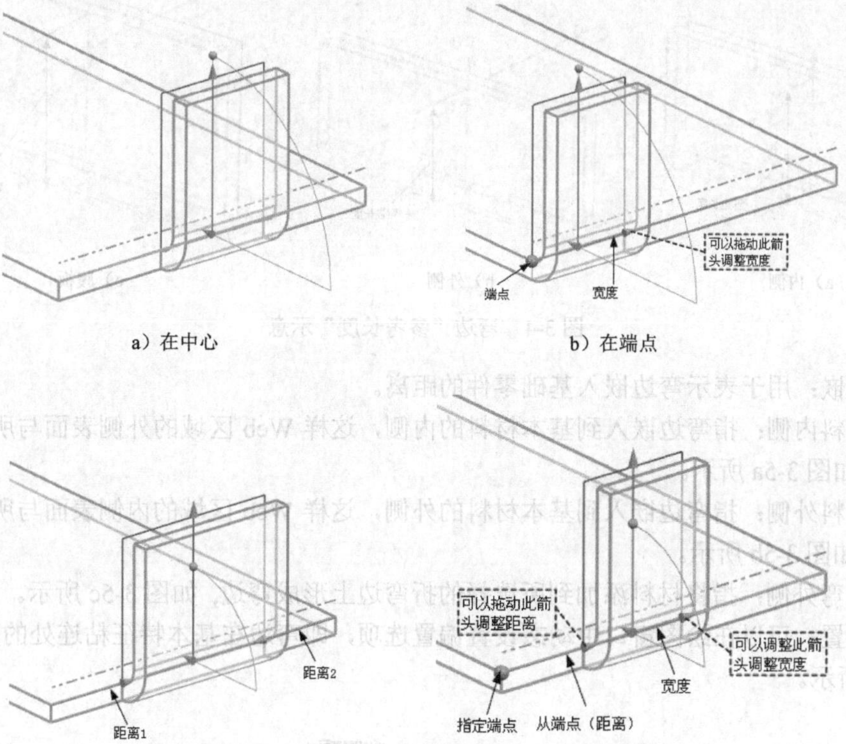

a）在中心　　b）在端点

c）从两端　　d）从端点

图 3-2　弯边“宽度选项”示意

3）长度：即弯边的长度。单击按钮 ，可以调整折弯长度的方向。

4）角度：即创建弯边特征的折弯角度，如图 3-3 所示。

5）参考长度：用于定义长度的度量方式。参考长度包括内侧、外侧和腹板 3 种方式。

① 内侧：指从已有材料的内侧测量弯边长度，如图 3-4a 所示。

② 外侧：指从已有材料的外侧测量弯边长度，如图 3-4b 所示。

③ 腹板：指从已有材料的圆角外侧测量弯边长度，如图 3-4c 所示。

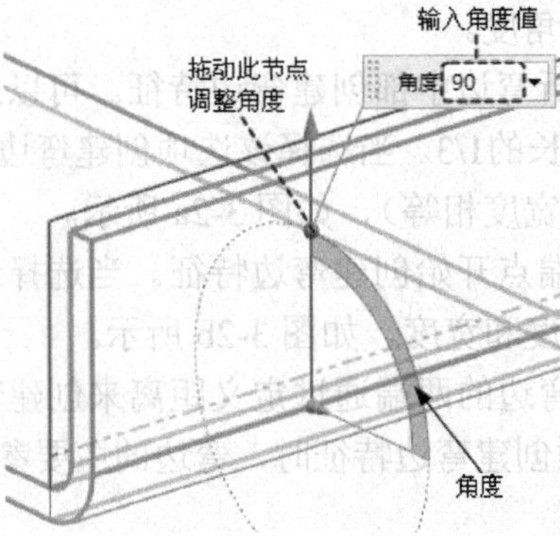

图 3-3　弯边“角度”选项示意

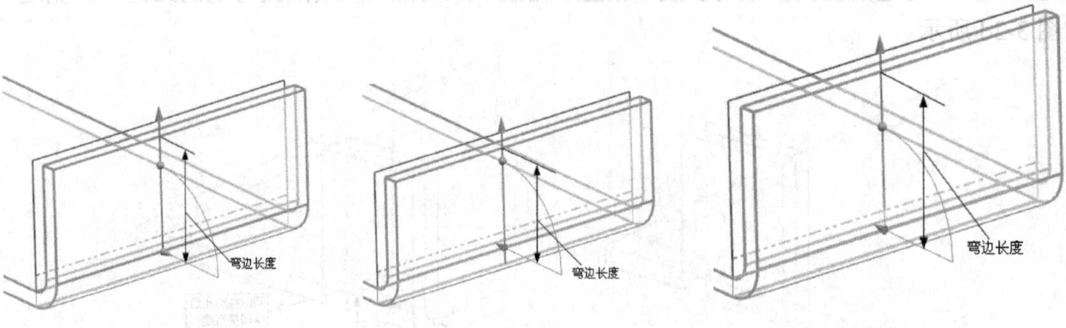

a）内侧　　b）外侧　　c）腹板

图 3-4　弯边“参考长度”示意

6）内嵌：用于表示弯边嵌入基础零件的距离。

① 材料内侧：指弯边嵌入到基本材料的内侧，这样 Web 区域的外侧表面与所选的折弯边平齐，如图 3-5a 所示。

② 材料外侧：指弯边嵌入到基本材料的外侧，这样 Web 区域的内侧表面与所选的折弯边平齐，如图 3-5b 所示。

③ 折弯外侧：指将材料添加到所选择的折弯边上形成弯边，如图 3-5c 所示。

7）偏置：可以在绘图窗口中动态设置偏置选项，即弯边在基本特征粘连处的延伸距离，如图 3-6 所示。

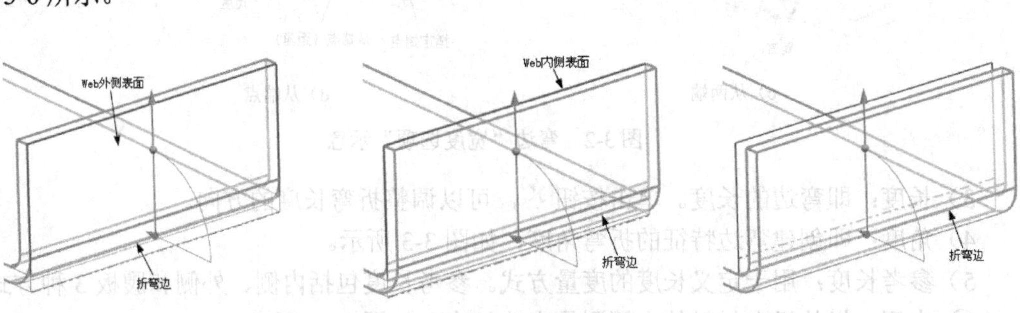

a）材料内侧　　b）材料外侧　　c）折弯外侧

图 3-5　弯边“内嵌”类型示意

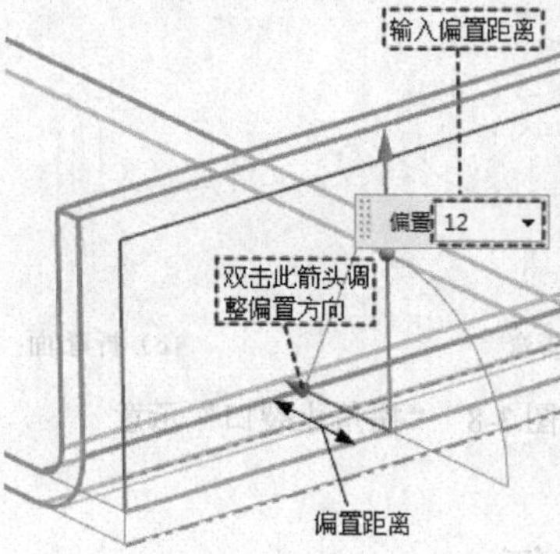

图 3-6 “偏置”示意

2. 折弯参数

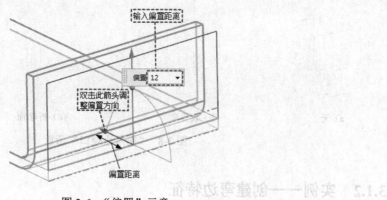

1）弯曲半径：指折弯区域圆柱面的半径。单击“启用公式编辑器”按钮 =，在下拉列表框中可以选择是采用全局折弯半径，还是直接在折弯半径文本框中输入新的折弯半径。

2）中性因子：是中心层距离与板厚的比值。中性轴指折弯外侧拉伸应力与内侧挤压应力相等的位置。中性因子由折弯材料的力学特性决定，用于表示平面展开处理的折弯许用公式。

3. 止裂口

1）折弯止裂口：当采用过小的折弯半径或硬质材料折弯时，常常会在折弯外侧产生毛口或断裂。可以在折弯线所在的边上开止裂口槽来解决这个问题。

① 正方形：指在创建折弯时，在连接处将主壁切割成方形切口，如图 3-7a 所示。

② 圆形：指在创建折弯时，在连接处将主壁切割成圆弧形切口，如图 3-7b 所示。

③ 无：指在创建折弯时，在连接处通过垂直切割主壁到折弯线，如图 3-7c 所示。

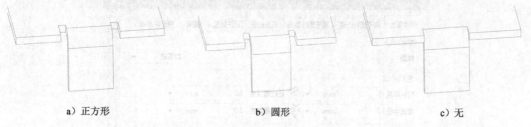

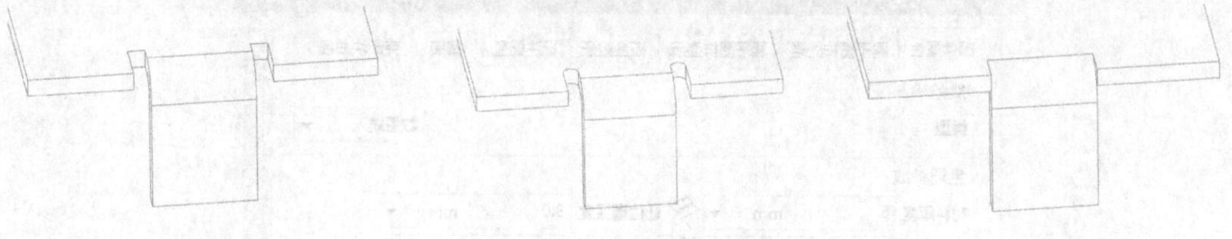

a）正方形　　b）圆形　　c）无

图 3-7 “折弯止裂口”示意

2）延伸止裂口：用于定义是否延伸折弯止裂口到零件的边。在“弯边”对话框中，通过勾选或取消勾选“延伸止裂口”复选框来定义是否延伸止裂口。

3）拐角止裂口：用于定义要创建的弯边特征是否与所邻接的特征采用拐角止裂口。其下拉列表框中包括仅折弯、折弯/面、折弯/面链和无 4 种选项。

① 无：指对邻接特征不应用拐角止裂口，如图 3-8a 所示。

② 仅折弯：指仅对邻接特征的折弯部分应用拐角止裂口，如图 3-8b 所示。

③ 折弯/面：指对邻接特征的折弯部分和平板部分应用拐角止裂口，如图 3-8c 所示。

④ 折弯/面链：指对邻接特征的所有折弯部分和平板部分应用拐角止裂口，如图 3-8d 所示。

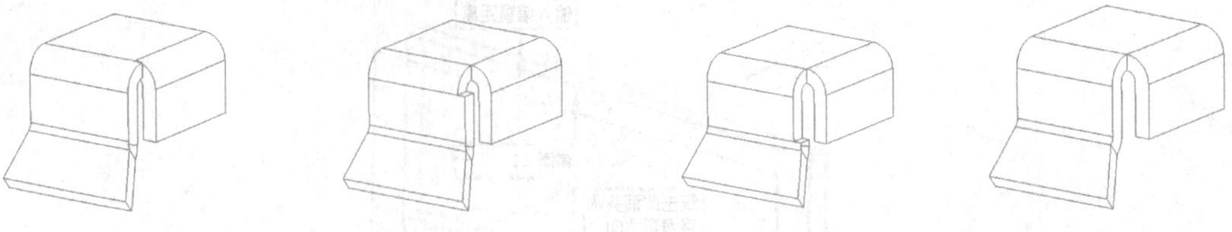

a）无　　b）仅折弯　　c）折弯/面　　d）折弯/面链

图 3-8 “拐角止裂口”示意

3.1.2 实例——创建弯边特征

1. 创建钣金文件

选择“菜单(M)”→“文件(F)”→“新建(N)...”选项，或者单击“主页”功能区中的“新建”按钮，弹出“新建”对话框。在“模板”列表框中选择“NX 钣金”选项。在“名称”文本框中输入 wanbian，单击“确定”按钮，进入 UG NX 12.0 钣金设计环境。

2. 预设置 NX 钣金参数

选择“菜单(M)”→“首选项(P)”→“钣金(H)...”选项，弹出如图 3-9 所示的“钣金首选项”对话框。设置“材料厚度”为 5，“弯曲半径”为 5，“让位槽深度”和“让位槽宽度”均为 3，“中性因子”为 0.33，其他参数采用默认设置。

3. 创建基本突出块特征

1）选择“菜单(M)”→“插入(S)”→“突出块(B)...”选项，或者单击“主页”功能区“基本”面组中的“突出块”按钮，弹出如图 3-10 所示“突出块”对话框。

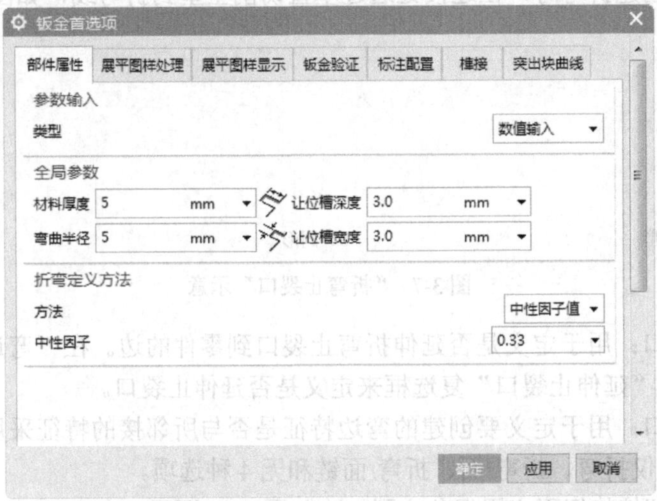

图 3-9 “钣金首选项”对话框

2）在“突出块”对话框栏上单击“绘制截面”按钮，选择 XC-YC 平面为草图工作平面，绘制突出块特征轮廓草图，如图 3-11 所示。单击“完成”按钮，草图绘制完毕。

3）在“突出块”对话框中单击“确定”按钮，创建基本突出块特征，如图 3-12 所示。

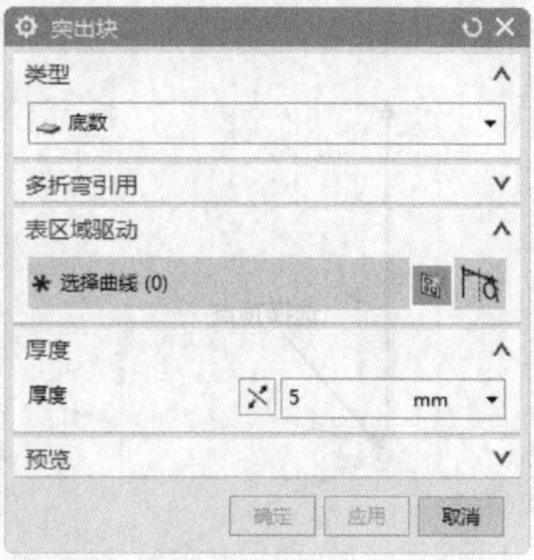

图 3-10　“突出块”对话框

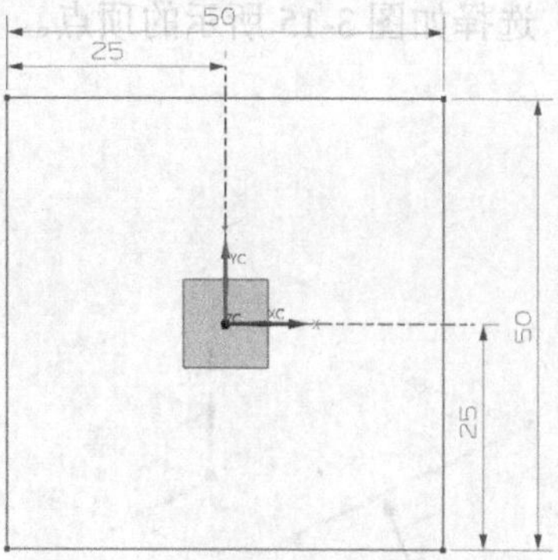

图 3-11　绘制突出块特征轮廓草图

4. 创建第 1 弯边特征

1）选择“菜单(M)”→“插入(S)”→“折弯(N)”→“弯边(F)...”选项，或者单击“主页”功能区“折弯”面组中的“弯边”按钮，弹出如图 3-13 所示“弯边”对话框。设置“内嵌”类型为“折弯外侧”，“参考长度”为“内侧”，“宽度选项”为“从端点”。

图 3-12　创建基本突出块特征

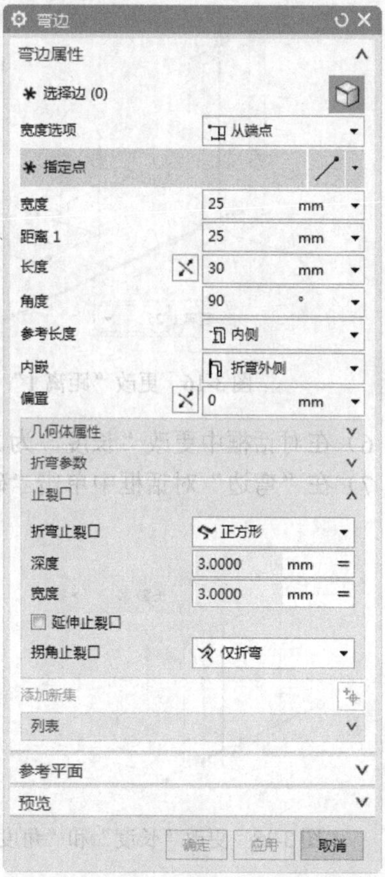

图 3-13　“弯边”对话框

2）在绘图窗口中选择如图 3-14 所示的第 1 弯边特征折弯边。

3）选择如图 3-15 所示的顶点。

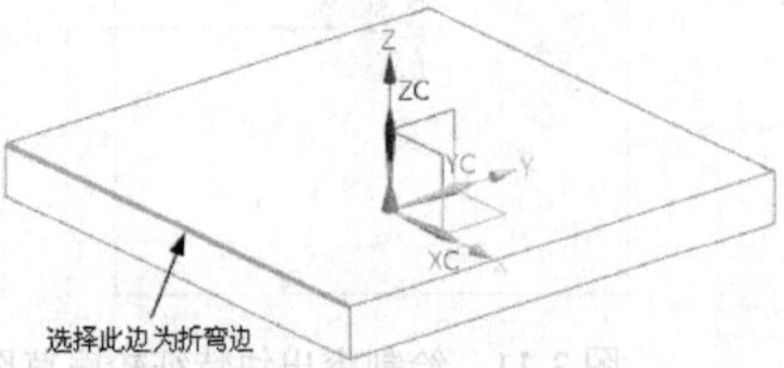

图 3-14　选择第 1 弯边特征折弯边

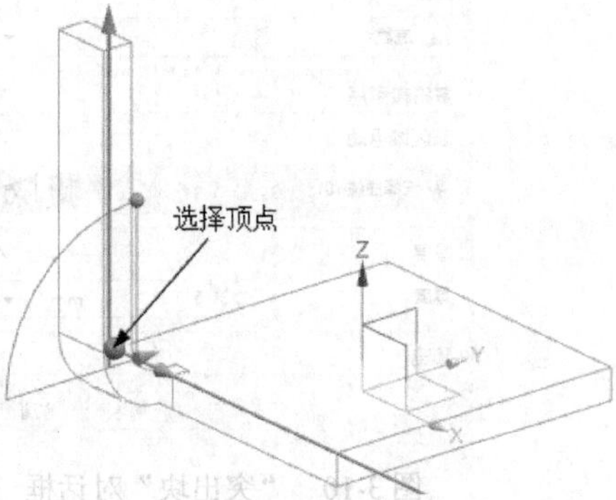

图 3-15　选择顶点

4）在绘图窗口中将“距离 1”更改为 25，如图 3-16 所示。

5）在对话框中更改宽度为 25，或者直接在绘图窗口中将“宽度”更改为 25，如图 3-17 所示。

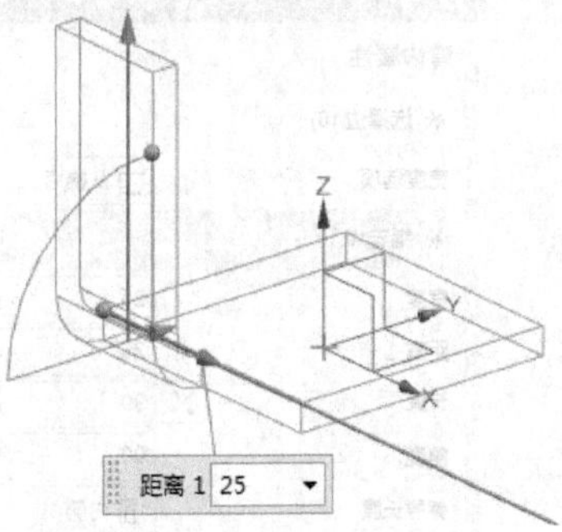

图 3-16　更改“距离 1”

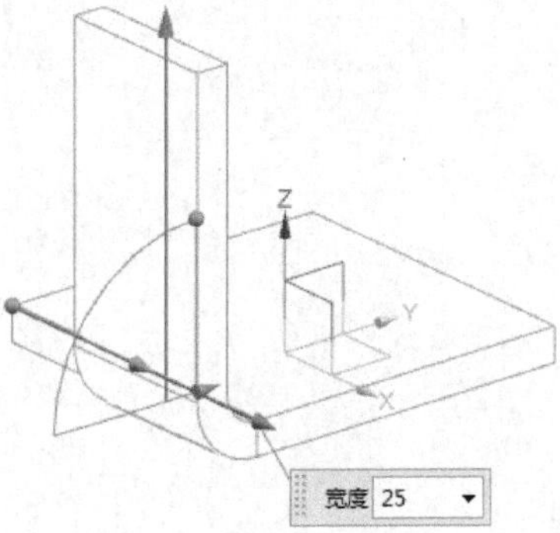

图 3-17　更改“宽度”

6）在对话框中更改“长度”为 30，“角度”为 90，如图 3-18 所示。

7）在“弯边”对话框中单击“确定”按钮，创建第 1 弯边特征，如图 3-19 所示。

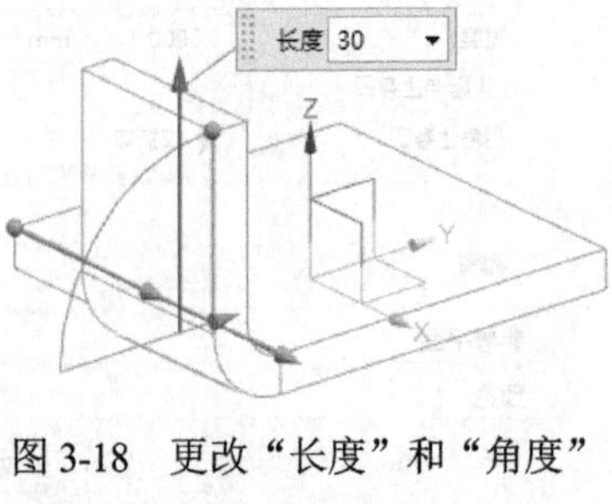

图 3-18　更改“长度”和“角度”

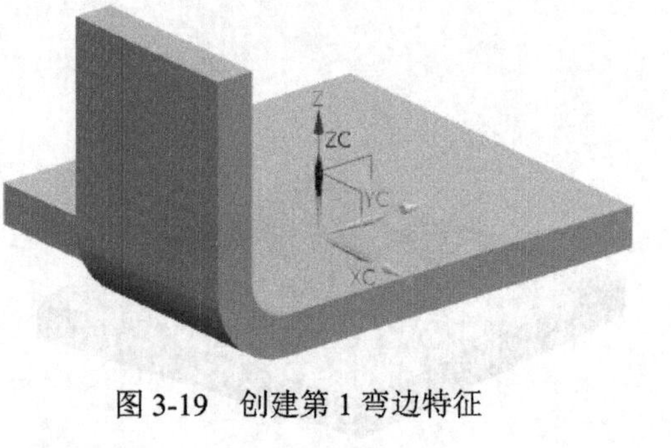

图 3-19　创建第 1 弯边特征

5. 创建第 2 弯边特征

1）选择“菜单(M)”→“插入(S)”→“折弯(N)”→“弯边(F)...”选项，或者单击“主页”功能区“折弯”面组中的“弯边”按钮，弹出如图 3-20 所示“弯边”对话框。设置“参考长度”为“内侧”，“内嵌”为“折弯外侧”，“宽度选项”为“完整”。

2）在绘图窗口中选择如图 3-21 所示的第 2 弯边特征折弯边，并在图 3-20 所示“弯边”对话框中设置弯边“长度”为 30，“角度”为 90，在“折弯止裂口”下拉列表框中选择“正方形”，在“拐角止裂口”中选择“仅折弯”。

3）在“弯边”对话框中单击“确定”按钮，创建如图 3-22 所示第 2 弯边特征。

图 3-20　“弯边”对话框

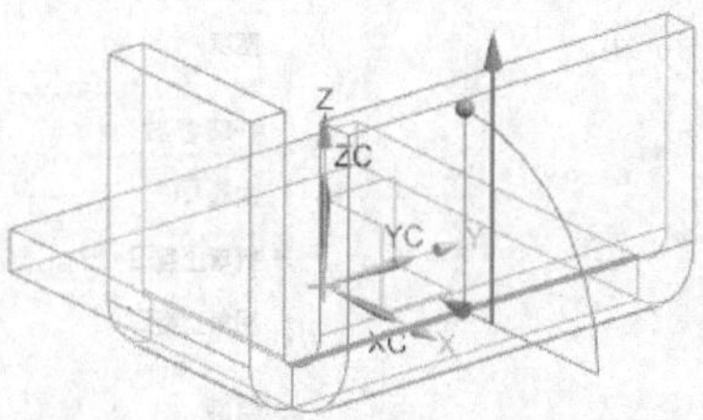

图 3-21　选择第 2 弯边特征折弯边

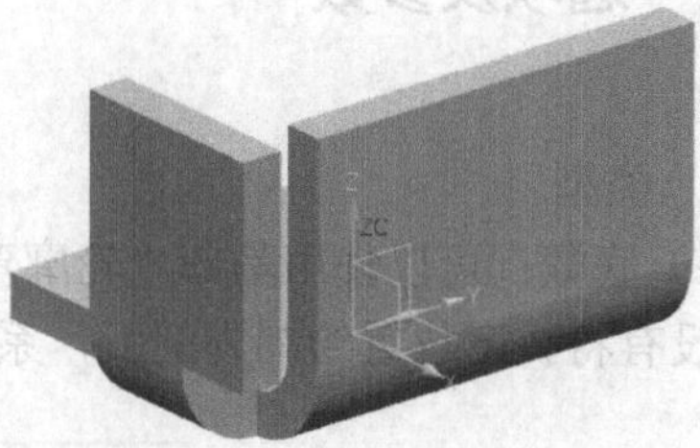

图 3-22　创建第 2 弯边特征

3.2　轮廓弯边特征

“轮廓弯边”指通过拉伸表示弯边截面轮廓来创建弯边特征。可以使用“轮廓弯边”命令创建新零件的基本特征，或者在现有的钣金件上添加轮廓弯边特征，也可以创建任意角度的多个折弯特征。

选择“菜单(M)”→“插入(S)”→“折弯(N)”→“轮廓弯边(C)…”选项，或者单击“主页”功能区“折弯”面组中的“轮廓弯边”按钮，弹出如图 3-23 所示的“轮廓弯边”对话框。

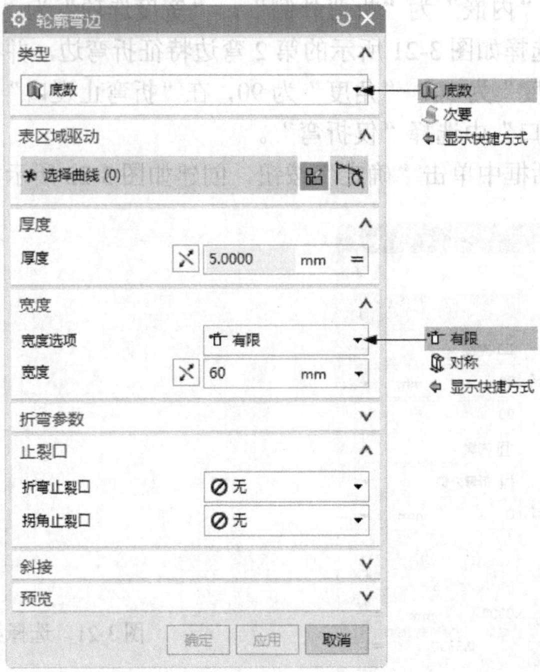

图 3-23 “轮廓弯边”对话框

3.2.1 选项及参数

1. 类型

1）底数：可以使用基部“轮廓弯边”命令创建新零件的基本特征。当创建轮廓弯边时，如果没有将折弯位置绘制为圆弧，系统将在折弯位置自动添加圆弧，如图 3-24 所示。

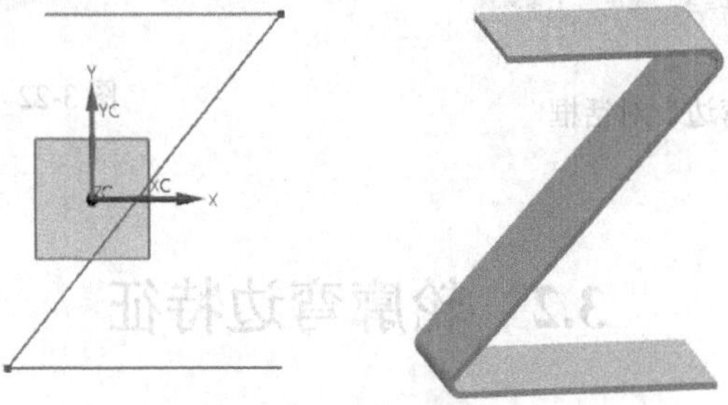

图 3-24 基部轮廓弯边

2）次要：在已存在的钣金壁的边缘添加轮廓特征，其壁厚与基础钣金相同。

2. 表区域驱动

1）选择曲线：用于指定使用已有的轮廓来创建轮廓弯边特征。在图 3-23 所示的“轮廓弯边”对话框为默认选项，即默认选择按钮。

2）绘制草图：在“轮廓弯边”对话框中单击按钮，可以通过在参考平面上绘制开轮廓草图。选择轮廓弯边所在的草绘平面时，通常在边上选择一个点，草绘平面通过所选择的点，并垂直于所选择的边。

3. 宽度

1）宽度选项：其下拉列表框中包括有限和对称两个选项。

① 有限：指创建有限宽度的轮廓弯边的方法。利用“有限”范围方法创建轮廓弯边如图 3-25 所示。

② 对称：指用轮廓弯边宽度值的一半定义轮廓两侧距离来创建轮廓弯边的方法。利用“对称”范围方法创建轮廓弯边如图 3-26 所示。

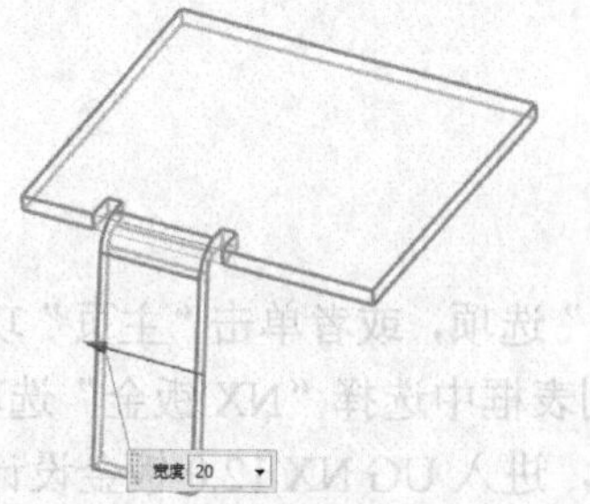

图 3-25　利用“有限”范围方法创建轮廓弯边

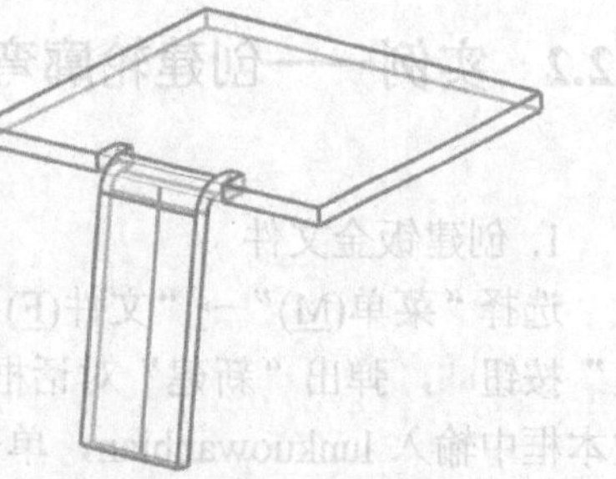

图 3-26　利用“对称”范围方法创建轮廓弯边

2）宽度：用于设置轮廓弯边拉伸的范围。对“有限”范围和“对称”范围选项有效，对于“有限”范围，所定义的距离值等于轮廓弯边的宽度，如图 3-25 所示；对于“对称“范围，所定义的距离值等于轮廓弯边宽度的一半，如图 3-26 所示。

4. 斜接

1）开始端和结束端：用于设置轮廓弯边端（两侧），包括“开始端”和“结束端”选项的“斜接”选项和参数。

2）斜接角：勾选此复选框，在创建轮廓弯边的同时创建斜接。此时“斜接”选项组如图 3-27 所示。

3）开孔：其下拉列表框中包括以下选项。

① 垂直于厚度面：使轮廓弯边的端部斜接垂直于厚度表面，如图 3-28a 所示。

② 垂直于源面：使轮廓弯边的端部斜接垂直于原始表面，如图 3-28b 所示。

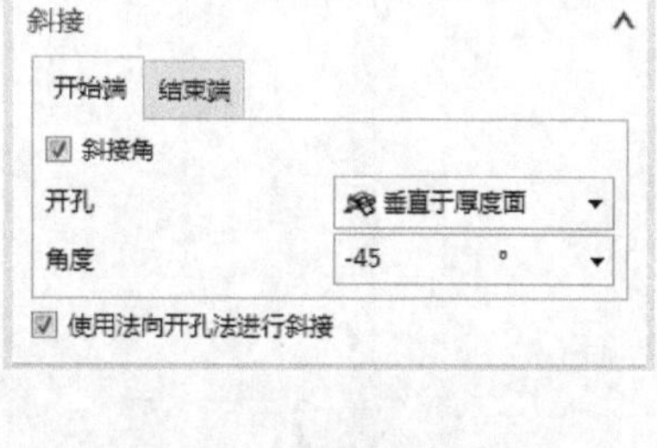

图 3-27　“斜接”选项组

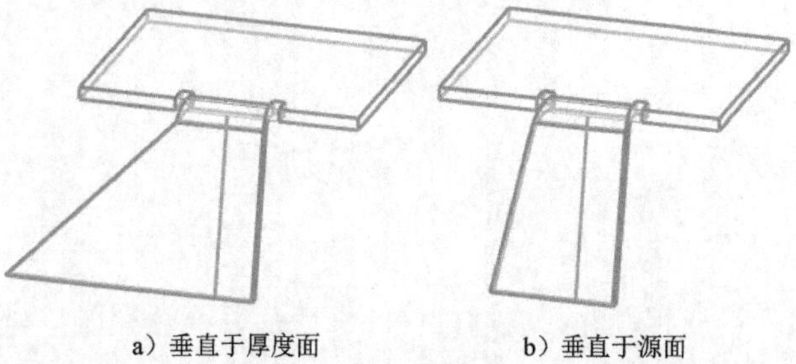

a）垂直于厚度面　　b）垂直于源面

图 3-28　“开孔”示意

4）角度：用于设置轮廓弯边开始端和结束端的斜接角度值，可以为正值、负值或零，如图 3-29 所示。

5）使用法向开孔法进行斜接：用于定义是否采用法向切槽方式斜接。

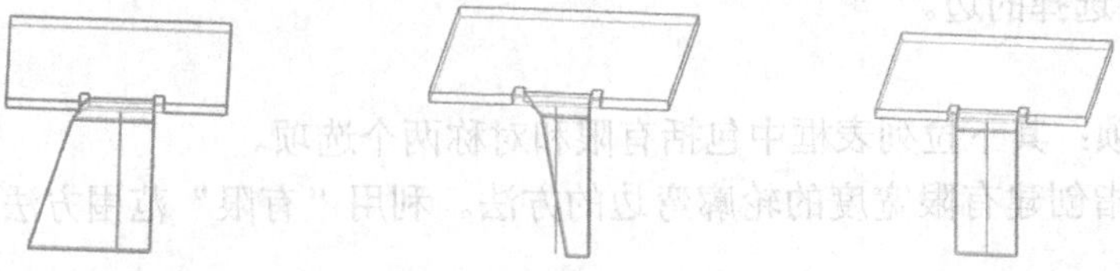

a）负值　　b）正值　　c）零

图 3-29 “角度”示意

3.2.2 实例——创建轮廓弯边特征

1. 创建钣金文件

选择“菜单(M)”→“文件(F)”→“新建(N)...”选项，或者单击“主页”功能区中的“新建”按钮，弹出“新建”对话框。在“模板”列表框中选择“NX 钣金”选项。在“名称”文本框中输入 lunkuowanbian，单击“确定”按钮，进入 UG NX 12.0 钣金设计环境。

2. 预设置 NX 钣金参数

选择“菜单(M)”→“首选项(P)”→“钣金(H)...”选项，弹出如图 3-30 所示的“钣金首选项”对话框。设置“材料厚度”为 3，“弯曲半径”为 3，“让位槽深度”和“让位槽宽度”均为 3，“中性因子”为 0.33，其他参数采用默认设置。

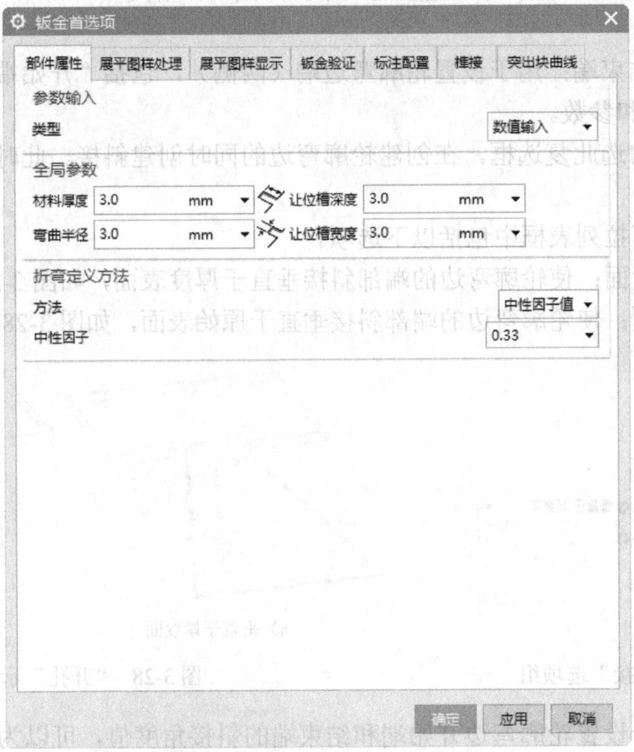

图 3-30 “钣金首选项”对话框

3. 创建轮廓弯边特征

1）选择“菜单(M)”→“插入(S)”→“折弯(N)”→“轮廓弯边(C)...”选项，或者单击“主页”功能区“折弯”面组中的“轮廓弯边”按钮，弹出如图 3-31 所示“轮廓弯边”对话框。设置“宽度选项”为“对称”，“宽度”为 50。

图 3-31　“轮廓弯边”对话框

2）在“轮廓弯边”对话框上单击“绘制草图”按钮，选择 XC-YC 平面为草图工作平面，绘制轮廓弯边特征轮廓草图，如图 3-32 所示。单击“完成”按钮，草图绘制完毕。

3）在“轮廓弯边”对话框中单击“确定”按钮，结果如图 3-33 所示。

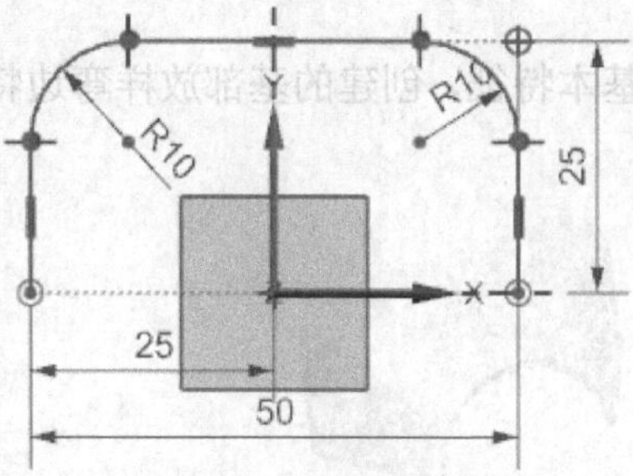

图 3-32　绘制轮廓弯边特征轮廓草图

图 3-33　创建轮廓弯边特征

3.3　放样弯边特征

“放样弯边”提供了在平行参考面上的轮廓或草图之间过渡连接的功能。

选择“菜单(M)”→“插入(S)”→“折弯(N)”→“放样弯边(L)...”选项，或者单击“主页”功能区“折弯”面组“更多”库中的“放样弯边”按钮，弹出如图 3-34 所示的“放样弯边”对话框。

图 3-34 “放样弯边”对话框

3.3.1 选项及参数

1. 类型

可以使用基部放样弯边选项创建新零件的基本特征，创建的基部放样弯边特征如图 3-35 所示。

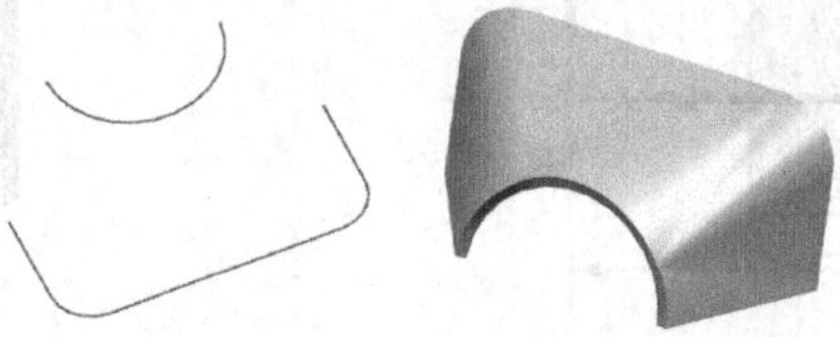

图 3-35 基部放样弯边

2. 截面

“起始截面”和“终止截面”的选择步骤完全相同，这里只介绍“起始截面”的选择步骤。

1）选择曲线：用于指定使用已有的轮廓作为放样弯边特征的起始轮廓。在“放样弯边”对话框中为默认选项，即默认选择按钮。

2）绘制草图：在图 3-34 所示的“放样弯边”对话框中单击按钮，可以在参考平面上绘制开轮廓草图作为放样弯边特征的起始轮廓。选择放样弯边起始轮廓所在的草图工作平面，并在该草图工作平面绘制起始轮廓草图。通常在零件边上选择一个点，草图工作平面通过所选择的点，并垂直于所选择的边。

3.3.2 实例——创建放样弯边特征

1. 创建钣金文件

选择“菜单(M)”→“文件(F)”→“新建(N)...”选项，或者单击“主页”功能区中的“新建”按钮，弹出“新建”对话框。在“模板”列表框中选择“NX 钣金”选项。在“名称”文本框中输入 fangyangwanbian，单击“确定”按钮，进入 UG NX 12.0 钣金设计环境。

2. 预设置 NX 钣金参数

选择“菜单(M)”→“首选项(P)”→“钣金(H)...”选项，弹出如图 3-36 所示的“钣金首选项”对话框。设置“材料厚度”为 3，“弯曲半径”为 3，“让位槽深度”和“让位槽宽度”均为 3，“中性因子”为 0.33，其他参数采用默认设置。

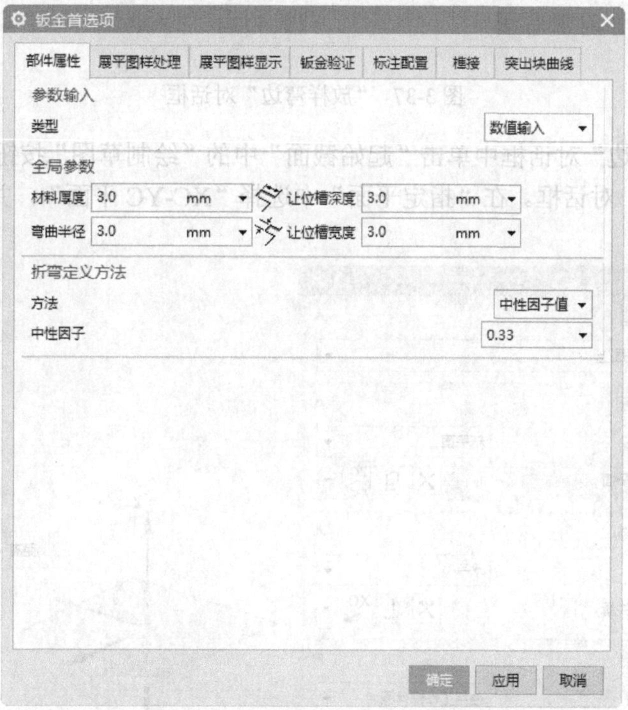

图 3-36 “钣金首选项”对话框

3. 创基部放样弯边特征

1）选择“菜单(M)”→“插入(S)”→“折弯(N)”→“放样弯边(L)...”选项，或者单击“主页”功能区“折弯”面组“更多”库中的“放样弯边”按钮，弹出如图 3-37 所示“放样弯边”对话框。

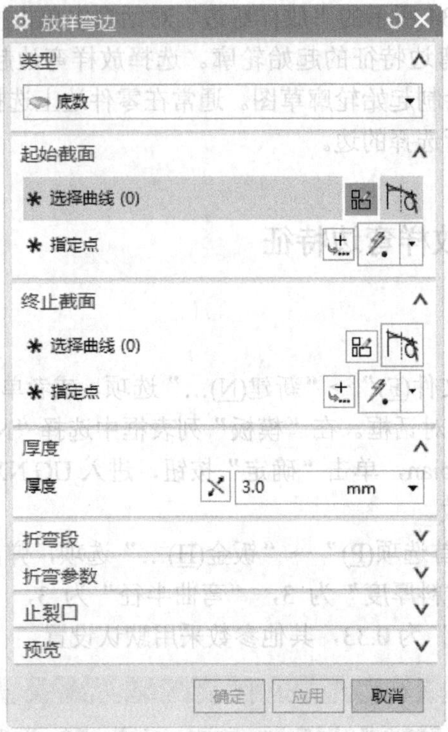

图 3-37 “放样弯边”对话框

2）在“放样弯边”对话框中单击“起始截面”中的“绘制草图”按钮，弹出如图 3-38 所示的“创建草图”对话框。在“指定平面”中选择“XC-YC 平面”，并在“距离”文本框中输入 40。

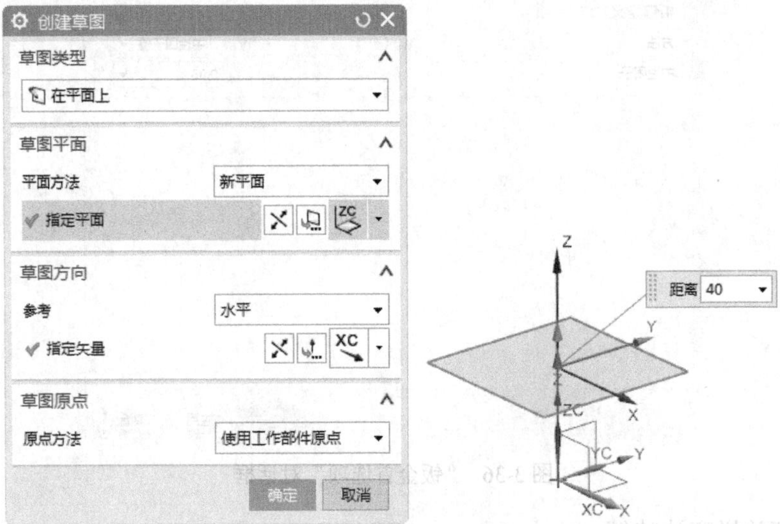

图 3-38 “创建草图”对话框

3）在创建的草图平面上绘制放样弯边特征的起始轮廓草图，如图 3-39 所示。单击“完成”按钮，草图绘制完毕。

4）在“放样弯边”对话框中单击“终止截面”中的“绘制草图”按钮，在 XC-YC 平面上绘制放样弯边特征的终止轮廓草图，如图 3-40 所示。单击“完成”按钮，草图绘制完毕。

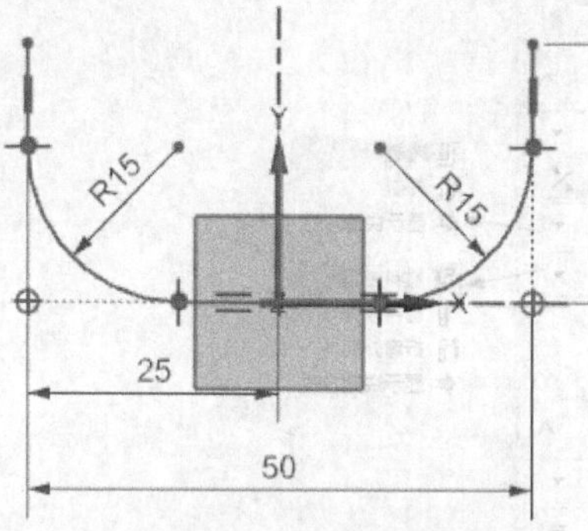

图 3-39　绘制起始轮廓草图

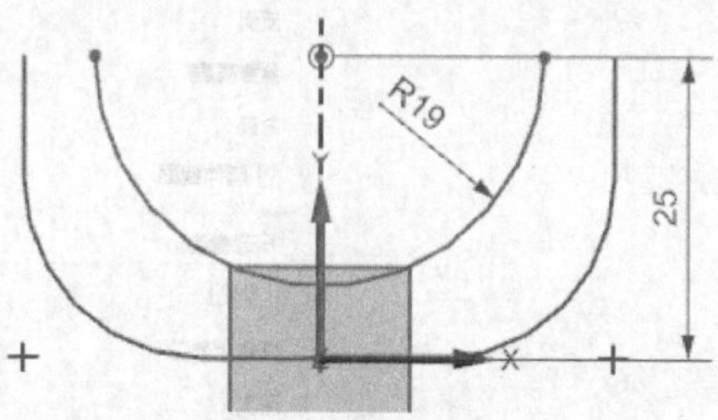

图 3-40　绘制终止轮廓草图

5）指定起始截面端点和终止截面端点在同一侧，如图 3-41 所示。

6）在“放样弯边”对话框中单击“确定”按钮，创建放样弯边特征，如图 3-42 所示。

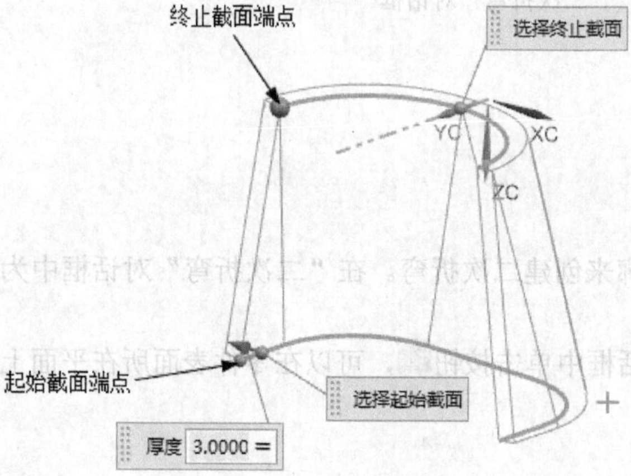

图 3-41　指定端点

图 3-42　创建放样弯边特征

3.4　二次折弯特征

利用“二次折弯”功能可以在钣金件平面上创建两个 90º 的折弯，并添加材料到折弯特征。“二次折弯”功能的轮廓线必须是一条直线，并且位于放置平面上。

选择“菜单(M)”→“插入(S)”→“折弯(N)”→“二次折弯(O)...”选项，或者单击“主页”功能区“折弯”面组“更多”库中的“二次折弯”按钮，弹出如图 3-43 所示的“二次折弯”对话框。

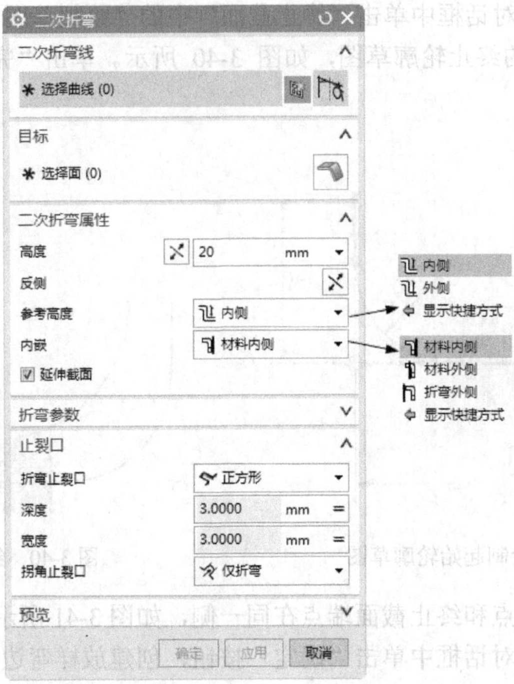

图 3-43 “二次折弯”对话框

3.4.1 选项及参数

1. 二次折弯线

1）曲线：用于选择已有的直线轮廓来创建二次折弯。在“二次折弯”对话框中为默认选项，即默认选择按钮。

2）绘制截面：在“二次折弯”对话框中单击按钮，可以在零件表面所在平面上绘制直线轮廓草图。

2. 二次折弯属性

1）高度：创建二次折弯时可以在绘图窗口中动态更改高度值，也可在“二次折弯”对话框中的“高度”文本框中设置高度值。

2）参考高度：其下拉列表框中包括以下选项。

① 内侧：指定义选择面（放置面）到二次折弯特征最近表面的高度，如图 3-44a 所示。

② 外侧：指定义选择面（放置面）到二次折弯特征最远表面的高度，如图 3-44b 所示。

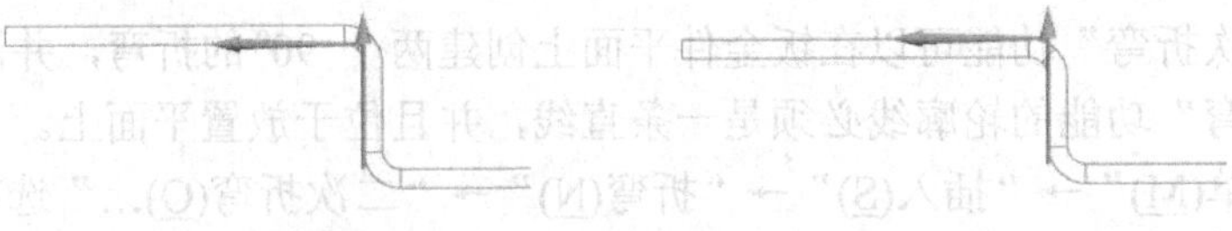

a）内侧　　b）外侧

图 3-44 “参考高度”示意

3）内嵌：其下拉列表框中包括以下选项。

① 材料内侧：指二次折弯垂直于放置面的部分在轮廓面内侧，如图 3-45a 所示。

② 材料外侧：指二次折弯垂直于放置面的部分在轮廓面外侧，如图 3-45b 所示。

③ 折弯外侧：指二次折弯垂直于放置面的部分和折弯部分都在轮廓面外侧，如图 3-45c 所示。

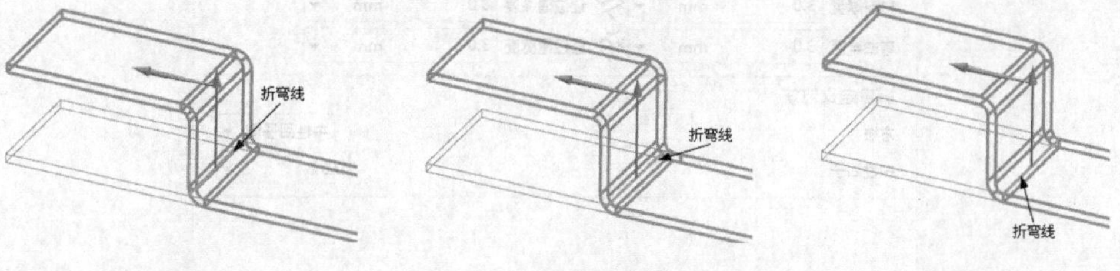

a）材料内侧　　b）材料外侧　　c）折弯外侧

图 3-45　设置不同位置选项二次折弯示意

4）延伸截面：通过勾选或取消勾选“延伸截面”，复选框来定义是否延伸直线轮廓到零件的边。创建二次折弯时，如果直线轮廓没有达到零件边，则需要勾选“延伸截面”复选框，否则有可能不能创建二次折弯。

3.4.2　实例——创建二次折弯特征

1. 创建钣金文件

选择“菜单(M)”→“文件(F)”→“新建(N)...”选项，或者单击“主页”功能区中的“新建”按钮，弹出“新建”对话框。在“模板”列表框中选择“NX 钣金”选项。在“名称”文本框中输入 ercizhewan，单击“确定”按钮，进入 UG NX 12.0 钣金设计环境。

2. 预设置 NX 钣金参数

选择“菜单(M)”→“首选项(P)”→“钣金(H)...”选项，弹出如图 3-46 所示的“钣金首选项”对话框。设置“材料厚度”为 3，“弯曲半径”为 3，“让位槽深度”和“让位槽宽度”均为 3，“中性因子”为 0.33，其他参数采用默认设置。

3. 创建基本突出块特征

1）选择“菜单(M)”→“插入(S)”→“突出块(B)...”选项，或者单击“主页”功能区“基本”面组中的“突出块”按钮，弹出如图 3-47 所示“突出块”对话框。

2）单击“绘制截面”按钮，选择 XC-YC 平面为草图工作平面，绘制轮廓草图 1，如图 3-48 所示。单击“完成”按钮，草图绘制完毕。

3）在“突出块”对话框中单击“确定”按钮，创建基本突出块特征，如图 3-49 所示。

4. 创建第一次折弯

1）选择“菜单(M)”→“插入(S)”→“折弯(N)”→“二次折弯(O)...”选项，或者单击“主页”功能区“折弯”面组“更多”库中的“二次折弯”按钮，弹出如图 3-50 所示“二次折弯”对话框。在“内嵌”下拉列表框中选择“材料内侧”，在参考高度下拉列表框中选择“内侧”，并设置“高度”为 20。

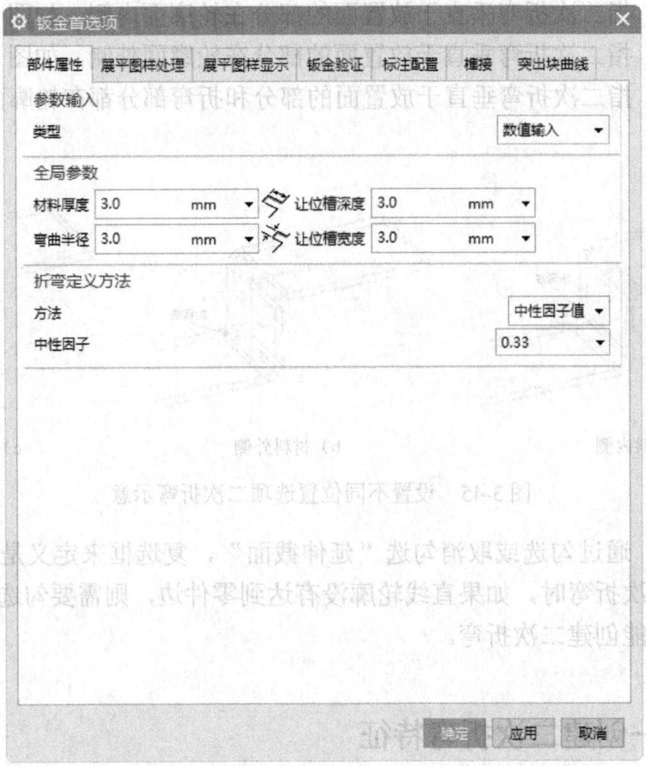

图 3-46　“钣金首选项”对话框

图 3-47　“突出块”对话框

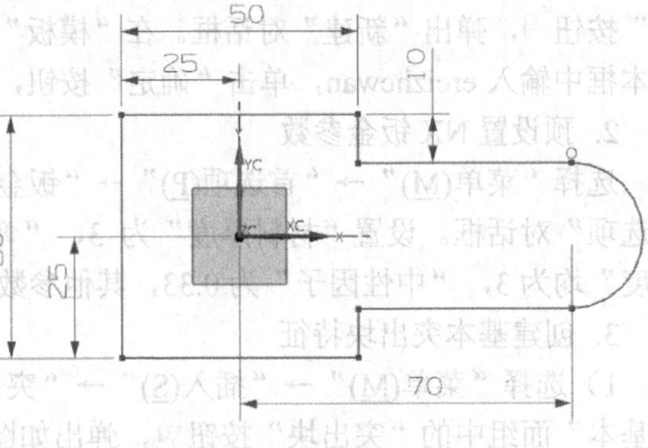

图 3-48　绘制轮廓草图 1

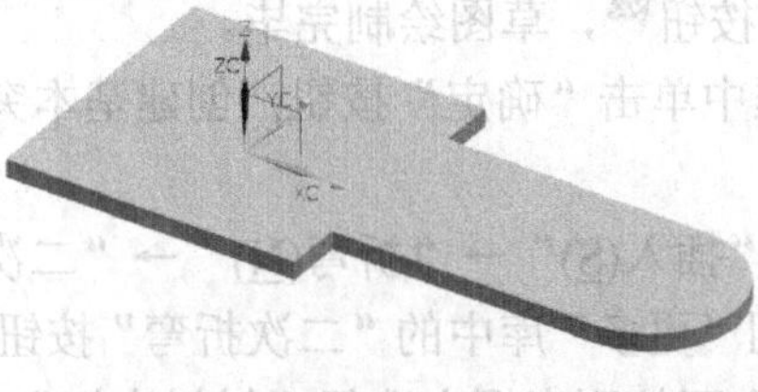

图 3-49　创建基本突出块特征

2）在“二次折弯”对话框栏单击“绘制截面”按钮，进入草图绘制环境，选择如图 3-51 所示的草图工作平面 1。

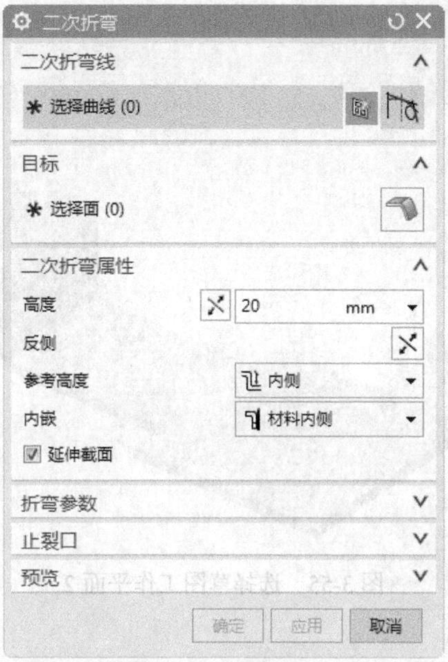

图 3-50 “二次折弯”对话框

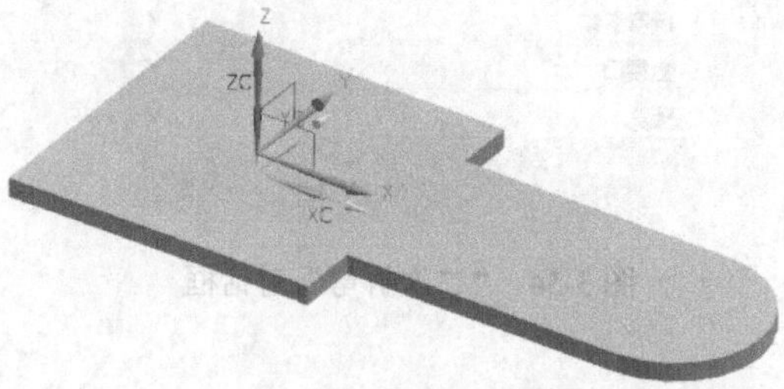

图 3-51 选择草图工作平面 1

3）绘制如图 3-52 所示的轮廓草图 2。单击“完成”按钮，草图绘制完毕。

4）在“二次折弯”对话框栏中单击“确定”按钮，创建如图 3-53 所示的第一次折弯。

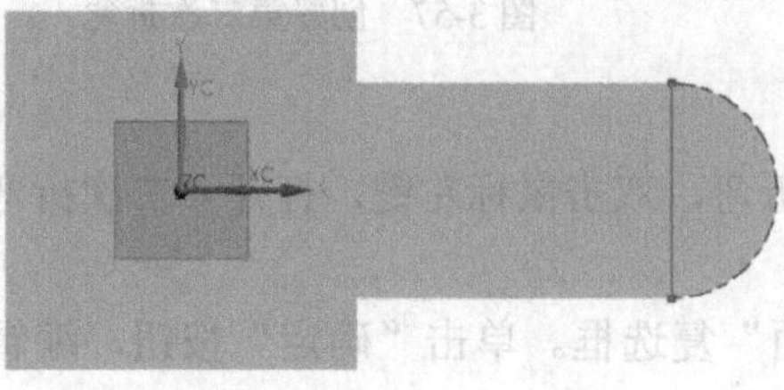

图 3-52 绘制轮廓草图 2

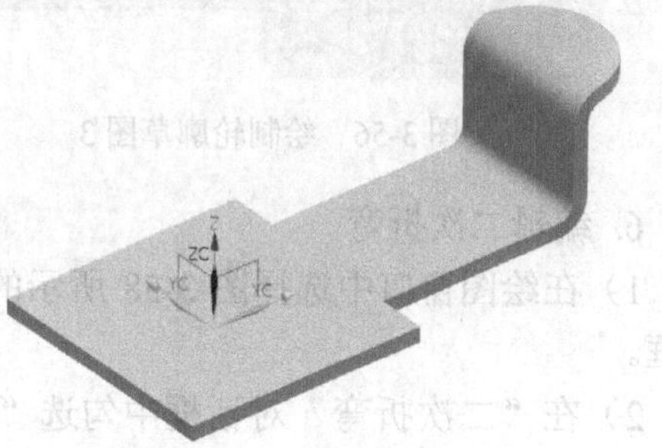

图 3-53 创建第一次折弯

5. 创建第二次折弯

1）选择“菜单(M)”→“插入(S)”→“折弯(N)”→“二次折弯(O)...”选项，或者单击“主页”功能区“折弯”面组“更多”库中的“二次折弯”按钮，弹出如图 3-54 所示 “二次折弯”对话框。在“内嵌”下拉列表框中选择“材料外侧”，在“参考高度”下拉列表框中选择“外侧”。取消勾选“延伸截面”复选框，并设置“高度”为 20，如图 3-54 所示。

2）在“二次折弯”对话框中单击“绘制截面”按钮，进入草图绘制环境。选择如图 3-55 所示的草图工作平面 2。

3）绘制如图 3-56 所示的轮廓草图 3。单击“完成”按钮，草图绘制完毕。

4）在“二次折弯”对话框中单击“确定”按钮，创建如图 3-57 所示的第二次折弯。

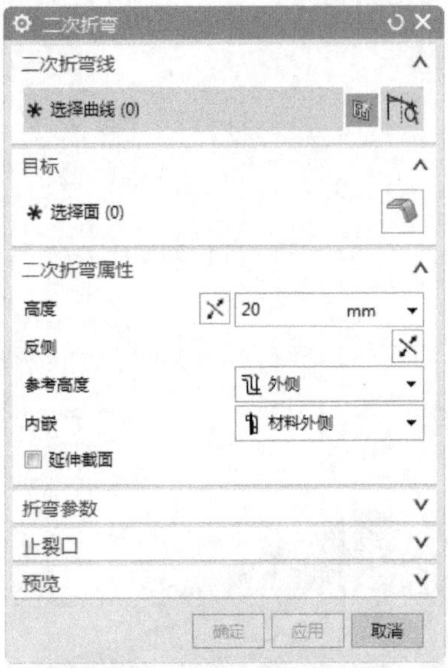

图 3-54 “二次折弯”对话框

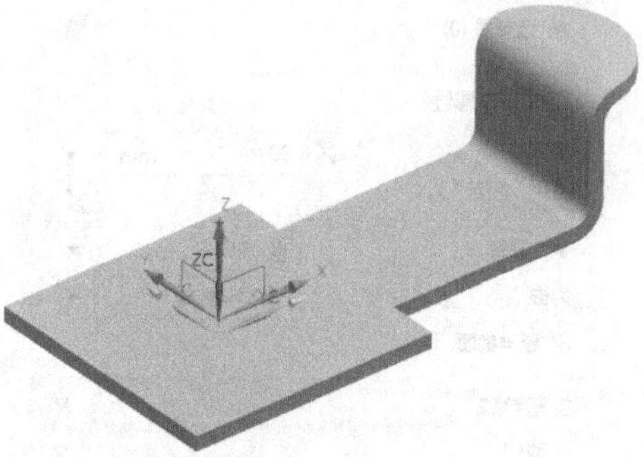

图 3-55 选择草图工作平面 2

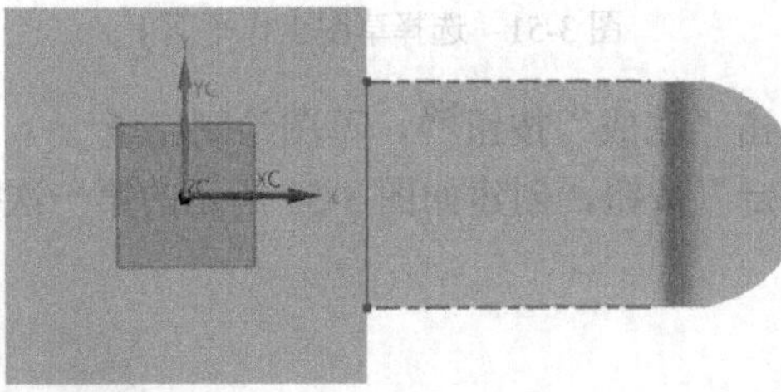

图 3-56 绘制轮廓草图 3

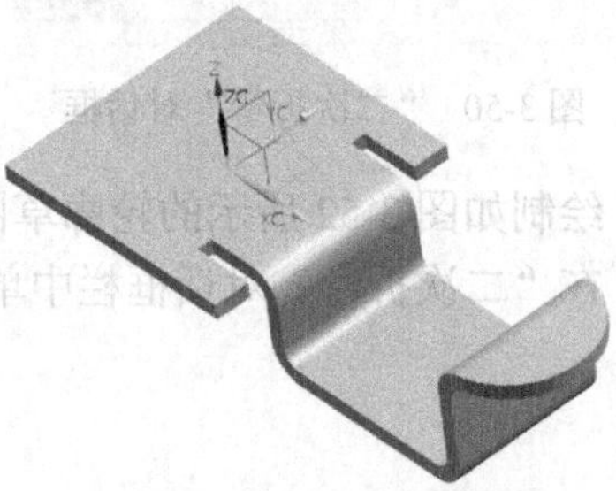

图 3-57 创建第二次折弯

6. 编辑二次折弯

1）在绘图窗口中选择图 3-58 所示的第二次折弯，双击鼠标左键，打开“二次折弯”对话框。

2）在“二次折弯”对话框中勾选“延伸截面”复选框。单击“确定”按钮，编辑后的二次折弯如图 3-59 所示。

图 3-58 选择第二次折弯进行编辑

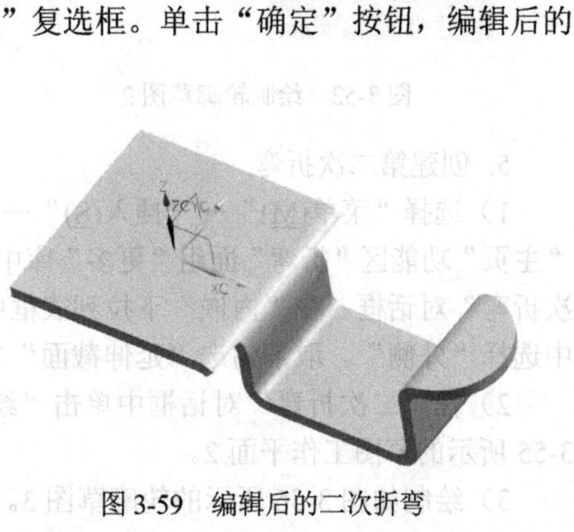

图 3-59 编辑后的二次折弯

3.5 折弯特征

“折弯”命令可以在钣金件的平面区域上创建折弯特征。

选择“菜单(M)”→“插入(S)”→“折弯(N)”→“折弯(B)...”选项，或者单击“主页”功能区“折弯”面组“更多”库中的“折弯”按钮，弹出如图 3-60 所示“折弯”对话框。

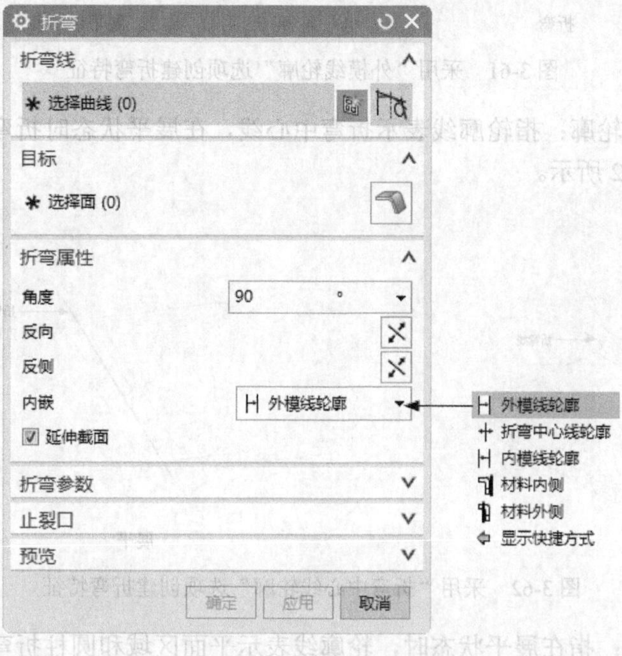

图 3-60 “折弯”对话框

3.5.1 选项及参数

1. 折弯线

1）曲线：用于选择已有的直线轮廓来创建折弯特征，在如图 3-60 所示的“折弯”对话框中为默认选项，即默认选择按钮。

2）绘制截面：在如图 3-60 所示的“折弯”对话框中单击按钮，可以在零件表面所在的平面上绘制直线轮廓草图。

2. 折弯属性

1）角度（即创建折弯特征的折弯角度）：可以在绘图窗口中动态更改角度值，或者在图 3-60 所示的“折弯”对话框输入角度值。

2）内嵌：其下拉列表框中包括以下选项。

① 外模线轮廓：指在展平状态时，轮廓线表示平面静止区域和圆柱折弯区域之间连接的直线，如图 3-61 所示。

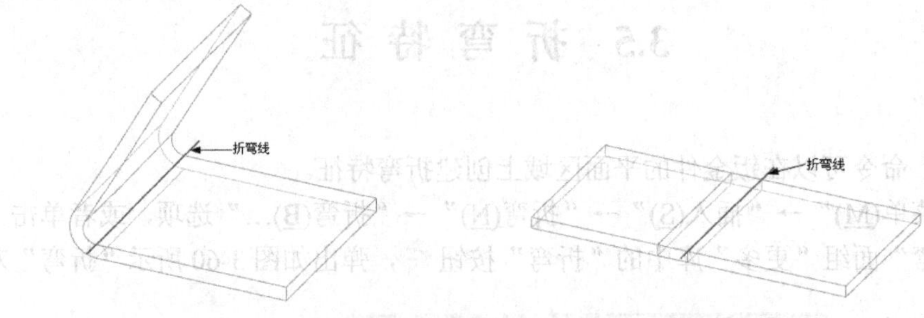

图 3-61　采用“外模线轮廓”选项创建折弯特征

② 折弯中心线轮廓：指轮廓线表示折弯中心线，在展平状态时折弯区域均匀分布在轮廓线两侧，如图 3-62 所示。

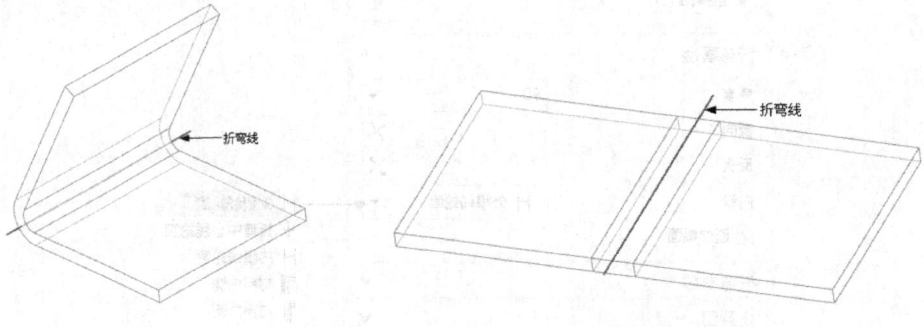

图 3-62　采用“折弯中心线轮廓”选项创建折弯特征

③ 内模线轮廓：指在展平状态时，轮廓线表示平面区域和圆柱折弯区域之间连接的直线，如图 3-63 所示。

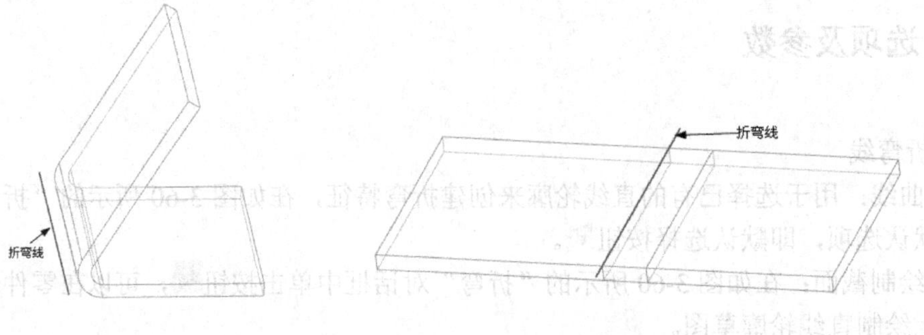

图 3-63　采用“内模线轮廓”选项创建折弯特征

④ 材料内侧：指在成形状态下，轮廓线在平面区域的外侧平面内，如图 3-64 所示。

⑤ 材料外侧：指在成形状态下，轮廓线在平面区域的内侧平面内，如图 3-65 所示。

3）延伸截面：通过勾选或取消勾选“延伸截面”复选框来定义是否延伸直线轮廓到零件的边，如图 3-66 所示。

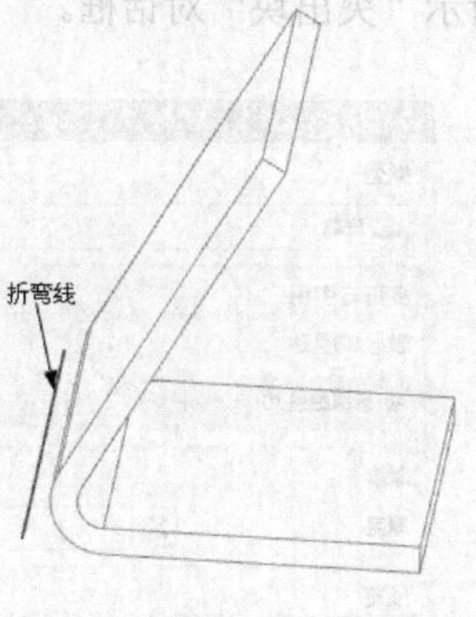

图 3-64　采用“材料内侧”选项创建折弯特征

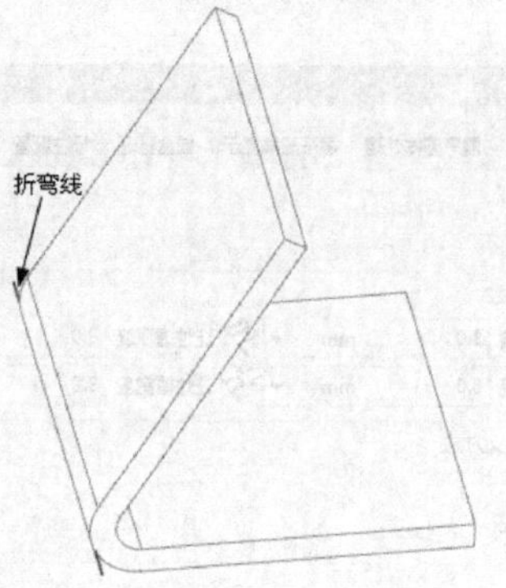

图 3-65　采用“材料外侧”选项创建折弯特征

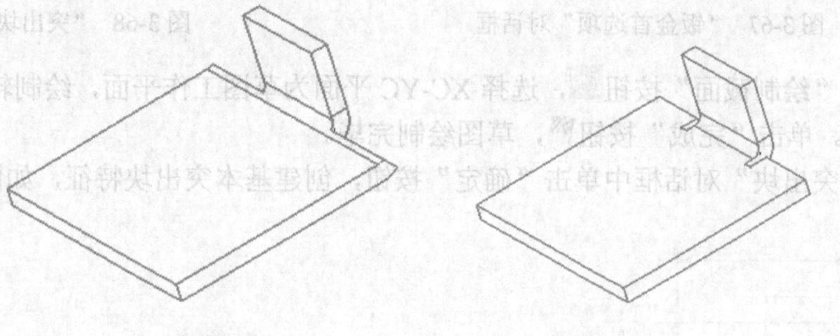

图 3-66　“延伸截面”选项示意

3. 折弯参数和止裂口

在图 3-60 所示的“折弯”对话框中可以设置“折弯参数”和“止裂口”选项及参数，其含义同 3.1.1 节中所述。

3.5.2　实例——创建折弯特征

1. 创建钣金文件

选择“菜单(M)”→“文件(F)”→“新建(N)…”选项，或者单击“主页”功能区中的“新建”按钮，弹出“新建”对话框。在“模板”列表框中选择“NX 钣金”选项。在“名称”文本框中输入 zhewan，单击“确定”按钮，进入 UG NX 12.0 钣金设计环境。

2. 预设置 NX 钣金参数

选择“菜单(M)”→“首选项(P)”→“钣金(H)…”选项，弹出如图 3-67 所示的“钣金首选项”对话框。设置“材料厚度”为 3，“弯曲半径”为 3，“让位槽深度”和“让位槽宽度”均为 3，“中性因子”为 0.33，其他参数采用默认设置。

3. 创建基本突出块特征

1）选择“菜单(M)”→“插入(S)”→“突出块(B)…”选项，或者单击“主页”功能区

“基本”面组中的“突出块”按钮，弹出如图 3-68 所示“突出块”对话框。

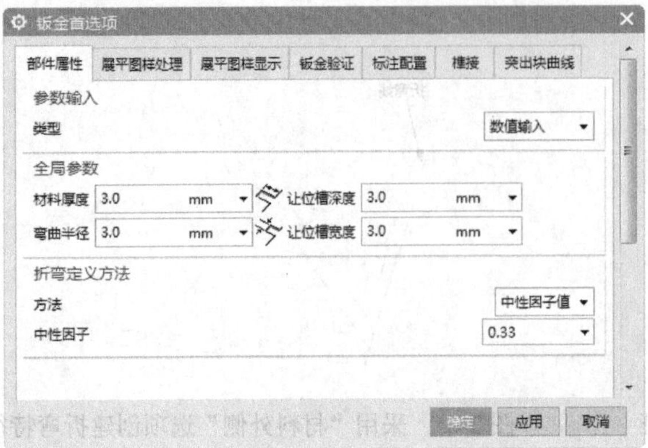

图 3-67 “钣金首选项”对话框

图 3-68 “突出块”对话框

2）单击“绘制截面”按钮，选择 XC-YC 平面为草图工作平面，绘制轮廓草图 1，如图 3-69 所示。单击“完成”按钮，草图绘制完毕。

3）在“突出块”对话框中单击“确定”按钮，创建基本突出块特征，如图 3-70 所示。

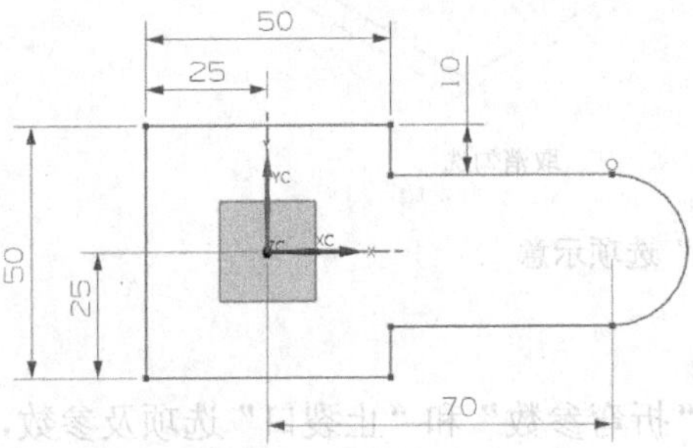

图 3-69 绘制轮廓草图 1

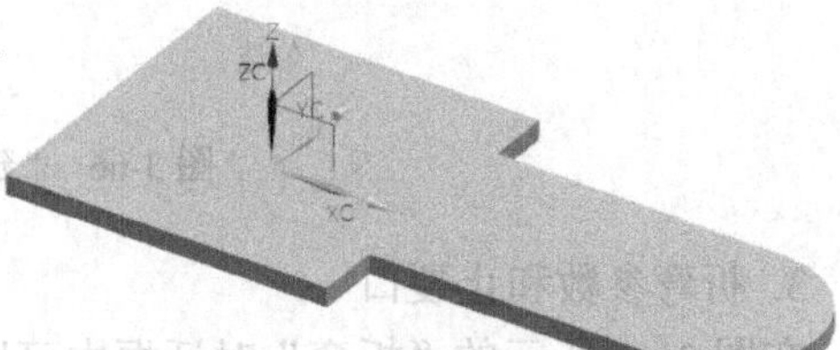

图 3-70 创建基本突出块特征

4. 创建第一折弯特征

1）选择“菜单(M)”→“插入(S)”→“折弯(N)”→“折弯(B)...”选项，或者单击“主页”功能区“折弯”面组“更多”库中的“折弯”按钮，弹出如图 3-71 所示“折弯”对话框。设置“角度”为 90，在“内嵌”下拉列表框中选择“材料内侧”，其他参数采用默认设置。

2）在“折弯”对话框栏单击“绘制截面”按钮，进入草图绘制环境。选择如图 3-72 所示的草图工作平面。

3）绘制如图 3-73 所示的轮廓草图 2。单击“完成”按钮，草图绘制完毕。

4）在“折弯”对话框中单击“确定”按钮，创建如图 3-74 所示的第一折弯特征。

5. 创建第二折弯特征

1）选择“菜单(M)”→“插入(S)”→“折弯(N)”→“折弯(B)...”选项，或者单击“主页”功能区“折弯”面组“更多”库中的“折弯”按钮，弹出如图 3-75 所示 “折弯”对话框。设置“角度”为 45，在“内嵌”下拉列表框中选择“折弯中心线轮廓”，取消勾选“延伸截面”复选框，其他参数采用默认设置。

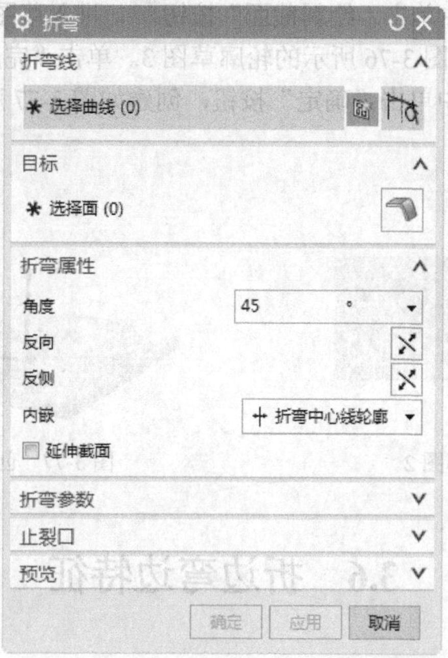

图 3-71 “折弯”对话框

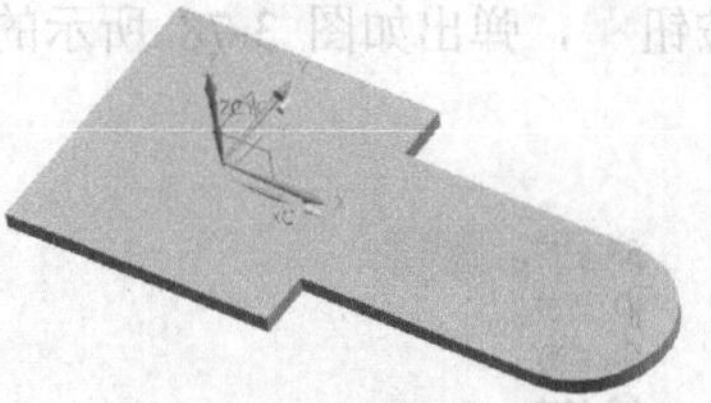

图 3-72　选择草图工作平面

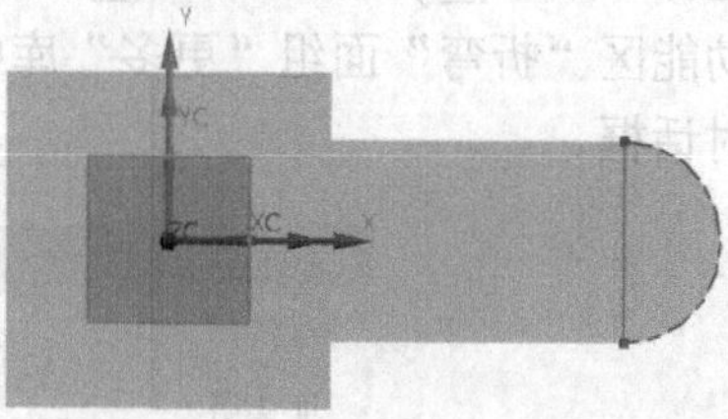

图 3-73　绘制轮廓草图 2

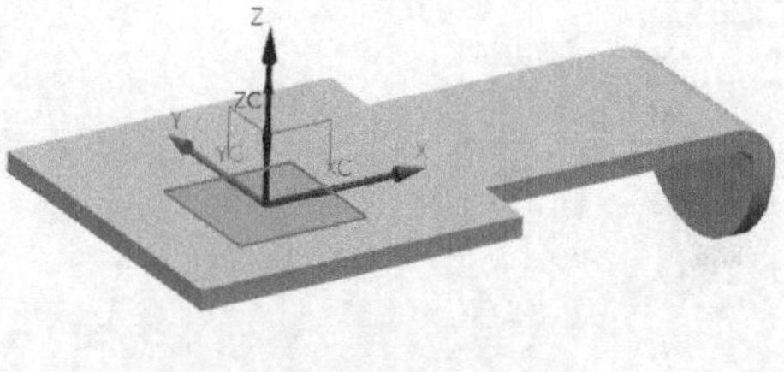

图 3-74　创建第一折弯特征

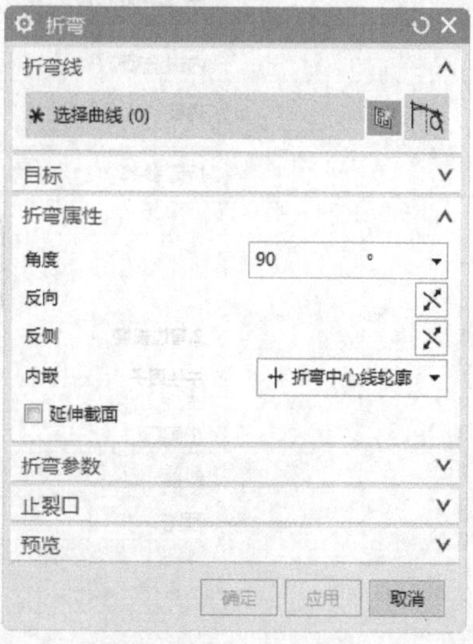

图 3-75 “折弯”对话框

2）在“折弯”对话框中单击“绘制截面”按钮，进入草图绘制环境。选择 XC-YC 面作为草图工作平面，绘制如图 3-76 所示的轮廓草图 3。单击“完成”按钮，草图绘制完毕

3）在“折弯”对话框中单击“确定”按钮，创建如图 3-77 所示的第二折弯特征。

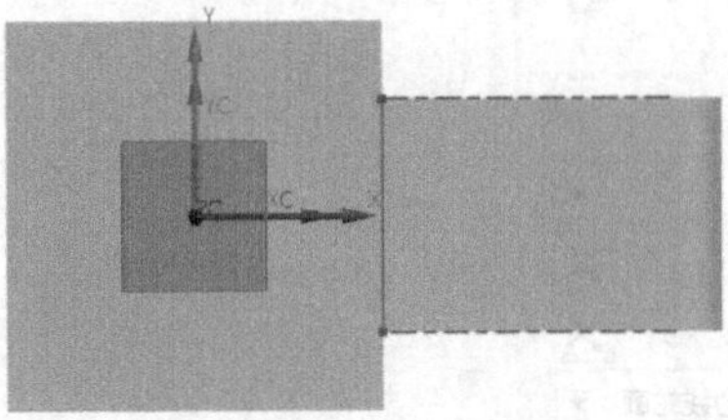

图 3-76　绘制轮廓草图 2

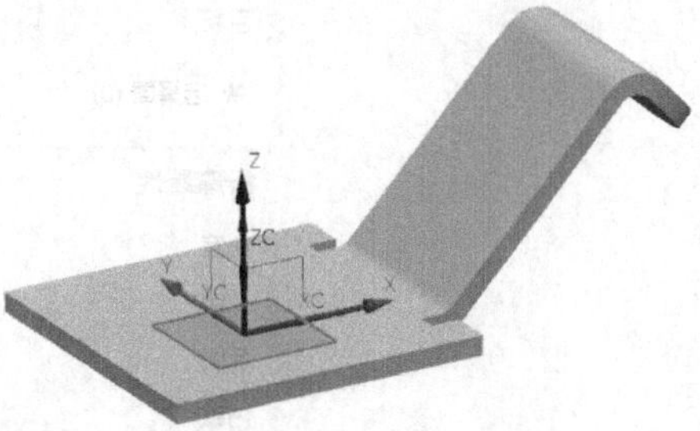

图 3-77　创建第二折弯特征

3.6　折边弯边特征

“折边弯边”用于在现有的钣金件边线上添加不同的形状。

选择“菜单(M)”→“插入(S)”→“折弯(N)”→“折边弯边(H)...”选项，或者单击“主页”功能区“折弯”面组“更多”库中的“折边弯边”按钮，弹出如图 3-78 所示的“折边”对话框。

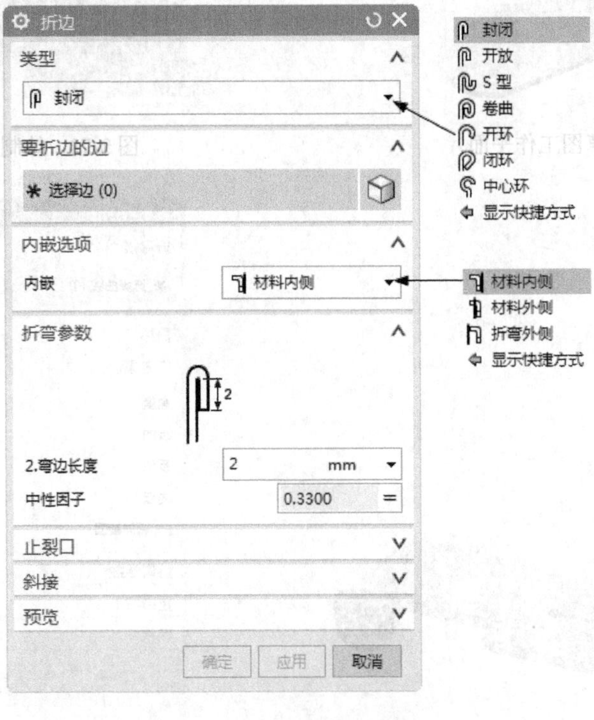

图 3-78　“折边”对话框

3.6.1 选项及参数

1. 类型

用于选择折边弯边的类型。

1）封闭：选择此类型，在图 3-79 所示的“折弯参数”选项组中输入相关参数，示意图如图 3-80 所示。

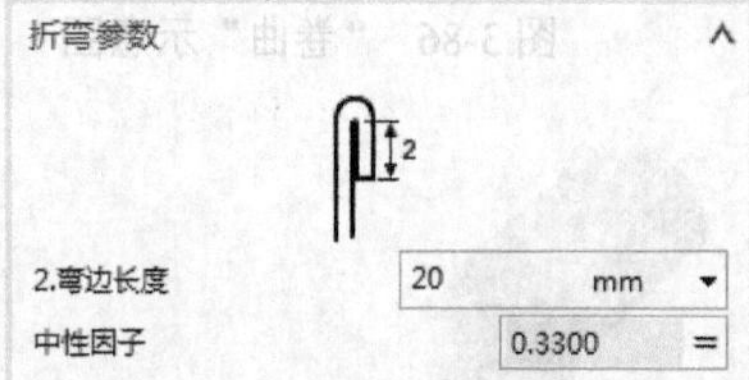

图 3-79 “封闭”折弯参数

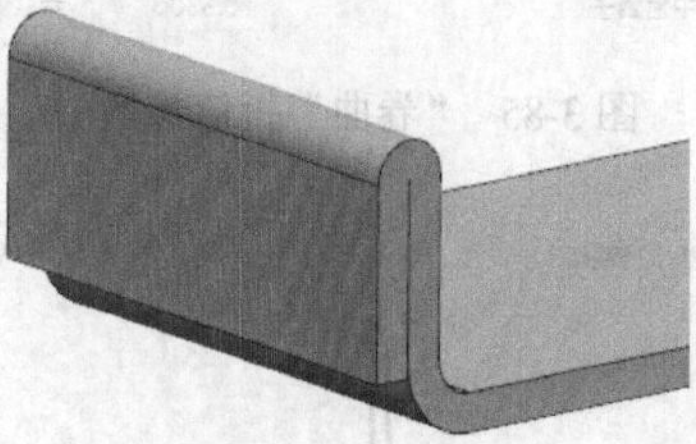

图 3-80 “封闭”示意图

2）开放：选择此类型，在图 3-81 所示的“折弯参数”选项组中输入相关参数，示意图如图 3-82 所示。

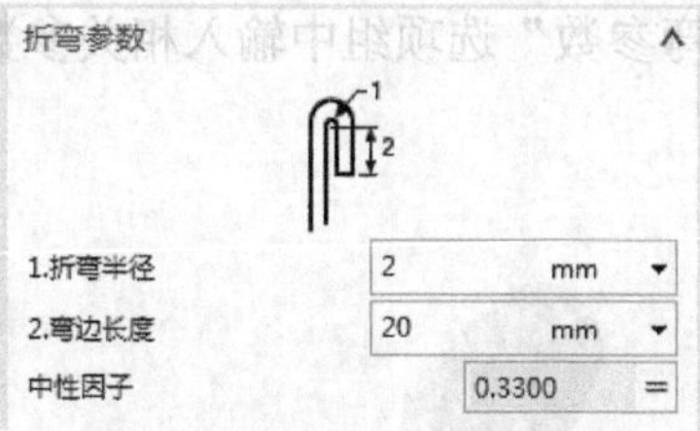

图 3-81 “开放”折弯参数

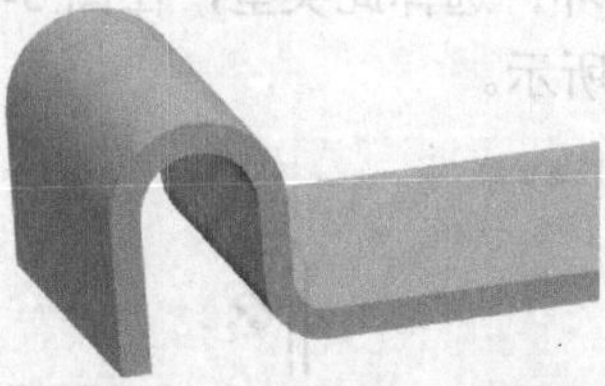

图 3-82 “开放”示意图

3）S 型：选择此类型，在图 3-83 所示的“折弯参数”选项组中输入相关参数，示意图如图 3-84 所示。

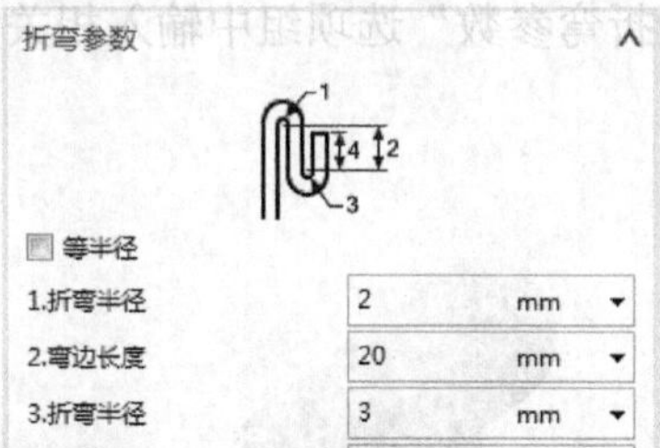

图 3-83 “S 型”折弯参数

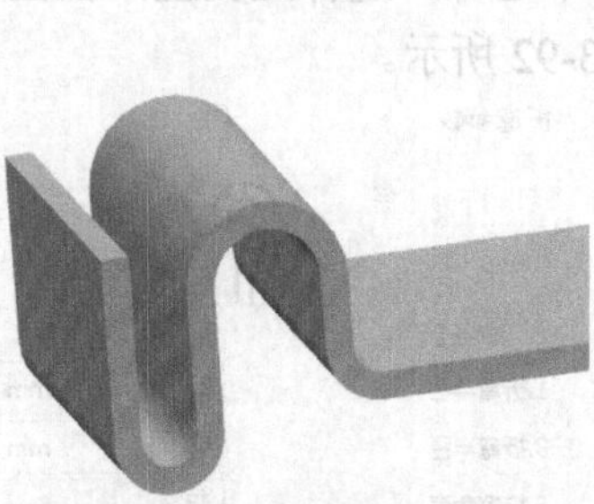

图 3-84 “S 型”示意图

4）卷曲：选择此类型，在图 3-85 所示的“折弯参数”选项组中输入相关参数，折弯半径 1 必须大于等于折弯半径 2 加上材料厚度的一半。示意图如图 3-86 所示。

5）开环：选择此类型，在图 3-87 所示的“折弯参数”选项组中输入相关参数，示意图如图 3-88 所示。

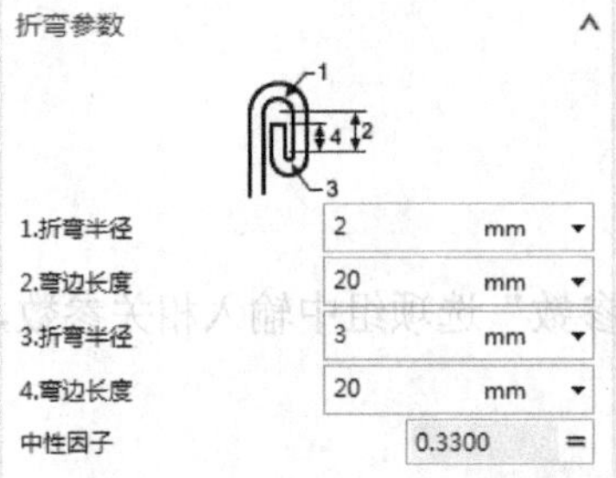

图 3-85 “卷曲”折弯参数

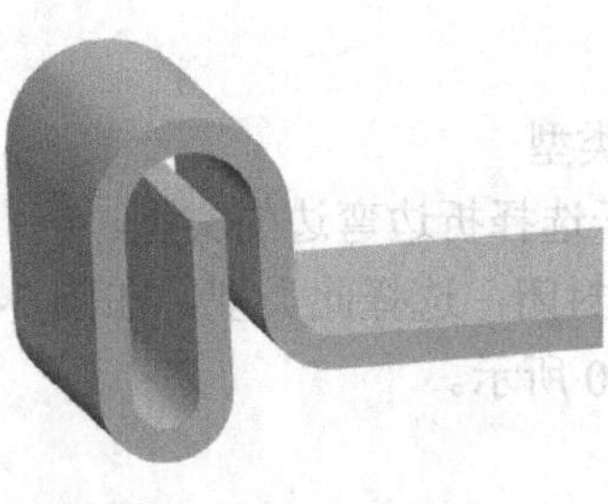

图 3-86 “卷曲”示意图

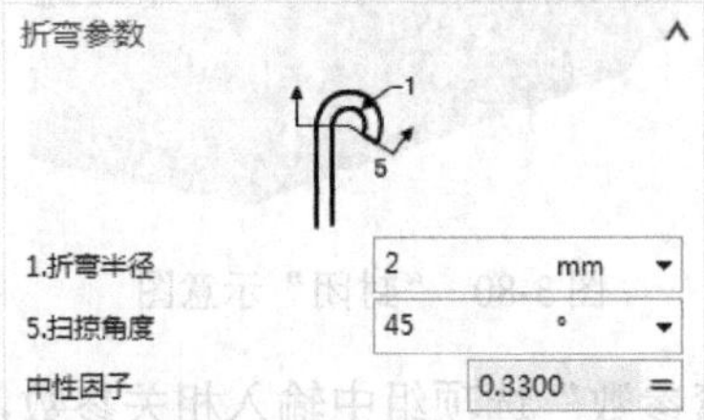

图 3-87 “开环”折弯参数

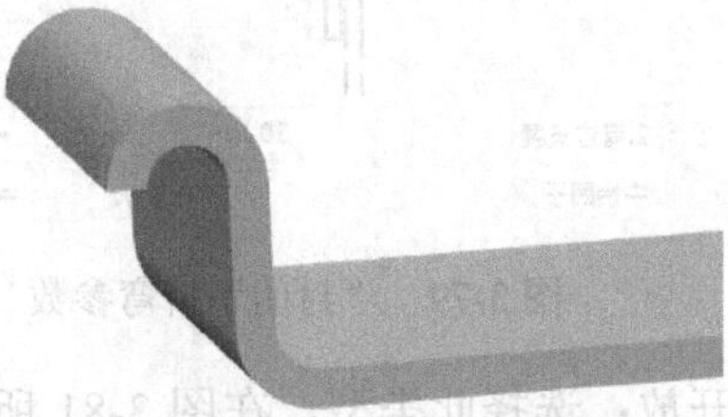

图 3-88 “开环”示意图

6）闭环：选择此类型，在图 3-89 所示的“折弯参数”选项组中输入相关参数，示意图如图 3-90 所示。

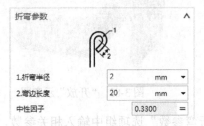

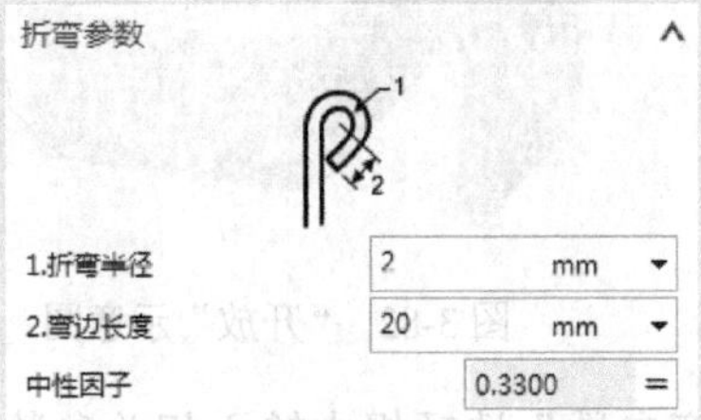

图 3-89 “闭环”折弯参数

图 3-90 “闭环”示意图

7）中心环：选择此类型，在图 3-91 所示的“折弯参数”选项组中输入相关参数，示意图如图 3-92 所示。

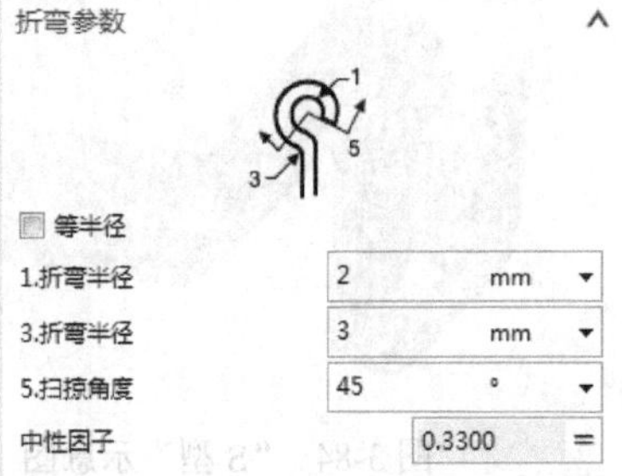

图 3-91 “中心环”折弯参数

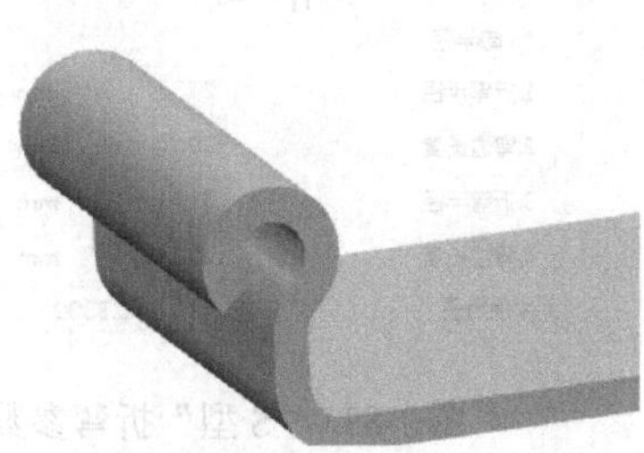

图 3-92 “中心环”示意图

2. 内嵌

其下拉列表框中包括以下选项。

1）材料内侧：指折边垂直于放置面的部分在轮廓面内侧，示意图如图 3-93a 所示。

2）材料外侧：指折边垂直于放置面的部分在轮廓面外侧，示意图如图 3-93b 所示。

3）折弯外侧：指折边的弯边区域在折边边的外侧，示意图如图 3-93c 所示。

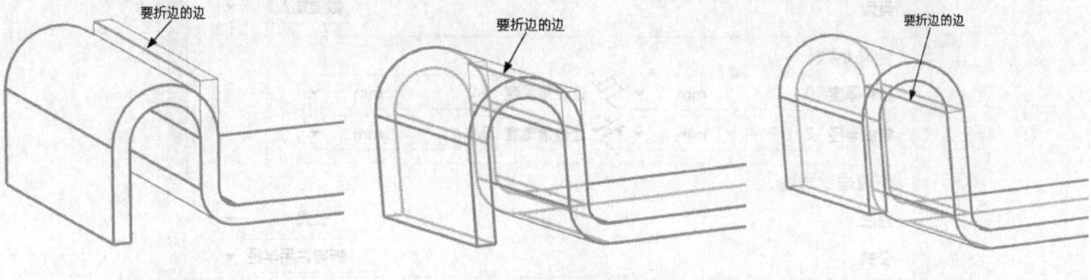

a）材料内侧　　b）材料外侧　　c）折弯外侧

图 3-93　“内嵌选项”示意图

3. 斜接折边

用于定义折边的斜接类型。勾选“斜接”复选框后，激活“斜接角度”文本框，输入角度值，示意图如图 3-94 所示。

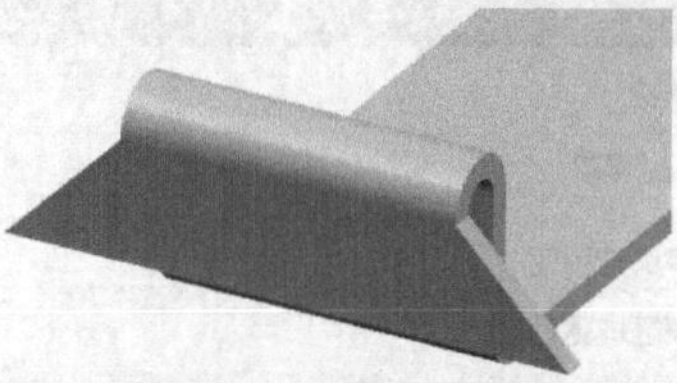

图 3-94　“斜接折边”示意图

3.6.2　实例——基座

1. 创建钣金文件

选择“菜单(M)”→“文件(F)”→“新建(N)…”选项，或者单击“主页”功能区中的“新建”按钮，弹出“新建”对话框。在“模板”列表框中选择“NX 钣金”选项，在“名称”文本框中输入 jizuo，单击“确定”按钮，进入 UG NX 12.0 钣金设计环境。

2. 预设置 NX 钣金参数

1）选择“菜单(M)”→“首选项(P)”→“钣金(H)…”选项，弹出如图 3-95 所示的“钣金首选项”对话框。

2）在图 3-95 所示的对话框中设置“全局参数”选项组中的“材料厚度”为 0.4，“弯曲半径”为 2，“方法”为“公式”，“公式”为“折弯许用半径”。

3）在图 3-95 所示的对话框中单击“确定”按钮，完成 NX 钣金预设置。

3. 创建突出块特征

1）选择“菜单(M)”→“插入(S)”→“突出块(B)…”选项，或者单击“主页”功能区“基本”面组中的“突出块”按钮，弹出如图 3-96 所示的“突出块”对话框。

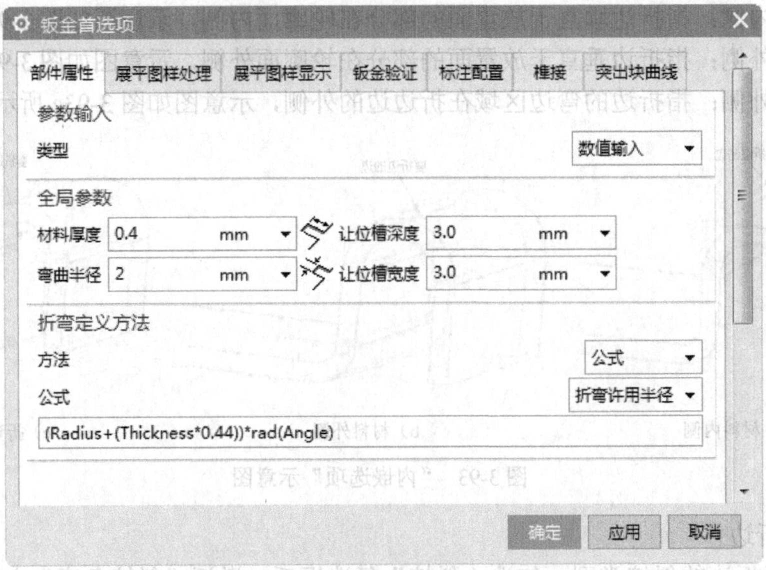

图 3-95 “钣金首选项”对话框

图 3-96 “突出块”对话框

2）在“类型”下拉列表框中选择“底数”，单击“绘制截面”按钮，弹出如图 3-97 所示的“创建草图”对话框。设置“水平”面为参考平面，选择 XC-YC 平面为草图工作平面，单击“确定”按钮，进入草图绘制环境，绘制如图 3-98 所示的草图。单击“完成”按钮，草图绘制完毕。

3）在“厚度”文本框中输入 0.4。单击“确定”按钮，创建突出块特征，如图 3-99 所示。

4. 创建弯边特征

1）选择“菜单(M)”→“插入(S)”→“折弯(N)”→“弯边(F)...”选项，或者单击“主页”功能区“折弯”面组中的“弯边”按钮，弹出如图 3-100 所示“弯边”对话框。

2）在图 3-100 所示的对话框中设置“宽度选项”为“完整”，“长度”为 28，“角度”为 90，“参考长度”为“外侧”，“内嵌”为“折弯外侧”，“弯曲半径”为 5，在“止裂口”选项组中的“折弯止裂口”下拉列表框中选择“无”。

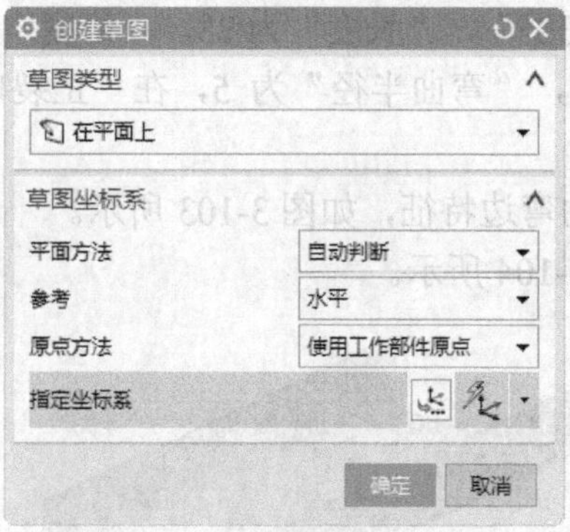

图 3-97 “创建草图”对话框

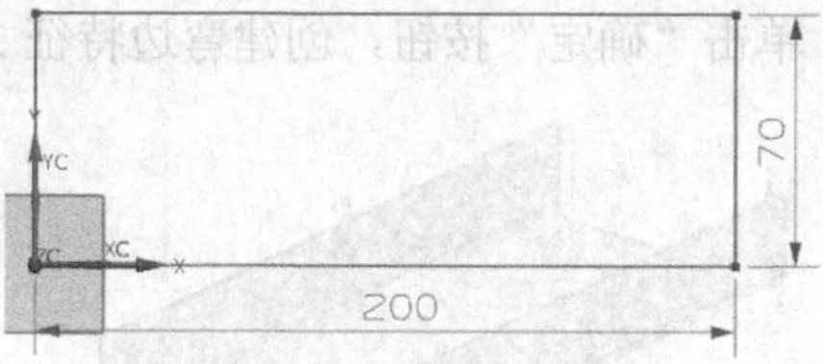

图 3-98 绘制草图

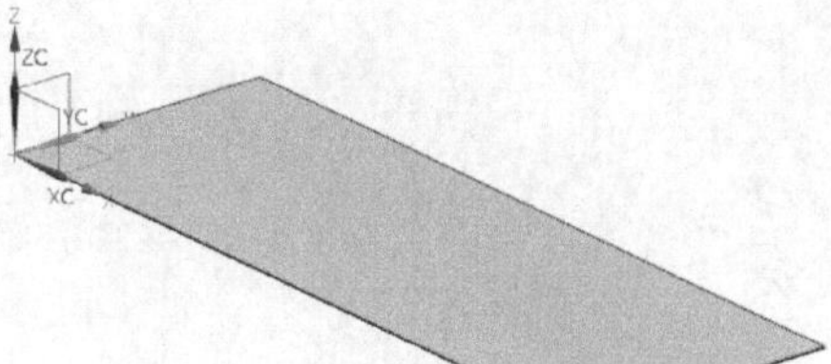

图 3-99 创建突出块特征

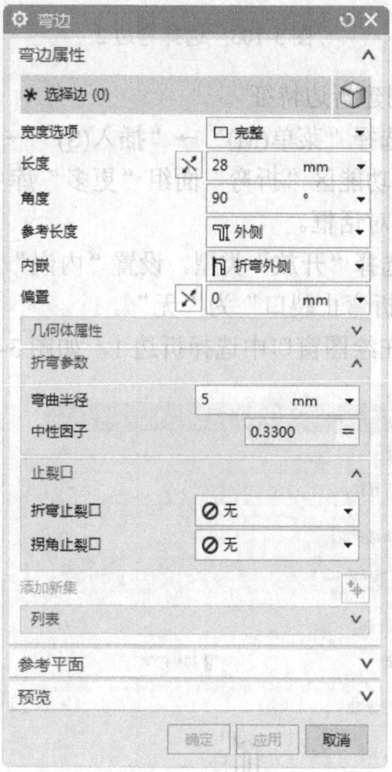

图 3-100 “弯边”对话框

3）选择弯边 1，同时在绘图窗口中预览所创建的弯边特征，如图 3-101 所示。

4）单击“应用”按钮，创建弯边特征 1，如图 3-102 所示。

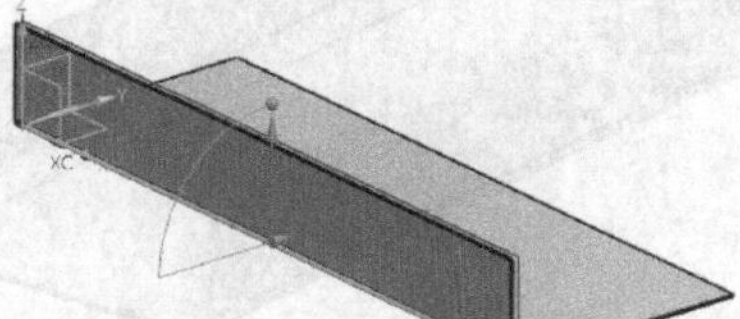
图 3-101 选择弯边 1

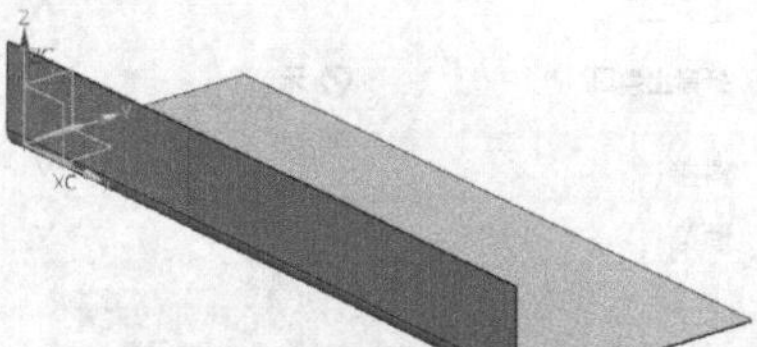
图 3-102 创建弯边特征 1

5）在“弯边”对话框中设置“宽度选项”为“完整”，“长度”为28，“角度”为90，“参考长度”为“外侧”，“内嵌”为“折弯外侧”，“弯曲半径”为5，在“止裂口”选项组中的“折弯止裂口”下拉列表框中选择“无”。

6）选择弯边2，同时在绘图窗口中预览所创建的弯边特征，如图3-103所示。

7）单击“确定”按钮，创建弯边特征2，如图3-104所示。

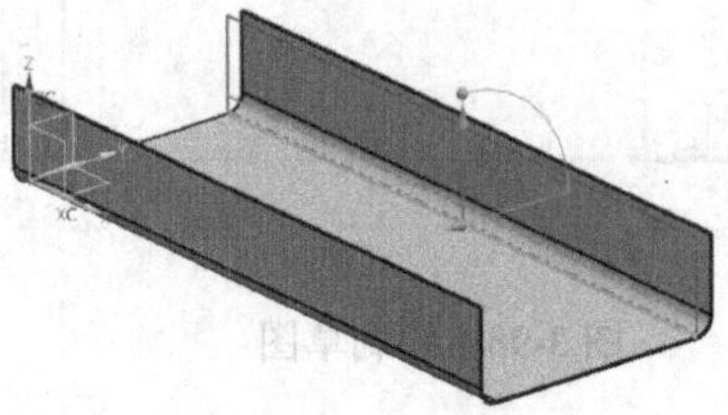

图3-103　选择弯边2

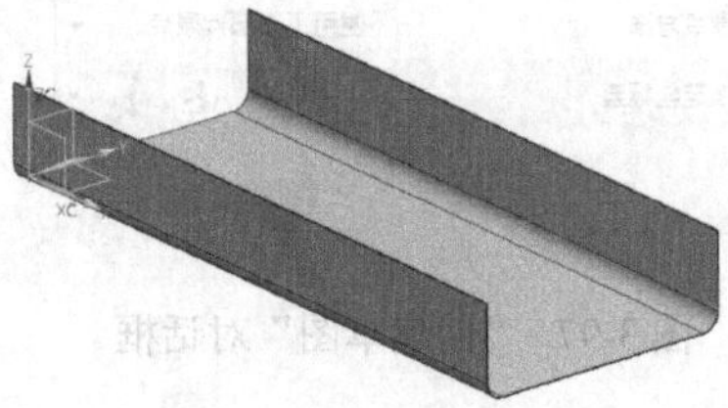

图3-104　创建弯边特征2

5. 创建折边特征

1）选择“菜单(M)”→“插入(S)”→“折弯(N)”→“折边弯边(H)...”选项，或者单击“主页”功能区“折弯”面组“更多”库中的“折边弯边”按钮，弹出如图3-105所示的“折边”对话框。

2）选择“开放”类型，设置“内嵌”为“材料内侧”，“折弯半径”为2，“弯边长度”为2，“折弯止裂口”为“无”。

3）在绘图窗口中选择折边1，如图3-106所示。单击“应用”按钮，创建折边特征1。

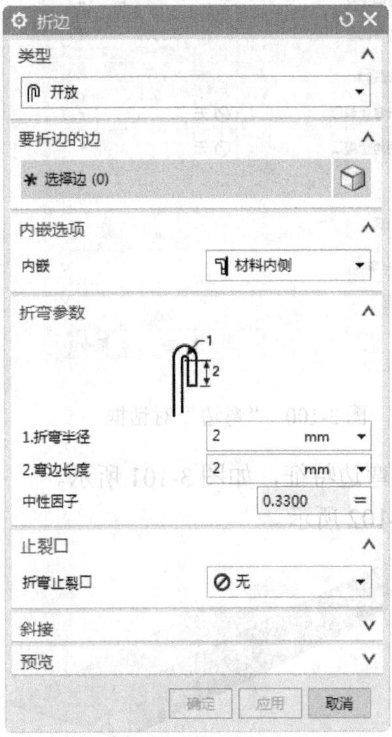

图3-105　“折边”对话框

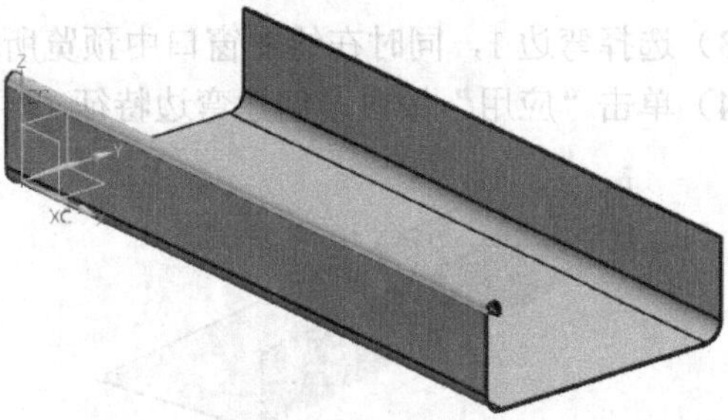

图3-106　选择折边1

4）在绘图窗口中选择折边 2，如图 3-107 所示。单击“应用”按钮，创建折边特征 2，如图 3-108 所示。

至此，基座创建完成。

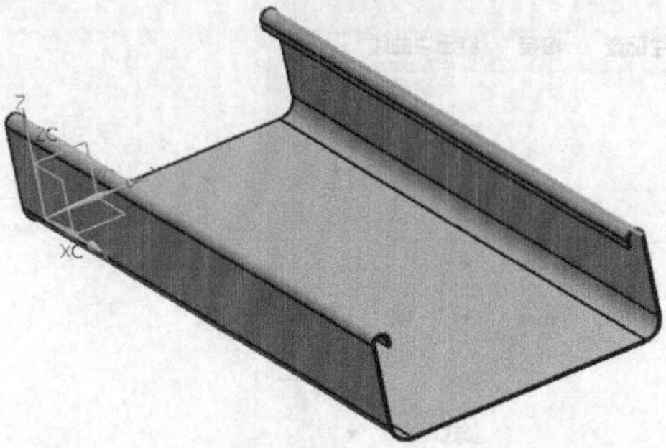

图 3-107　选择折边 2

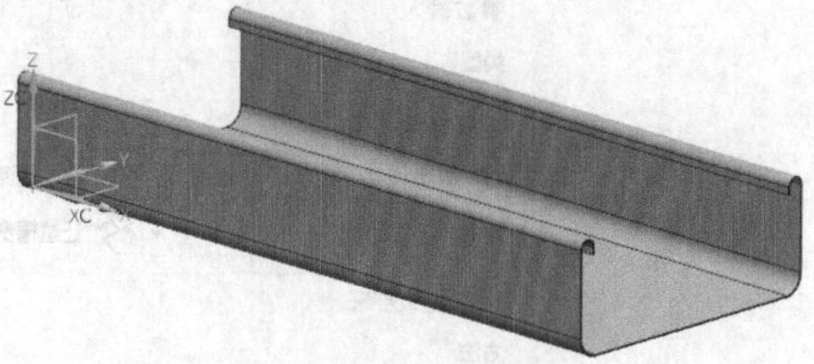

图 3-108　创建折边特征 2

3.7　综合实例——合页

首先利用“突出块”命令创建基本钣金件；然后利用“折弯”命令创建合页扣，再利用“孔”命令创建孔，完成左侧合页；最后在左侧合页的基础上修改尺寸，创建右侧合页，即可完成合页的创建，如图 3-109 所示。

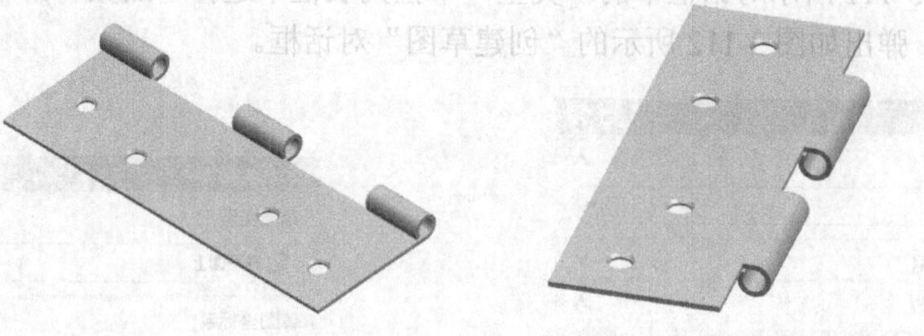

图 3-109　合页

1. 创建 NX 钣金文件

选择“菜单(M)”→“文件(F)”→“新建(N)...”选项，或者单击“主页”功能区中的“新建”按钮，弹出“新建”对话框。在“模板”中选择“NX 钣金”，在“名称”文本框中输入 HeYe，在“文件夹”文本框中输入非中文保存路径，单击“确定”按钮，进入 UG NX 12.0 钣金设计环境。

2. 钣金参数预设置

1）选择“菜单(M)”→“首选项(P)”→“钣金(H)...”选项组，弹出如图 3-110 所示的“钣金首选项”对话框。

2）在图 3-110 所示的对话框中设置“全局参数”选项组中的“材料厚度”为 1，“弯曲半径”为 1.5，在“方法”下拉列表框中选择“公式”，在“公式”下拉列表框中选择“折弯许用半径”。

3）在图 3-110 所示的对话框中单击“确定”按钮，完成 NX 钣金预设置。

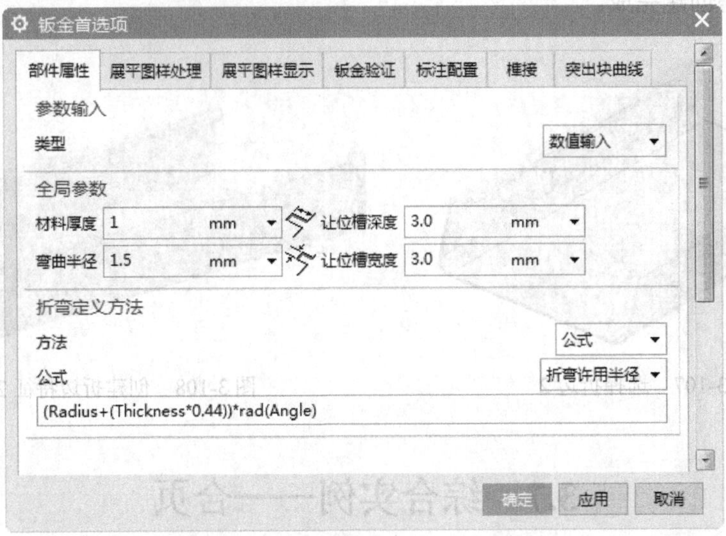

图 3-110 “钣金首选项”对话框

3. 创建突出块特征

1）选择“菜单(M)”→“插入(S)”→“突出块(B)...”选项，或者单击“主页”功能区“基本”面组中的“突出块”按钮，弹出如图 3-111 所示的“突出块”对话框。

2）在图 3-111 所示对话框中的“类型”下拉列表框中选择“底数”，单击“绘制截面”按钮图标，弹出如图 3-112 所示的“创建草图”对话框。

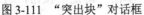

图 3-111 “突出块”对话框

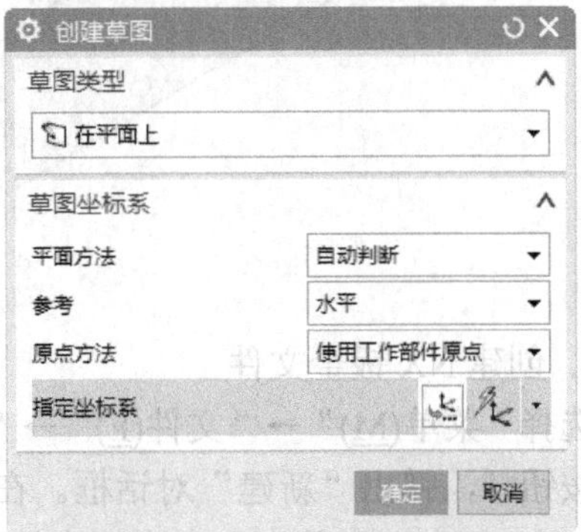

图 3-112 “创建草图”对话框

3）在图 3-112 所示的对话框中选择 XC-YC 平面为草图工作平面，设置“水平”面为参考平面，单击“确定”按钮，进入草图绘制环境，绘制如图 3-113 所示的草图 1。

4）单击“完成”按钮，草图绘制完毕。在绘图窗口中预览所创建的突出块特征如图 3-114 所示。

5）在图 3-111 所示的对话框中单击“确定”按钮，创建突出块特征，如图 3-115 所示。

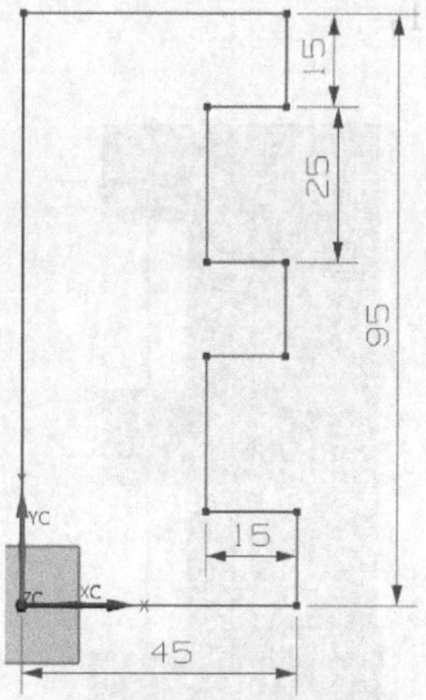

图 3-113　绘制草图 1

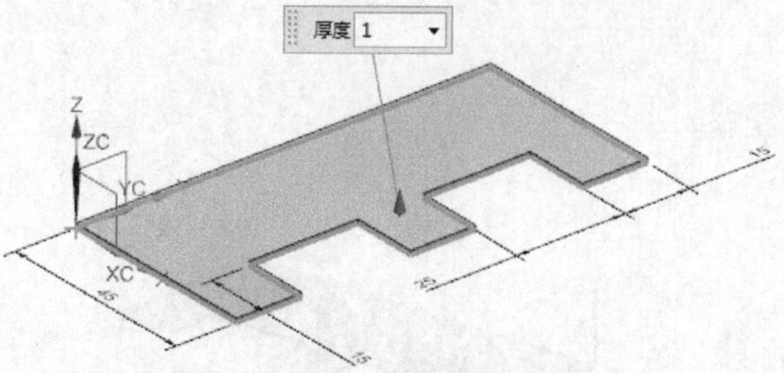

图 3-114　预览所创建的突出块特征

4. 创建折弯特征 1

1）选择“菜单(M)”→“插入(S)”→“折弯(N)”→“折弯(B)...”选项，或者单击“主页”功能区“折弯”面组“更多”库中的“折弯”按钮，弹出如图 3-116 所示的“折弯”对话框。

图 3-115　创建突出块特征

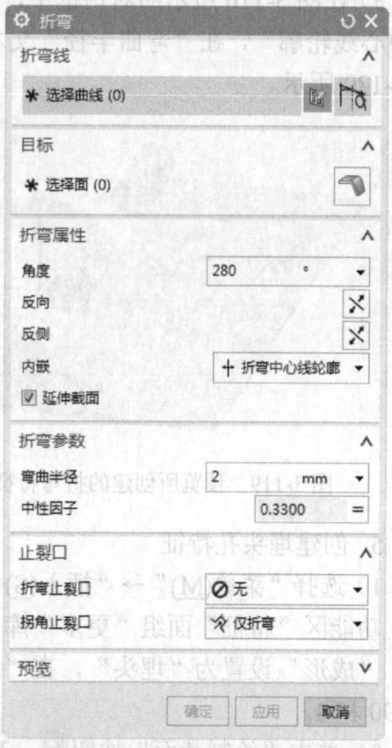

图 3-116　“折弯”对话框

2）在图 3-116 所示对话框中单击“绘制截面”按钮，弹出“创建草图”对话框。在绘图窗口中选择草图工作平面 1，如图 3-117 所示。

3）进入草图绘制环境，绘制如图 3-118 所示的折弯线 1。

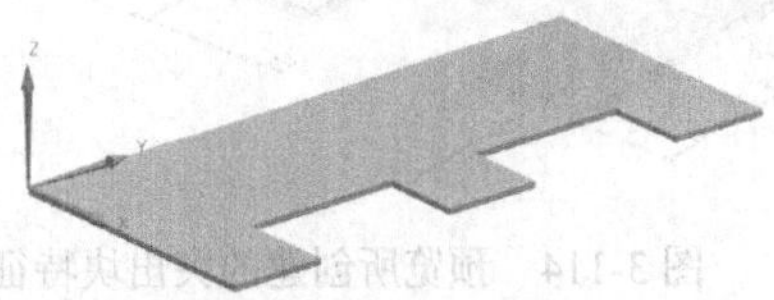

图 3-117　选择草图工作平面 1

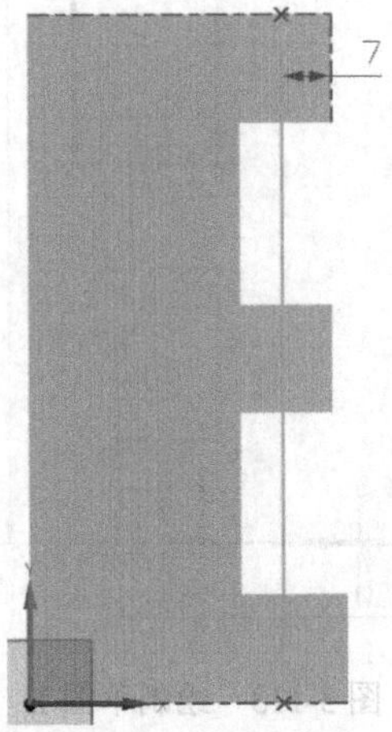

图 3-118　绘制折弯线 1

4）单击“完成”按钮，草图绘制完毕。在绘图窗口中预览所创建的折弯特征1 如图 3-119 所示。

5）在图 3-116 所示的对话框中，设置“角度”为 280，在“内嵌”下拉列表框中选择“折弯中心线轮廓”，在“弯曲半径”文本框中输入 2。单击“确定”按钮，创建折弯特征1，如图 3-120 所示。

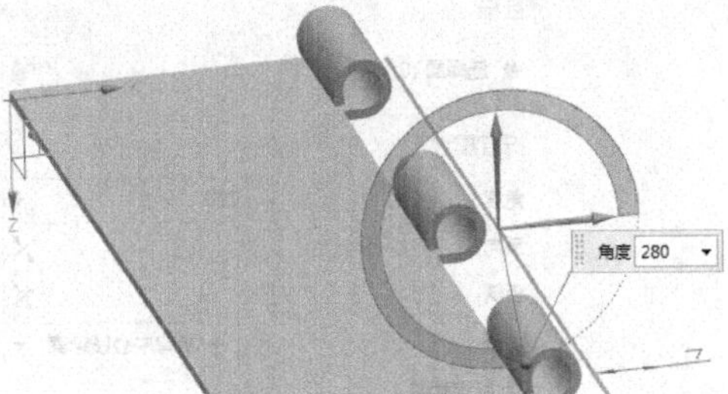

图 3-119　预览所创建的折弯特征 1

图 3-120　创建折弯特征 1

5. 创建埋头孔特征

1）选择“菜单(M)”→“插入(S)”→“设计特征(E)”→“孔(H)...”选项，或者单击“主页”功能区“特征”面组“更多”库中的“孔”按钮，弹出如图 3-121 所示的“孔”对话框。“成形”设置为“埋头”，在“埋头直径”“埋头角度”和“直径”文本框中分别输入 5、90 和 4。

2）单击“绘制截面”按钮，弹出“创建草图”对话框。选择如图 3-122 所示的平面为草图工作平面 2。

3）打开“草图点”对话框，绘制如图 3-123 所示的草图点。单击“完成”按钮，草图绘制完毕。

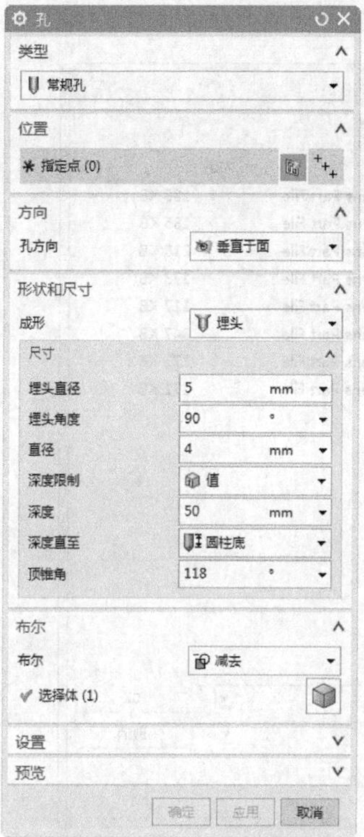

图 3-121 “孔”对话框

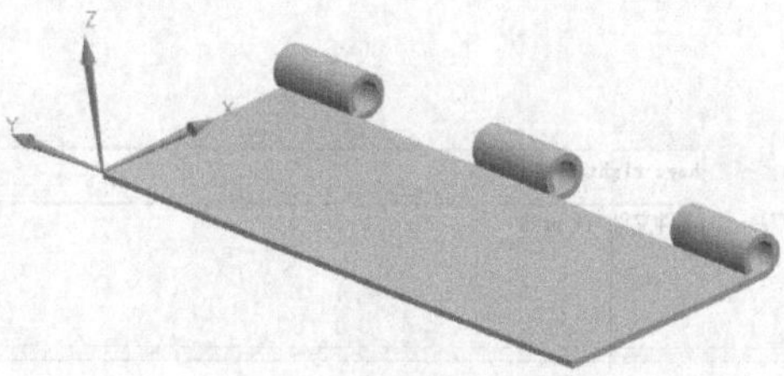

图 3-122 选择草图工作平面 2

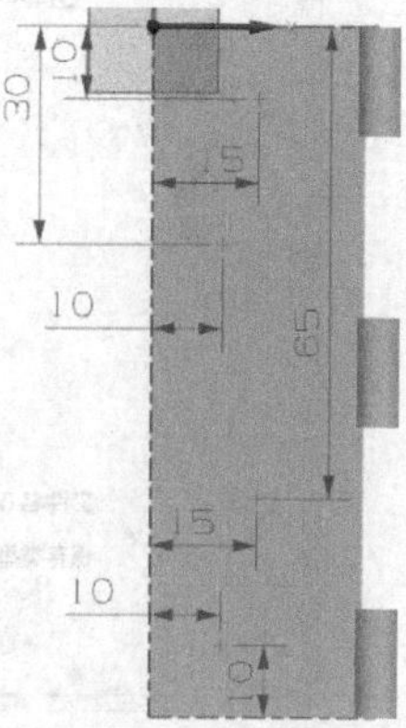

图 3-123 绘制草图点

4）捕捉绘制的草图点，预览孔如图 3-124 所示。

5）单击“确定”按钮，创建埋头孔，如图 3-125 所示。图 3-109 中的左侧合页创建完成。

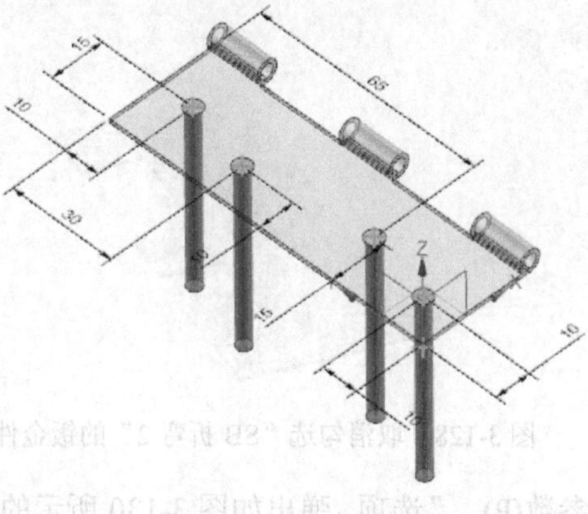

图 3-124 预览孔

图 3-125 创建埋头孔

6. 另存为 NX 钣金文件

选择“菜单(M)”→“文件(F)”→“另存为(A)…”选项，弹出“另存为”对话框，如图 3-126 所示。在“文件名(N)”文本框中输入 heye-right，单击 OK 按钮。

7. 抑制折弯特征

1）单击绘图窗口左侧的按钮，弹出如图 3-127 所示的部件导航器。

2）在图 3-127 所示部件导航器中，取消“SB 折弯(2)”前面的勾选。在绘图窗口中显示如图 3-128 所示的钣金件。

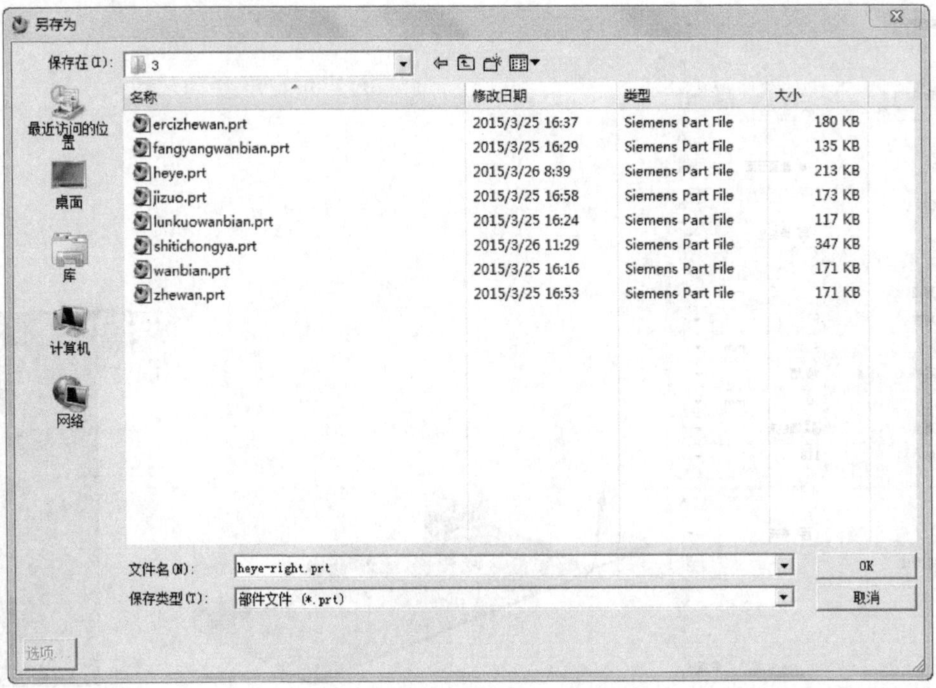

图 3-126 “另存为”对话框

8. 编辑突出块特征

1）在图 3-127 所示的“部件导航器”的“SB 突出块(1)”特征上右击，弹出如图 3-129 所示的快捷菜单。

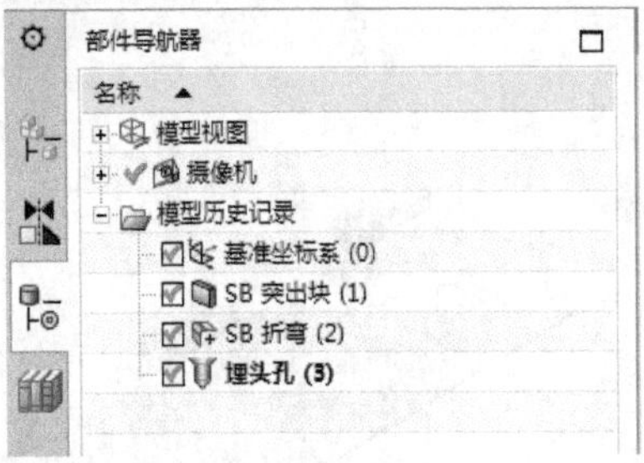

图 3-127 部件导航器

图 3-128 取消勾选“SB 折弯 2”的钣金件

2）在图 3-129 所示的快捷菜单中选择“编辑参数(P)…”选项，弹出如图 3-130 所示的“突出块”编辑对话框。

3）在图 3-130 所示对话框中单击“绘制截面”按钮，进入草图绘制环境，绘制如图 3-131 所示的草图 2。

4）单击“完成”按钮，草图绘制完毕，返回图 3-130 所示的对话框，同时在绘图窗口中预览所编辑的突出块特征，如图 3-132 所示。

5）在图 3-130 所示对话框中单击“确定”按钮，突出块特征编辑完毕的钣金件如图 3-133 所示。

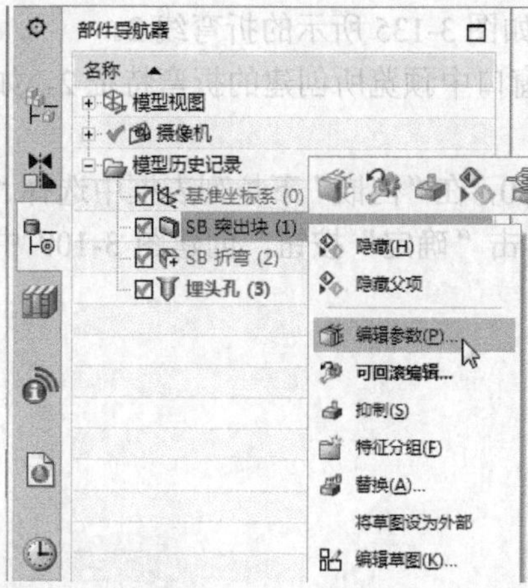

图 3-129　快捷菜单

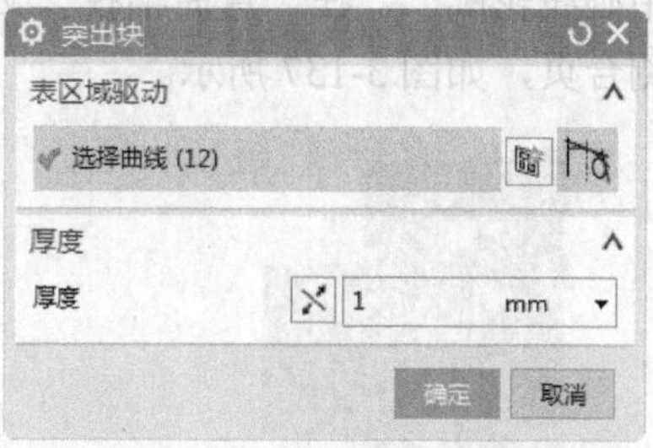

图 3-130　“突出块”编辑对话框

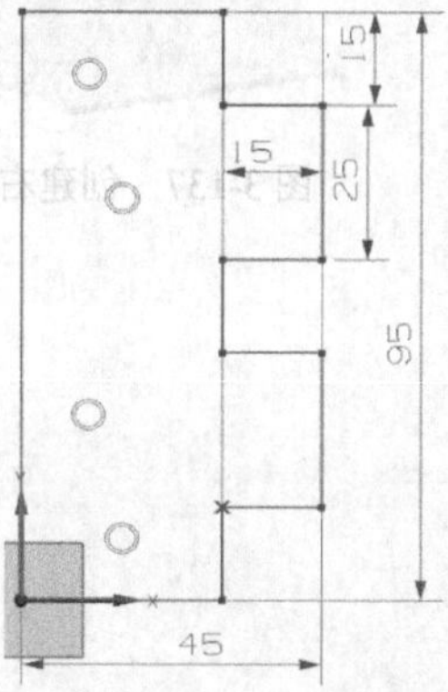

图 3-131　绘制草图 2

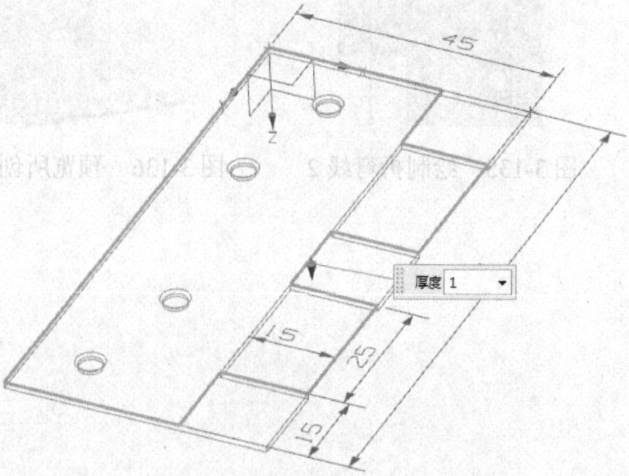

图 3-132　预览所编辑的突出块特征

9．创建折弯特征 2

1）选择“菜单(M)”→“插入(S)”→“折弯(N)”→“折弯(B)...”选项，或者单击“主页”功能区“折弯”面组“更多”库中的“折弯”按钮，弹出如图 3-116 所示的“折弯”对话框。

2）在图 3-116 所示的对话框中单击“绘制截面”按钮，弹出“创建草图”对话框。

3）在绘图窗口中选择草图工作平面 3，如图 3-134 所示。

图 3-133　突出块特征编辑完毕的钣金件

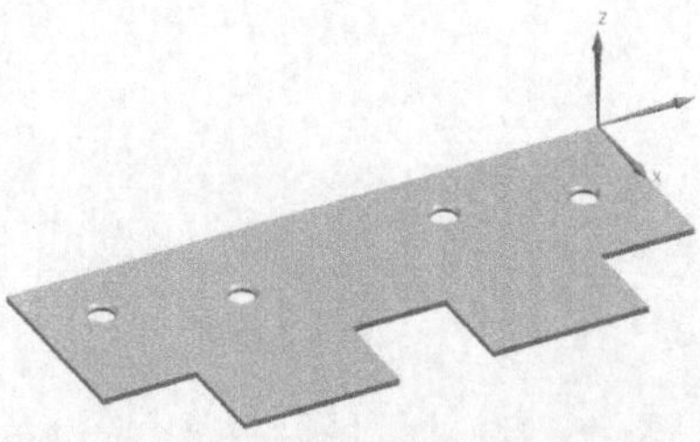

图 3-134　选择草图工作平面 3

UG NX 12.0

4）单击“确定”按钮，进入草图绘制环境，绘制如图 3-135 所示的折弯线 2。

5）单击“完成”按钮，草图绘制完毕，在绘图窗口中预览所创建的折弯特征 2，如图 3-136 所示。

6）在图 3-116 所示的对话框中，设置“角度”为 280，在“内嵌”下拉列表框中选择“折弯中心线轮廓”，在“弯曲半径”文本框中输入 2。单击“确定”按钮，创建图 3-109 中的右侧合页，如图 3-137 所示。

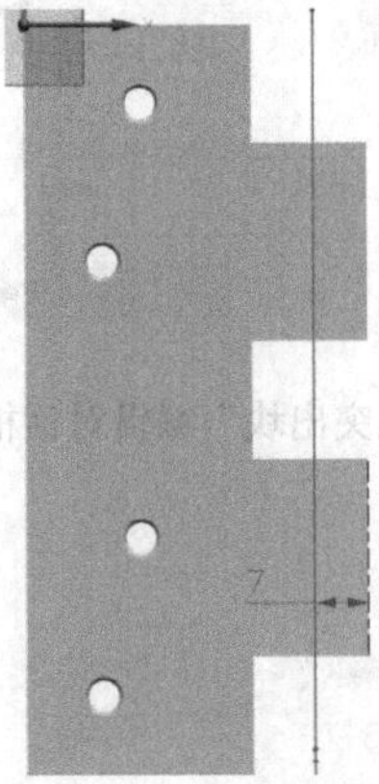

图 3-135　绘制折弯线 2

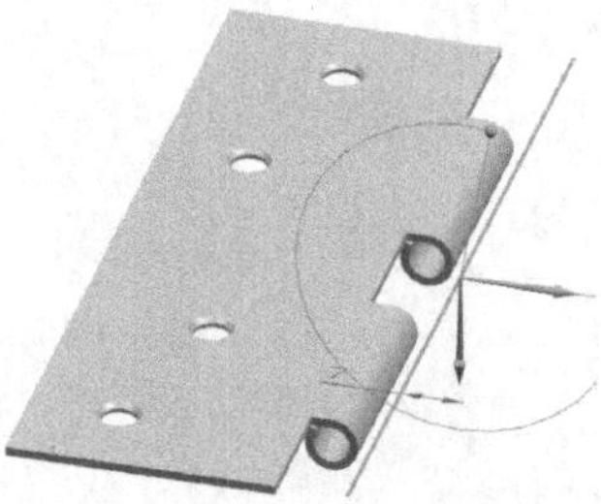

图 3-136　预览所创建的折弯特征 2

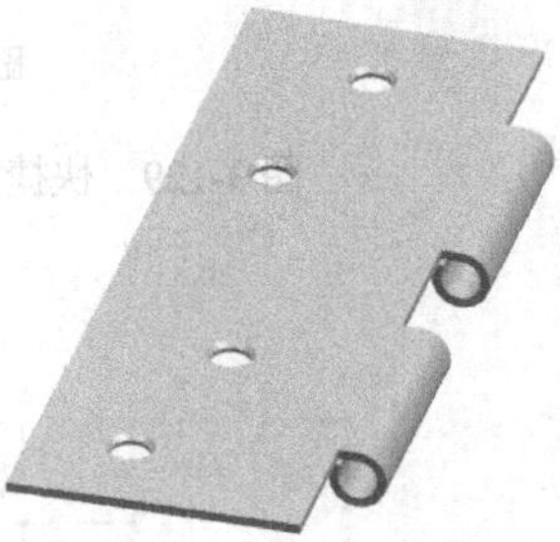

图 3-137　创建右侧合页

第4章

冲孔

本章主要介绍“冲孔”子菜单中各种特征的创建方法和步骤。通过对实例的操作，可以使读者更快速地掌握创建钣金件的方法和操作技巧。

重点与难点

- 冲压开孔
- 凹坑
- 百叶窗
- 筋
- 实体冲压
- 加固板

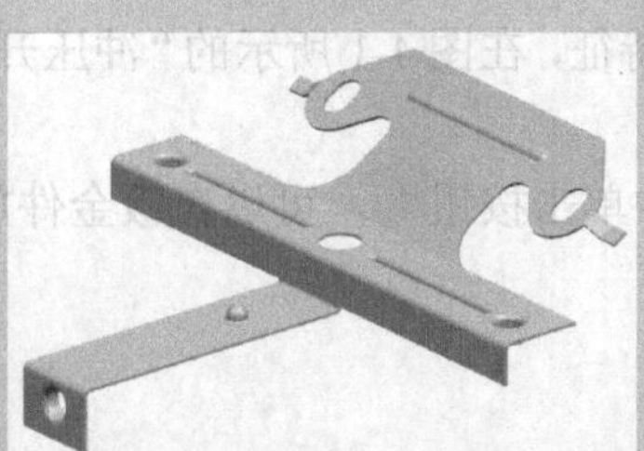

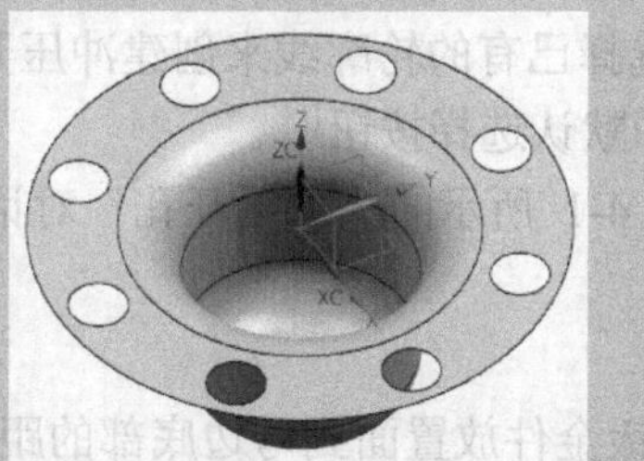

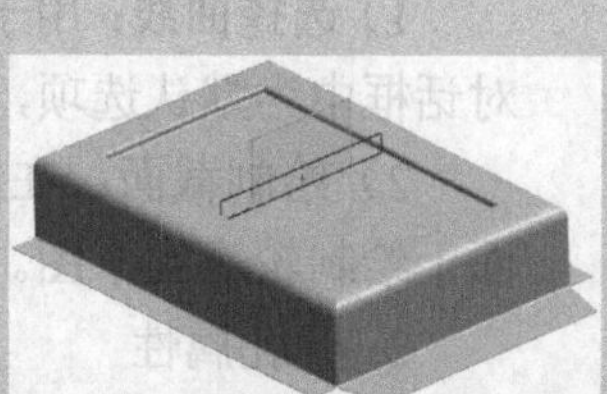

4.1 冲压开孔

“冲压开孔”指用一组连续的曲线作为裁剪的轮廓线，沿着钣金件体表面的法向进行裁剪，同时在轮廓线上建立弯边的过程。

选择“菜单(S)”→“插入(S)”→“冲孔(H)”→“冲压开孔(C)...”选项，或者单击“主页”功能区“冲孔”面组中的“冲压开孔”按钮，弹出如图 4-1 所示的“冲压开孔”对话框。

图 4-1 “冲压开孔”对话框

4.1.1 选项及参数

1. 表区域驱动

1）选择曲线：用于选择已有的轮廓线来创建冲压开孔特征，在图 4-1 所示的“冲压开孔”对话框中为默认选项，即默认选择按钮。

2）绘制截面：在图 4-1 所示的“冲压开孔”对话框中单击按钮，可以在钣金件放置面上绘制轮廓线草图。

2. 开孔属性

1）深度：用于设置钣金件放置面到弯边底部的距离。

2）侧角：用于设置弯边在钣金件放置面法向倾斜的角度。

3）侧壁：其下拉列表框中包括以下选项。

① 材料内侧：指冲压开孔特征所生成的弯边位于轮廓线内侧，如图 4-2a 所示。

② 材料外侧：指冲压开孔特征所生成的弯边位于轮廓线外侧，如图 4-2b 所示。

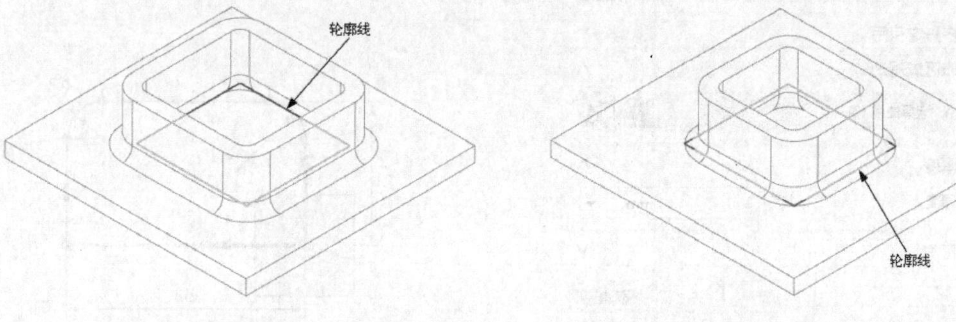

a）材料内侧　　b）材料外侧

图 4-2 “侧壁”选项示意

3. 倒圆

1）开孔边倒圆：勾选此复选框，激活“冲模半径”文本框。“冲模半径”指钣金件放置面转向折弯部分内侧圆柱面的半径大小，如图 4-3b 所示。

2）截面拐角倒圆：勾选此复选框，激活“角半径”文本框。“角半径”指圆柱面截面拐角的半径大小，如图 4-3c 所示。

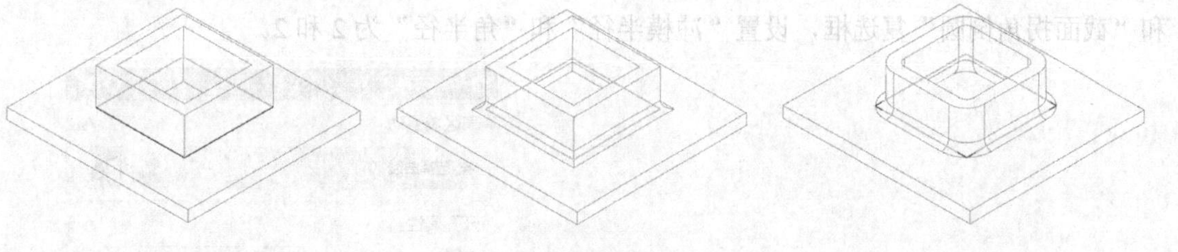

a）无冲模半径和角半径　　b）冲模半径　　c）角半径

图 4-3 “倒圆”选项示意

4.1.2 实例——冲压除料

1. 创建钣金文件

选择“菜单(M)”→“文件(F)”→“新建(N)...”选项，或者单击“主页”功能区中的“新建”按钮，弹出“新建”对话框。在“模板”列表框中选择“NX 钣金”选项。在“名称”文本框中输入 chongyachuliao，单击“确定”按钮，进入 UG NX 12.0 钣金设计环境。

2. 创建基本突出块特征

1）选择“菜单(M)”→“插入(S)”→“突出块(B)...”选项，或者单击“主页”功能区“基本”面组中“突出块”按钮，弹出如图 4-4 所示“突出块”对话框。

2）在“突出块”对话框中单击“绘制截面”按钮，绘制基本突出块特征轮廓草图，如图 4-5 所示。单击“完成”按钮，草图绘制完毕。

图 4-4 “突出块”对话框

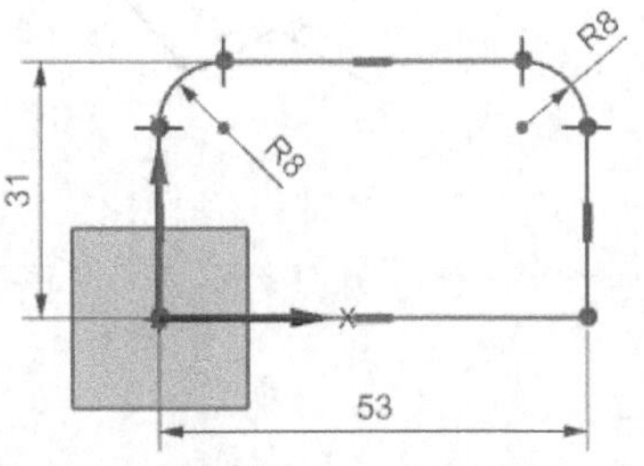

图 4-5 绘制基本突出块特征轮廓草图

3）在“突出块”对话框中设置“厚度”为 1，单击“确定”按钮，创建基本突出块特征，如图 4-6 所示。

3. 创建冲压开孔特征

1）选择“菜单(M)”→“插入(S)”→“冲孔(H)”→“冲压开孔(C)...”选项，或者单击“主页”功能区“冲孔”面组中的“冲压开孔”按钮，弹出如图 4-7 所示“冲压开孔”对话框。设置“深度”为 10，“侧角”为 30°，“侧壁”为“材料内侧”，勾选“开孔边倒圆”和“截面拐角倒圆”复选框，设置“冲模半径”和“角半径”为 2 和 2。

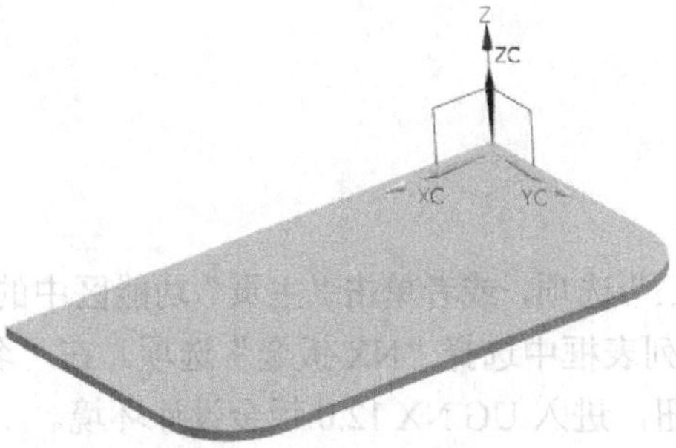

图 4-6 创建基本突出块特征

图 4-7 “冲压开孔”对话框

2）单击“绘制截面”按钮，选择图 4-8 所示的面为草图工作平面。

3）绘制轮廓曲线，如图 4-9 所示。单击“完成”按钮，草图绘制完毕。

4）在“冲压开孔”对话框中单击“确定”按钮，创建冲压开孔特征，如图 4-10 所示。

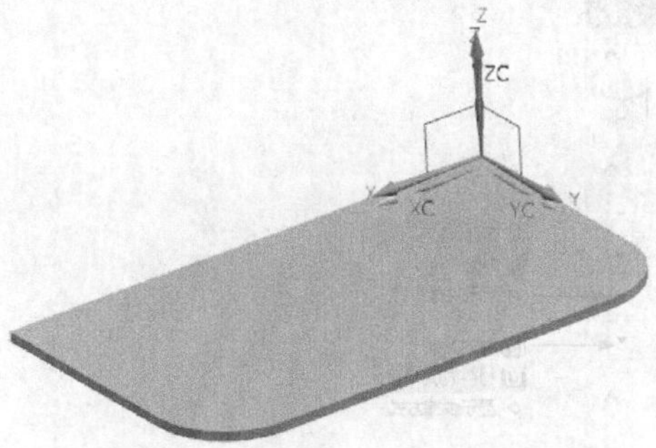

图 4-8 选择草图工作平面

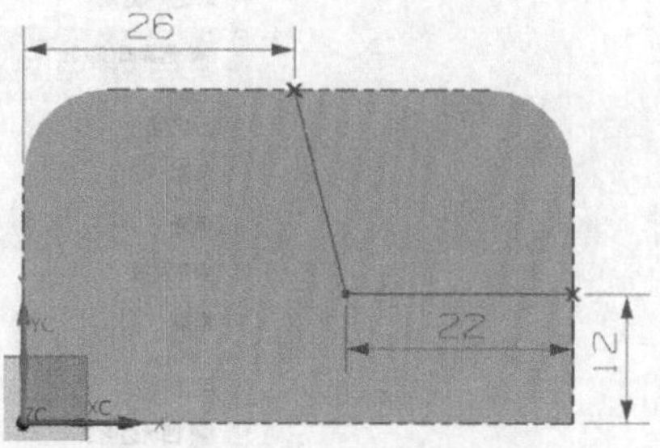

图 4-9 绘制轮廓曲线

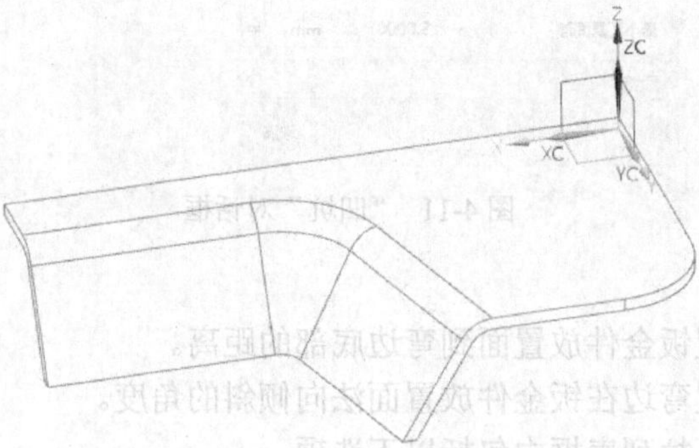

图 4-10 创建冲压开孔特征

4.2 凹 坑

“凹坑”指用一组连续的曲线作为成形面的轮廓线，沿着钣金件体表面的法向成形，同时在轮廓线上创建成形钣金件的过程。它和“冲压开孔”有一定的相似之处，主要的区别是“凹坑”不裁剪由轮廓线生成的平面。

选择“菜单(M)”→“插入(S)”→“冲孔(H)”→“凹坑(D)...”选项，或者单击“主页”功能区“冲孔”面组中的“凹坑”按钮，弹出如图 4-11 所示的“凹坑”对话框。

4.2.1 选项及其参数

1. 表区域驱动

1）选择曲线：用于选择已有的轮廓线来创建凹坑特征。在图 4-11 所示的“凹坑”对话框中为默认选项，即默认选择按钮。

2）绘制截面：在图 4-11 所示的“凹坑”对话框中单击“绘制截面”按钮，可以在钣金件放置面上绘制轮廓线草图。

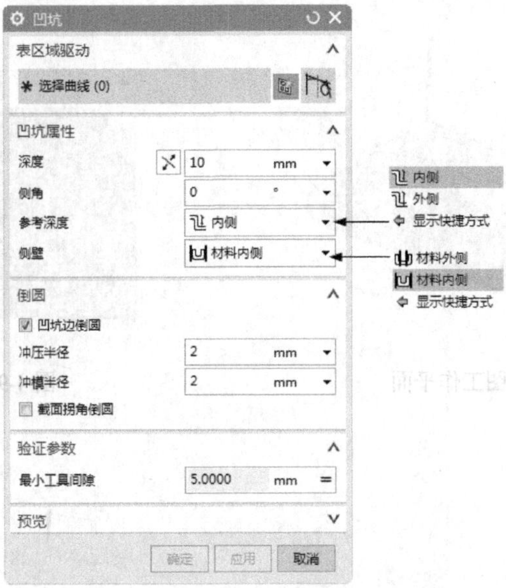

图 4-11 “凹坑”对话框

2. 凹坑属性

1）深度：用于设置钣金件放置面到弯边底部的距离。

2）侧角：用于设置弯边在钣金件放置面法向倾斜的角度。

3）参考深度：其下拉列表框中包括以下选项。

① 外侧：指从凹坑材料的外侧测量弯边长度，如图 4-12a 所示。

② 内侧：指从凹坑材料的内侧测量弯边长度，如图 4-12b 所示。

a）外侧　　b）内侧

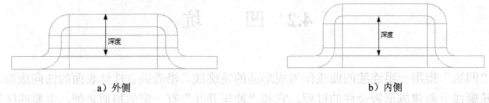

图 4-12 “参考深度”选项示意

4）侧壁：其下拉列表框中包括以下选项。

① 材料内侧：指凹坑特征所生成的弯边位于轮廓线内侧，如图 4-13a 所示；

② 材料外侧：指凹坑特征所生成的弯边位于轮廓线外侧，如图 4-13b 所示。

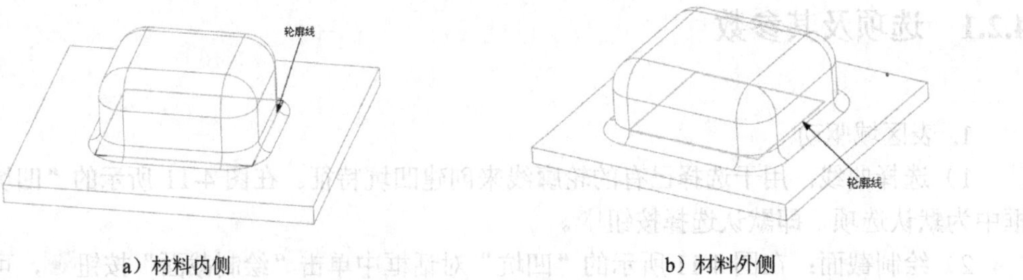

a）材料内侧　　b）材料外侧

图 4-13 “侧壁”选项示意

4.2.2　实例——盆栽置放架

1. 创建 NX 钣金文件

选择“菜单(M)”→“文件(F)”→“新建(N)…”选项，或者单击“主页”功能区中的“新建”按钮，弹出“新建”对话框。在“模板”中选择“NX 钣金”，在“名称”文本框中输入 PenZaiZhiFangJia，在“文件夹”文本框中输入非中文保存路径，单击“确定”按钮，进入 UG NX 12.0 钣金设计环境。

2. 钣金参数预设置

1）选择“菜单(M)”→“首选项(P)”→“钣金(H)…”选项，弹出如图 4-14 所示的“钣金首选项”对话框。

2）在图 4-14 所示的对话框中设置“全局参数”选项组中的“材料厚度”为 0.8，“弯曲半径”为 1.5，在“方法”下拉列表框中选择“公式”，在“公式”下拉列表框中选择“折弯许用半径”。

3）在图 4-14 所示的对话框中单击“确定”按钮，完成 NX 钣金预设置。

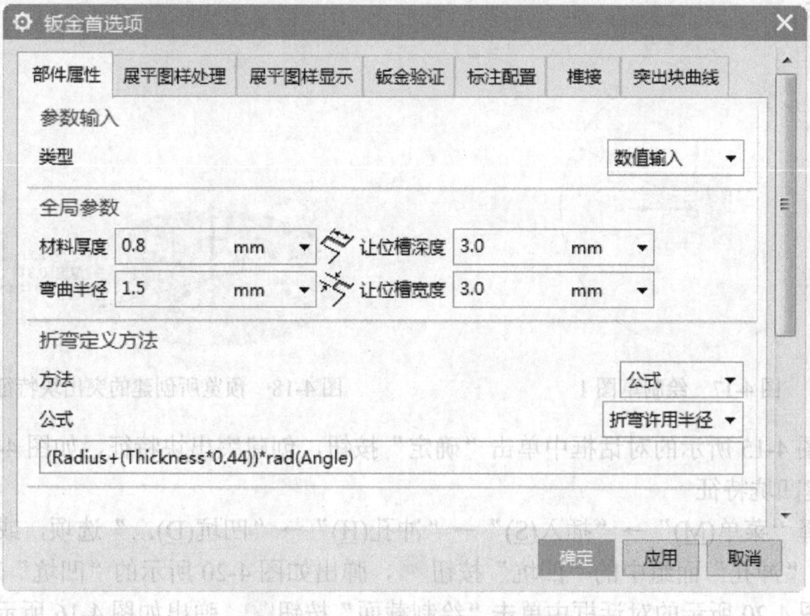

图 4-14　“钣金首选项”对话框

3. 创建突出块特征

1）选择“菜单(M)”→“插入(S)”→“突出块(B)…”选项，或者单击“主页”功能区“基本”面组中的“突出块”按钮，弹出如图 4-15 所示的“突出块”对话框。

2）在图 4-15 所示对话框中的“类型”下拉列表框中选择“底数”，单击“绘制截面”按钮，弹出如图 4-16 所示的“创建草图”对话框。

3）选择 XC-YC 平面为草图工作平面，设置“水平”面为参考平面，单击“确定”按钮，进入草图绘制环境，绘制如图 4-17 所示的草图 1。

图 4-15　“突出块”对话框

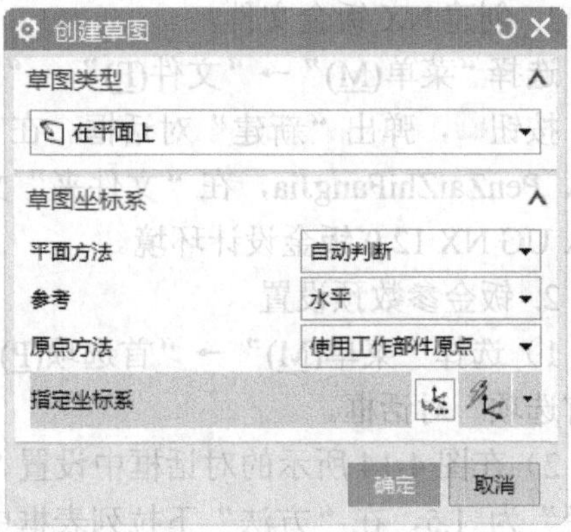

图 4-16　“创建草图”对话框

4）单击“完成”按钮，草图绘制完毕，在绘图窗口中预览所创建的突出块特征，如图 4-18 所示。

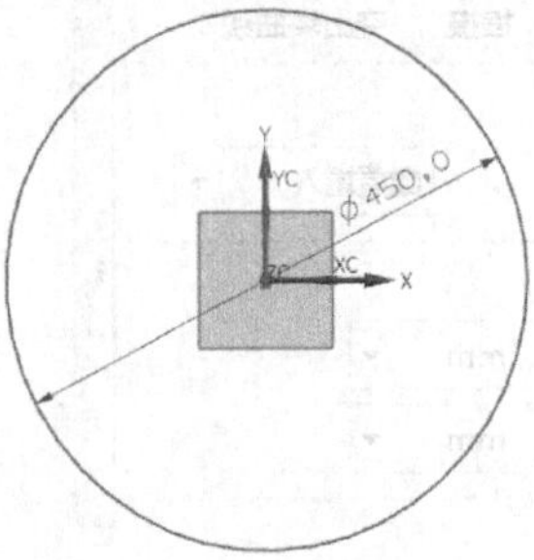

图 4-17　绘制草图 1

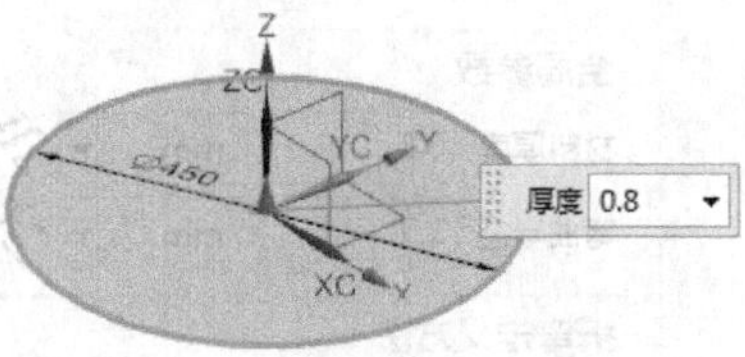

图 4-18　预览所创建的突出块特征

5）在图 4-15 所示的对话框中单击“确定”按钮，创建突出块特征，如图 4-19 所示。

4. 创建凹坑特征

1）选择“菜单(M)”→“插入(S)”→“冲孔(H)”→“凹坑(D)...”选项，或者单击“主页”功能区“冲孔”面组中的“凹坑”按钮，弹出如图 4-20 所示的“凹坑”对话框。

2）在图 4-20 所示的对话框中单击“绘制截面”按钮，弹出如图 4-16 所示的“创建草图”对话框。

3）在绘图窗口中选择如图 4-21 所示的平面为草图工作平面 1，单击“确定”按钮，进入草图绘制环境，绘制如图 4-22 所示的草图 2。

4）单击“完成”按钮，草图绘制完毕，在绘图窗口中预览所创建的凹坑特征，如图 4-23 所示。

5）在图 4-20 所示的对话框中设置“深度”为 180，“侧角”为 0°，“参考深度”为“内侧”，“侧壁”为“材料内侧”。勾选“凹坑边倒圆”复选框，设置“冲压半径”和“冲模半径”分别为 50 和 50。单击“确定”按钮，创建凹坑特征，如图 4-24 所示。

图 4-19 创建突出块特征

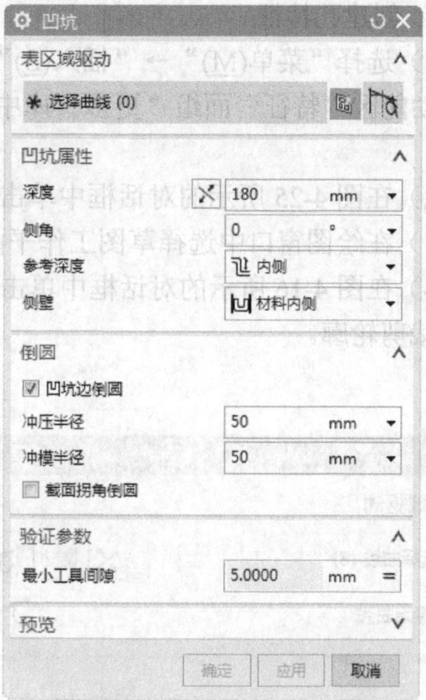

图 4-20 "凹坑"对话框

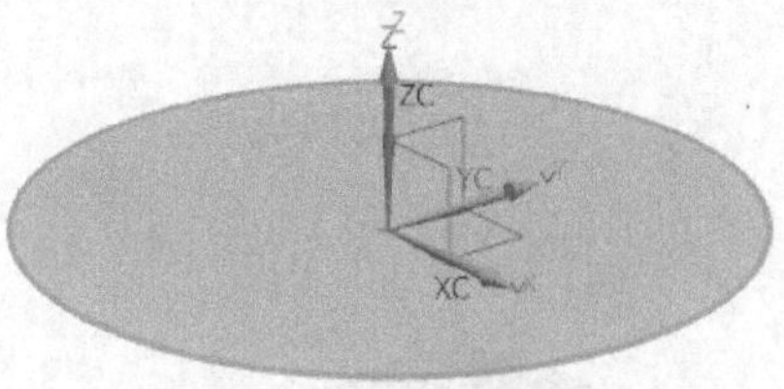

图 4-21 选择草图工作平面 1

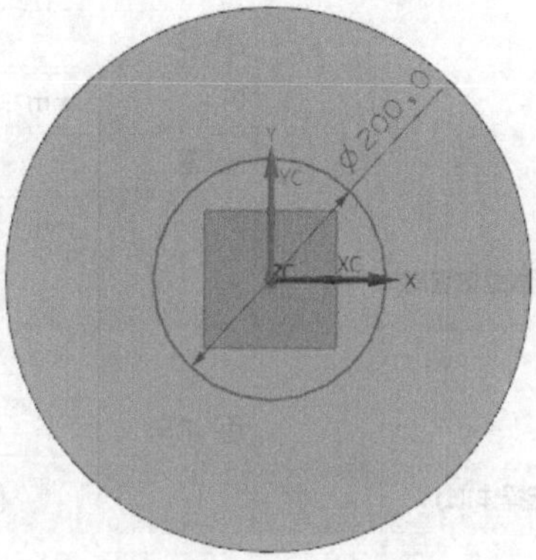

图 4-22 绘制草图 2

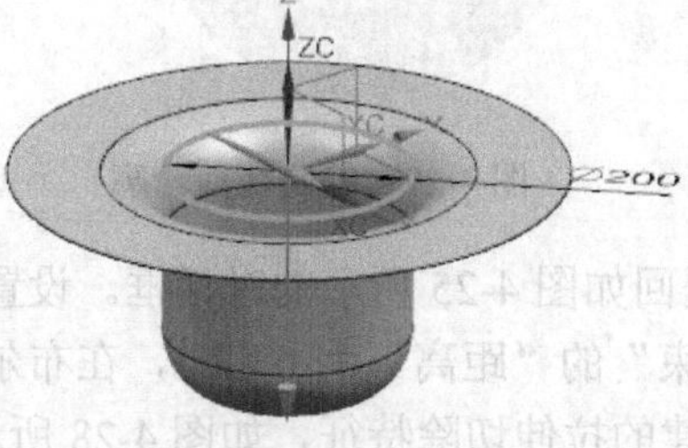

图 4-23 预览所创建的凹坑特征

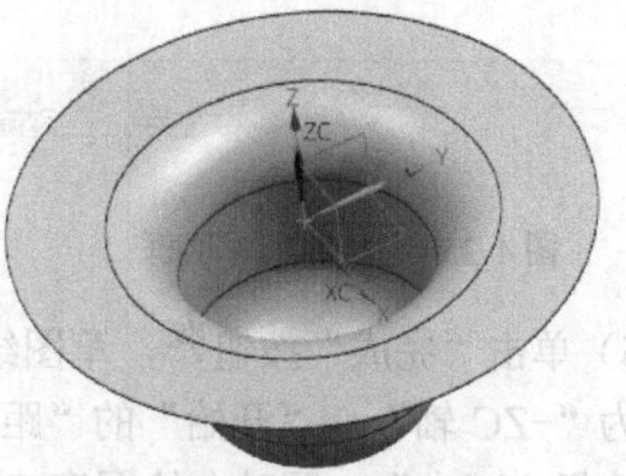

图 4-24 创建凹坑特征

5. 创建孔特征

1）选择“菜单(M)”→“插入(S)”→“切割(T)”→“拉伸(X)...”选项，或者单击“主页”功能区“特征”面组“更多”库中的“拉伸”按钮，弹出如图 4-25 所示“拉伸”对话框。

2）在图 4-25 所示的对话框中单击“绘制截面”按钮，弹出“创建草图”对话框。

3）在绘图窗口中选择草图工作平面 2，如图 4-26 所示。

4）在图 4-16 所示的对话框中单击“确定”按钮，进入草图绘制环境，绘制如图 4-27 所示的裁剪轮廓。

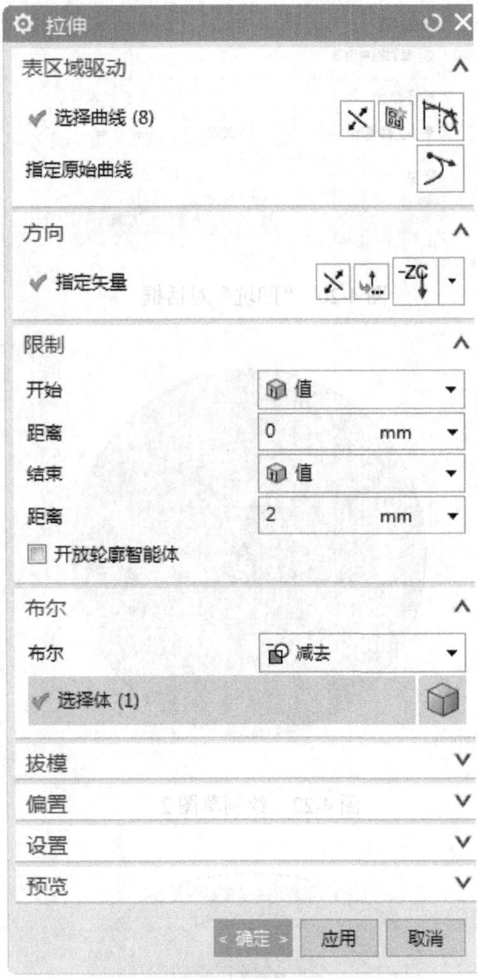

图 4-25 “拉伸”对话框

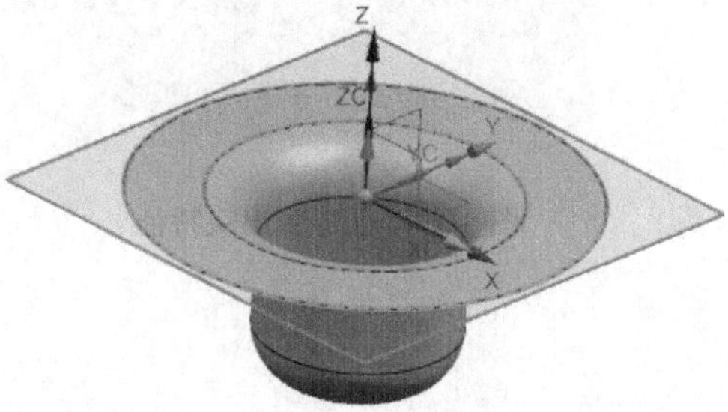

图 4-26 选择草图工作平面 2

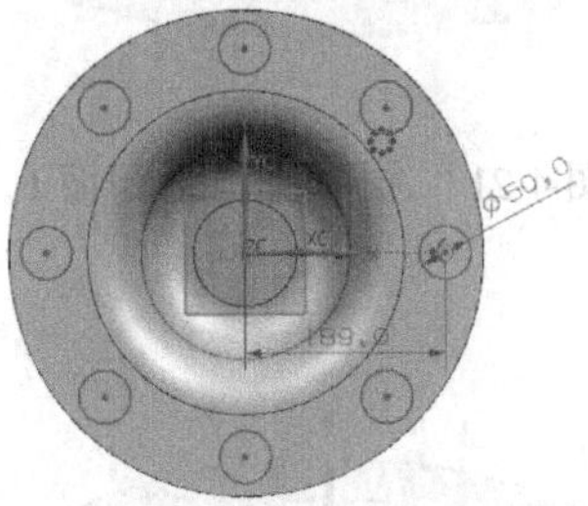

图 4-27 绘制裁剪轮廓

5）单击“完成”按钮，草图绘制完毕，返回如图 4-25 所示的对话框。设置拉伸“方向”为“-ZC 轴”，“开始”的“距离”和“结束”的“距离”为 0 和 2，在布尔下拉列表框中选择“减去”，同时在绘图窗口中预览所创建的拉伸切除特征，如图 4-28 所示。

6）在图 4-25 所示的对话框中单击“确定”按钮，创建法向开孔特征，如图 4-29 所示。

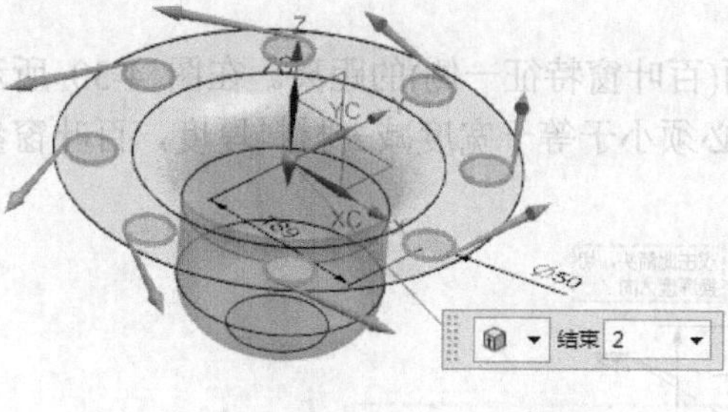

图 4-28　预览所创建的拉伸切除特征

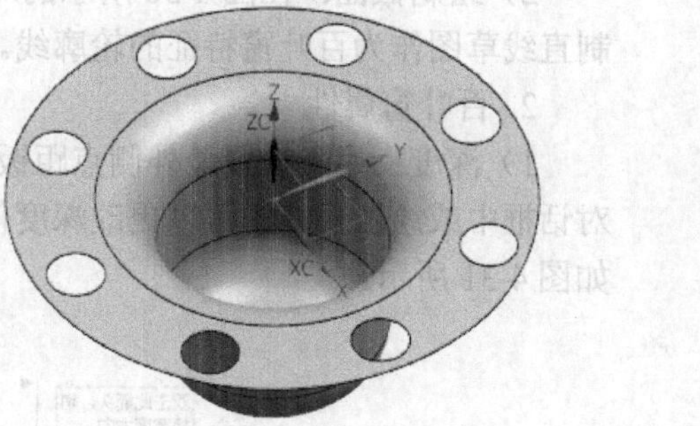

图 4-29　创建法向开孔特征

4.3 百　叶　窗

“百叶窗”提供了在钣金件平面上创建通风窗的功能。

选择“菜单(M)”→“插入(S)”→“冲孔(H)”→“百叶窗（L）…”选项，或者单击“主页功能区“冲孔”面组中的“百叶窗”按钮，弹出如图 4-30 所示的“百叶窗”对话框。

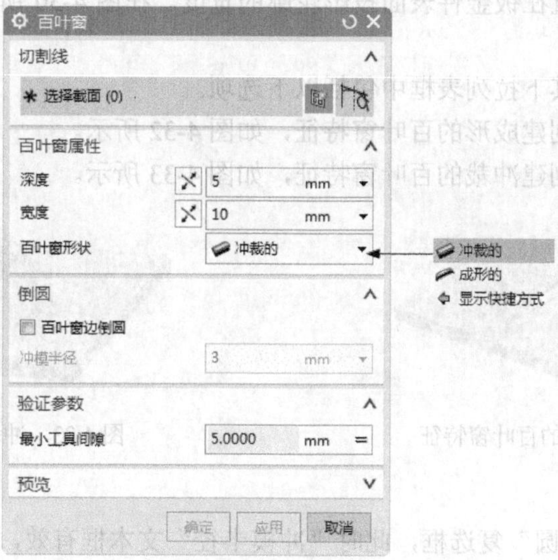

图 4-30　“百叶窗”对话框

4.3.1　选项及参数

1. 切割线

1）选择曲线：用于选择已有的单一直线作为百叶窗特征的轮廓线来创建百叶窗特征。在图 4-20 所示的对话框中为默认选项，即默认选择按钮。

2）绘制截面：在图 4-30 所示的对话框中单击按钮，选择零件平面作为参考平面，绘制直线草图作为百叶窗特征的轮廓线。

2. 百叶窗属性

1）深度：用于设置最外侧点距钣金件表面(百叶窗特征一侧)的距离。在图 4-30 所示的对话框中或绘图窗口中可以更改深度值。深度必须小于等于宽度减去材料厚度，百叶窗参数如图 4-31 所示。

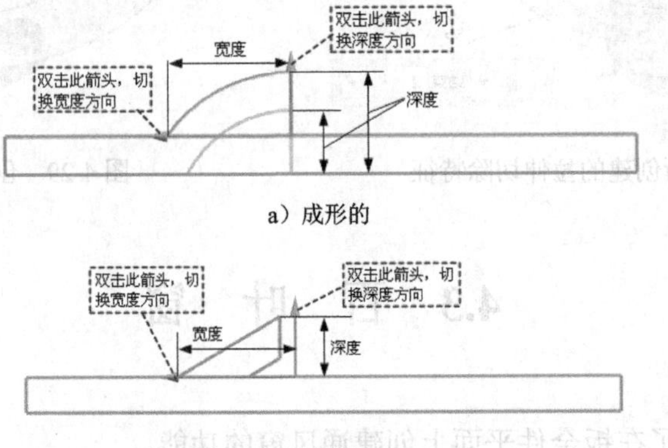

a）成形的

b）冲裁的

图 4-31　百叶窗参数

2）宽度：用于设置在钣金件表面投影轮廓的宽度。在图 4-30 所示的对话框中或绘图窗口中可以更改宽度值。

3）百叶窗形状：其下拉列表框中包括以下选项。

① 成形的：用于创建成形的百叶窗特征，如图 4-32 所示。

② 冲裁的：用于创建冲裁的百叶窗特征，如图 4-33 所示。

图 4-32　成形的百叶窗特征

图 4-33　冲裁的百叶窗特征

3. 百叶窗边倒圆

勾选“百叶窗边倒圆”复选框，此时“冲模半径”文本框有效，可以根据需求设置冲模半径。百叶窗边倒圆特征如图 4-34 所示。

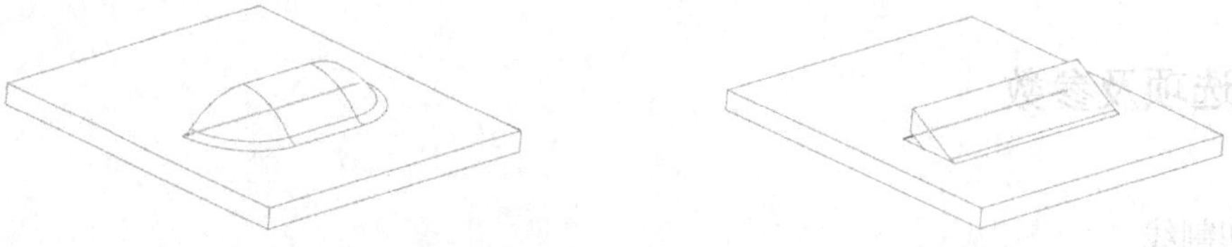

a）成形的　　b）冲裁的

图 4-34　百叶窗边倒圆特征

4.3.2 实例——百叶窗

1. 创建钣金文件

选择“菜单(M)”→“文件(F)”→“新建(N)…”选项，或者单击“主页”功能区中的“新建”按钮，弹出“新建”对话框。在“模板”列表框中选择“NX 钣金”选项。在“名称”文本框中输入 baiyechuang”单击“确定”按钮，进入 UG NX 12.0 钣金设计环境。

2. 预设置 NX 钣金参数

选择“菜单(M)”→“首选项(P)”→“钣金(H)…”选项，弹出如图 4-35 所示的“钣金首选项”对话框。设置“材料厚度”为 3，“弯曲半径”为 3，“让位槽深度”和“让位槽宽度”均为 3，“中性因子”为 0.33，其他参数采用默认设置。

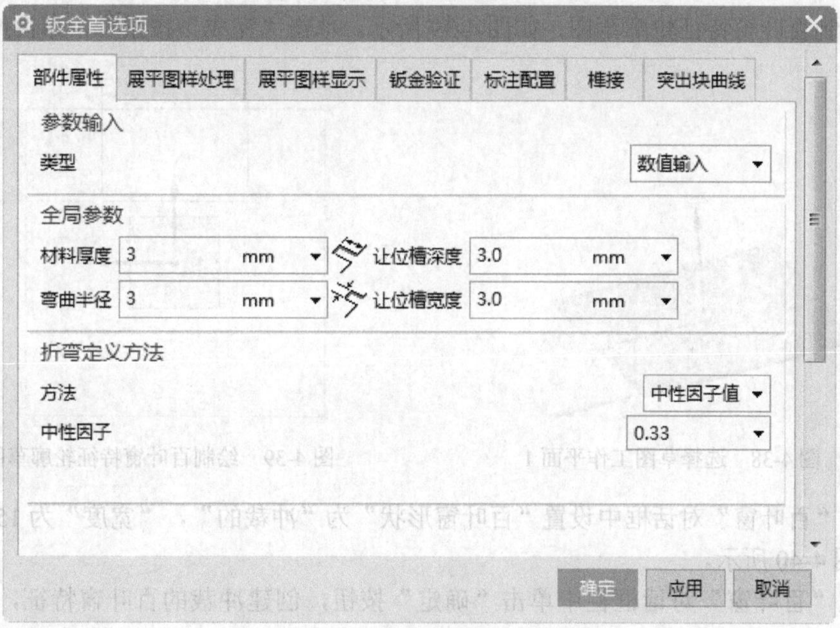

图 4-35 “钣金首选项”对话框

3. 创建基本突出块特征

1）选择“菜单(M)”→“插入(S)”→“突出块(B)…”选项，或者单击“主页”功能区“基本”面组中的“突出块”按钮，弹出“突出块”对话框。单击“绘制截面”按钮，选择 XC-YC 平面为草图工作平面，绘制基本突出块特征轮廓草图，如图 4-36 所示。单击“完成”按钮，草图绘制完毕。

2）采用默认拉伸方向和厚度，在对话框上单击“确定”按钮，创建基本突出块特征，如图 4-37 所示。

4. 创建冲裁的百叶窗特征

1）选择“菜单(M)”→“插入(S)”→“冲孔(H)”→“百叶窗（L）…”选项，或者单击“主页”功能区“冲孔”面组中的“百叶窗”按钮，弹出“百叶窗”对话框。单击“绘制截面”按钮，选择图 4-38 所示的平面作为草图工作平面 1。

UG NX 12.0

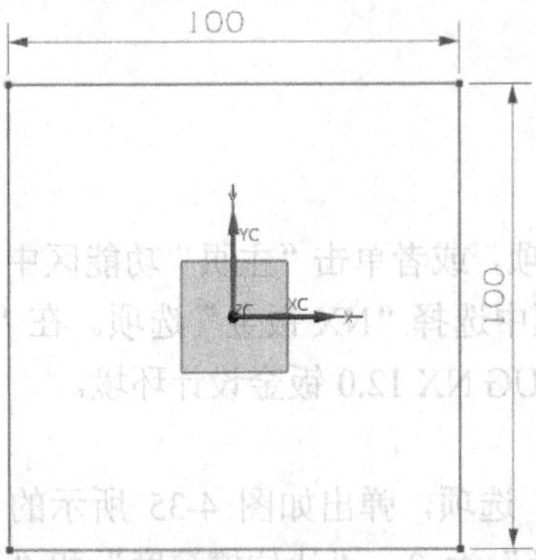

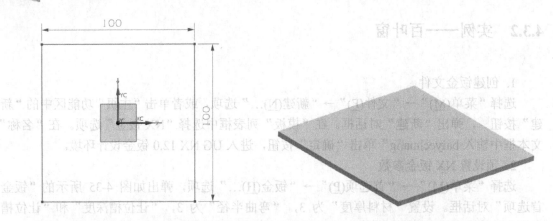

图 4-36　绘制突出块特征轮廓草图

图 4-37　创建基本突出块特征

2）绘制百叶窗特征轮廓草图，如图 4-39 所示。单击“完成”按钮，草图绘制完毕。

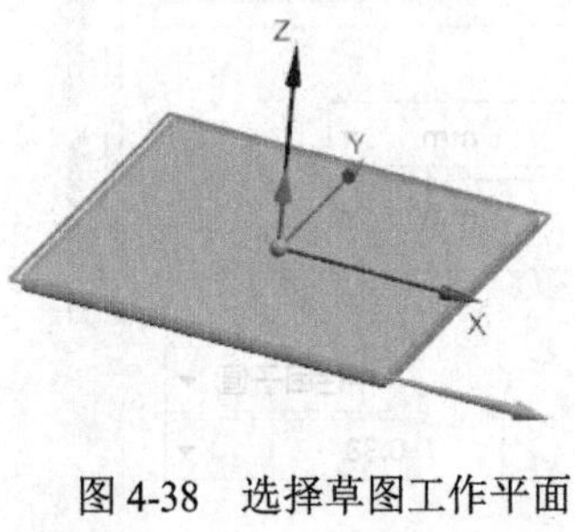

图 4-38　选择草图工作平面 1

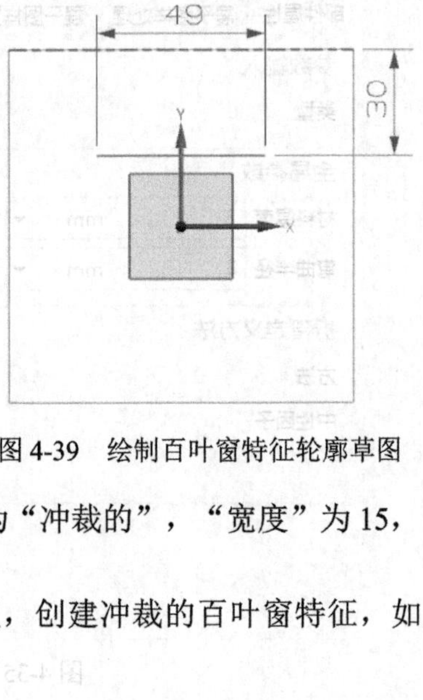

图 4-39　绘制百叶窗特征轮廓草图

3）在“百叶窗”对话框中设置“百叶窗形状”为“冲裁的”，“宽度”为 15，“深度”为 8，如图 4-40 所示。

4）在“百叶窗”对话框栏中单击“确定”按钮，创建冲裁的百叶窗特征，如图 4-41 所示。

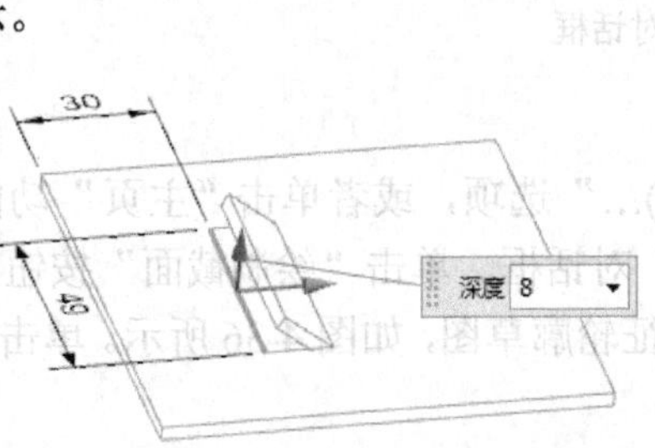

图 4-40　设置冲裁的百叶窗参数

图 4-41　创建冲裁的百叶窗特征

5. 创建成形的百叶窗特征

1）选择“菜单(M)”→“插入(S)”→“冲孔(H)”→“百叶窗(L)...”选项，或者单击“主页”功能区“冲孔”面组中的“百叶窗”按钮，弹出“百叶窗”对话框。单击“绘制截面”按钮，选择图 4-42 所示的钣金面作为草图工作平面 2。

2）绘制成形的百叶窗特征轮廓线草图，如图 4-43 所示。单击“完成”按钮，草图绘制完毕。

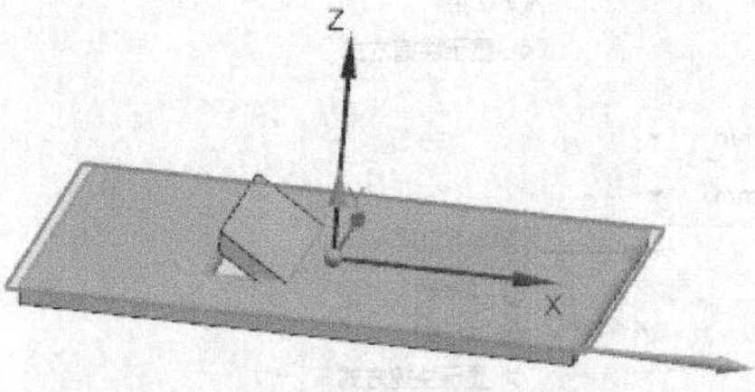

图 4-42　选择草图工作平面 2

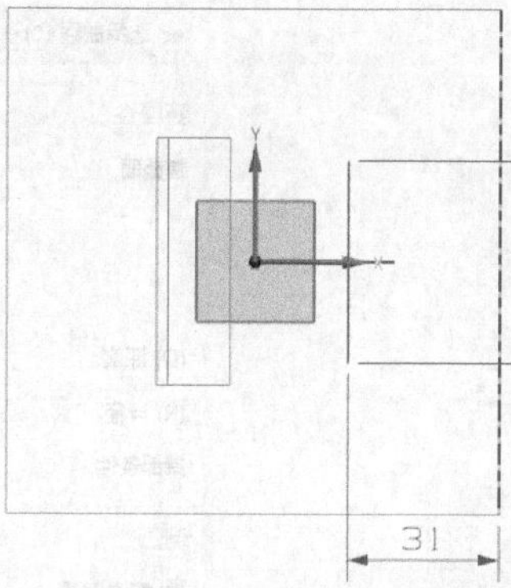

图 4-43　绘制成形的百叶窗特征轮廓线草图

3）在“百叶窗”对话框中设置“百叶窗形状”为“成形的”，“宽度”为 10，“深度”为 5，如图 4-44 所示。

4）在“百叶窗”对话框中的单击“反向”按钮，更改宽度方向，如图 4-45 所示。

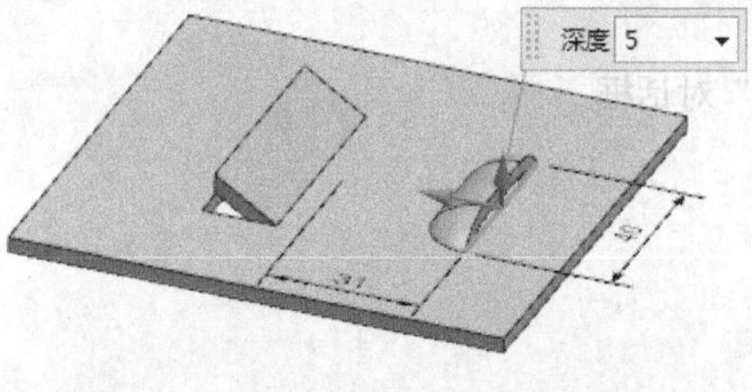

图 4-44　设置成形的百叶窗参数

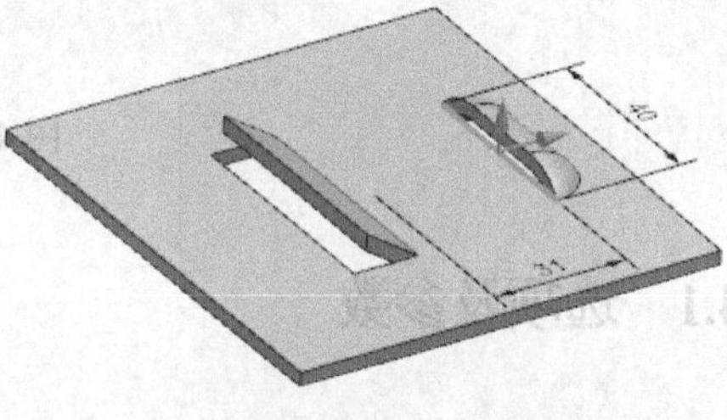

图 4-45　更改宽度方向

5）在“百叶窗”对话框中单击“确定”按钮，创建成形的百叶窗特征，如图 4-46 所示。

图 4-46　创建成形的百叶窗特征

4.4 筋

“筋”提供了在钣金件表面的引导线上添加加强筋的功能。

选择“菜单(M)”→“插入(S)”→“冲孔(H)”→“筋(B)...”选项，或者单击“主页”功能区“冲孔”面组中的“筋”按钮，弹出如图 4-47 所示的“筋”对话框。

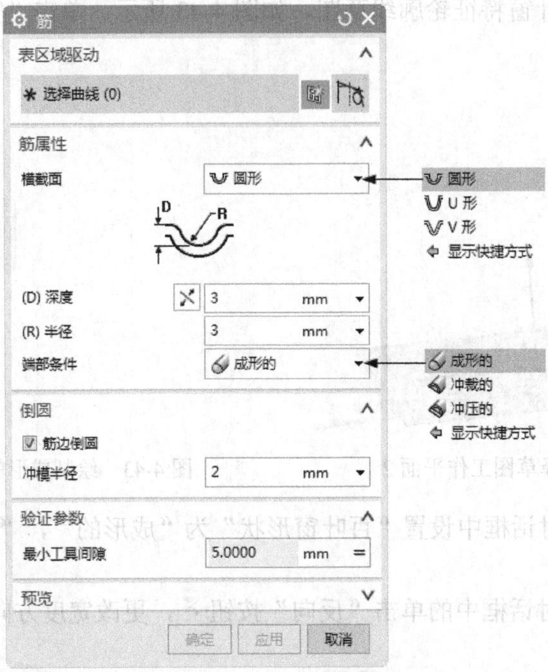

图 4-47 “筋”对话框

4.4.1 选项及参数

1. 表区域驱动

1）选择曲线：用于选择已有的引导线来创建筋特征。在图 4-47 所示的“筋”对话框中为默认选项，即默认选择按钮。

2）绘制截面：在图 4-47 所示的“筋”对话框中单击按钮，可以在零件表面所在平面上绘制引导线草图。

2. 筋属性

筋的横截面主要包括圆形、U 形和 V 形 3 种类型。

（1）圆形　在“横截面”下拉列表框中选择“圆形”，如图 4-47 所示。

1）深度：用于设置圆形筋的底面和圆弧顶部之间的高度差值。

2）半径：用于设置圆形筋的截面圆弧半径。

3）端部条件：用于设置附着筋的类型，包括成形的、冲裁的和冲压的，如图 4-48 所示。

（2）U 形　在“横截面”下拉列表框中选择“U 形”，如图 4-49 所示。

1）深度：用于设置 U 形筋的底面和顶面之间的高度差值。

2）宽度：用于设置 U 形筋顶面的宽度。

3）角度：用于设置 U 形筋的底面法向和侧面或者端盖之间的夹角。

4）端部条件：用于设置附着筋的类型，包括成形的、冲裁的和冲压的，如图 4-50 所示。

（3）V 形　在“横截面”下拉列表框中选择“V 形”，如图 4-51 所示。

a）成形的　　b）冲裁的　　c）冲压的

图 4-48 “圆形”横截面示意

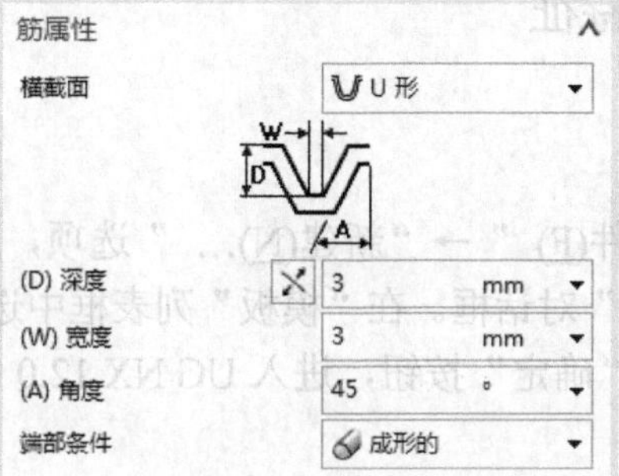

图 4-49 “横截面”-“U 形”选项

a）成形的　　b）冲裁的　　c）冲压的

图 4-50 “U 形”横截面示意

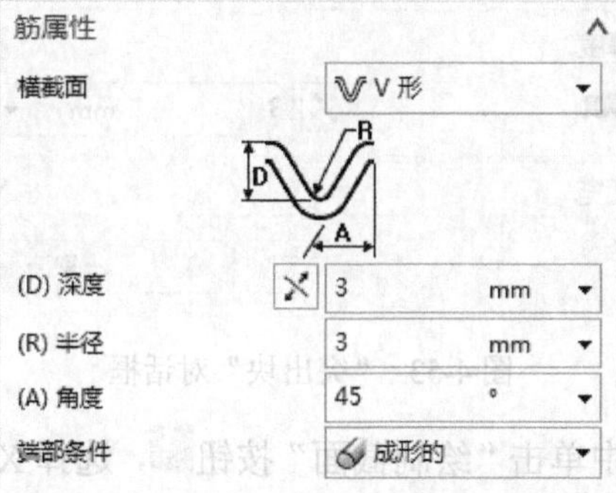

图 4-51 “横截面”-“V 形”选项

1）深度：用于设置 V 形筋的底面和顶面之间的高度差值。

2）角度：用于设置 V 形筋的底面法向和侧面或端盖之间的夹角。

3）半径：用于设置 V 形筋的两个侧面或两个端盖之间的倒角半径。

4）端部条件：用于设置附着筋的类型，包括成形的、冲裁的，冲压的和锥孔，如图 4-52 所示。

a）成形的　　　　b）冲裁的　　　　c）冲压的

图 4-52 “V 形”横截面示意

4.4.2 实例——创建筋特征

1. 创建钣金文件

选择“菜单(M)”→“文件(F) ”→“新建(N)… ”选项，或者单击“主页”功能区中的“新建”按钮，弹出“新建”对话框。在“模板”列表框中选择“NX 钣金”选项。在“名称”文本框中输入 jin，单击“确定”按钮，进入 UG NX 12.0 钣金设计环境。

2. 创建基本突出块特征

1）选择“菜单(M)”→“插入(S)”→“突出块(B)…”选项，或者单击“主页”功能区“基本”面组中的“突出块”按钮，弹出如图 4-53 所示的“突出块”对话框。

图 4-53 “突出块”对话框

2）在“突出块”对话框中单击“绘制截面”按钮，选择 XC-YC 平面为草图工作平面，绘制基本突出块特征轮廓草图，如图 4-54 所示。单击“完成”按钮，草图绘制完毕。

3）在“突出块”对话框中单击“确定”按钮，创建基本突出块特征，如图 4-55 所示。

3. 创建圆形筋

1）选择“菜单(M)”→“插入(S)”→“冲孔(H)”→“筋(B)…”选项，或者单击“主页”功能区“冲孔”面组中的“筋”按钮，弹出如图 4-56 所示的“筋”对话框。设置“横截面”为“圆形”，“深度”为 3.5、“半径”为 3.5、“冲模半径”为 1，在“端部条件”中选择“成形的”，其他参数选择默认。

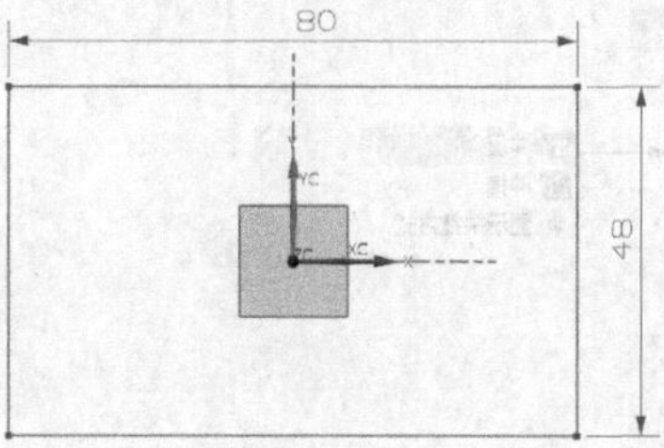

图 4-54　绘制突出块特征轮廓草图

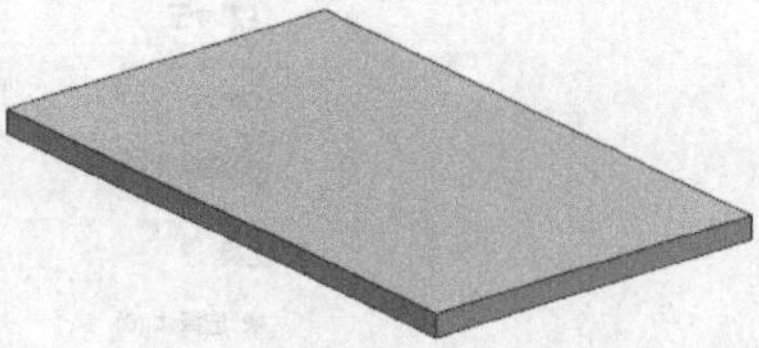

图 4-55　创建基本突出块特征

2）在“筋”对话框中单击“绘制截面”按钮，绘制引导线，如图 4-57 所示。单击“完成”按钮，草图绘制完毕。

3）在“筋”对话框中单击“确定”按钮，创建圆形筋，如图 4-58 所示。

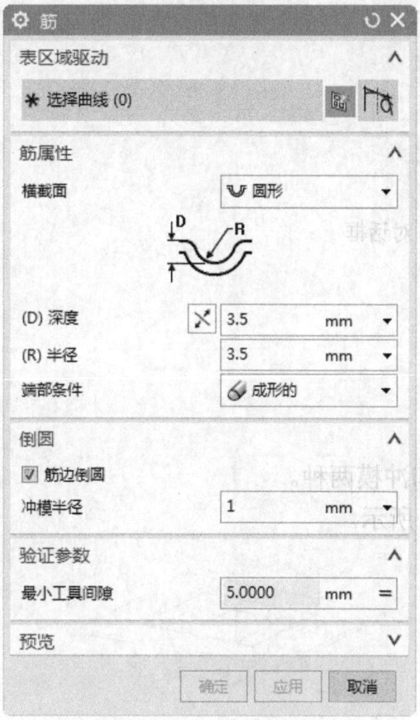

图 4-56　“筋”对话框

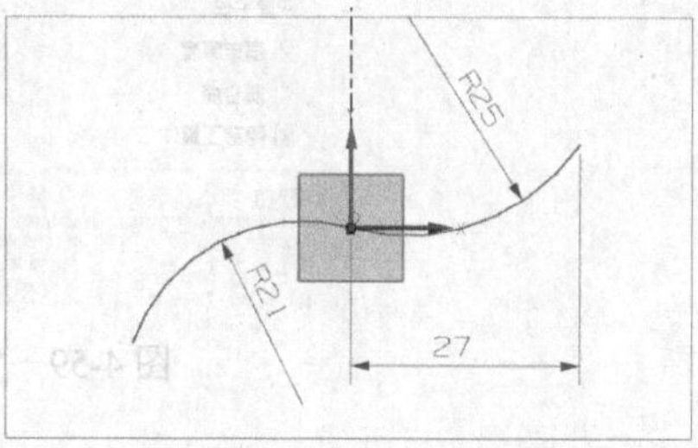

图 4-57　绘制引导线

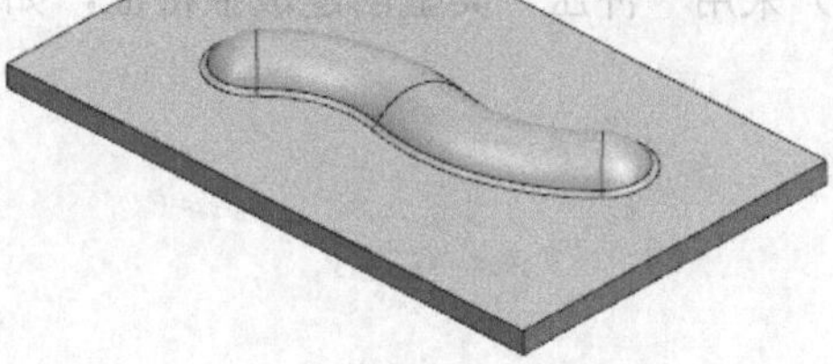

图 4-58　创建圆形筋

4.5　实 体 冲 压

利用“实体冲压”可以创建与冲压刀具体形状相同的钣金特征。

选择“菜单(M)”→“插入(S)”→“冲孔(H)”→“实体冲压(S)...”选项，或者单击“主页”功能区“冲孔”面组中的“实体冲压”按钮，弹出如图 4-59 所示的“实体冲压”对话框。

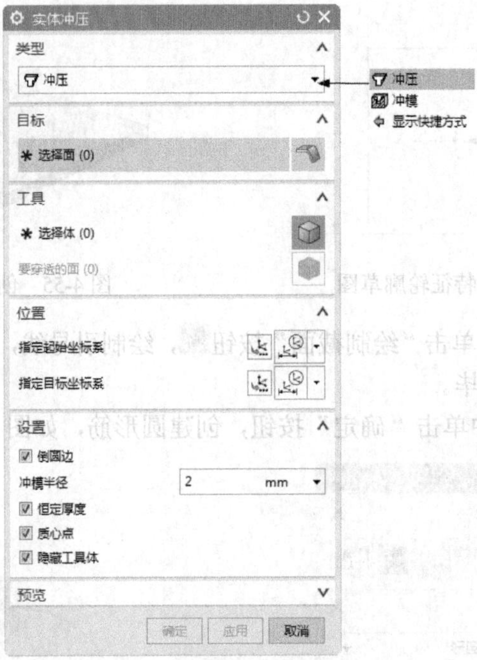

图 4-59 “实体冲压”对话框

4.5.1 选项及参数

1. 类型

钣金“实体冲压”根据刀具体类型可分为冲压和冲模两种。

1）采用“冲压”类型创建钣金特征，如图 4-60 所示。

a）实体冲压前　　b）实体冲压后

图 4-60 采用“冲压”类型创建钣金特征

2）采用“冲模”类型创建钣金特征，如图 4-61 所示。

a）实体冲压前　　b）实体冲压后

图 4-61 采用“冲模”类型创建钣金特征

2. 目标

用于选择创建实体冲压特征的目标面，目标面所在的实体厚度均一。当创建实体冲压特征时，沿着冲压方向目标面首先与刀具体相接触。单击按钮，在绘图窗口中选择创建钣金实体冲压特征的目标面。

3. 工具

1）选择体：指在创建实体冲压特征时，使目标体具有预想形状的实体。单击按钮，在绘图窗口中选择创建钣金实体冲压特征的工具体。

2）要穿透的面：指在创建实体冲压特征时，指定穿透的工具体表面。单击按钮，在绘图窗口中选择创建钣金实体冲压特征的穿透面。

钣金实体冲压的部分参数含义示意如图 4-62 所示。

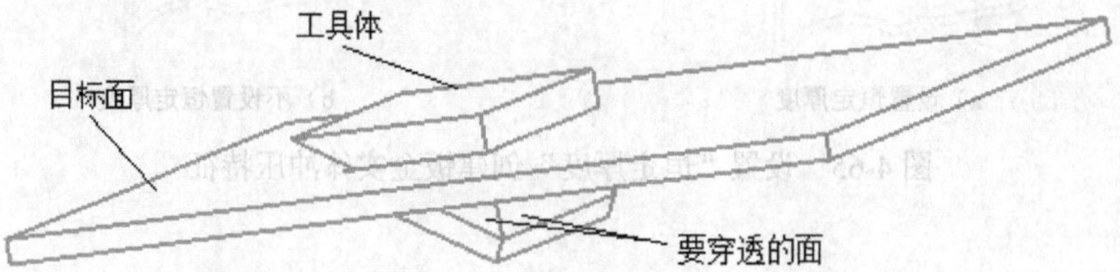

图 4-62　实体冲压的部分参数含义示意

4. 位置

指定起始坐标系（指定目标坐标系）：指在创建实体冲压特征时，将工具体从一个位置复制到另一个位置的操作。

5. 设置

1）质心点：勾选此复选框，通过对放置面轮廓线的二维分析，自动产生一个刀具中心位置。

2）隐藏工具体：勾选此复选框，当创建钣金实体冲压特征后，工具体不可见，否则工具体可见，如图 4-63 所示。

a）不隐藏工具体　　b）隐藏工具体

图 4-63　设置“隐藏工具体”创建实体冲压特征

3）倒圆边：勾选此复选框，可以设置内半径和外半径。外半径指目标面上的边的折弯半径；内半径指创建实体冲压特征时，底部边的折弯半径。内半径加上厚度等于外半径，如图 4-64 所示。

4）恒定厚度：如果工具体具有锐边时，创建钣金实体冲压特征时需勾选“恒定厚度”复选框。如果不勾选“恒定厚度”复选框，创建的钣金实体冲压特征仍然包含锐边，如图 4-65 所示。

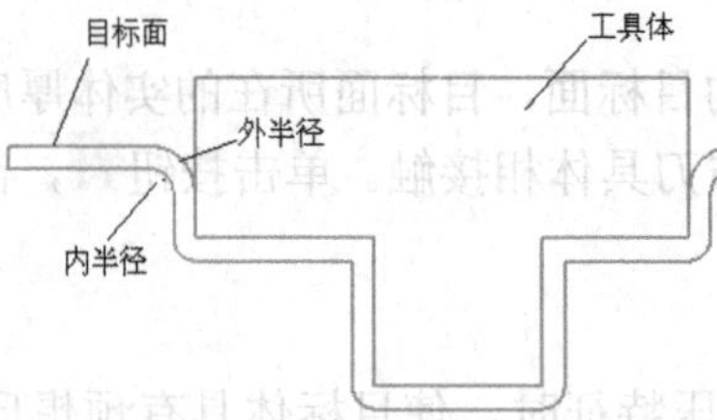

图 4-64　设置“倒圆边”示意图

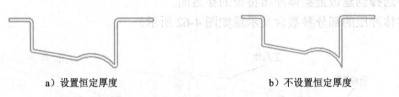

a）设置恒定厚度　　　　b）不设置恒定厚度

图 4-65　设置“恒定厚度”创建钣金实体冲压特征

4.5.2　实例——实体冲压

1. 打开钣金文件

选择“菜单(M)”→“文件(F)”→“打开(O)...”选项，弹出“打开”对话框。在“文件”列表框中选中 shitichongya1.prt 文件，单击 OK 按钮，打开文件并进入 UG NX 12.0 钣金设计环境，如图 4-66 所示。

2. 创建钣金实体冲压特征工具体

1）选择“菜单(M)”→“插入(S)”→“草图(H)...”选项，进入 UG 草图绘制环境。选择 YOZ 平面为草图工作平面，创建如图 4-67 所示的钣金工具体零件草图。单击“完成”按钮，草图绘制完毕。

图 4-66　shitichongya1.prt 文件

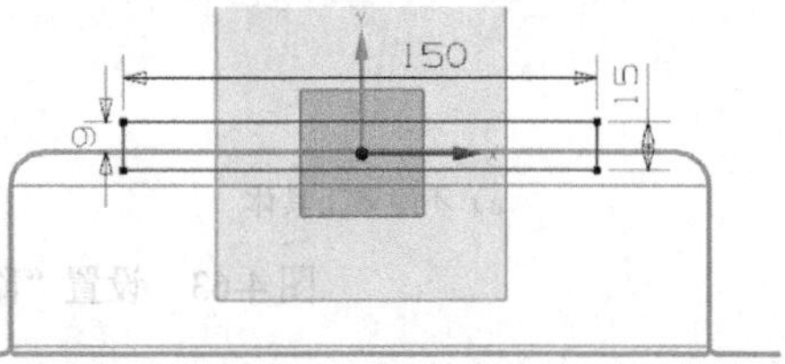

图 4-67　创建草图

2）选择“菜单(M)”→“插入(S)”→“设计特征(E)”→“拉伸(X)...”选项，或者单击“主页”功能区“特征”面组中的“拉伸”按钮，弹出如图 4-68 所示“拉伸”对话框。

3）选择图 4-67，并在对话框中设置“限制”选项组中的“开始”的“距离”为-125，“结束”的“距离”为 125，其他设置选择默认，如图 4-69 所示。

图 4-68 “拉伸”对话框

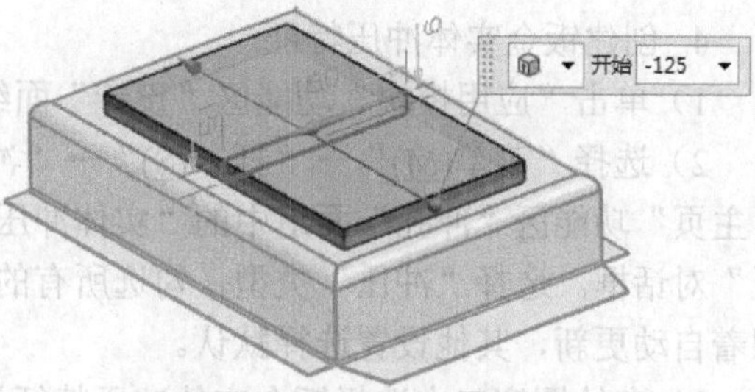

图 4-69 预览钣金工具体

4）单击“确定”按钮，创建拉伸实体，如图 4-70 所示。

3. 创建边倒圆特征

1）选择“菜单(M)”→“插入(S)”→“细节特征(L)”→“边倒圆(E)…”选项，或者单击“主页”功能区“特征”面组中的“边倒圆”按钮，弹出如图 4-71 所示的“边倒圆”对话框。选择“连续性”为“G1（相切）”，并设置“半径 1”为 2。

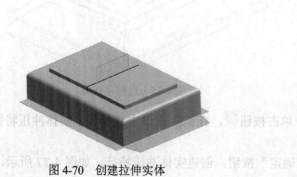

图 4-70 创建拉伸实体

图 4-71 “边倒圆”对话框

2）在绘图窗口中选择工具体棱边，如图 4-72 所示。

3）在“边倒圆”对话框中单击“确定”按钮，创建边倒圆特征，如图 4-73 所示。

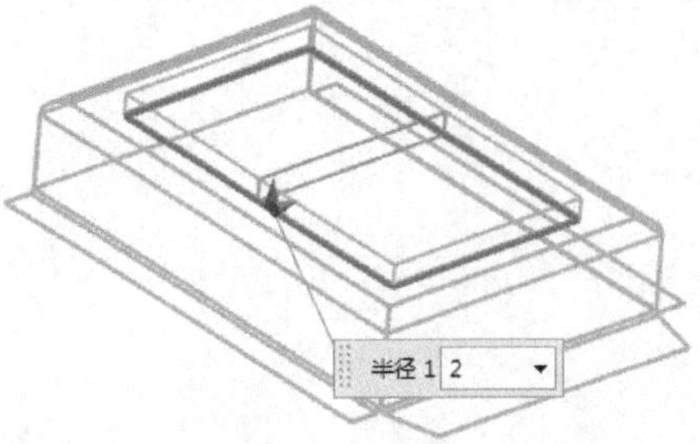

图 4-72　选择工具体棱边

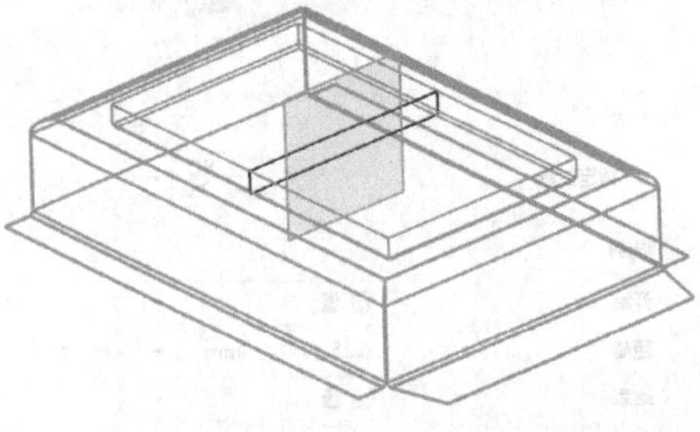

图 4-73　创建边倒圆特征

4. 创建钣金实体冲压特征

1）单击“应用模块”功能区“设计”面组中的“钣金”按钮，进入钣金设计环境。

2）选择“菜单(M)”→“插入(S)”→“冲孔(H)”→“实体冲压(S)...”选项，或者单击“主页”功能区“冲孔”面组中的“实体冲压”按钮，弹出如图 4-74 所示钣金“实体冲压”对话框。选择“冲压”类型，勾选所有的复选框，并设置“冲模半径”为 2，冲模半径跟着自动更新，其他设置选择默认。

3）在绘图窗口中选择钣金实体冲压特征目标面，如图 4-75 所示。

图 4-74　“实体冲压”对话框

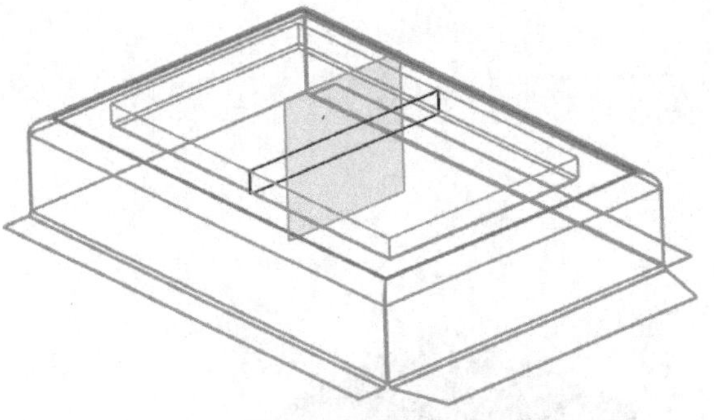

图 4-75　选择目标面

4）单击鼠标中键，或者在对话框中单击按钮，在绘图窗口中选择钣金实体冲压特征工具体，如图 4-76 所示。

5）在“实体冲压”对话框中单击“确定”按钮，创建实体冲压特征，如图 4-77 所示。

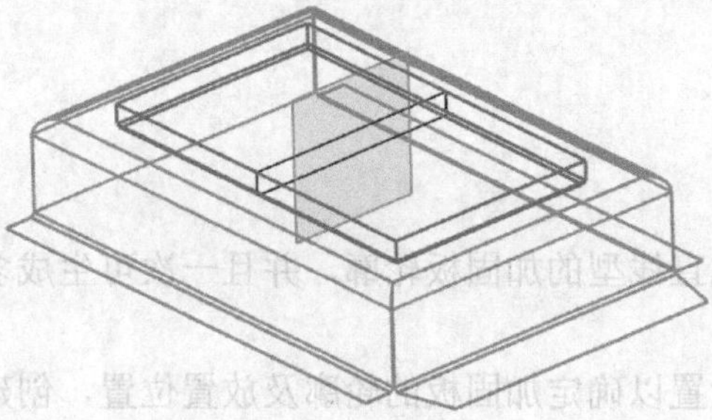

图 4-76　选择工具体

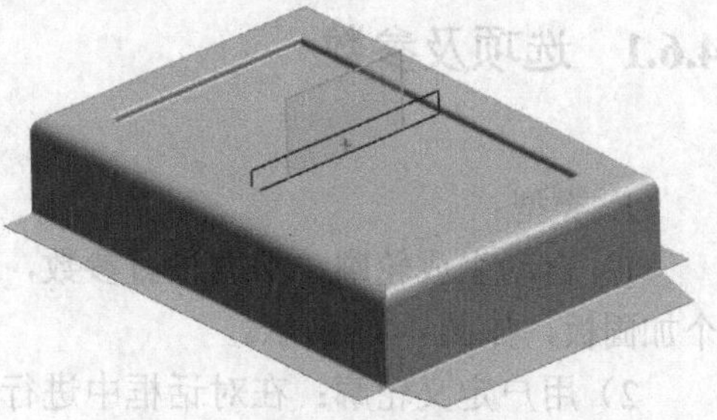

图 4-77　创建实体冲压特征

4.6　加　固　板

利用“加固板”可以在部件上创建强化加固板。

选择“菜单(M)”→“插入(S)”→“冲孔(H)”→“加固板(G)...”选项，或者单击“主页”功能区“冲孔”面组中的“加固板”按钮，弹出如图 4-78 所示“加固板”对话框。

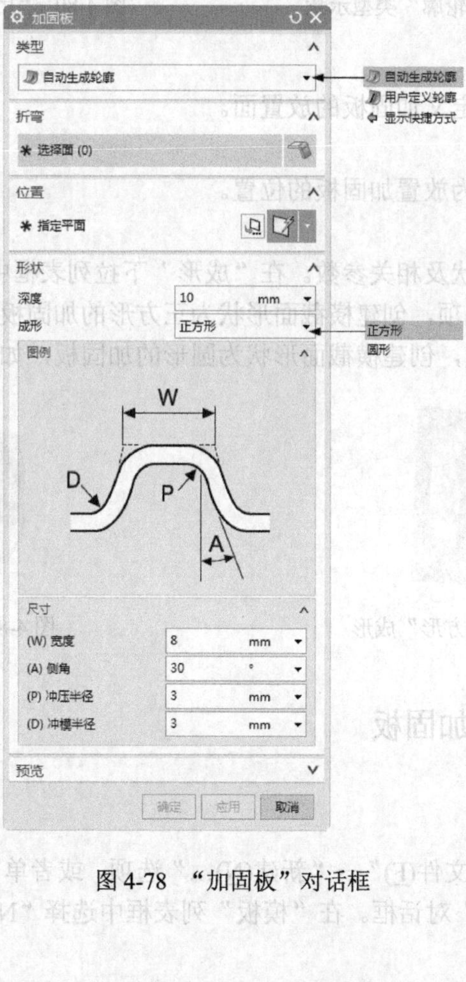

图 4-78　“加固板”对话框

4.6.1 选项及参数

1. 类型

1）自动生成轮廓：根据设置参数，自动生成直线型的加固板轮廓，并且一次可生成多个加固板，如图 4-79 所示。

2）用户定义轮廓：在对话框中进行相关的设置以确定加固板的轮廓及放置位置，创建用户轮廓的加固板，如图 4-80 所示。

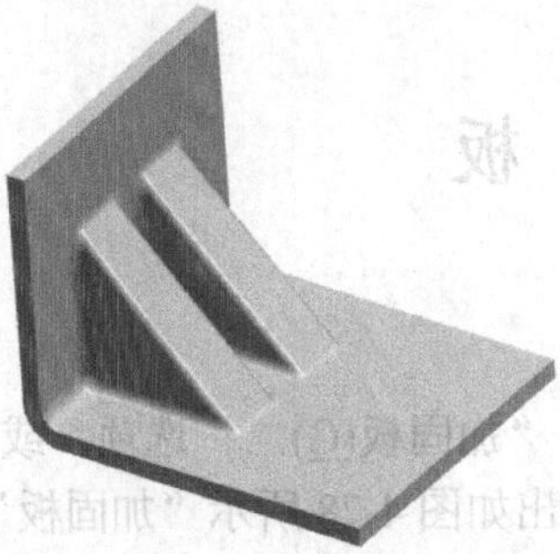

图 4-79 “自动生成轮廓”类型示意

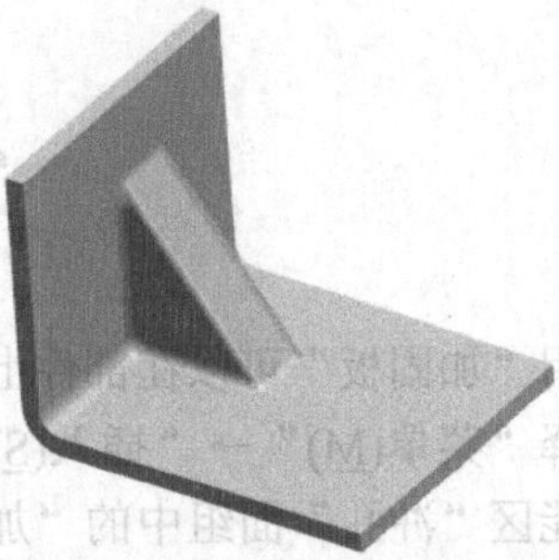

图 4-80 “用户定义轮廓”类型示意

2. 折弯

可选择一个折弯面来定义加固板的放置面。

3. 位置

可指定一个平面来作为放置加固板的位置。

4. 形状

用于定义加固板的形状及相关参数。在“成形”下拉列表框中包括以下选项。

1）正方形：选择此选项，创建横截面形状为正方形的加固板，如图 4-81 所示。

2）圆形：选择此选项，创建横截面形状为圆形的加固板，如图 4-82 所示。

图 4-81 “正方形”成形

图 4-82 “圆形”成形

4.6.2 实例——创建加固板

1. 创建钣金文件

选择“菜单(M)”→“文件(F)”→“新建(N)...”选项，或者单击“主页”功能区中的“新建”按钮，弹出“新建”对话框。在“模板”列表框中选择“NX 钣金”选项。在“名称”

文本框中输入 jiaguban，单击“确定”按钮，进入 UG NX 12.0 钣金设计环境。

2. 预设置 NX 钣金参数

选择“菜单(M)”→“首选项(P)”→“钣金(H)…”选项，弹出如图 4-83 所示的“钣金首选项”对话框。设置“材料厚度”为 1，“弯曲半径”为 1，“让位槽深度”和“让位槽宽度”均为 3，“中性因子”为 0.33，其他参数采用默认设置。

3. 创建基本突出块特征

1）选择“菜单(M)”→“插入(S)”→“突出块(B)…”选项，或者单击“主页”功能区“基本”面组中的“突出块”按钮，弹出如图 4-84 所示“突出块”对话框。设置“厚度”为 1。

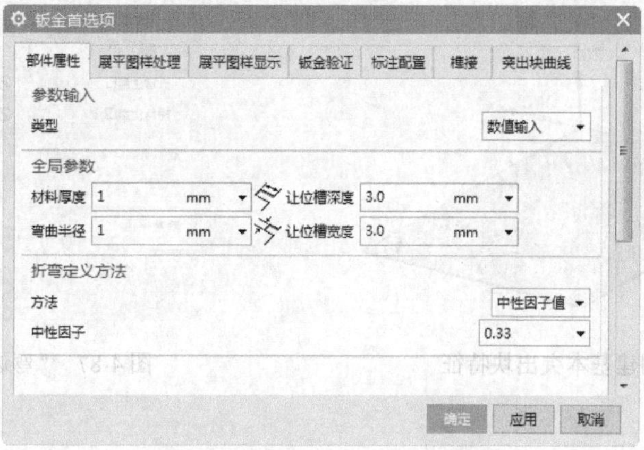

图 4-83　“钣金首选项”对话框

2）在“突出块”对话框栏上单击“绘制截面”按钮，绘制基本突出块特征轮廓草图，如图 4-85 所示。单击“完成”按钮，草图绘制完毕

图 4-84　“突出块”对话框栏

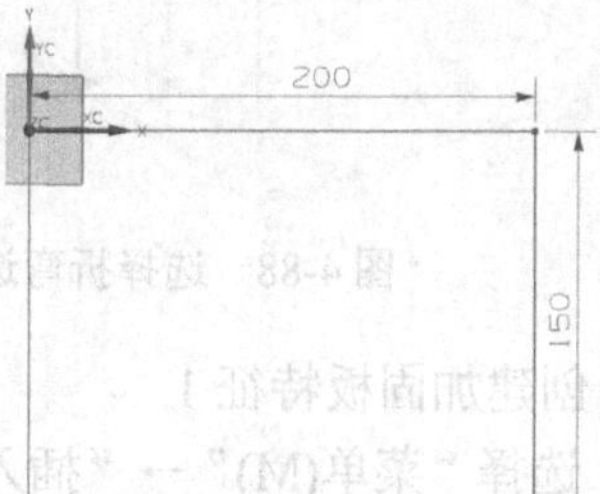

图 4-85　绘制基本突出块特征轮廓草图

3）在“突出块”对话框栏上单击“确定”按钮，创建基本突出块特征，如图 4-86 所示。

4. 创建第二弯边特征

1）选择“菜单(M)”→“插入(S)”→“折弯(N)”→“弯边(F)…”选项，或者单击“主页”功能区“折弯”面组中的“弯边”按钮，弹出如图 4-87 所示 “弯边”对话框。设置“参考长度”为“内侧”，“内嵌”为“材料内侧”，“宽度”选项为“完整”。

2）在绘图窗口中选择如图 4-88 所示的折弯边，并在图 4-87 所示的对话框中设置弯边“长度”为 160，“角度”为 90，在“折弯止裂口”和“拐角止裂口”中选择“无”。

3）在“弯边”对话框中单击“确定”按钮，创建如图 4-89 所示弯边特征。

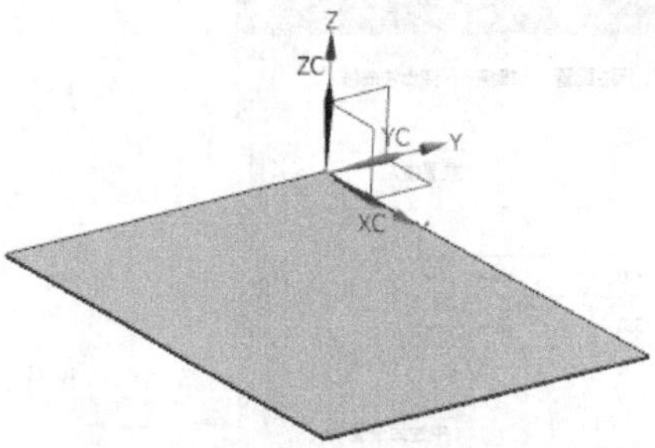

图 4-86　创建基本突出块特征

图 4-87　“弯边”对话框

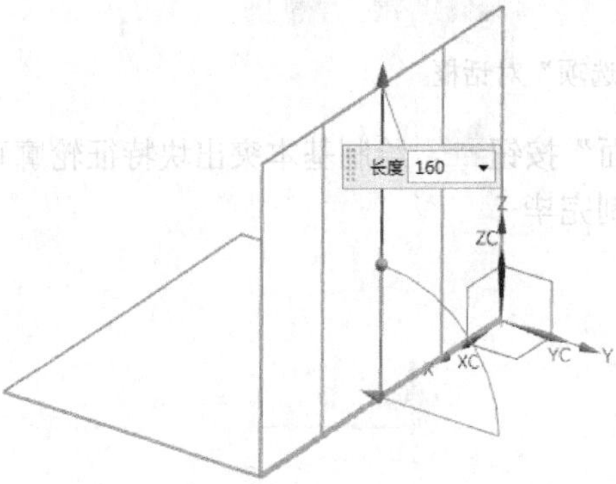

图 4-88　选择折弯边

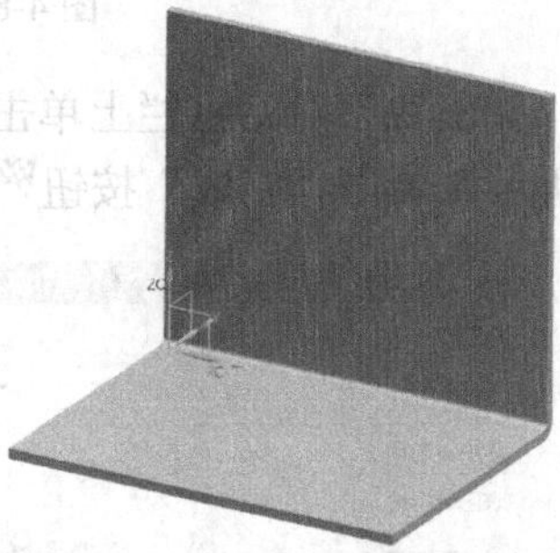

图 4-89　创建弯边特征

5. 创建加固板特征 1

1）选择“菜单(M)”→“插入(S)”→“冲孔(H)”→“加固板(G)...”选项，或者单击“主页”功能区“冲孔”面组中的“加固板”按钮，弹出如图 4-90 所示“加固板”对话框。

2）选择“用户定义轮廓”类型，单击“绘制截面”按钮，弹出如图 4-91 所示的“创建草图”对话框。

3）选择图 4-92 所示的折弯边线 1，设置“弧长百分比”为 50。

4）在“创建草图”对话框中单击“确定”按钮，进入草图绘制环境，绘制如图 4-93 所示的轮廓曲线 1。单击“完成”按钮，草图绘制完毕。

5）在“加固板”对话框中选择“宽度侧”为“对称”，“成形”为“正方形”，设置“宽度”为 16，“侧角”为 0°，“冲压半径”为 0，“冲模半径”为 2，单击“确定”按钮。创建加固板特征 1，如图 4-94 所示。

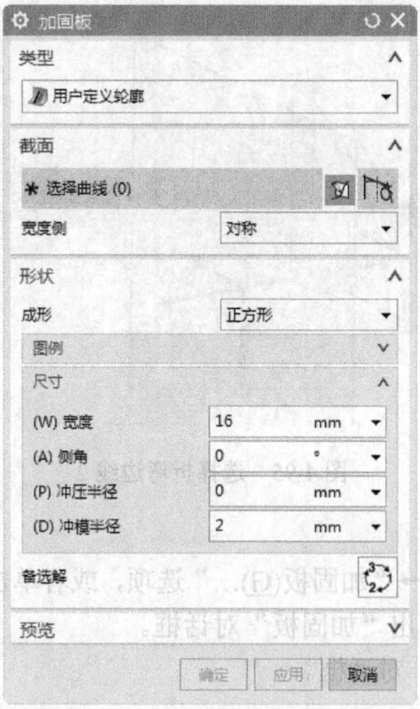

图 4-90　“加固板”对话框

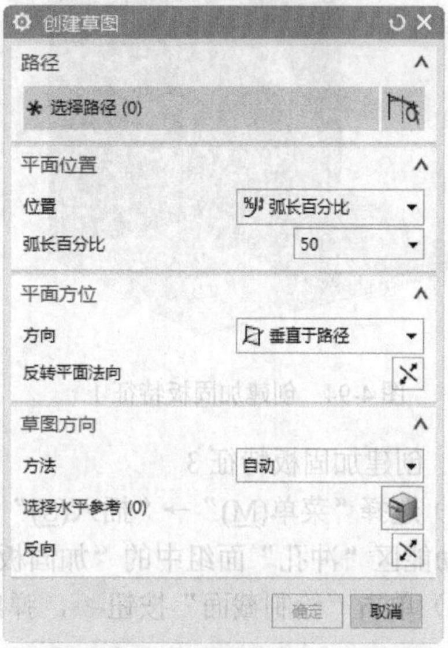

图 4-91　“创建草图”对话框

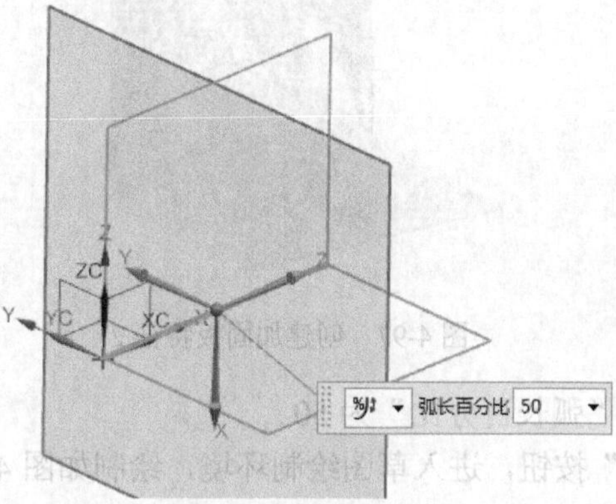

图 4-92　选择折弯边线 1

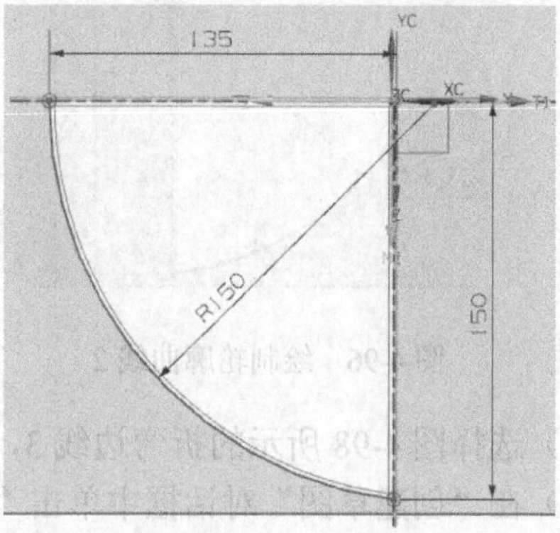

图 4-93　绘制轮廓曲线 1

6. 创建加固板特征 2

1）选择“菜单(M)”→“插入(S)”→“冲孔(H)”→“加固板(G)...”选项，或者单击“主页”功能区“冲孔”面组中的“加固板”按钮，弹出“加固板”对话框。

2）单击“绘制截面”按钮，弹出“创建草图”对话框。

3）选择如图 4-95 所示的折弯边线 2，设置“弧长百分比”为 50。

4）在“创建草图”对话框中单击“确定”按钮，进入草图绘制环境，绘制如图 4-96 所示的轮廓曲线 2。单击“完成”按钮，草图绘制完毕。

5）在“加固板”对话框中选择“宽度侧”为“对称”，“成形”为“正方形”，设置“宽度”为 16，“侧角”为 0°，“冲压半径”为 0，“冲模半径”为 2，单击“确定”按钮，创建加固板特征 2，如图 4-97 所示。

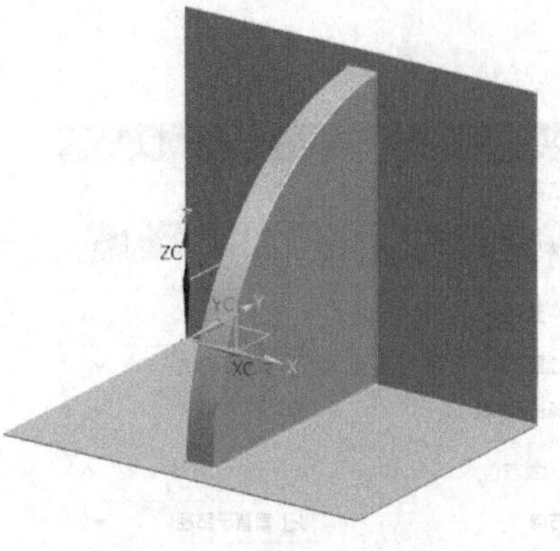

图 4-94　创建加固板特征 1

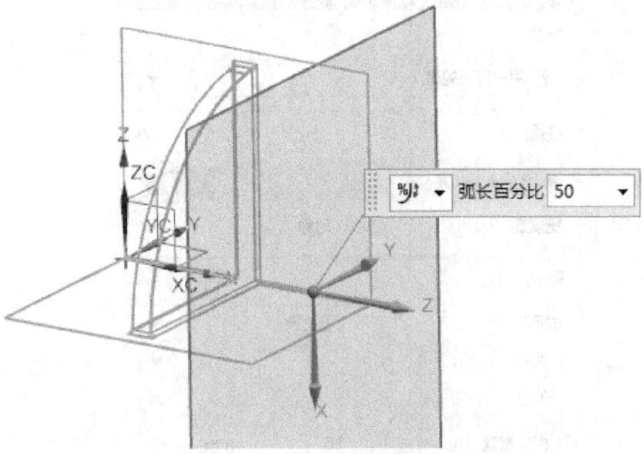

图 4-95　选择折弯边线 2

7. 创建加固板特征 3

1）选择“菜单(M)”→“插入(S)”→“冲孔(H)”→“加固板(G)...”选项，或者单击“主页”功能区“冲孔”面组中的“加固板”按钮，弹出“加固板”对话框。

2）单击“绘制截面”按钮，弹出“创建草图”对话框。

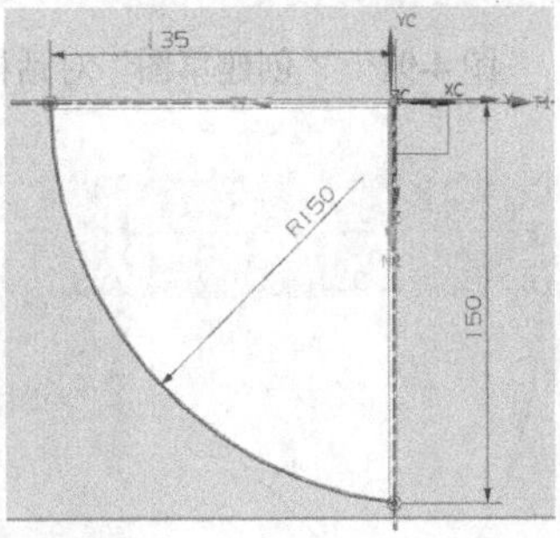

图 4-96　绘制轮廓曲线 2

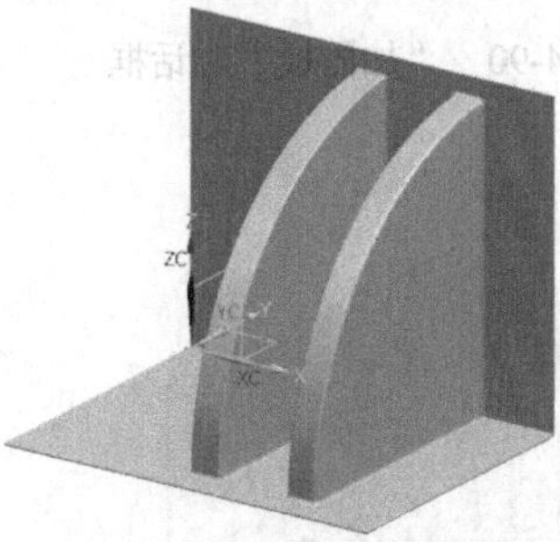

图 4-97　创建加固板特征 2

3）选择图 4-98 所示的折弯边线 3，设置“弧长百分比”为 50。

4）在“创建草图”对话框中单击“确定”按钮，进入草图绘制环境，绘制如图 4-99 所示的轮廓曲线 3。单击“完成”按钮，草图绘制完毕。

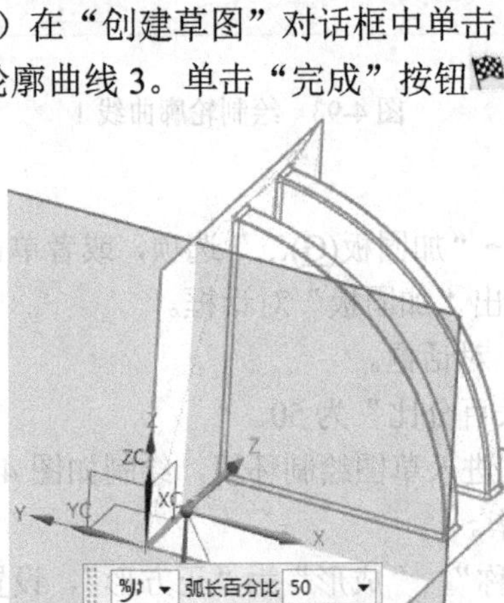

图 4-98　选择折弯边线 3

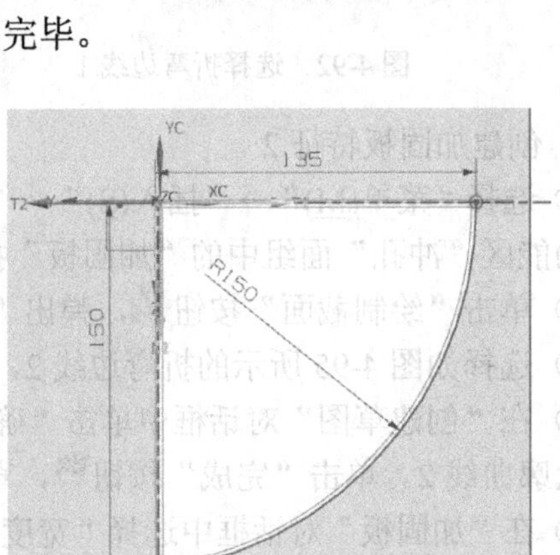

图 4-99　绘制轮廓曲线 3

5）在“加固板”对话框中选择“宽度侧”为“对称”，“成形”为“正方形”，设置“宽度”为 16，“侧角”为 0°，“冲压半径”为 0，“冲模半径”为 2，单击“确定”按钮，创建加固板特征 3，如图 4-100 所示。

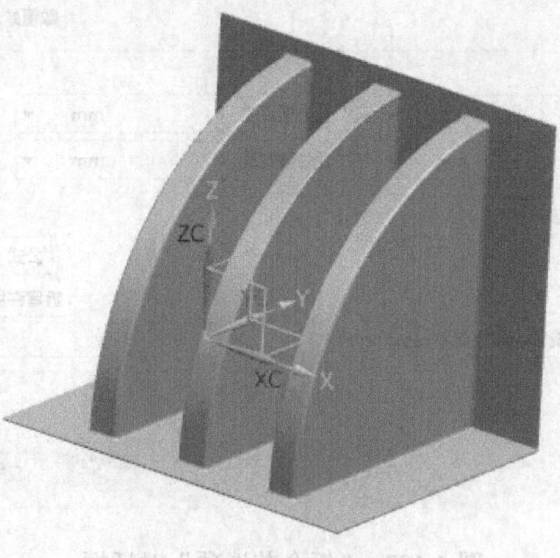

图 4-100　创建加固板特征 3

4.7 综合实例——钣金支架

首先利用“突出块”命令创建基本钣金件；然后利用“折弯”命令创建折弯，利用“凹坑”命令创建中间的凹坑，利用“冲压开孔”命令创建一侧的孔，再利用“镜像体”命令创建另一侧并利用“求和”命令将钣金件合并在一起；最后利用“筋”“凹坑”和“冲压开孔”命令在钣金件上添加筋、凹坑和孔，即可完成钣金支架的创建，如图 4-101 所示。

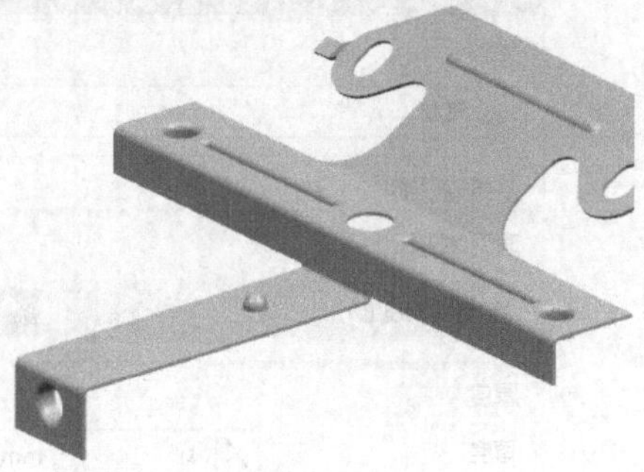

图 4-101　钣金支架

1. 创建 NX 钣金文件

选择“菜单(M)”→“文件(F)”→“新建(N)...”选项，或者单击“主页”功能区中的“新建”按钮，弹出“新建”对话框。在“名称”文本框中输入 banjinzhijia，在“文件夹”文本框中输入非中文保存路径，单击“确定”按钮，进入 UG NX 12.0 钣金设计环境。

2. 钣金参数预设置

1）选择“菜单(M)”→“首选项(P)”→“钣金(H)...”选项，弹出如图 4-102 所示的“钣金首选项”对话框。

2）在图 4-102 所示的对话框中设置“全局参数”选项组中的“材料厚度”为 1，“弯曲半径”为 1，“让位槽深度”和“让位槽宽度”都为 0，在“方法”下拉列表框中选择“公式”，在“公式”下拉列表框中选择“折弯许用半径”。

3）在图 4-102 所示的对话框中单击“确定”按钮，完成 NX 钣金预设置。

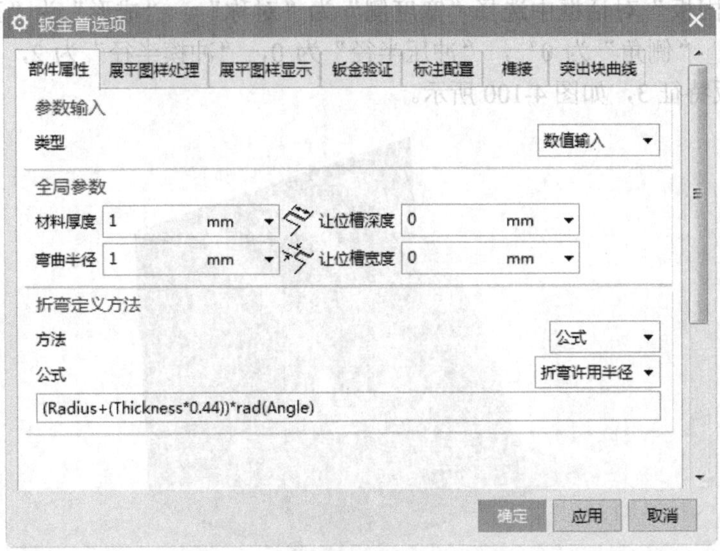

图 4-102　“钣金首选项”对话框

3. 创建突出块特征

1）选择“菜单(M)”→“插入(S)”→“突出块(B)...”选项，或者单击“主页”功能区“基本”面组中的“突出块”按钮，弹出如图 4-103 所示的“突出块”对话框。

2）在图 4-103 所示对话框中的“类型”下拉列表框中选择“底数”，单击“绘制截面”按钮，弹出如图 4-104 所示的“创建草图”对话框。

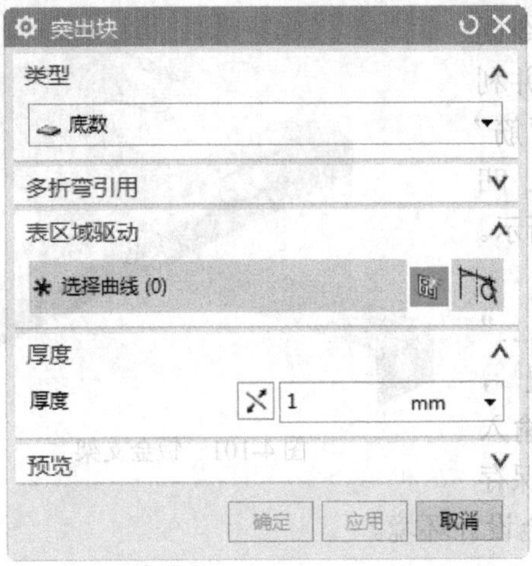

图 4-103　“突出块”对话框

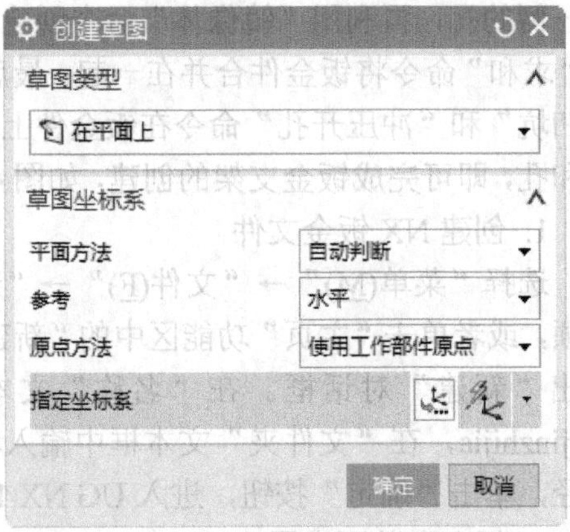

图 4-104　“创建草图”对话框

3）在图 4-104 所示的对话框中选择 XC-YC 平面为草图工作平面，设置“水平”面为参考平面，单击“确定”按钮，进入草图绘制环境，绘制如图 4-105 所示的草图 1。

4）单击“完成”按钮，草图绘制完毕，在绘图窗口中预览所创建的突出块特征，如图 4-106 所示。

5）在图 4-104 所示对话框中单击“确定”按钮，创建突出块特征，如图 4-107 所示。

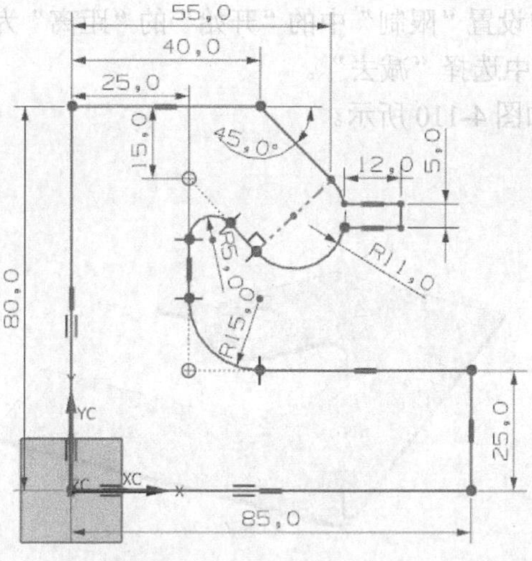

图 4-105　绘制草图 1

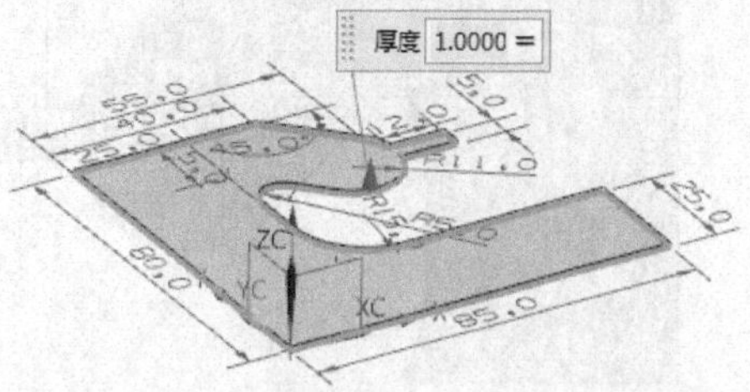

图 4-106　预览所创建的突出块特征

4. 创建拉伸特征 1

1）选择“菜单(M)”→“插入(S)”→“切割(T)”→“拉伸(X)...”选项，或者单击“主页”功能区“特征”面组“更多”库中的“拉伸”按钮，弹出如图 4-108 所示“拉伸”对话框。

2）单击“绘制截面”按钮，弹出“创建草图”对话框。选择上步创建的突出块的上表面为草图工作平面，设置“水平”面为参考平面，单击“确定”按钮，进入草图绘制环境，绘制如图 4-109 所示的草图 2。

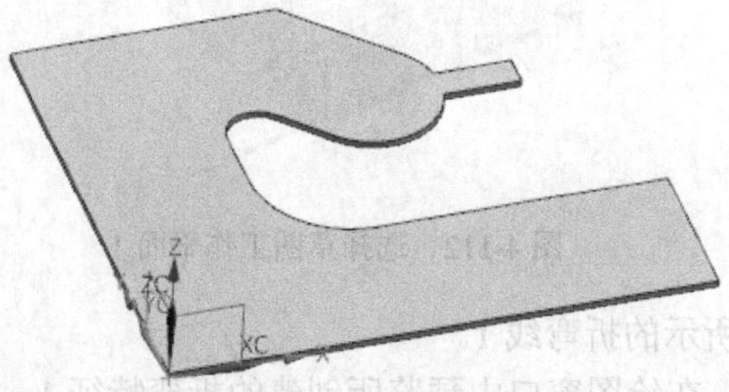

图 4-107　创建突出块特征

图 4-108　“拉伸”对话框

3）选择图 4-109 所示的草图，并在对话框中设置“限制”中的“开始”的“距离”为 0，“结束”的“距离”为-2，在“布尔”下拉列表中选择“减去”。

4）单击“确定”按钮，创建拉伸特征 1，如图 4-110 所示。

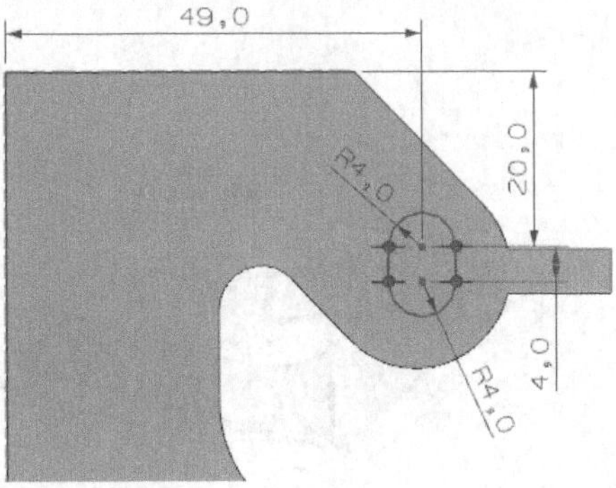

图 4-109　绘制草图 2

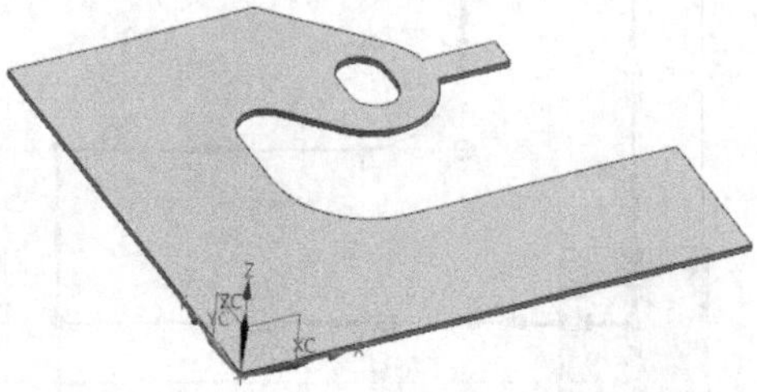

图 4-110　创建拉伸特征 1

5. 创建折弯特征

1）选择“菜单(M)”→“插入(S)”→“折弯(N)”→“折弯(B)...”选项，或者单击“主页”功能区“折弯”面组“更多”库中的“折弯”按钮，弹出如图 4-111 所示的“折弯”对话框。

2）在图 4-111 所示的对话框中单击“绘制截面”按钮，弹出“创建草图”对话框。在绘图窗口中选择草图工作平面 1，如图 4-112 所示。

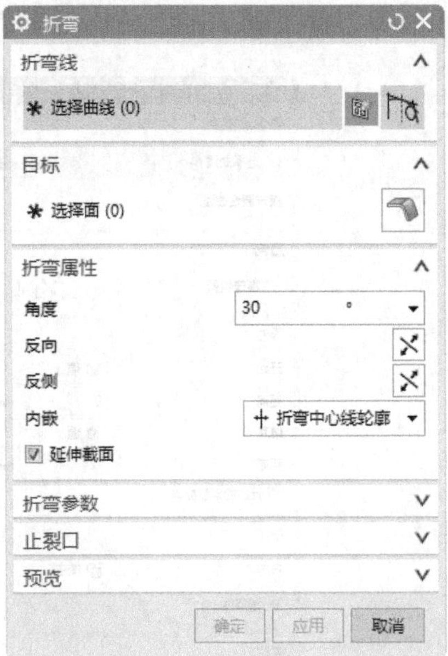

图 4-111　“折弯”对话框

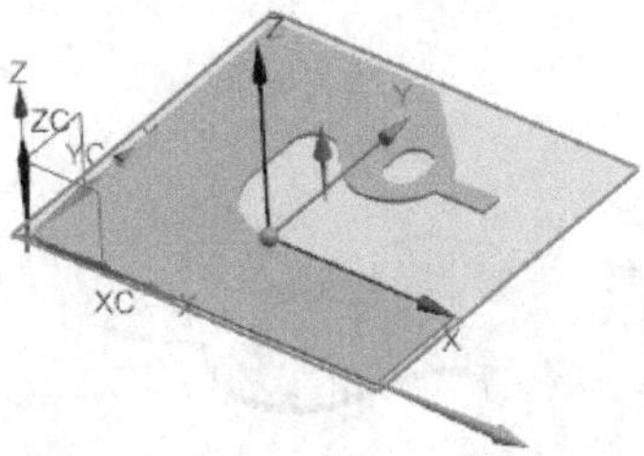

图 4-112　选择草图工作平面 1

3）进入草图绘制环境，绘制如图 4-113 所示的折弯线 1。

4）单击“完成”按钮，草图绘制完毕。在绘图窗口中预览所创建的折弯特征 1，如图 4-114 所示。

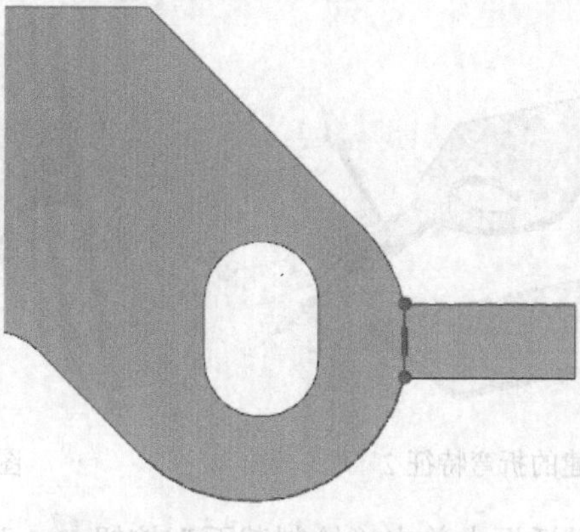

图 4-113 绘制折弯线 1

5）在图 4-111 所示对话框中的“角度”文本框中输入 30，在“内嵌”下拉列表框中选择“折弯中心线轮廓”，单击“应用”按钮，创建折弯特征 1，如图 4-115 所示。

6）在图 4-111 所示的对话框中单击“绘制截面”按钮，弹出“创建草图”对话框。在绘图窗口中选择草图工作平面 2，如图 4-116 所示。

7）进入草图绘制环境，绘制如图 4-117 所示的折弯线 2。

8）单击“完成”按钮，草图绘制完毕。在绘图窗口中预览所创建的折弯特征 2，如图 4-118 所示。

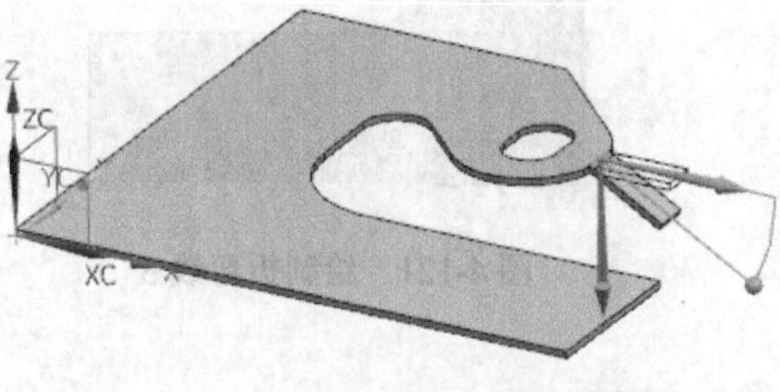

图 4-114 预览所创建的折弯特征 1

图 4-115 创建折弯特征 1

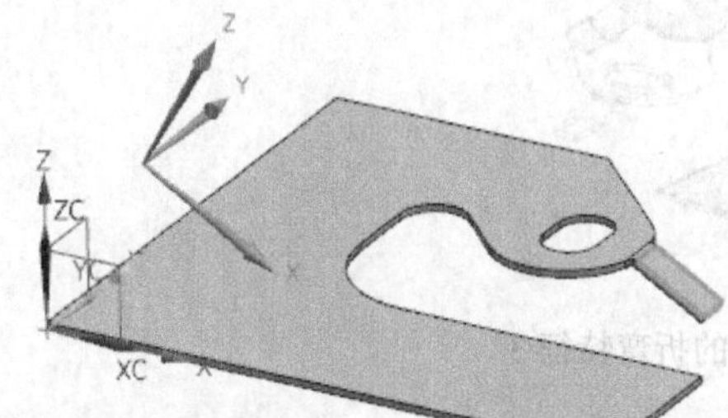

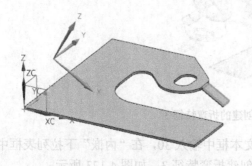

图 4-116 选择草图工作平面 2

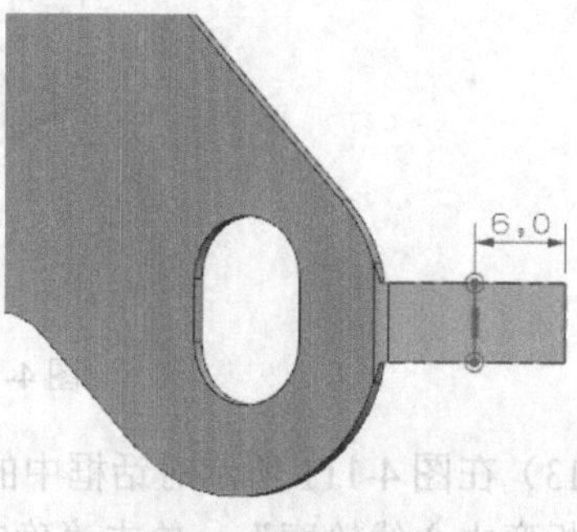

图 4-117 绘制折弯线 2

9）在图 4-111 所示对话框中的“角度”文本框中输入 30，在“内嵌”下拉列表框中选择“折弯中心线轮廓”，单击“应用”按钮，创建折弯特征 2，如图 4-119 所示。

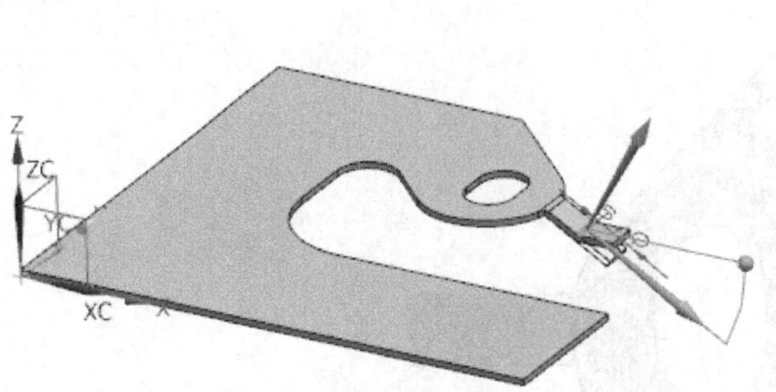

图 4-118　预览所创建的折弯特征 2

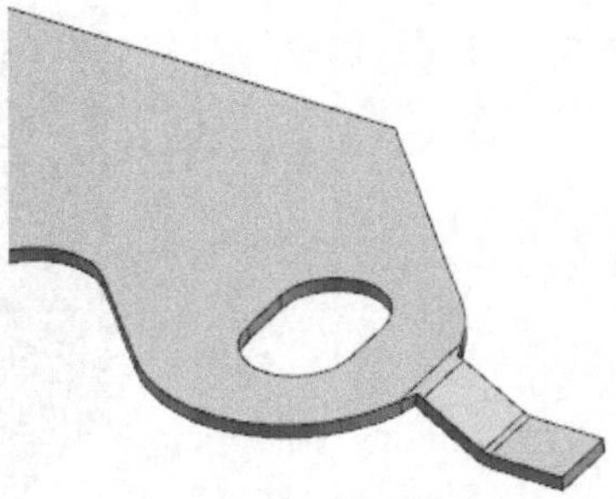

图 4-119　创建折弯特征 2

10）在图 4-111 所示的对话框中单击“绘制截面”按钮，弹出“创建草图”对话框。在绘图窗口中选择草图工作平面 3，如图 4-120 所示。

11）进入草图绘制环境，绘制如图 4-121 所示的折弯线 3。

12）单击“完成”按钮，草图绘制完毕。在绘图窗口中预览所创建的折弯特征 3，如图 4-122 所示。

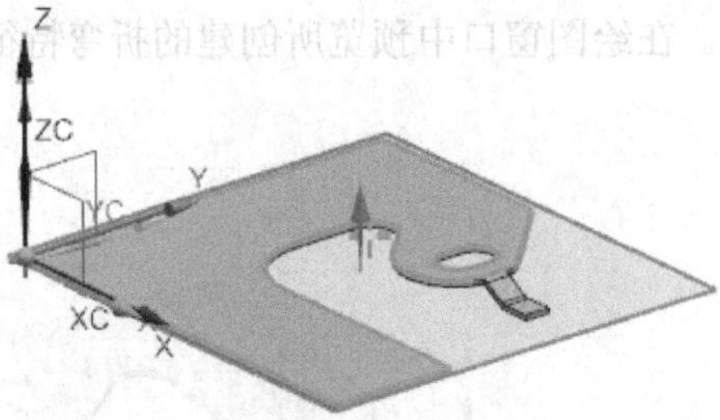

图 4-120　选择草图工作平面 3

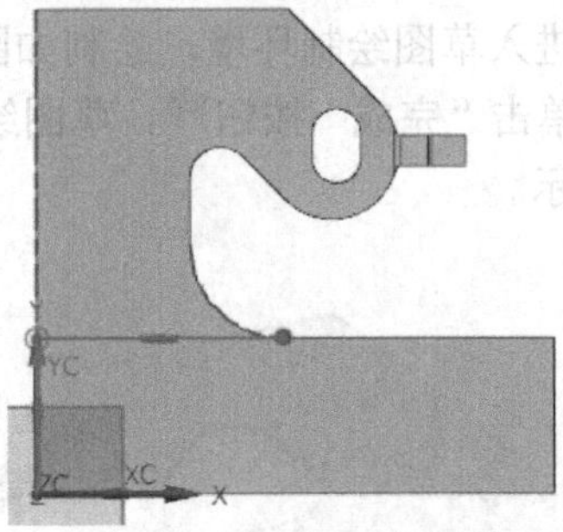

图 4-121　绘制折弯线 3

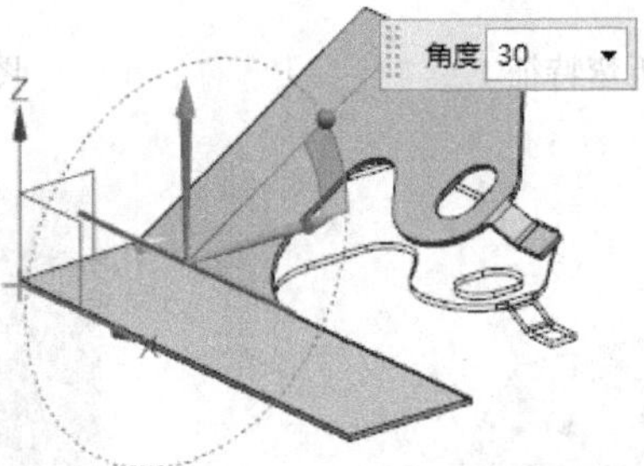

图 4-122　预览所创建的折弯特征 3

13）在图 4-111 所示对话框中的“角度”文本框中输入 30，在“内嵌”下拉列表框中选择“折弯中心线轮廓”，单击“确定”按钮，创建折弯特征 3，如图 4-123 所示。

6. 创建弯边特征

1）选择“菜单(M)”→“插入(S)”→“折弯(N)”→“弯边(F)...”选项，或者单击“主页”功能区“折弯”面组中的“弯边”按钮，弹出如图 4-124 所示“弯边”对话框。

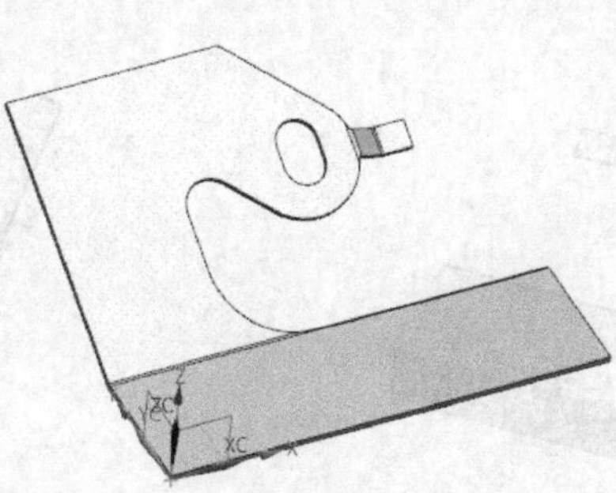

图 4-123　创建折弯特征 3

2）设置“宽度选项”为“完整”，“长度”为 12，“角度”为 90，“参考长度”为“外侧”，“内嵌”为“材料外侧”，在“止裂口”选项组中的“折弯止裂口”和“拐角止裂口”下拉列表框中选择“无”。

3）选择弯边 1，同时在绘图窗口中预览所创建的弯边特征，如图 4-125 所示。

4）在“弯边”对话框中单击“应用”按钮，创建弯边特征 1，如图 4-126 所示。

5）选择弯边 2，同时在绘图窗口中预览所创建的弯边特征，如图 4-127 所示。在“弯边”对话框中设置“宽度选项”为“在端点”，指定上步创建的弯边左侧端点，“宽度”为 13，“长度”为 90，“角度”为 90，“参考长度”为“外侧”，“内嵌”为“折弯外侧”，在“折弯止裂口”和“拐角止裂口”下拉列表框中选择“无”。

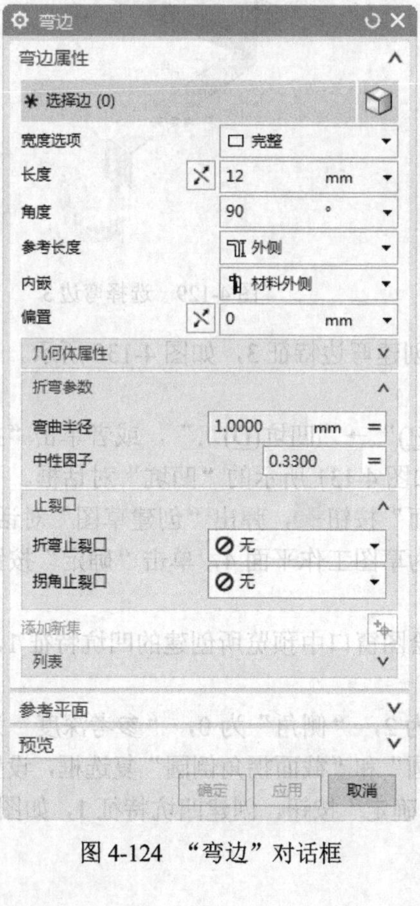

图 4-124　“弯边”对话框

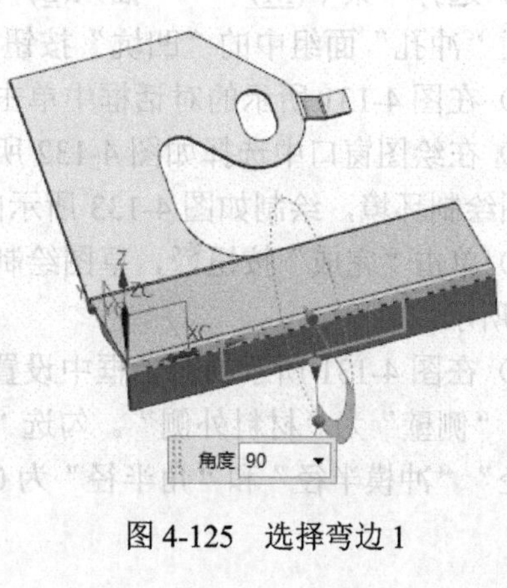

图 4-125　选择弯边 1

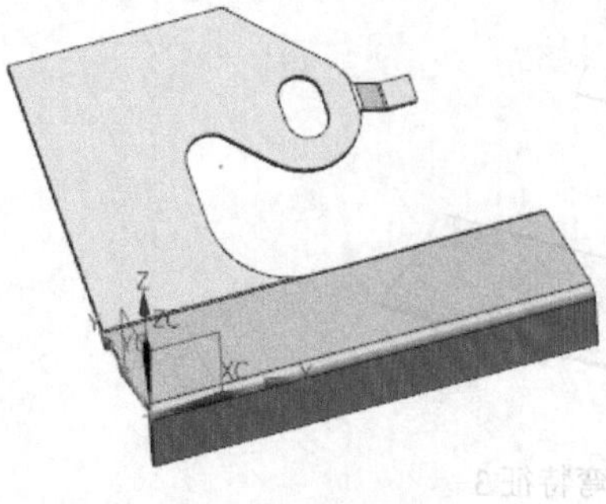

图 4-126　创建弯边特征 1

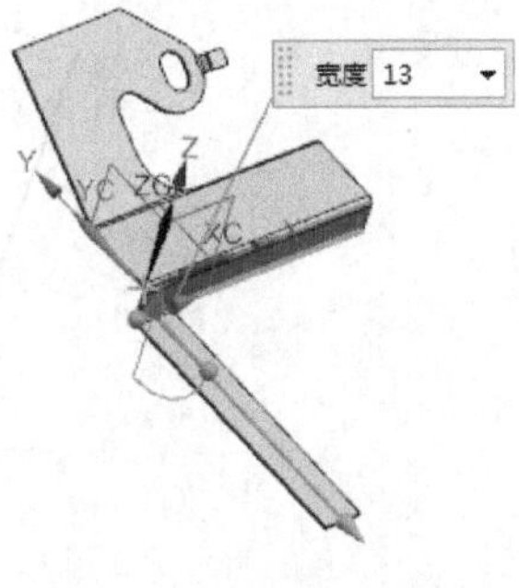

图 4-127　选择弯边 2

6）在“弯边”对话框中单击“应用”按钮，创建弯边特征 2，如图 4-128 所示。

7）选择弯边 3，同时在绘图窗口中预览所创建的弯边特征，如图 4-129 所示。在“弯边”对话框中设置“宽度选项”为“完整”，“长度”为 18，“角度”为 90，“参考长度”为“外侧”，“内嵌”为“折弯外侧”，在“折弯止裂口”和“拐角止裂口”下拉列表框中选择“无”。

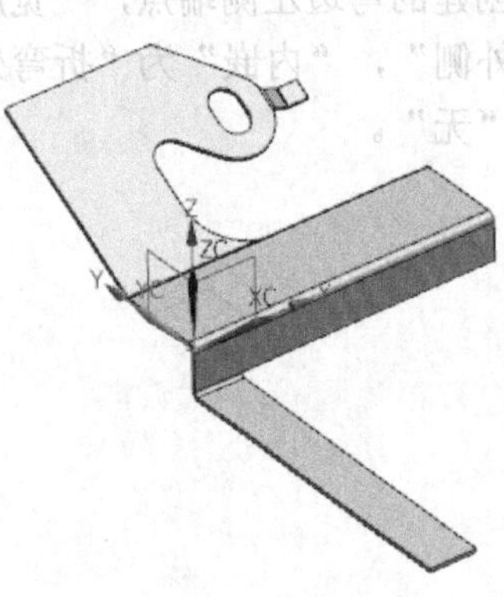

图 4-128　创建弯边特征 2

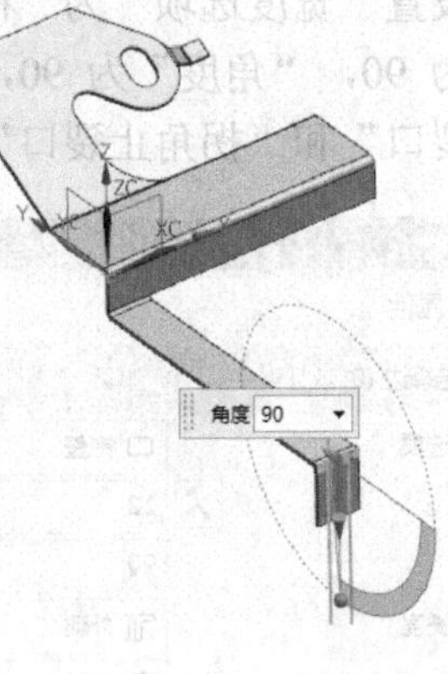

图 4-129　选择弯边 3

8）在“弯边”对话框中单击“确定”按钮，创建弯边特征 3，如图 4-130 所示。

7. 创建凹坑特征 1

1）选择“菜单(M)”→“插入(S)”→“冲孔(H)”→“凹坑(D)...”，或者单击“主页”功能区“冲孔”面组中的“凹坑”按钮，弹出如图 4-131 所示的“凹坑”对话框。

2）在图 4-131 所示的对话框中单击“绘制截面”按钮，弹出“创建草图”对话框。

3）在绘图窗口中选择如图 4-132 所示的平面为草图工作平面 4，单击“确定”按钮，进入草图绘制环境，绘制如图 4-133 所示的草图 3。

4）单击“完成”按钮，草图绘制完毕。在绘图窗口中预览所创建的凹坑特征 1，如图 4-134 所示。

5）在图 4-131 所示的对话框中设置“深度”为 2，“侧角”为 0，“参考深度”为“内部”，“侧壁”为“材料外侧”。勾选“凹坑边倒圆”和“截面拐角倒圆”复选框，设置“冲压半径”“冲模半径”和“角半径”为 0.5。单击“确定”按钮，创建凹坑特征 1，如图 4-135 所示。

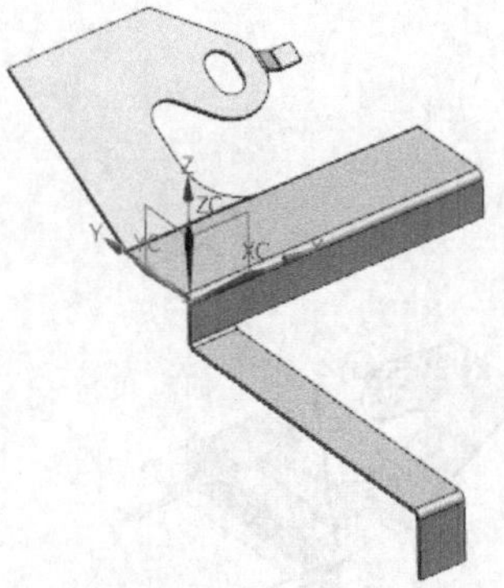

图 4-130　创建弯边特征 3

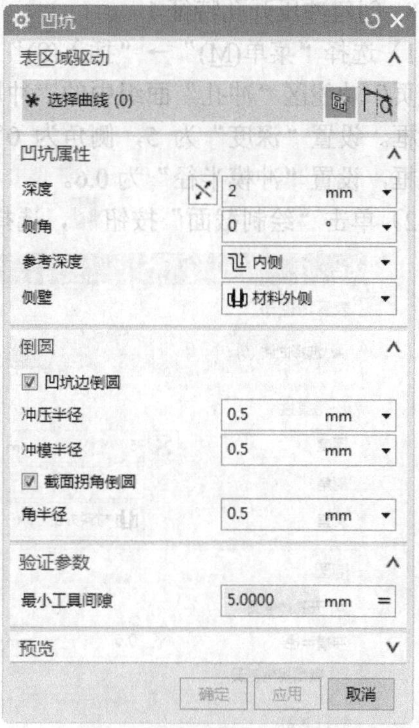

图 4-131　“凹坑”对话框

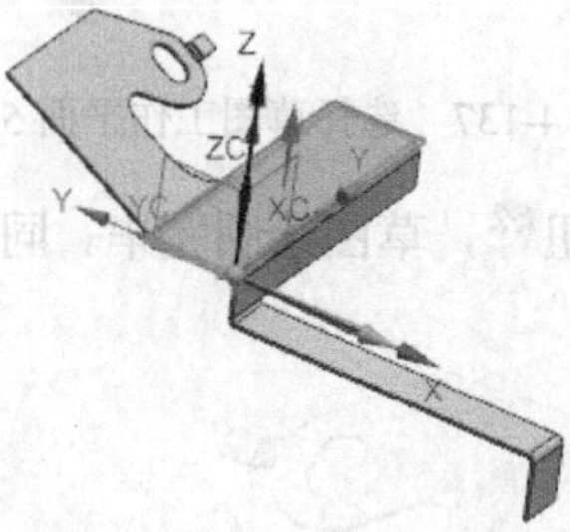

图 4-132　选择草图工作平面 4

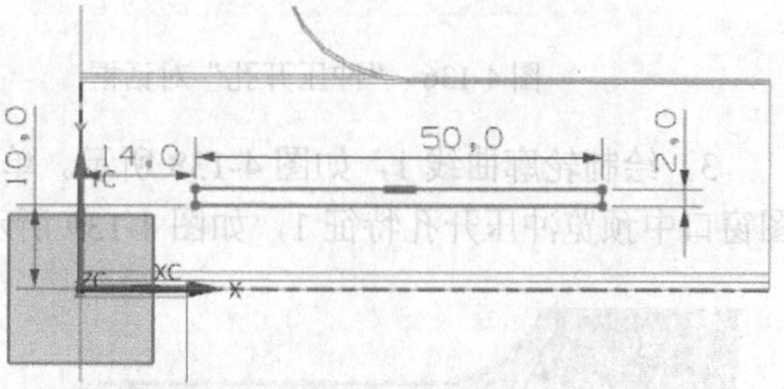

图 4-133　绘制草图 3

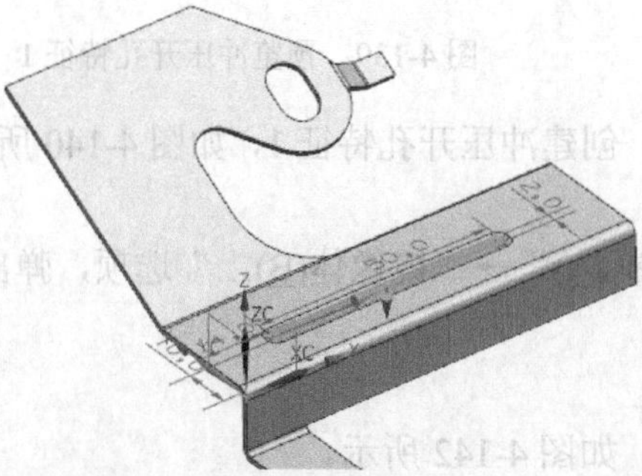

图 4-134　预览所创建的凹坑特征 1

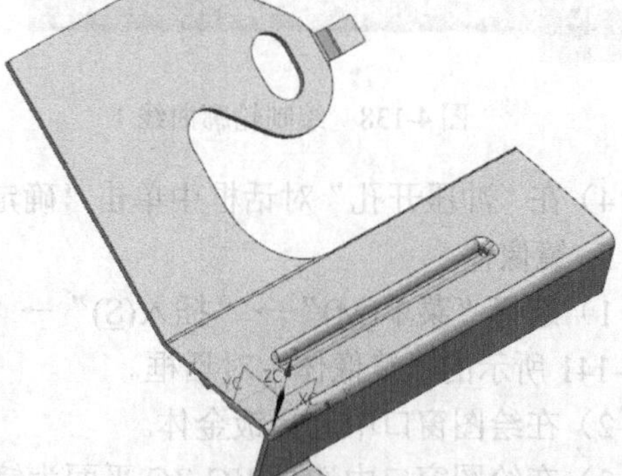

图 4-135　创建凹坑特征 1

8. 创建冲压开孔特征 1

1）选择“菜单(M)”→“插入(S)”→“冲孔(H)”→“冲压开孔(C)...”选项，或者单击“主页”功能区“冲孔”面组中的“冲压开孔”按钮，弹出如图 4-136 所示“冲压开孔”对话框。设置“深度”为 5，侧角为 0°，“侧壁”为“材料外侧”，勾选“开孔边倒圆”复选框，设置“冲模半径”为 0.6。

2）单击“绘制截面”按钮，选择图 4-137 所示的面为草图工作平面 5。

图 4-136 “冲压开孔”对话框

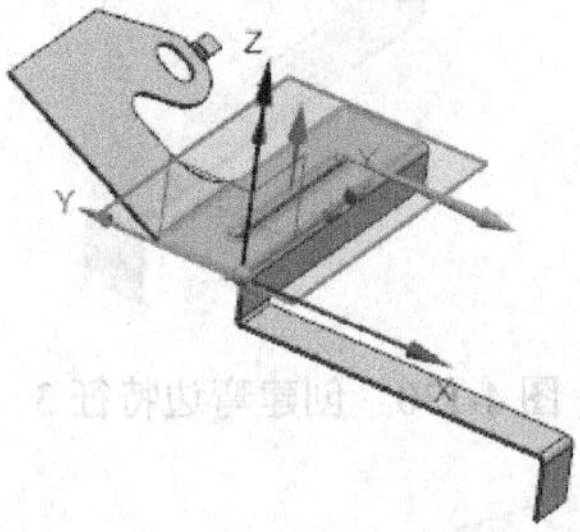

图 4-137 选择草图工作平面 5

3）绘制轮廓曲线 1，如图 4-138 所示。单击“完成”按钮，草图绘制完毕。同时在绘图窗口中预览冲压开孔特征 1，如图 4-139 所示。

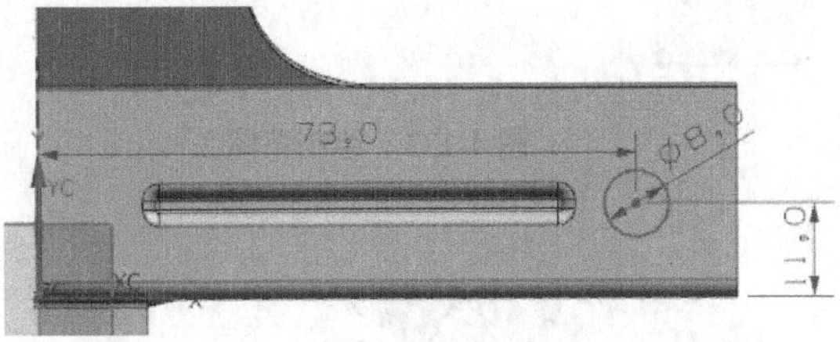

图 4-138 绘制轮廓曲线 1

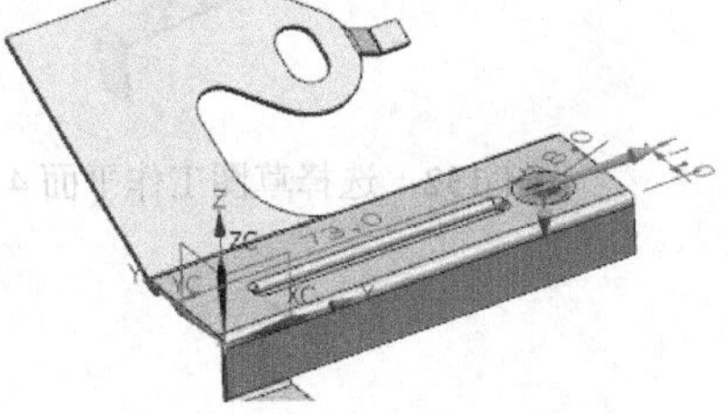

图 4-139 预览冲压开孔特征 1

4）在“冲压开孔”对话框中单击“确定”按钮，创建冲压开孔特征 1，如图 4-140 所示。

9. 镜像体

1）选择“菜单(M)”→“插入(S)”→“关联复制(A)”→“镜像体(B)...”选项，弹出如图 4-141 所示的“镜像体”对话框。

2）在绘图窗口中选择钣金体。

3）在绘图窗口中选择 YC-ZC 平面为镜像平面，如图 4-142 所示。

4）在“镜像体”对话框中单击“确定”按钮，创建镜像体后的钣金件，如图 4-143 所示。

10. 创建求和

1）选择“菜单(M)”→“插入(S)”→“组合(B)”→“合并(U)…”选项，或者单击“主页”功能区“特征”面组“更多”库中的“合并”按钮，弹出如图 4-144 所示“合并”对话框。

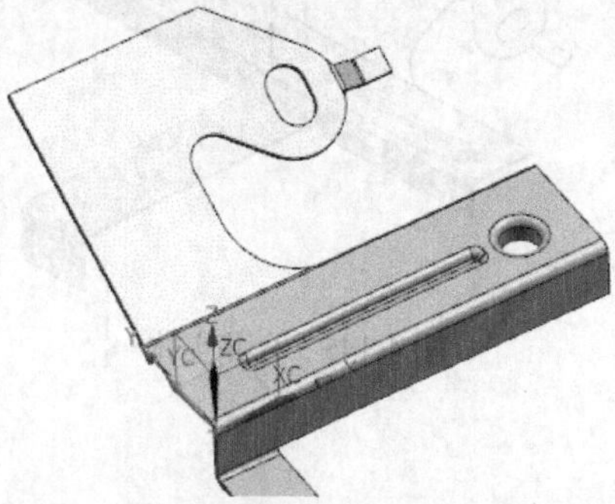

图 4-140 创建冲压开孔特征 1

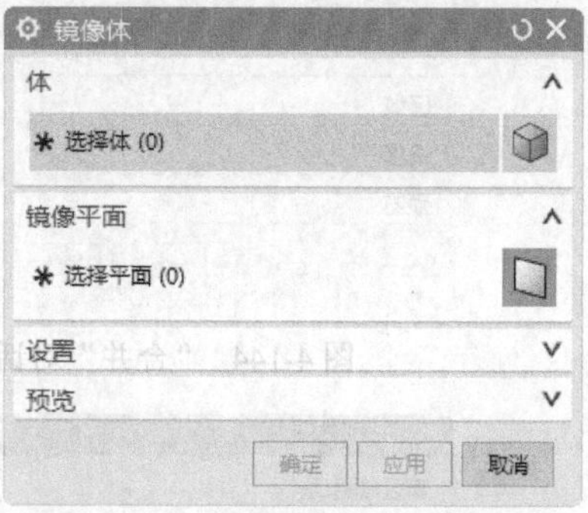

图 4-141 “镜像体”对话框

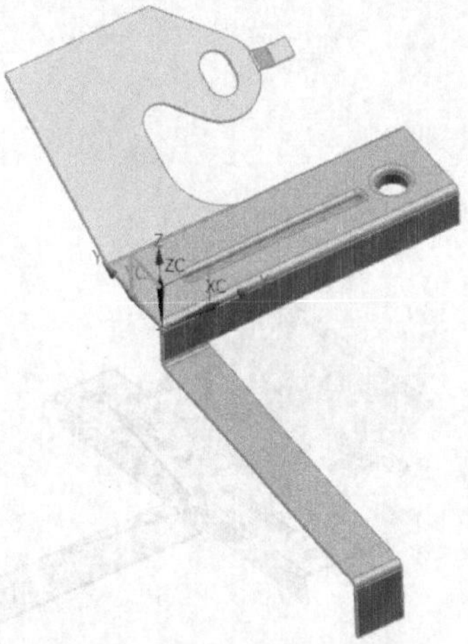

图 4-142 选择镜像平面

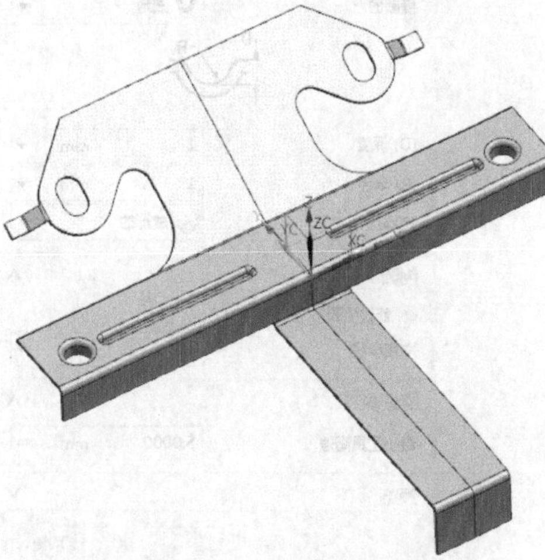

图 4-143 创建镜像体后的钣金件

2）选择镜像前的实体为目标体，选择镜像后的实体为工具体，单击“确定”按钮，合并实体，如图 4-145 所示。

11. 创建筋特征

1）选择“菜单(M)”→“插入(S)”→“冲孔(H)”→“筋(B)…”选项，或者单击“主页”功能区“冲孔”面组中的“筋”按钮，弹出如图 4-146 所示“筋”对话框。设置“横截面”为“圆形”，“深度”为 1，“半径”为 1，“端部条件”为“成形的”，勾选“筋边倒圆”复选框，“冲模半径”为 1。

2）单击“表区域驱动”选项组中的“绘制截面”按钮，选择图 4-147 所示的面为草图工作平面 6。

3）绘制如图 4-148 所示的草图 4。单击“完成”按钮，草图绘制完毕。

4）在绘图窗口中预览所创建的筋特征，如图 4-149 所示。

图 4-144 “合并”对话框

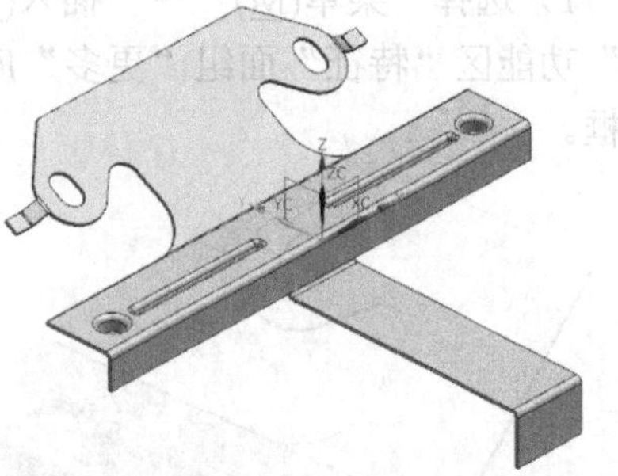

图 4-145 合并实体

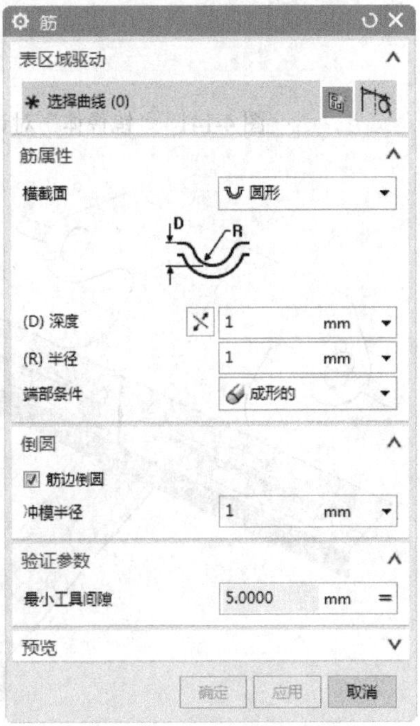

图 4-146 “筋”对话框

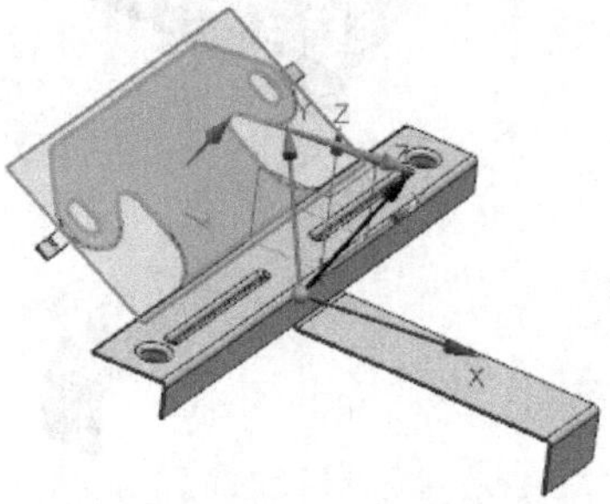

图 4-147 选择草图工作平面 6

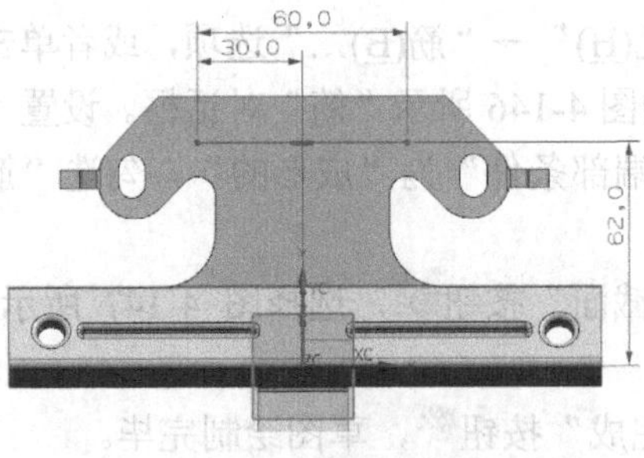

图 4-148 绘制草图 4

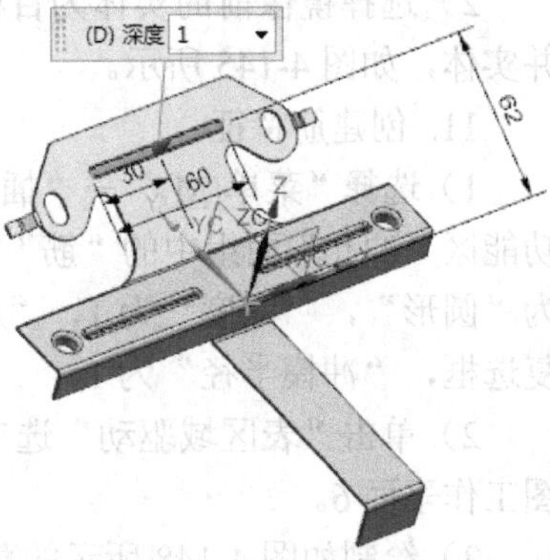

图 4-149 预览所创建的筋特征

5）在“筋”对话框中单击“确定”按钮，创建筋特征，如图4-150所示。

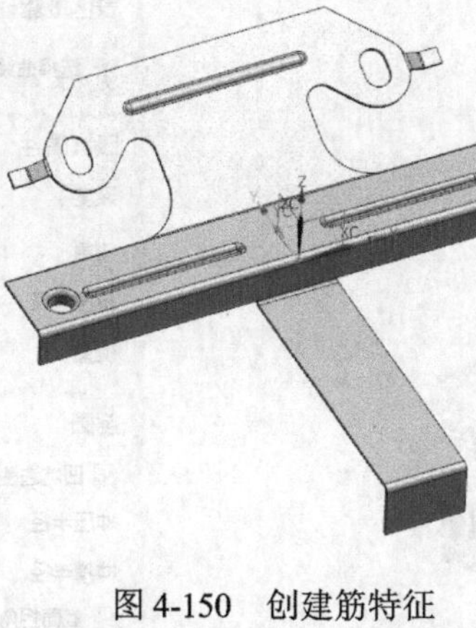

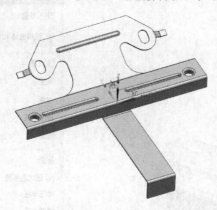

图4-150 创建筋特征

12. 创建拉伸特征2

1）选择“菜单(M)”→“插入(S)”→“切割(T)”→“拉伸(X)...”选项，或者单击“主页”功能区“特征”面组“更多”库中的“拉伸”按钮，弹出“拉伸”对话框。

2）单击“绘制截面”按钮，弹出“创建草图”对话框。选择如图4-151所示平面为草图工作平面7，设置“水平”面为参考平面，单击“确定”按钮，进入草图绘制环境，绘制如图4-152所示的草图5。

3）选择创建的草图，并在对话框中设置“限制”中的“开始”“距离”为0，“结束”“距离”为-2，在“布尔”下拉列表框中选择“减去”。

4）单击“确定”按钮，创建拉伸特征2，如图4-153所示。

13. 创建凹坑特征2

1）选择“菜单(M)”→“插入(S)”→“冲孔(H)”→“凹坑(D)...”选项，或者单击“主页”功能区“冲孔”面组中的“凹坑”按钮，弹出如图4-154所示的“凹坑”对话框。

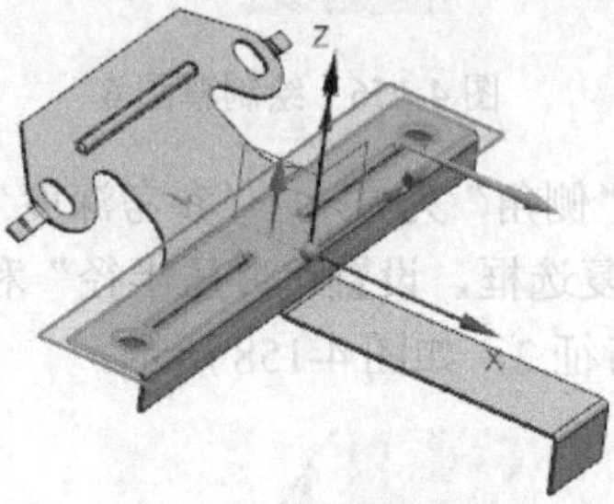

图4-151 选择草图工作平面7

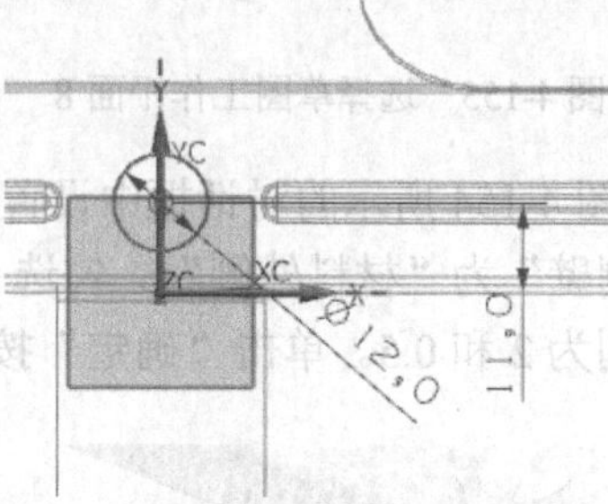

图4-152 绘制草图5

2）在图4-154所示的对话框中单击“绘制截面”按钮，弹出“创建草图”对话框。

3）在绘图窗口中选择如图4-155所示的平面为草图工作平面8，单击“确定”按钮，进入草图绘制环境，绘制如图4-156所示的草图6。

4）单击“完成”按钮图标，草图绘制完毕。在绘图窗口中预览所创建的凹坑特征2，如图4-157所示。

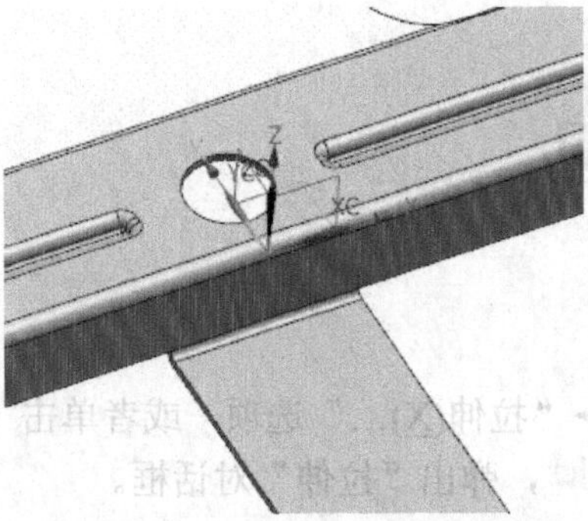

图 4-153　创建拉伸特征 2

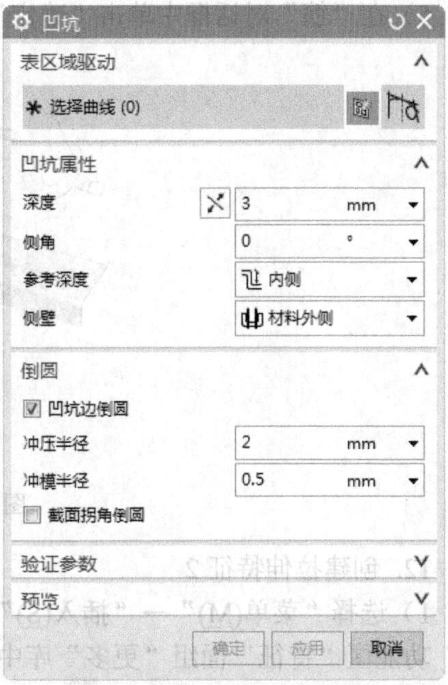

图 4-154　“凹坑”对话框

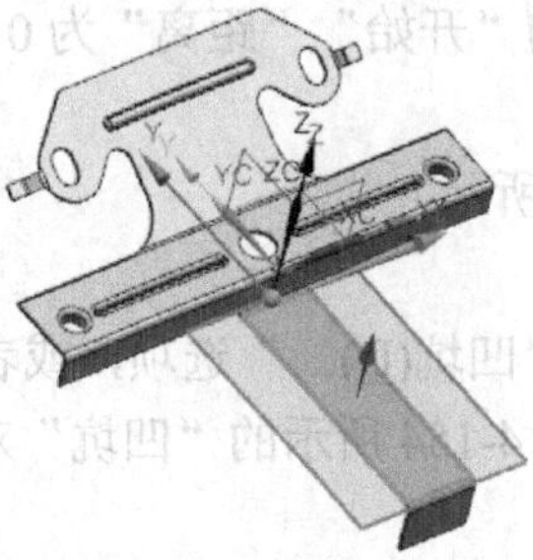

图 4-155　选择草图工作平面 8

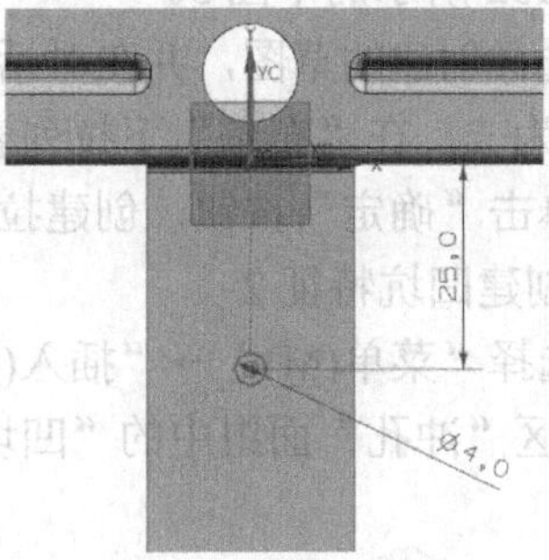

图 4-156　绘制草图 6

5）在图 4-154 所示的对话框中设置“深度”为 3，“侧角”为 0°，“参考深度”为“内侧”，“侧壁”为“材料外侧”。勾选“凹坑边倒圆”复选框，设置“冲压半径”和“冲模半径”分别为 2 和 0.5。单击“确定”按钮，创建凹坑特征 2，如图 4-158 所示。

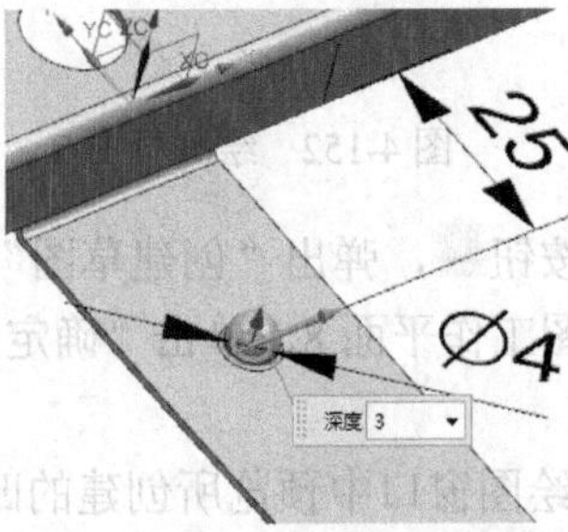

图 4-157　预览所创建的凹坑特征 2

图 4-158　创建凹坑特征 2

14. 创建冲压开孔特征 2

1）选择“菜单(M)”→“插入(S)”→“冲孔(H)”→“冲压开孔(C)…”选项，或者单击“主页”功能区“冲压”面组中的“冲压开孔”按钮，弹出如图 4-159 所示“冲压开孔”对话框。设置“深度”为 5，“侧角”为 0°，“侧壁”为“材料外侧”，勾选“开孔边倒圆”复选框，设置“冲模半径”为 1。

2）单击“绘制截面”按钮，选择如图 4-160 所示的面为草图工作平面 9。

图 4-159　“冲压开孔”对话框

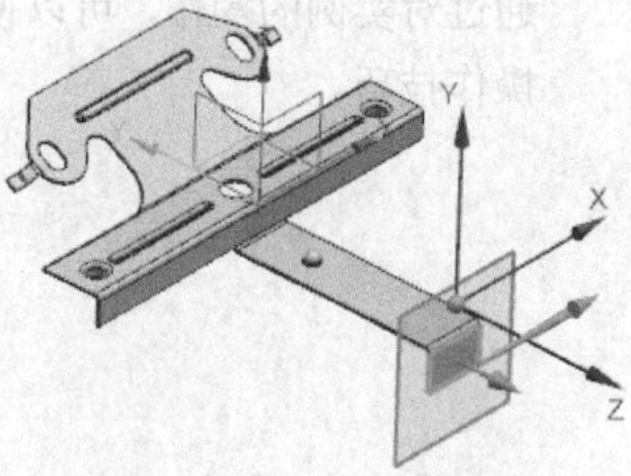

图 4-160　选择草图工作平面 9

3）绘制轮廓曲线 2，如图 4-161 所示。单击“完成”按钮，草图绘制完毕。同时在绘图窗口中预览冲压开口特征 2，如图 4-162 所示。

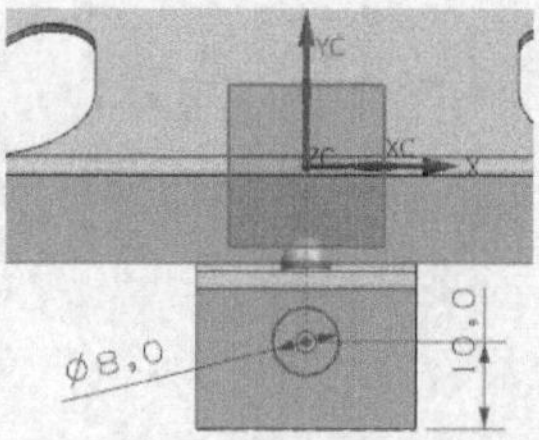

图 4-161　绘制轮廓曲线 2

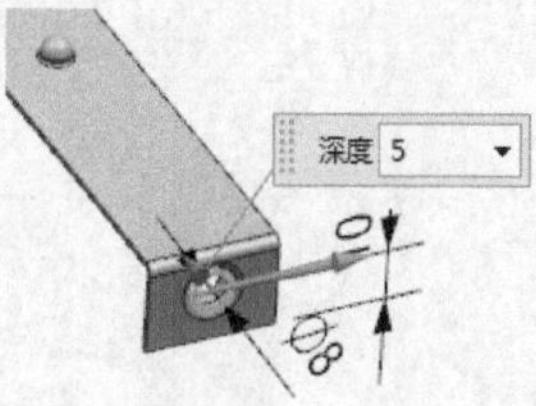

图 4-162　预览冲压开孔特征 2

4）在“冲压开孔”对话框中单击“确定”按钮，创建冲压开孔特征 2，如图 4-163 所示。至此，钣金支架创建完成，如图 4-101 所示。

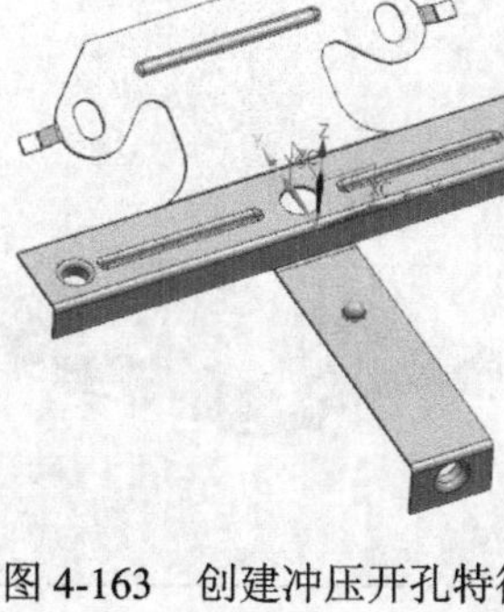

图 4-163　创建冲压开孔特征 2

第5章

切割

本章主要介绍“切割”子菜单中的各种特征的创建方法和步骤。通过对实例的操作，可以使读者更快速地掌握创建钣金件的方法和操作技巧。

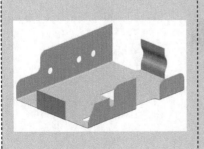

重点与难点

- 法向开孔
- 折弯拔锥

5.1 法 向 开 孔

“法向开孔”指用一组连续的曲线作为裁剪的轮廓线，沿着钣金件体表面的法向进行裁剪。

选择“菜单(M)”→“插入(S)”→“切割(T)”→“法向开孔(N)...”选项，或者单击“主页”功能区“特征”面组中的“法向开孔”按钮，弹出如图 5-1 所示的“法向开孔”对话框。

图 5-1 “法向开孔”对话框

5.1.1 选项及其参数

1. 类型

用于选择法向开孔截面的类型，包括以下几种。

1）草图：用于选择一个现有草图或新建一个草图作为法向开孔的截面。

2）3D 曲线：用于选择一个 3D 草图作为法向开孔的截面。

2. 表区域驱动

1）选择曲线：用已有的轮廓线来创建法向开孔特征。在图 5-1 所示的“法向开孔”对话框中为默认选项，即默认选择按钮。

2）绘制截面：在图 5-1 所示的“法向开孔”对话框中单击按钮，可以在零件表面所在平面上绘制轮廓线草图。

3. 开孔属性

（1）切割方法 其下拉列表框中包括以下选项。

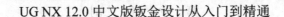

1）厚度：是在钣金件体放置面沿着厚度方向进行裁剪。

2）中位面：是在钣金件体的放置面的中间面向钣金件体的两侧进行裁剪。

3）最近的面：是在钣金件体放置面的最近面向钣金件体的另一侧进行裁剪。

对于同一轮廓、同一深度值的“切割方法”选项如图 5-2 所示。

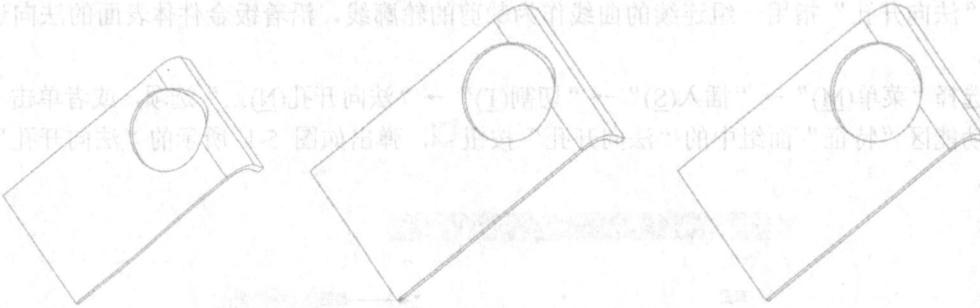

a）厚度　　b）中位面　　c）最近的面

图 5-2 “切割方法”选项

（2）限制　其下拉列表框中包括以下选项。

1）值：指沿着法向并穿过至少指定一个厚度的深度尺寸的裁剪。

2）所处范围：是在深度方向向两侧沿着法向对称裁剪。

3）直至下一个：指沿着法向穿过钣金件的厚度并延伸到最近面的裁剪。

4）贯通：指沿着法向并穿过钣金件所有面的裁剪。

“限制”选项的含义如图 5-3 所示。

（3）对称深度　勾选此复选框，选择在深度方向向两侧沿着法向对称开孔，如图 5-4 所示。

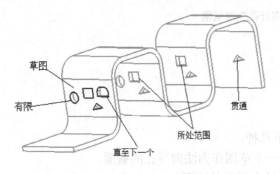

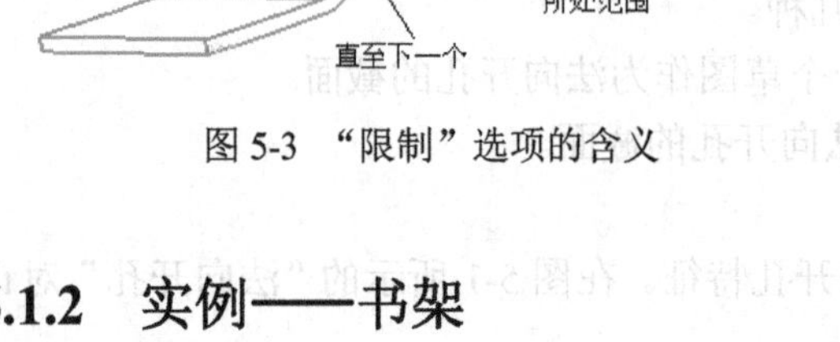

图 5-3 “限制”选项的含义

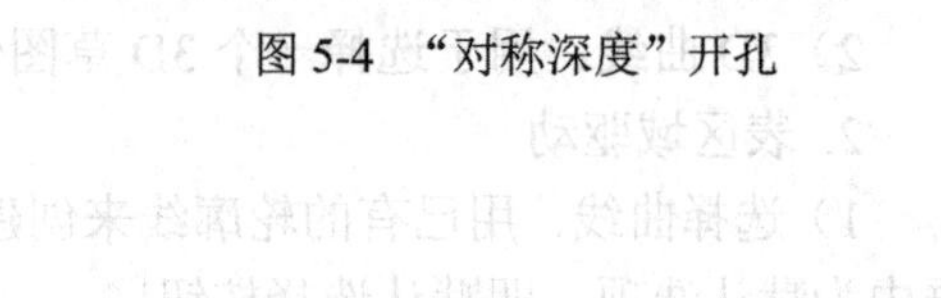

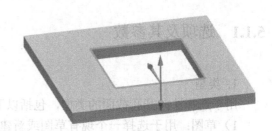

图 5-4 “对称深度”开孔

5.1.2 实例——书架

1. 创建钣金文件

选择“菜单(M)”→“文件(F)”→“新建(N)...”选项，或者单击“主页”功能区中的“新建”按钮，弹出“新建”对话框。在“模板”列表框中选择“NX 钣金”选项。在“名称”

文本框中输入 shujia，单击“确定”按钮，进入 UG NX 12.0 钣金设计环境。

2. 创建基本突出块特征 1

1）选择“菜单(M)”→“插入(S)”→“突出块(B)…”选项，或者单击“主页”功能区“基本”面组中的“突出块”按钮，弹出如图 5-5 所示“突出块”对话框。

2）单击“绘制截面”按钮，选择 XC-YC 平面为草图绘制面，绘制突出块特征轮廓草图 1，如图 5-6 所示。单击“完成”按钮，草图绘制完毕。

图 5-5 “突出块”对话框

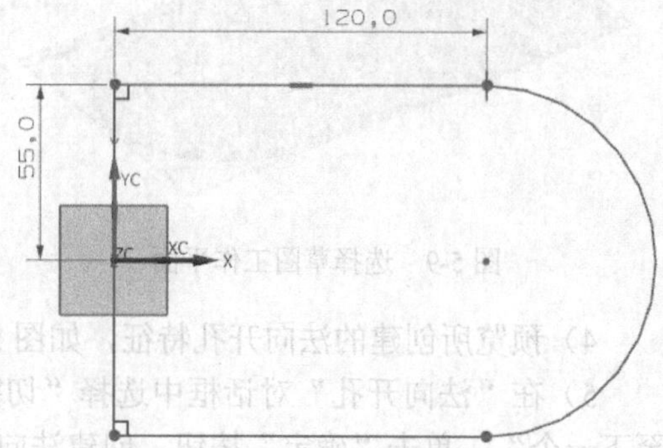

图 5-6 绘制突出块特征轮廓草图 1

3）在“突出块”对话框中单击“确定”按钮，创建突出块特征 1，如图 5-7 所示。

3. 创建法向开孔

1）选择“菜单(M)”→“插入(S)”→“切割(T)”→“法向开孔(N)…”选项，或者单击“主页”功能区“特征”面组中的“法向开孔”按钮，弹出如图 5-8 所示“法向开孔”对话框。

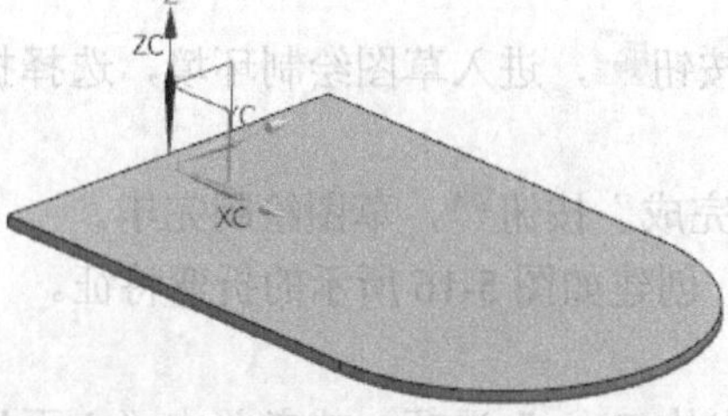

图 5-7 创建突出块特征 1

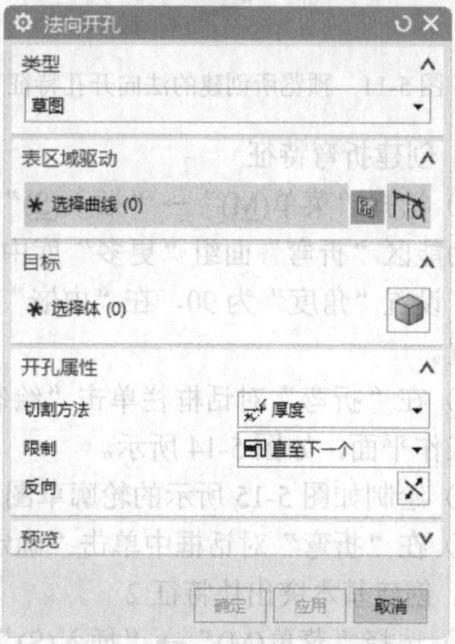

图 5-8 “法向开孔”对话框

2）在“法向开孔”对话框中单击“绘制截面”按钮，在绘图窗口中选择草图工作平面，如图 5-9 所示。

3）进入草图绘制环境，绘制如图 5-10 所示的裁剪轮廓。单击“完成”按钮，草图绘制完毕。

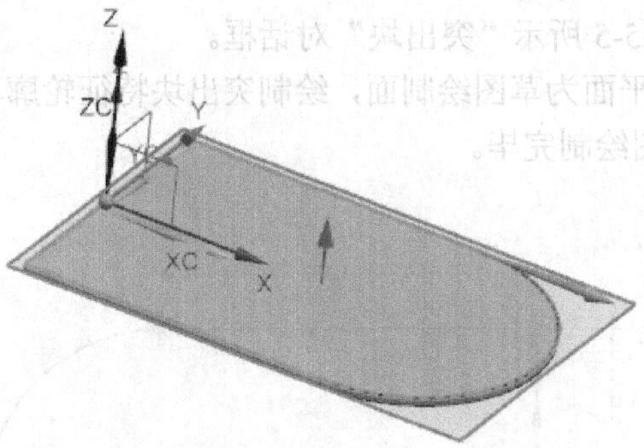

图 5-9　选择草图工作平面

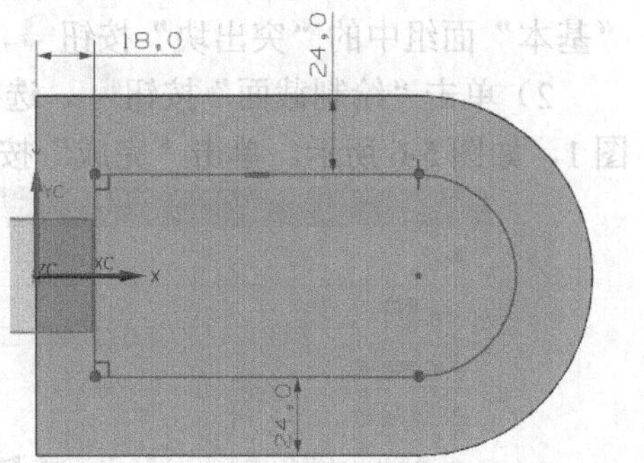

图 5-10　绘制裁剪轮廓

4）预览所创建的法向开孔特征，如图 5-11 所示。

5）在“法向开孔”对话框中选择“切割方法”为“厚度”，选择“限制”方式为“直至下一个”。单击“确定”按钮，创建法向开孔特征，如图 5-12 所示。

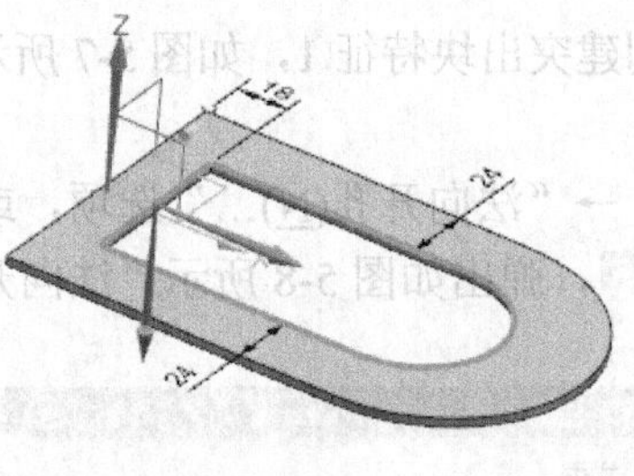

图 5-11　预览所创建的法向开孔特征

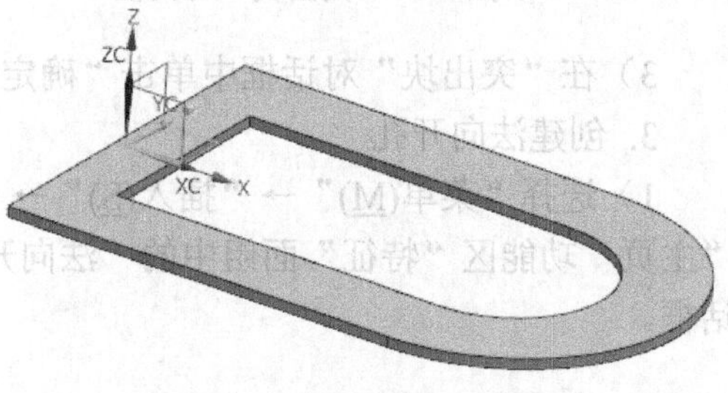

图 5-12　创建法向开孔特征

4. 创建折弯特征

1）选择“菜单(M)”→“插入(S)”→“折弯(N)”→“折弯(B)…”选项，或者单击“主页”功能区“折弯”面组“更多”库中的“折弯”按钮，弹出如图 5-13 所示“折弯”对话框。设置“角度”为 90，在“内嵌”下拉列表框中选择“外模线轮廓”，其他参数采用默认设置。

2）在“折弯”对话框栏单击“绘制截面”按钮，进入草图绘制环境，选择折弯轮廓草图工作平面，如图 5-14 所示。

3）绘制如图 5-15 所示的轮廓草图。单击“完成”按钮，草图绘制完毕。

4）在“折弯”对话框中单击“确定”按钮，创建如图 5-16 所示的折弯特征。

5. 创建基本突出块特征 2

1）选择“菜单(M)”→“插入(S)”→“突出块(B)…”选项，或者单击“主页”功能区“基本”面组中的“突出块”按钮，弹出如图 5-17 所示“突出块”对话框。

2）单击“绘制截面”按钮，选择 XC-YC 平面为草图工作平面，绘制突出块特征轮廓草图 2，如图 5-18 所示。单击“完成”按钮，草图绘制完毕。

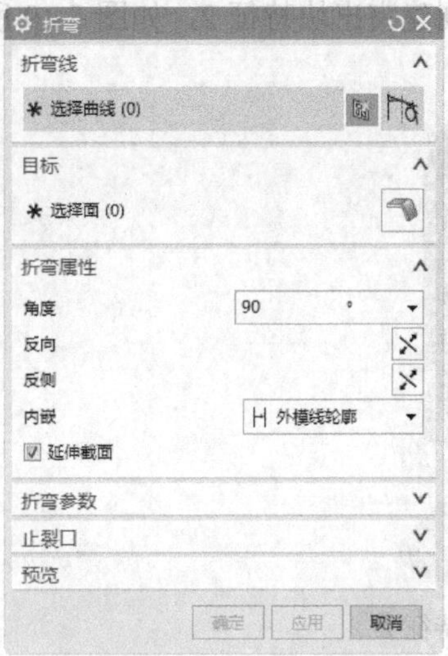

图 5-13　“折弯”对话框

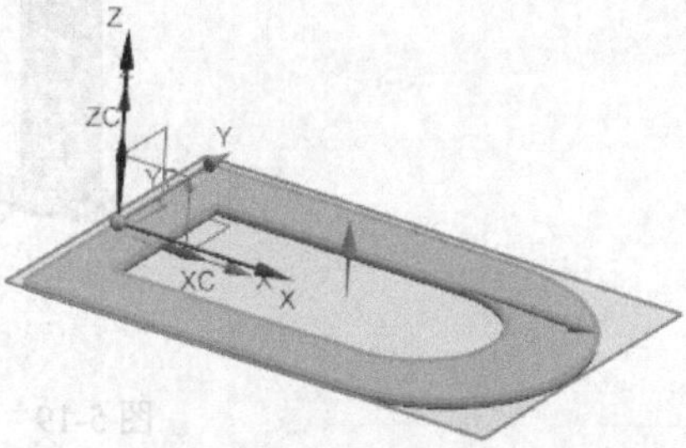

图 5-14　选择折弯轮廓草图工作平面

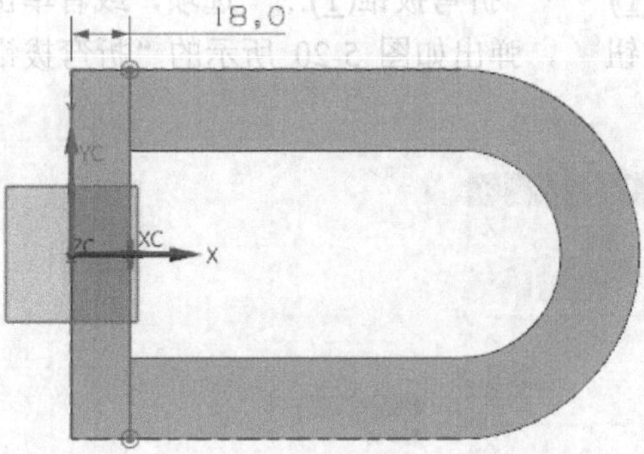

图 5-15　绘制轮廓草图

图 5-16　创建折弯特征

图 5-17　“突出块”对话框

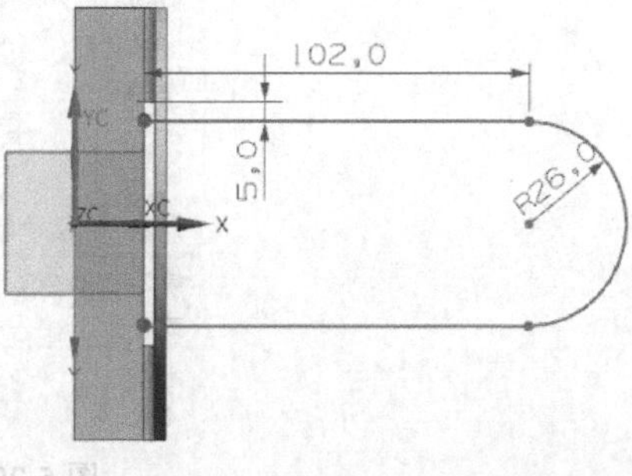

图 5-18　绘制突出块特征轮廓草图 2

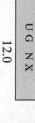

3）在“突出块”对话框中单击“确定”按钮，创建突出块特征 2，如图 5-19 所示。

图 5-19　创建突出块特征 2

5.2　折 弯 拔 锥

“折弯拔锥”是通过在指定方向上将截面曲线扫掠一个线性距离来生成体。

选择“菜单(M)”→“插入(S)”→“切割(T)”→“折弯拔锥(T)...”选项，或者单击“主页”功能区“拐角”面组中的“折弯拔锥”按钮，弹出如图 5-20 所示的“折弯拔锥”对话框。

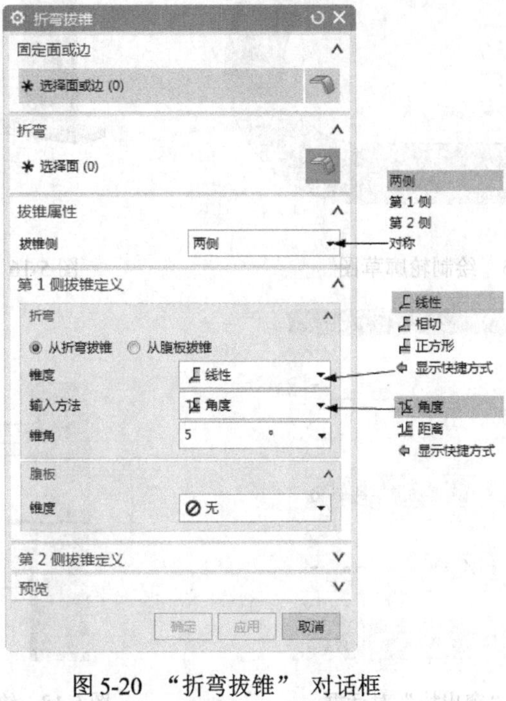

图 5-20　“折弯拔锥” 对话框

1. 折弯

用于选择要添加锥角的折弯面。

2. 拔锥侧

用于创建锥角的侧面。其下拉列表框中包括两侧、第 1 侧、第 2 侧和对称 4 种方式，如图 5-21 所示。

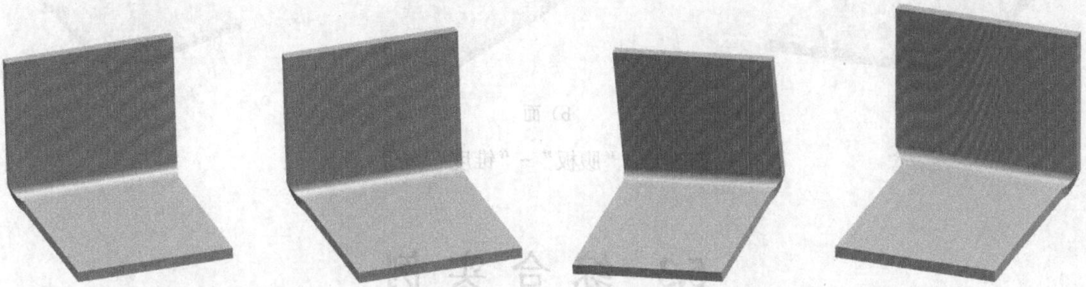

a）两侧　　b）第 1 侧　　c）第 2 侧　　d）对称

图 5-21　“拔锥侧”选项

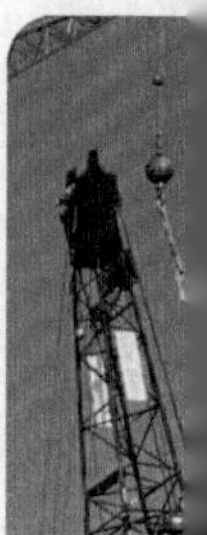

3. 第 1/2 侧拔锥定义

（1）折弯-锥度

1）线性：指在创建拔锥时，将折弯处切割成线形切口，如图 5-22a 所示。

2）相切：指在创建拔锥时，将折弯处切割成圆弧形切口，如图 5-22b 所示。

3）正方形：指在创建拔锥时，将折弯处切割成方形切口，如图 5-22c 所示。

（2）腹板-锥度

1）无：仅在相邻特征的折弯部分添加腹板角度，如图 5-23a 所示。

2）面：在相邻的折弯部分和面部分都添加腹板角度，如图 5-23b 所示。

3）面链：在整个折弯部分及与其相邻的面链上都添加腹板角度，如图 5-23c 所示。

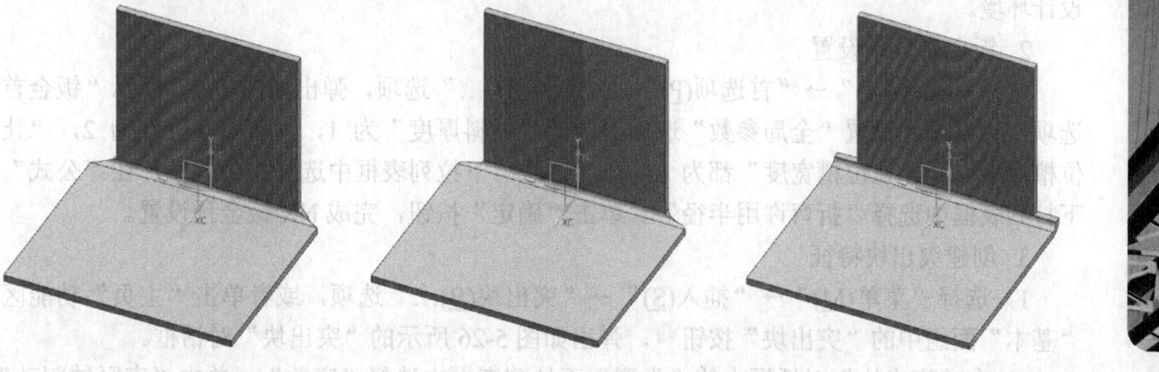

a）线性　　b）相切　　c）正方形

图 5-22　“折弯”-“锥度”拔锥

a）无　　b）面　　c）面链

图 5-23 “腹板” - “锥度”拔锥

5.3 综合实例

5.3.1 仪表面板

首先利用“突出块”命令创建基本钣金件，然后利用“弯边”命令创建弯边，利用“法向开孔”修剪部分料，即可完成仪表面板的创建，如图 5-24 所示。

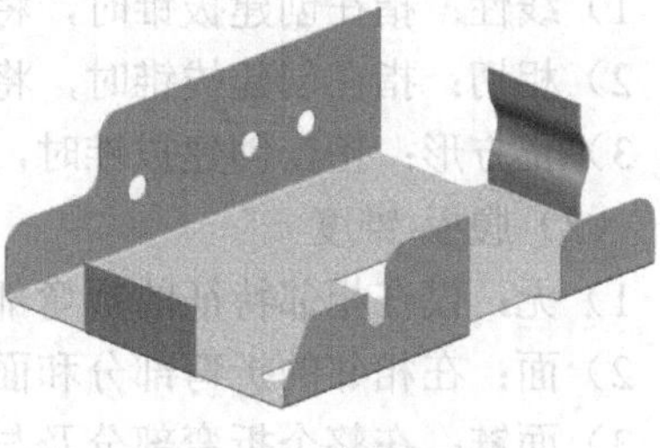

图 5-24　仪表面板

1. 创建 NX 钣金文件

选择“菜单(M)”→“文件(F)”→“新建(N)...”选项，或者单击“主页”功能区中的“新建”按钮，弹出“新建”对话框。在“名称”文本框中输入 yibiaomianban，在“文件夹”文本框中输入非中文保存路径，单击“确定”按钮，进入 UG NX 12.0 钣金设计环境。

2. 钣金参数预设置

选择“菜单(M)”→“首选项(P)”→“钣金(H)...”选项，弹出如图 5-25 所示“钣金首选项”对话框。设置“全局参数”选项组中的“材料厚度”为 1，“弯曲半径”为 2，“让位槽深度”和“让位槽宽度”都为 0，在“方法”下拉列表框中选择“公式”，在“公式”下拉列表框中选择“折弯许用半径”。单击“确定”按钮，完成 NX 钣金预设置。

3. 创建突出块特征

1）选择“菜单(M)”→“插入(S)”→“突出块(B)...”选项，或者单击“主页”功能区“基本”面组中的“突出块”按钮，弹出如图 5-26 所示的“突出块”对话框。

2）在“突出块”对话框中的“类型”下拉列表框中选择“底数”，单击“表区域驱动”选项组中的“绘制截面”按钮，弹出如图 5-27 所示的“创建草图”对话框。

3）在“创建草图”对话框中选择 XC-YC 平面为草图工作平面，设置“水平”面为参考平面，单击“确定”按钮，进入草图绘制环境，绘制如图 5-28 所示的草图 1。单击“完成”按钮，草图绘制完毕。

图 5-25　“钣金首选项”对话框

图 5-26　“突出块”对话框

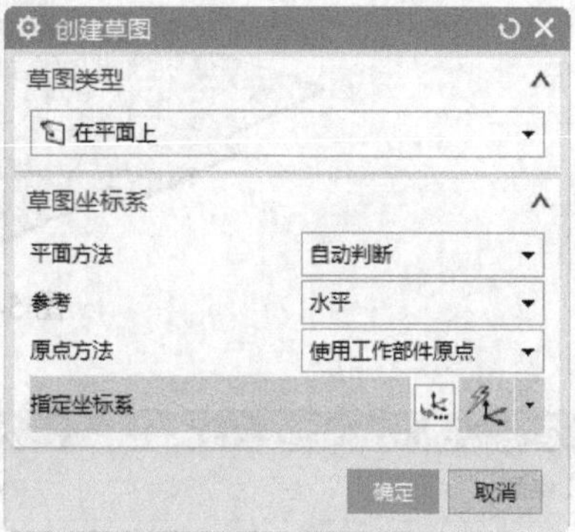

图 5-27　“创建草图”对话框

4）在绘图窗口中预览所创建的突出块特征，如图 5-29 所示。

5）在“突出块”对话框中单击“确定”按钮，创建突出块特征，如图 5-30 所示。

4. 创建法向开孔特征 1

1）选择“菜单(M)”→“插入(S)”→“切割(T)”→“法向开孔(N)...”选项，或者单击“主页”功能区“特征”面组中的“法向开孔”按钮，弹出如图 5-31 所示“法向开孔”对话框。

2）在“法向开孔”对话框中单击“绘制截面”按钮，弹出“创建草图”对话框。在绘图窗口中选择草图工作平面 1，如图 5-32 所示。

3）单击“确定”按钮，进入草图绘制环境，绘制如图 5-33 所示的裁剪轮廓线 1。单击“完成”按钮，草图绘制完毕。

4）预览所创建的法向开孔特征 1，如图 5-34 所示。

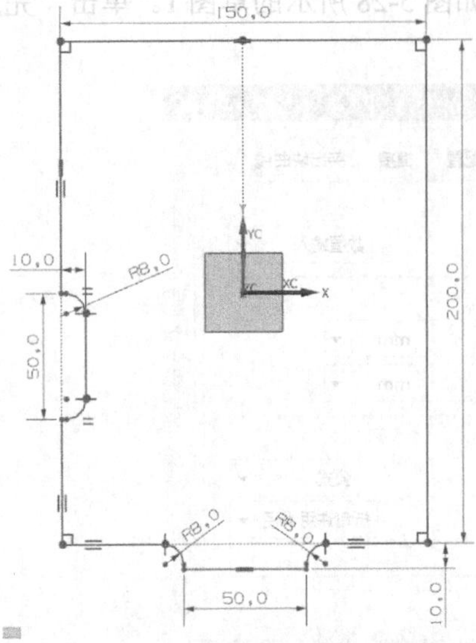

图 5-28　绘制草图 1

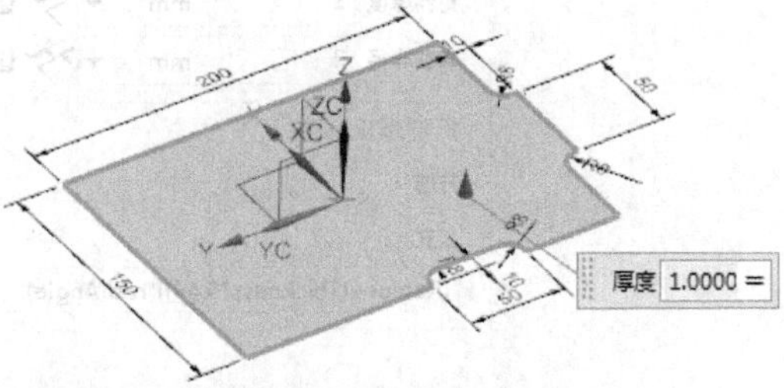

图 5-29　预览所创建的突出块特征

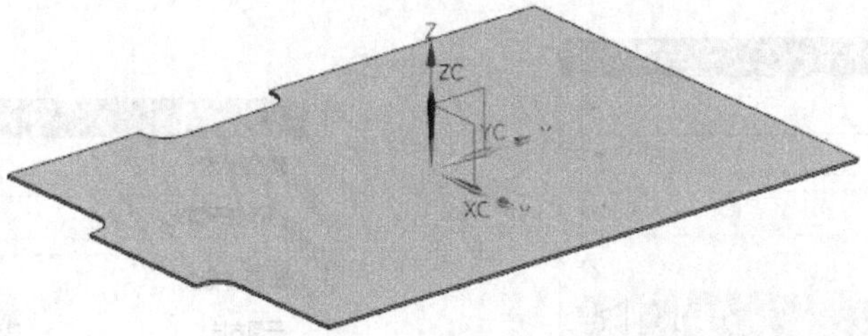

图 5-30　创建突出块特征

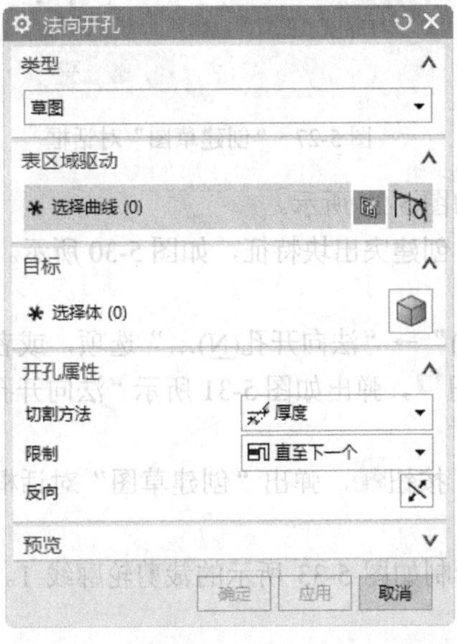

图 5-31　“法向开孔”对话框

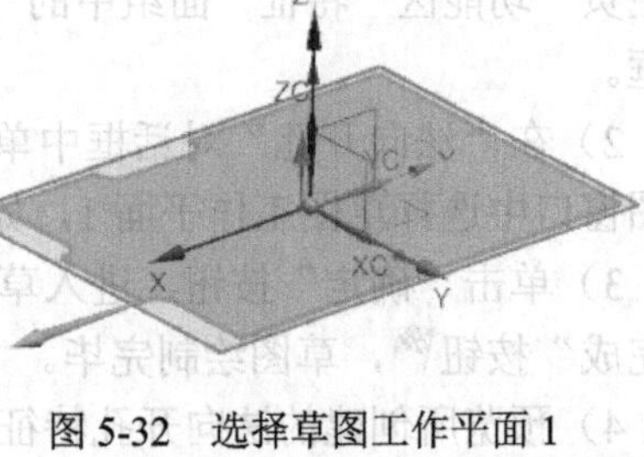

图 5-32　选择草图工作平面 1

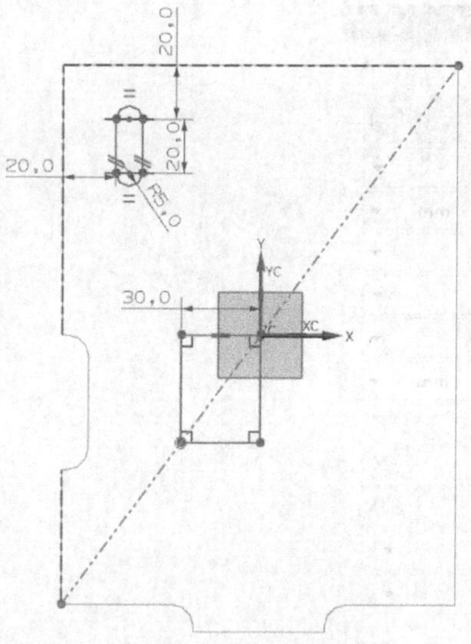

图 5-33　绘制裁剪轮廓线 1

5）在“法向开孔”对话框中单击“确定”按钮，创建法向开孔特征 1，如图 5-35 所示。

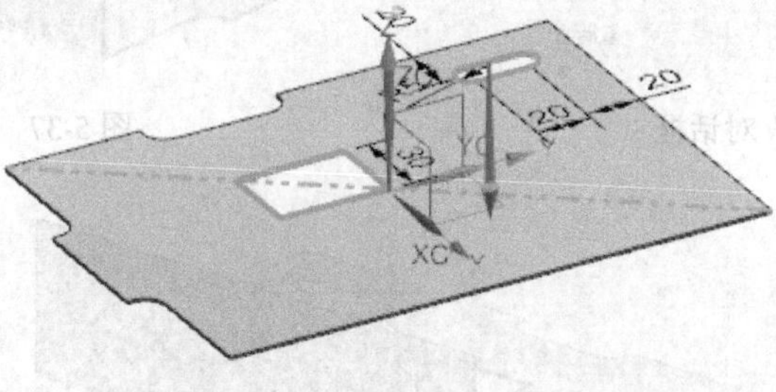

图 5-34　预览所创建的法向开孔特征 1

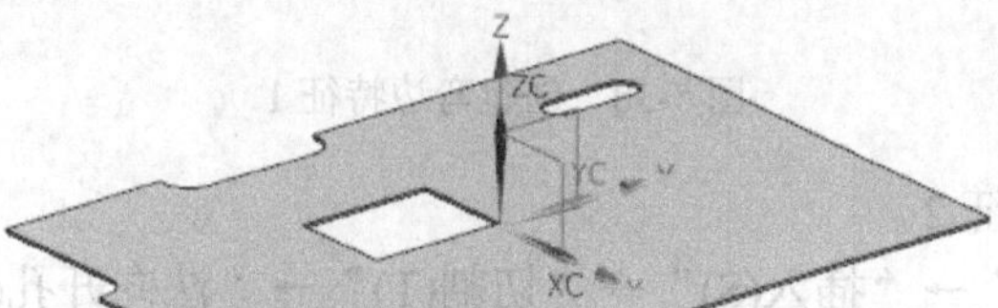

图 5-35　创建法向开孔特征 1

5. 创建弯边特征

1）选择“菜单(M)”→“插入(S)”→“折弯(N)”→“弯边(F)...”选项，或者单击“主页”功能区“折弯”面组中的“弯边”按钮，弹出如图 5-36 所示“弯边”对话框。

2）设置“宽度选项”为“完整”，“长度”为 60，“角度”为 90，“参考长度”为“外侧”，“内嵌”为“材料外侧”，在“折弯止裂口”和“拐角止裂口”下拉列表框中选择“无”。

3）选择弯边 1，同时在绘图窗口中预览所创建的弯边特征，如图 5-37 所示。

4）在“弯边”对话框中单击“确定”按钮，创建弯边特征 1，如图 5-38 所示。

图 5-36 “弯边”对话框

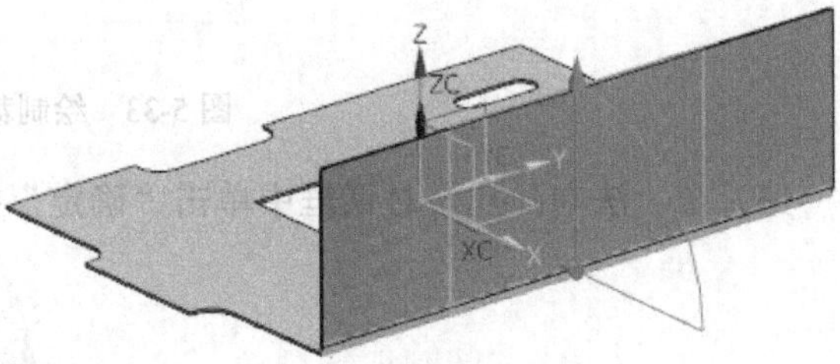

图 5-37 选择弯边 1

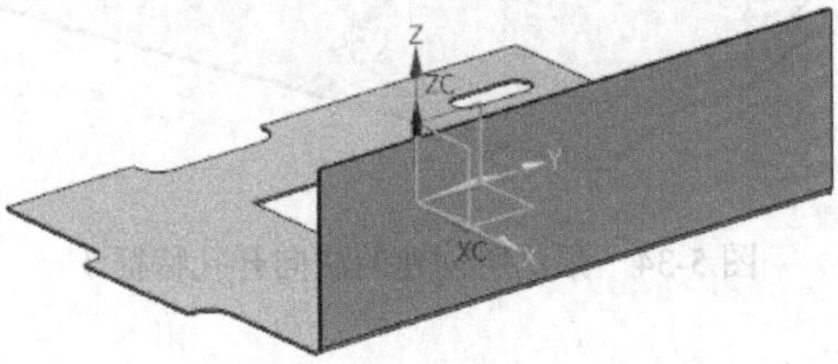

图 5-38 创建弯边特征 1

6. 创建法向开孔特征 2

1）选择“菜单(M)”→“插入(S)”→“切割(T)”→“法向开孔(N)...”选项，或者单击“主页”功能区“特征”面组中的“法向开孔”按钮，弹出如图 5-39 所示“法向开孔”对话框。

2）在“法向开孔”对话框中单击“绘制截面”按钮，弹出“创建草图”对话框。在绘图窗口中选择草图工作平面 2，如图 5-40 所示。

3）单击“确定”按钮，进入草图绘制环境，绘制如图 5-41 所示的裁剪轮廓线 2。单击“完成”按钮，草图绘制完毕。

4）预览所创建的法向开孔特征 2，如图 5-42 所示。

5）在“法向开孔”对话框中单击“确定”按钮，创建法向开孔特征 2，如图 5-43 所示。

7. 创建孔特征

1）选择“菜单(M)”→“插入(S)”→“设计特征(E)”→“孔(H)...”选项，或者单击“主页”功能区“特征”面组“更多”库中的“孔”按钮，弹出如图 5-44 所示“孔”对话框。设置“成形”为“简单孔”，“直径”为 10，“深度限制”为“贯通体”。

图 5-39　“法向开孔”对话框

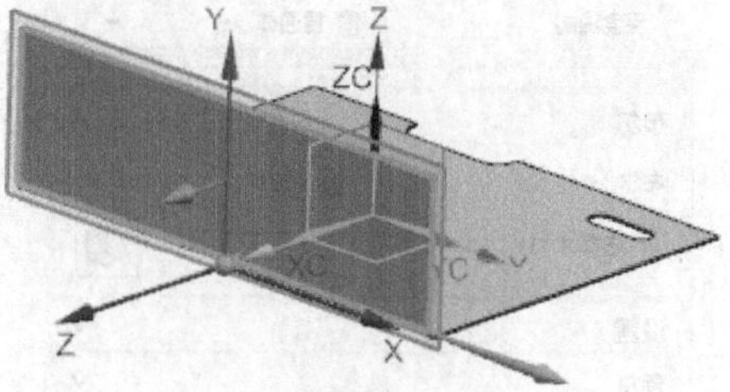

图 5-40　选择草图工作平面 2

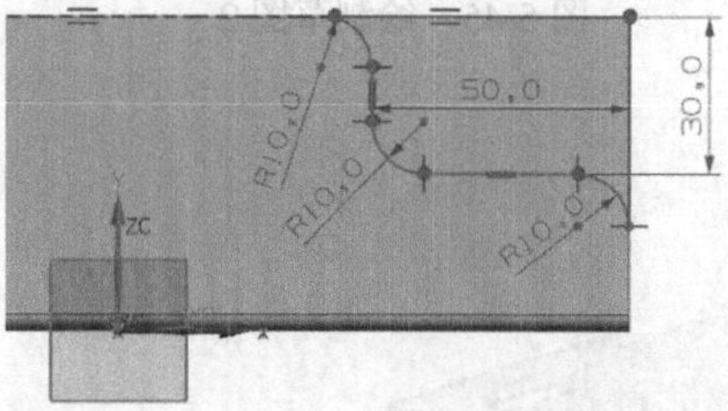

图 5-41　绘制裁剪轮廓线 2

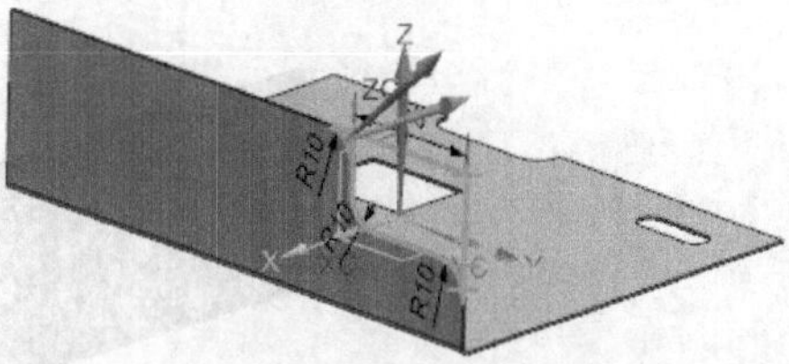

图 5-42　预览所创建的法向开孔特征 2

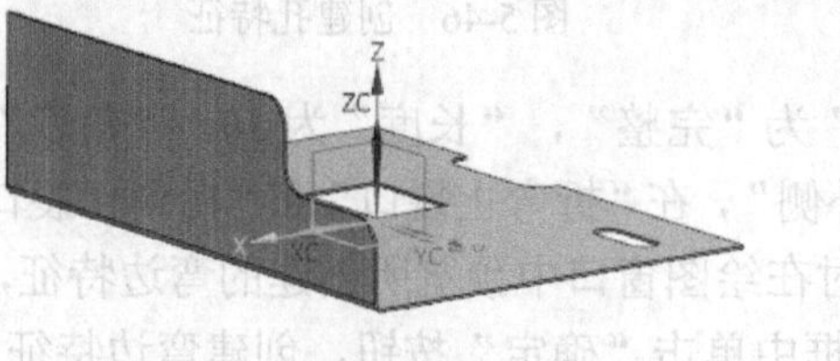

图 5-43　创建法向开孔特征 2

2）单击“绘制截面”按钮，弹出“创建草图”对话框。在绘图窗口中选择草图工作平面，绘制如图 5-45 所示的草图 2。

3）单击“完成”按钮，草图绘制完毕，返回“孔”对话框。单击“确定”按钮，创建孔特征，如图 5-46 所示。

8. 创建弯边特征 2

1）选择“菜单(M)”→“插入(S)”→“折弯(N)”→“弯边(F)...”选项，或者单击“主页”功能区“折弯”面组中的“弯边”按钮，弹出如图 5-47 所示“弯边”对话框。

UG NX 12.0

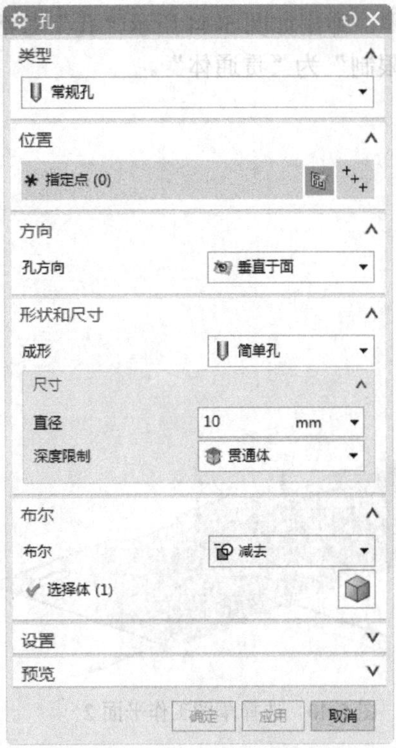

图 5-44 “孔”对话框

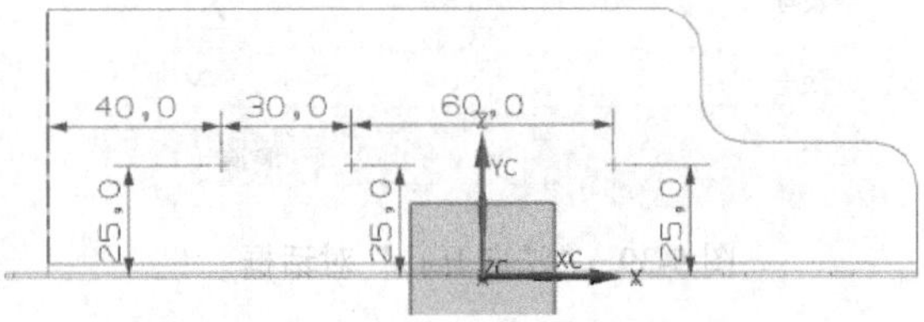

图 5-45 绘制草图 2

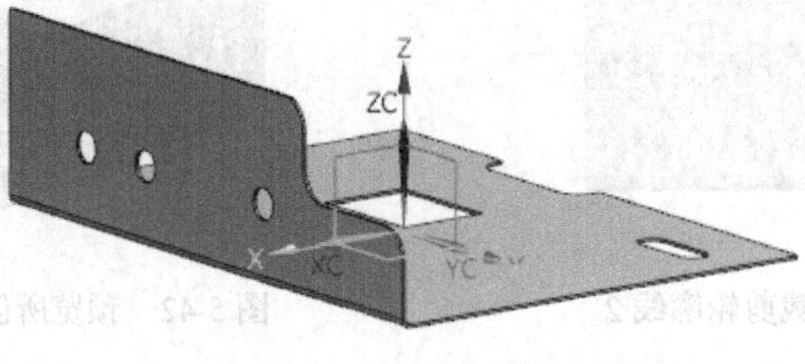

图 5-46 创建孔特征

2）设置“宽度选项”为“完整”，“长度”为 50，“角度”为 90，“参考长度”为“外侧”，“内嵌”为“材料外侧”，在“折弯止裂口”和“拐角止裂口”下拉列表框中选择“无”。

3）选择弯边 2，同时在绘图窗口中预览所创建的弯边特征，如图 5-48 所示。

4）在“弯边”对话框中单击“确定”按钮，创建弯边特征 2，如图 5-49 所示。

9. 创建法向开孔特征 3

1）选择“菜单(M)”→“插入(S)”→“切割(T)”→“法向开孔(N)...”选项，或者单击“主页”功能区“特征”面组中的“法向开孔”按钮，弹出“法向开孔”对话框。单击“绘制截面”按钮，弹出“创建草图”对话框。在绘图窗口中选择草图工作平面 3，如图 5-50 所示。

2）单击“确定”按钮，进入草图绘制环境，绘制如图 5-51 所示的裁剪轮廓线 3。单击“完成”按钮，草图绘制完毕。

3）预览所创建的法向开孔特征 3，如图 5-52 所示。

图 5-47 “弯边”对话框

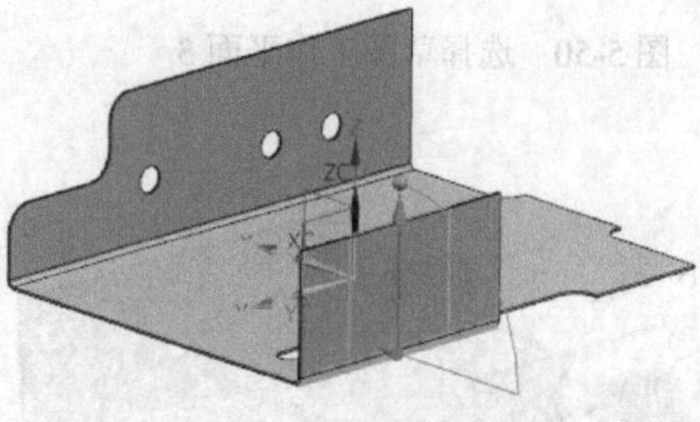

图 5-48 选择弯边 2

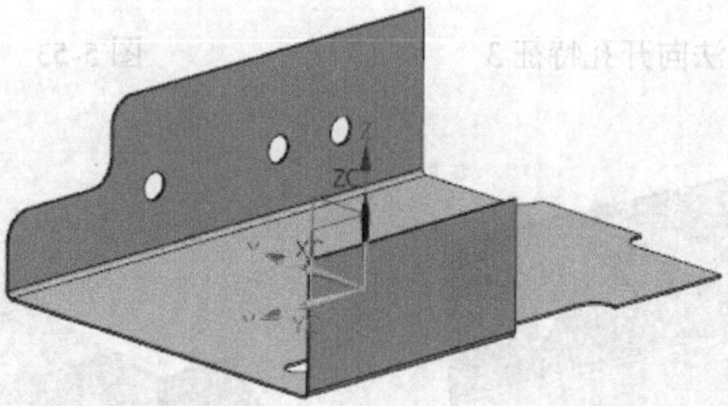

图 5-49 创建弯边特征 2

4）在“法向开孔”对话框中单击“确定”按钮，创建法向开孔特征 3，如图 5-53 所示。

10. 创建弯边特征 3

1）选择“菜单(M)”→“插入(S)”→“折弯(N)”→“弯边(F)...”选项，或者单击“主页”功能区“折弯”面组中的“弯边”按钮，弹出“弯边”对话框。

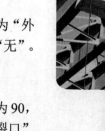

2）设置“宽度选项”为“完整”，“长度”为 30，“角度”为 90，“参考长度”为“外侧”，“内嵌”为“材料外侧”，在“折弯止裂口”和“拐角止裂口”下拉列表框中选择“无”。

3）在绘图窗口中选择如图 5-54 所示的弯边 3。

4）在“弯边”对话框中单击“应用”按钮，创建弯边特征 3，如图 5-55 所示。

5）设置“宽度选项”为“在中心”，“宽度”为 60，“长度”为 30，“角度”为 90，“参考长度”为“外侧”，“内嵌”为“折弯外侧”，在“折弯止裂口”和“拐角止裂口”下拉列表框中选择“无”。

6）选择弯边 4，同时在绘图窗口中预览所创建的弯边特征，如图 5-56 所示。

7）在“弯边”对话框中单击“确定”按钮，创建弯边特征 4，如图 5-57 所示。

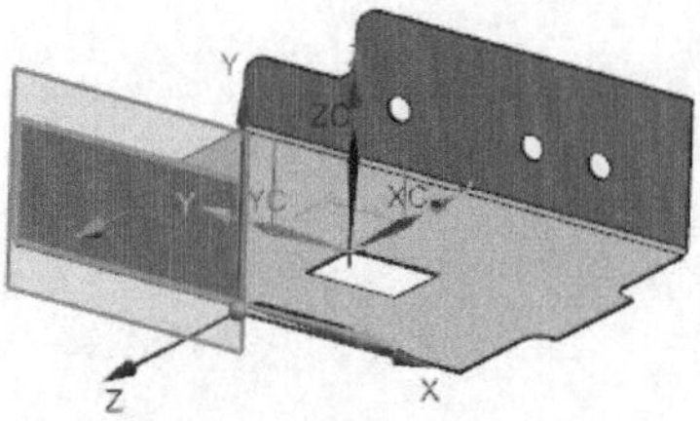

图 5-50　选择草图工作平面 3

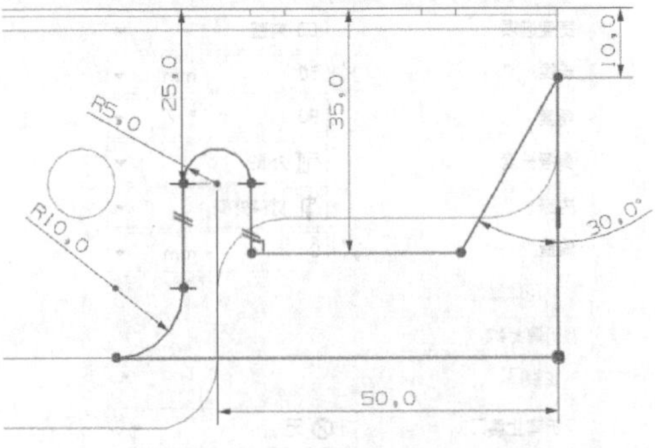

图 5-51　绘制裁剪轮廓线 3

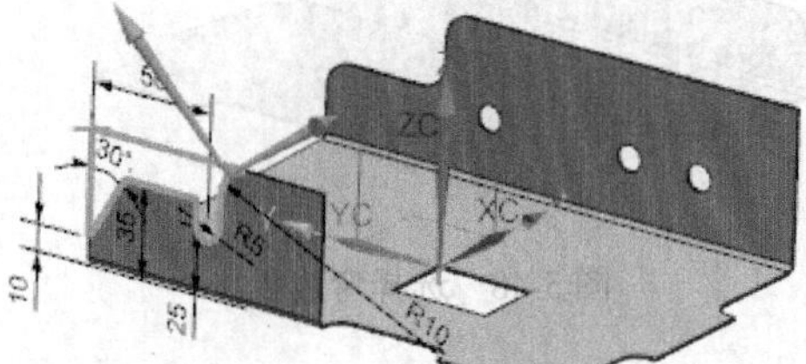

图 5-52　预览所创建的法向开孔特征 3

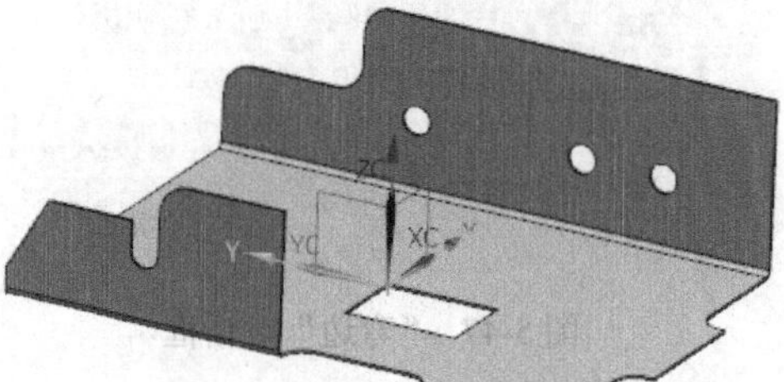

图 5-53　创建法向开孔特征 3

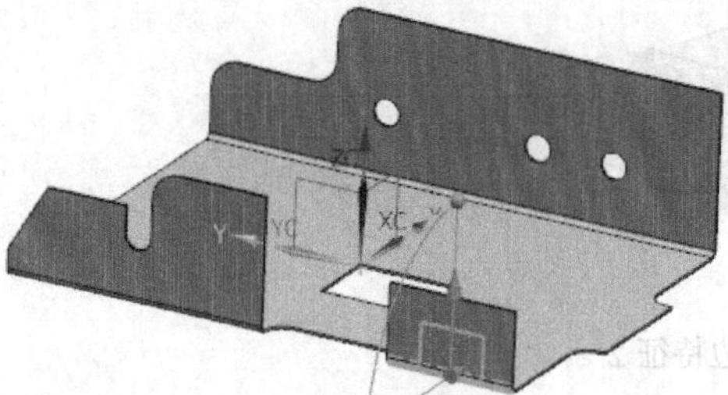

图 5-54　选择弯边 3

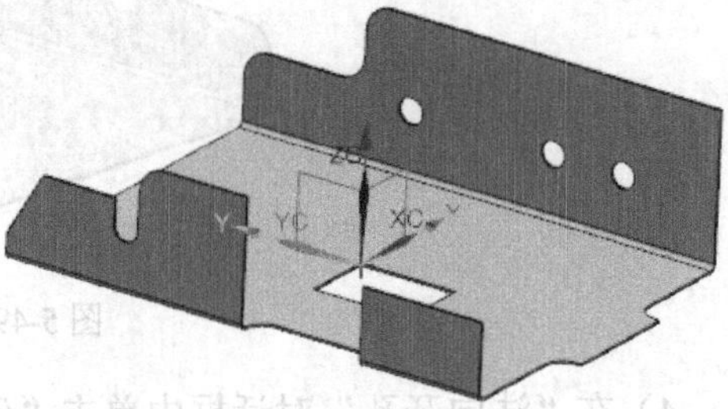

图 5-55　创建弯边特征 3

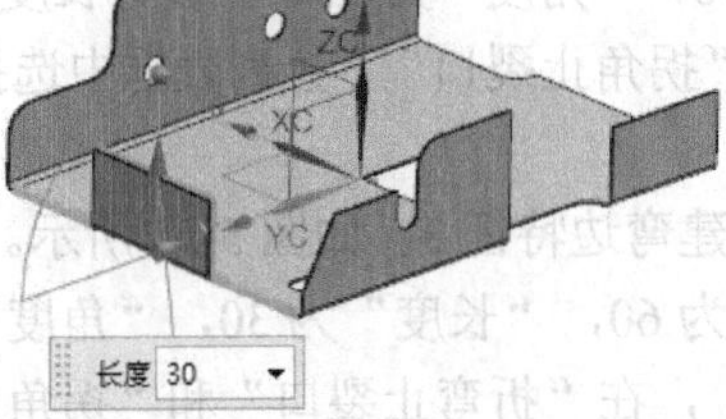

图 5-56　选择弯边 4

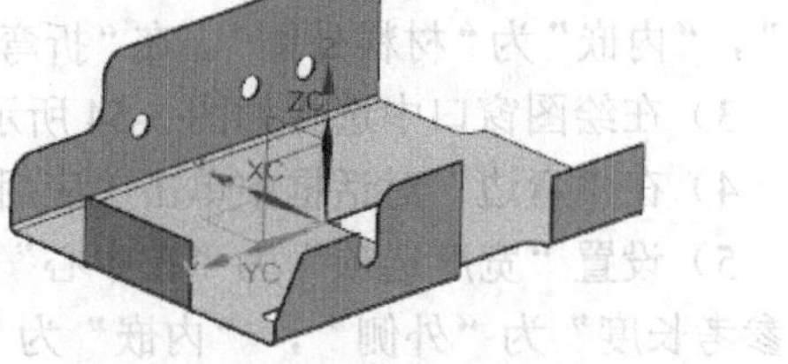

图 5-57　创建弯边特征 4

11. 创建倒角特征

1）选择“菜单(M)”→“插入(S)”→“拐角(O)”→“倒角(B)…”选项，或者单击“主页”功能区“拐角”面组中的“倒角”按钮，弹出如图 5-58 所示“倒角”对话框。在“方法”下拉列表中选择“圆角”，在“半径”文本框输入 10。

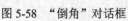

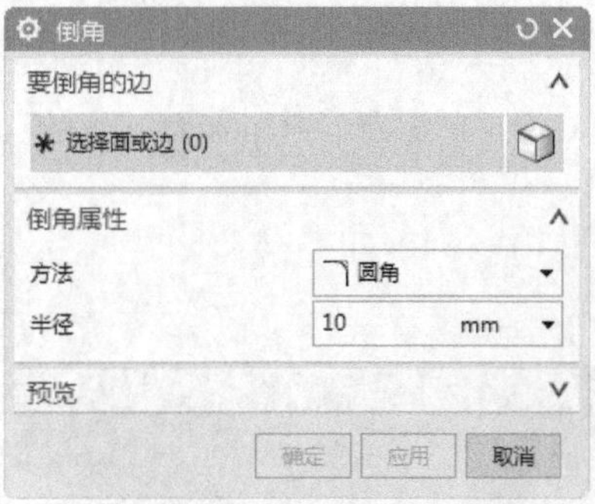

图 5-58　“倒角”对话框

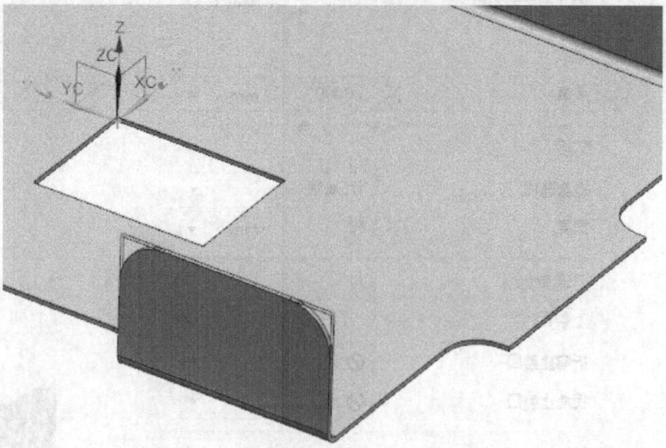

图 5-59　选择倒角边

2）选择如图 5-59 所示的要倒角的边。单击“确定”按钮，创建倒角特征，如图 5-60 所示。

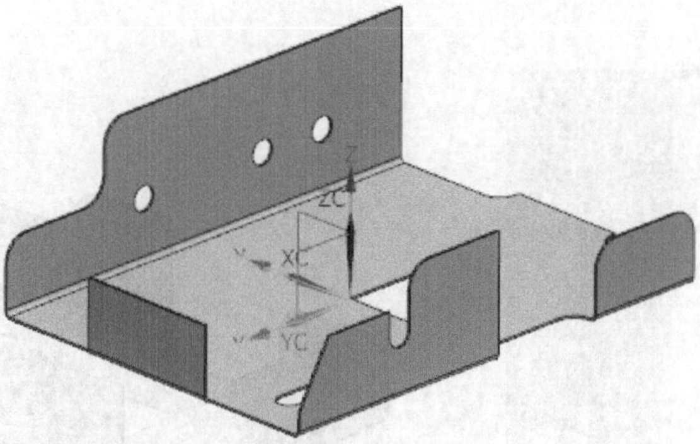

图 5-60　创建倒角特征

12. 创建轮廓弯边特征

1）选择“菜单(M)”→“插入(S)”→“折弯(N)”→“轮廓弯边(C)…”选项，或者单击“主页”功能区“折弯”面组中的“轮廓弯边”按钮，弹出如图 5-61 所示“轮廓弯边”对话框。设置“宽度选项”为“有限”，“宽度”为 50。

2）在“轮廓弯边”对话框中单击“绘制草图”按钮，选择如图 5-62 所示的平面为草图工作平面 4，绘制轮廓弯边特征轮廓草图，如图 5-63 所示。单击“完成”按钮，草图绘制完毕。

3）在“轮廓弯边”对话框中单击“确定”按钮，创建轮廓弯边特征，如图 5-64 所示。至此，仪表面板创建完成。

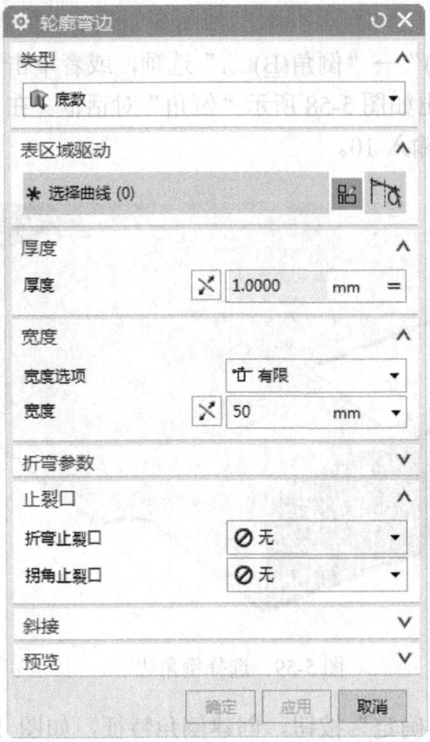

图 5-61 “轮廓弯边”对话框

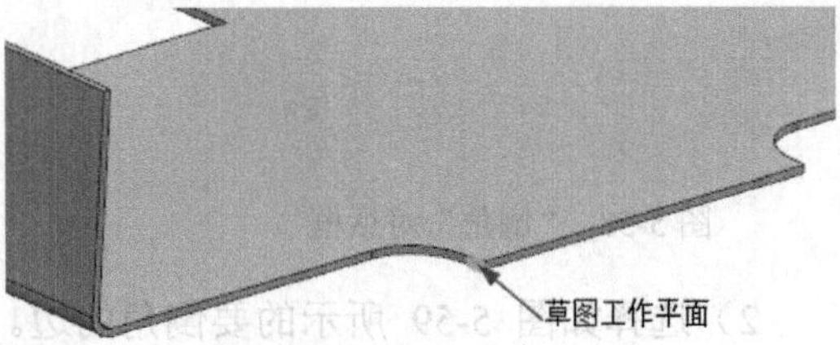

图 5-62 选择草图工作平面 4

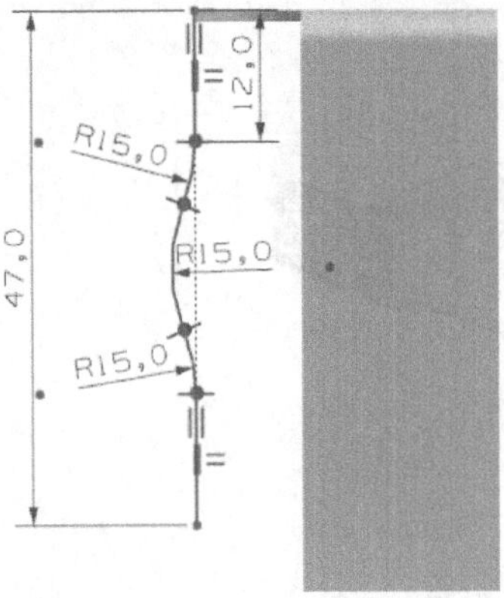

图 5-63 绘制轮廓弯边特征轮廓草图

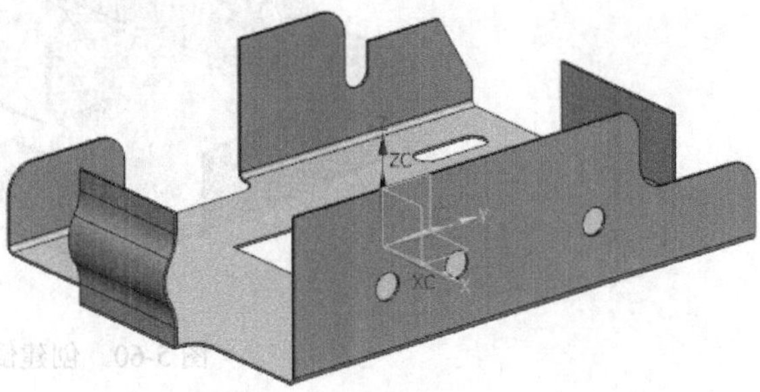

图 5-64 创建轮廓弯边特征

5.3.2 机箱顶板

本例绘制机箱顶板，如图 5-65 所示。首先绘制机箱基体主板，然后在其上面创建弯边，最后创建造型和孔，即可完成机箱顶板的创建。

1. 创建新文件

选择“菜单(M)”→“文件(F)”→“新建(N)...”选项，或者单击“主页”功能区中的

“新建”按钮，弹出“新建”对话框。在“模板”列表框中选择“NX 钣金”，输入名称为 top_cover，单击“确定”按钮，进入 UG NX 12.0 钣金设计环境。

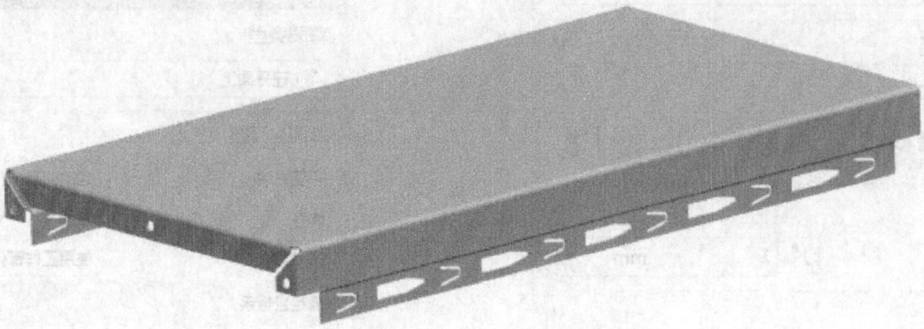

图 5-65　机箱顶板

2. 钣金参数预设置

1）选择“菜单(M)”→“首选项(P)”→“钣金(H)…”选项，弹出图 5-66 所示的“钣金首选项”对话框。

2）设置“材料厚度”为 1.0，“弯曲半径”为 2.0，其他参数采用默认设置，单击“确定”按钮，完成 NX 钣金预设置。

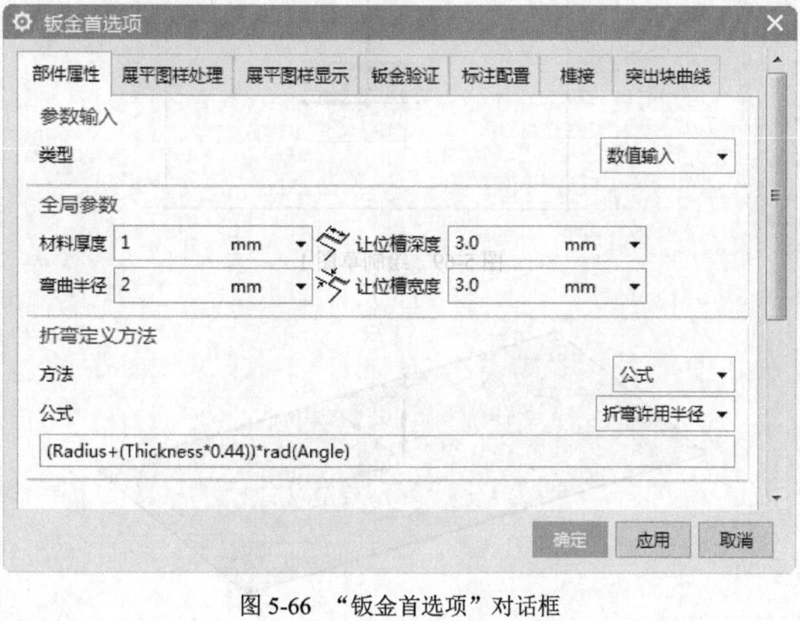

图 5-66　“钣金首选项”对话框

3. 创建突出块特征

1）选择“菜单(M)”→“插入(S)”→“突出块(B)…”选项，或者单击“主页”功能区“基本”面组中的“突出块”按钮，弹出如图 5-67 所示的“突出块”对话框。

2）在“类型”下拉列表框中选择“底数”，单击“绘制截面”按钮，弹出如图 5-68 所示的“创建草图”对话框。选择“XC-YC 平面”为草图工作平面，选择“水平”面为参考，单击“确定”按钮，进入草图绘制环境，绘制图 5-69 所示的草图。单击“完成”按钮，草图绘制完毕。

图 5-67 “突出块”对话框

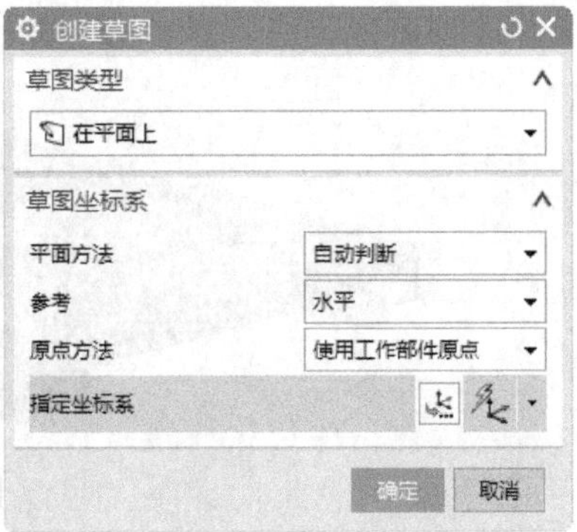

图 5-68 “创建草图”对话框

3）在“厚度”文本框中输入 1。单击“确定”按钮，创建突出块特征，如图 5-70 所示。

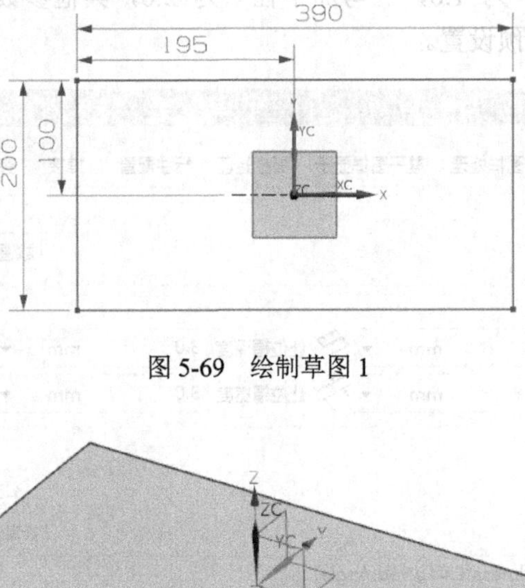

图 5-69 绘制草图 1

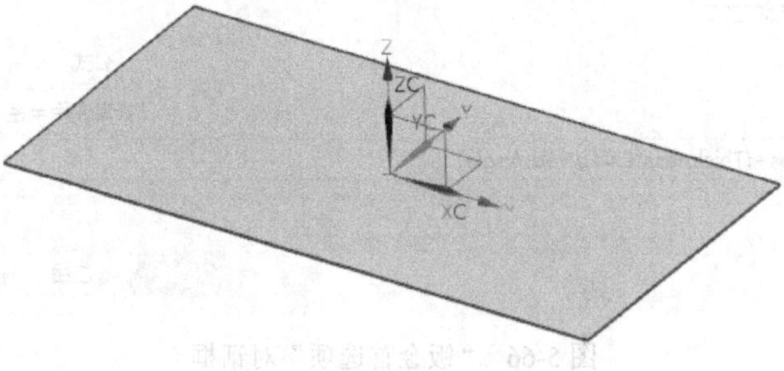

图 5-70 创建突出块特征

4. 创建弯边特征 1

1）选择“菜单(M)”→“插入(S)”→“折弯(N)”→“弯边(F)...”选项，或者单击“主页”功能区“折弯”面组中的“弯边”按钮，弹出如图 5-71 所示的“弯边”对话框。

2）在图 5-71 所示的对话框中，设置“宽度选项”为“完整”，“长度”为 23，“角度”为 90，“参考长度”为“外侧”，“内嵌”为“折弯外侧”，在“止裂口”选项组中的“折弯止裂口”下拉列表框中选择“无”。

3）选择图 5-72 所示的弯边 1。单击“确定”按钮，创建弯边特征 1，如图 5-73 所示。

5. 创建轮廓弯边特征

1）选择“菜单(M)”→“插入(S)”→“折弯(N)”→“轮廓弯边(C)...”选项，或者单击“主页”功能区“折弯”面组中的“轮廓弯边”按钮，弹出如图 5-74 所示“轮廓弯边”对话框。

2）在图 5-74 所示的对话框中设置“类型”为“底数”，单击“绘制草图”按钮，弹出如图 5-75 所示的“创建草图”对话框。

3）选择草图绘制路径，如图 5-76 所示。在“弧长百分比”文本框中输入 50，单击“确定”按钮，进入草图绘制环境。

4）绘制如图 5-77 所示的草图 2，单击“完成”按钮，草图绘制完毕，返回图 5-74 所示的对话框。

5）在对话框中设置“宽度选项”为“对称”，“宽度”为 360。单击“确定”按钮，创建轮廓弯边特征，如图 5-78 所示。

6. 草图绘制

1）选择“菜单(M)”→“插入(S)”→“草图(H)...”选项，或者单击“主页”功能区“直接草图”面组中的“草图”按钮，弹出“创建草图”对话框。

图 5-71　“弯边”对话框

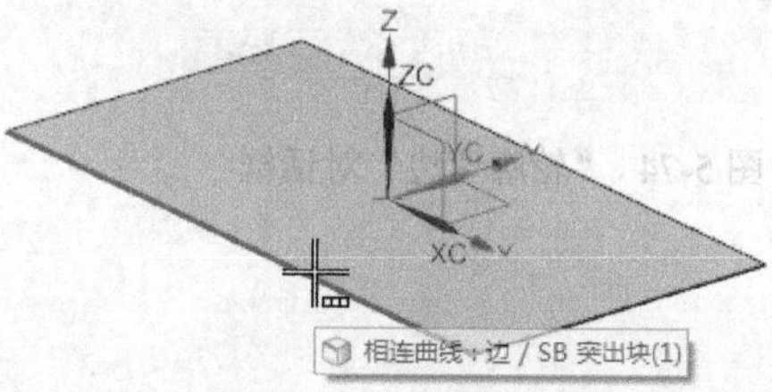

图 5-72　选择弯边 1

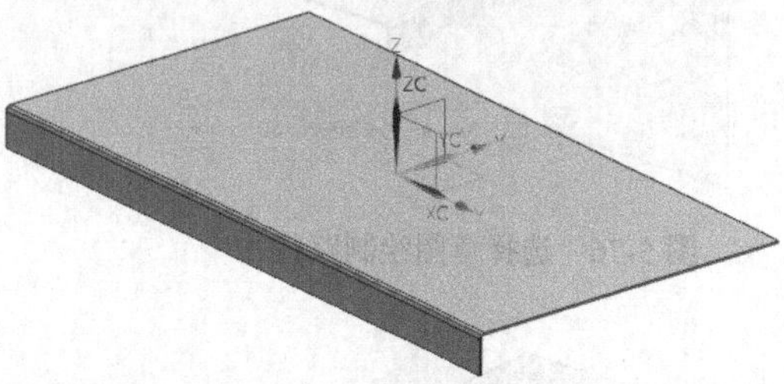

图 5-73　创建弯边特征 1

2）在绘图窗口中选择如图 5-79 所示的平面 1 作为草图工作平面，绘制草图 3。

3）在图 5-79 所示的草图中，选择所有已经标注的尺寸并单击鼠标右键，弹出图 5-80 所示的快捷菜单。

4）在图 5-80 所示的快捷菜单中选择“删除”，删除所有选择的尺寸标注，如图 5-81 所示。

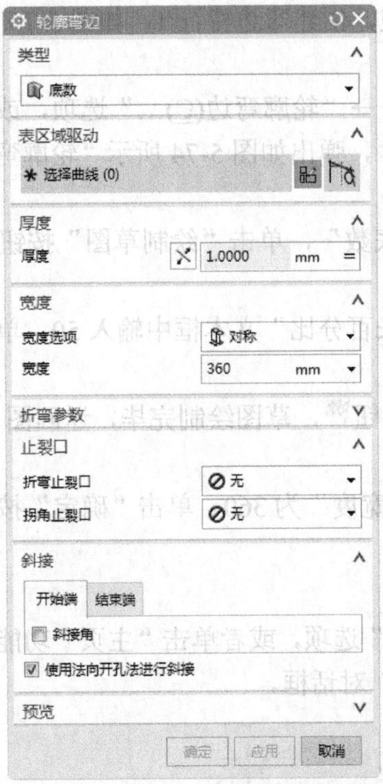

图 5-74 “轮廓弯边”对话框

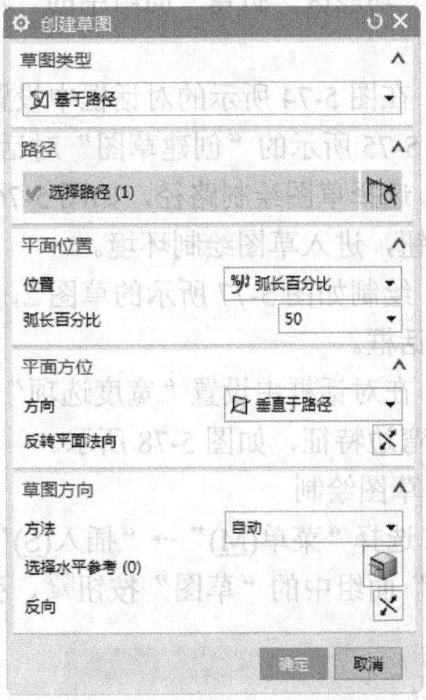

图 5-75 “创建草图”对话框

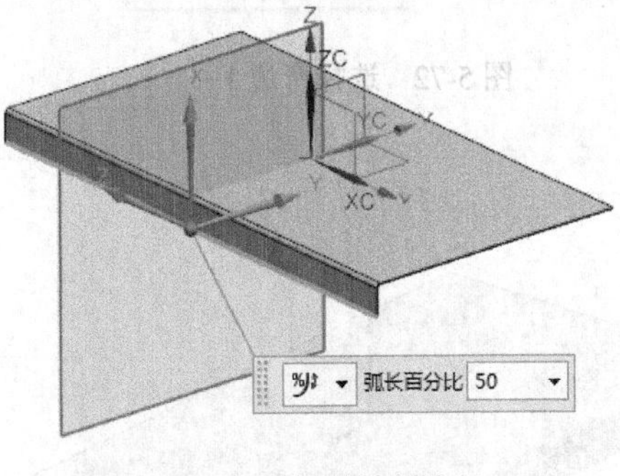

图 5-76 选择草图绘制路径

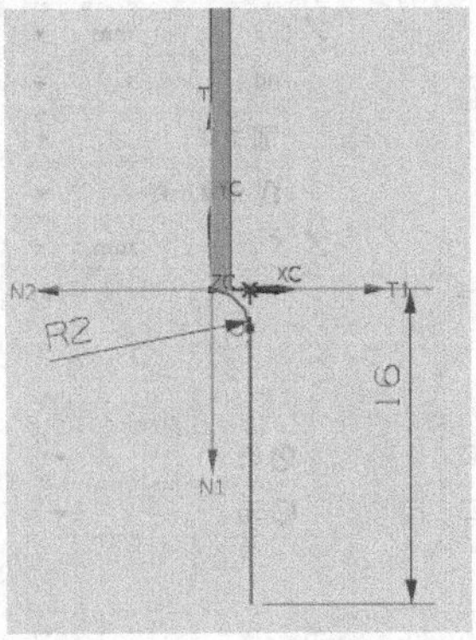

图 5-77 绘制草图 2

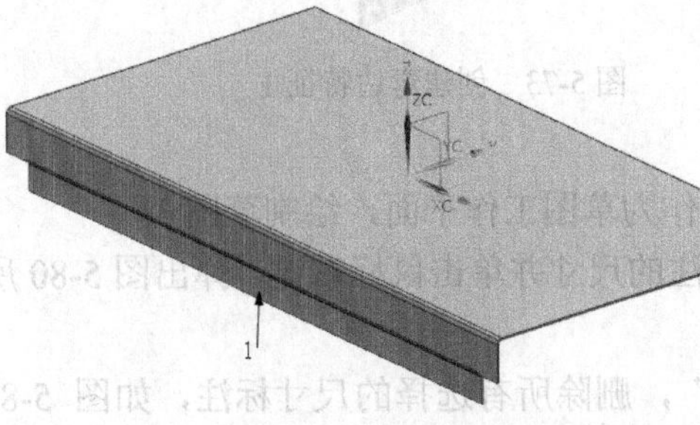

图 5-78 创建轮廓弯边特征

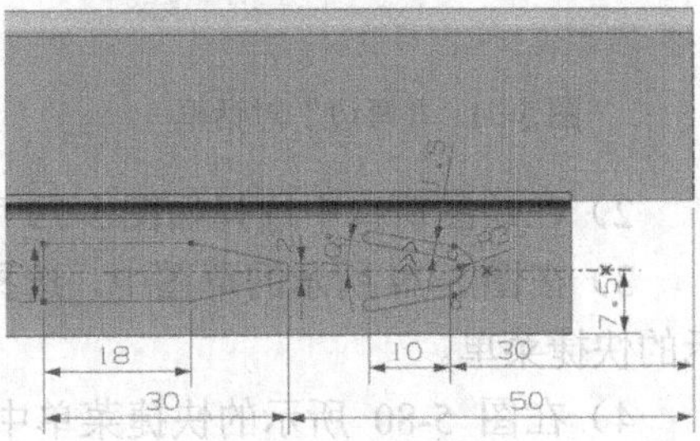

图 5-79 绘制草图 3

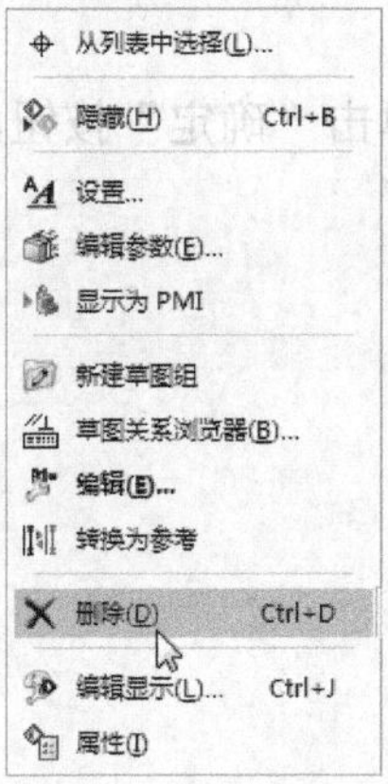

图 5-80　快捷菜单

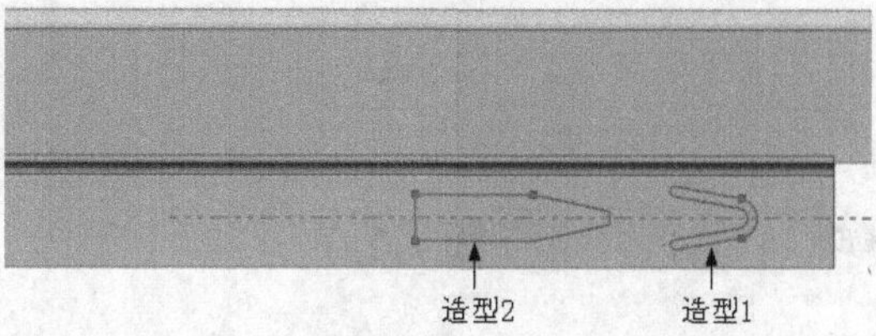

图 5-81　删除尺寸标注后的草图

5）选择“菜单(M)”→“插入(S)”→“来自曲线集的曲线(F)”→“阵列曲线(P)...”选项，弹出如图 5-82 所示的“阵列曲线”对话框。

6）在绘图窗口中选择图 5-81 所绘制的造型 1 为阵列对象，选择中心线为阵列方向 1。选择“线性”布局，设置“数量”为 6，“节距”为 65，单击“应用”按钮，完成造型 1 的阵列。

7）重复步骤（5）和（6），选择造型 2 为阵列对象，设置数量为 5，“节距”为 65，单击“确定”按钮，完成造型 2 的阵列，如图 5-83 所示。

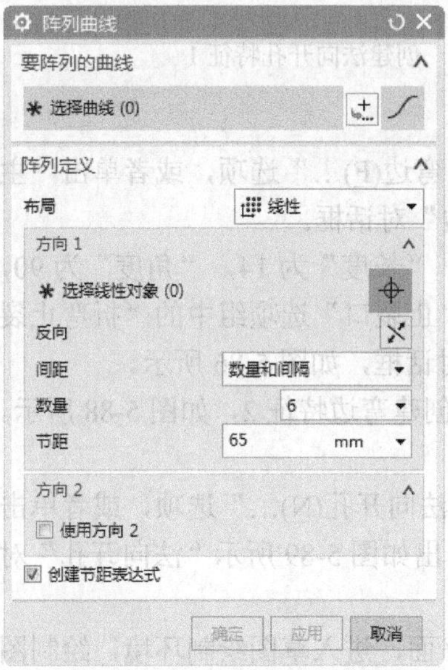

图 5-82　“阵列曲线”对话框

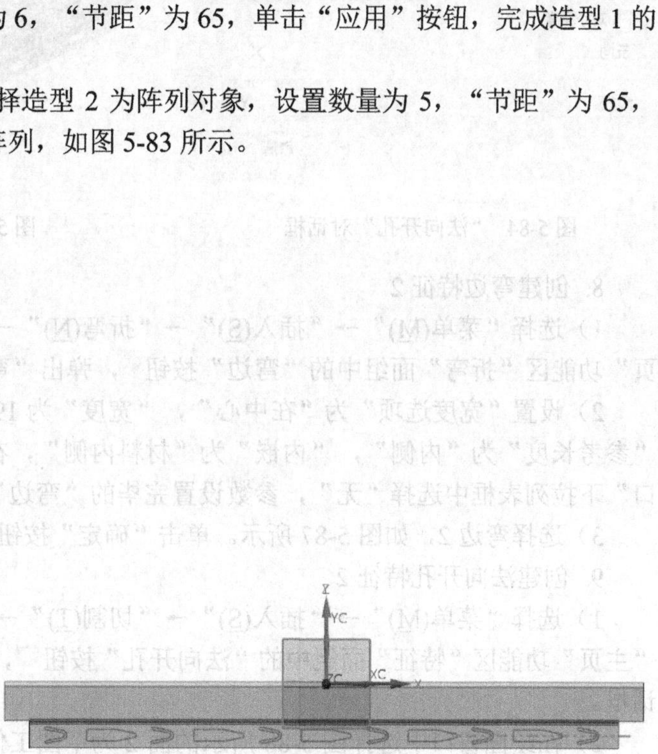

图 5-83　线性阵列造型

7. 创建法向开孔特征 1

1）选择“菜单(M)”→“插入(S)”→“切割(T)”→“法向开孔(N)...”选项，或者单击“主页”功能区“特征”面组中的“法向开孔”按钮，弹出如图 5-84 所示的“法向开孔”对话框。

2）在绘图窗口中选择图 5-83 所绘制的草图为截面。

3）设置“切割方法”为“厚度”，“限制”为“贯通”，单击“确定”按钮，创建法向开孔特征 1，如图 5-85 所示。

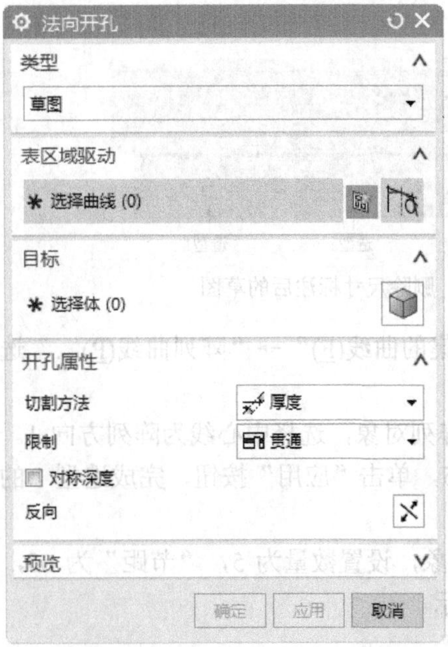

图 5-84 “法向开孔”对话框

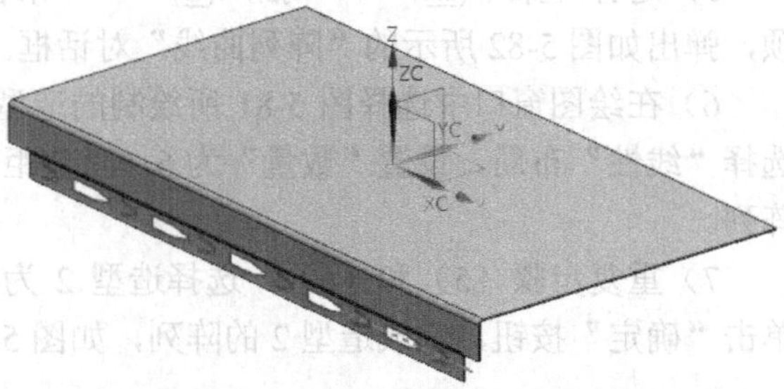

图 5-85 创建法向开孔特征 1

8. 创建弯边特征 2

1）选择“菜单(M)”→“插入(S)”→“折弯(N)”→“弯边(F)...”选项，或者单击“主页”功能区“折弯”面组中的“弯边”按钮，弹出“弯边”对话框。

2）设置“宽度选项”为“在中心”，“宽度”为 194，“长度”为 14，“角度”为 90，“参考长度”为“内侧”，“内嵌”为“材料内侧”，在“止裂口”选项组中的“折弯止裂口”下拉列表框中选择“无”，参数设置完毕的“弯边”对话框，如图 5-86 所示。

3）选择弯边 2，如图 5-87 所示。单击“确定”按钮，创建弯边特征 2，如图 5-88 所示。

9. 创建法向开孔特征 2

1）选择“菜单(M)”→“插入(S)”→“切割(T)”→“法向开孔(N)...”选项，或者单击“主页”功能区“特征”面组中的“法向开孔”按钮，弹出如图 5-89 所示“法向开孔”对话框。

2）在绘图窗口中选择图 5-88 所示的面 2 为草图工作平面，进入草图绘制环境，绘制图 5-90 所示的草图 3。单击“完成”按钮，草图绘制完毕。

3）设置“切割方法”为“厚度”，“限制”为“直至下一个”，单击“确定”按钮，创建法向开孔特征 2，如图 5-91 所示。

10. 创建弯边特征 3

1）选择“菜单(M)”→“插入(S)”→“折弯(N)”→“弯边(F)...”选项，或者单击“主页”功能区“折弯”面组中的“弯边”按钮，弹出如图 5-92 所示“弯边”对话框。

2）设置“宽度选项”为“完整”，“长度”为 14，“角度”为 90，“参考长度”为“内侧”，“内嵌”为“材料外侧”，在“止裂口”选项组中的“折弯止裂口”下拉列表框中选择“无”。

图 5-86　“弯边”对话框

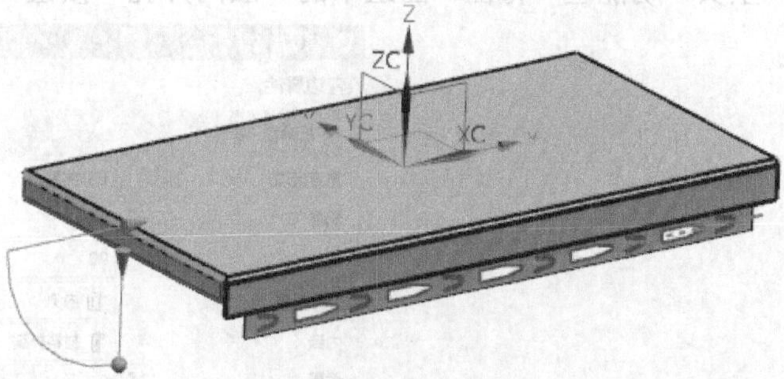

图 5-87　选择弯边 2

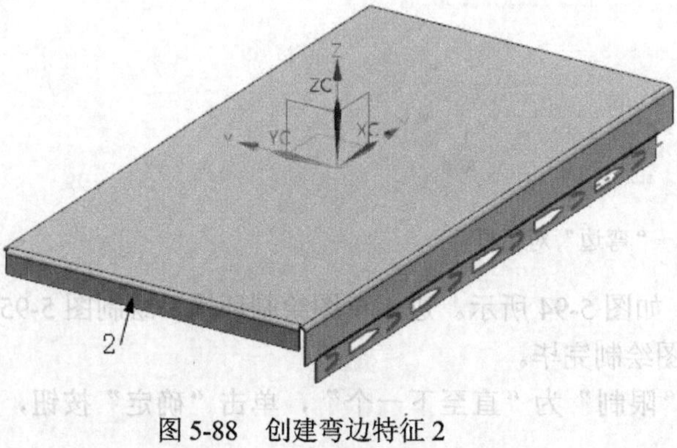

图 5-88　创建弯边特征 2

图 5-89　“法向开孔”对话框

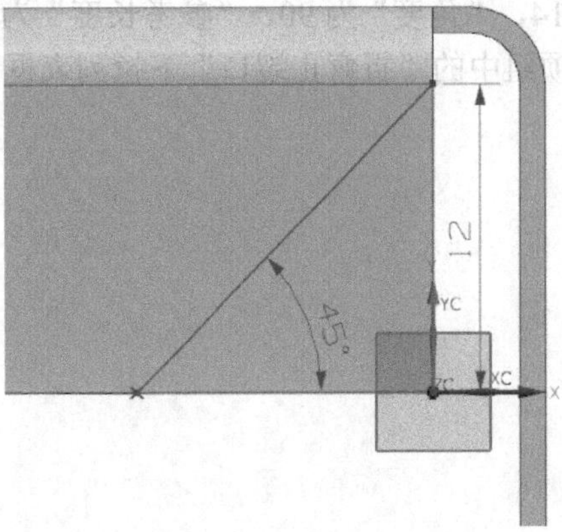

图 5-90　绘制草图 3

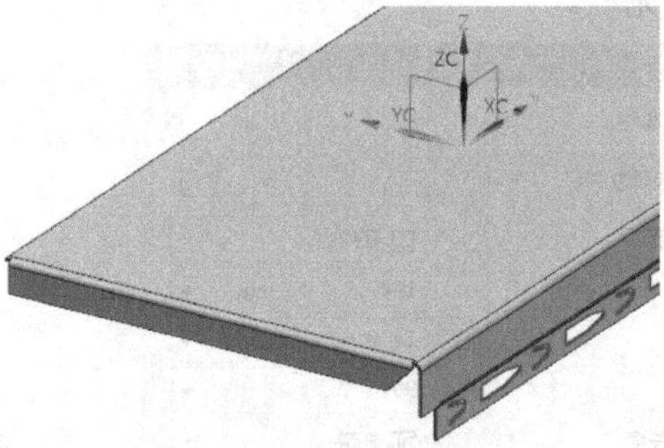

图 5-91　创建法向开孔特征 2

3）选择弯边 3，如图 5-93 所示。单击“确定”按钮，创建弯边特征 3，如图 5-94 所示。

11. 创建法向开孔特征 3

1）选择“菜单(M)”→“插入(S)”→“切割(T)”→“法向开孔(N)...”选项，或者单击“主页”功能区“特征”面组中的“法向开孔”按钮，弹出“法向开孔”对话框。

图 5-92　“弯边”对话框

2）在绘图窗口中选择草图工作平面，如图 5-94 所示。进入草图绘制环境，绘制图 5-95 所示的草图 4。单击“完成”按钮，草图绘制完毕。

3）设置“切割方法”为“厚度”，“限制”为“直至下一个”，单击“确定”按钮，创建法向开孔特征 3，如图 5-96 所示。

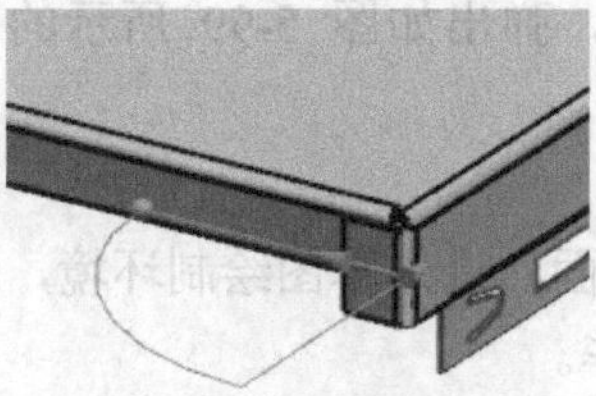

图 5-93　选择弯边 3

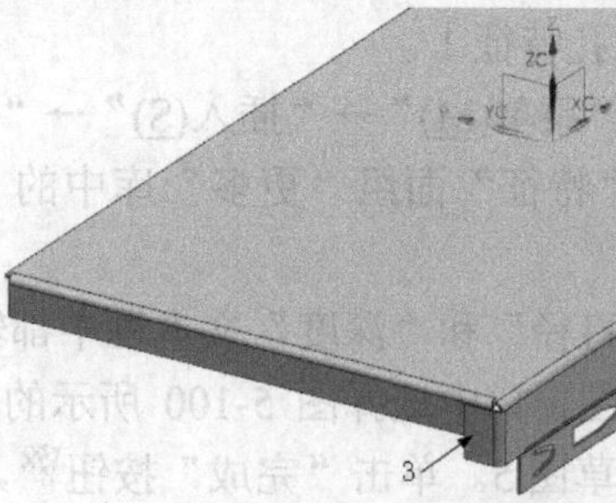

图 5-94　创建弯边特征 3

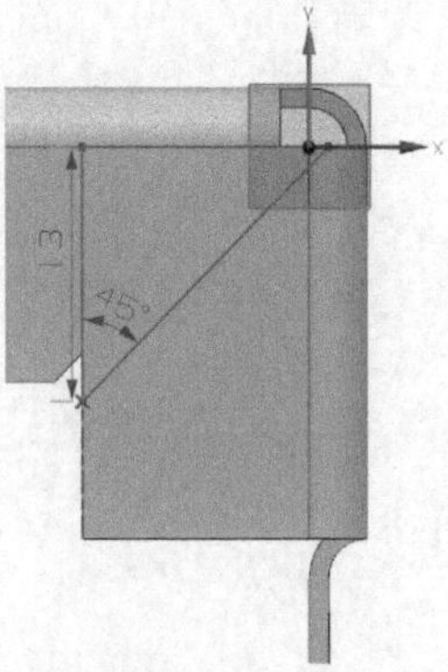

图 5-95　绘制草图 4

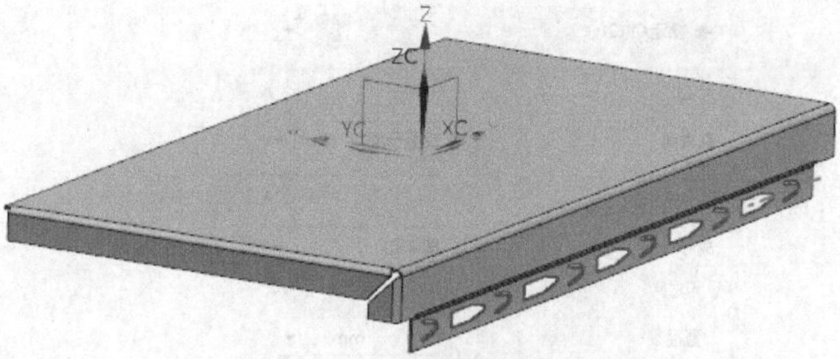

图 5-96　创建法向开孔特征 3

12. 镜像特征

1）选择“菜单(M)”→“插入(S)”→“关联复制(A)”→“镜像特征(R)...”选项，或者单击“主页”功能区“特征”面组“更多”库中的“镜像特征”按钮，弹出“镜像特征”对话框，如图 5-97 所示。

2）在模型中选择步骤 4、5、7、8 和 9 创建的特征为要镜像的特征。

3）在“平面”下拉列表框中选择“新平面”选项，在“指定平面”下拉列表框中选择“XC-ZC 平面”，单击“确定”按钮，创建镜像特征，

4）重复步骤 10 和 11，在另一侧创建弯边和开孔特征，如图 5-98 所示。

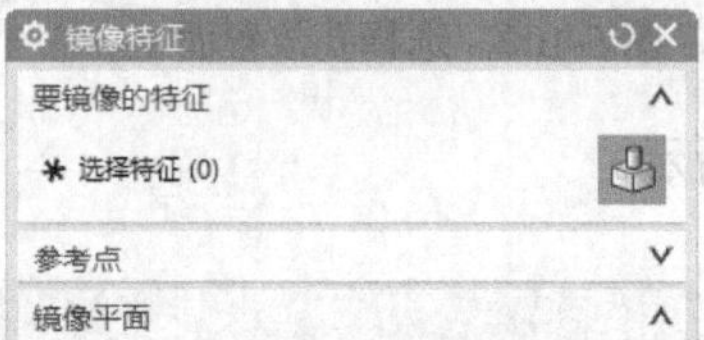

图 5-97 “镜像特征”对话框

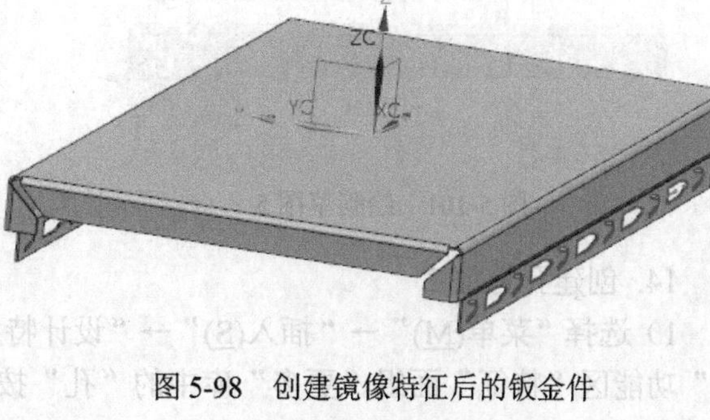

图 5-98　创建镜像特征后的钣金件

UG NX 12.0

13. 创建孔特征 1

1）选择“菜单(M)”→“插入(S)”→“设计特征(E)”→“孔(H)...”选项，或者单击“主页”功能区“特征”面组“更多”库中的“孔”按钮，弹出如图 5-99 所示的“孔”对话框。

2）在“直径”和“深度”文本框中都输入 5。

3）在绘图窗口中选择图 5-100 所示的面 4 为孔放置面，进入草图绘制环境，绘制如图 5-101 所示的草图 5。单击“完成”按钮，草图绘制完毕。

图 5-99　“孔”对话框

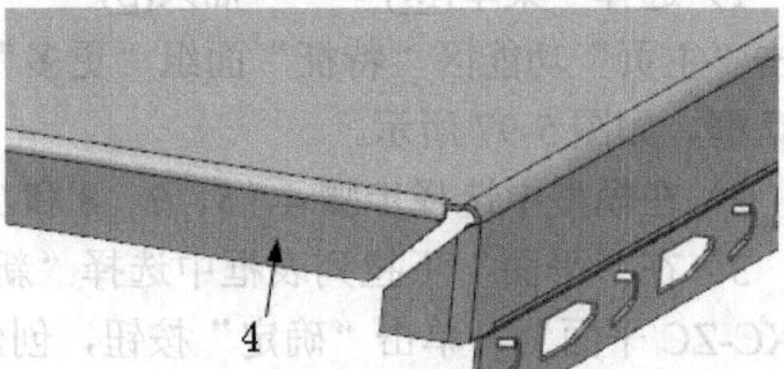

图 5-100　选择孔放置面 1

4）单击“确定”按钮，创建孔特征 1，如图 5-102 所示。

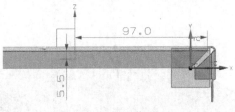

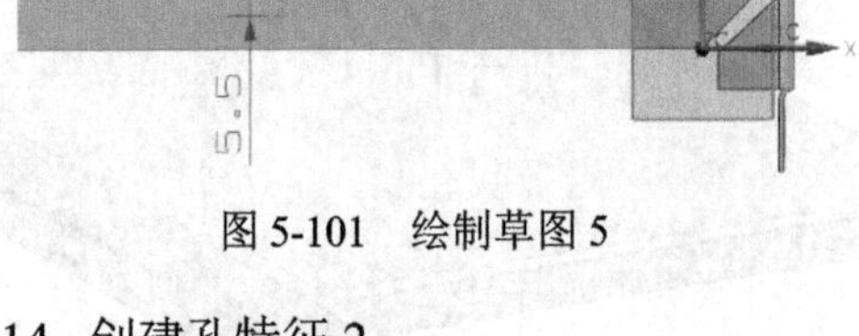

图 5-101　绘制草图 5

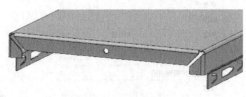

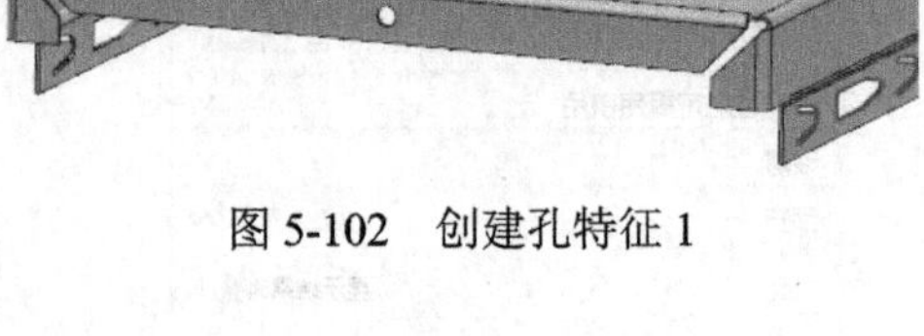

图 5-102　创建孔特征 1

14. 创建孔特征 2

1）选择“菜单(M)”→“插入(S)”→“设计特征(E)”→“孔(H)...”选项，或者单击“主页”功能区“特征”面组“更多”库中的“孔”按钮，弹出“孔”对话框。

2）在“直径”和“深度”文本框中都输入 5。

3）在绘图窗口中选择图 5-103 所示的面 5 为孔放置面。进入草图绘制环境，绘制图 5-104 所示的草图 6。单击“完成”按钮，草图绘制完毕。

4）单击“确定”按钮，创建孔特征 2，如图 5-105 所示。

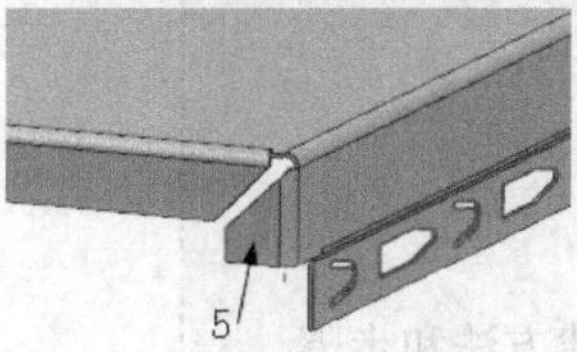

图 5-103　选择孔放置面 2

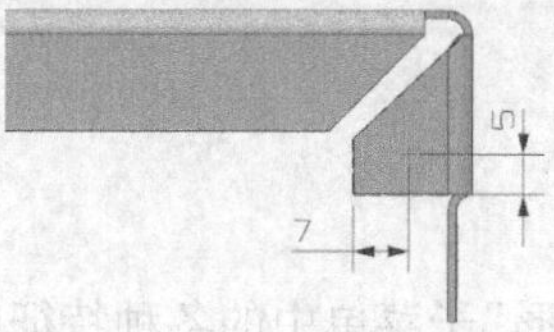

图 5-104　绘制草图 6

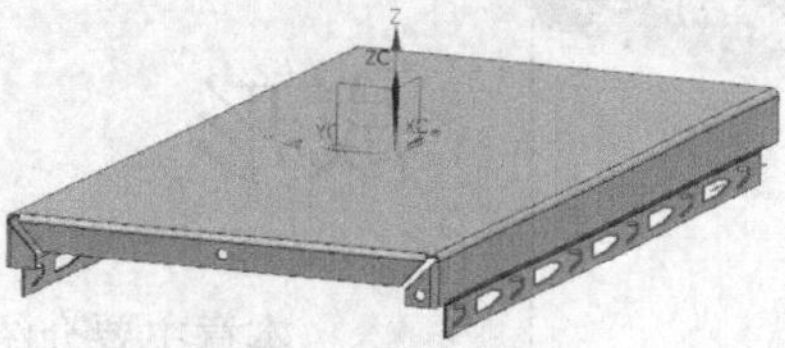

图 5-105　创建孔特征 2

15. 镜像孔特征

1）选择“菜单(M)”→“插入(S)”→“关联复制(A)”→“镜像特征(R)...”选项，或者单击“主页”功能区“特征”面组“更多”库中的“镜像特征”按钮，弹出如图 5-106 所示的“镜像特征”对话框。

2）在选择上一步所创建的孔特征为镜像特征。

3）在“平面”下拉列表框中选择“新平面”选项，在“指定平面”下拉列表框中选择“XC-ZC 平面”。

4）单击“确定”按钮，创建镜像孔特征，如图 5-107 所示。

至此，机箱顶板创建完成。

图 5-106　“镜像特征”对话框

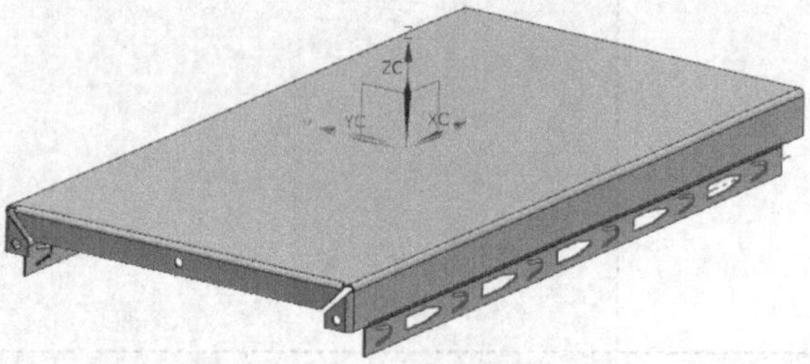

图 5-107　创建镜像孔特征

第6章

成形

本章主要介绍“成形”子菜单中的各种特征的创建方法和步骤。通过对实例的操作，可以使读者更快速地掌握创建钣金件的方法和操作技巧。

重点与难点

- 伸直
- 重新折弯

12.0

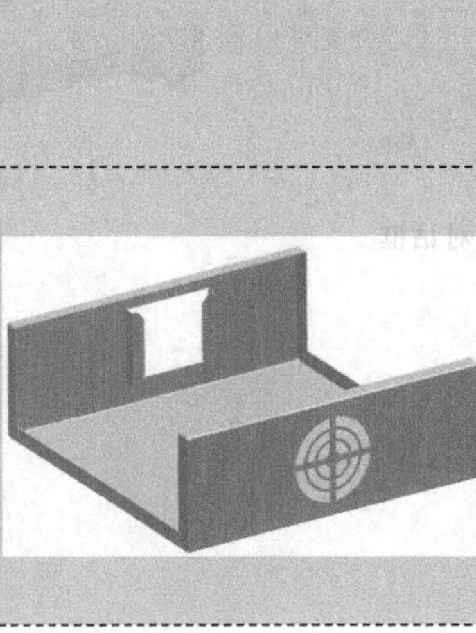

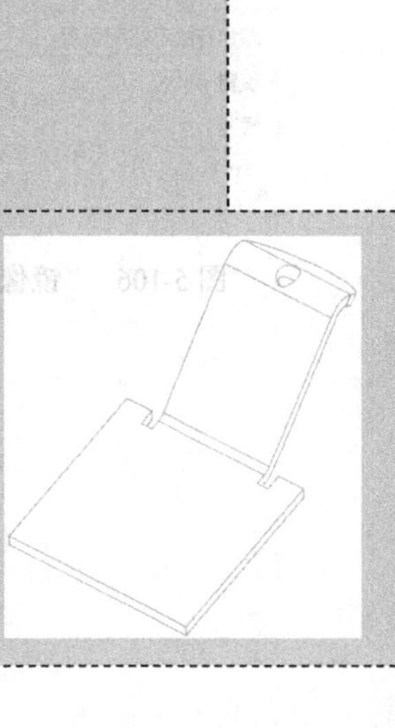

6.1　伸　　直

利用“伸直”命令可以取消折弯钣金件的折弯特征，然后在折弯区域创建裁剪和孔等特征。

选择“菜单(M)”→“插入(S)”→“成形(R)”→“伸直(U)...”选项，或者单击“主页”功能区“成形”面组中的“伸直”按钮，弹出如图 6-1 所示“伸直”对话框。

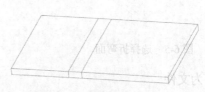

图 6-1　“伸直”对话框

6.1.1　选项及参数

1. 固定面或边

用于选择钣金件的平面或边缘作为固定位置来创建取消折弯特征。

2. 折弯

用于选择将要执行取消折弯特征的折弯区域，可以选择一个或多个折弯区域，对圆柱面，内侧和外侧均可。选择折弯面后，折弯区域将高亮显示。创建的伸直特征如图 6-2 所示。

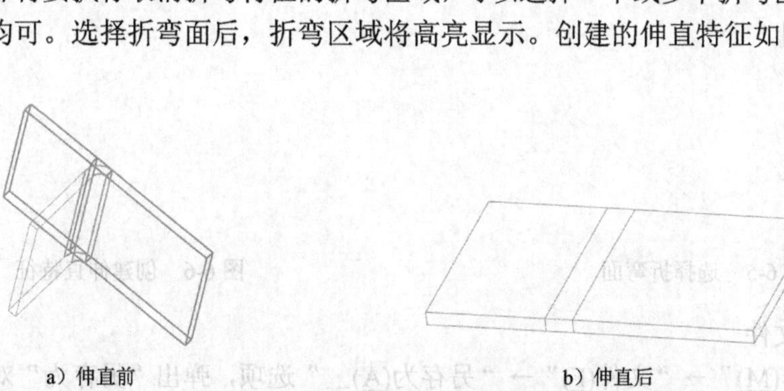

a）伸直前　　　　b）伸直后

图 6-2　创建的伸直特征

6.1.2 实例——创建伸直特征

1. 打开钣金文件

选择“菜单(S)”→“文件(F)”→“打开(O)...”选项，弹出“打开”对话框。选择 zhewan.prt，单击 OK 按钮，进入 UG NX 12.0 钣金设计环境。

2. 创建伸直特征

1）选择“菜单(M)”→“插入(S)”→“成形(R)”→“伸直（U）...”选项，或者单击“主页”功能区“成形”面组中的“伸直”按钮，弹出如图 6-3 所示“伸直”对话框。

2）在绘图窗口区中选择如图 6-4 所示的固定面。

图 6-3 “伸直”对话框

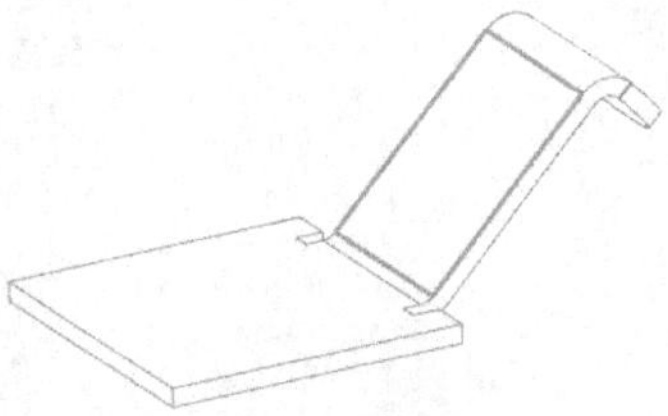

图 6-4 选择固定面

3）选择如图 6-5 所示的折弯面，创建伸直特征，如图 6-6 所示。

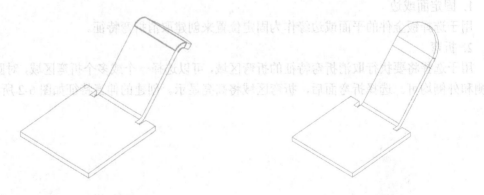

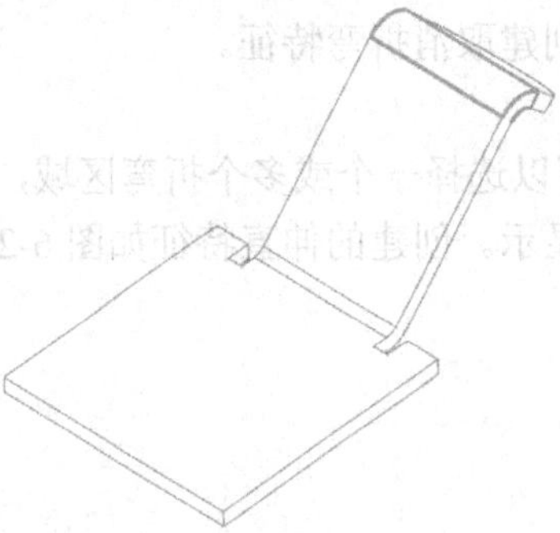

图 6-5 选择折弯面

图 6-6 创建伸直特征

3. 另存为文件

选择“菜单(M)”→“文件(F)”→“另存为(A)...”选项，弹出“另存为”对话框。将文件另存为 shenzhi.prt。

6.2　重新折弯

在取消折弯的钣金件上添加裁剪和孔等特征后可以执行“重新折弯”命令。

选择“菜单(M)”→“插入(S)”→“成形(R)”→“重新折弯(R)...”选项，或者单击“主页”功能区“成形”面组中的“重新折弯”按钮，弹出如图 6-7 所示“重新折弯”对话框。

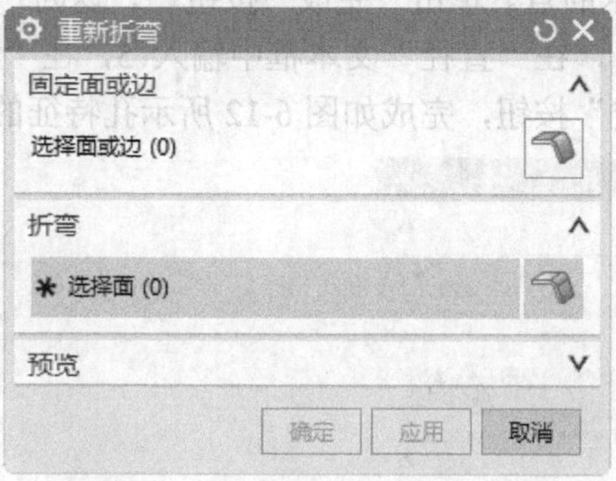

图 6-7　“重新折弯”对话框

6.2.1　选项及参数

“折弯”选项组中的“选择面”选项用于选择已经执行“伸直（取消折弯）”操作的折弯面，执行重新折弯操作。可以选择一个或多个取消折弯特征，执行重新折弯操作，所选择的取消折弯特征将高亮显示。

创建的重新折弯特征如图 6-8 所示。

a）重新折弯前　　　　b）重新折弯后

图 6-8　创建的重新折弯特征

6.2.2　实例——创建重新折弯特征

1. 打开钣金文件

选择“菜单(M)”→“文件(F)”→“打开(O)...”选项，弹出“打开”对话框，选择 shenzhi.

prt，单击 OK 按钮，进入 UG NX 12.0 钣金设计环境。

2. 创建孔特征

1）选择“菜单(M)”→“插入(S)”→“设计特征(E)”→“孔(H)...”选项，弹出如图 6-9 所示的“孔”对话框。

2）在“孔”对话框中单击“绘制截面”按钮，弹出“创建草图”对话框。选择如图 6-10 所示的面为草图工作平面，单击“确定”按钮，进入到草图绘制环境。弹出“草图点”对话框，创建如图 6-11 所示的点。单击“完成”按钮，返回“孔”对话框。在“成形”下拉列表框中选择“简单孔”，在“直径”文本框中输入 5，在“深度限制”下拉列表框中选择“贯通体”，单击“确定”按钮，完成如图 6-12 所示孔特征的创建。

图 6-9 “孔”对话框

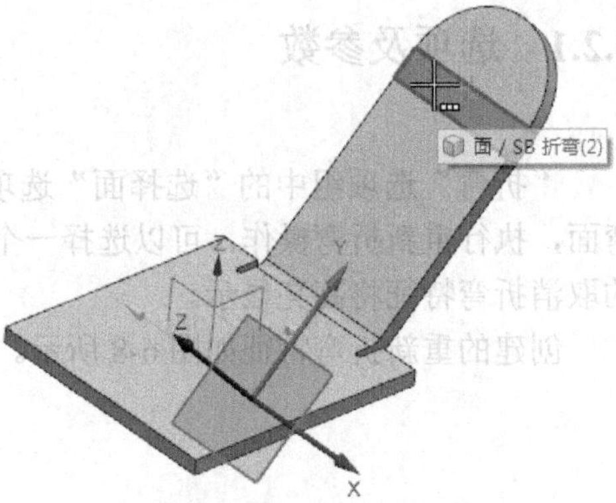

图 6-10 选择草图工作平面

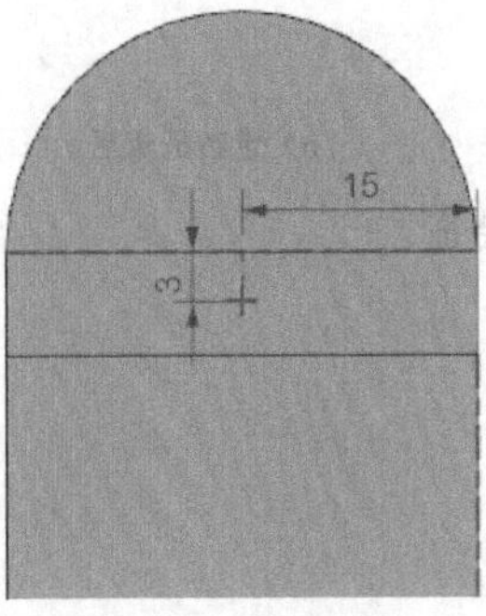

图 6-11 绘制点

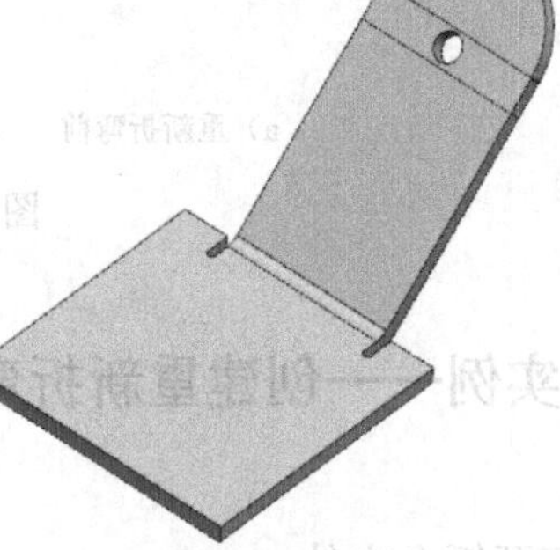

图 6-12 创建孔特征

3. 创建重新折弯特征

1）选择“菜单(M)”→“插入(S)”→“成形(R)”→“重新折弯(R)...”选项，或者单击“主页”功能区“成形”面组中的“重新折弯”按钮，弹出如图 6-13 所示“重新折弯”对话框。

2）在绘图窗口中选择如图 6-14 所示的重新折弯面。

3）在“重新折弯”对话框栏中单击“确定”按钮，创建重新弯特征，如图 6-15 所示。

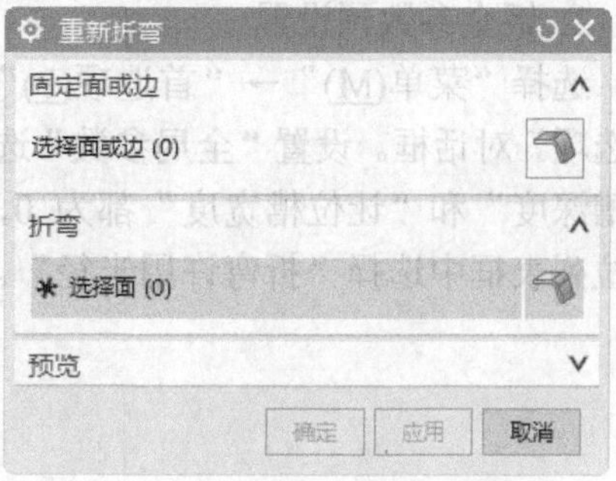

图 6-13　“重新折弯”对话框

4. 保存文件

选择“菜单(M)”→“文件(F)”→“另存为(A)...”选项，弹出“另存为”对话框。将文件名改为 quxiaozhewan.prt，单击 OK 按钮，保存文件，然后退出 UG 系统。

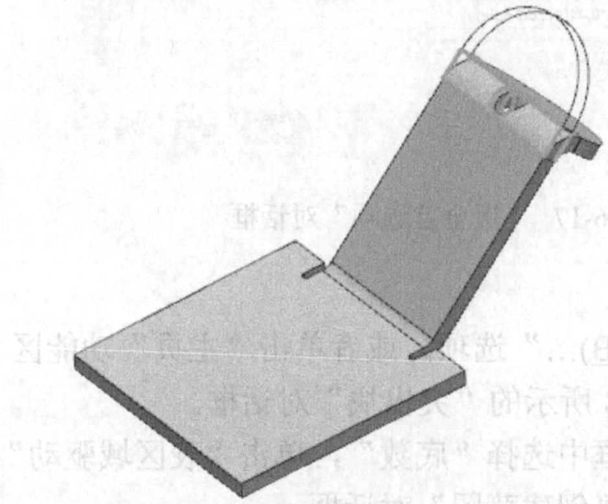

图 6-14　选择重新折弯面

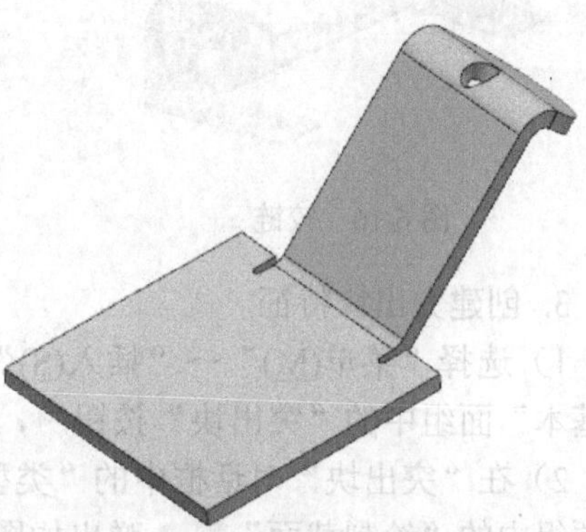

图 6-15　创建重新折弯特征

6.3　综合实例

6.3.1　铰链

首先利用“突出块”命令创建基本钣金件，然后利用“弯边”命令创建两侧附加壁，再利用“孔”命令创建孔，最后利用“法向开孔”修剪多余的钣金料，即可完成铰链的创建，如图 6-16 所示。

1. 创建钣金文件

选择“菜单(M)”→“文件(F)”→“新建(N)...”选项，或者单击“主页”功能区中的“新建”按钮，弹出“新建”对话框。在“模板”列表框中选择“NX 钣金”选项。在“名称”文本框中输入 JiaoLian，在“文件夹”文本框中输入非中文保存路径，单击“确定”按钮，进入 UG NX 12.0 钣金设计环境。

2. 钣金参数预设置

选择“菜单(M)”→“首选项(P)”→“钣金(H)...”选项，弹出如图 6-17 所示的“钣金首选项”对话框。设置“全局参数”选项组中的“材料厚度”为 1，“弯曲半径”为 0.5，“让位槽深度”和“让位槽宽度”都为 0，在“方法”下拉列表框中选择“公式”，在“公式”下拉列表框中选择“折弯许用半径”。单击“确定”按钮，完成 NX 钣金预设置。

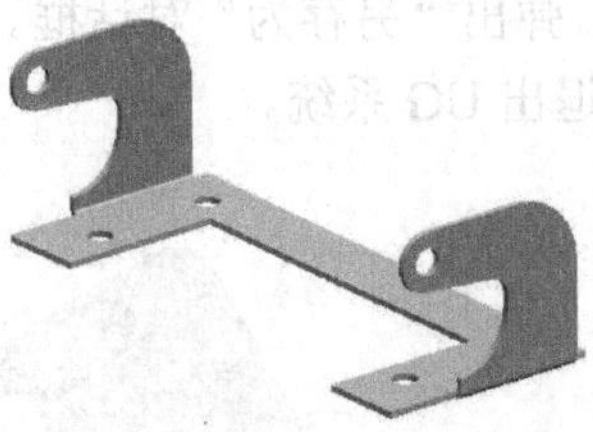

图 6-16　铰链

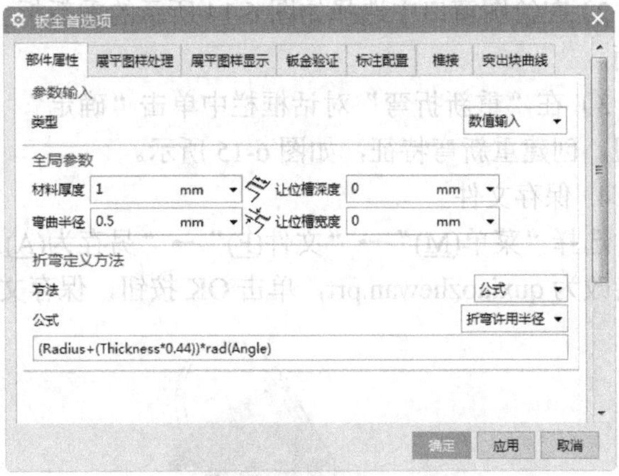

图 6-17　“钣金首选项”对话框

3. 创建突出块特征

1）选择“菜单(M)”→“插入(S)”→“突出块(B)...”选项，或者单击“主页”功能区“基本”面组中的“突出块”按钮，弹出如图 6-18 所示的“突出块”对话框。

2）在“突出块”对话框中的“类型”下拉列表框中选择“底数”，单击“表区域驱动”选项组中的“绘制截面”，弹出如图 6-19 所示的“创建草图”对话框。

图 6-18　“突出块”对话框

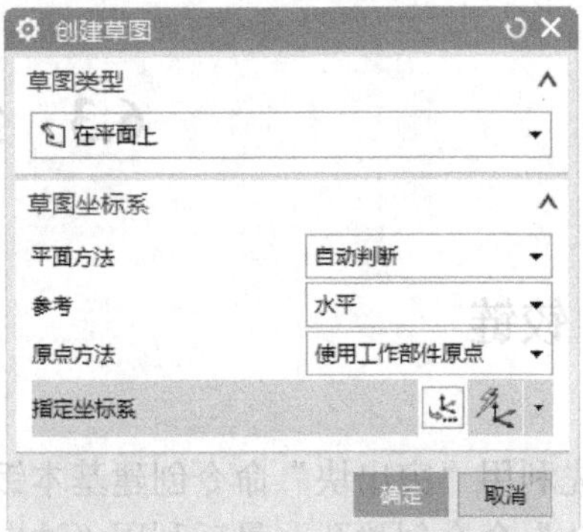

图 6-19　“创建草图”对话框

3）在“创建草图”对话框中选择 XC-YC 平面为草图工作平面，设置“水平”面为参考平面，单击“确定”按钮，进入草图绘制环境，绘制如图 6-20 所示的草图 1。单击“完成”按钮，草图绘制完毕。

4）在绘图窗口中预览所创建的突出块特征，如图 6-21 所示。

5）在“突出块”对话框中单击“确定”按钮，创建突出块特征，如图 6-22 所示。

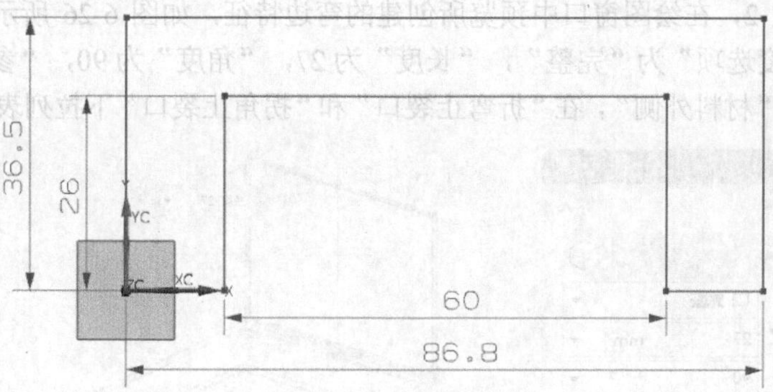

图 6-20　绘制草图 1

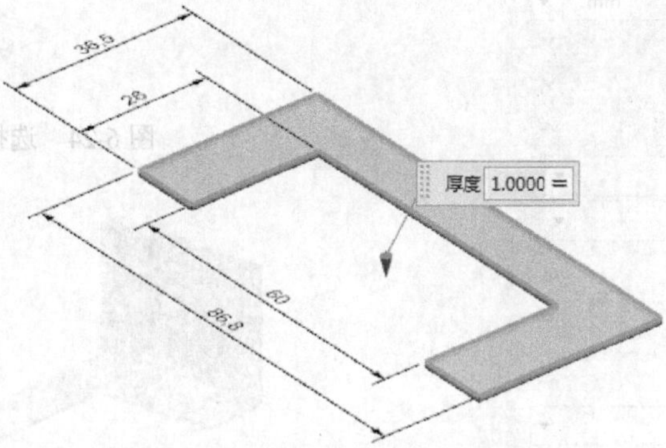

图 6-21　预览所创建的突出块特征

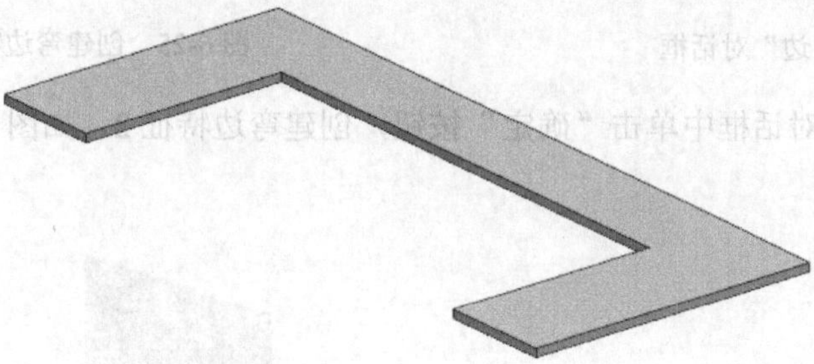

图 6-22　创建突出块特征

4. 创建弯边特征

1）选择“菜单(M)”→“插入(S)”→“折弯(N)”→“弯边(F)…”选项，或者单击“主页”功能区“折弯”面组中的“弯边”按钮，弹出如图 6-23 所示“弯边”对话框。设置“宽度选项”为完整，“长度”为 27，“角度”为 90，“参考长度”为“外侧”，“内嵌”为“材料外侧”，在“止裂口”选项组的“折弯止裂口”和“拐角止裂口”下拉列表框中选择“无”。

2）选择弯边 1，同时在绘图窗口中预览所创建的弯边特征，如图 6-24 所示。

3）在“弯边”对话框中单击“应用”按钮，创建弯边特征 1，如图 6-25 所示。

4）选择弯边 2，在绘图窗口中预览所创建的弯边特征，如图 6-26 所示。在“弯边”对话框中设置“宽度选项”为“完整”，“长度”为 27，“角度”为 90，“参考长度”为“外侧”，“内嵌”为“材料外侧”，在“折弯止裂口”和“拐角止裂口”下拉列表框中选择“无”。

图 6-23 “弯边”对话框

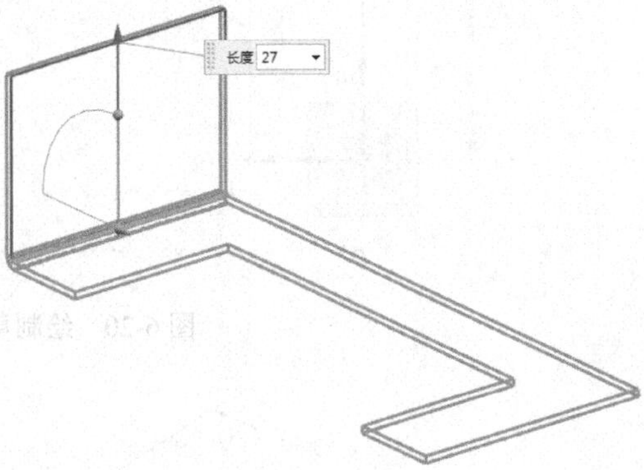

图 6-24 选择弯边 1

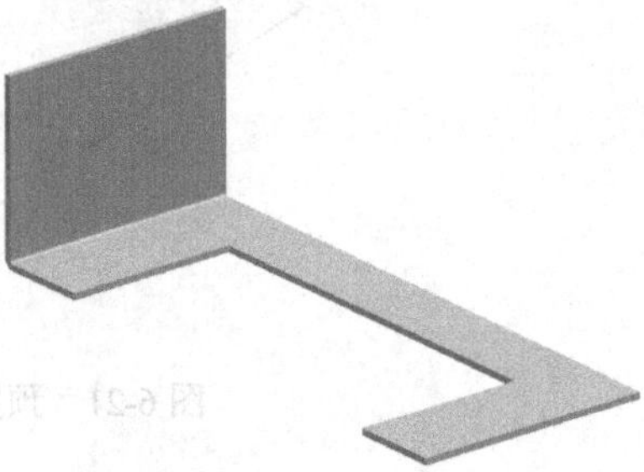

图 6-25 创建弯边特征 1

5）在“弯边”对话框中单击“确定”按钮，创建弯边特征 2，如图 6-27 所示。

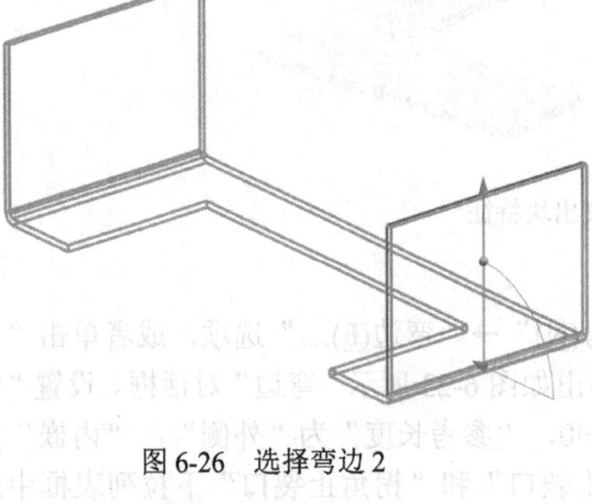

图 6-26 选择弯边 2

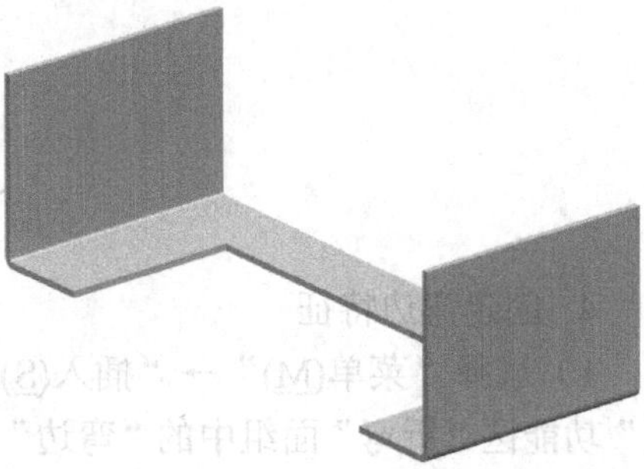

图 6-27 创建弯边特征 2

5. 创建孔特征 1

1）选择“菜单(M)”→“插入(S)”→“设计特征(E)”→“孔(H)...”选项，或者单击“主页”功能区“特征”面组“更多”库中的“孔”按钮，弹出如图 6-28 所示“孔”对话框。

设置“直径”为 4.2，“深度限制”为“贯通体”。

2）在“孔”对话框中单击“绘制截面”按钮，弹出“创建草图”对话框。在绘图窗口中选择草图工作平面 1，如图 6-29 所示。

3）打开如图 6-30 所示的“草图点”对话框，在绘图窗口中绘制如图 6-31 所示的点。单击“完成”按钮，草图绘制完毕。

4）在绘图窗口中预览所创建的孔特征 1，如图 6-32 所示。

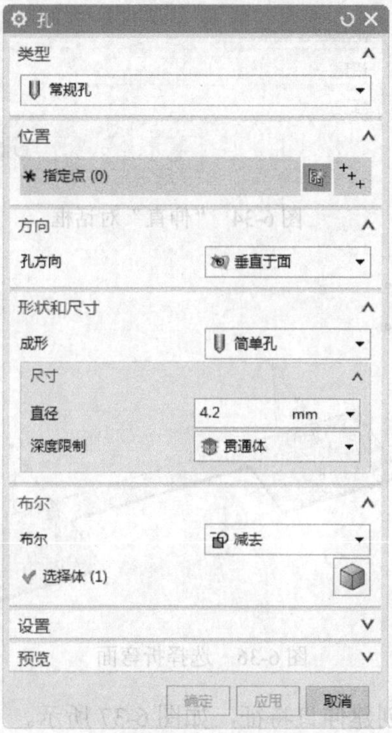

图 6-28　“孔”对话框

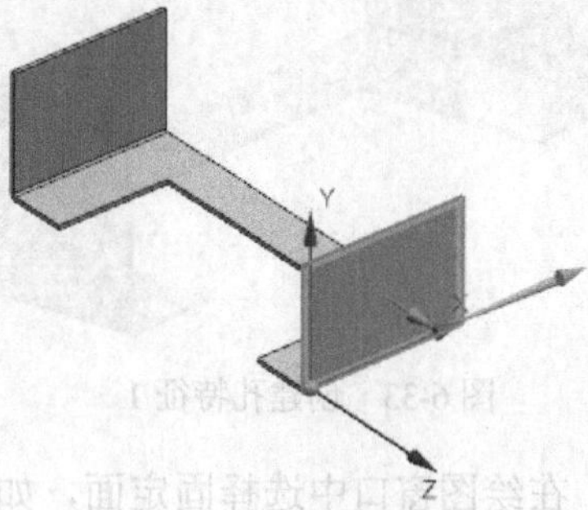

图 6-29　选择草图工作平面 1

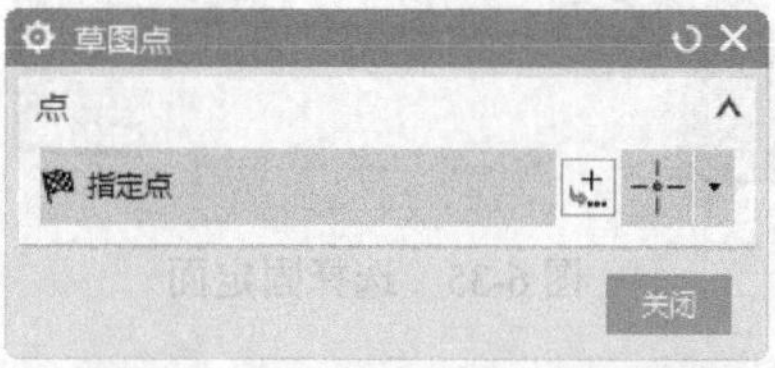

图 6-30　“草图点”对话框

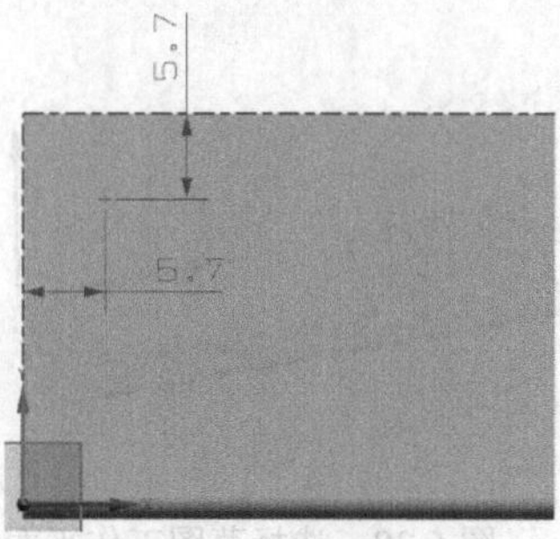

图 6-31　绘制点 1

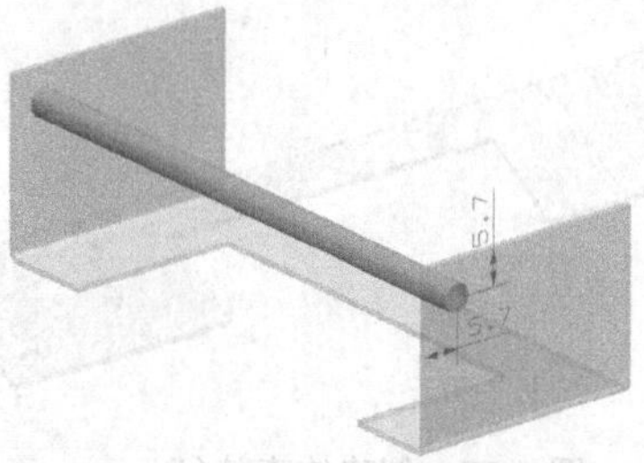

图 6-32　预览所创建的孔特征 1

5）在“孔”对话框中单击“确定”按钮，创建孔特征 1，如图 6-33 所示。

6. 创建伸直特征

1）选择“菜单(M)”→“插入(S)”→“成形(R)”→“伸直（U）...”选项，或者单击“主页”功能区“成形”面组中的“伸直”按钮，弹出如图 6-34 所示“伸直”对话框。

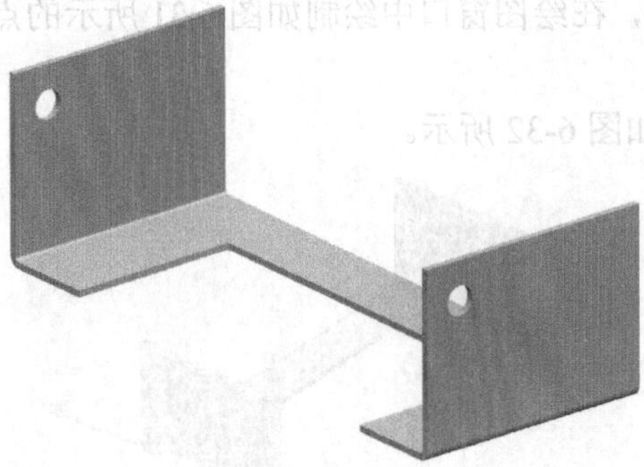

图 6-33 创建孔特征 1

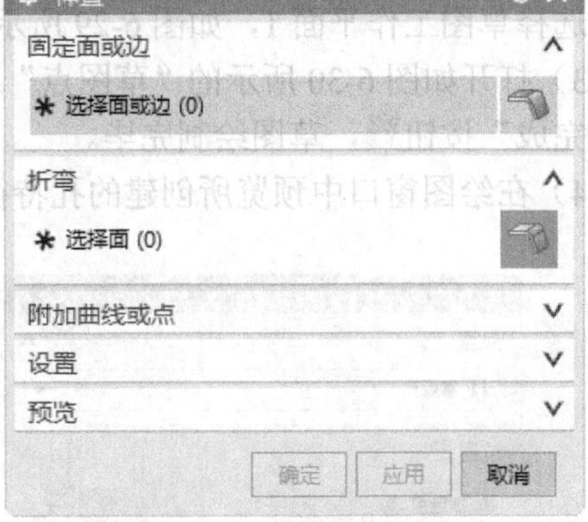

图 6-34 “伸直”对话框

2）在绘图窗口中选择固定面，如图 6-35 所示。

3）在绘图窗口中选择折弯面，如图 6-36 所示。

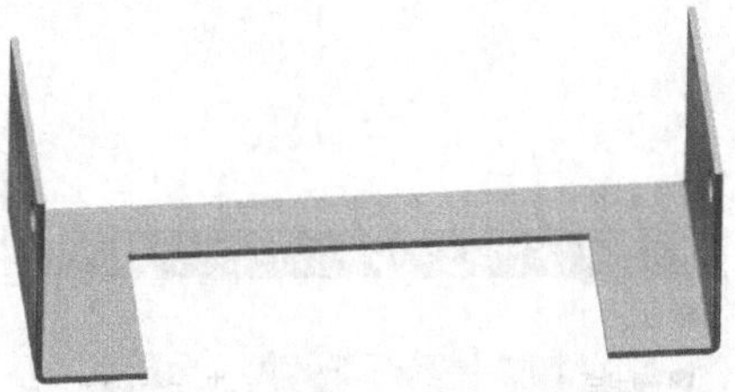

图 6-35 选择固定面

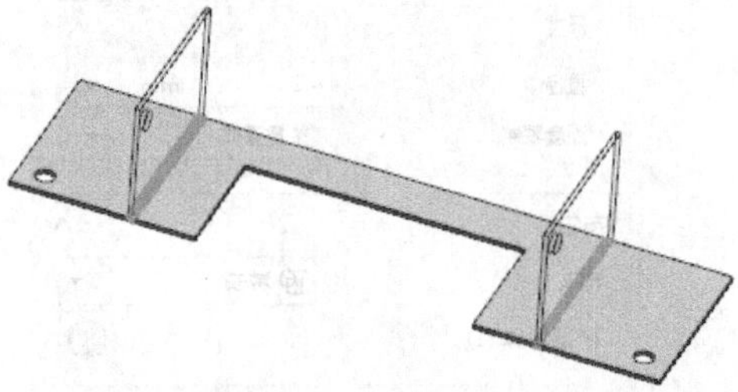

图 6-36 选择折弯面

4）在“伸直”对话框中单击“确定”按钮，创建伸直特征，如图 6-37 所示。

7. 绘制草图

1）选择“菜单(M)”→“插入(S)”→“草图(H)...”选项，选择草图工作平面 2，如图 6-38 所示。

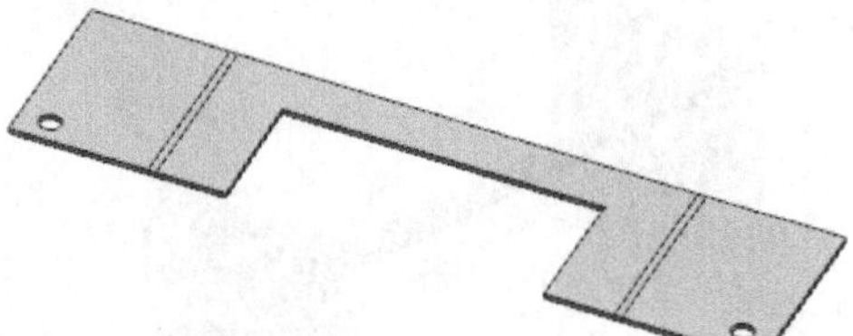

图 6-37 创建伸直特征

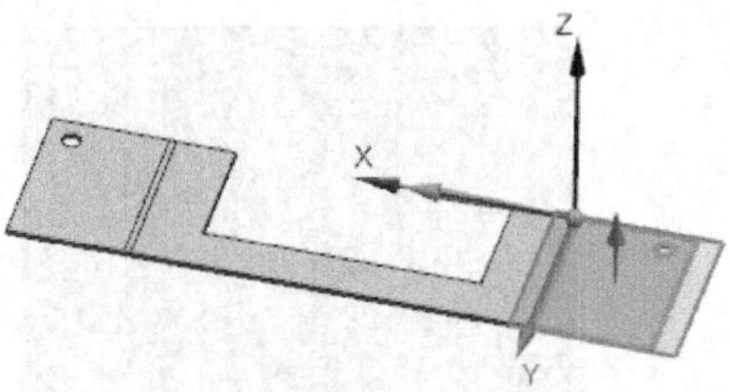

图 6-38 选择草图工作平面 2

2）进入草图绘制环境，绘制如图 6-39 所示的草图 2。单击“完成”按钮，草图绘制完毕。

8. 创建法向开孔特征

1）选择“菜单(M)”→“插入(S)”→“切割(T)”→“法向开孔(N)...”选项，或者单击

“主页”功能区“特征”面组中的“法向开孔”按钮，弹出如图 6-40 所示的“法向开孔”对话框。

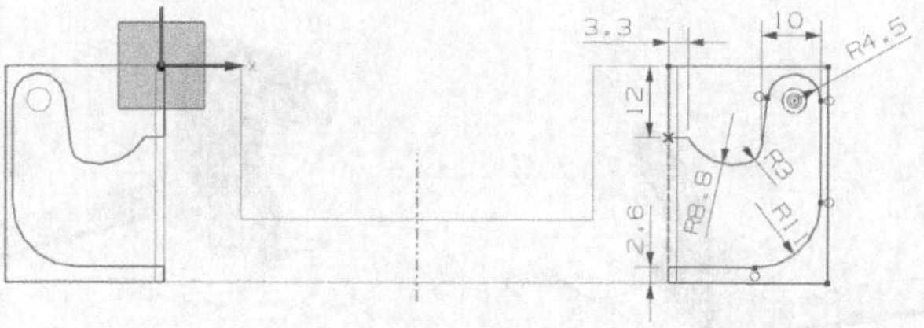

图 6-39　绘制草图 2

2）在绘图窗口中选择上步绘制的草图 2，如图 6-41 所示。

3）在“法向开孔”对话框中，单击“确定”按钮，裁剪其他旁边，如图 6-42 所示。

图 6-40　“法向开孔”对话框

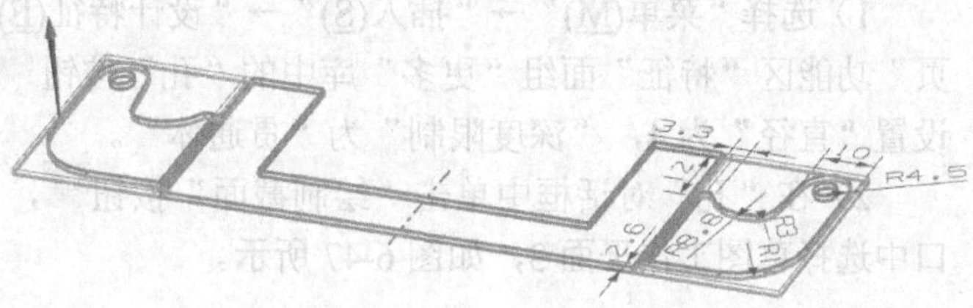

图 6-41　选择草图 2

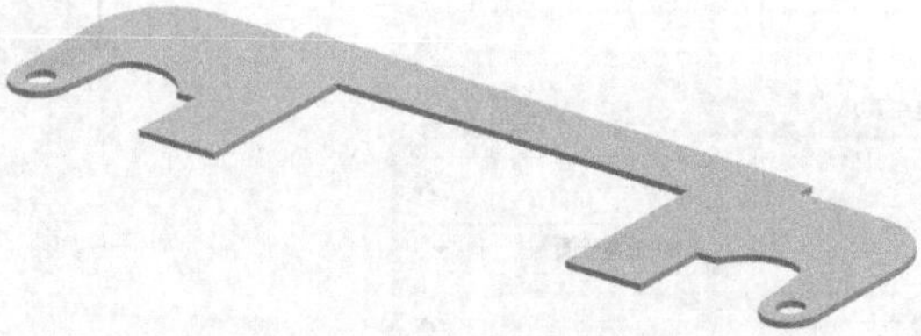

图 6-42　裁剪其他弯边

9. 创建重新折弯特征

1）选择“菜单(M)”→“插入(S)”→“成形(R)”→“重新折弯(R)…”选项，或者单击“主页”功能区“成形”面组中的“重新折弯”按钮，弹出如图 6-43 所示“重新折弯”对话框。

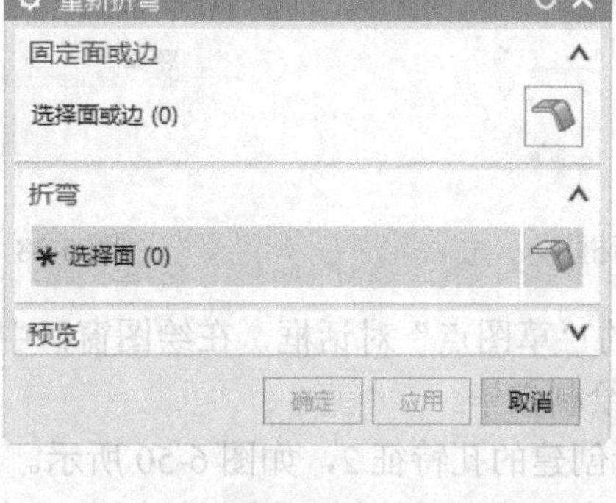

图 6-43　“重新折弯”对话框

2）在绘图窗口中选择折弯面，如图 6-44 所示。

3）在“重新折弯”对话框中单击“确定”按钮，创建重新折弯特征，如图 6-45 所示。

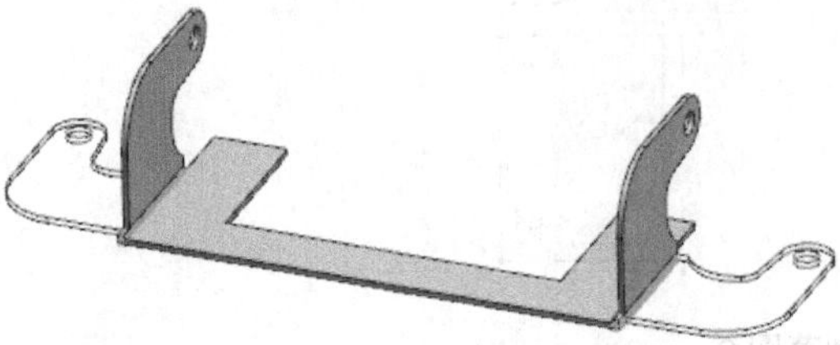

图 6-44　选择折弯面

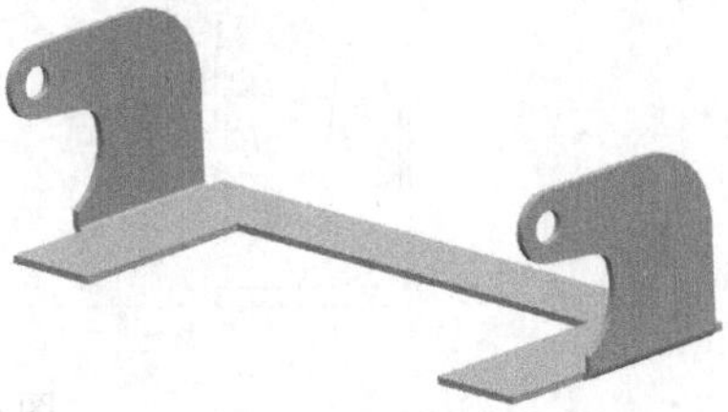

图 6-45　创建重新折弯特征

10. 创建孔特征 2

1）选择“菜单(M)”→“插入(S)”→“设计特征(E)”→“孔(H)...”选项，或者单击“主页”功能区“特征”面组“更多”库中的“孔”按钮，弹出如图 6-46 所示“孔”对话框。设置“直径”为 4，“深度限制”为“贯通体”。

2）在“孔”对话框中单击“绘制截面”按钮，弹出“创建草图”对话框。在绘图窗口中选择草图工作平面 3，如图 6-47 所示。

图 6-46　“孔”对话框

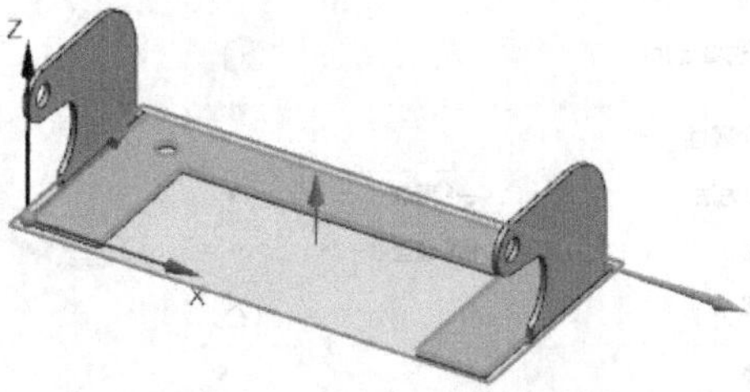

图 6-47　选择草图工作平面 3

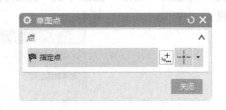

图 6-48　“草图点”对话框

3）打开如图 6-48 所示的“草图点”对话框，在绘图窗口中绘制如图 6-49 所示的点 2。单击“完成”按钮，草图绘制完毕。

4）在绘图窗口中预览所创建的孔特征 2，如图 6-50 所示。

5）在“孔”对话框中单击“确定”按钮，创建孔特征 2，如图 6-51 所示。

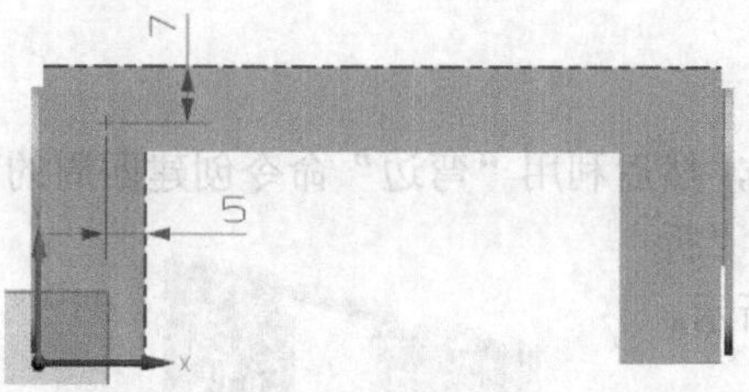

图 6-49　绘制点 2

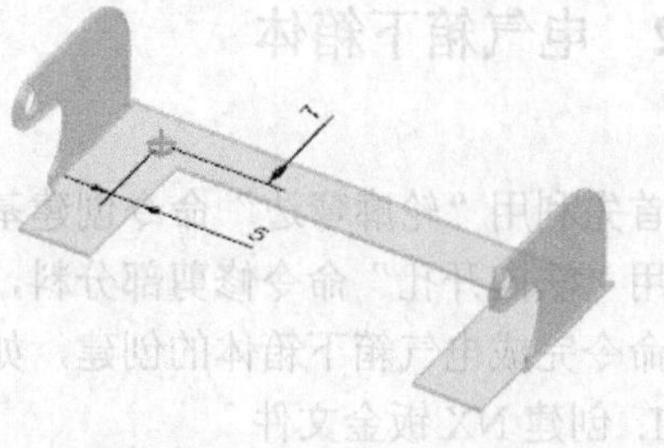

图 6-50　预览所创建的孔特征 2

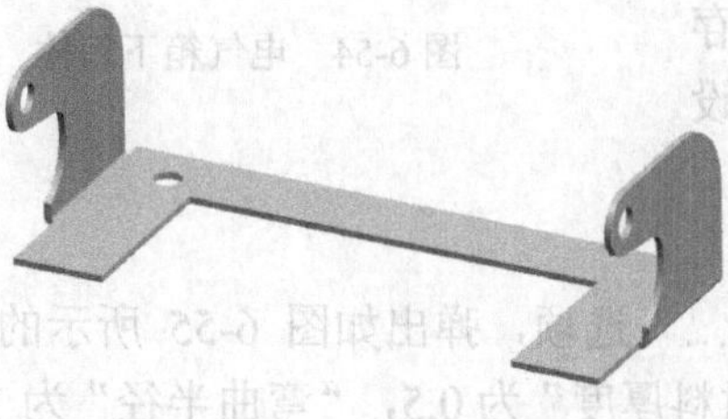

图 6-51　创建孔特征 2

11. 阵列孔特征

1）选择“菜单(M)”→“插入(S)”→“关联复制(A)”→“阵列特征(A)...”选项，或者单击“主页”功能区“特征”面组中的“阵列特征”按钮，弹出如图 6-52 所示的“阵列特征”对话框。

2）在绘图窗口中或导航器中选择上步创建的孔为要形成阵列的特征。

3）在“布局”下拉列表框中选择“线性”，指定 XC 轴为方向 1，设置“数量”为 2，“节距”为 70；勾选“使用方向 2”复选框，指定 YC 轴为方向 2，设置“数量”为 2，“节距”为-20。

4）单击“确定”按钮，阵列孔特征，如图 6-53 所示。

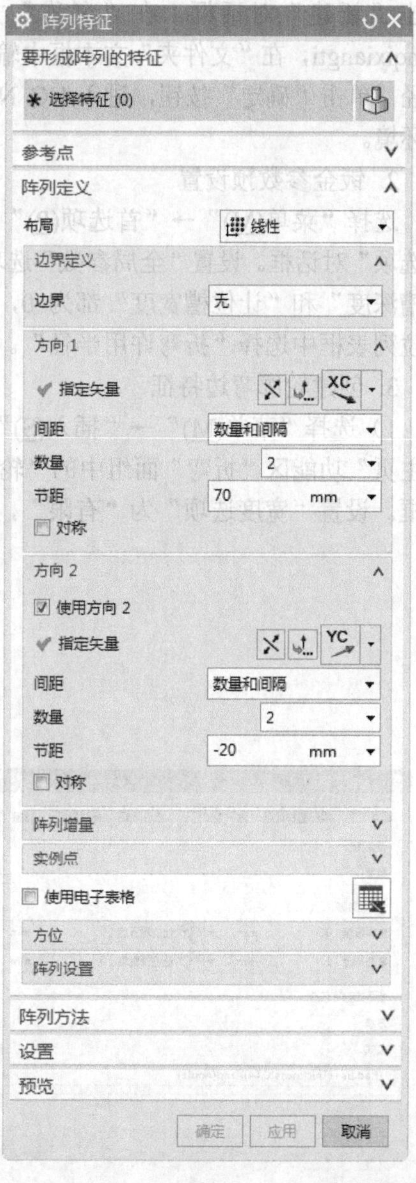

图 6-52　“阵列特征”对话框

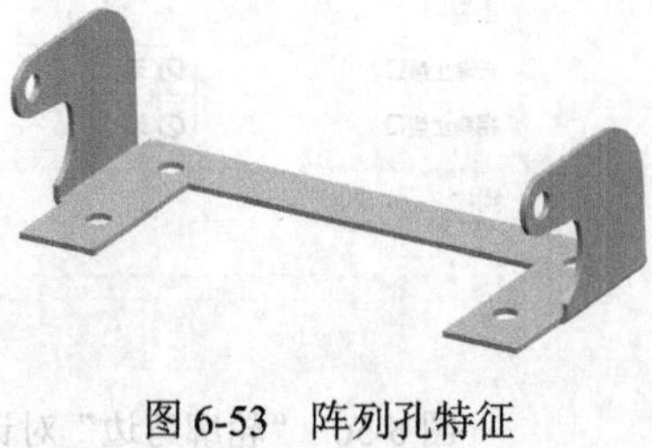

图 6-53　阵列孔特征

6.3.2 电气箱下箱体

首先利用“轮廓弯边”命令创建基本钣金件，然后利用“弯边”命令创建四周的弯边，再利用“法向开孔”命令修剪部分料，最后利用“折弯”命令完成电气箱下箱体的创建，如图 6-54 所示。

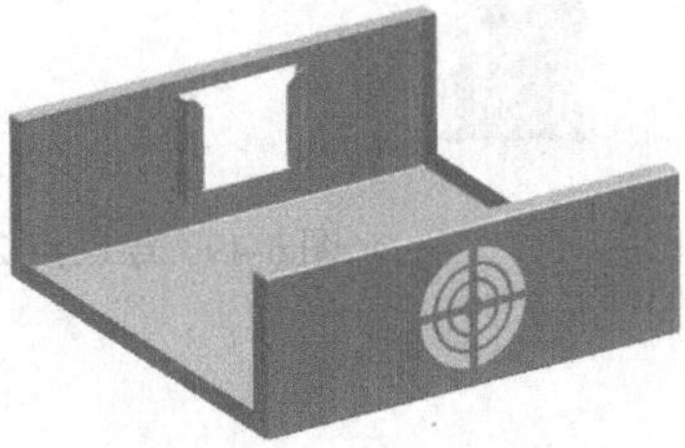

图 6-54 电气箱下箱体

1. 创建 NX 钣金文件

选择“菜单(M)”→“文件(F)”→“新建(N)...”选项，或者单击“主页”功能区中的“新建”按钮，弹出“新建”对话框。在“名称”文本框中输入 dianqixiangti，在“文件夹”文本框中输入非中文保存路径，单击“确定”按钮，进入 UG NX 12.0 钣金设计环境。

2. 钣金参数预设置

选择“菜单(M)”→“首选项(P)”→“钣金(H)...”选项，弹出如图 6-55 所示的“钣金首选项”对话框。设置“全局参数”选项组中的“材料厚度”为 0.5，“弯曲半径”为 1，“让位槽深度”和“让位槽宽度”都为 0，在“方法”下拉列表框中选择“公式”，在“公式”下拉列表框中选择“折弯许用半径”。单击“确定”按钮，完成 NX 钣金预设置。

3. 创建轮廓弯边特征

1）选择“菜单(M)”→“插入(S)”→“折弯(N)”→“轮廓弯边(C)...”选项，或者单击“主页”功能区“折弯”面组中的“轮廓弯边”按钮，弹出如图 6-56 所示“轮廓弯边”对话框。设置“宽度选项”为“有限”，“宽度”为 200。

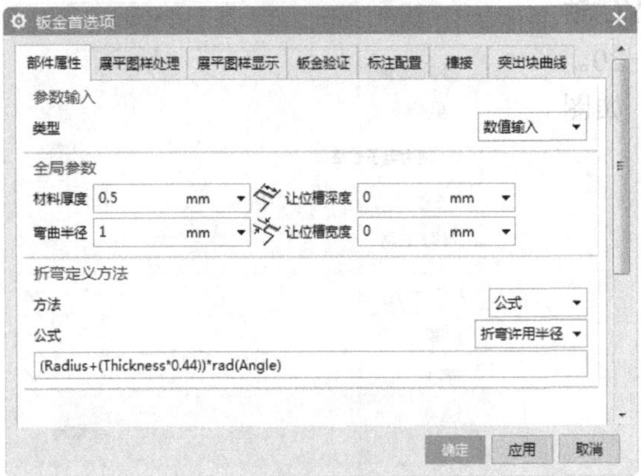

图 6-55 “钣金首选项”对话框

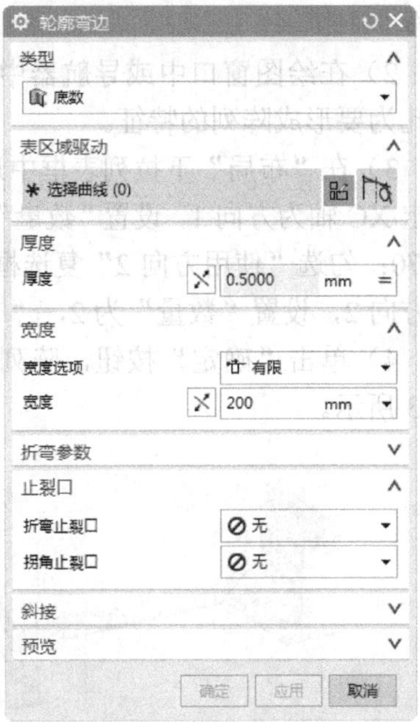

图 6-56 “轮廓弯边”对话框

2）在“轮廓弯边”对话框中单击“绘制草图”按钮，选择 XC-YC 平面为草图工作平面，绘制草图 1，如图 6-57 所示。单击“完成”按钮，草图绘制完毕。

3）在“轮廓弯边”对话框中单击“确定”按钮，如图 6-58 所示。

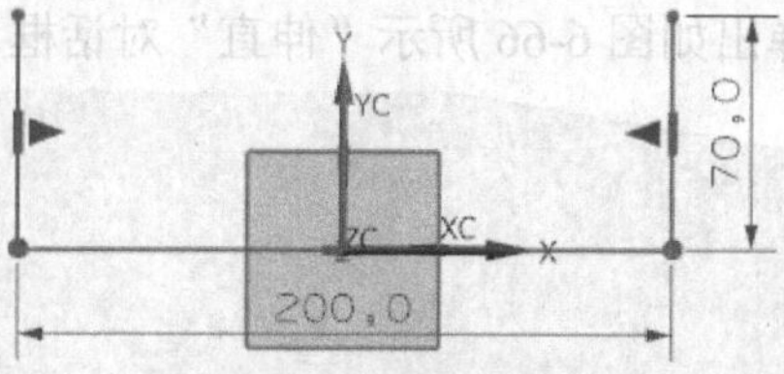

图 6-57　绘制草图 1

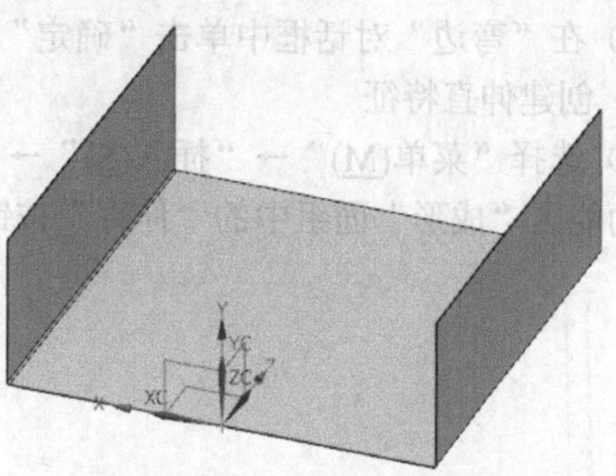

图 6-58　创建轮廓弯边

4. 创建弯边特征 1～3

1）选择“菜单(M)”→“插入(S)”→“折弯(N)”→“弯边(F)…”选项，或者单击“主页”功能区“折弯”面组中的“弯边”按钮，弹出如图 6-59 所示“弯边”对话框。设置“宽度选项”为“完整”，“长度”为 10，“角度”为 90，“参考长度”为“外侧”，“内嵌”为“折弯外侧”，在“折弯止裂口”和“拐角止裂口”下拉列表框中选择“无”。

2）选择弯边 1，同时在绘图窗口中预览所创建的弯边特征，如图 6-60 所示。

3）在“弯边”对话框中单击“应用”按钮，创建弯边特征 1，如图 6-61 所示。

图 6-59　“弯边”对话框

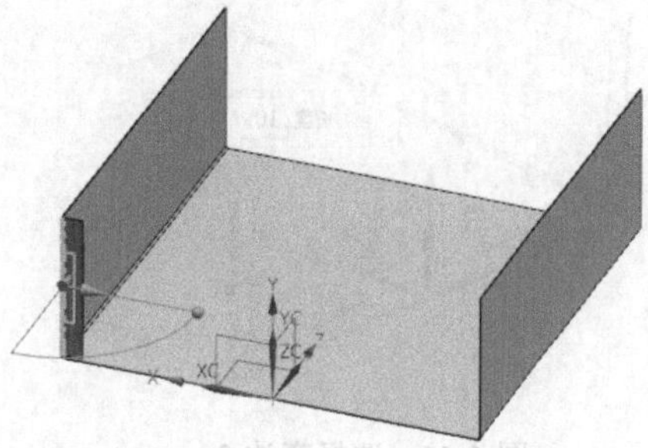

图 6-60　选择弯边 1

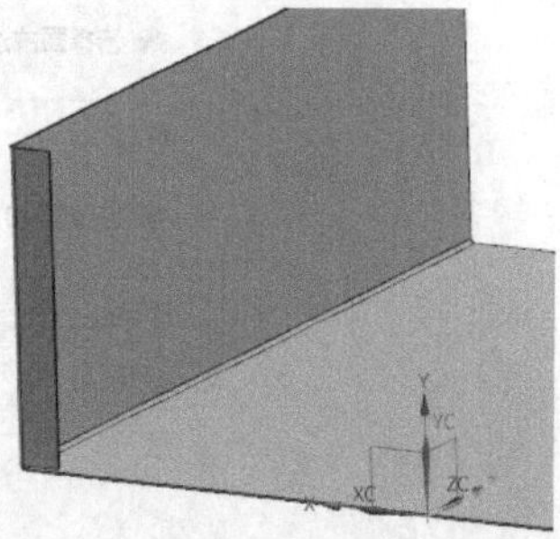

图 6-61　创建弯边特征 2

4）选择弯边 2，同时在绘图窗口中预览所创建的弯边特征，如图 6-62 所示。

5）在“弯边”对话框中单击“应用”按钮，创建弯边特征 2，如图 6-63 所示。

6）选择弯边 3，同时在绘图窗口中预览所创建的弯边特征，如图 6-64 所示。

7）在“弯边”对话框中单击“确定”按钮，创建弯边特征 3，如图 6-65 所示。

5. 创建伸直特征

1）选择“菜单(M)”→“插入(S)”→“成形(R)”→“伸直(U)...”选项，或者单击“主页”功能区“成形”面组中的“伸直”按钮，弹出如图 6-66 所示“伸直”对话框。

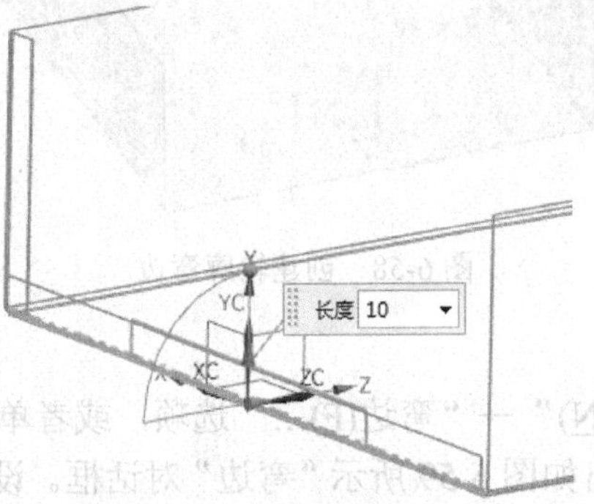

图 6-62　选择弯边 2

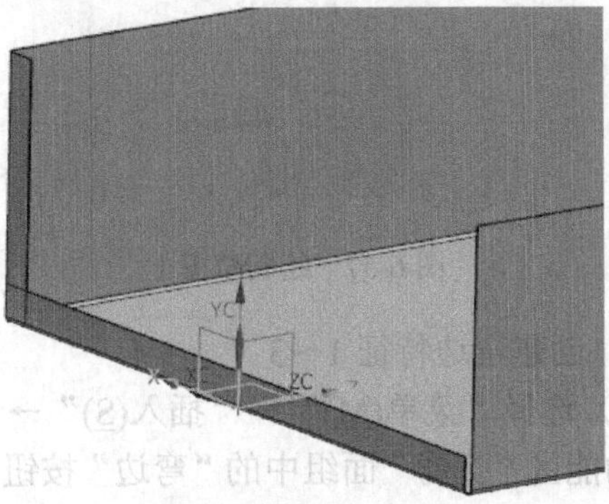

图 6-63　创建弯边特征 2

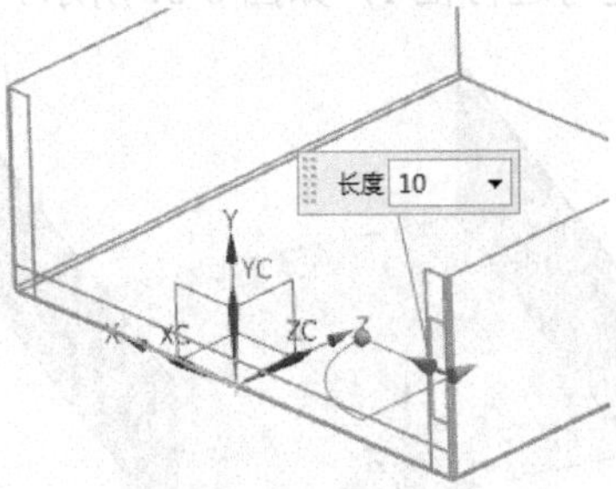

图 6-64　选择弯边 3

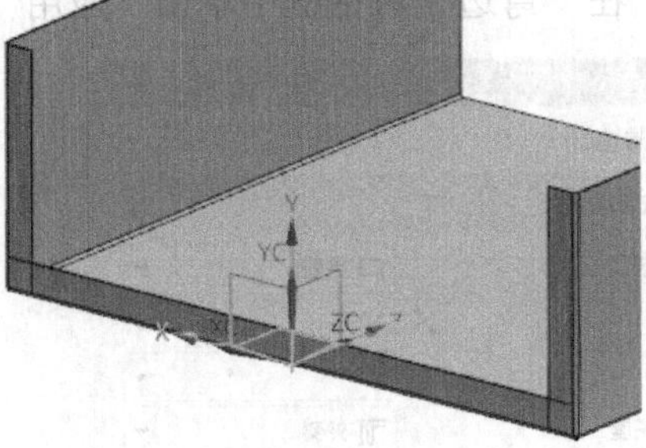

图 6-65　创建弯边特征 3

图 6-66　“伸直”对话框

2）在绘图窗口中选择固定面，如图 6-67 所示。

3）在绘图窗口中选择所有的折弯面，如图 6-68 所示。

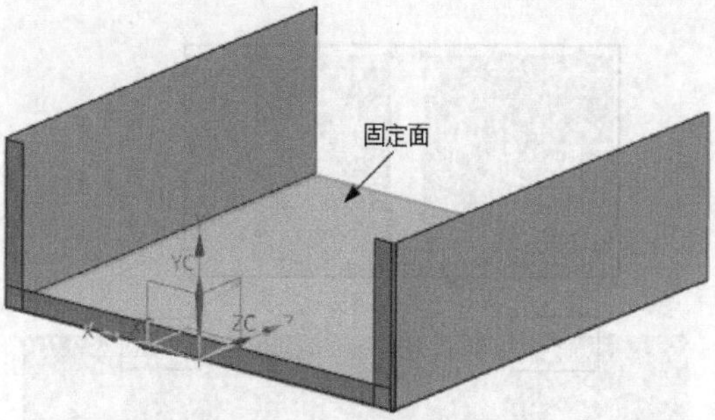

图 6-67 选择固定面

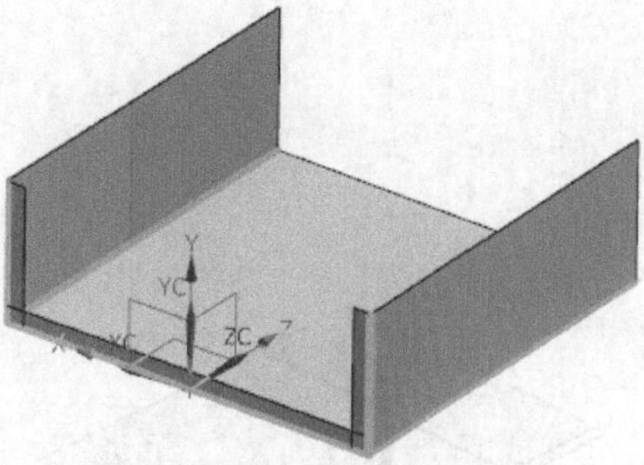

图 6-68 选择折弯面

4）在图 6-66 所示的对话框中单击“确定”按钮，创建伸直特征，如图 6-69 所示。

6. 创建法向开孔特征 1

1）选择“菜单(M)”→“插入(S)”→“切割(T)”→“法向开孔(N)...”选项，或者单击“主页”功能区“特征”面组中的“法向开孔”按钮，弹出如图 6-70 所示“法向开孔”对话框。

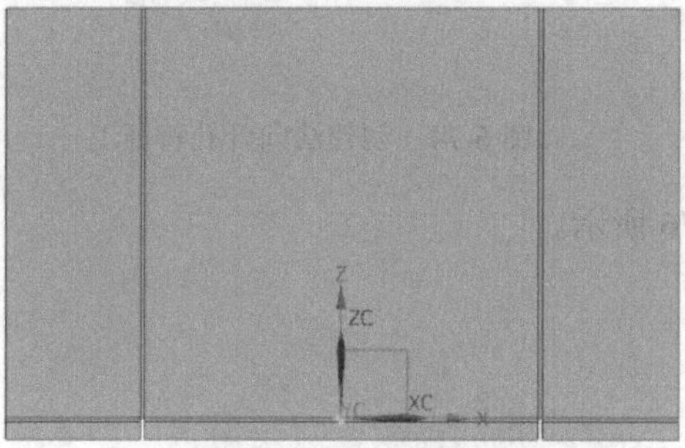

图 6-69 创建伸直特征

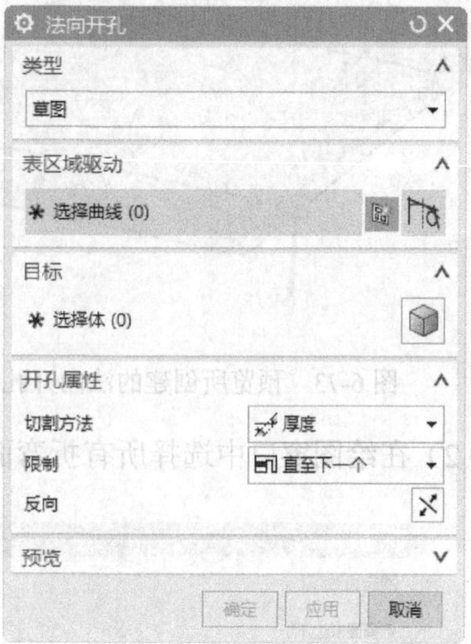

图 6-70 “法向开孔”对话框

2）在“法向开孔”对话框中单击“绘制截面”按钮，弹出“创建草图”对话框。在绘图窗口中选择草图工作平面 1，如图 6-71 所示。

3）在“创建草图”对话框中单击“确定”按钮，进入草图设计环境，绘制如图 6-72 所示的裁剪轮廓 1。单击“完成”按钮，草图绘制完毕。

4）在绘图窗口中预览所创建的法向开孔特征，如图 6-73 所示。

5）在“法向开孔”对话框中单击“确定”按钮，创建法向开孔特征 1，如图 6-74 所示。

7. 创建重新折弯特征

1）选择“菜单(M)”→“插入(S)”→“成形(R)”→“重新折弯(R)...”选项，或者单击

“主页”功能区“成形”面组中的“重新折弯”按钮，弹出如图 6-75 所示“重新折弯”对话框。

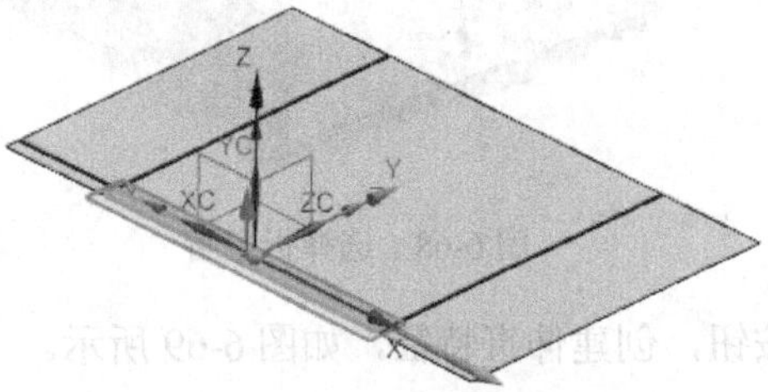

图 6-71　选择草图工作平面 1

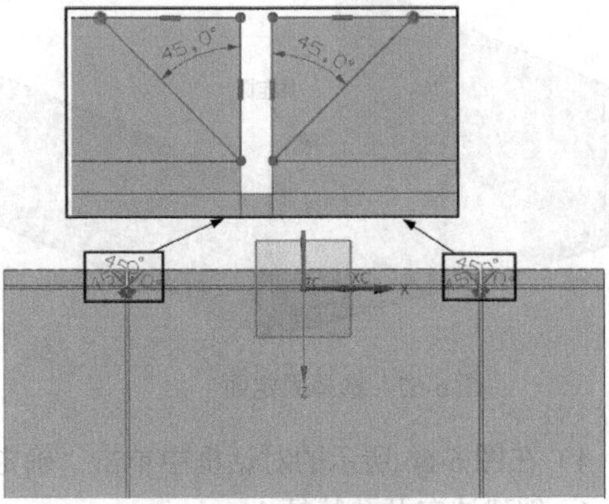

图 6-72　绘制裁剪轮廓 1

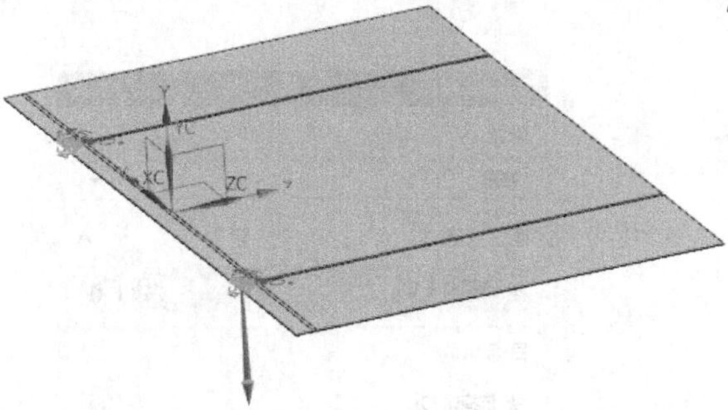

图 6-73　预览所创建的法向开孔特征 1

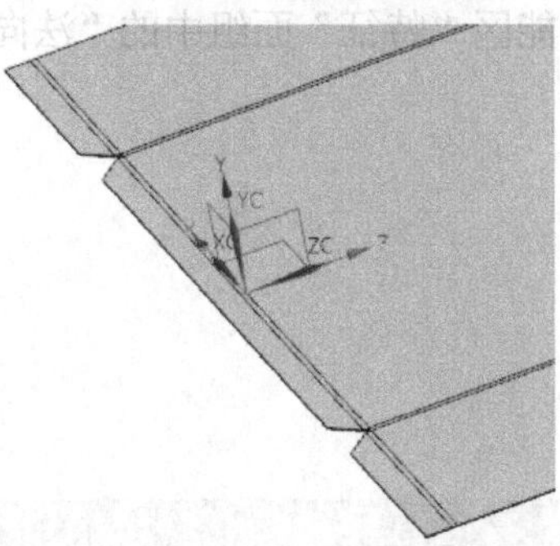

图 6-74　创建法向开孔特征 1

2）在绘图窗口中选择所有折弯面，如图 6-76 所示。

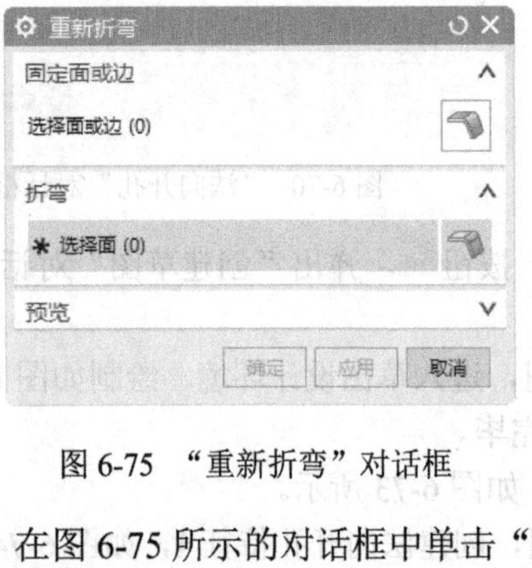

图 6-75　“重新折弯”对话框

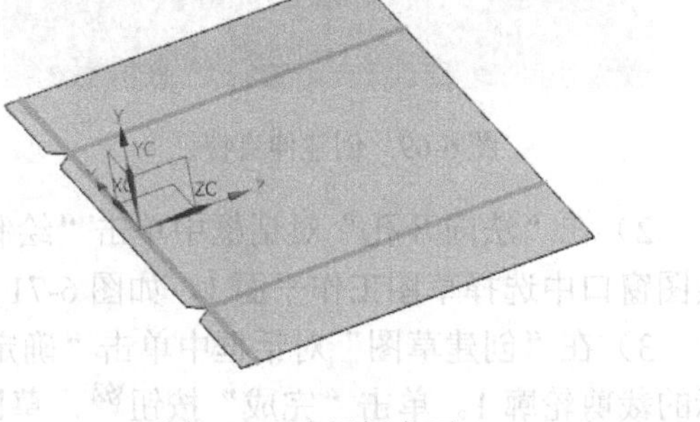

图 6-76　选择折弯面

3）在图 6-75 所示的对话框中单击“确定”按钮，创建重新折弯特征，如图 6-77 所示。

8. 创建另一侧特征

重复步骤 3～7，在另一侧创建相同参数的弯边、法向开孔等特征，如图 6-78 所示。

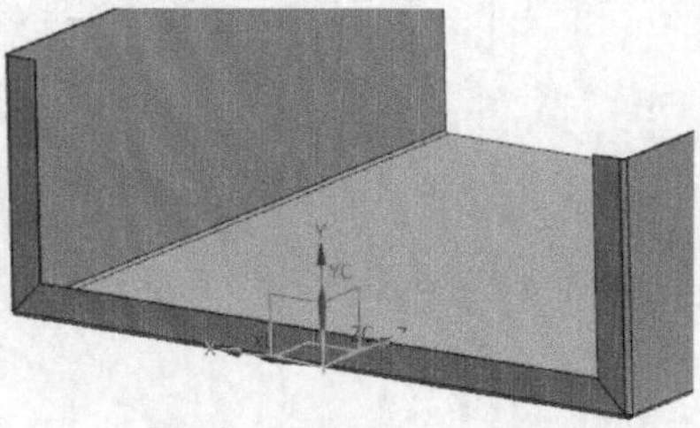

图 6-77 创建重新折弯特征

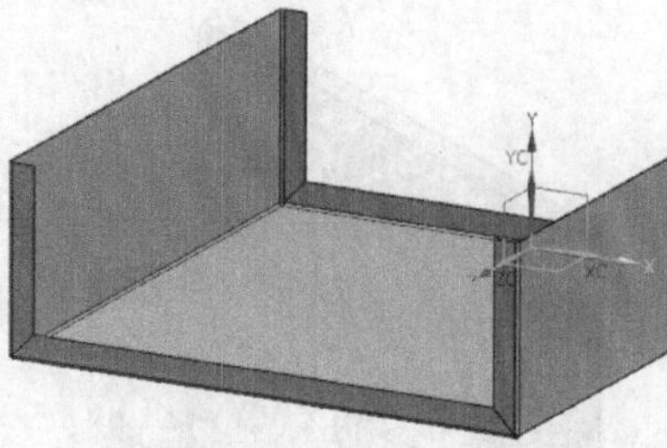

图 6-78 创建另一侧特征

9. 创建弯边特征 4 和 5

1）选择“菜单(M)”→“插入(S)”→“折弯(N)”→“弯边(F)...”选项，或者单击“主页”功能区“折弯”面组中的“弯边”按钮，弹出如图 6-79 所示“弯边”对话框。

2）设置“宽度选项”为“完整”，“长度”为 10，“角度”为 90，“参考长度”为“外侧”，“内嵌”为“折弯外侧”，在“折弯止裂口”和“拐角止裂口”下拉列表框中选择“无”。

3）选择弯边 4，同时在绘图窗口中预览所创建的弯边特征，如图 6-80 所示。

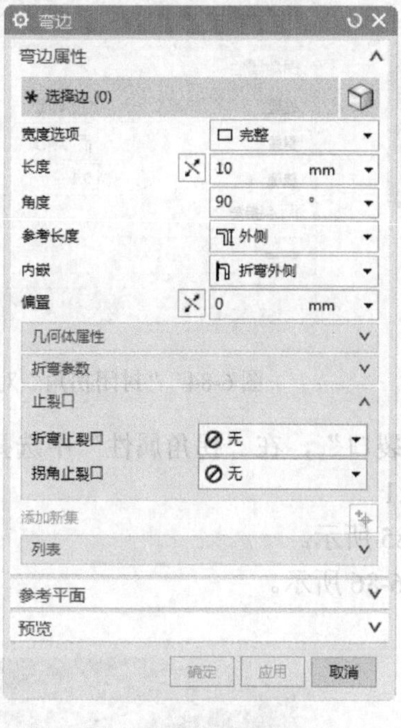

图 6-79 “弯边”对话框

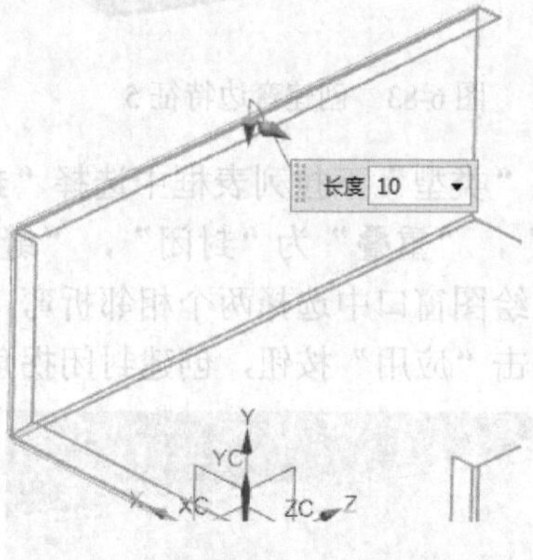

图 6-80 选择弯边 4

4）在“弯边”对话框中单击“应用”按钮，创建弯边特征 4，如图 6-81 所示。

5）选择弯边 5，同时在绘图窗口中预览所创建的弯边特征，如图 6-82 所示。

6）在“弯边”对话框中单击“确定”按钮，创建弯边特征 5，如图 6-83 所示。

10. 创建封闭拐角特征

1）选择“菜单(M)”→“插入(S)”→“拐角(O)”→“封闭拐角(C)...”选项，或者单击“主页”功能区“拐角”面组中的“封闭拐角”按钮，弹出如图 6-84 所示的“封闭拐角”对话框。

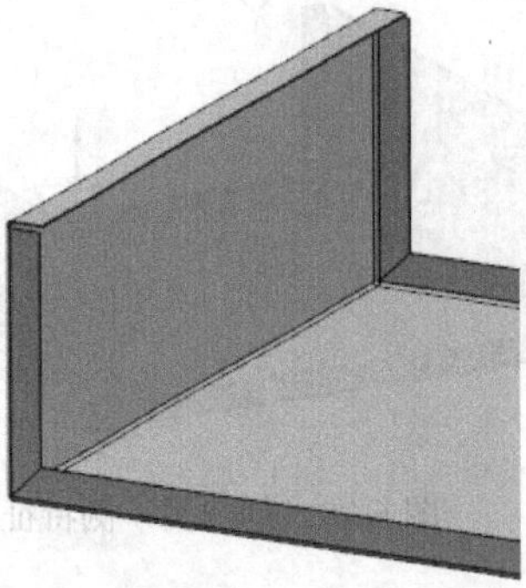

图 6-81　创建弯边特征 4

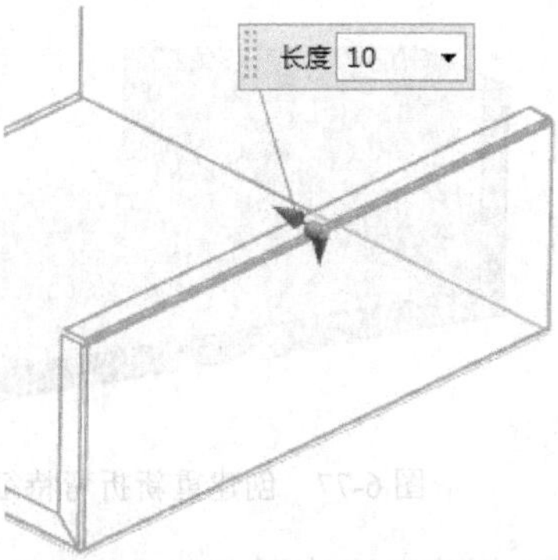

图 6-82　选择弯边 5

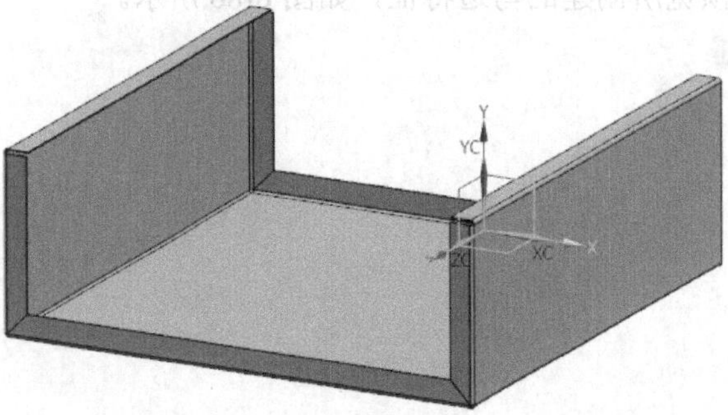

图 6-83　创建弯边特征 5

图 6-84　“封闭拐角”对话框

2）在“类型”下拉列表框中选择“封闭和止裂口”，在“拐角属性”中选择“处理”为“封闭”，“重叠”为“封闭”，“缝隙“为 0.1。

3）在绘图窗口中选择两个相邻折弯，如图 6-85 所示。

4）单击“应用”按钮，创建封闭拐角，如图 6-86 所示。

图 6-85　选择相邻弯边

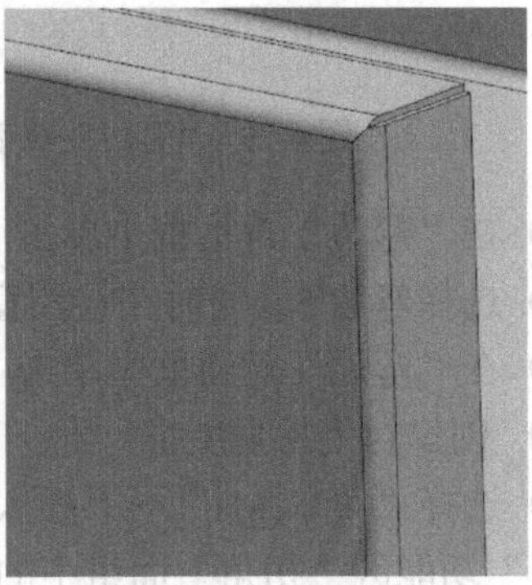

图 6-86　创建封闭拐角

5）同上步骤，创建相同参数的其他三个封闭拐角，如图 6-87 所示。

11. 创建法向开孔特征 2

1）选择“菜单(M)”→“插入(S)”→“切割(T)”→“法向开孔(N)...”选项，或者单击“主页”功能区“特征”面组中的“法向开孔”按钮，弹出如图 6-88 所示“法向开孔”对话框。设置“切割方法”为厚度，“限制“为“值”，“深度“为 1。

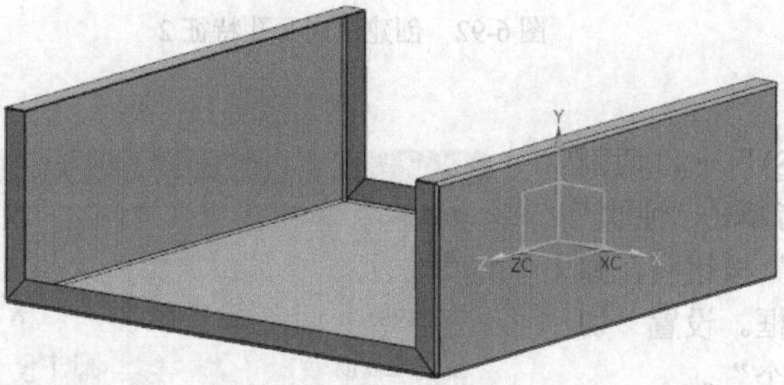

图 6-87　创建其他封闭拐角

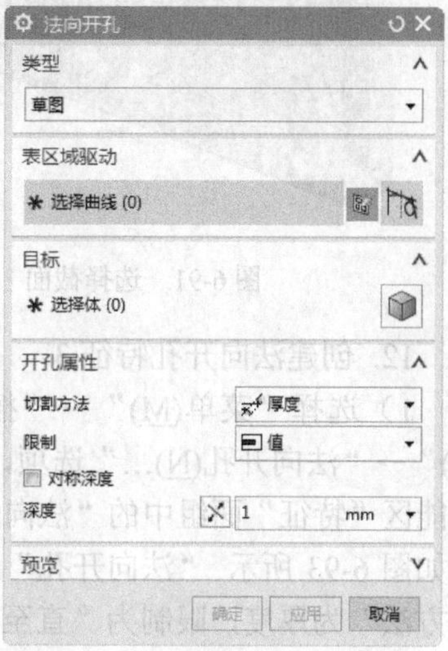

图 6-88 “法向开孔”对话框

2）在“法向开孔”对话框中单击“绘制截面”按钮，弹出“创建草图”对话框。在绘图窗口中选择草图工作平面 2，如图 6-89 所示。

3）在“创建草图”对话框中单击“确定”按钮，进入草图绘制环境，绘制如图 6-90 所示的裁剪轮廓 2。单击“完成”按钮，草图绘制完毕。

4）在绘图窗口中选择要创建法向开孔特征的截面，如图 6-91 所示。

5）在“法向开孔”对话框中单击“确定”按钮，创建法向开孔特征 2，如图 6-92 所示。

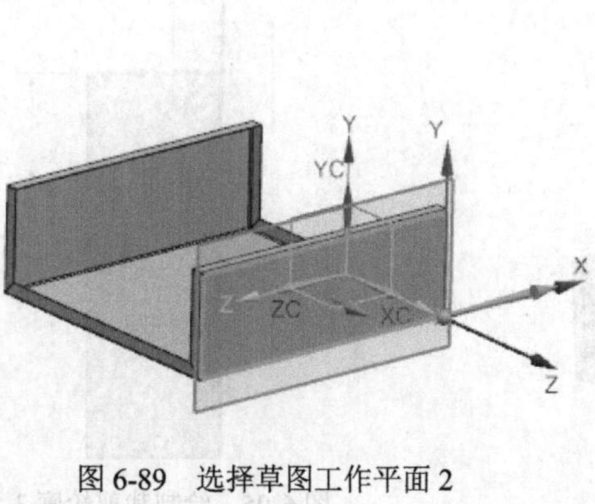

图 6-89　选择草图工作平面 2

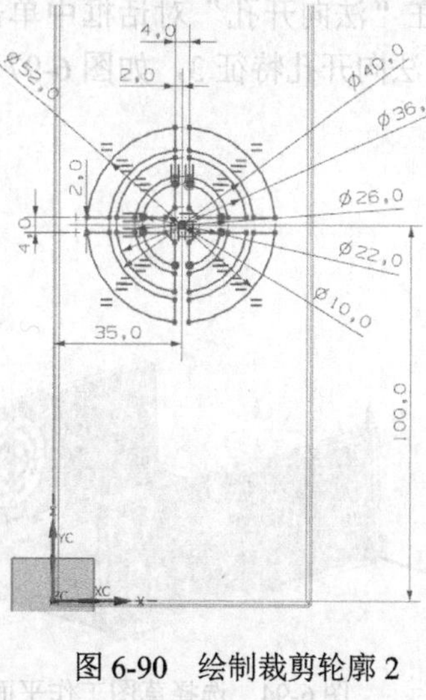

图 6-90　绘制裁剪轮廓 2

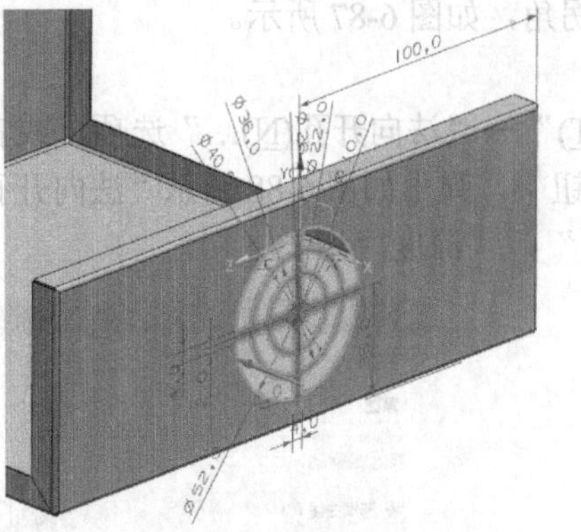

图 6-91　选择截面

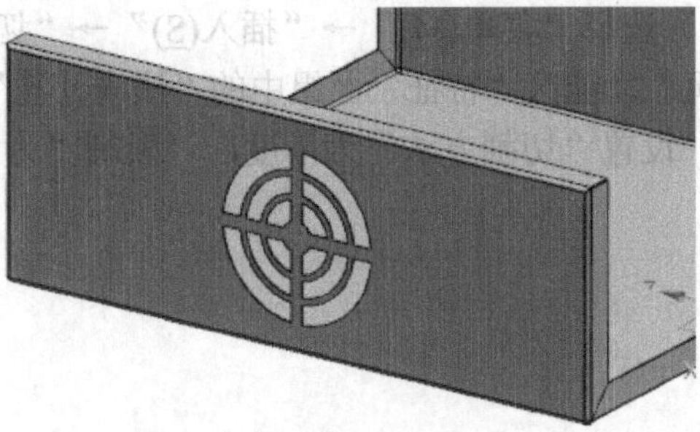

图 6-92　创建法向开孔特征 2

12. 创建法向开孔特征 3

1）选择“菜单(M)”→“插入(S)”→“切割(T)”→“法向开孔(N)…”选项，或者单击“主页”功能区“特征”面组中的“法向开孔”按钮，弹出如图 6-93 所示 “法向开孔”对话框。设置“切割方法”为厚度，限制为“直至下一个”。

图 6-93　“法向开孔”对话框

2）在“法向开孔”对话框中单击“绘制截面”按钮，弹出“创建草图”对话框。在绘图窗口中选择草图工作平面 3，如图 6-94 所示。

3）在“创建草图”对话框中单击“确定”按钮，进入草图设计环境，绘制如图 6-95 所示的裁剪轮廓 3。单击“完成”按钮，草图绘制完毕。

4）在绘图窗口中预览所创建的法向开孔特征 2，如图 6-96 所示。

5）在“法向开孔”对话框中单击“确定”按钮，创建法向开孔特征 3，如图 6-97 所示。

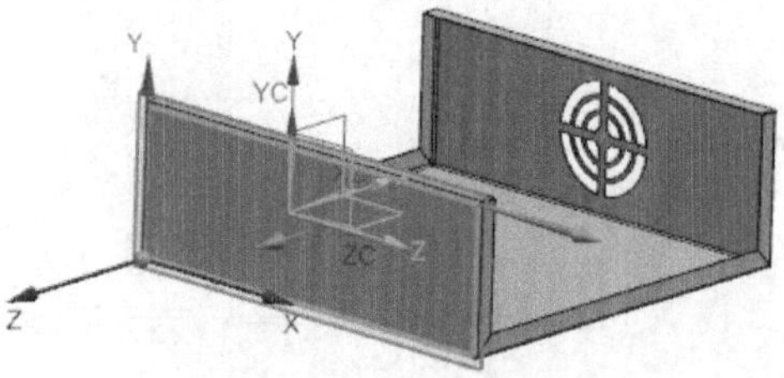

图 6-94　选择草图工作平面 3

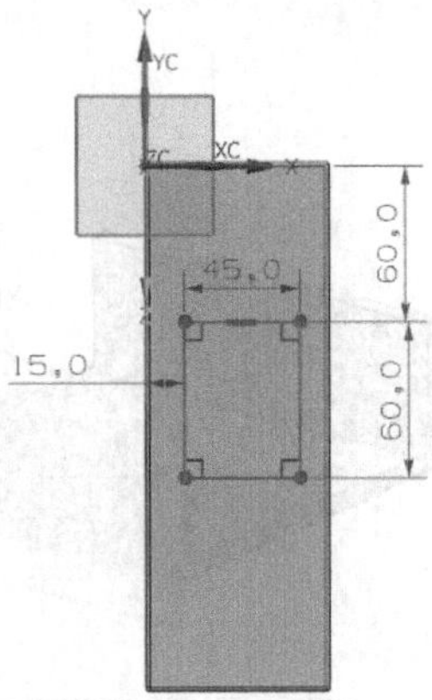

图 6-95　绘制裁剪轮廓 3

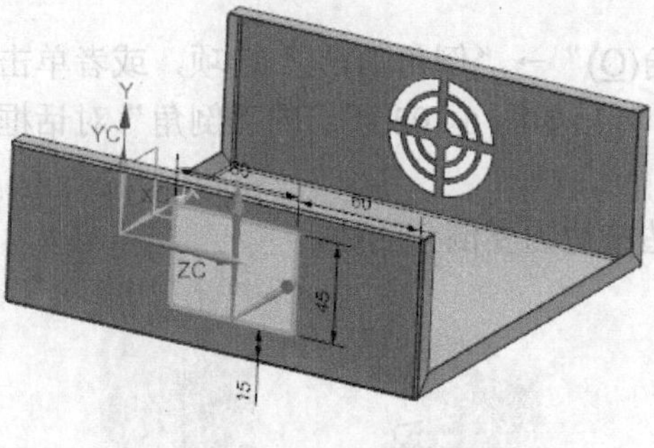

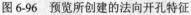

图 6-96　预览所创建的法向开孔特征

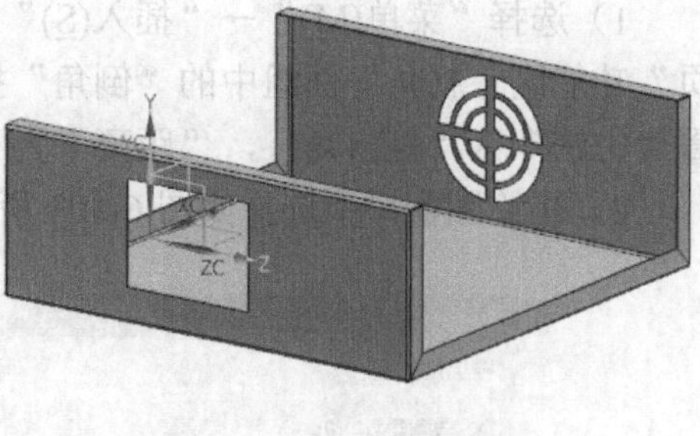

图 6-97　创建法向开孔特征 3

13. 创建弯边特征 6 和 7

1）选择“菜单(M)”→“插入(S)”→“折弯(N)”→“弯边(F)...”选项，或者单击“主页”功能区“折弯”面组中的“弯边”按钮，弹出如图 6-79 所示“弯边”对话框。

2）设置“宽度选项”为“完整”，“长度”为 15，“角度”为 90，”参考长度”为“外侧”，“内嵌”为“折弯外侧”，在“折弯止裂口”和“拐角止裂口”下拉列表框中选择“无”。

3）选择弯边 6，同时在绘图窗口中预览所创建的弯边特征，如图 6-98 所示。

4）在“弯边”对话框中单击“应用”按钮，创建弯边特征 6，如图 6-99 所示。

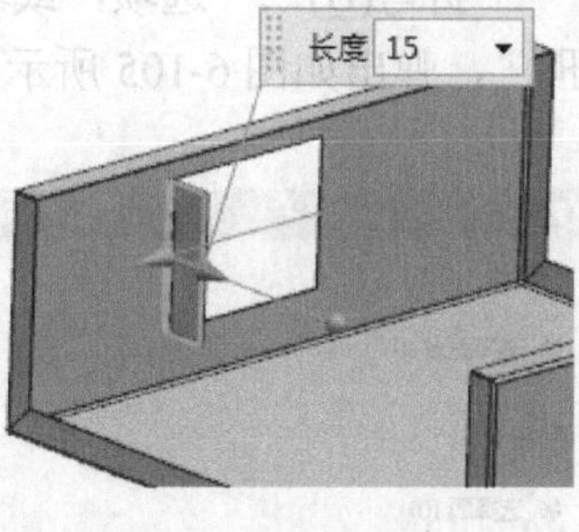

图 6-98　选择弯边 6

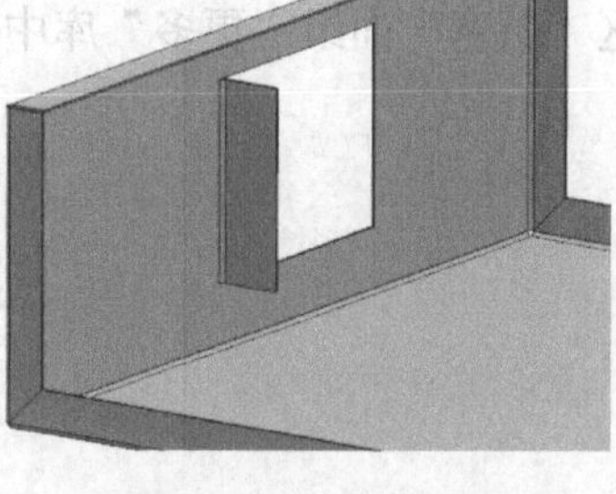

图 6-99　创建弯边特征 6

5）选择弯边 7，同时在绘图窗口中预览所创建的弯边特征，如图 6-100 所示。

6）在“弯边”对话框中单击“确定”按钮，创建弯边特征 7，如图 6-101 所示。

图 6-100　选择弯边 7

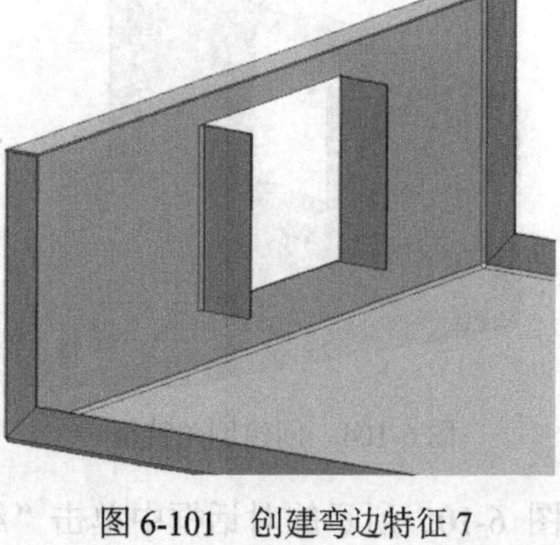

图 6-101　创建弯边特征 7

14. 创建倒角特征

1）选择“菜单(M)”→“插入(S)”→“拐角(O)”→“倒角(B)...”选项，或者单击“主页”功能区“拐角”面组中的“倒角”按钮，弹出如图 6-102 所示的“倒角”对话框。设置“方法”为“倒斜角”，“距离”为 5。

2）在绘图窗口中选择如图 6-103 所示的弯边棱边为要倒角的边。

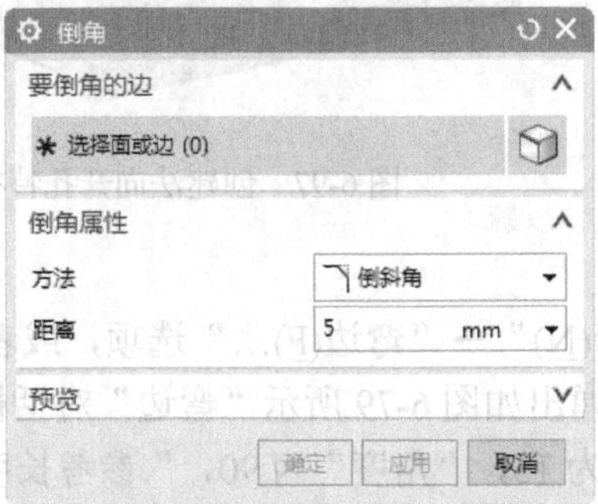

图 6-102 “倒角”对话框

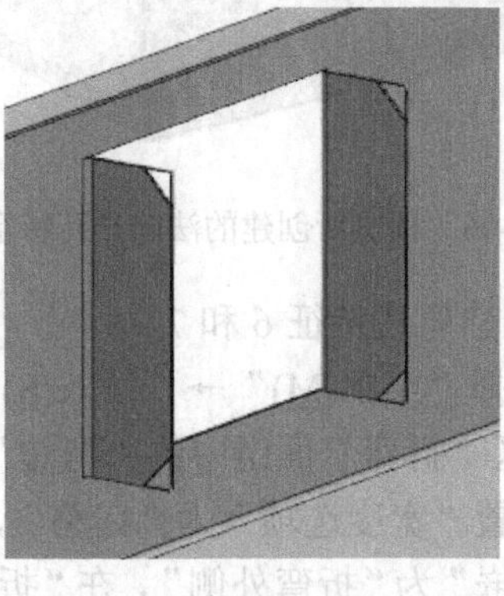

图 6-103 选择要倒角的边

3）在对话框中单击“确定”按钮，创建倒角特征，如图 6-104 所示。

15. 创建折弯特征

1）选择“菜单(M)”→“插入(S)”→“折弯(N)”→“折弯(B)...”选项，或者单击“主页”功能区“折弯”面组“更多”库中的“折弯”按钮，弹出如图 6-105 所示的“折弯”对话框。

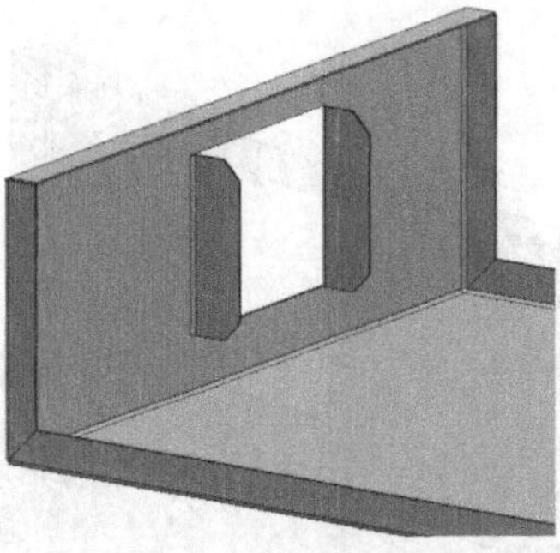

图 6-104 创建倒角特征

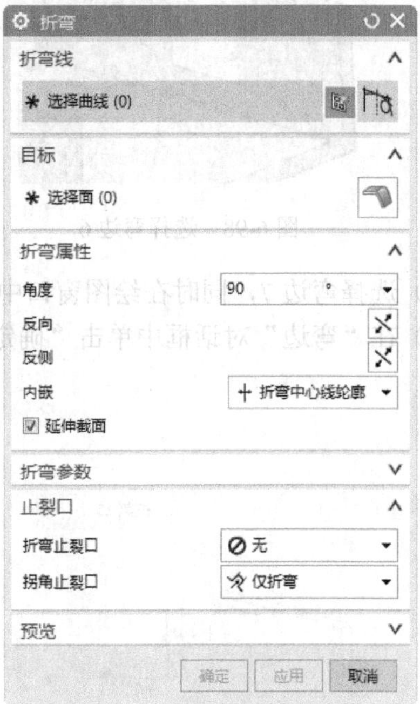

图 6-105 “折弯”对话框

2）在图 6-105 所示的对话框中单击“绘制截面”按钮，弹出“创建草图”对话框。

在绘图窗口中选择草图工作平面4，如图6-106所示。

3）进入草图绘制环境，绘制如图6-107所示的折弯线。

4）单击“完成”按钮，草图绘制完毕。在绘图窗口预览所创建的折弯特征，如图6-108所示。

5）在图6-105所示的对话框中，设置“角度”为90，在“内嵌”下拉列表框中选择“折弯中心线轮廓”，单击“确定”按钮，创建折弯特征1，如图6-109所示。

6）采用相同的方法在另一侧创建相同参数的折弯特征2，如图6-110所示。

至此，电气箱下箱体创建完成，如图6-54所示。

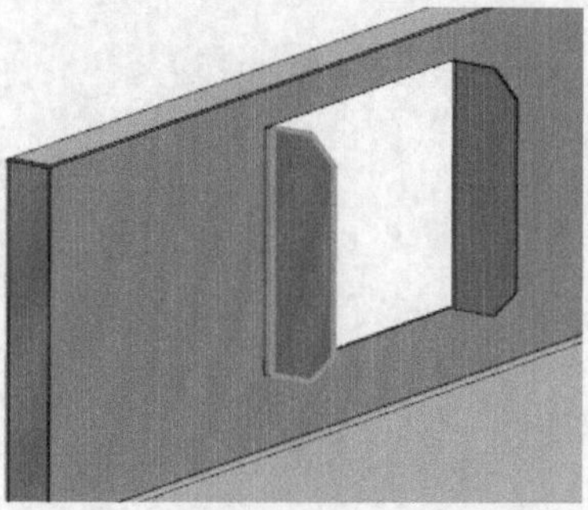
图6-106　选择草图工作平面4

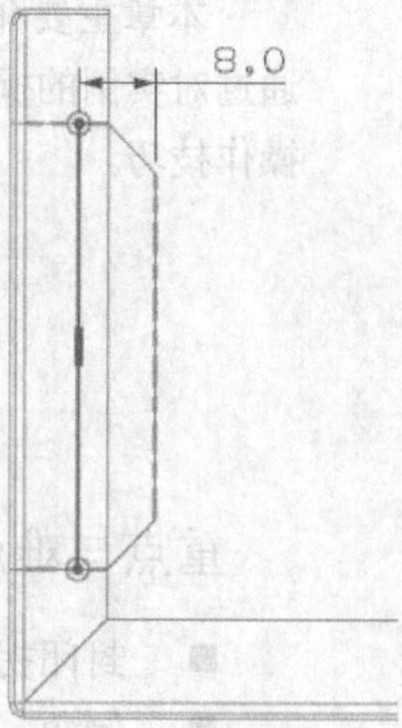

图6-107　绘制折弯线

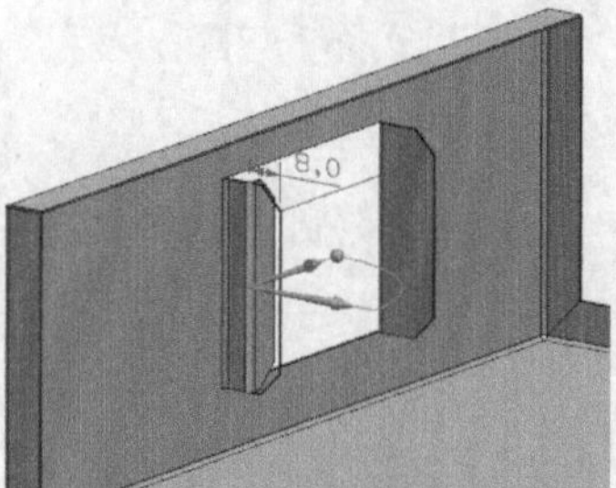

图6-108　预览所创建的折弯特征

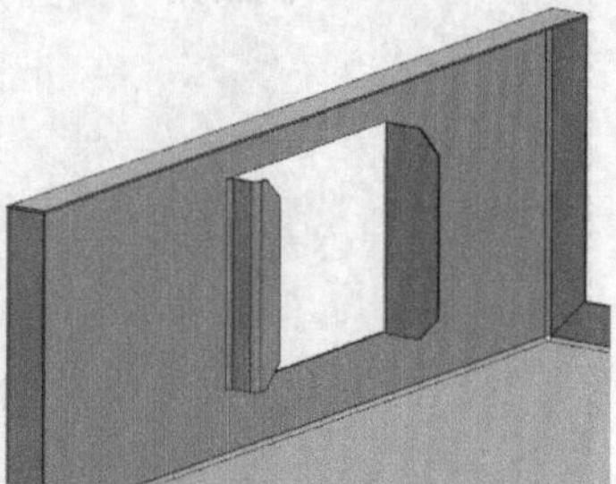
图6-109　创建折弯特征1

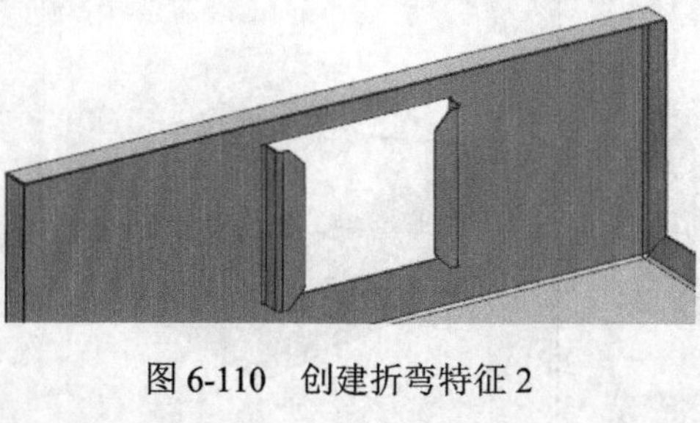
图6-110　创建折弯特征2

第7章

拐角

本章主要介绍“拐角”子菜单中的各种特征的创建方法和步骤。通过对实例的操作，可以使读者更快速地掌握创建钣金件的方法和操作技巧。

重点与难点

- 封闭拐角
- 倒角
- 三折弯角
- 倒斜角

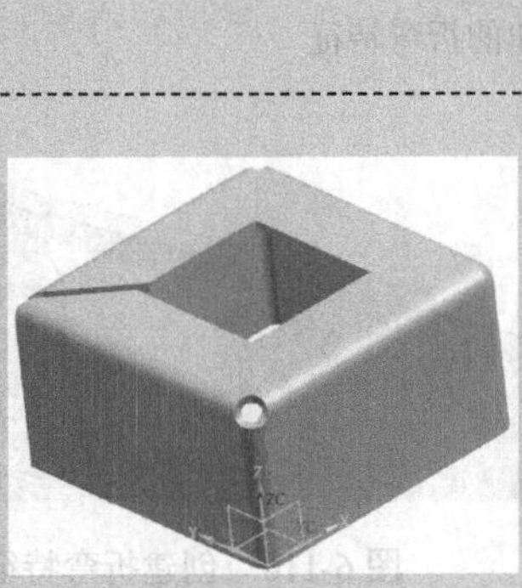

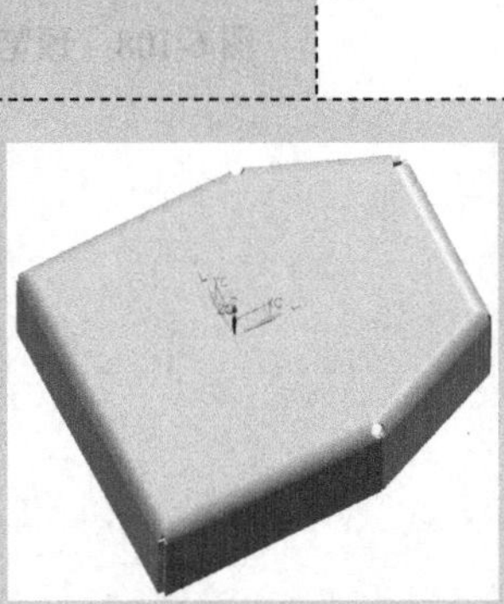

7.1　封闭拐角

封闭拐角指在钣金件基础面和以其两相邻的两个具有相同参数的弯曲面，或者在基础面同侧所形成的拐角处，创建一定形状拐角的过程。

选择“菜单(M)”→“插入(S)”→“拐角(O)”→“封闭拐角(C)...”选项，或者单击“主页”功能区“拐角”面组中的“封闭拐角”按钮，弹出如图 7-1 所示“封闭拐角”对话框。

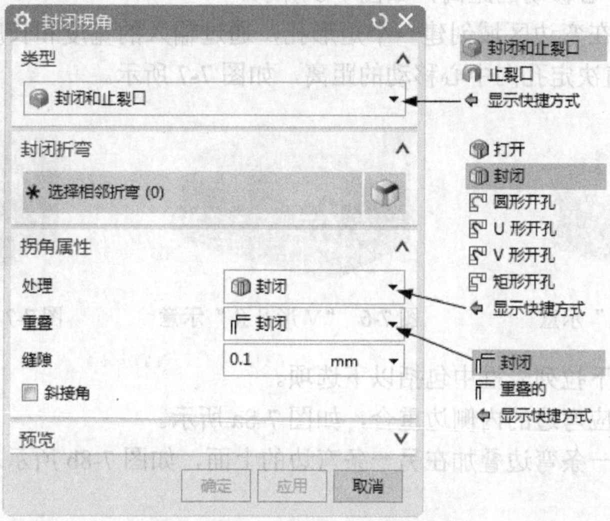

图 7-1　“封闭拐角”对话框

7.1.1　选项及参数

1. 类型

1）封闭和止裂口：指在创建止裂口的同时并对钣金壁进行延伸。

2）止裂口：只能创建止裂口。

2. 封闭折弯

用于选择要创建封闭拐角的折弯区域。

3. 拐角属性

（1）处理　其下拉列表框中包括以下选项。

1）打开：可以将两个弯边折弯区域保持其原有状态不变，但平面区域将延伸至相交，如图 7-2 所示。

2）封闭：可以将整个弯边特征的内壁封闭，使边线之间能够相互衔接，如图 7-3 所示。

3）圆形开孔：在弯边区域创建一个圆孔，通过输入的直径值来决定圆孔的大小，输入的偏置值决定孔向中心移动的距离，如图 7-4 所示。

图 7-2 “打开”示意

图 7-3 “封闭”示意

图 7-4 “圆形开孔”示意

4）U 形开孔：在弯边区域创建一个 U 形孔，通过输入的直径值来决定孔的大小，输入的偏置值决定孔向中心移动的距离，如图 7-5 所示。

5）V 形开孔：在弯边区域创建一个 V 形孔，通过输入的直径值来决定孔的大小，输入的偏置值决定孔向中心移动的距离，如图 7-6 所示。

6）矩形开孔：在弯边区域创建一个矩形孔，通过输入的宽度和长度值来决定矩形孔的大小，输入的偏置值决定孔向中心移动的距离，如图 7-7 所示。

图 7-5 “U 形开孔”示意

图 7-6 “V 形开孔”示意

图 7-7 “矩形开孔”示意

（2）重叠　其下拉列表框中包括以下选项。

1）封闭：指对应弯边的内侧边重合，如图 7-8a 所示。

2）重叠的：指一条弯边叠加在另一条弯边的上面，如图 7-8b 所示。

4. 缝隙

缝隙指两弯边封闭或重叠时铰链之间的最小距离，如图 7-9 所示。

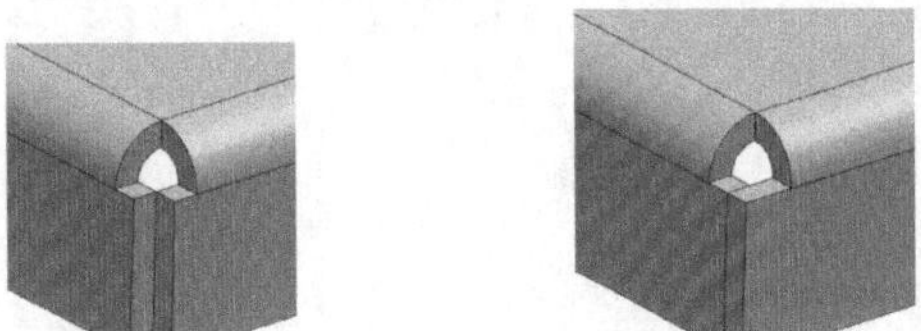

a）封闭　　b）重叠

图 7-8 “重叠”示意

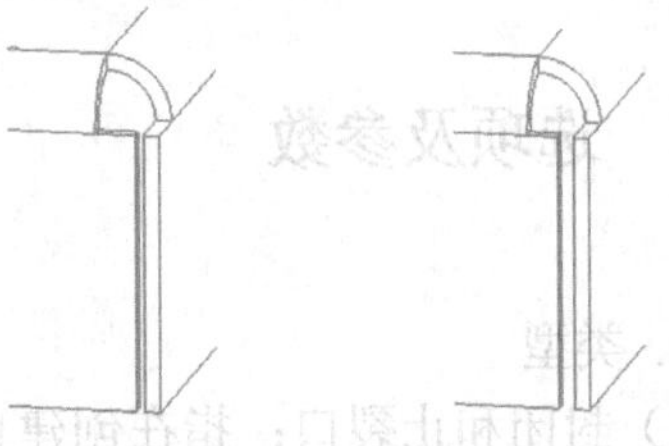

a）缝隙为 0.5　　b）缝隙为 1

图 7-9 “缝隙”示意

7.1.2 实例——六边盒

1. 创建钣金文件

选择“菜单(M)”→“文件(F)”→“新建(N)...”选项，或者单击“主页”功能区中的“新建”按钮，弹出“新建”对话框。在“模板”列表框中选择“NX 钣金”选项。在“名称”文本框中输入 fengbiguaijiao，单击“确定”按钮，进入 UG NX 12.0 钣金设计环境。

2. 预设置 NX 钣金参数

选择“菜单(M)”→“首选项(P)”→“钣金(H)...”选项，弹出如图 7-10 所示的“钣金首选项”对话框。设置“材料厚度”为 2，“弯曲半径”为 5，“让位槽深度”和“让位槽宽度”均为 3，“中性因子”为 0.33，其他参数采用默认设置。

3. 创建基本突出块特征

1）选择“菜单(M)”→“插入(S)”→“突出块(B)...”选项，或者单击“主页”功能区“基本”面组中“突出块”按钮，弹出如图 7-11 所示“突出块”对话框。

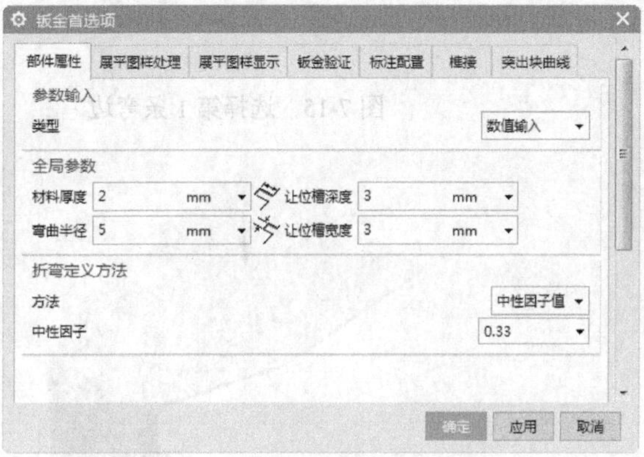

图 7-10　“钣金首选项”对话框

图 7-11　“突出块”对话框

2）单击“绘制截面”按钮，选择 XC-YC 平面为草图工作平面，绘制轮廓草图，如图 7-12 所示。单击“完成”按钮，草图绘制完毕。

3）在“突出块”对话框中单击“确定”按钮，创建突出块特征，如图 7-13 所示。

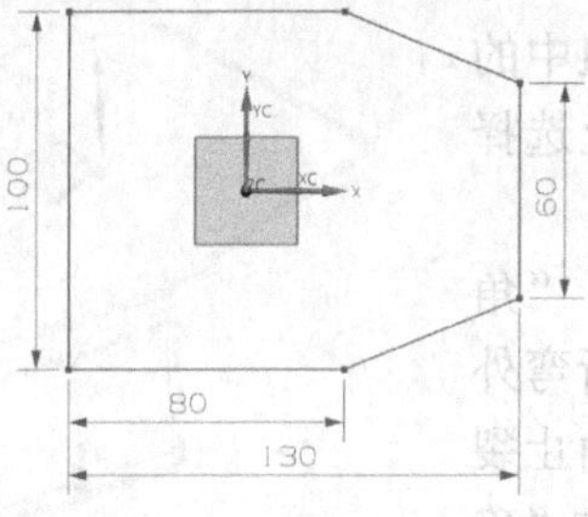

图 7-12　绘制轮廓草图

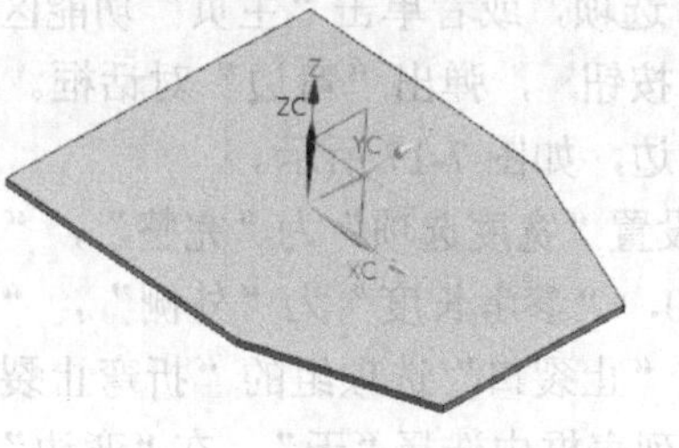

图 7-13　创建突出块特征

4. 创建第 1 条弯边

1）选择“菜单(M)”→“插入(S)”→“折弯(N)”→“弯边(F)...”选项，或者单击“主页”功能区“折弯”面组中的“弯边”按钮，弹出如图 7-14 所示“弯边”对话框。

2）设置“宽度选项”为“完整”，“长度”为 50，“角度”为 90，“参考长度”为“外侧”，“内嵌”为“材料外侧”，在“止裂口”选项组的“折弯止裂口”和“拐角止裂口”下拉列表框中选择“无”。

3）选择第 1 条弯边，同时在绘图窗口中预览所创建的弯边特征，如图 7-15 所示。

4）在“弯边”对话框中单击“确定”按钮，创建第 1 条弯边后的零件如图 7-16 所示。

图 7-14 “弯边”对话框

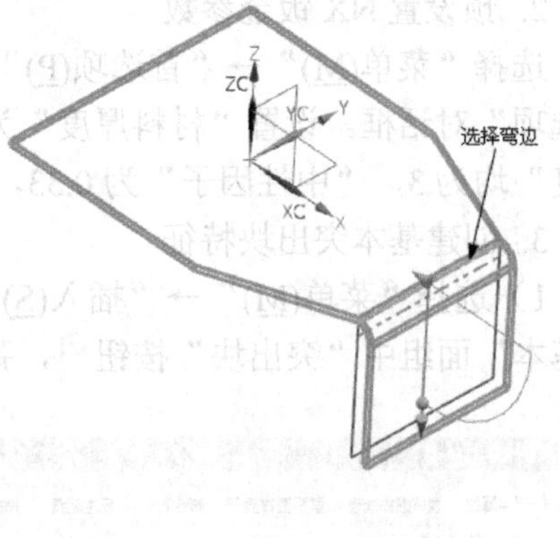

图 7-15 选择第 1 条弯边

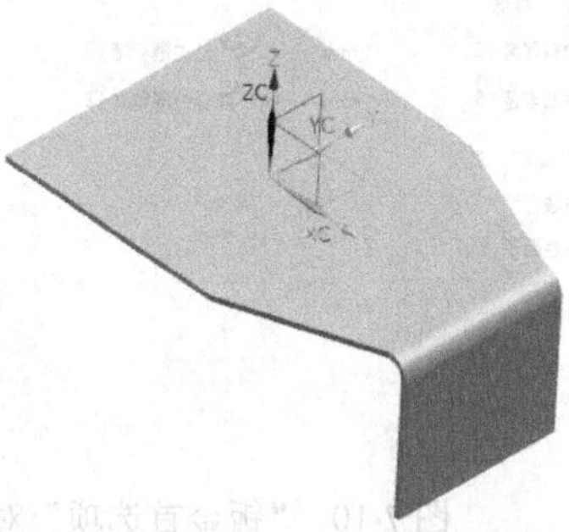

图 7-16 创建第 1 条弯边后的零件

5. 创建第 2 条弯边

1）选择“菜单(M)”→“插入(S)”→“折弯(N)”→“弯边(F)…”选项，或者单击“主页”功能区“折弯”面组中的“弯边”按钮，弹出“弯边”对话框。在钣金件体上选择第 2 条弯边，如图 7-17 所示。

2）设置“宽度选项”为“完整”，“长度”为 50，“角度”为 90，“参考长度”为“外侧”，“内嵌”为“折弯外侧”，在“止裂口”选项组的“折弯止裂口”和“拐角止裂口”下拉列表框中选择“无”。在“弯边”对话框中单击“确定”按钮，创建第 2 条弯边后的零件如图 7-18 所示。

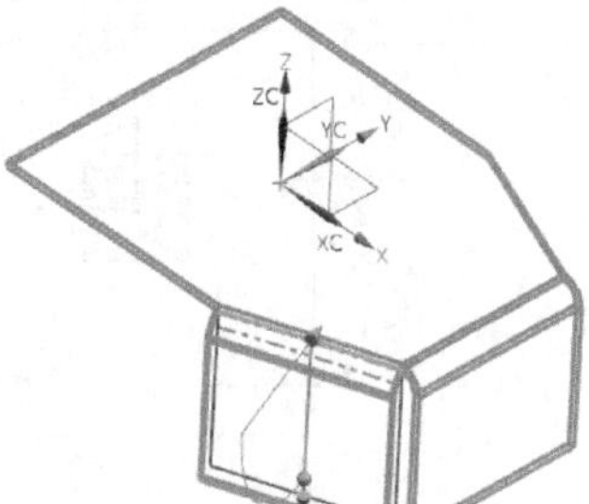

图 7-17 选择第 2 条弯曲边

6. 创建第 3 条弯边

1）选择“菜单(M)”→“插入(S)”→“折弯(N)”→“弯边(F)…”选项，或者单击“主页”功能区“折弯”面组中的“弯边”按钮，弹出“弯边”对话框。在钣金件体上选择第 3 条弯边，如图 7-19 所示。

2）设置“宽度选项”为“完整”，“长度”为 50，“角度”为 90，“参考长度”为“外侧”，“内嵌”为“折弯外侧”，在“止裂口”选项组的“折弯止裂口”和“拐角止裂口”下拉列表框中选择“无”。在“弯边”对话框中单击“确定”按钮，创建第 3 条弯边后的零件如图 7-20 所示。

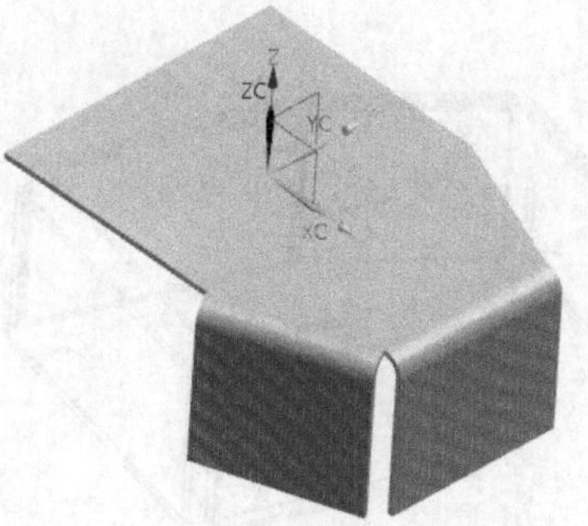

图 7-18 创建第 2 条弯边后的零件

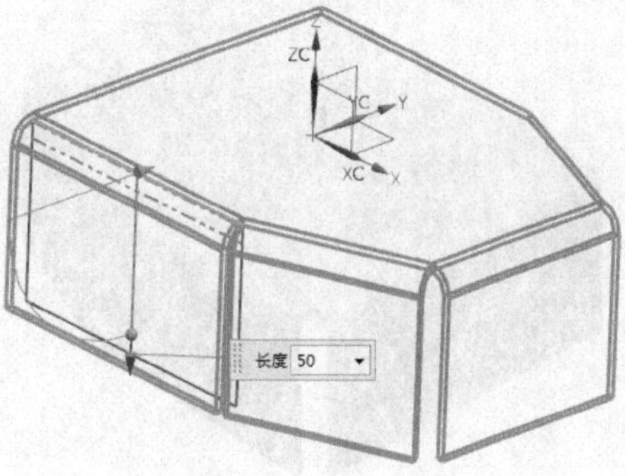

图 7-19 选择第 3 条弯边

7. 创建第 4 条弯边

1）选择“菜单(M)”→“插入(S)”→“折弯(N)”→“弯边(F)...”选项，或者单击“主页”功能区“折弯”面组中的“弯边”按钮，弹出“弯边”对话框。在钣金件体上选择第 4 条弯边，如图 7-21 所示。

图 7-20 创建第 3 条弯边后的零件

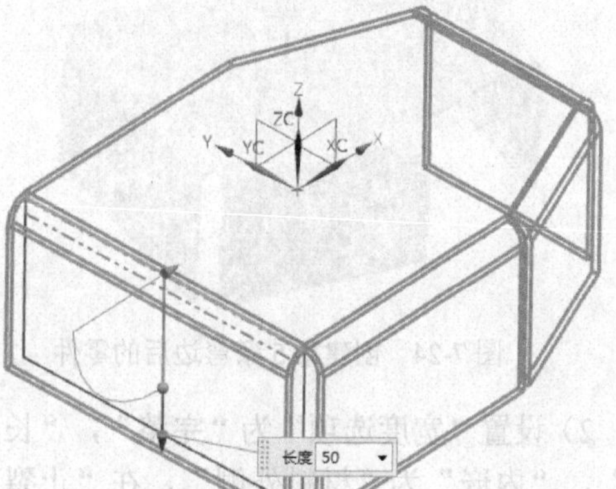

图 7-21 选择第 4 条弯曲边

2）设置“宽度选项”为“完整”，“长度”为 50，“角度”为 90，“参考长度”为“外侧”，“内嵌”为“材料外侧”，在“止裂口”选项组的“折弯止裂口”和“拐角止裂口”下拉列表框中选择“无”。在“弯边”对话框中单击“确定”按钮，创建第 4 条弯边后的零件如图 7-22 所示。

8. 创建第 5 条弯边

1）选择“菜单(M)”→“插入(S)”→“折弯(N)”→“弯边(F)...”选项，或者单击“主页”功能区“折弯”面组中的“弯边”按钮，弹出“弯边”对话框。在钣金件体上选择第 5 条弯边，如图 7-23 所示。

2）设置“宽度选项”为“完整”，“长度”为 50，“角度”为 90，“参考长度”为“外侧”，“内嵌”为“材料外侧”，在“止裂口”选项组的“折弯止裂口”和“拐角止裂口”下拉列表框中选择“无”在“弯边”对话框中单击“确定”按钮，创建第 5 条弯边后的零件如图 7-24 所示。

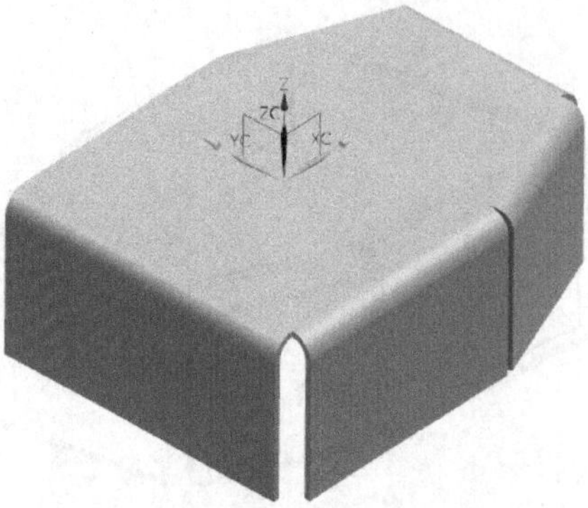

图 7-22　创建第 4 条弯边后的零件

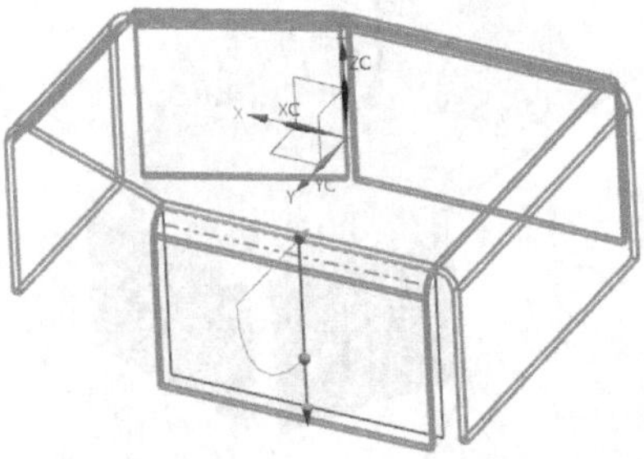

图 7-23　选择第 5 条弯曲边

9. 创建第 6 条弯边

1）选择“菜单(M)”→“插入(S)”→“折弯(N)”→“弯边(F)...”选项，或者单击“主页”功能区“折弯”面组中的“弯边”按钮，弹出“弯边”对话框。在钣金件体上选择第 6 条弯边，如图 7-25 所示。

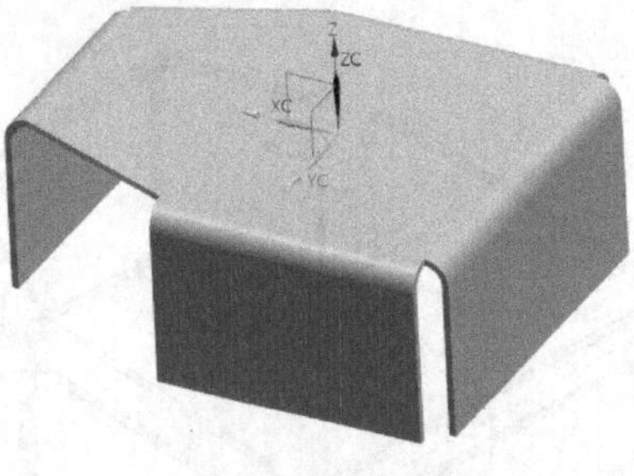

图 7-24　创建第 5 条弯边后的零件

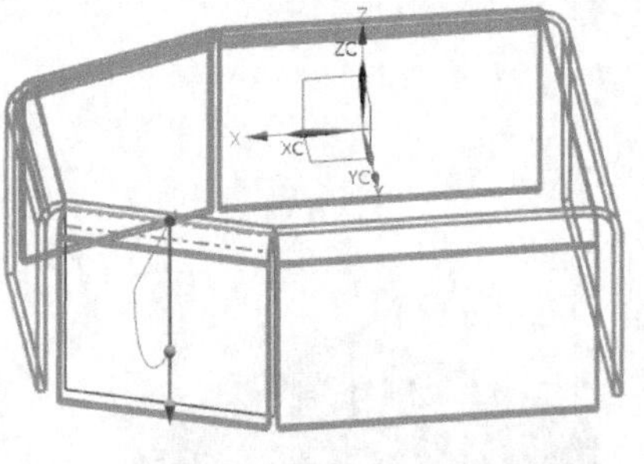

图 7-25　选择第 6 条弯曲边

2）设置“宽度选项”为“完整”，“长度”为 50，“角度”为 90，“参考长度”为“外侧”，“内嵌”为“材料外侧”，在“止裂口”选项组的“折弯止裂口”和“拐角止裂口”下拉列表框中选择“无”。在“弯边”对话框中单击“确定”按钮，创建第 6 条弯边后的零件如图 7-26 所示。

10. 创建第 1 个封闭拐角

1）选择“菜单(M)”→“插入(S)”→“拐角(O)”→“封闭拐角（C）...”选项，或者单击“主页”功能区“拐角”面组中的“封闭拐角”按钮，弹出如图 7-27 所示“封闭拐角”对话框。选择“封闭”处理方法。

2）选择如图 7-28 所示的相邻弯边 1。

3）在“封闭拐角”对话框中单击“确定”按钮，创建如图 7-29 所示的第 1 封闭拐角特征。

11. 创建第 2 个封闭拐角

1）选择“菜单(M)”→“插入(S)”→“拐角(O)”→“封闭拐角（C）...”选项，或者单击“主页”功能区“拐角”面组中的“封闭拐角”按钮，弹出如图 7-30 所示“封闭拐角”对话框。选择“打开”处理方法。

2）选择如图 7-31 所示的相邻弯边 2。

图 7-26 创建第 6 条弯边后的零件

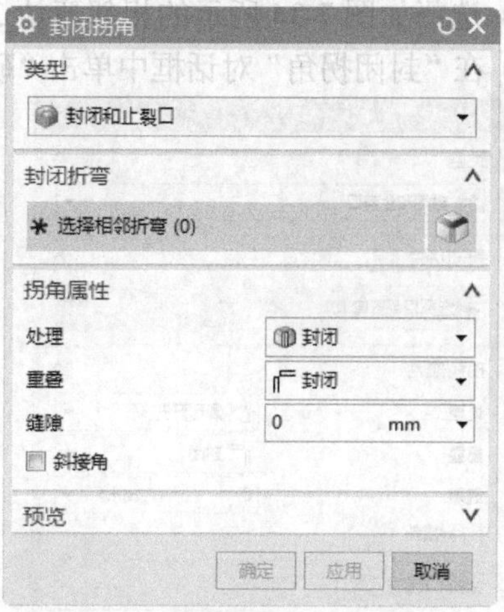

图 7-27 “封闭拐角”对话框

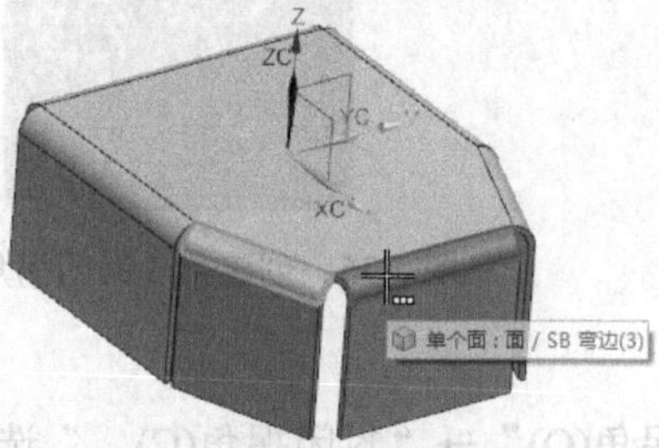

图 7-28 选择相邻弯边 1

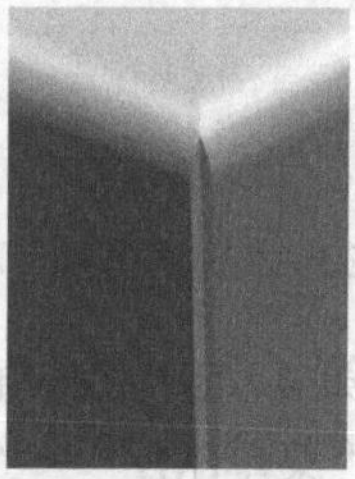

图 7-29 创建第 1 封闭拐角特征

3）单击“确定”按钮，创建如图 7-32 所示的第 2 封闭拐角特征。

12. 创建第 3 个封闭拐角

1）选择“菜单(M)”→“插入(S)”→“拐角(O)”→“封闭拐角（C）...”选项，或者单击“主页”功能区“拐角”面组中的“封闭拐角”按钮，弹出如图 7-33 所示“封闭拐角”对话框。选择“圆形开孔”处理方法，设置“直径”为 5。

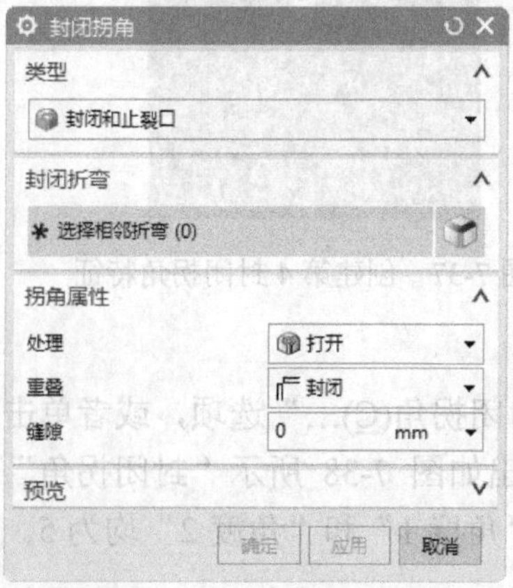

图 7-30 “封闭拐角”对话框

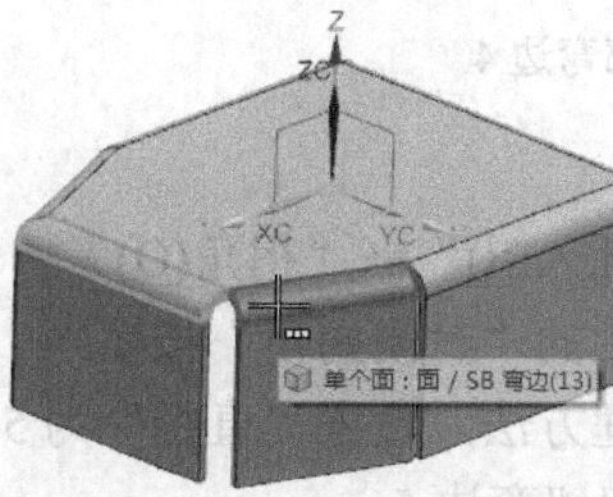

图 7-31 选择相邻弯边 2

图 7-32 创建第 2 封闭拐角特征

2）选择如图 7-34 所示的相邻弯边 3。

3）在“封闭拐角”对话框中单击“确定”按钮，创建如图 7-35 所示的第 3 封闭拐角特征。

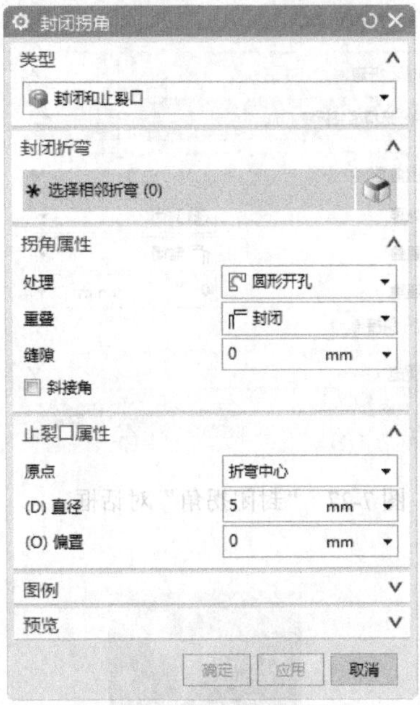

图 7-33 “封闭拐角”对话框

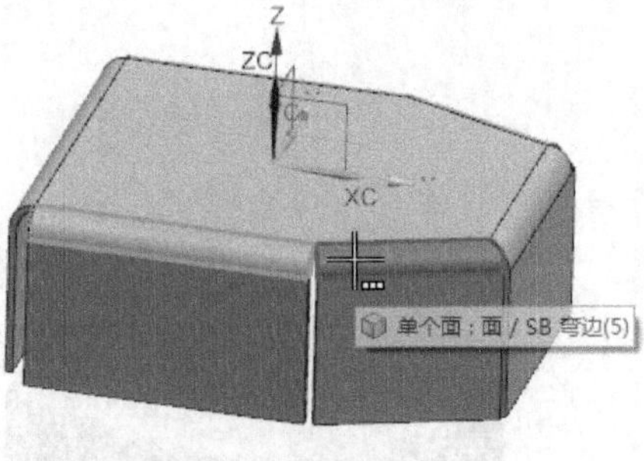

图 7-34 选择相邻弯边 3

图 7-35 创建第 3 封闭拐角特征

13. 创建第 4 个封闭拐角

1）选择“菜单(M)”→“插入(S)”→“拐角(O)”→“封闭拐角(C)...”选项，或者单击“主页”功能区“拐角”面组中的“封闭拐角”按钮，弹出“封闭拐角”对话框。选择“U 形开孔”处理方法，设置“直径”为 5。选择如图 7-36 所示的相邻弯边 4。

2）在“封闭拐角”对话框中单击“确定”按钮，创建如图 7-37 所示的第 4 封闭拐角特征。

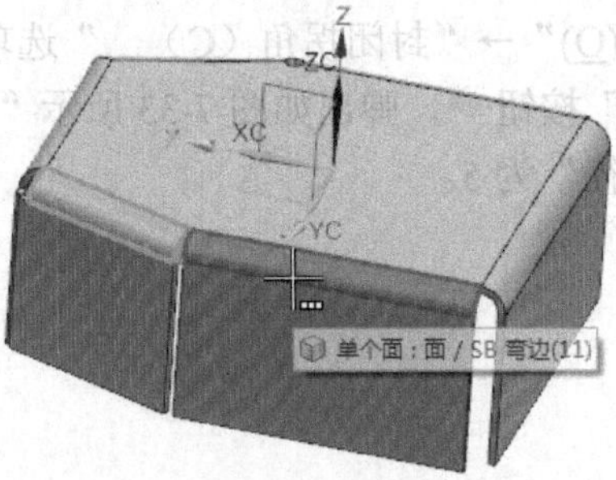

图 7-36 选择相邻弯边 4

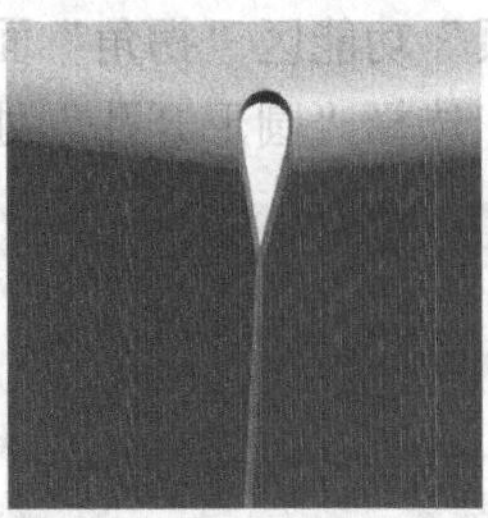

图 7-37 创建第 4 封闭拐角特征

14. 创建第 5 个封闭拐角

1）选择“菜单(M)”→“插入(S)”→“拐角(O)”→“封闭拐角(C)...”选项，或者单击“主页”功能区“拐角”面组中的“封闭拐角”按钮，弹出如图 7-38 所示“封闭拐角”对话框。选择“V 形开孔”处理方法，设置“直径”为 5，“角度 1”和“角度 2”均为 5。

2）选择如图 7-39 所示的相邻弯边 5。

3）单击“确定”按钮，创建如图 7-40 所示的第 5 封闭拐角特征。

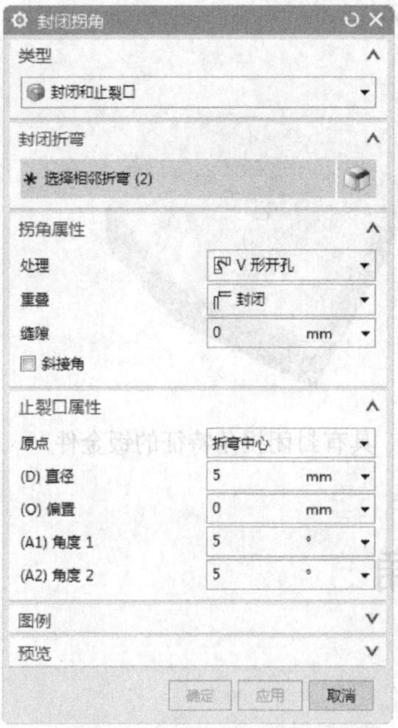

图 7-38　“封闭拐角”对话框

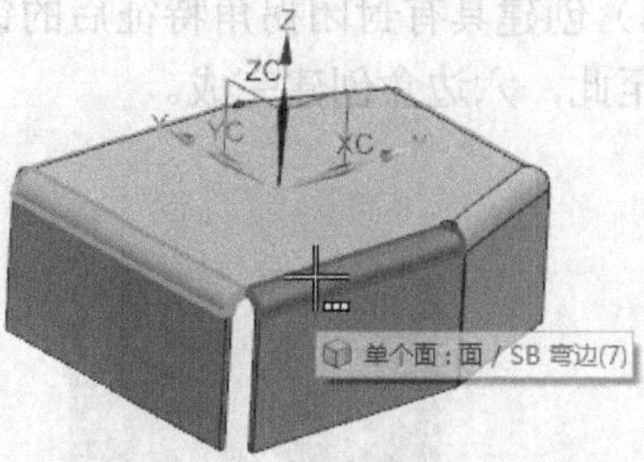

图 7-39　选择相邻弯边 5

图 7-40　创建第 5 封闭拐角特征

15. 创建第 6 个封闭拐角

1）选择“菜单(M)”→“插入(S)”→“拐角(O)”→“封闭拐角(C)…”选项，或者单击“主页”功能区“拐角”面组中的“封闭拐角”按钮，弹出如图 7-41 所示“封闭拐角”对话框。选择“矩形开孔”处理方法，设置“长度”和“宽度”均为 3。

2）选择如图 7-42 所示的相邻弯边 6。

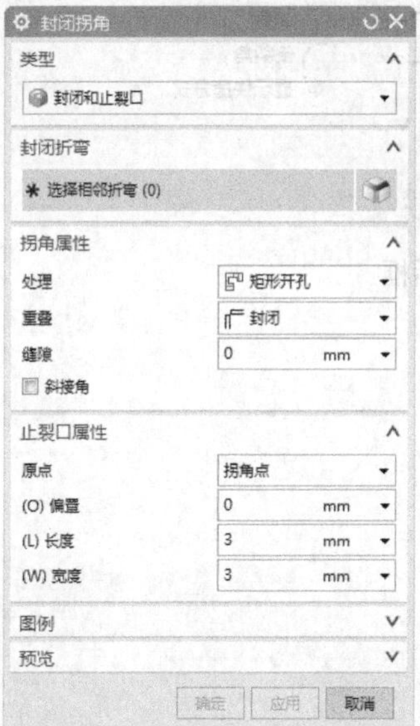

图 7-41　“封闭拐角”对话框

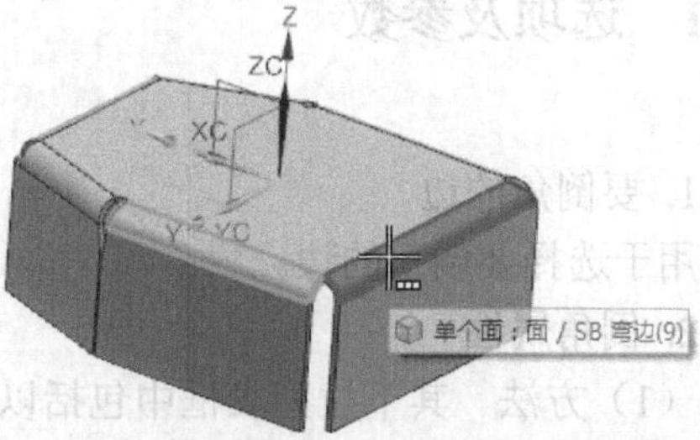

图 7-42　选择相邻弯边 6

3）单击“确定”按钮，创建如图 7-43 所示的第 6 封闭拐角特征。

4）创建具有封闭拐角特征后的钣金件如图 7-44 所示
至此，六边盒创建完成。

图 7-43　创建第 6 封闭拐角特征

图 7-44　具有封闭拐角特征的钣金件

7.2　倒　角

倒角就是对钣金件进行圆角或倒角处理。

选择“菜单(M)”→“插入(S)”→“拐角(O)”→“倒角(B)...”选项，或者单击“主页”功能区“拐角”面组中的“倒角”按钮，弹出如图 7-45 所示“倒角”对话框。

图 7-45　“倒角”对话框

7.2.1　选项及参数

1. 要倒角的边

用于选择要倒角的边。

2. 倒角属性

（1）方法　其下拉列表框中包括以下选项。

1）圆角：在选择的边缘上进行圆角处理，如图 7-46 所示。

2）倒斜角：在选择的边缘上创建 45°的斜角，如图 7-47 所示。

（2）半径/距离：指边倒圆的外半径或边倒角的偏置尺寸。

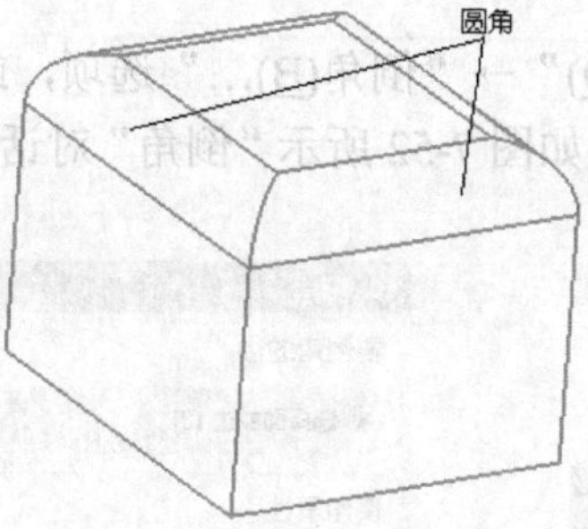

图 7-46　“圆角”示意

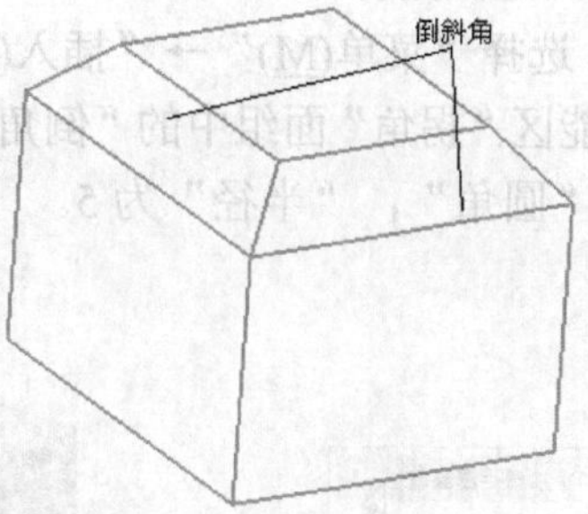

图 7-47　“倒斜角”示意

7.2.2　实例——创建倒角特征

1. 创建钣金文件

选择“菜单(M)”→“文件(F)”→“新建(N)...”选项，或者单击“主页”功能区中的“新建”按钮，弹出“新建”对话框。在“模板”列表框中选择“NX 钣金”选项。在“名称”文本框中输入 daojiao，单击“确定”按钮，进入 UG NX 12.0 钣金设计环境。

2. 创建基本突出块特征

1）选择“菜单(M)”→“插入(S)”→“突出块(B)...”选项，或者单击“主页”功能区“基本”面组中的“突出块”按钮，弹出如图 7-48 所示“突出块”对话框。

2）单击“绘制截面”按钮，选择 XC-YC 平面为草图工作平面，绘制轮廓草图，如图 7-49 所示。单击“完成”按钮，草图绘制完毕。

图 7-48　“突出块”对话框

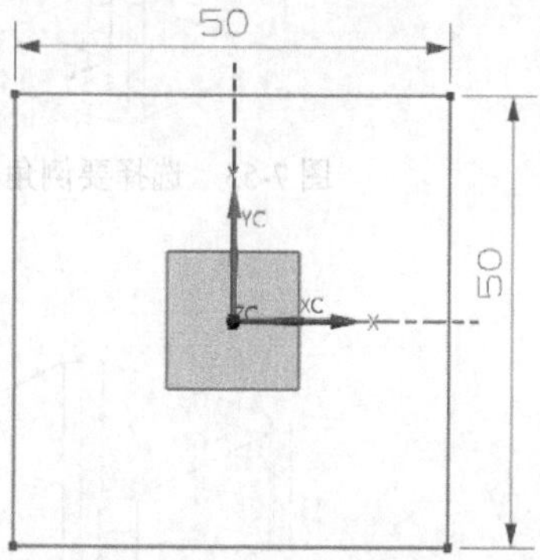

图 7-49　绘制轮廓草图

3）单击“厚度”文本框后面的，弹出如图 7-50 所示的下拉列表框，选择“使用局部值”选项，然后在“厚度”文本框中输入 50。

4）在“突出块”对话框中单击“确定”按钮，创建基本突出块特征，如图 7-51 所示。

3. 创建圆角特征

1）选择“菜单(M)”→“插入(S)”→“拐角(O)”→“倒角(B)…”选项，或者单击“主页”功能区“拐角”面组中的“倒角”按钮，弹出如图7-52所示“倒角”对话框。设置“方法”为“圆角”，“半径”为5。

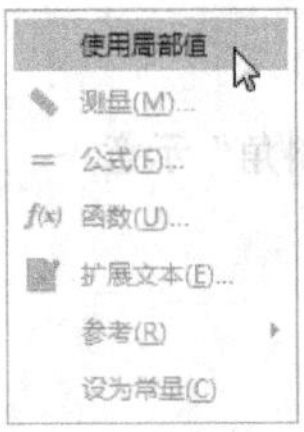

图7-50 下拉列表框

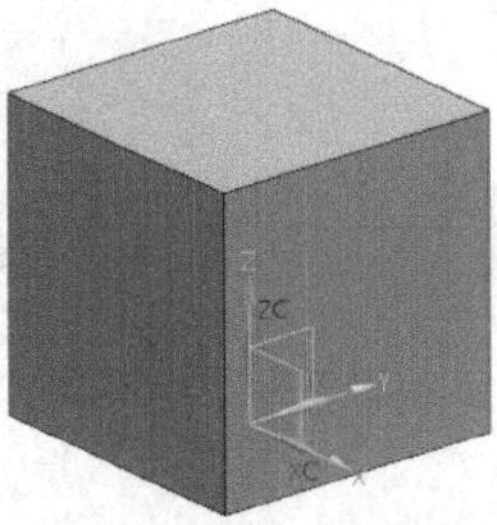

图7-51 创建基本突出块特征

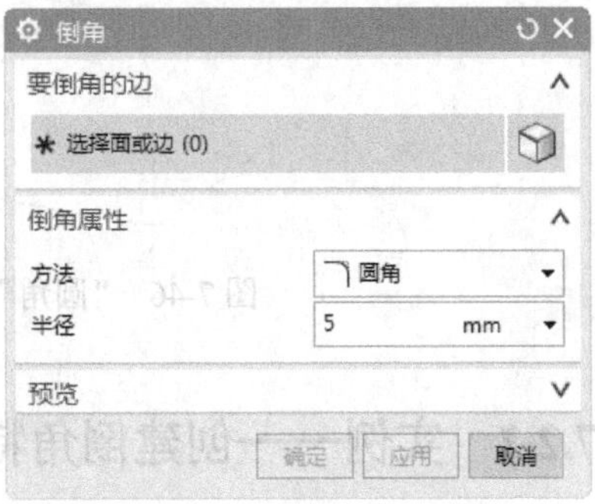

图7-52 “倒角”对话框

2）选择突出块的右侧两条棱边为要倒角的边1，如图7-53所示。

3）在“倒角”对话框中单击“确定”按钮，创建圆角特征，如图7-54所示。

4. 创建倒斜角特征

1）选择“菜单(M)”→“插入(S)”→“拐角(O)”→“倒角(B)…”选项，或者单击“主页”功能区“拐角”面组中的“倒角”按钮，弹出“倒角”对话框。设置“方法”为“倒斜角”，“距离”为5。选择如图7-55所示的两边为要倒边的边2。

2）在“倒角”对话框中单击“确定”按钮，创建倒斜角特征，如图7-56所示。

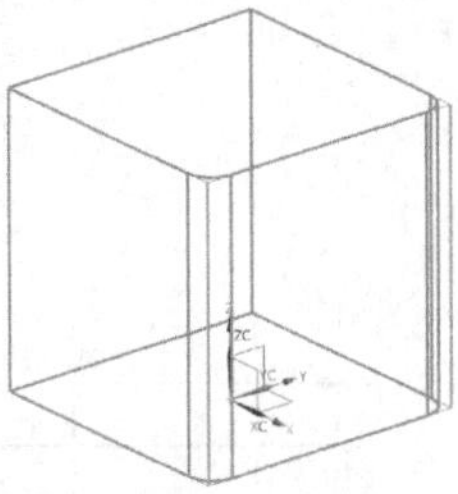

图7-53 选择要倒角的边1

图7-54 创建圆角特征

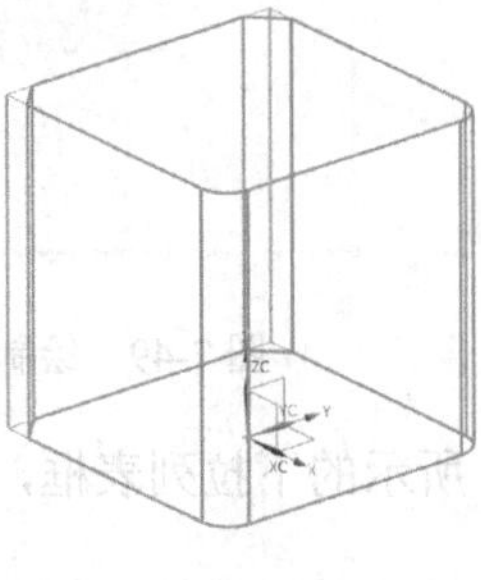

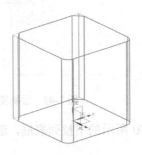

图7-55 选择要倒角的边2

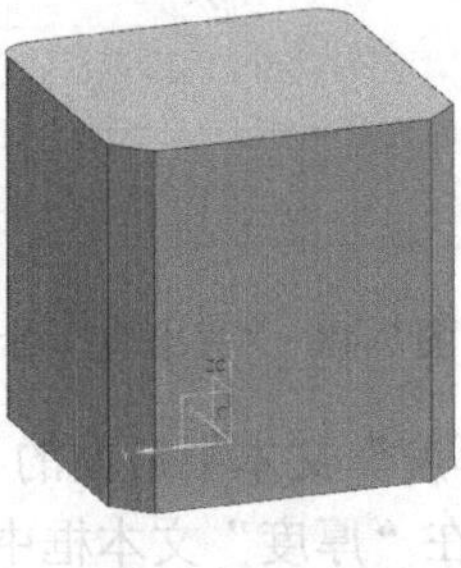

图7-56 创建倒斜角特征

7.3 三 折 弯 角

三折弯角是将相邻两个折弯的平面区域延伸至相交，形成拐角。

选择“菜单(M)”→“插入(S)”→“拐角(O)”→“三折弯角(T)...”选项，或者单击“主页”功能区“拐角”面组中的“三折弯角”按钮，弹出如图7-57所示“三折弯角”对话框。

图7-57 “三折弯角”对话框

7.3.1 选项及参数

（1）封闭折弯 用于选择要创建三折弯角的相邻折弯区域。

（2）处理 其下拉列表框中包括以下选项。

1）打开：可以将两个弯边折弯区域保持其原有状态不变，但平面区域将延伸至相交，如图7-58所示。

2）封闭：可以将整个弯边特征的内壁封闭，在每个拐角处产生一个斜接，使折弯区域连接，如图7-59所示。

3）圆形开孔：在弯边区域创建一个圆孔，通过输入的直径值来决定圆孔的大小，如图7-60所示。

图7-58 “打开”示意

图7-59 “封闭”示意

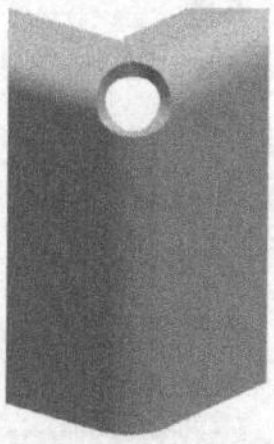

图7-60 “圆形开孔”示意

4）U形开孔：在弯边区域创建一个U形孔，通过输入的直径值来决定孔的大小，如图7-61所示。

5）V 形开孔：在弯边区域创建一个 V 形孔，通过输入的直径值来决定孔的大小，如图 7-62 所示。

图 7-61 “U 形开孔”示意

图 7-62 “V 形开孔”示意

7.3.2 实例——盒子

1. 创建钣金文件

选择“菜单(M)”→“文件(F)”→“新建(N)...”选项，弹出“新建”对话框。在“模板”列表框中选择“NX 钣金”选项。在“名称”文本框中输入 sanzhewanjiao，单击“确定”按钮，进入 UG NX 12.0 钣金设计环境。

2. 创建轮廓弯边特征

1）选择“菜单(M)”→“插入(S)”→“折弯(N)”→“轮廓弯边(C)...”选项，或者单击“主页”功能区“折弯”面组中的“轮廓弯边”按钮，弹出如图 7-63 所示的“轮廓弯边”对话框。

2）单击“绘制草图”按钮，选择 XC-YC 平面为草图工作平面，绘制轮廓草图，如图 7-64 所示。单击“完成”按钮，草图绘制完毕。

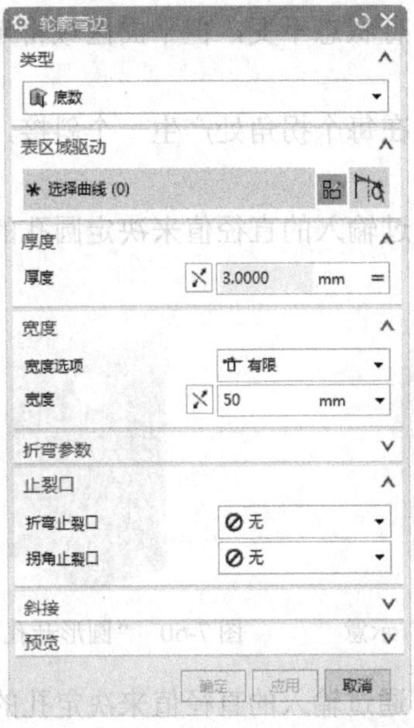

图 7-63 “轮廓弯边”对话框

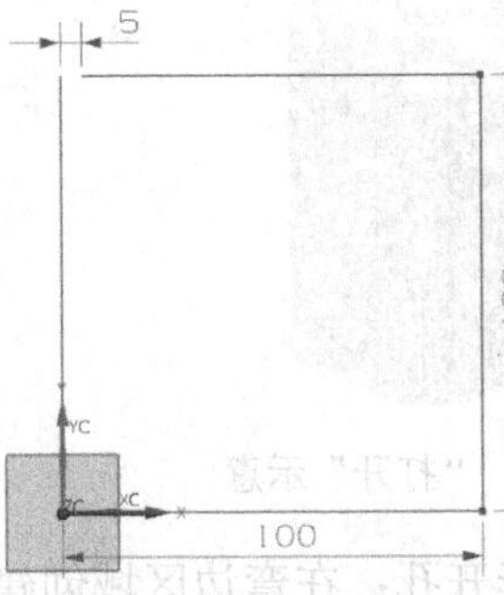

图 7-64 绘制轮廓草图

3）在“宽度”文本框中输入 50，如图 7-65 所示。

4）在“轮廓弯边”对话框中单击“确定”按钮，创建轮廓弯边特征，如图 7-66 所示。

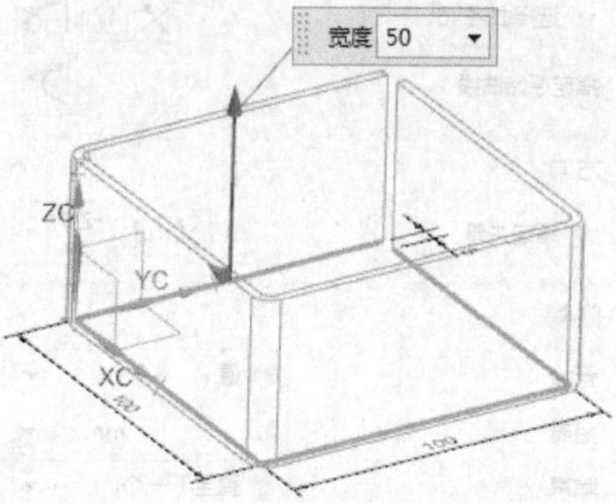

图 7-65　设置宽度

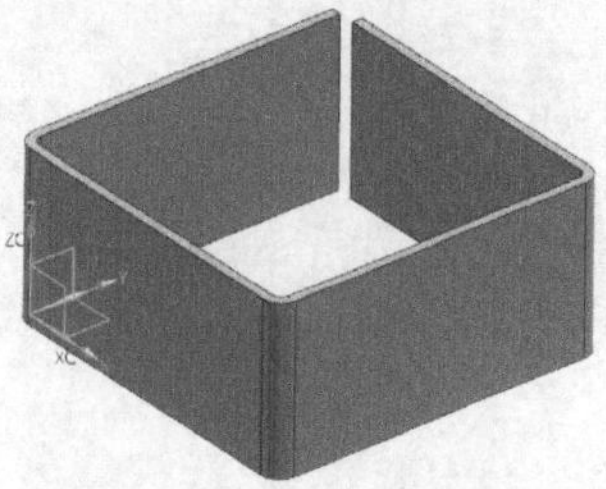

图 7-66　创建轮廓弯边特征

3. 创建弯边特征

1）选择“菜单(M)”→“插入(S)”→“折弯(N)”→“弯边(F)...”选项，或者单击“主页”功能区“折弯”面组中的“弯边”按钮，弹出如图 7-67 所示“弯边”对话框。设置“参考长度”为“内侧”，“内嵌”为“折弯外侧”，“宽度选项”为“完整”。

2）在绘图窗口中选择如图 7-68 所示的折弯边。在“弯边”对话框中单击“确定”按钮，创建如图 7-69 所示弯边特征 1。

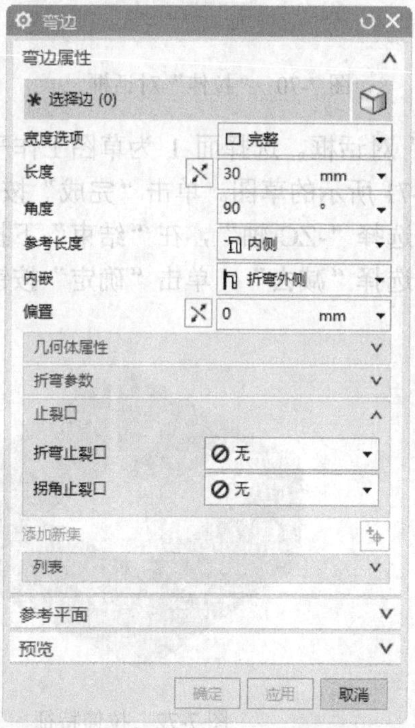

图 7-67　“弯边”对话框

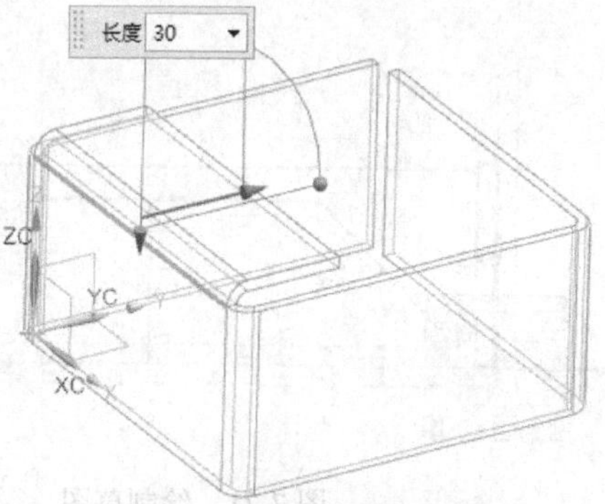

图 7-68　选择折弯边

4. 创建拉伸特征

1）选择“菜单(M)”→“插入(S)”→“切割(T)”→“拉伸(X)...”选项，或者单击“主页”功能区“特征”面组中的“拉伸”按钮，弹出如图 7-70 所示的“拉伸”对话框。

UG NX 12.0

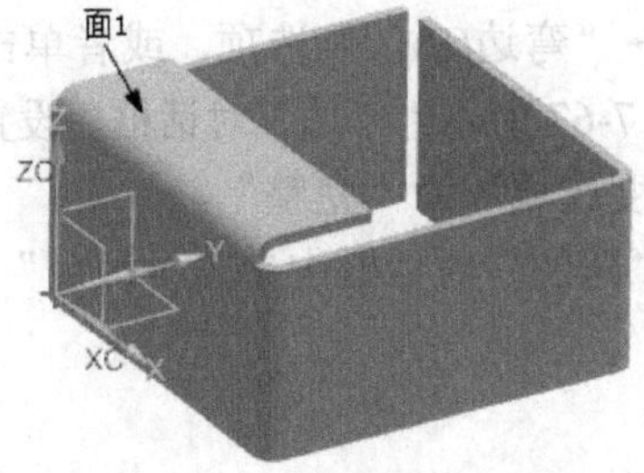

图 7-69　创建弯边特征 1

图 7-70　“拉伸”对话框

2）单击“绘制截面”按钮，弹出“创建草图”对话框。选择面 1 为草图工作平面，单击“确定”按钮，进入草图绘制环境，绘制如图 7-71 所示的草图。单击“完成”按钮，返回“拉伸”对话框。在“指定矢量”下拉列表框中选择“-ZC 轴”，在“结束”下拉列表框中选择“直至下一个”，在“布尔”下拉列表框中选择“减去”，单击“确定”按钮，创建如图 7-72 所示的拉伸特征。

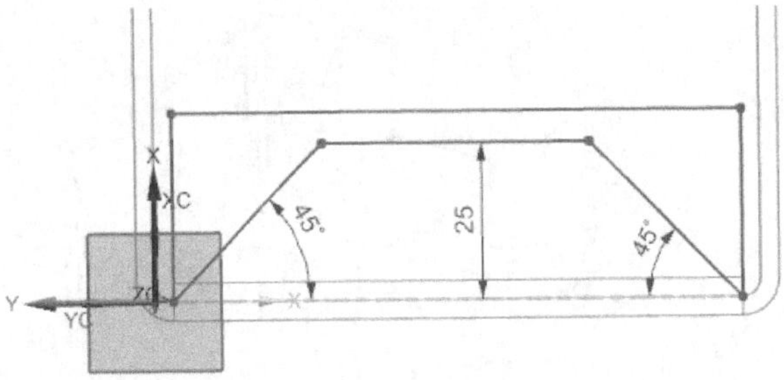

图 7-71　绘制草图

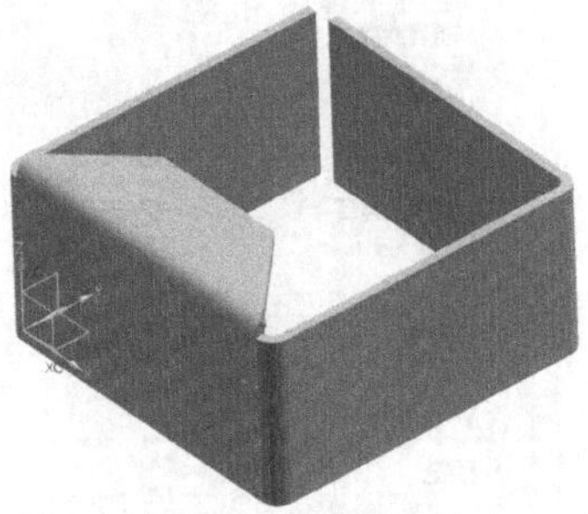

图 7-72　拉伸特征

3）重复步骤 2 和步骤 3，在其他三条边上创建截面相同的弯边，如图 7-73 所示。

5. 创建三折弯角特征 1

1）选择“菜单(M)”→“插入(S)”→“拐角(O)”→“三折弯角(T)...”选项，或者单击“主页”功能区“拐角”面组中的“封闭拐角”按钮，弹出如图 7-74 所示的“三折弯角”

对话框。

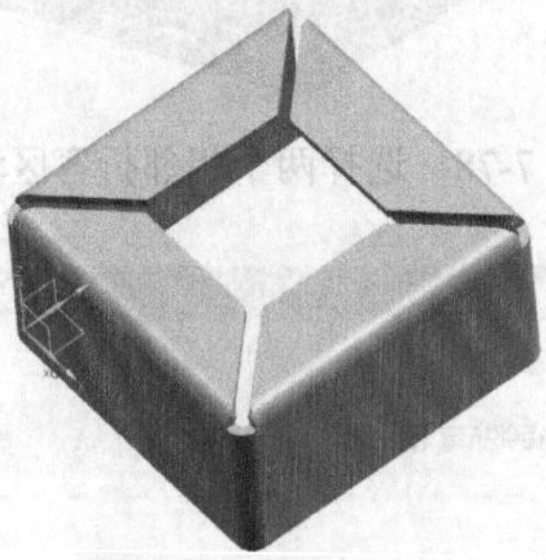

图 7-73　创建弯边

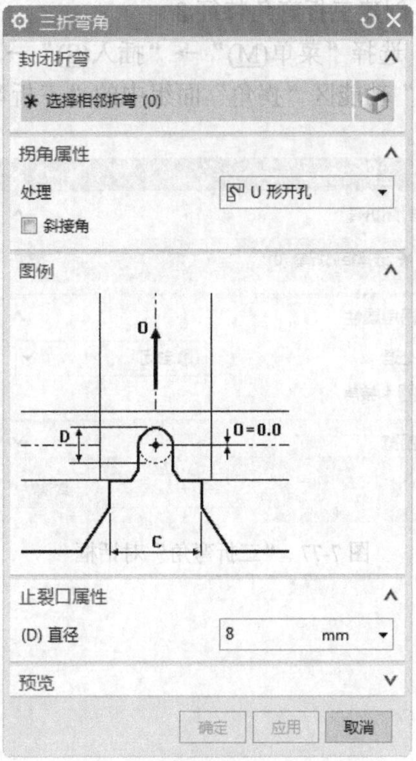

图 7-74　“三折弯角”对话框

2）选择如图 7-75 所示的两个相邻折弯区域 1。

3）在对话框中选择“U 形开孔”的处理方式，设置“直径”为 8，单击“确定”按钮，如图 7-76 所示。

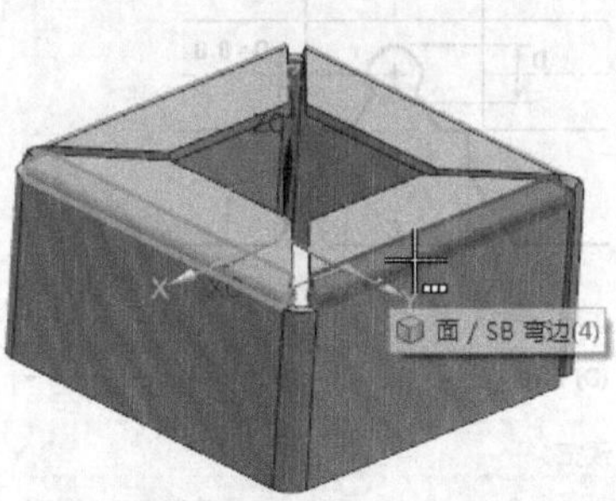

图 7-75　选择两个相邻折弯区域 1

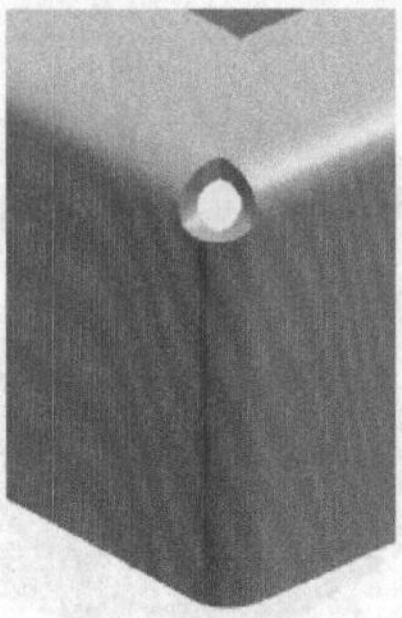

图 7-76　创建三折弯角特征 1

6. 创建三折弯角特征 2

1）选择“菜单(M)”→“插入(S)”→“拐角(O)”→“三折弯角(T)...”选项，或者单击“主页”功能区“拐角”面组中的“封闭拐角”按钮，弹出如图 7-77 所示的“三折弯角”对话框。

2）选择如图 7-78 所示的两个相邻折弯区域 2。

3）在对话框中选择“封闭”的处理方式，单击“确定”按钮，如图 7-79 所示。

7. 创建三折弯角特征 3

1）选择“菜单(M)”→“插入(S)”→“拐角(O)”→“三折弯角(T)...”选项，或者单击“主页”功能区“拐角”面组中的“三折弯角”按钮，弹出如图 7-80 所示的“三折弯角”对话框。

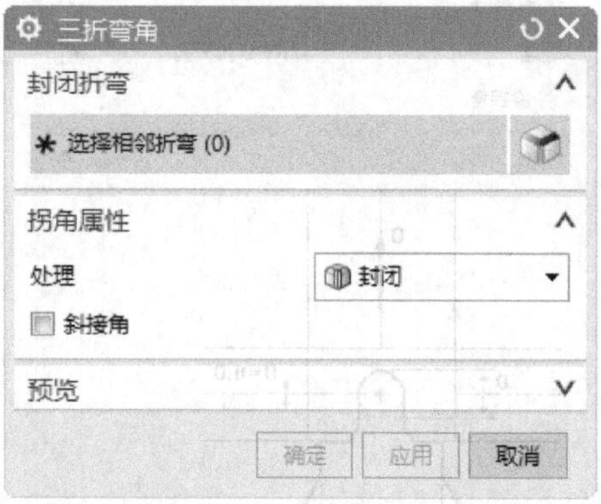

图 7-77 “三折弯角”对话框

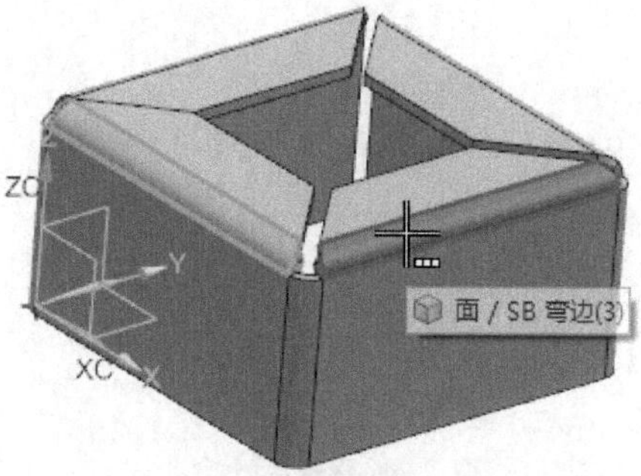

图 7-78 选择两个相邻折弯区域 2

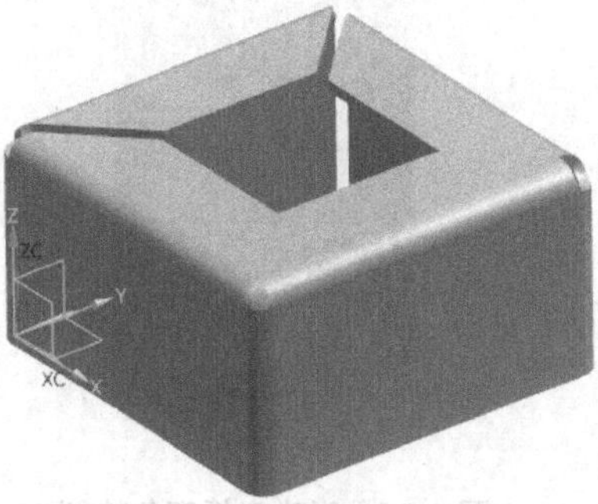

图 7-79 创建三折弯角特征 2

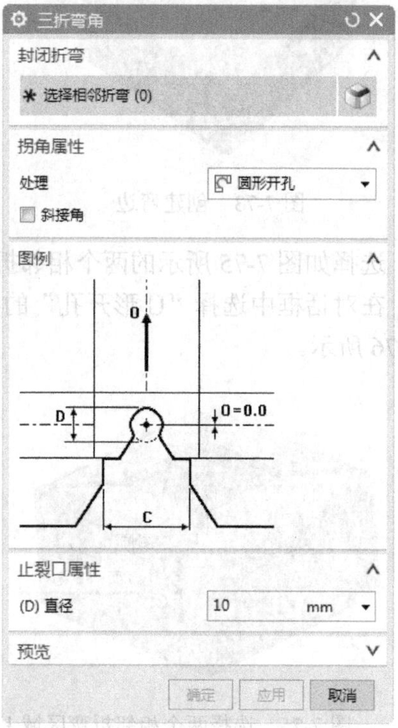

图 7-80 “三折弯角”对话框

2）选择如图 7-81 所示的两个相邻折弯区域 3。

3）在对话框中选择“圆形开孔”的处理方式，设置“直径“为 10，单击“确定”按钮，如图 7-82 所示。

至此，盒子创建完成。

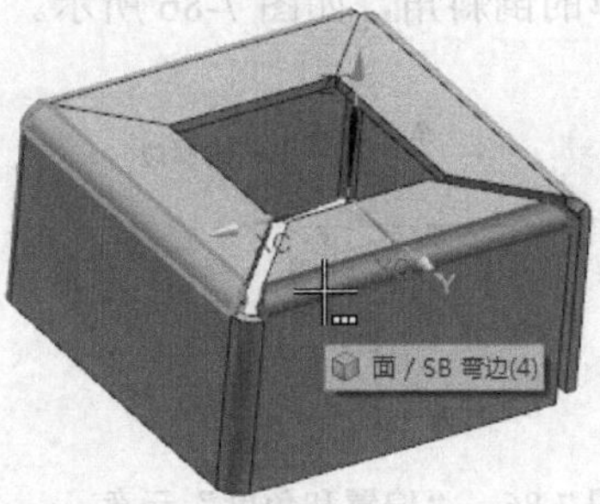

图 7-81　选择两个相邻折弯区域 3

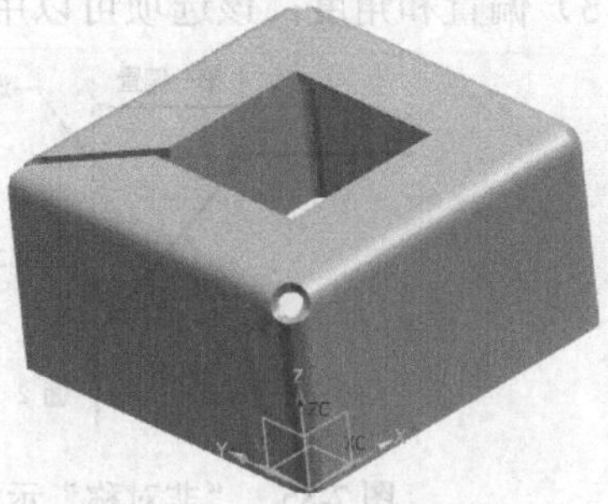

图 7-82　创建三折弯角特征 3

7.4　倒 斜 角

通过定义所需的倒角尺寸在实体的边上形成斜角。

选择“菜单(M)”→“插入(S)”→“拐角(O)”→“倒斜角(M)…”选项，或者单击“主页”功能区“拐角”面组中的“倒斜角”按钮，弹出如图 7-83 所示的“倒斜角”对话框。

（1）选择边　用于选择要倒斜角的一条或多条边。

（2）横截面　其下拉列表框中包括以下选项。

1）对称：该选项用于创建一个简单的倒斜角，它沿着两个面的偏置是相同的。必须输入一个正的偏置值，如图 7-84 所示。

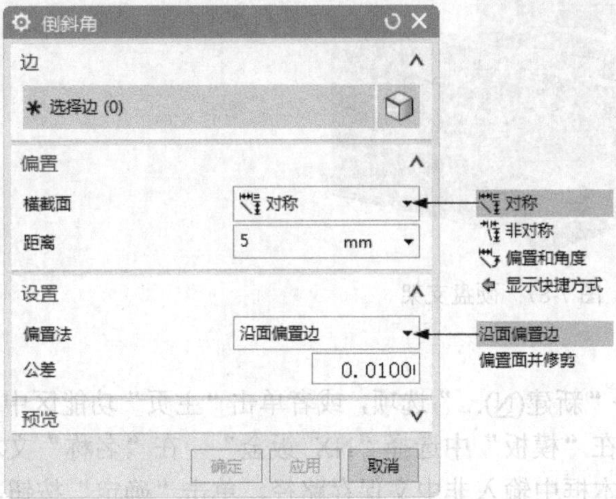

图 7-83　“倒斜角”对话框

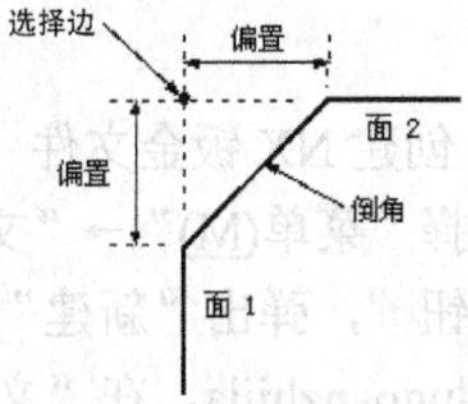

图 7-84　“对称”示意

2）非对称：用于与倒角边邻接的两个面分别采用不同偏置值来创建倒斜角，必须输入“距离 1”值和“距离 2”值。这些偏置是从选择的边沿着面测量的。这两个值都必须是正的，如图 7-85 所示。在创建倒斜角以后，如果倒斜角的偏置和想要的方向相反，可以选择“反向”选项。

3）偏置和角度：该选项可以用一个角度来定义简单的倒斜角，如图 7-86 所示。

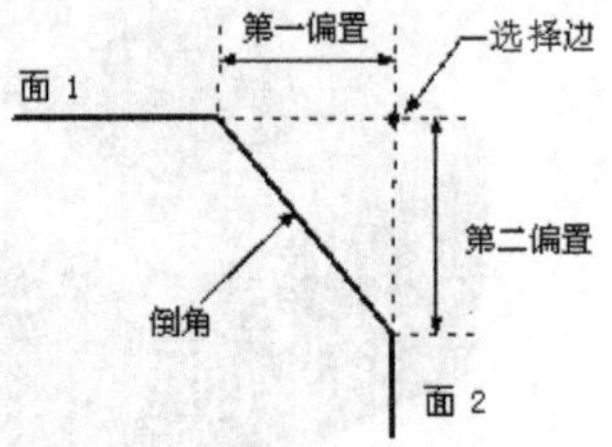

图 7-85 “非对称”示意

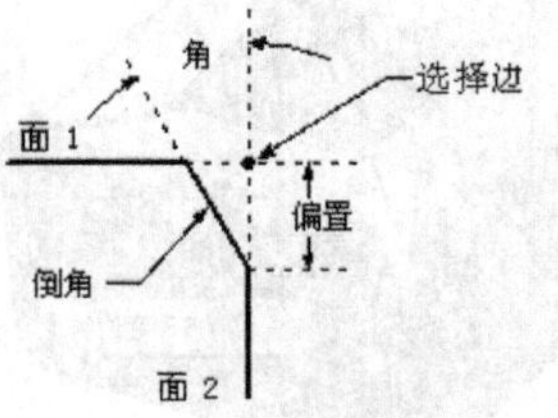

图 7-86 “偏置和角度”示意

（3）偏置法 用于选择一种方法，以使用偏置距离值来定义新倒斜角面的边。

1）沿面偏置边：通过沿所选边的邻近面测量偏置距离值，定义新倒斜角面的边。

2）偏置面并修剪：通过偏置相邻面以及将偏置面的相交处垂直投影到原始面，定义新倒斜角的边。

7.5 综合实例——硬盘支架

首先利用“轮廓弯边”命令创建基本钣金件，然后利用“折边弯边”和“弯边”命令创建四周的附加壁，利用“凹坑”和“法向开孔”命令在钣金件上添加凹坑并修剪部分料，即可完成硬盘支架的创建，如图 7-87 所示。

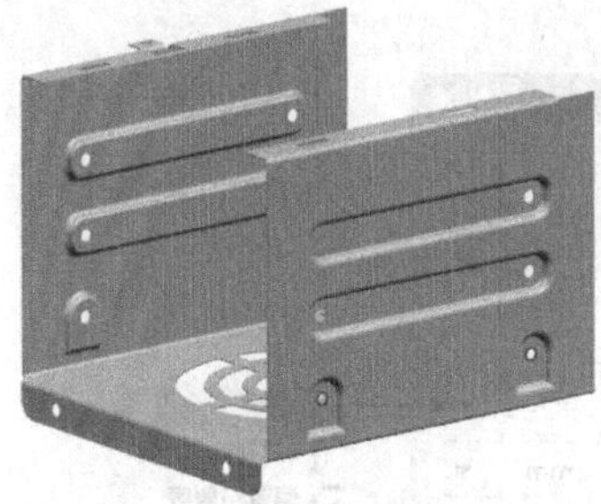

图 7-87 硬盘支架

1. 创建 NX 钣金文件

选择“菜单(M)”→“文件(F)”→“新建(N)...”选项，或者单击“主页”功能区中的“新建”按钮，弹出“新建”对话框。在“模板”中选择“NX 钣金”，在“名称”文本框中输入 yingpanzhijia，在“文件夹”文本框中输入非中文保存路径，单击“确定”按钮，进入 UG NX 12.0 钣金设计环境。

2. 钣金参数预设置

1）选择“菜单(M)”→“首选项(P)”→“钣金(H)...”选项，弹出如图 7-88 所示的“钣金首选项”对话框。

2）在图 7-88 所示的对话框中设置“全局参数”选项组的“材料厚度”为 0.5，“弯曲半径”为 1，在“方法”下拉列表框中选择“公式”，在“公式”下拉列表框中选择“折弯许用半径”。

3）在图 7-88 所示的对话框中单击“确定”按钮，完成 NX 钣金预设置。

3. 创建轮廓弯边特征

1）选择“菜单(M)”→“插入(S)”→“折弯(N)”→“轮廓弯边(C)...”选项，或者单击“主页”功能区“折弯”面组中的“轮廓弯边”按钮，弹出如图 7-89 所示“轮廓弯边”对话框。设置“宽度选项”为对称，“宽度”为 110。

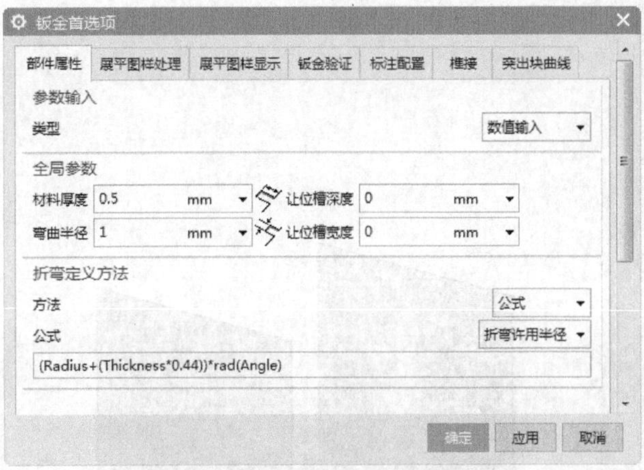

图 7-88　“钣金首选项”对话框

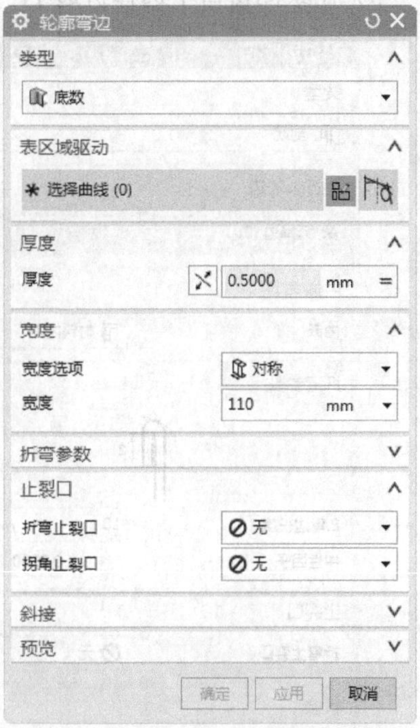

图 7-89　“轮廓弯边”对话框

2）在“轮廓弯边”对话框上单击“绘制草图”按钮，选择 XC-YC 平面为草图工作平面，绘制草图 1，如图 7-90 所示。单击“完成”按钮图标，草图绘制完毕。

3）在“轮廓弯边”对话框中单击“确定”按钮，如图 7-91 所示。

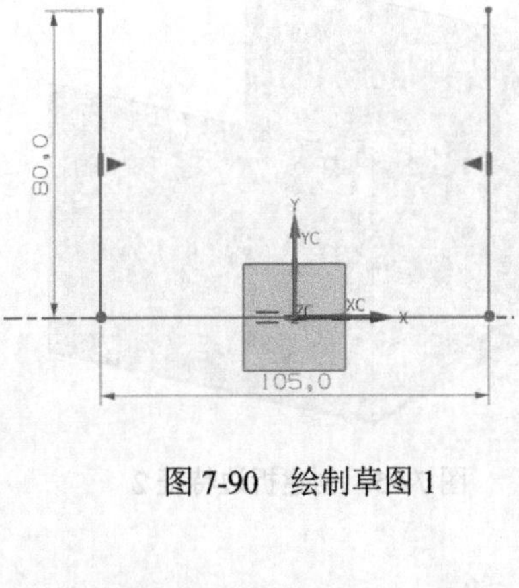

图 7-90　绘制草图 1

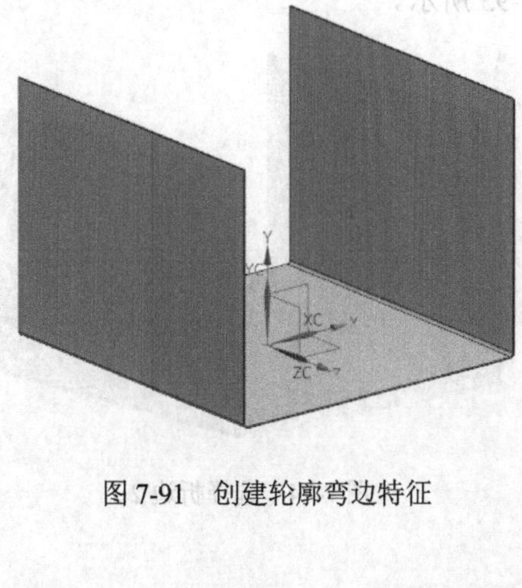

图 7-91　创建轮廓弯边特征

4. 创建折边特征

1）选择“菜单(M)”→“插入(S)”→“折弯(N)”→“折边弯边(H)...”选项，或者单击“主页”功能区“折弯”面组“更多”库中的“折边弯边”按钮，弹出如图 7-92 所示的“折边”对话框。

2）选择“封闭”类型，设置“内嵌”为“材料内侧”，“弯边长度”为 10，“折弯止裂口”为“无”。

3）在绘图窗口中选择折边 1，如图 7-93 所示。单击“应用”按钮，创建折边特征 1。

图 7-92 “折边”对话框

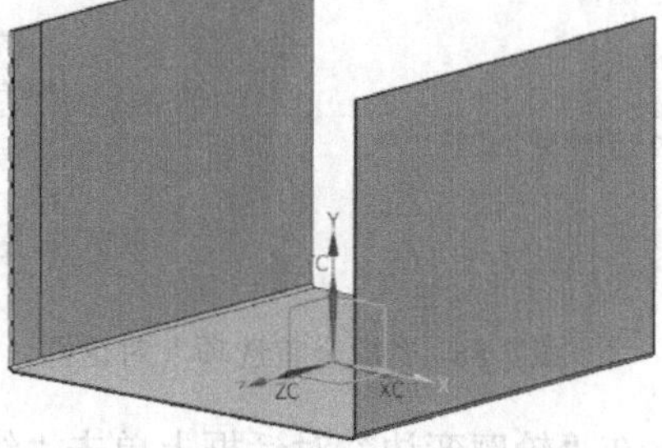

图 7-93 选择折边 1

4）在绘图窗口中选择折边 2，如图 7-94 所示。单击“应用”按钮，创建折边特征 2，如图 7-95 所示。

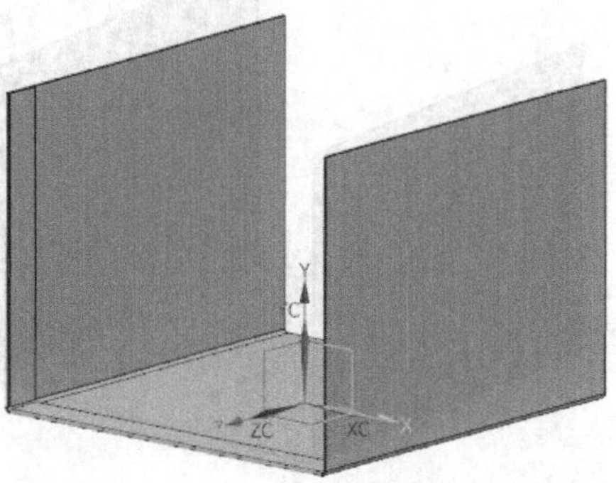

图 7-94 选择折边 2

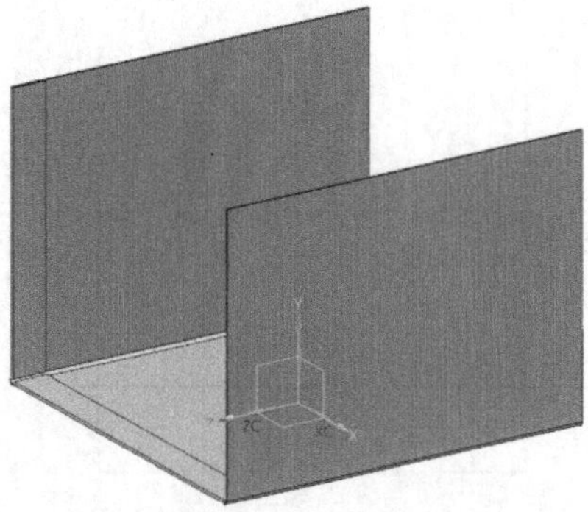

图 7-95 创建折边特征 2

5）在绘图窗口中选择折边 3，如图 7-96 所示。单击“确定”按钮，创建折边特征 3，如图 7-97 所示。

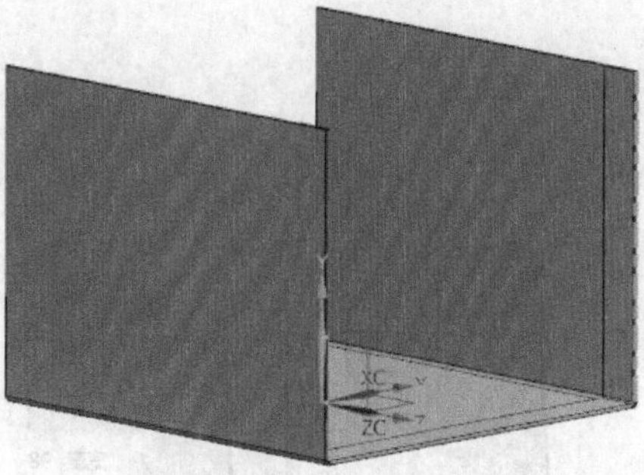

图 7-96　选择折边 3

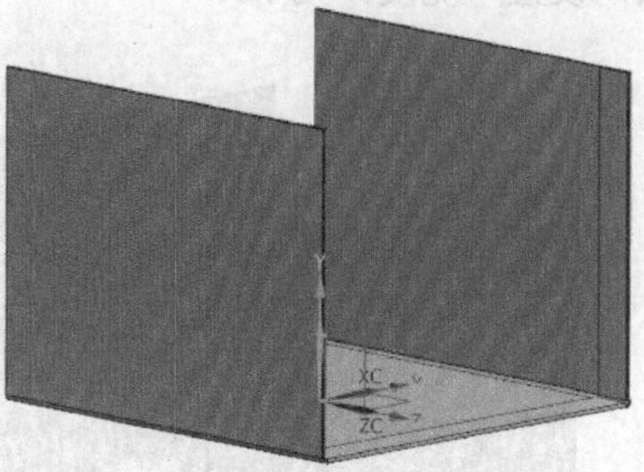

图 7-97　创建折边特征 3

5. 创建第 1 弯边特征

1）选择“菜单(M)”→“插入(S)”→“折弯(N)”→“弯边(F)…”选项，或者单击“主页”功能区“折弯”面组中的“弯边”按钮，弹出如图 7-98 所示“弯边”对话框。设置“内嵌”类型为“材料外侧”，“参考长度”为“外侧”，“宽度选项”为“在端点”，“长度”为 10。

2）在绘图窗口中选择如图 7-99 所示的第 1 弯边特征折弯边，并选择如图 7-99 所示的顶点，设置“宽度”为 98。

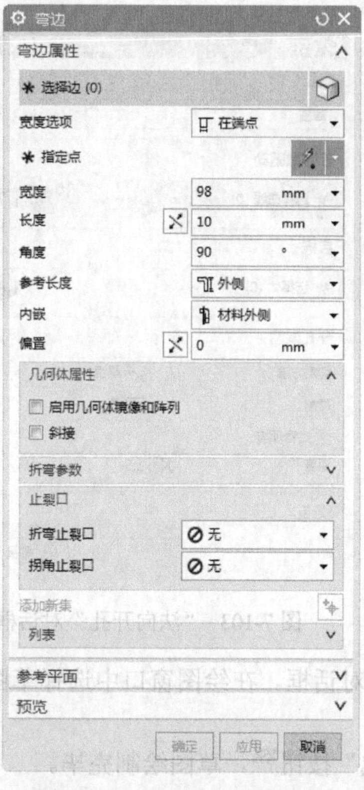

图 7-98　“弯边”对话框

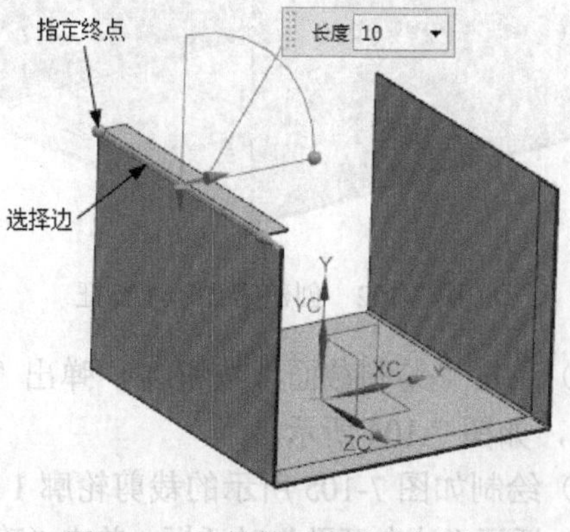

图 7-99　选择第 1 弯边特征折弯边

3）在“弯边”对话框中单击“应用”按钮，创建第 1 弯边特征，如图 7-100 所示。

4）在绘图窗口中选择如图 7-101 所示的第 2 弯边特征折弯边，并选择如图 7-101 所示的顶点，设置“宽度”为 98。

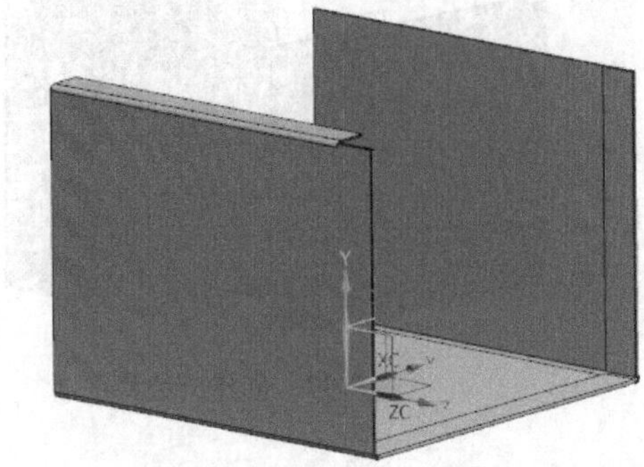

图 7-100　创建第 1 弯边特征

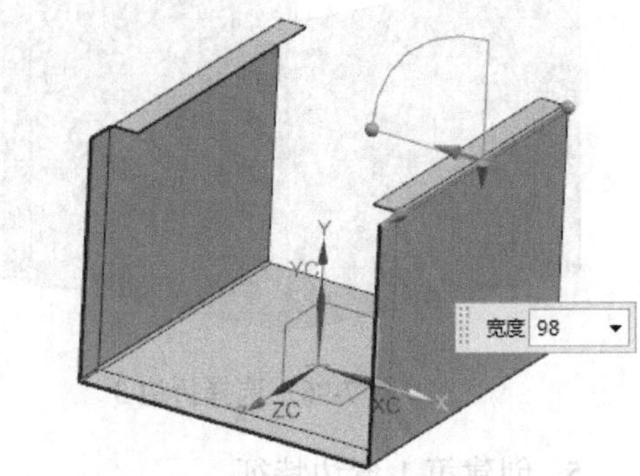

图 7-101　选择第 2 弯边特征折弯边

5）在“弯边”对话框中单击“确定”按钮，创建第 2 弯边特征，如图 7-102 所示。

6. 创建法向开孔特征 1

1）选择“菜单(M)”→“插入(S)”→“切割(T)”→“法向开孔(N)...”选项，或者单击“主页”功能区“特征”面组中的“法向开孔”按钮，弹出如图 7-103 所示“法向开孔”对话框。设置“切割方法”为“厚度”，“限制”为“值”，“深度”为 1.5

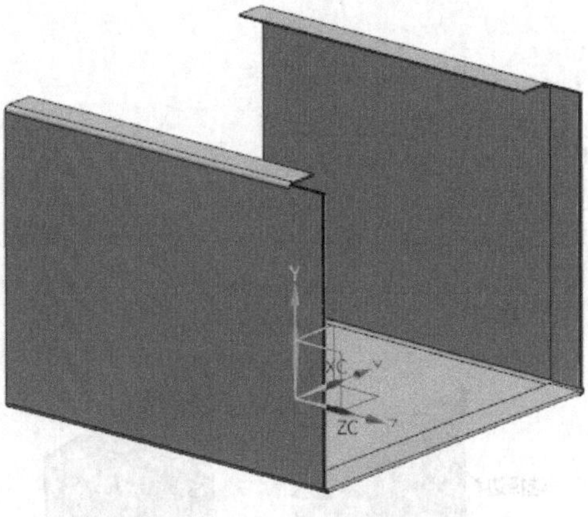

图 7-102　创建第 2 弯边特征

图 7-103　“法向开孔”对话框

2）单击“绘制截面”按钮，弹出“创建草图”对话框。在绘图窗口中选择草图工作平面 1，如图 7-104 所示。

3）绘制如图 7-105 所示的裁剪轮廓 1。单击“完成”按钮，草图绘制完毕。

4）返回“法向开孔”对话框，单击“确定”按钮，创建法向开孔特征 1，如图 7-106 所示。

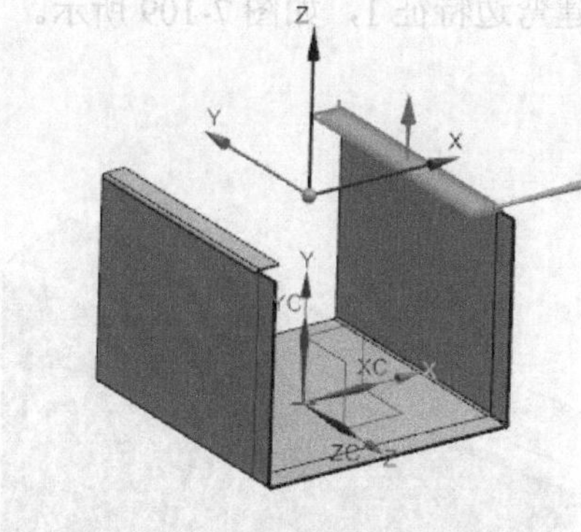

图 7-104　选择草图工作平面 1

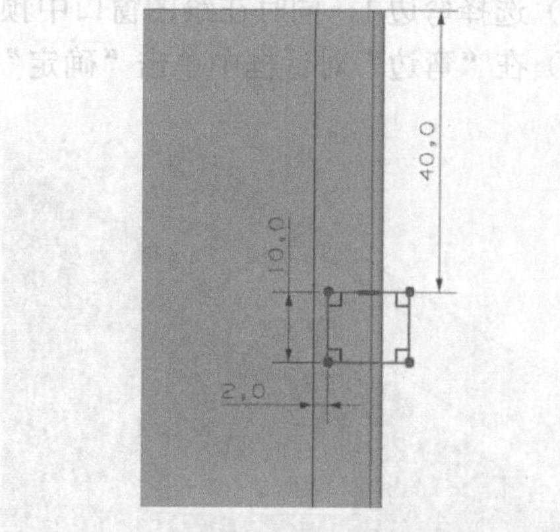

图 7-105　绘制裁剪轮廓 1

7. 创建弯边特征 1

1）选择“菜单(M)”→“插入(S)”→“折弯(N)”→“弯边(F)...”选项，或者单击“主页”功能区“折弯”面组中的“弯边”按钮，弹出如图 7-107 所示“弯边”对话框。设置“宽度选项”为“从两端”，“距离 1”和“距离 2”为 1，“长度”为 6，“角度”为 90，“参考长度”为“外侧”，“内嵌”为“折弯外侧”，在“止裂口”选项组的“折弯止裂口”和“拐角止裂口”下拉列表框中选择“无”。

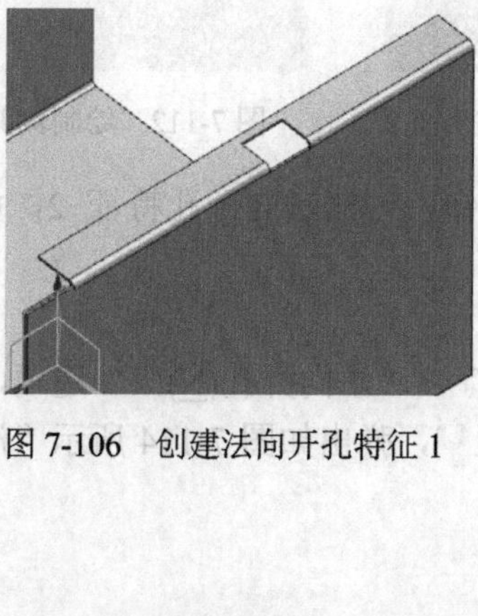

图 7-106　创建法向开孔特征 1

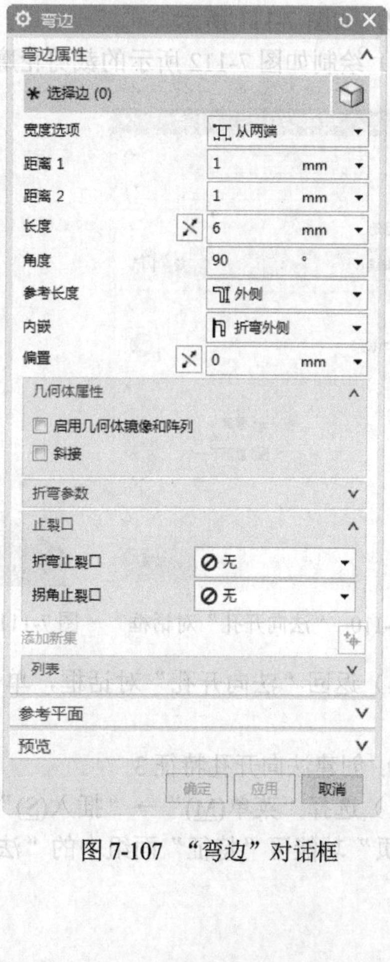

图 7-107　“弯边”对话框

2）选择弯边 1，同时在绘图窗口中预览所创建的弯边特征，如图 7-108 所示。

3）在“弯边”对话框中单击“确定”按钮，创建弯边特征 1，如图 7-109 所示。

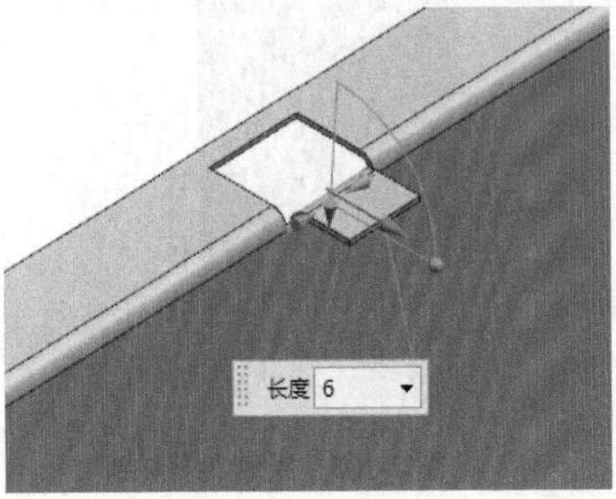

图 7-108　选择弯边 1

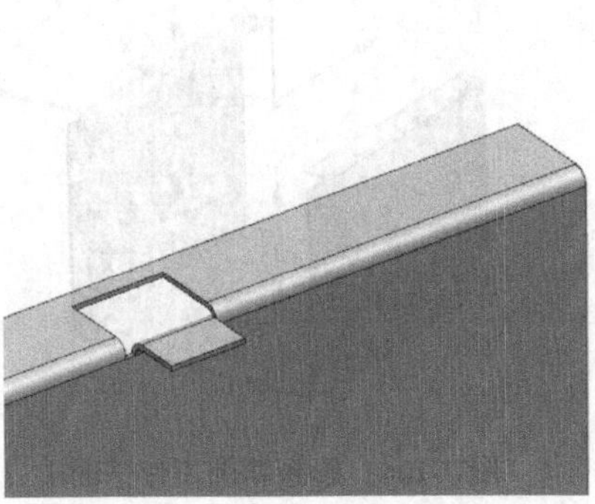

图 7-109　创建弯边特征 1

8. 创建法向开孔特征 2

1）选择“菜单(M)”→“插入(S)”→“切割(T)”→“法向开孔(N)...”选项，或者单击“主页”功能区“特征”面组中的“法向开孔”按钮，弹出如图 7-110 所示“法向开孔”对话框。设置“切割方法”为厚度，“限制”为“直至下一个”。

2）单击“绘制截面”按钮，弹出“创建草图”对话框。在绘图窗口中选择草图工作平面 2，如图 7-111 所示。

3）绘制如图 7-112 所示的裁剪轮廓 2。单击“完成”按钮，草图绘制完毕。

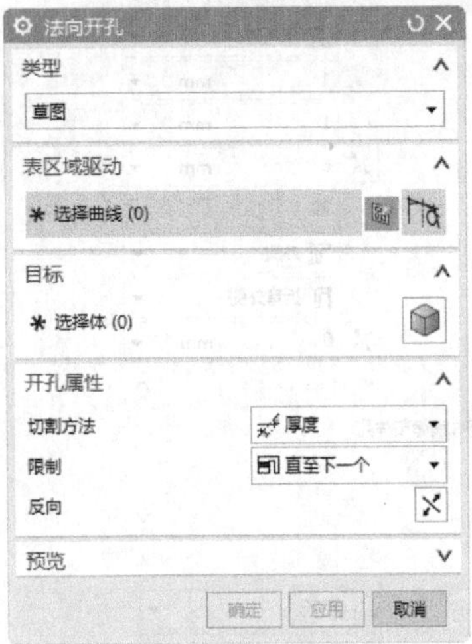

图 7-110　“法向开孔”对话框

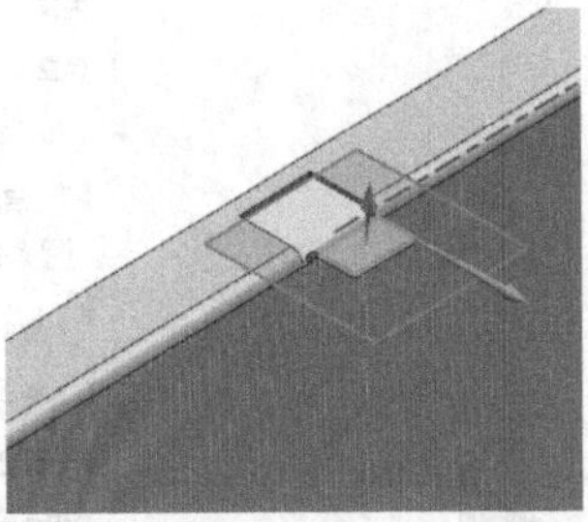

图 7-111　选择草图工作平面 2

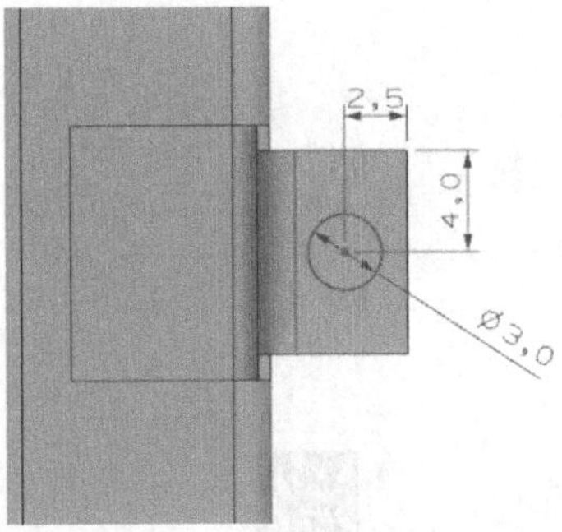

图 7-112　绘制裁剪轮廓 2

4）返回“法向开孔”对话框，单击“确定”按钮，创建法向开孔特征 2，如图 7-113 所示。

9. 创建法向开孔特征 3

1）选择“菜单(M)”→“插入(S)”→“切割(T)”→“法向开孔(N)...”选项，或者单击“主页”功能区“特征”面组中的“法向开孔”按钮，弹出如图 7-114 所示“法向开孔”

对话框。设置“切割方法”为厚度，“限制”为“直至下一个”。

图 7-113　创建法向开孔特征 2

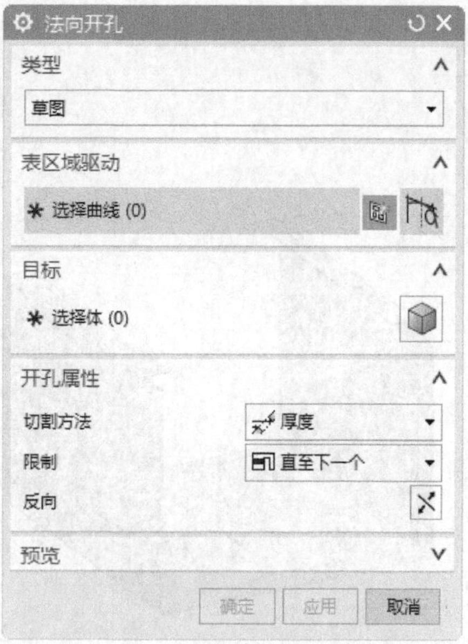

图 7-114　“法向开孔”对话框

2）单击“绘制截面”按钮，弹出“创建草图”对话框。在绘图窗口中选择草图工作平面 3，如图 7-115 所示。

3）绘制如图 7-116 所示的裁剪轮廓 3。单击“完成”按钮，草图绘制完毕。

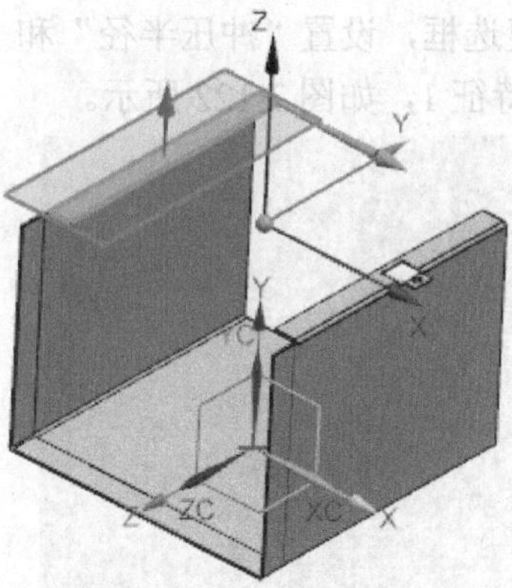

图 7-115　选择草图工作平面 3

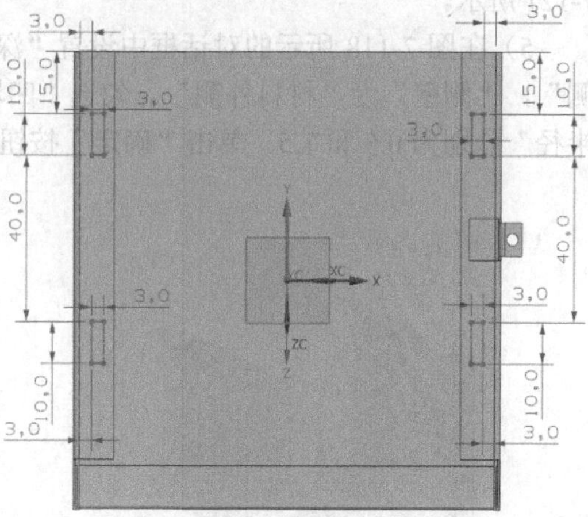

图 7-116　绘制裁剪轮廓 3

4）返回“法向开孔”对话框，单击“确定”按钮，创建法向开孔特征 3，如图 7-117 所示。

10. 创建凹坑特征 1

1）选择“菜单(M)”→“插入(S)”→“冲孔(H)”→“凹坑(D)...”选项，或者单击“主页”功能区“冲孔”面组中的“凹坑”按钮，弹出如图 7-118 所示的“凹坑”对话框。

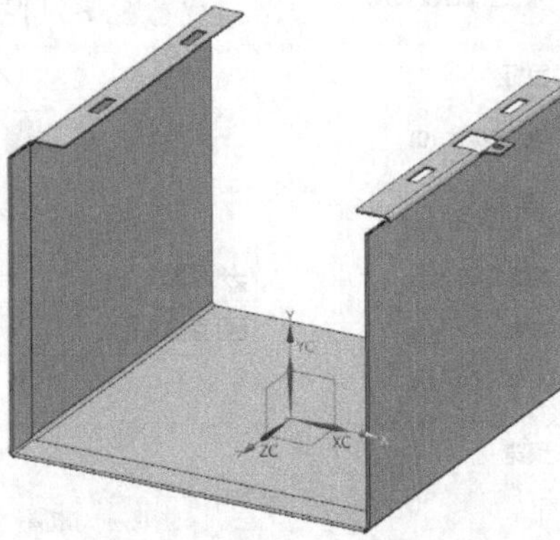

图 7-117　创建法向开孔特征 3

图 7-118　“凹坑”对话框

2）在图 7-118 所示的对话框中单击“绘制截面”按钮，弹出“创建草图”对话框。

3）在绘图窗口中选择如图 7-119 所示的平面为草图工作平面 4，单击“确定”按钮，进入草图绘制环境，绘制如图 7-120 所示的草图。

4）单击“完成”按钮，草图绘制完毕，在绘图窗口中预览所创建的凹坑特征 1，如图 7-121 所示。

5）在图 7-118 所示的对话框中设置“深度”为 2，“侧角”为 0，“参考深度”为“内侧”，“侧壁”为“材料外侧”。勾选“凹坑边倒圆”复选框，设置“冲压半径”和“冲模半径”分别为 0.5 和 1.5。单击“确定”按钮，创建凹坑特征 1，如图 7-122 所示。

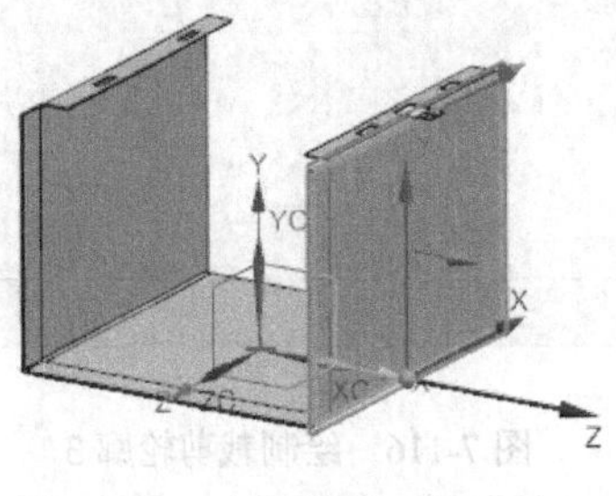

图 7-119　选择草图工作平面 4

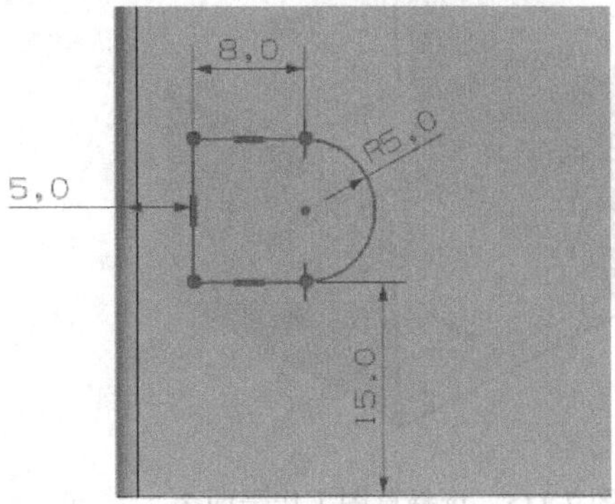

图 7-120　绘制草图 2

11. 创建法向开孔特征 4

1）选择“菜单(M)”→“插入(S)”→“切割(T)”→“法向开孔(N)...”特征，或者单击“主页”功能区“特征”面组中的“法向开孔”按钮，弹出“法向开孔”对话框。设置“切割方法”为厚度，“限制”为“直至下一个”。

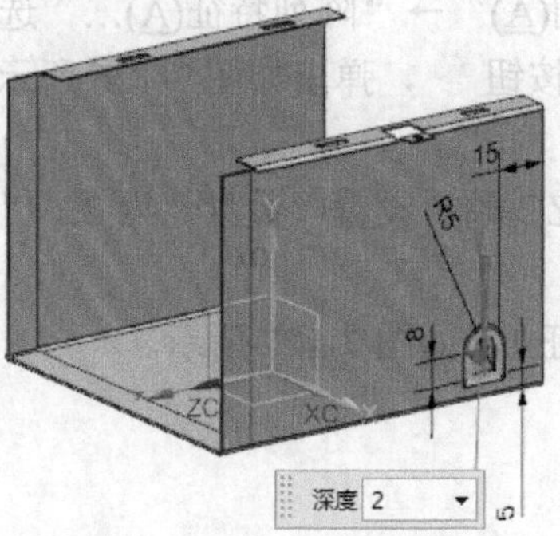

图 7-121　预览所创建的凹坑特征 1

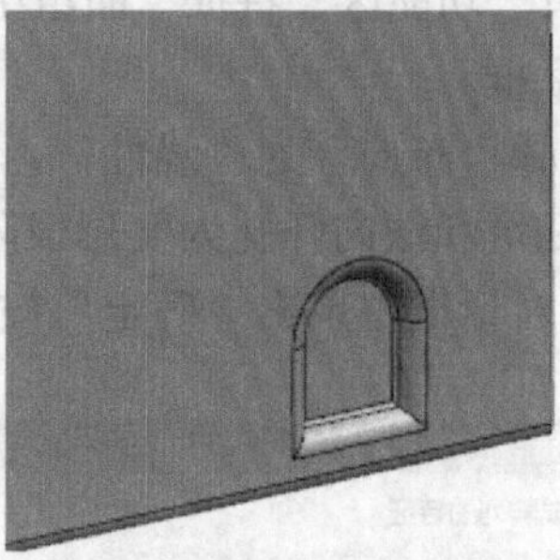

图 7-122　创建凹坑特征 1

2）单击“绘制截面”按钮，弹出“创建草图”对话框。在绘图窗口中选择草图工作平面 5，如图 7-123 所示。

3）绘制如图 7-124 所示的裁剪轮廓 4。单击“完成”按钮，草图绘制完毕。

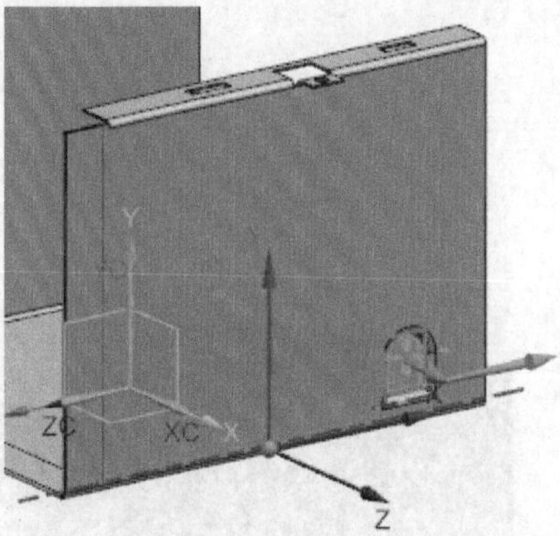

图 7-123　选择草图工作平面 5

图 7-124　绘制裁剪轮廓 4

4）返回到“法向开孔”对话框，单击“确定”按钮，创建法向开孔特征 4，如图 7-125 所示。

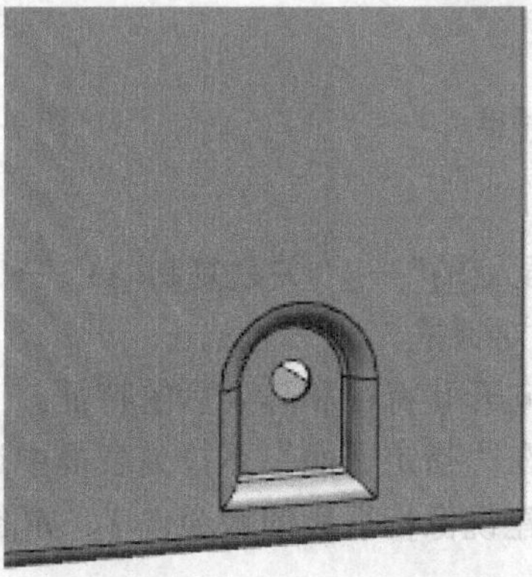

图 7-125　创建法向开孔特征 4

12. 阵列特征 1

1）选择“菜单(M)”→“插入(S)”→“关联复制(A)”→“阵列特征(A)...”选项，或者单击“主页”功能区“特征”面组中的“阵列特征”按钮，弹出如图 7-126 所示的“阵列特征”对话框。

2）选择“布局”为“线性”，指定“矢量”为 ZC 轴，设置“数量”为 2，“节距”为 70，选择凹坑和法向开孔为要形成阵列的特征。

3）在对话框中单击“确定”按钮，创建阵列特征 1，如图 7-127 所示。

图 7-126 “阵列特征”对话框

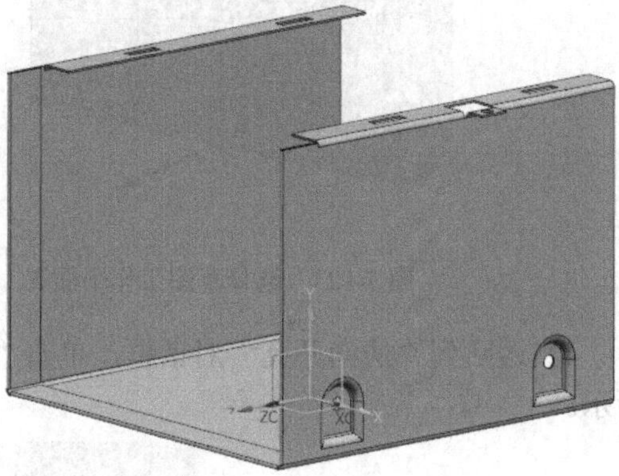

图 7-127 创建阵列特征 1

13. 镜像特征 1

1）选择“菜单(M)”→“插入(S)”→“关联复制(A)”→“镜像特征(R)...”选项，打开如图 7-128 所示的“镜像特征”对话框。

2）选择阵列前的凹坑和法向开孔特征和阵列后的特征。

3）选择“新平面”选项，在“指定平面”下拉列表框中选择 YC-ZC 平面为镜像平面。

4）单击“确定”按钮，创建镜像特征后的钣金件 1，如图 7-129 所示。

14. 创建凹坑特征 2

1）选择“菜单(M)”→“插入(S)”→“冲孔(H)”→“凹坑(D)...”选项，或者单击“主页”功能区“冲孔”面组中的“凹坑”按钮，弹出如图 7-130 所示的“凹坑”对话框。

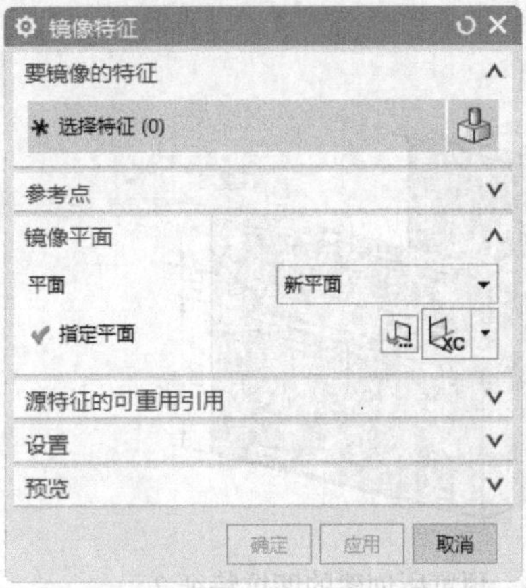

图 7-128 “镜像特征”对话框

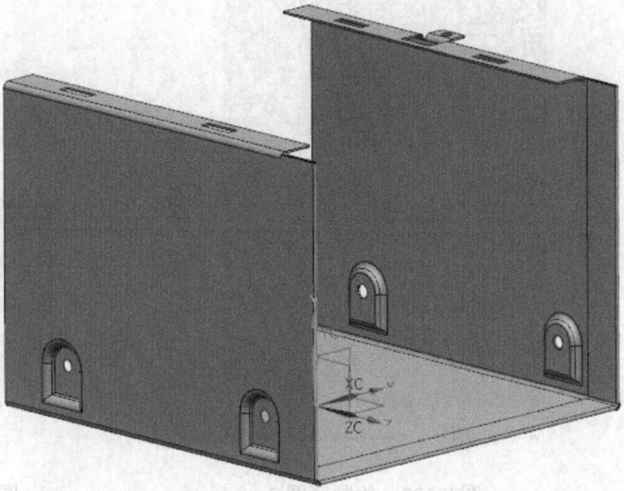

图 7-129 创建镜像特征后的钣金件 1

2）在图 7-130 所示的对话框中单击“绘制截面”按钮，弹出“创建草图”对话框。

3）在绘图窗口中选择如图 7-131 所示的平面为草图工作平面 6，单击“确定”按钮，进入草图绘制环境，绘制如图 7-132 所示的草图 3。

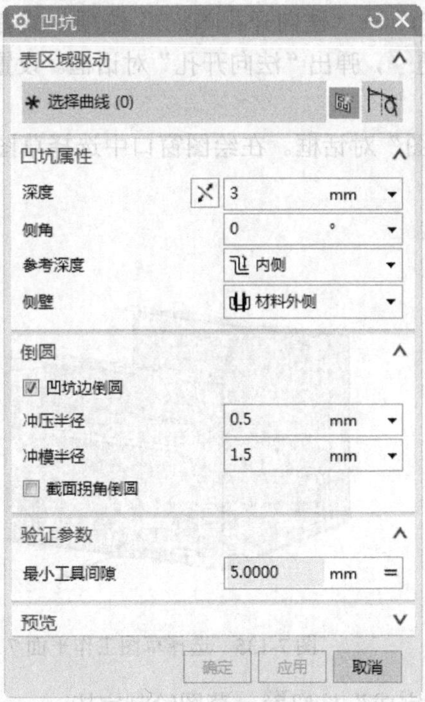

图 7-130 “凹坑”对话框

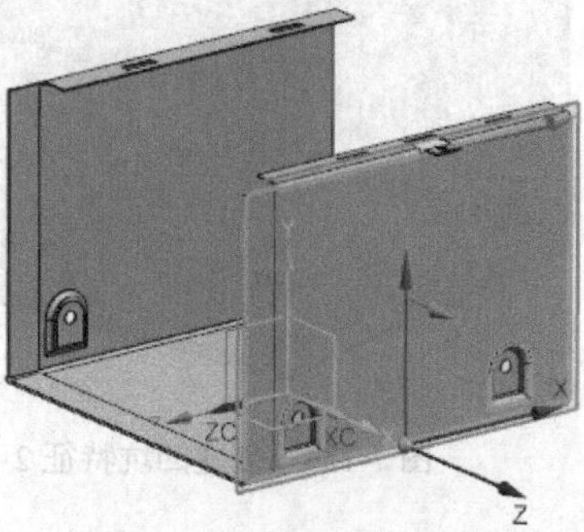

图 7-131 选择草图工作平面 6

4）单击“完成”按钮，草图绘制完毕，在绘图窗口中预览所创建的凹坑特征 2，如图 7-133 所示。

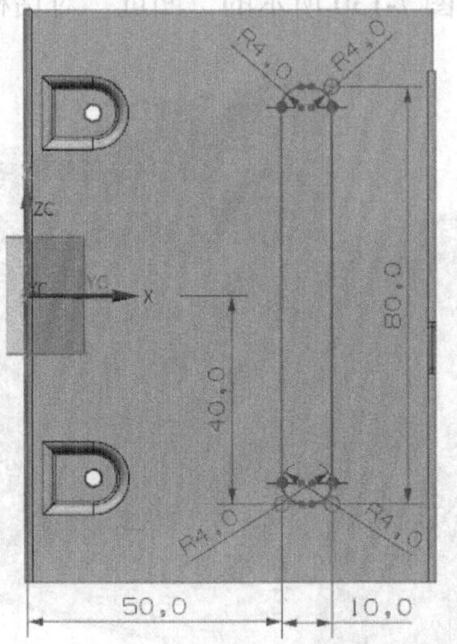

图 7-132　绘制草图 3

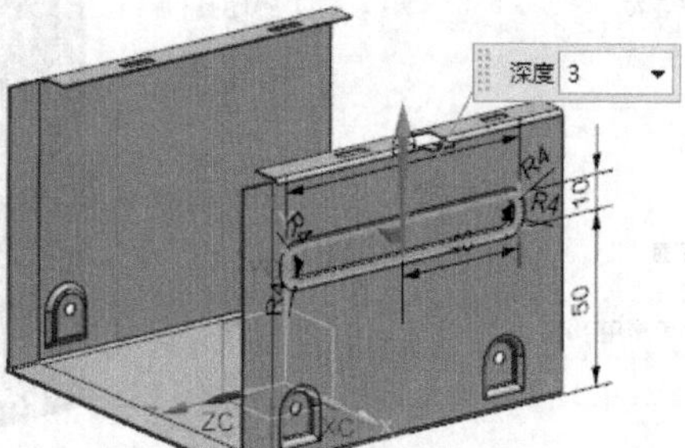

图 7-133　预览所创建的凹坑特征 2

5）在图 7-130 所示的对话框中设置“深度”为 3，“侧角”为 0，“参考深度”为“外侧”，“侧壁”为“材料内侧”。勾选“凹坑边倒圆”复选框，设置“冲压半径”和“冲模半径”分别为 0.5 和 1.5。单击“确定”按钮，创建凹坑特征 2，如图 7-134 所示。

15. 创建法向开孔特征 5

1）选择“菜单(M)”→“插入(S)”→“切割(T)”→“法向开孔(N)...”选项，或者单击“主页”功能区“特征”面组中的“法向开孔”按钮，弹出“法向开孔”对话框。设置“切割方法”为厚度，“限制”为“直至下一个”。

2）单击“绘制截面”按钮，弹出“创建草图”对话框。在绘图窗口中选择草图工作平面 7，如图 7-135 所示。

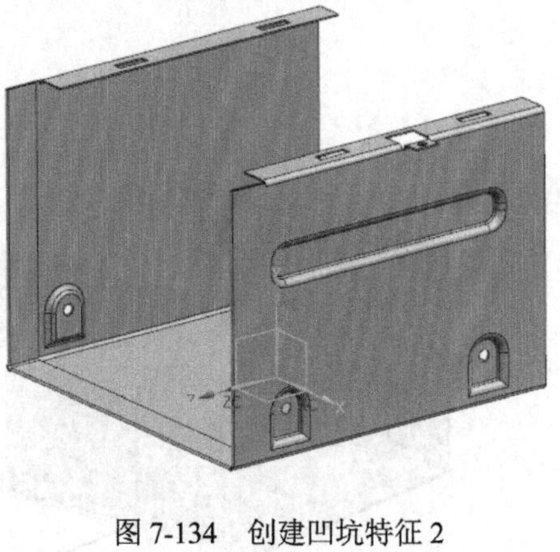

图 7-134　创建凹坑特征 2

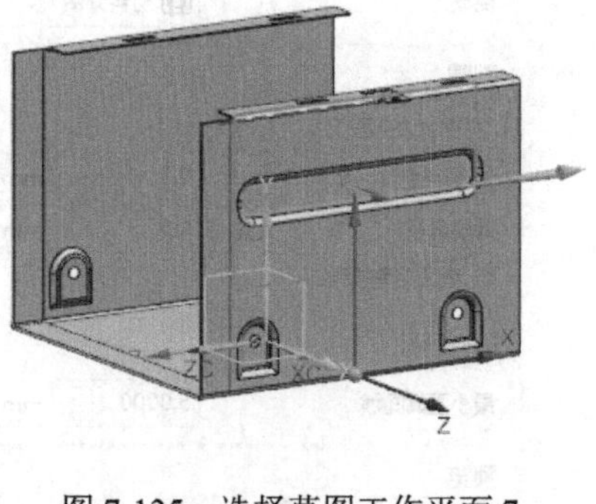

图 7-135　选择草图工作平面 7

3）绘制如图 7-136 所示的裁剪轮廓 5。单击“完成”按钮，草图绘制完毕。

4）返回“法向开孔”对话框，单击“确定”按钮，创建法向开孔特征 5，如图 7-137 所示。

16. 阵列特征 2

1）选择“菜单(M)”→“插入(S)”→“关联复制(A)”→“阵列特征(A)...”选项，或者单击“主页”功能区“特征”面组中的“阵列特征”按钮，弹出如图 7-138 所示的“阵列特征”对话框。

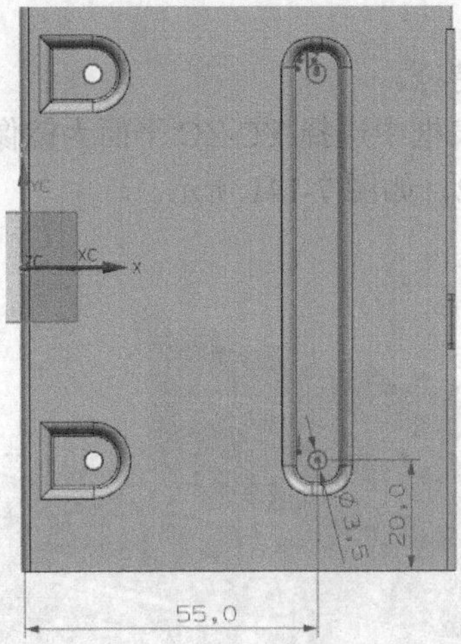

图 7-136　绘制裁剪轮廓 5

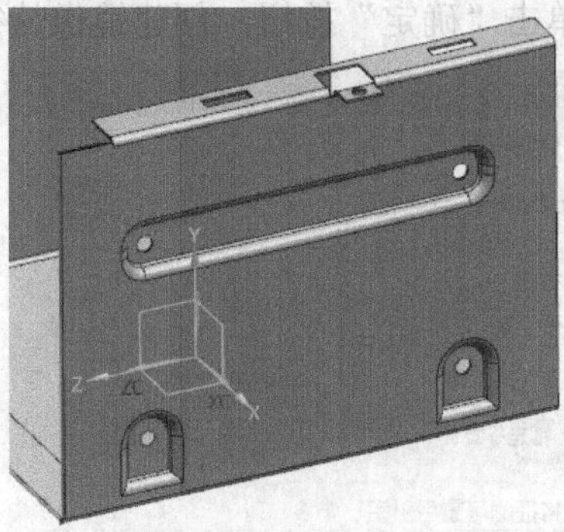

图 7-137　创建法向开孔特征 5

2）选择“布局”为“线性”，指定“矢量”为-YC 轴，设置“数量”为 2，“节距”为 20，选择凹坑和法向开孔为要形成阵列的特征。

3）在对话框中单击“确定”按钮，创建特征阵列 2，如图 7-139 所示。

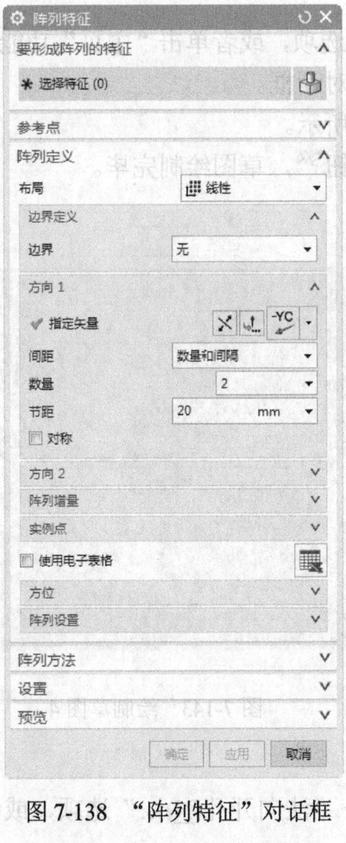

图 7-138　“阵列特征”对话框

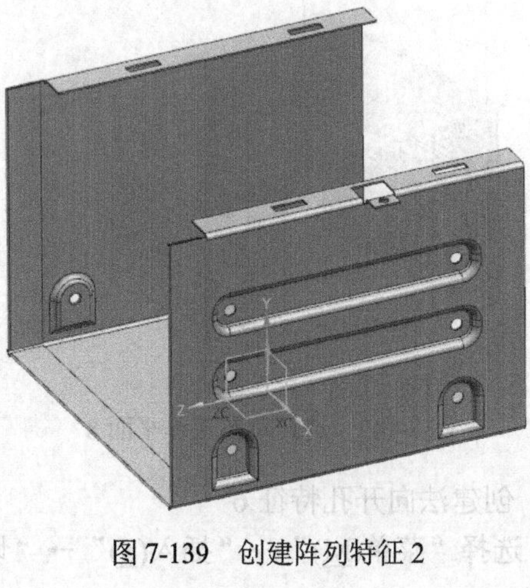

图 7-139　创建阵列特征 2

17. 镜像特征 2

1）选择“菜单(M)”→“插入(S)”→“关联复制(A)”→“镜像特征(R)...”选项，弹出如图 7-140 所示的“镜像特征”对话框。

2）选择阵列前的凹坑和法向开孔特征和阵列后的特征。

3）选择“新平面”选项，在“指定平面”下拉列表框中选择 YC-ZC 平面为镜像平面。

4）单击“确定”按钮，创建镜像特征后的钣金件 2，如图 7-141 所示。

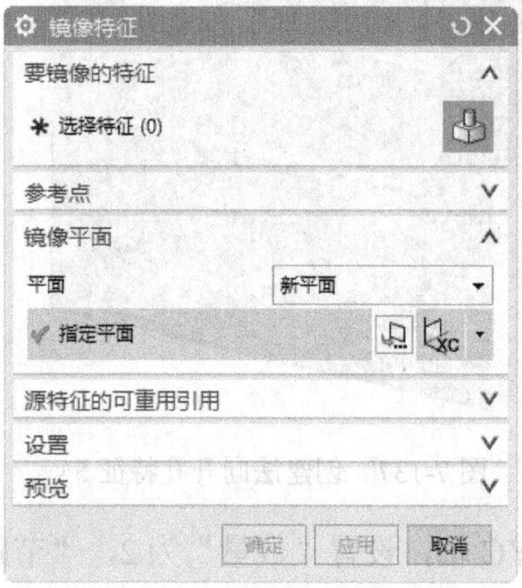

图 7-140 “镜像特征”对话框

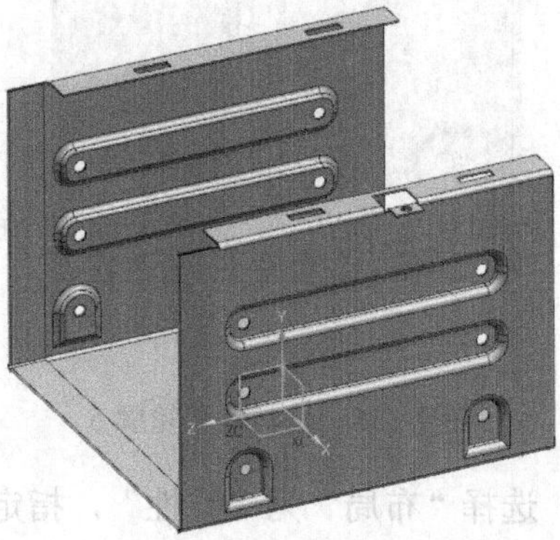

图 7-141 创建镜像特征后的钣金件 2

18. 绘制草图

1）选择“菜单(M)”→“插入(S)”→“草图(H)...”选项，或者单击“主页”功能区“直接草图”面组中的“草图”按钮，弹出“创建草图”对话框。

2）在绘图窗口中选择草图工作平面 8，如图 7-142 所示。

3）绘制如图 7-143 所示的草图 4。单击“完成”按钮，草图绘制完毕。

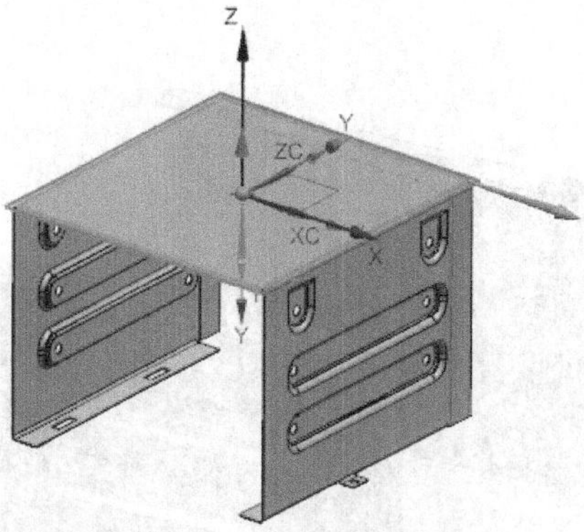

图 7-142 选择草图工作平面 8

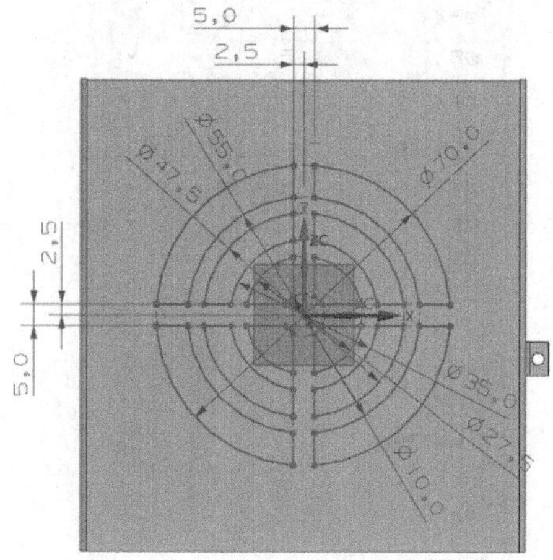

图 7-143 绘制草图 4

19. 创建法向开孔特征 6

1）选择“菜单(M)”→“插入(S)”→“切割(T)”→“法向开孔(N)...”选项，或者单击

“主页”功能区“特征”面组中的“法向开孔”按钮，弹出“法向开孔”对话框。设置“切割方法”为“厚度”，“限制”为“直至下一个”。

2）选择如图 7-144 所示的草图轮廓为法向开孔截面。

3）在“法向开孔”对话框中单击“确定”按钮，创建法向开孔特征 6，如图 7-145 所示。

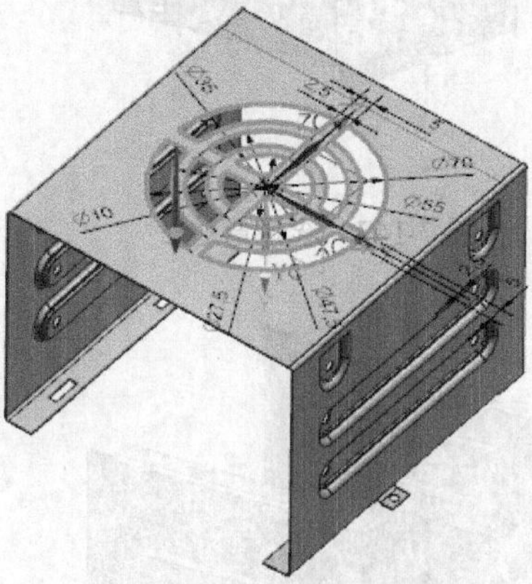

图 7-144 选择轮廓

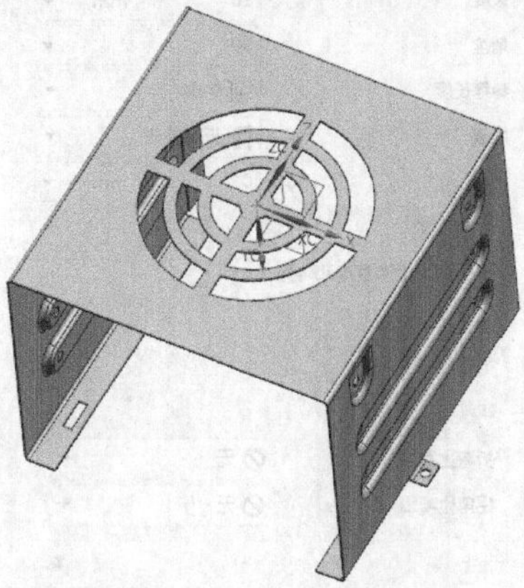

图 7-145 创建法向开孔特征 6

20. 创建弯边特征 2

1）选择“菜单(M)”→“插入(S)”→“折弯(N)”→“弯边(F)…”选项，或者单击“主页”功能区“折弯”面组中的“弯边”按钮，弹出如图 7-146 所示“弯边”对话框。

2）设置“宽度选项”为“完整”，“长度”为 10，“角度”为 90，“参考长度”为“外侧”，“内嵌”为“折弯外侧”，在“止裂口”选项组的“折弯止裂口”和“拐角止裂口”下拉列表框中选择“无”。

3）选择弯边 2，同时在绘图窗口中预览所创建的弯边特征，如图 7-147 所示。

4）在“弯边”对话框中单击“确定”按钮，创建弯边特征 2，如图 7-148 所示。

21. 创建法向开孔特征 7

1）选择“菜单(M)”→“插入(S)”→“切割(T)”→“法向开孔(N)…”选项，或者单击“主页”功能区“特征”面组中的“法向开孔”按钮，弹出“法向开孔”对话框。设置“切割方法”为厚度，“限制”为“直至下一个”。

2）单击“绘制截面”按钮，弹出“创建草图”对话框。在绘图窗口中选择草图工作平面 9，如图 7-149 所示。

3）绘制如图 7-150 所示的裁剪轮廓 6。单击“完成”按钮，草图绘制完毕。

4）返回“法向开孔”对话框，单击“确定”按钮，创建法向开孔特征 7，如图 7-151 所示。

22. 创建圆角特征

1）选择“菜单(M)”→“插入(S)”→“拐角(O)”→“倒角(B)…”选项，或者单击“主页”功能区“拐角”面组中的“倒角”按钮，弹出如图 7-152 所示的“倒角”对话框。设置“方法”为“圆角“，”半径“为 5。

2）在绘图窗口中选择如图 7-153 所示的弯边棱边为要倒角的边。

3）在对话框中单击“确定”按钮，创建圆角特征，如图 7-154 所示。

至此，硬盘支架创建完成，如图 7-87 所示。

图 7-146 “弯边”对话框

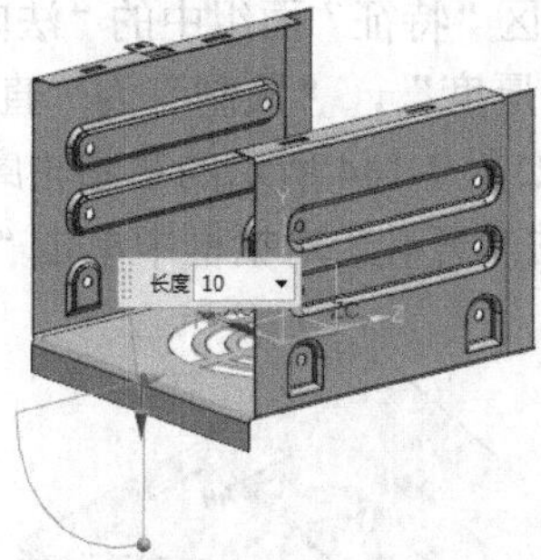

图 7-147 选择弯边 2

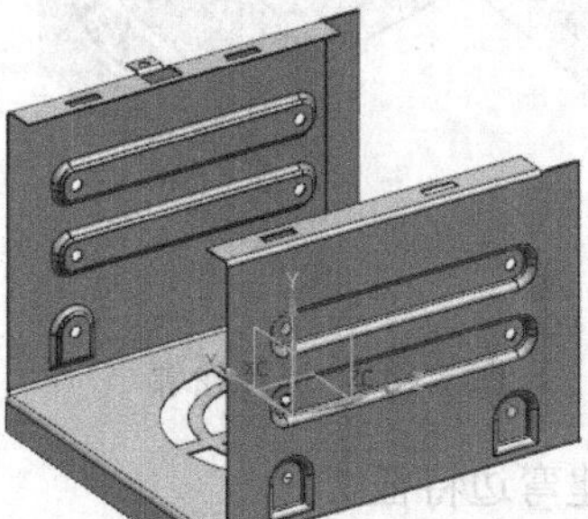

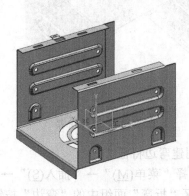

图 7-148 创建弯边特征 2

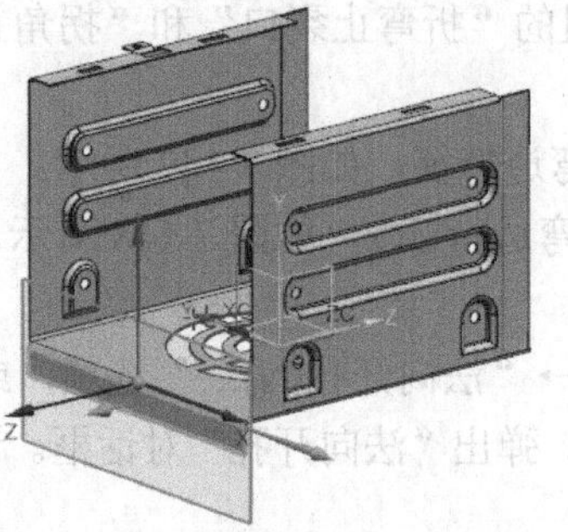

图 7-149 选择草图工作平面 9

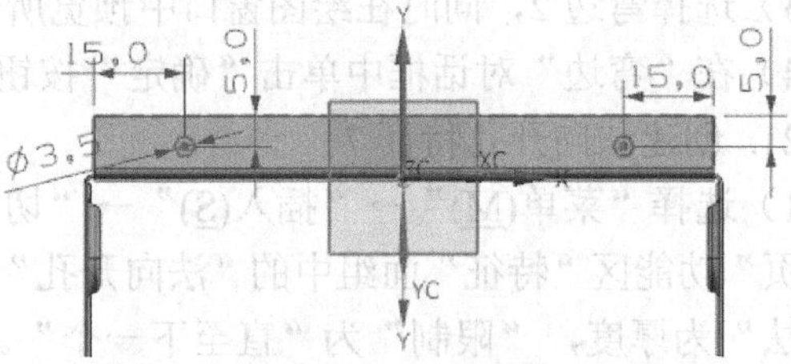

图 7-150 绘制裁剪轮廓 6

图 7-151 创建法向开孔特征 7

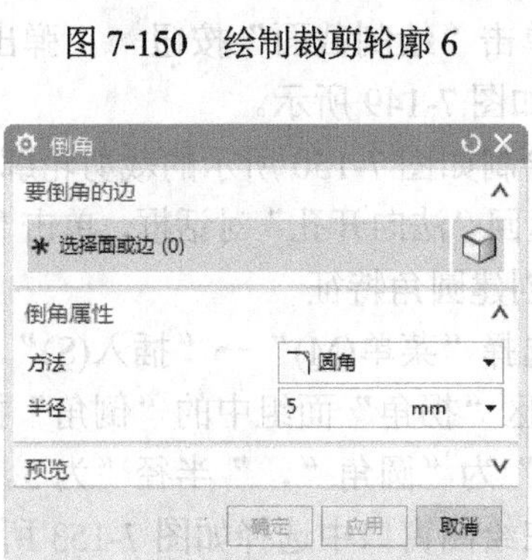

图 7-152 “倒角”对话框

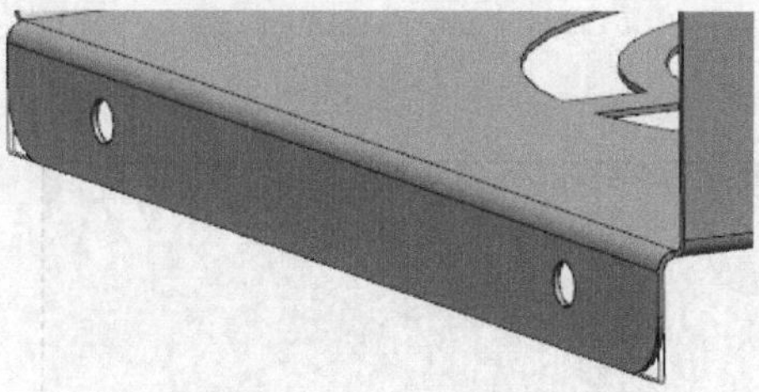

图 7-153　选择要倒角的边

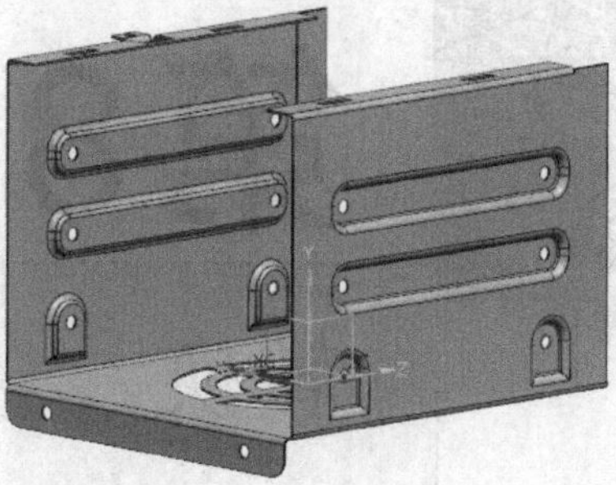

图 7-154　创建圆角特征

第8章

转换

本章主要介绍“转换”子菜单中的各种特征的创建方法和步骤。通过对实例的操作，可以使读者更快速地掌握创建钣金件的方法和操作技巧。

重点与难点

- 撕边
- 转换为钣金

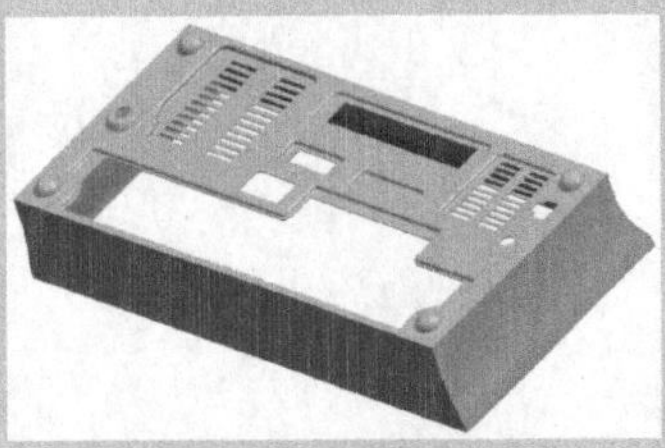

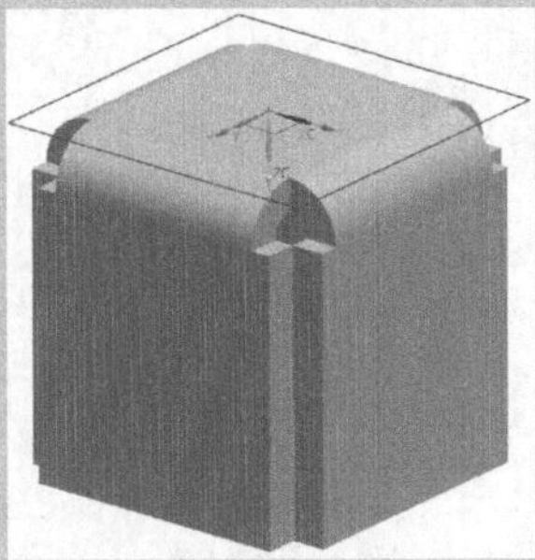

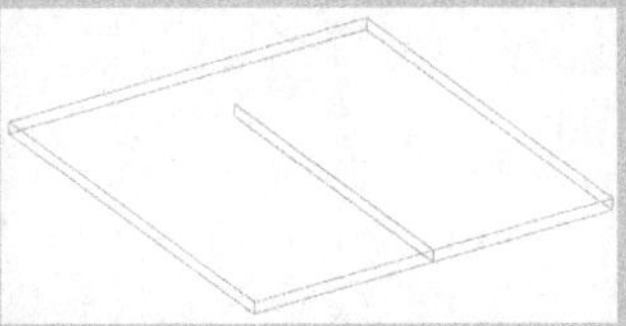

8.1 撕 边

撕边指在钣金实体上，沿着草绘直线或钣金件体已有边缘创建开口或缝隙

选择“菜单(M)”→“插入(S)”→“转换(V)”→“撕边(R)...”选项，或者单击“主页”功能区“基本”面组中的“转换”库中的“撕边”按钮，弹出如图 8-1 所示“撕边”对话框。

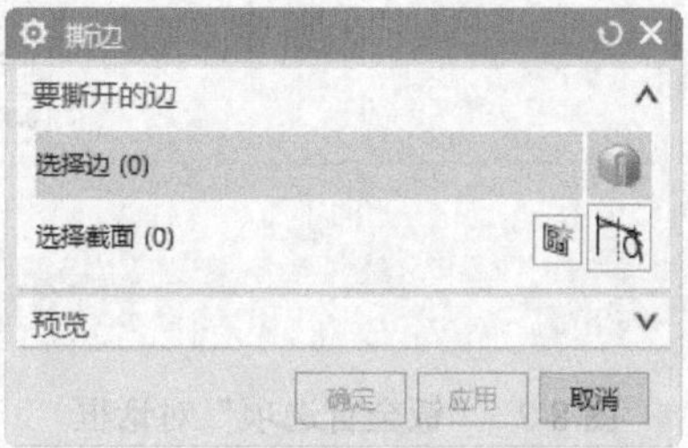

图 8-1 “撕边”对话框

8.1.1 选项及参数

1. 选择边

用于选择已有的边来创建边缘裂口特征。在图 8-1 所示的“撕边”对话框中为默认选项，即默认选择按钮。

2. 选择截面

用于选择已有的边来创建“撕边”特征。在图 8-1 所示的“撕边”对话框中单击按钮，在绘图窗口中选择已有边缘。

3. 绘制截面

在图 8-1 所示的“撕边”对话框中单击按钮，可以在钣金件放置面上绘制边缘草图。

8.1.2 实例——创建撕边特征

1. 创建钣金文件

选择“菜单(M)”→“文件(F)”→“新建(N)...”，或者单击“主页”功能区中的“新建”按钮，弹出“新建”对话框。在“模板”列表框中选择“NX 钣金”选项。在“名称”文本框中输入 sibian，单击“确定”按钮，进入 UG NX 12.0 钣金设计环境。

2. 预设置 NX 钣金参数

选择“菜单(M)”→“首选项(P)”→“钣金(H)...”选项，弹出如图 8-2 所示的“钣金首选项”对话框。设置“材料厚度”为 3，“弯曲半径”为 3，“让位槽深度”和“让位槽宽

度”均为3，“中性因子”为0.33，其他参数采用默认设置。

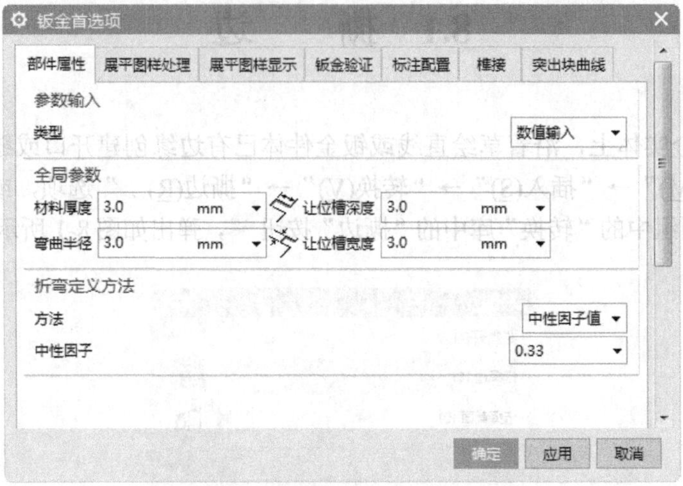

图 8-2 “钣金首选项”对话框

3. 创建突出块特征

1）选择“菜单(M)”→“插入(S)”→“突出块(B)...”选项，或者单击“主页”功能区“基本”面组中的“突出块”按钮，弹出如图8-3所示“突出块”对话框。

2）单击“绘制截面”按钮，选择XC-YC平面为草图工作平面，绘制基本突出块特征轮廓草图，如图8-4所示。单击“完成”按钮，草图绘制完毕。

3）在“突出块”对话框中单击“确定”按钮，创建基本突出块特征，如图8-5所示。

4. 创建撕边特征

1）选择“菜单(M)”→“插入(S)”→“转换(V)”→“撕边(R)...”选项，或者单击“主页”功能区“基本”面组“转换”库中的“撕边”按钮，弹出如图8-6所示“撕边”对话框。

图 8-3 “突出块”对话框

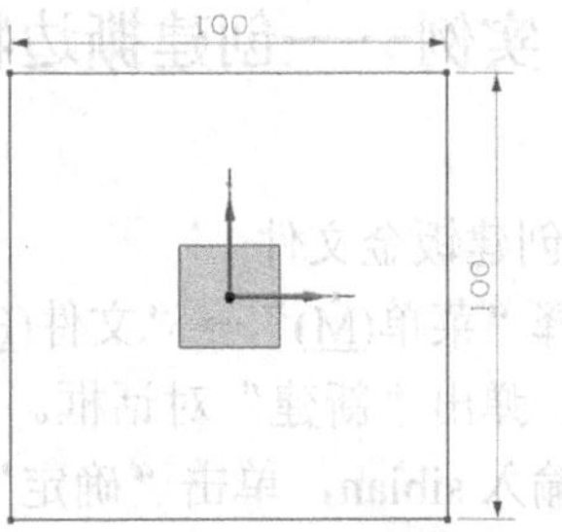

图 8-4 绘制轮廓草图

2）在“撕边”对话框的“选择截面”中单击“绘制截面”按钮，选择突出块的上表面，绘制边，如图 8-7 所示。单击“完成”按钮，草图绘制完毕。

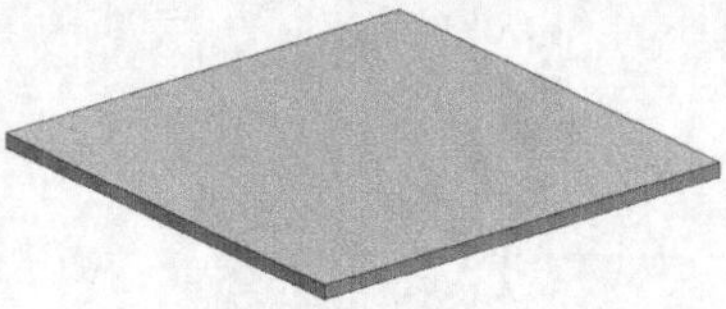

图 8-5　创建基本突出块特征

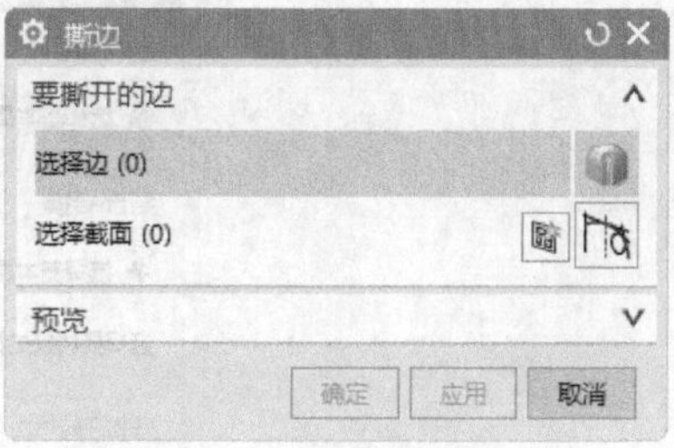

图 8-6　“撕边”对话框

3）在“撕边”对话框中单击“确定”按钮，创建撕边特征，如图 8-8 所示。

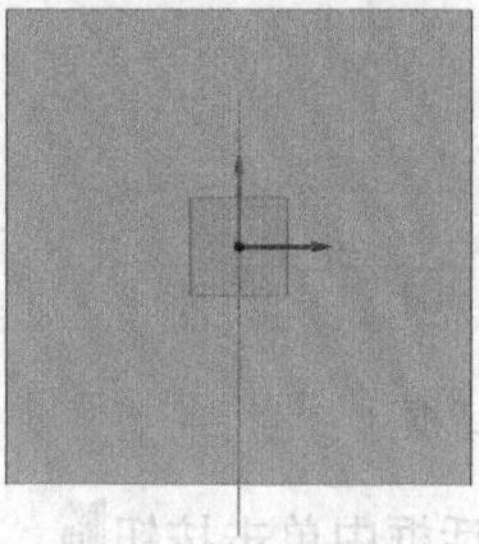

图 8-7　绘制出边

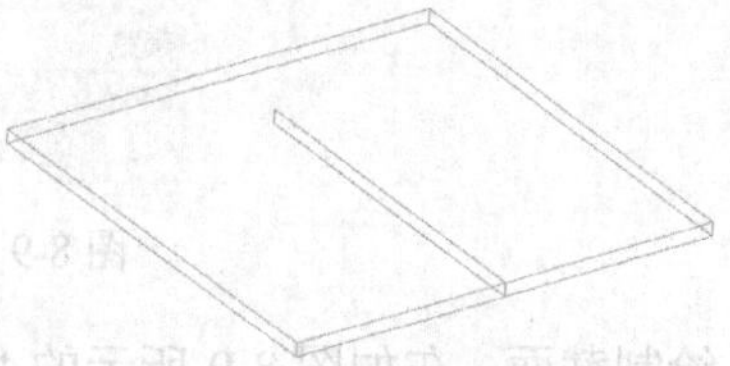

图 8-8　创建撕边特征

8.2　转换为钣金

转换为钣金指把非钣金件转换为钣金件，但钣金件必须是等厚度的。

选择“菜单(M)”→“插入(S)”→“转换(V)”→“转换为钣金(C)...”选项，或者单击“主页”功能区“基本”面组“转换”库中的“转换为钣金”按钮，弹出如图 8-9 所示的“转换为钣金”对话框。

8.2.1　选项及其参数

1. 全局转换

允许在全局转换期间选择一个基本面来创建转换为钣金特征。

2. 局部转换

1）选择基本面：允许在局部转换期间选择一个基本面来创建转换为钣金特征。

2）选择要转换的面：用于选择一个或多个要转换为钣金的面。

3. 要撕开的边

1）选择边：用于创建边缘裂口所要选择的边缘。

2）选择截面：用于选择已有的曲线来创建撕边特征。

图 8-9 “转换为钣金”对话框

3）绘制截面：在如图 8-9 所示的“转换为钣金”对话框中单击按钮，选择零件平面作为参考平面，绘制直线草图作为转换为钣金特征的边。

4. 保持折弯半径为零

勾选此复选框，当转换时，在折弯内侧保留零件的半径，如图 8-10 所示。

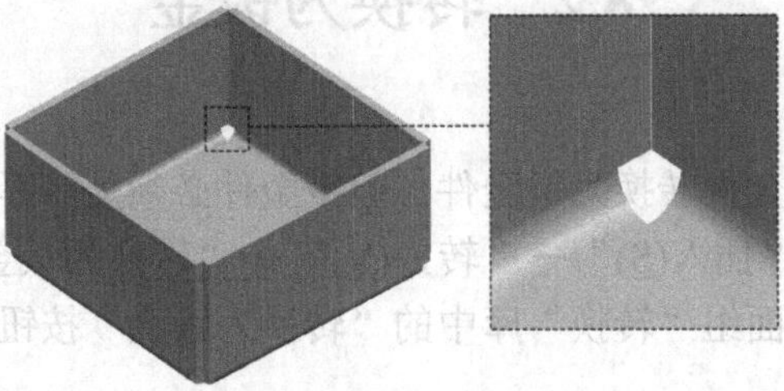

a）取消勾选此复选框

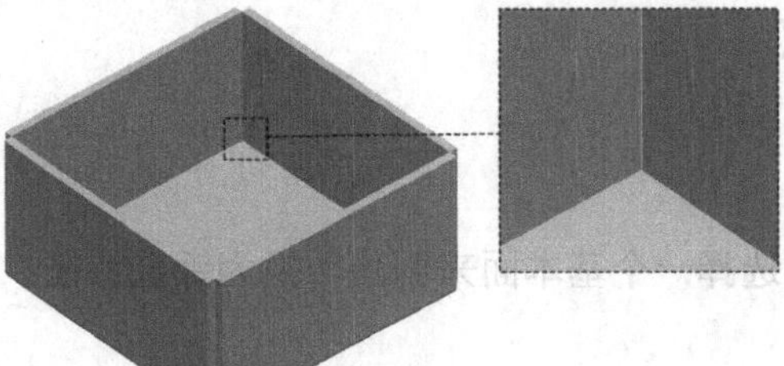

b）勾选此复选框

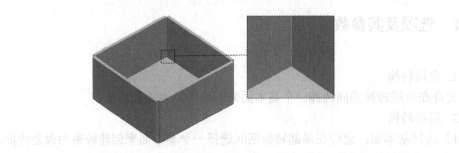

图 8-10 “保持折弯半径为零”示意

8.2.2　实例——转换为钣金件

1. 创建钣金文件

选择“菜单(M)”→“文件(F)”→“新建(N)...”选项，或者单击“主页”功能区的“新建”按钮，弹出“新建”对话框。在“模板”列表框中选择“NX 钣金”选项。在“名称”文本框中输入 zhuanhuanweibanjin，单击“确定”按钮，进入 UG NX 12.0 钣金设计环境。

2. 预设置 NX 钣金参数

选择“菜单(M)”→“首选项(P)”→“钣金(H)...”选项，弹出如图 8-11 所示的“钣金首选项”对话框。设置“材料厚度”为 3，“弯曲半径”为 3，“让位槽深度”和“让位槽宽度”均为 3，“中性因子值”为 0.33，其他参数采用默认设置。

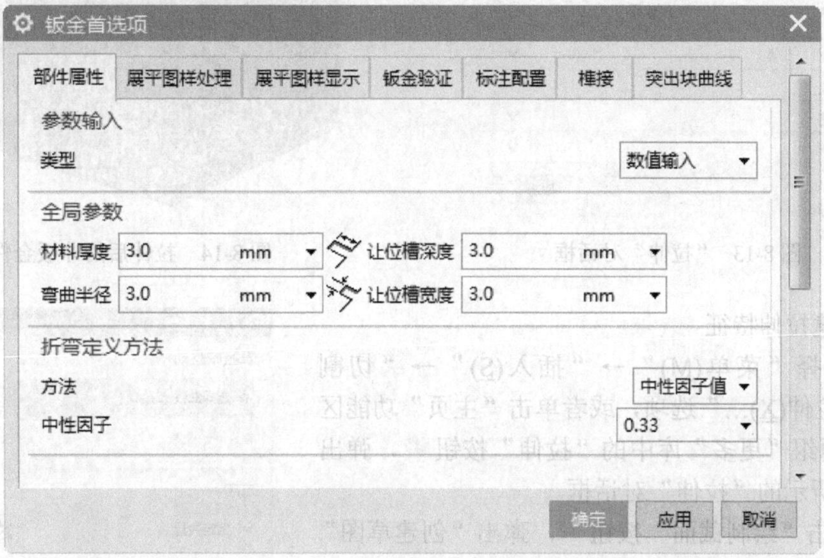

图 8-11　“钣金首选项”对话框

3. 绘制非钣金件体草图

单击“主页”功能区“直接草图”面组中的“草图”按钮，选择 XC-YC 平面为草图工作平面，绘制非钣金件体草图，如图 8-12 所示。单击“完成”按钮，草图绘制完毕。

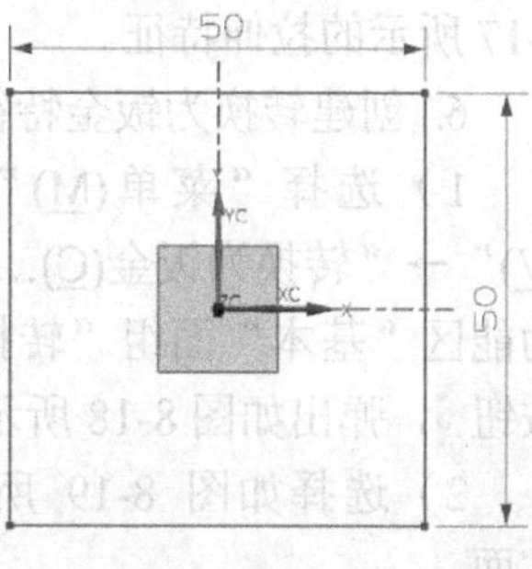

图 8-12　绘制非钣金件体草图

4. 拉伸非钣金件体草图

1）选择“菜单(M)”→“插入(S)”→“切割(T)”→“拉伸(X)...”选项，或者单击“主页”功能区“特征”面组“更多”库中的“拉伸”按钮，弹出如图 8-13 所示的“拉伸”对话框。选择如图 8-12 所示的非钣金件体草图，设置“结束”的“距离”为 50。

2）在“拉伸”对话框中单击“确定”按钮，拉伸后的非钣金件体如图 8-14 所示。

图 8-13 “拉伸”对话框

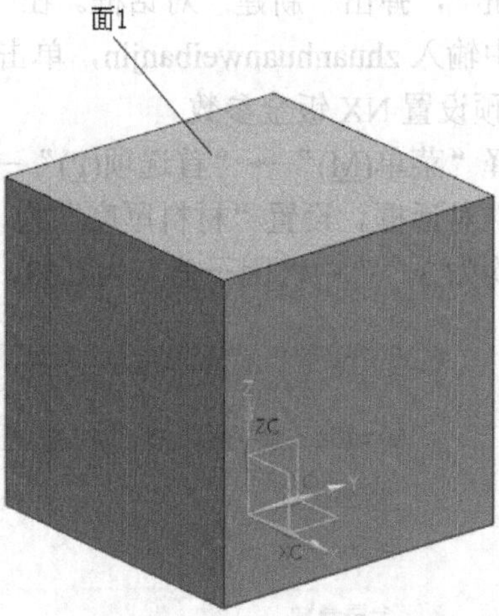

图 8-14 拉伸后的非钣金件体

5. 创建拉伸特征

1）选择“菜单(M)”→“插入(S)”→“切割(T)”→“拉伸(X)...”选项，或者单击“主页”功能区“特征”面组“更多”库中的“拉伸”按钮，弹出如图 8-15 所示的“拉伸”对话框。

2）单击“绘制截面”按钮，弹出“创建草图”对话框。选择面 1 为草图工作平面，单击“确定”按钮，绘制如图 8-16 所示的草图。单击“完成”按钮，返回“拉伸”对话框，单击“确定”按钮，创建如图 8-17 所示的拉伸特征。

6. 创建转换为钣金特征

1）选择“菜单(M)”→“插入(S)”→“转换(V)”→“转换为钣金(C)...”选项，或者单击“主页”功能区“基本”面组“转换”库中的“转换为钣金”按钮，弹出如图 8-18 所示的“转换为钣金”对话框。

2）选择如图 8-19 所示的平面为全局转换的基本面。

3）选择如图 8-20 所示的 4 条边线为要撕开的边。

4）单击“确定”按钮，将非钣金件转换为钣金件如图 8-21 所示。

图 8-15 “拉伸”对话框

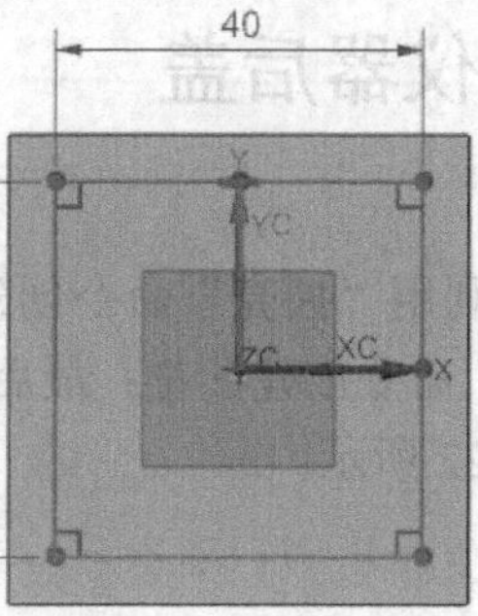

图 8-16　绘制草图

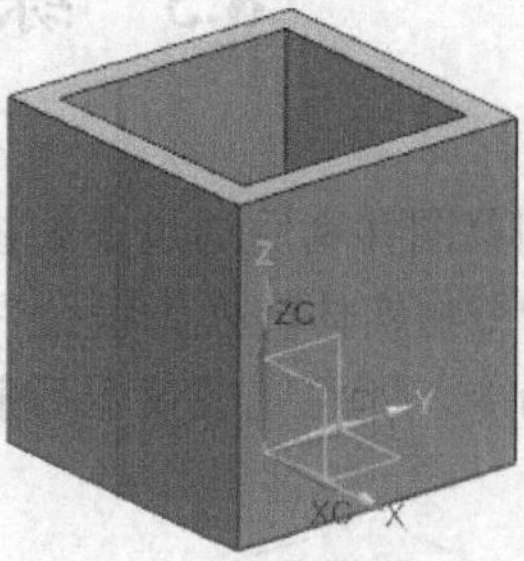

图 8-17　创建拉伸特征

图 8-18　“转换为钣金”对话框

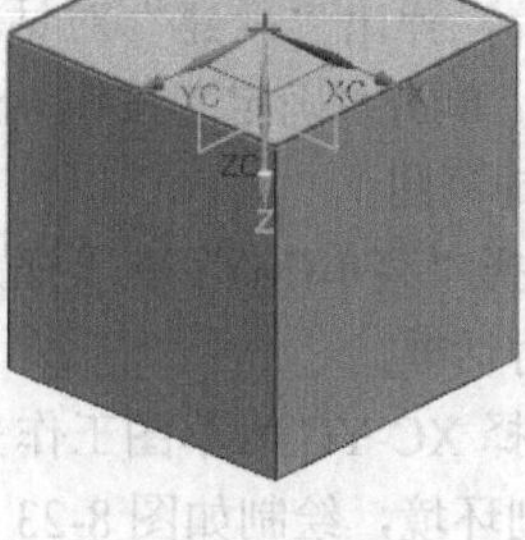

图 8-19　选择基本面

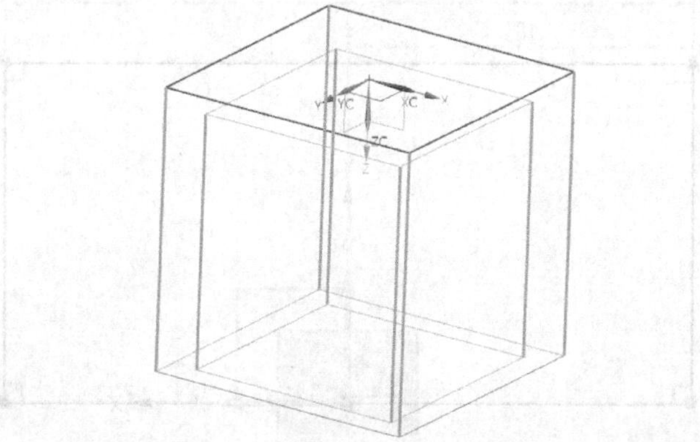

图 8-20　选择边

8.3　综合实例——仪器后盖

首先绘制草图并利用通过曲线组创建基体；然后利用“抽壳”命令创建壳体，利用“转换为钣金”命令将实体转换为钣金件，再利用“凹坑”命令创建凹槽；最后执行“法向开孔”和“阵列”命令，即可完成仪器后盖的创建，如图 8-22 所示。

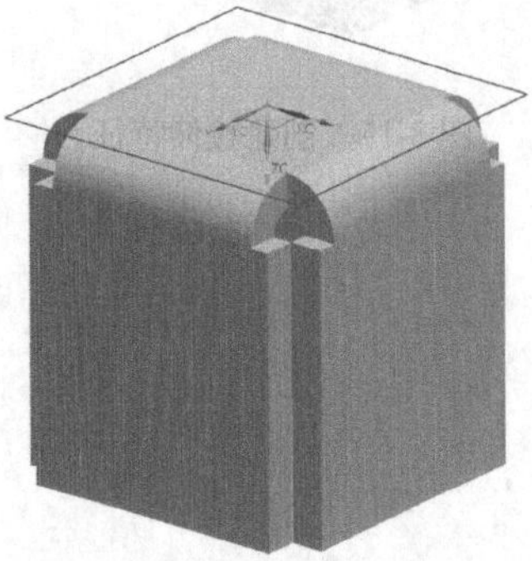

图 8-21　转换为钣金件

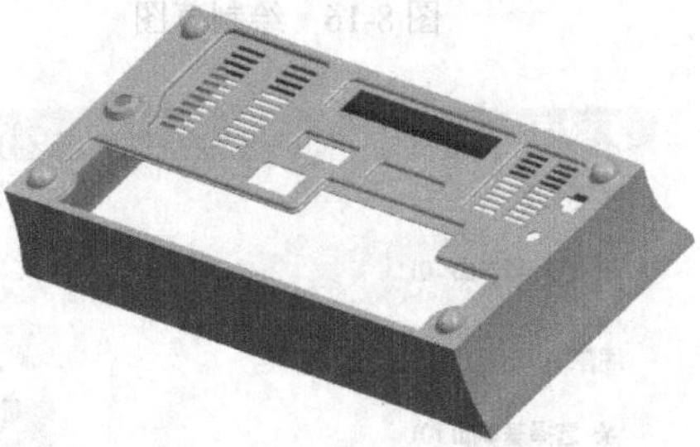

图 8-22　仪器后盖

1. 新建文件

选择“菜单(M)”→“文件(F)”→“新建(N)...”选项，或者单击“主页”功能区中的“新建”按钮，弹出“新建”对话框。在“模板”列表框中选择“模型”选项，输入名称为 yiqihougai，单击“确定”按钮，进入建模环境。

2. 绘制草图 1

1）选择“菜单(M)”→“插入(S)”→“在任务环境中绘制草图(V)...”选项，弹出“创建草图”对话框。

2）选择 XC-YC 为草图工作平面，设置“水平”面为参考平面，单击“确定”按钮，进入草图绘制环境，绘制如图 8-23 所示的草图 1。

3）单击“完成”按钮，退出草图绘制环境。

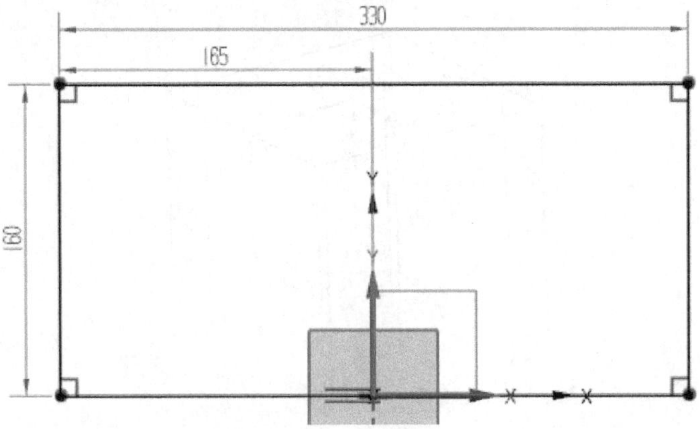

图 8-23　绘制草图 1

3. 绘制草图 2

1）选择“菜单(M)”→“插入(S)”→“在任务环境中绘制草图(V)...”选项，弹出“创建草图”对话框。

2）在“平面方法”选择“新平面”，在“指定矢量”下拉列表框中选择“XC-YC 平面”并设置“距离”为 40，如图 8-24 所示。单击“确定”按钮，进入草图绘制环境，绘制如图 8-25 所示的草图 2。

3）单击“完成”按钮，退出草图绘制环境。

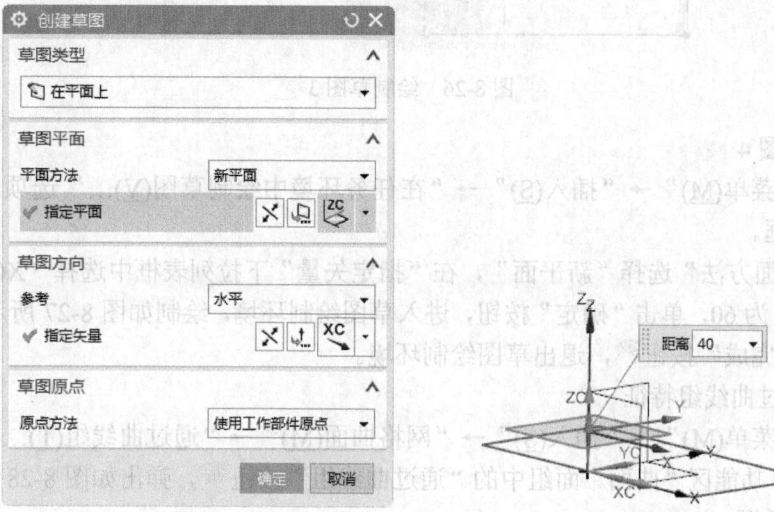

a）“创建草图”对话框　　b）示意

图 8-24　创建平面

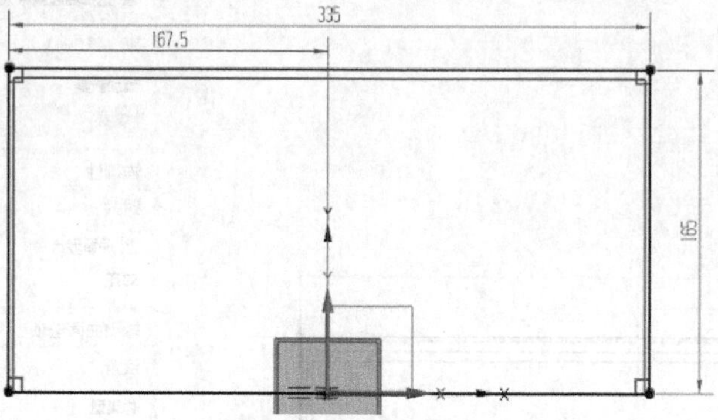

图 8-25　绘制草图 2

4. 绘制草图 3

1）选择“菜单(M)”→“插入(S)”→“在任务环境中绘制草图(V)...”选项，弹出“创建草图”对话框。

2）在“平面方法”选择“新平面”，在“指定矢量”下拉列表框中选择“XC-YC 平面”并设置“距离”为 50，单击“确定”按钮，进入草图绘制环境，绘制如图 8-26 所示的草图 3。

3）单击“完成”按钮，退出草图绘制环境。

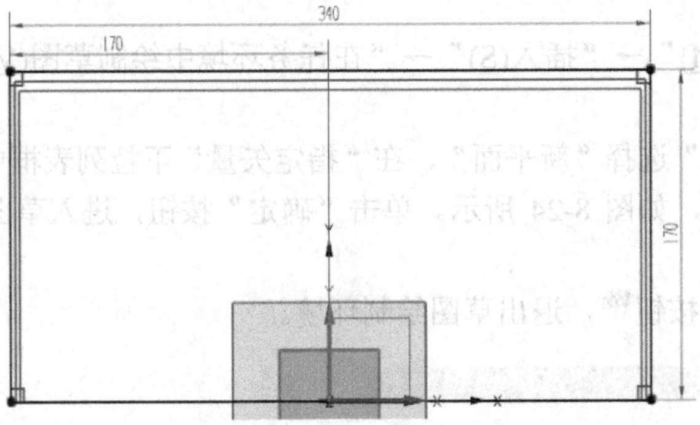

图 8-26　绘制草图 3

5. 绘制草图 4

1）选择“菜单(M)”→“插入(S)”→“在任务环境中绘制草图(V)...”选项，弹出“创建草图”对话框。

2）在“平面方法”选择“新平面”，在“指定矢量”下拉列表框中选择“XC-YC 平面”并设置“距离”为 60，单击“确定”按钮，进入草图绘制环境，绘制如图 8-27 所示的草图 4。

3）单击“完成”按钮，退出草图绘制环境。

6. 创建通过曲线组特征

1）选择“菜单(M)”→“插入(S)”→“网格曲面(M)”→“通过曲线组(T)...”选项，或者单击“曲面”功能区“曲面”面组中的“通过曲线组”按钮，弹出如图 8-28 所示的“通过曲线组”对话框。

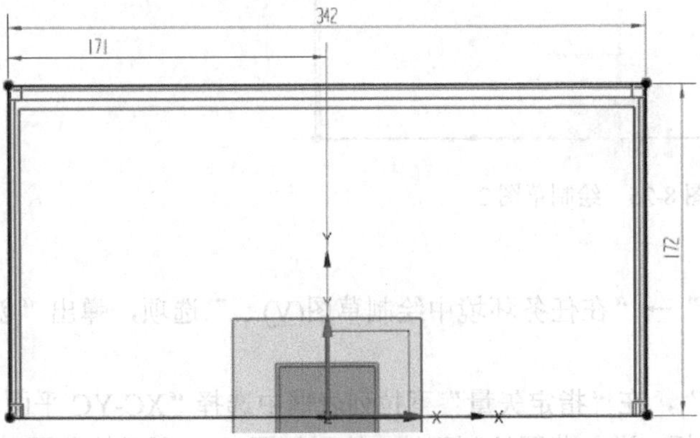

图 8-27　绘制草图 4

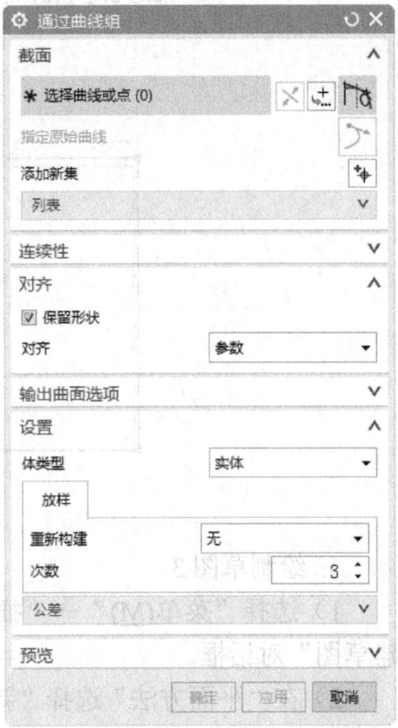

图 8-28　“通过曲线组”对话框

2）选择前面绘制的 4 个草图为截面，每选择一个草图单击“添加新集”按钮，或者按鼠标右键确认，在“对齐”选项组中勾选“保留形状”复选框，设置“体类型”为“实体”。

3）在“通过曲线组”对话框中单击“确定”按钮，如图 8-29 所示。

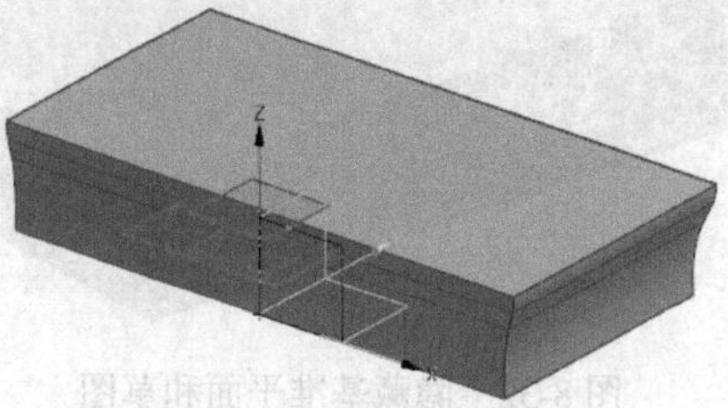

图 8-29　创建通过曲线组特征

7. 隐藏基准平面和草图

1）选择“菜单(M)”→“编辑(E)”→“显示和隐藏(H)→“隐藏(H)…”选项，弹出如图 8-30 所示的“类选择”对话框。

2）单击“类型过滤器”按钮，弹出“按类型选择”对话框。选择“草图”和“基准”选项，如图 8-31 所示。单击“确定”按钮。

3）返回“类选择”对话框，单击“全选”按钮，选择绘图窗口中所有的草图和基准平面，单击“确定”按钮，如图 8-32 所示。

8. 创建抽壳特征

1）选择“菜单(M)”→“插入(S)”→“偏置/缩放(O)”→“抽壳(H)…”选项，或者单击“主页”功能区“特征”面组中的“抽壳”按钮，弹出如图 8-33 所示的“抽壳”对话框。

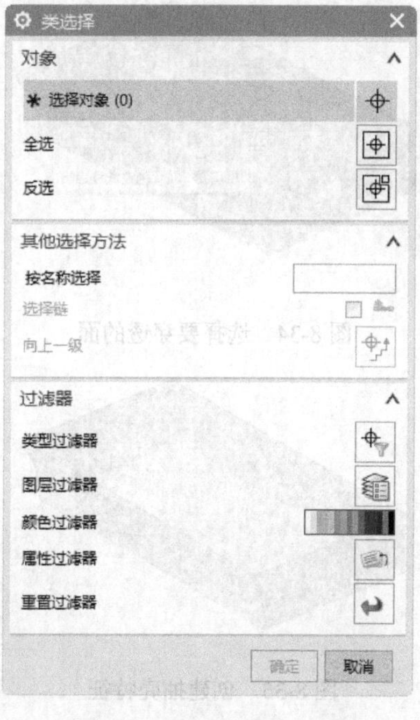

图 8-30　“类选择”对话框

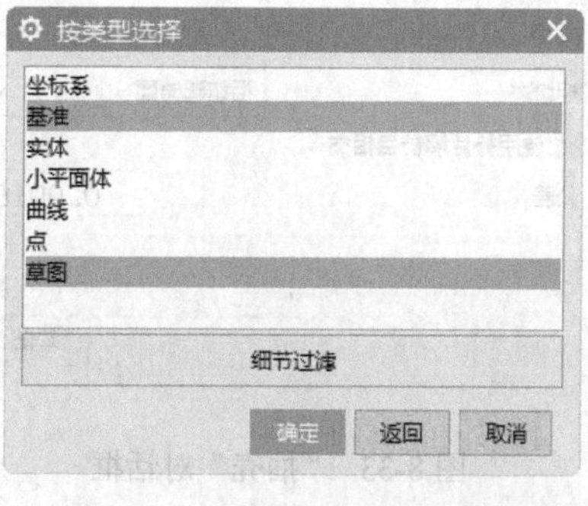

图 8-31　“按类型选择”对话框

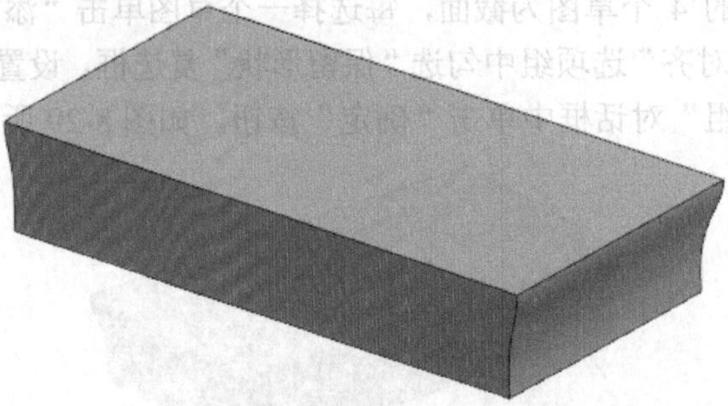

图 8-32　隐藏基准平面和草图

2）选择“移除面，然后抽壳”类型，设置“厚度”为 1，在“相切边”下拉列表框中选择“相切延伸面”并勾选“使用补片解析自相交”复选框。

3）在绘图窗口中选择如图 8-34 所示的面为要穿透的面。单击“确定”按钮，如图 8-35 所示。

9. 创建转换为钣金特征

1）单击“应用模块”功能区“设计”面组中的“钣金”按钮，进入 UG NX 12.0 钣金设计模块。

2）选择“菜单(M)”→“插入(S)”→“转换(V)”→“转换为钣金(C)...”选项，或者单击“主页”功能区“基本”面组“转换”库中的“转换为钣金”按钮，弹出如图 8-36 所示“转换为钣金”对话框。

3）在绘图窗口中选择转换面，如图 8-37 所示。

图 8-33　“抽壳”对话框

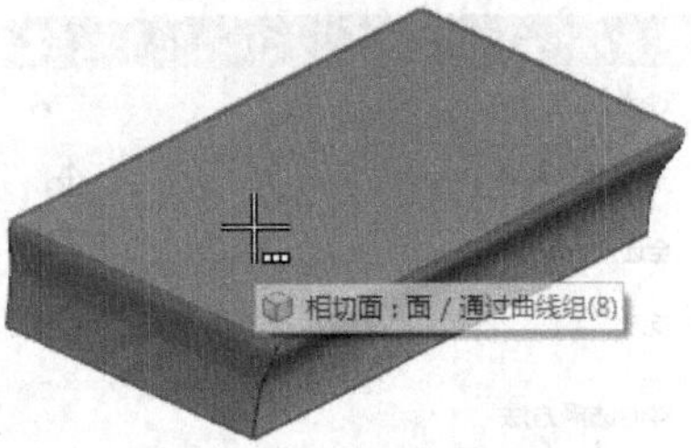

图 8-34　选择要穿透的面

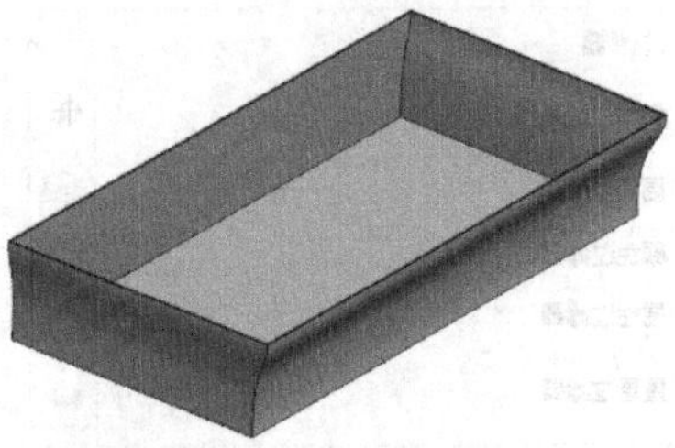

图 8-35　创建抽壳特征

4）单击“确定”按钮，将实体转换为钣金件。

10. 创建凹坑特征 1

1）选择“菜单(M)”→“插入(S)”→“冲孔(H)”→“凹坑(D)...”选项，或者单击“主页”功能区“冲孔”面组中的“凹坑”按钮，弹出如图 8-38 所示的“凹坑”对话框。

2）在如图 8-38 所示对话框中单击“绘制截面”按钮，弹出“创建草图”对话框。

图 8-36 “转换为钣金”对话框

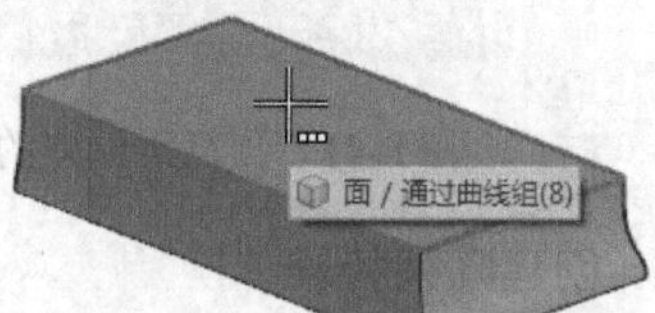

图 8-37 选择要转换的面

3）在绘图窗口中选择如图 8-39 所示的平面为草图工作平面 1，单击“确定”按钮，进入草图绘制环境，绘制如图 8-40 所示的草图 5。

4）单击“完成”按钮，草图绘制完毕。在绘图窗口中预览所创建的凹坑特征，如图 8-41 所示。

图 8-38 “凹坑”对话框

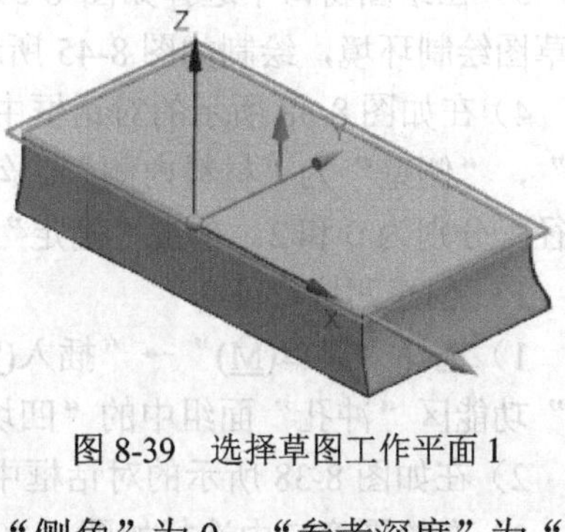

图 8-39 选择草图工作平面 1

5）在如图 8-38 所示的对话框中设置“深度”为 7，“侧角”为 0，“参考深度”为“内侧”，“侧壁”为“材料外侧”。勾选“凹坑边倒圆”复选框，设置“冲压半径”和“冲模半径”分别为 7 和 2。单击“确定”按钮，创建凹坑特征 1，如图 8-42 所示。

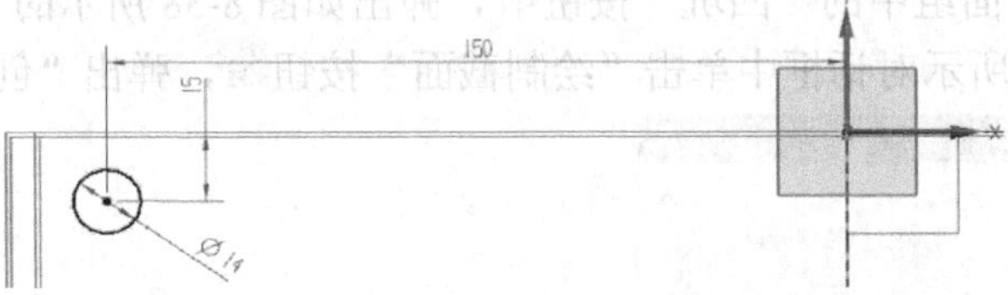

图 8-40　绘制草图 5

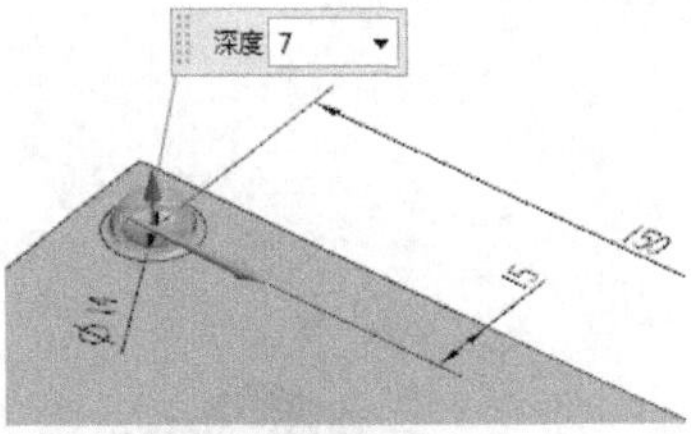

图 8-41　预览所创建的凹坑特征

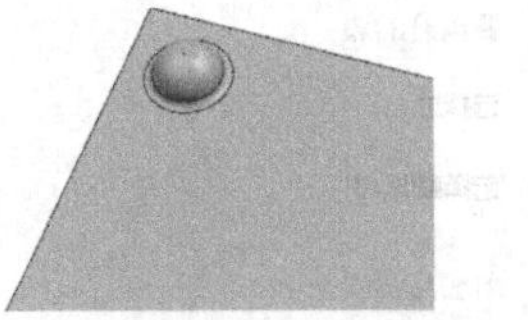

图 8-42　创建凹坑特征 1

11. 创建阵列特征 1

1）选择“菜单(M)”→“插入(S)”→“关联复制(A)”→“阵列特征(A)…”选项，或者单击“主页”功能区“特征”面组中的“阵列特征”按钮，弹出如图 8-43 所示的“阵列特征”对话框。

2）选择凹坑为要形成阵列的特征，设置“布局”为“线性”，“指定矢量”为“XC 轴”，“数量”为 2，“节距”为 300。

3）勾选“使用方向 2”复选框，设置“指定矢量”为“YC 轴”，“数量”为 2，“节距”为 130。

4）在对话框中单击“确定”按钮，创建特征阵列 1，如图 8-44 所示。

12. 创建凹坑特征 2

1）选择“菜单(M)”→“插入(S)”→“冲孔(H)”→“凹坑(D)…”选项，或者单击“主页”功能区“冲孔”面组中的“凹坑”按钮，弹出如图 8-38 所示的“凹坑”对话框。

2）在如图 8-38 所示的对话框中单击“绘制截面”按钮，弹出“创建草图”对话框。

3）在绘图窗口中选择如图 8-39 所示的平面为草图工作平面 2，单击“确定”按钮，进入草图绘制环境，绘制如图 8-45 所示的草图 6。单击“完成”按钮，草图绘制完毕。

4）在如图 8-38 所示的对话框中设置“深度”为 5，“侧角”为 30，“参考深度”为“内侧”，“侧壁”为“材料内侧”。勾选“凹坑边倒圆”复选框，设置“冲压半径”和“冲模半径”分别为 0 和 2。单击“确定”按钮，创建凹坑特征 2，如图 8-46 所示。

13. 创建凹坑特征 3

1）选择“菜单(M)”→“插入(S)”→“冲孔(H)”→“凹坑(D)…”选项，或者单击“主页”功能区“冲孔”面组中的“凹坑”按钮，弹出如图 8-38 所示的“凹坑”对话框。

2）在如图 8-38 所示的对话框中单击“绘制截面”按钮，弹出“创建草图”对话框。

3）在绘图窗口中选择如图 8-39 所示的平面为草图工作平面，单击“确定”按钮，进入草图绘制环境，绘制如图 8-47 所示的草图 7。单击“完成”按钮，草图绘制完毕。

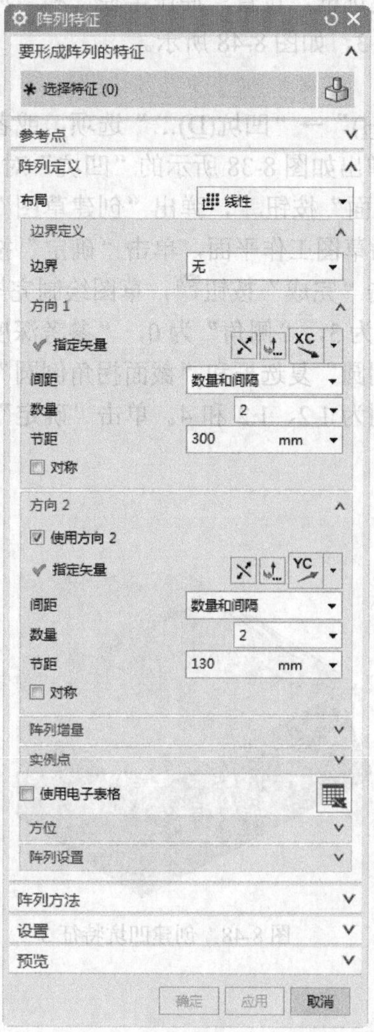

图 8-43　“阵列特征”对话框

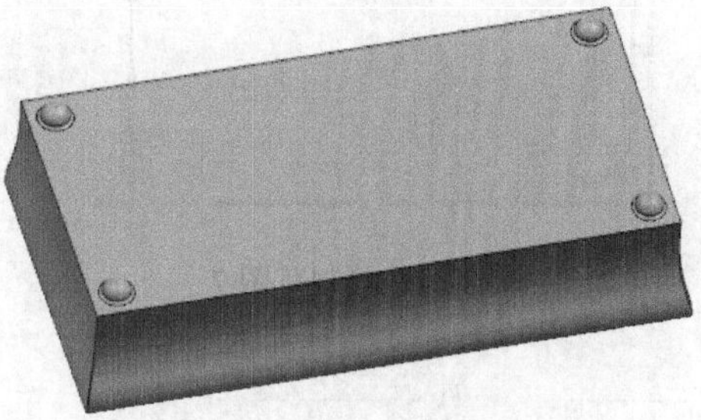

图 8-44　阵列特征 1

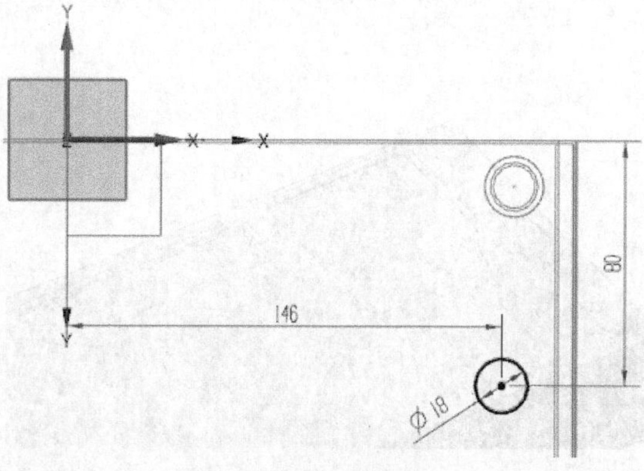

图 8-45　绘制草图 6

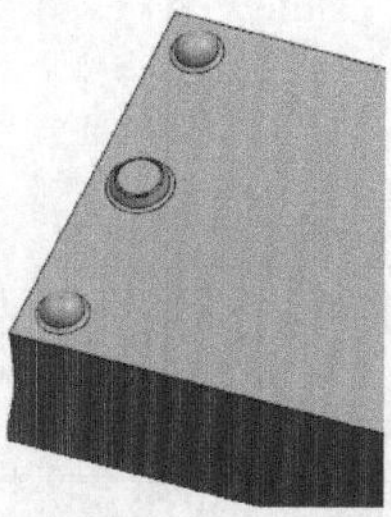

图 8-46　创建凹坑特征 2

4）在如图 8-38 所示对话框中设置“深度”为 4，“侧角”为 0，“参考深度”为“内侧”，“侧壁”为“材料内侧”。勾选“凹坑边倒圆”复选框，设置“冲压半径”和“冲模半径”分别为 0 和 2。单击“确定”按钮，创建凹坑特征 3，如图 8-48 所示。

14. 创建凹坑特征 4

1）选择“菜单(M)”→“插入(S)”→“冲孔(H)”→“凹坑(D)...”选项，或者单击“主页”功能区“冲孔”面组中的“凹坑”按钮，弹出如图 8-38 所示的“凹坑”对话框。

2）在如图 8-38 所示的对话框中单击“绘制截面”按钮，弹出“创建草图”对话框。

3）在绘图窗口中选择如图 8-39 所示的平面为草图工作平面，单击“确定”按钮，进入草图绘制环境，绘制如图 8-49 所示的草图 8。单击“完成”按钮，草图绘制完毕。

4）在如图 8-38 所示的对话框中设置“深度”为 3，“侧角”为 0，“参考深度”为“内侧”，“侧壁”为“材料内侧”。勾选“凹坑边倒圆”复选框和“截面拐角倒圆”复选框，设置“冲压半径”“冲模半径”和“角半径”分别为 1.2、1.2 和 4。单击“确定”按钮，创建凹坑特征 4，如图 8-50 所示。

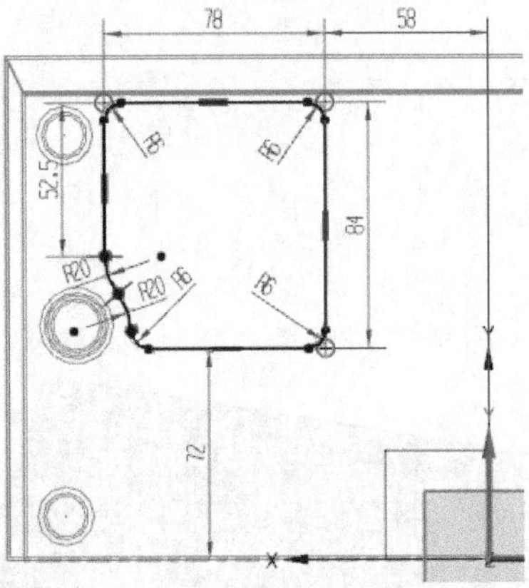

图 8-47 绘制草图 7

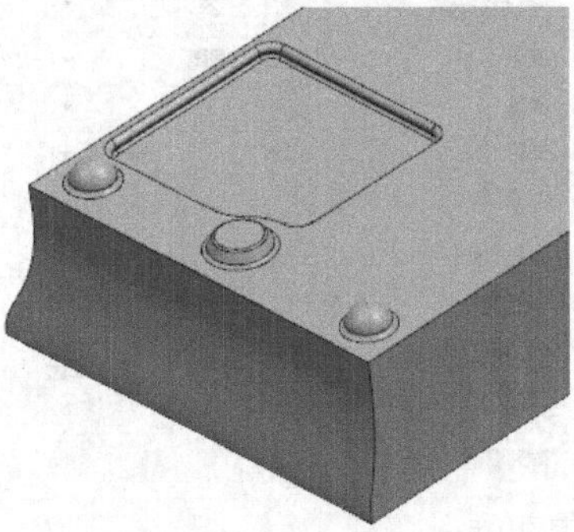

图 8-48 创建凹坑特征 3

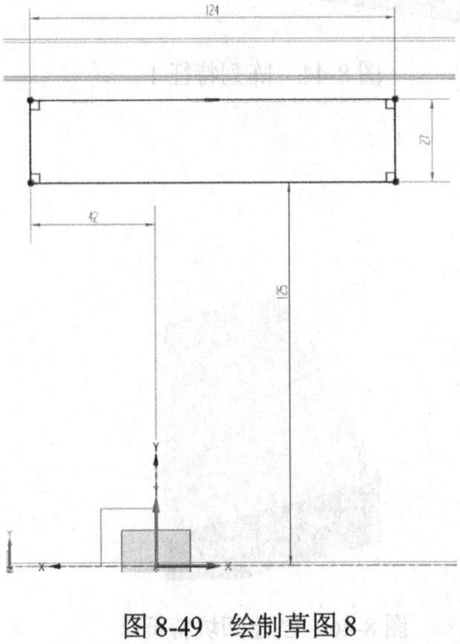

图 8-49 绘制草图 8

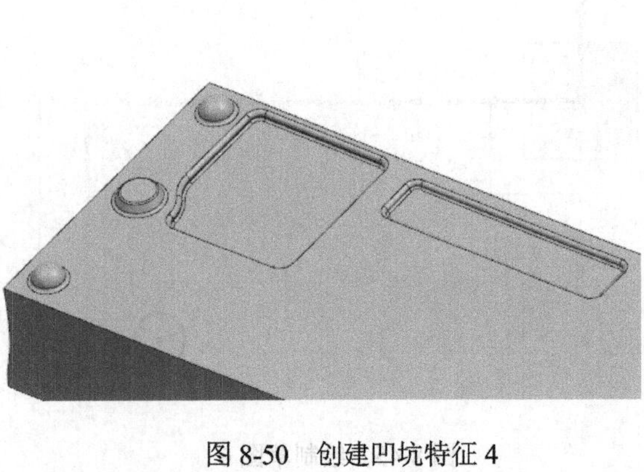

图 8-50 创建凹坑特征 4

15. 创建凹坑特征 5

1）选择“菜单(M)”→“插入(S)”→“冲孔(H)”→“凹坑(D)…”选项，或者单击“主页”功能区“冲孔”面组中的“凹坑”按钮，弹出如图 8-38 所示的“凹坑”对话框。

2）在如图 8-38 所示的对话框中单击“绘制截面”按钮，弹出如图 8-24a 所示的“创建草图”对话框。

3）在绘图窗口中选择如图 8-39 所示的平面为草图工作平面，单击“确定”按钮，进入草图绘制环境，绘制如图 8-51 所示的草图 9。单击“完成”按钮，草图绘制完毕。

4）在如图 8-38 所示的对话框中设置“深度”为 3，“侧角”为 0，“参考深度”为“内侧”，“侧壁”为“材料内侧”。勾选“凹坑边倒圆”复选框，设置“冲压半径”“冲模半径”和“角半径”分别为 1.2、1.2 和 4。单击“确定”按钮，创建凹坑特征 5，如图 8-52 所示。

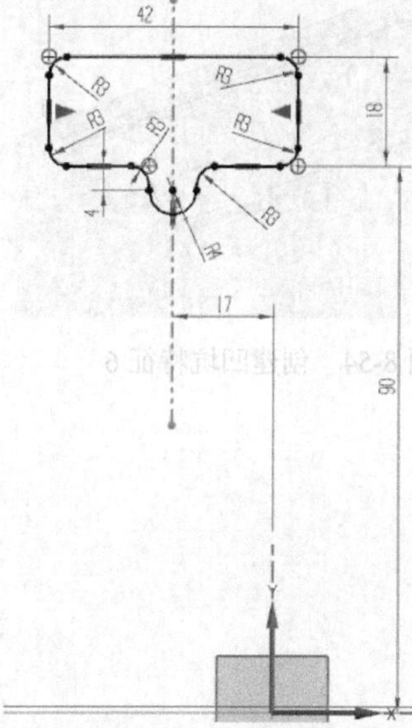

图 8-51　绘制草图 9

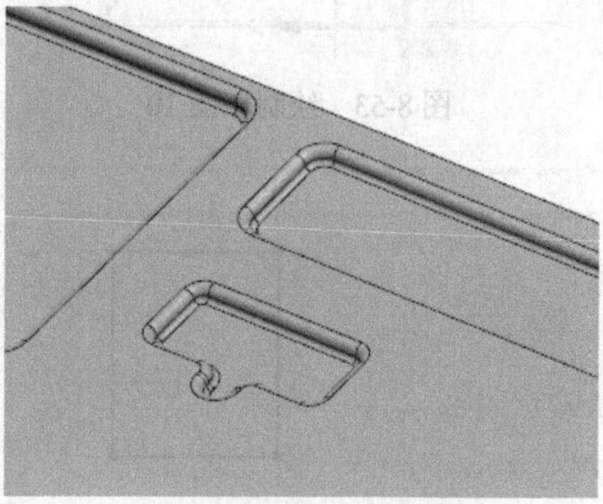

图 8-52　创建凹坑特征 5

16. 创建凹坑特征 6

1）选择“菜单(M)”→“插入(S)”→“冲孔(H)”→“凹坑(D)…”选项，或者单击“主页”功能区“冲孔”面组中的“凹坑”按钮，弹出如图 8-38 所示的“凹坑”对话框。

2）在如图 8-38 所示的对话框中单击“绘制截面”按钮，弹出“创建草图”对话框。

3）在绘图窗口中选择如图 8-39 所示的平面为草图工作平面，单击“确定”按钮，进入草图绘制环境，绘制如图 8-53 所示的草图 10。单击“完成”按钮，草图绘制完毕。

4）在如图 8-38 所示的对话框中设置“深度”为 3，“侧角”为 0，“参考深度”为“内侧”，“侧壁”为“材料内侧”。勾选“凹坑边倒圆”复选框和“截面拐角倒圆”复选框，设置“冲压半径”“冲模半径”和“角半径”分别为 1.2、1.2 和 3。单击“确定”按钮，创建凹坑特征 6，如图 8-54 所示。

17. 创建凹坑特征 7

1）选择“菜单(M)”→“插入(S)”→“冲孔(H)”→“凹坑(D)…”选项，或者单击“主页”功能区“冲孔”面组中的“凹坑”按钮，弹出如图 8-38 所示的“凹坑”对话框。

2）在如图 8-38 所示的对话框中单击“绘制截面”按钮，弹出“创建草图”对话框。

3）在绘图窗口中选择如图 8-39 所示的平面为草图工作平面，单击“确定”按钮，进入草图绘制环境，绘制如图 8-55 所示的草图 11。单击“完成”按钮，草图绘制完毕。

4）在如图 8-38 所示的对话框中设置“深度”为 3，“侧角”为 0，“参考深度”为“内侧”，“侧壁”为“材料内侧”。勾选“凹坑边倒圆”复选框和“截面拐角倒圆”复选框，设置“冲压半径”“冲模半径”和“角半径”分别为 1.2、1.2 和 3。单击“确定”按钮，创建凹坑特征 7，如图 8-56 所示。

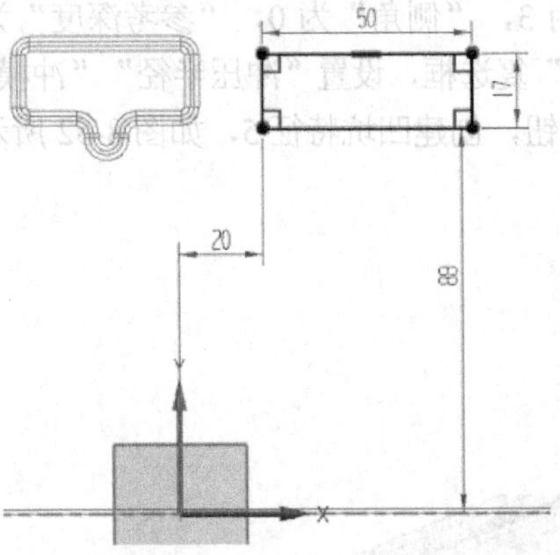

图 8-53　绘制草图 10

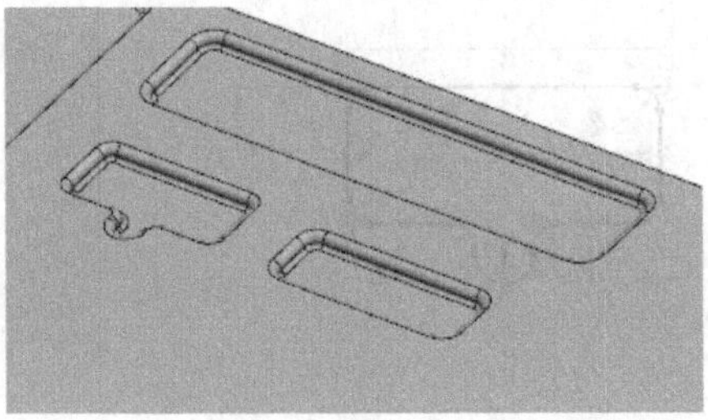

图 8-54　创建凹坑特征 6

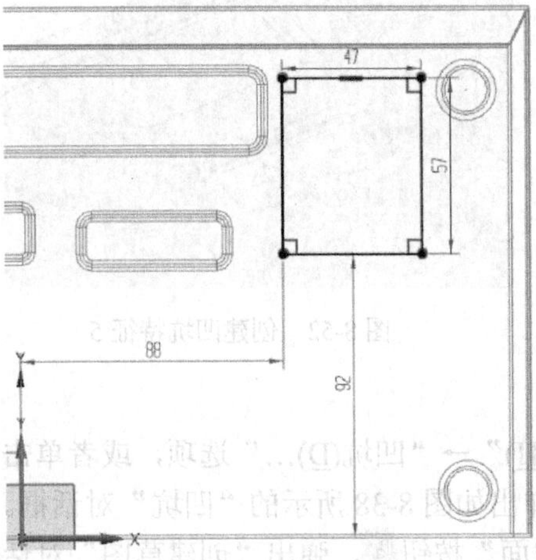

图 8-55　绘制草图 11

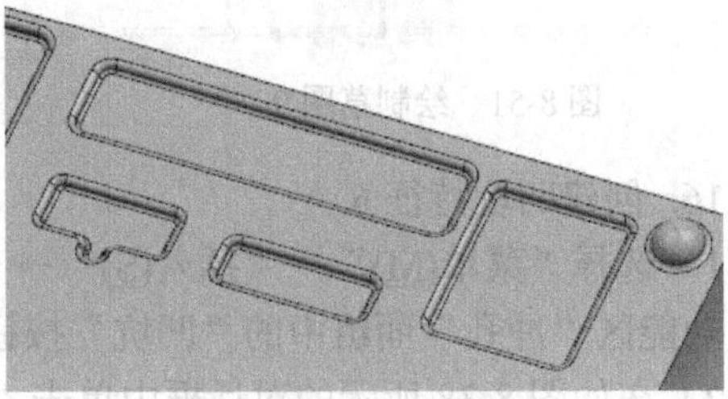

图 8-56　创建凹坑特征 7

18. 创建凹坑特征 8

1）选择“菜单(M)”→“插入(S)”→“冲孔(H)”→“凹坑(D)...”选项，或者单击“主页”功能区“冲孔”面组中的“凹坑”按钮，弹出如图 8-38 所示的“凹坑”对话框。

2）在如图 8-38 所示的对话框中单击“绘制截面”按钮，弹出“创建草图”对话框。

3）在绘图窗口中选择如图 8-39 所示的平面为草图工作平面，单击“确定”按钮，进入草图绘制环境，绘制如图 8-57 所示的草图 12。单击“完成”按钮，草图绘制完毕。

4）在如图 8-38 所示的对话框中设置“深度”为 3，“侧角”为 0，“参考深度”为“内侧”，“侧壁”为“材料内侧”。勾选“凹坑边倒圆”复选框，设置“冲压半径”“冲模半径”

和“角半径”分别为 1.2、1.2 和 4。单击“确定”按钮，创建凹坑特征 8，如图 8-58 所示。

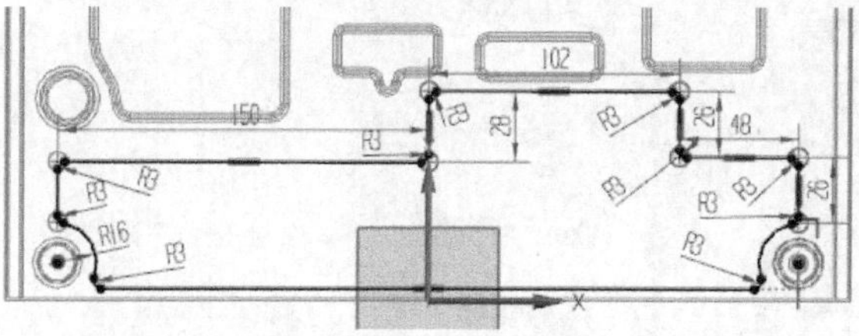

图 8-57　绘制草图 12

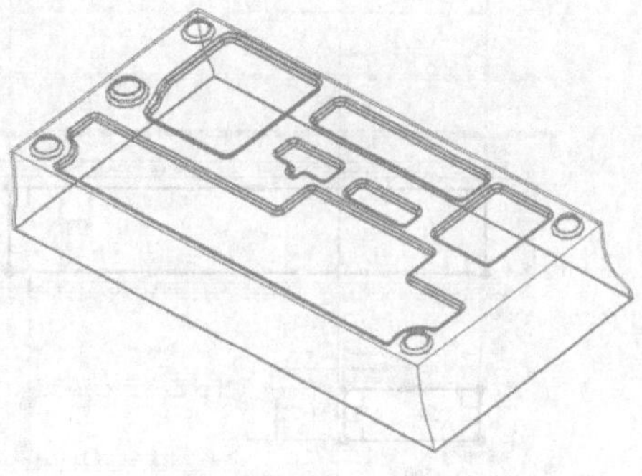

图 8-58　创建凹坑特征 8

19. 创建法向开孔特征 1

1）选择“菜单(M)”→“插入(S)”→“切割(T)”→“法向开孔(N)…”选项，或者单击“主页”功能区“特征”面组中的“法向开孔”按钮，弹出如图 8-59 所示的“法向开孔”对话框。设置“切割方法”为“厚度”，“限制”为“直至下一个”。

2）单击“绘制截面”按钮，弹出“创建草图”对话框。在绘图窗口中选择草图工作平面 2，如图 8-60 所示。

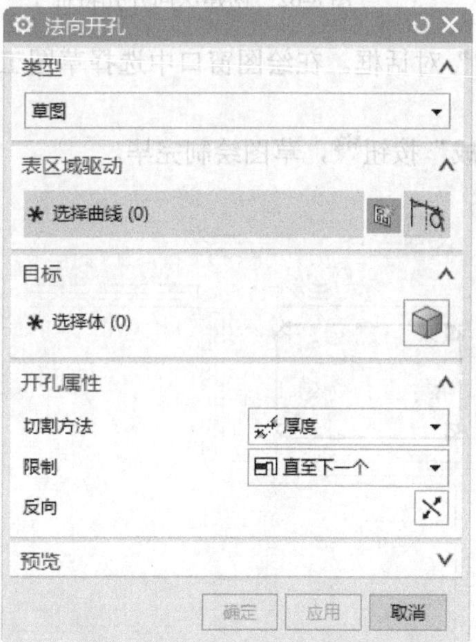

图 8-59　“法向开孔”对话框

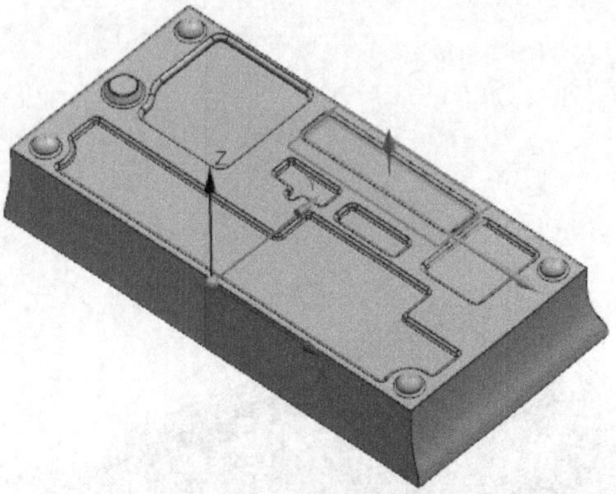

图 8-60　选择草图工作平面 2

3）绘制如图 8-61 所示的裁剪轮廓 1。单击“完成”按钮，草图绘制完毕。

4）返回“法向开孔”对话框，单击“确定”按钮，创建法向开孔特征 1，如图 8-62 所示。

20. 创建法向开孔特征 2

1）选择“菜单(M)”→“插入(S)”→“切割(T)”→“法向开孔(N)…”选项，或者单击“主页”功能区“特征”面组中的“法向开孔”按钮，弹出“法向开孔”对话框。设置“切

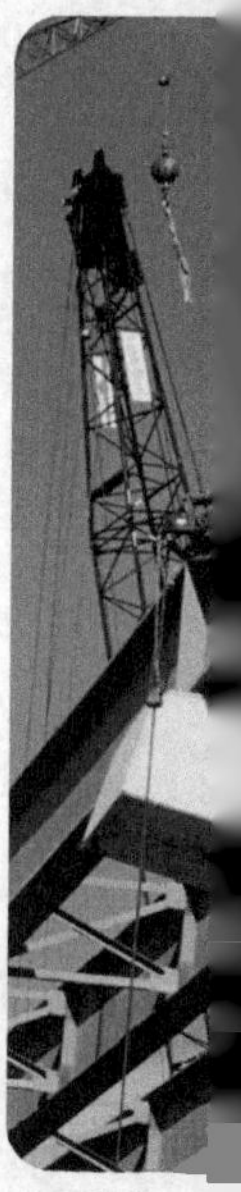

割方法”为“厚度”，“限制”为“直至下一个”。

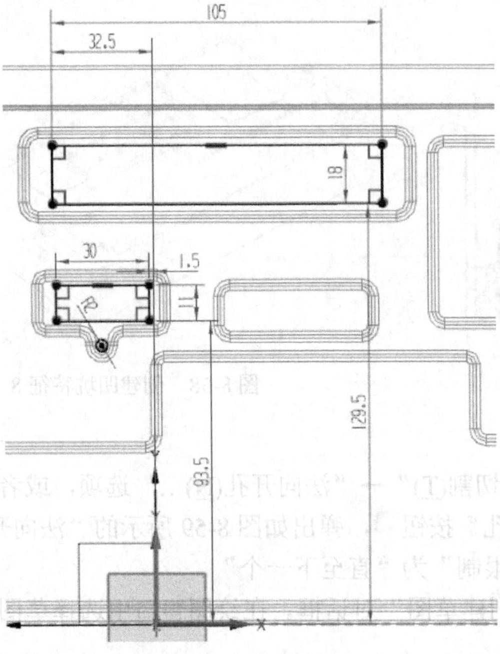

图 8-61　绘制裁剪轮廓 1

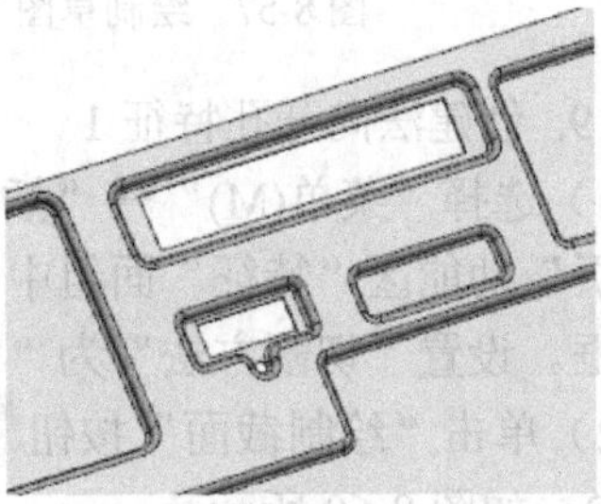

图 8-62　创建法向开孔特征 1

2）单击“绘制截面”按钮，弹出“创建草图”对话框。在绘图窗口中选择草图工作平面 3，如图 8-63 所示。

3）绘制如图 8-64 所示的裁剪轮廓 2。单击“完成”按钮，草图绘制完毕。

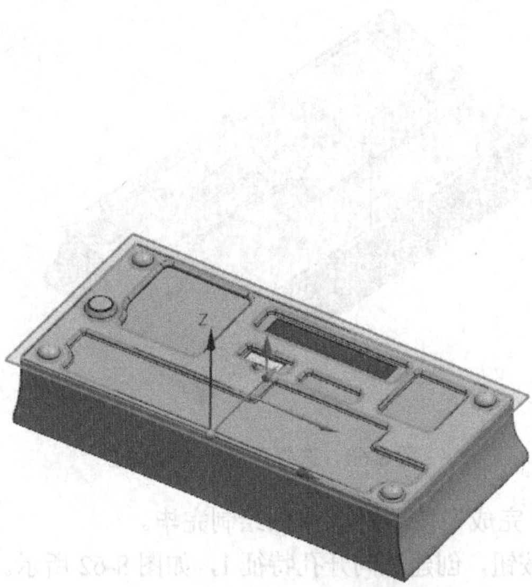

图 8-63　选择草图工作平面 3

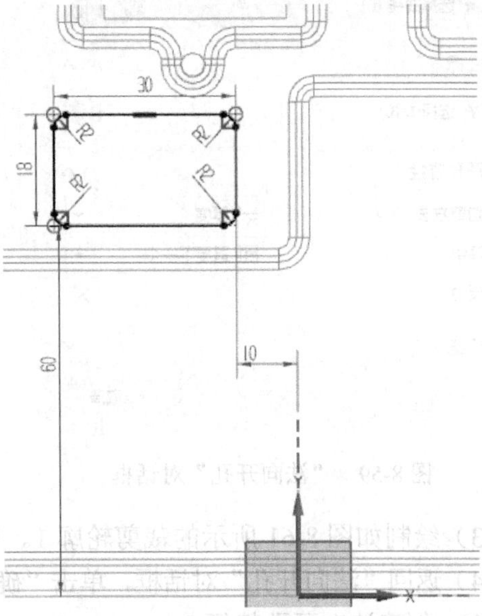

图 8-64　绘制裁剪轮廓 2

4）返回“法向开孔”对话框，单击“确定”按钮，创建法向开孔特征 2，如图 8-65 所示。

21. 创建法向开孔特征 3

1）选择“菜单(M)”→“插入(S)”→“切割(T)”→“法向开孔(N)...”选项，或者单击“主页”功能区“特征”面组中的“法向开孔”按钮，弹出“法向开孔”对话框。设置“切割方法”为厚度，“限制”为直至下一个。

2）单击“绘制截面”按钮，弹出“创建草图”对话框。在绘图窗口中选择草图工作平面 4，如图 8-66 所示。

3）绘制如图 8-67 所示的裁剪轮廓 3。单击“完成”按钮，草图绘制完毕。

4）返回“法向开孔”对话框，单击“确定”按钮，创建法向开孔特征 3，如图 8-68 所示。

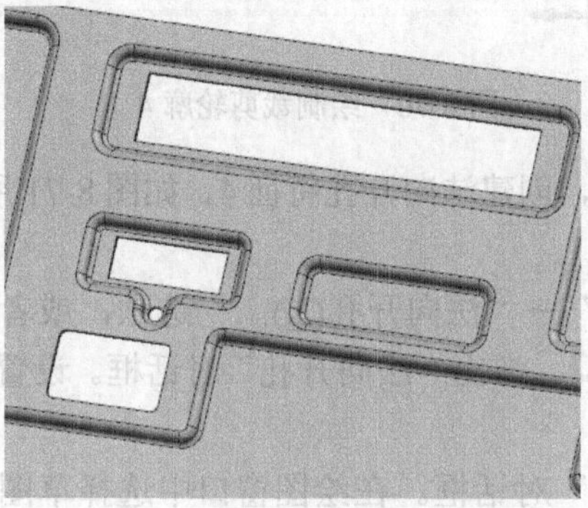

图 8-65　创建法向开孔特征

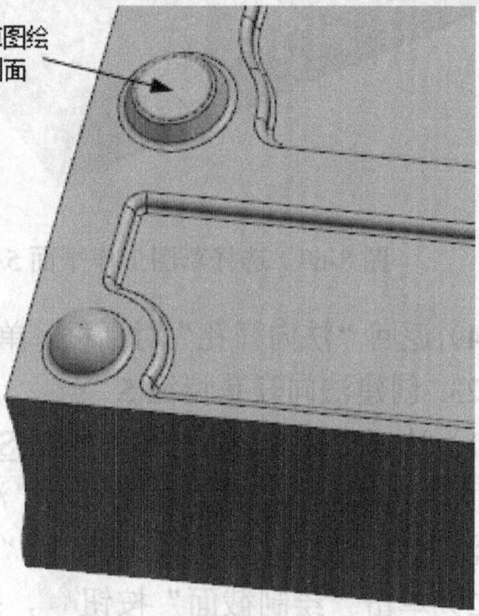

图 8-66　选择草图工作平面 4

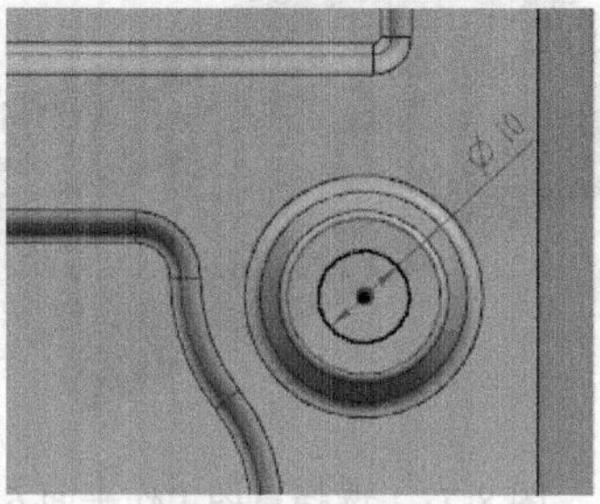

图 8-67　绘制裁剪轮廓 3

图 8-68　创建法向开孔特征 3

22. 创建法向开孔特征 4

1）选择“菜单(M)”→“插入(S)”→“切割(T)”→“法向开孔(N)...”选项，或者单击“主页”功能区“特征”面组中的“法向开孔”按钮，弹出“法向开孔”对话框。设置“切割方法”为厚度，“限制”为直至下一个。

2）单击“绘制截面”按钮，弹出“创建草图”对话框。在绘图窗口中选择草图工作平面 5，如图 8-69 所示。

3）绘制如图 8-70 所示的裁剪轮廓 4。单击“完成”按钮，草图绘制完毕。

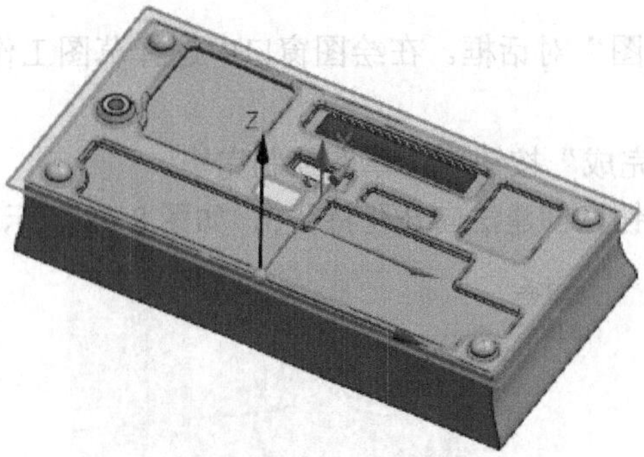

图 8-69　选择草图工作平面 5

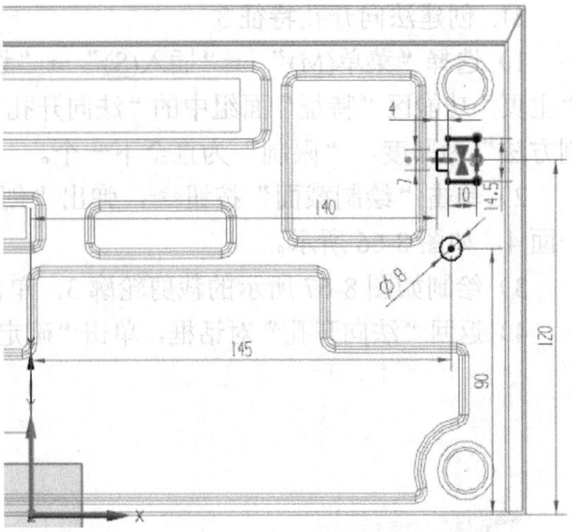

图 8-70　绘制裁剪轮廓 4

4）返回“法向开孔”对话框，单击“确定”按钮，创建法向开孔特征 4，如图 8-71 所示。

23. 创建法向开孔特征 5

1）选择“菜单(M)”→“插入(S)”→“切割(T)”→“法向开孔(N)...”选项，或者单击“主页”功能区“特征”面组中的“法向开孔”按钮，弹出“法向开孔”对话框。设置“切割方法”为“厚度”，“限制”为“直至下一个”。

2）单击“绘制截面”按钮，弹出“创建草图”对话框。在绘图窗口中选择草图工作平面 6，如图 8-72 所示。

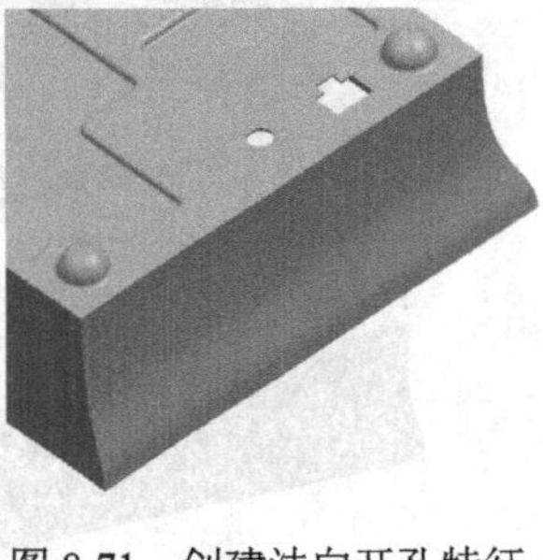

图 8-71　创建法向开孔特征 4

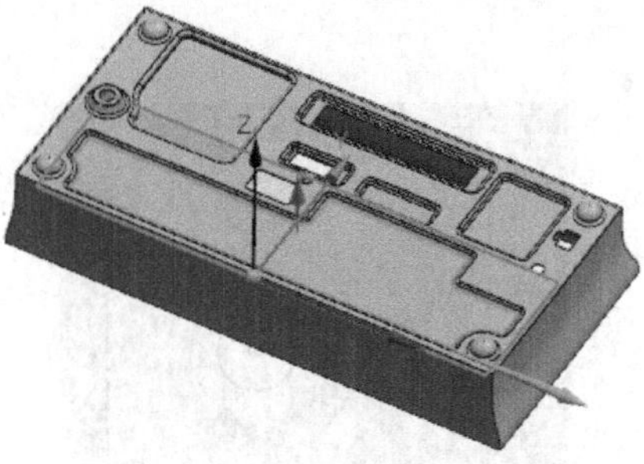

图 8-72　选择草图工作平面 6

3）绘制如图 8-73 所示的裁剪轮廓 5。单击“完成”按钮，草图绘制完毕。

4）返回“法向开孔”对话框，单击“确定”按钮，创建法向开孔特征 5，如图 8-74 所示。

24. 创建法向开孔特征 6

1）选择“菜单(M)”→“插入(S)”→“切割(T)”→“法向开孔(N)...”选项，或者单击“主页”功能区“特征”面组中的“法向开孔”按钮，弹出“法向开孔”对话框。设置“切割方法”为“厚度”，“限制”为“直至下一个”。

2）单击“绘制截面”按钮，弹出“创建草图”对话框。在绘图窗口中选择草图工作平面 7，如图 8-75 所示。

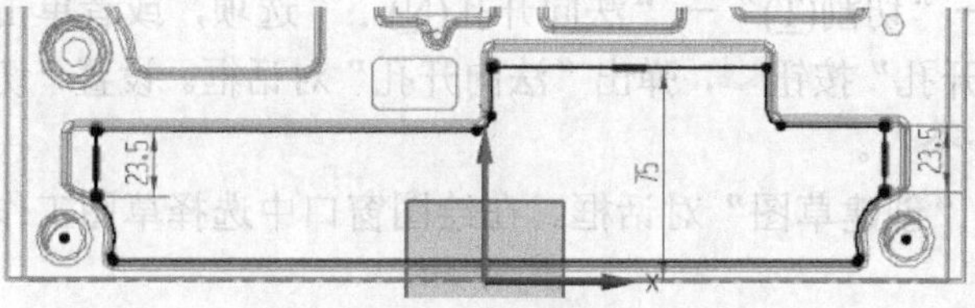

图 8-73　绘制裁剪轮廓 5

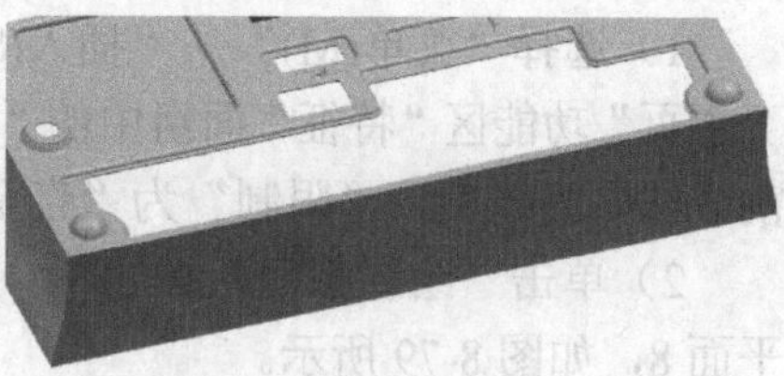

图 8-74　创建法向开孔特征 5

3）绘制如图 8-76 所示的裁剪轮廓 6。单击“完成”按钮，草图绘制完毕。

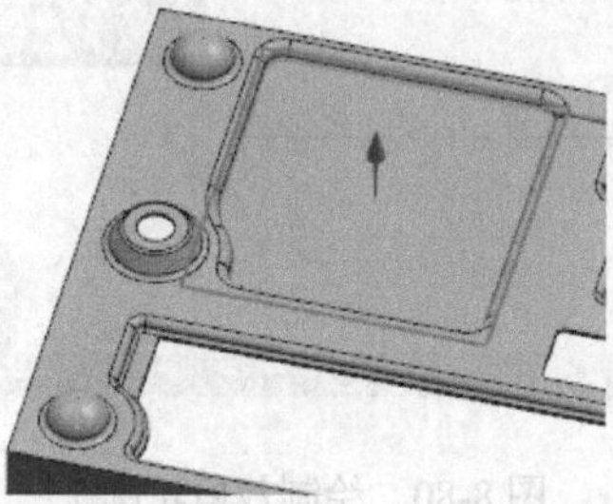

图 8-75　选择草图工作平面 7

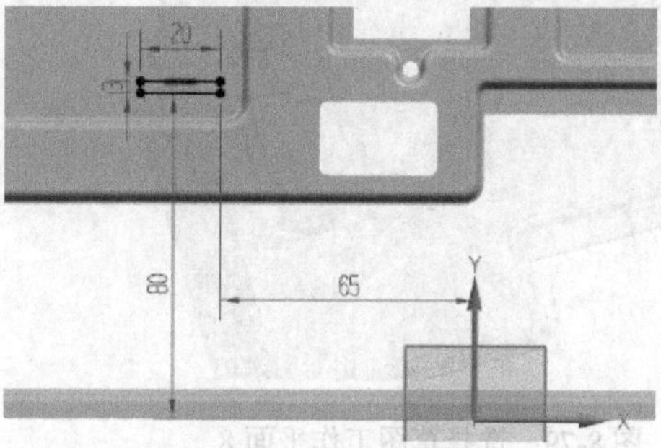

图 8-76　绘制裁剪轮廓 6

4）返回“法向开孔”对话框，单击“确定”按钮，创建法向开孔特征 6，如图 8-77 所示。

25. 创建阵列特征 2

1）选择“菜单(M)”→“插入(S)”→“关联复制(A)”→“阵列特征(A)...”选项，或者单击“主页”功能区“特征”面组中的“阵列特征”按钮，弹出“阵列特征”对话框。

2）选择上步创建法向开孔为要形成阵列的特征，设置“布局”为“线性”，“指定矢量”为“YC 轴”，“数量”为 12，“节距”为 6。

3）勾选“使用方向 2”复选框，设置“指定矢量”为“XC 轴”，弹出“数量”为 2，“节距”为 38。

4）在对话框中单击“确定”按钮，创建特征阵列 2，如图 8-78 所示。

图 8-77　创建法向开孔特征 6

图 8-78　创建阵列特征 2

26. 创建法向开孔特征 7

1）选择“菜单(M)”→“插入(S)”→“切割(T)”→“法向开孔(N)...”选项，或者单击“主页”功能区“特征”面组中的“法向开孔”按钮，弹出“法向开孔”对话框。设置“切割方法”为厚度，“限制”为“直至下一个”。

2）单击“绘制截面”按钮，弹出“创建草图”对话框。在绘图窗口中选择草图工作平面 8，如图 8-79 所示。

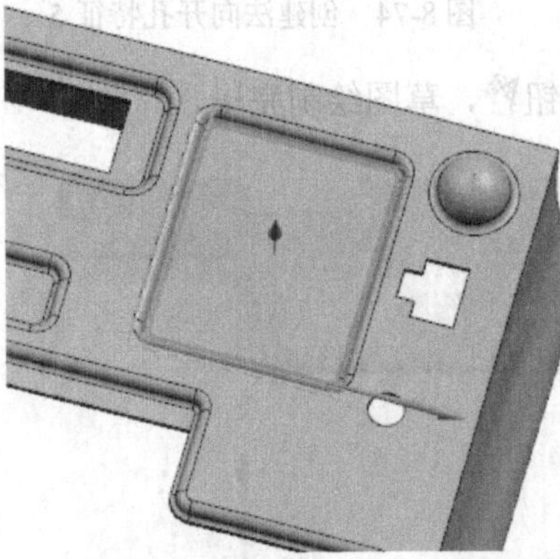

图 8-79　选择草图工作平面 8

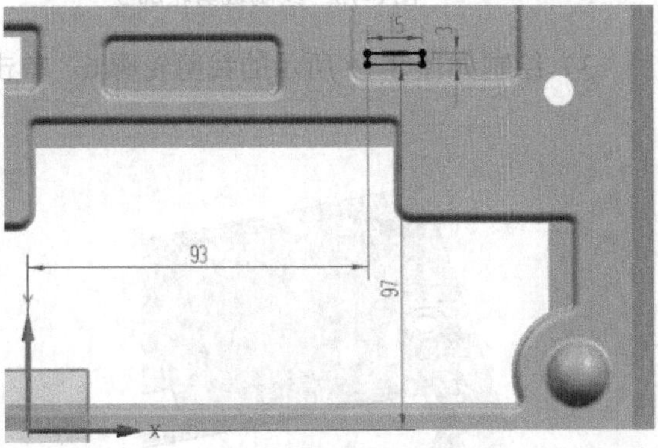

图 8-80　绘制裁剪轮廓 7

3）绘制如图 8-80 所示的裁剪轮廓 7。单击“完成”按钮，草图绘制完毕。

4）返回“法向开孔”对话框，单击“确定”按钮，创建法向开孔特征 7，如图 8-81 所示。

27. 创建阵列特征 3

1）选择“菜单(M)”→“插入(S)”→“关联复制(A)”→“阵列特征（A）...”选项，或者单击“主页”功能区“特征”面组中的“阵列特征”按钮，弹出“阵列特征”对话框。

2）选择上步创建法向开孔为要形成阵列的特征，设置“布局”为“线性”，“指定矢量”为“YC 轴”，“数量”为 10，“节距”为 5。

3）勾选“使用方向 2”复选框，设置“指定矢量”为“-XC 轴”，“数量”为 2，“节距”为 22。

4）在对话框中单击“确定”按钮，创建特征阵列 3，如图 8-82 所示。

至此，仪器后盖创建完成，如图 8-22 所示。

图 8-81　创建法向开孔特征 7

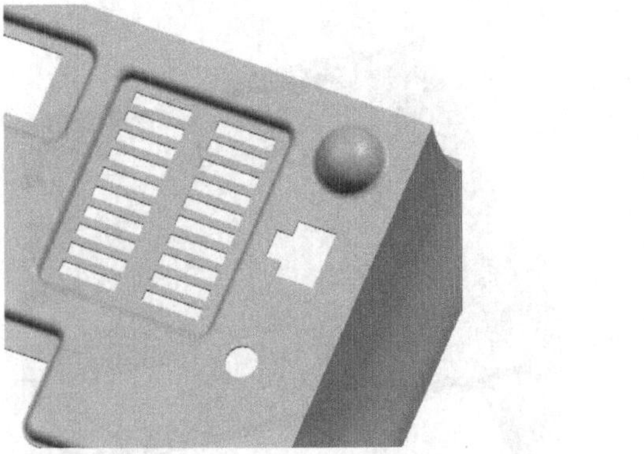

图 8-82　创建阵列特征 3

第9章

展平

本章主要介绍“展平图样”子菜单中的各种特征的创建方法和步骤。通过对实例的操作，可以使读者更快速地掌握创建钣金件的方法和操作技巧。

重点与难点

- 展平实体
- 展平图样
- 导出展平图样

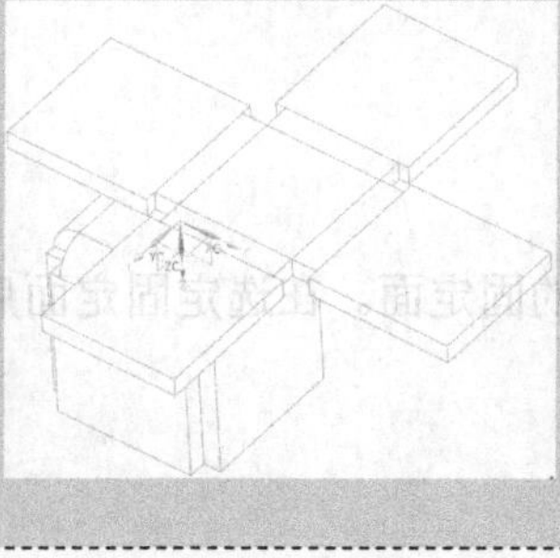

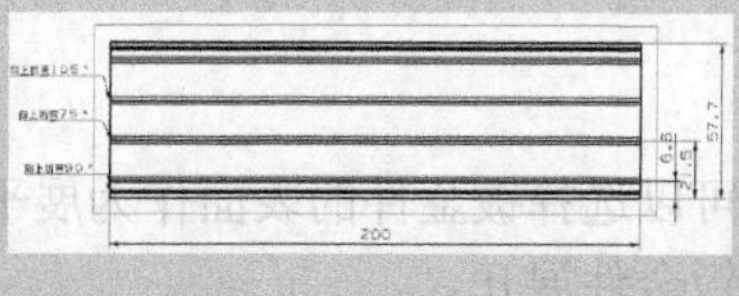

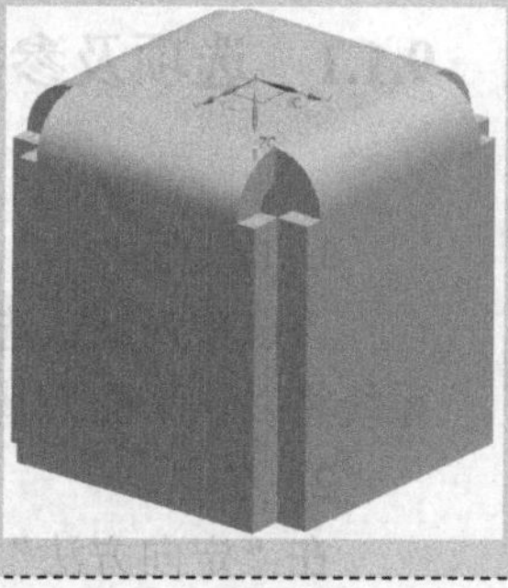

UG NX 12.0

9.1 展平实体

采用“展平实体”命令可以在同一钣金件文件中创建平面展开图，展平实体特征版本与成形特征版本相关联。当采用“展平实体”命令展开钣金件时，将展平实体特征作为“引用集”在“部件导航器”中显示。

如果钣金件包含变形特征，这些特征将保持原有的状态；如果钣金模型更改，展开图处理也自动更新并包含了新的特征。展平实体在零件文件中创建新的实体同时保持最初的实体。

选择“菜单(M)”→“插入(S)”→“展平图样(L)”→“展平实体(S)...”选项，或者单击“主页”功能区“展平图样”库中的“展平实体”按钮，弹出如图 9-1 所示“展平实体”对话框。

图 9-1 “展平实体”对话框

9.1.1 选项及参数

1. 固定面

该选项为默认选项，可以选择钣金件的表面作为展平实体的固定面。在选定固定面后，系统将以该平面为基准将钣金件展开。

2. 方位

在“定向方法”下拉列表框中包括以下选项。

1）默认：将平面实体定向到默认方向。

2）选择边：通过移动选定的边缘与绝对坐标系的 X 轴对齐来定位平面实体。

3）指定坐标系：通过将指定的坐标系与绝对的坐标系相匹配来定位平面实体。

3. 外拐角属性

用于设置展开实体的外拐角属性，勾选“全局使用”复选框，使用系统默认的外拐角属性。

4. 内拐角属性

用于设置展开实体的内拐角属性，勾选“全局使用”复选框，使用系统默认的内拐角属性。

9.1.2　实例——展平端头

1. 打开钣金文件

选择“菜单(M)”→“文件(F)”→“打开(O)...”选项，弹出“打开”对话框。选择 zhuanhuanweibanjin.prt，单击 OK 按钮，进入 UG NX 12.0 钣金设计环境，如图 9-2 所示。

图 9-2　打开钣金文件

2. 创建展平实体

1）选择“菜单(M)”→“插入(S)”→“展平图样(L)”→“展平实体(S)...”选项，或者单击“主页”功能区“展平图样”库中的“展平实体”按钮，弹出如图 9-1 所示“展平实体”对话框。在绘图窗口中选择如图 9-3 所示的固定面。

2）在“定向方法”下拉列表框中选择“选择边”，选择如图 9-4 所示的边为 X 轴参考边。

图 9-3　选择固定面

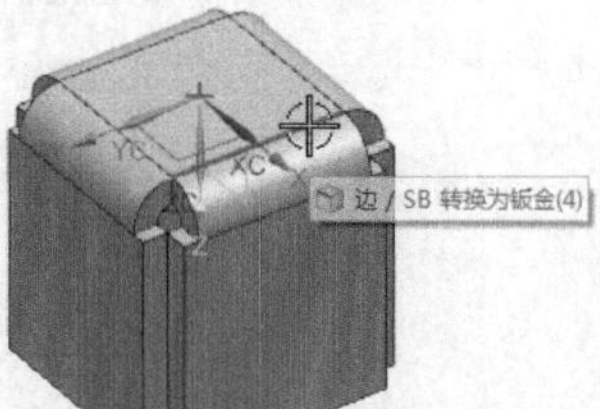

图 9-4　选择边

3）选择后的示意图如图 9-5 所示。

4）在“展平实体”对话框中单击“确定”按钮，创建展平实体，如图 9-6 所示。

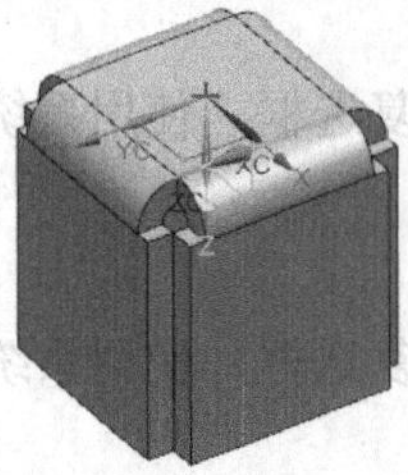

图 9-5　选择后的示意图

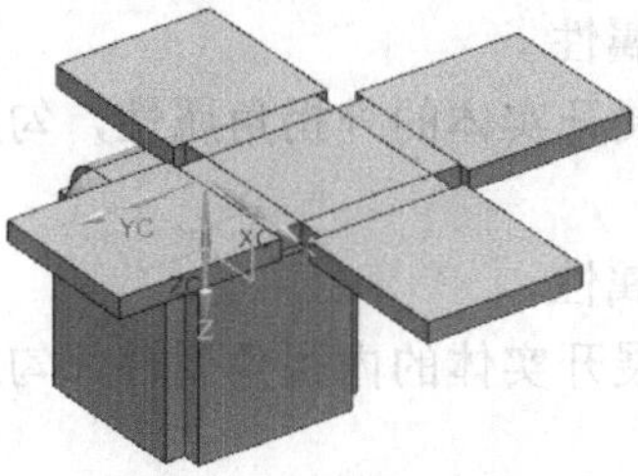

图 9-6　创建展平实体

3. 保存文件

选择“菜单(M)”→“文件(F)”→“另存为(A)...”选项，弹出“另存为”对话框，输入文件名称为 zhanpingshiti，单击 OK 按钮，保存文件。

9.2 展 平 图 样

选择“菜单(M)”→“插入(S)”→“展平图样(L)”→“展平图样(P)...”选项，或单击“主页”功能区“展平图样”库中“展平图样”按钮，弹出如图 9-7 所示“展平图样”对话框。

图 9-7　“展平图样”对话框

9.2.1　选项及参数

附加曲线：在系统创建平面展开图时，除了生成的一些曲线外，还可以利用此选项来选择额外的曲线、边界或点，加入到平面展开样图中。这些所选择的几何体会首先投影到零件实体上，然后与平面展开样图一起创建。

9.2.2　实例——创建提手图样

1. 打开钣金文件

选择“菜单(M)”→“文件(F)”→“打开(O)…”选项，弹出“打开”对话框，选择 tishou.prt，单击 OK 按钮，进入 UG NX 12.0 钣金设计环境，如图 9-8 所示。

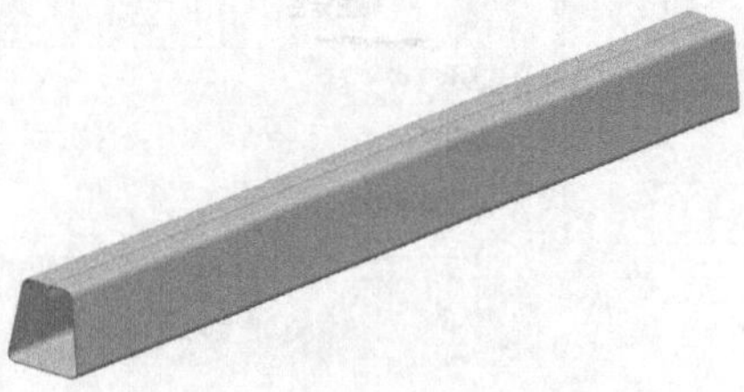

图 9-8　打开钣金文件

2. 创建钣金零件的平面展开

1）选择“菜单(M)”→“插入(S)”→“展平图样(L)”→“展平图样(P)…”选项，或者单击“主页”功能区“展平图样”库中的“展平图样”按钮，弹出如图 9-7 所示 “展平图样”对话框。

2）选择如图 9-9 所示的钣金件表面为向上面。

3）其他采用默认设置，单击“确定”按钮，弹出“钣金”提示框，如图 9-10 所示。

4）单击“确定”按钮，系统创建独立的图样视图 FLAT-PATTERN#1。

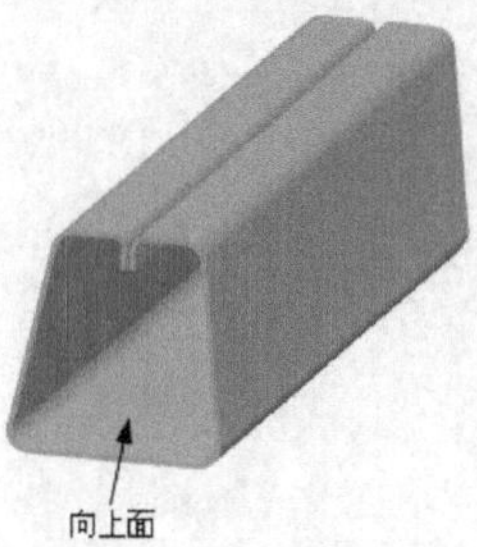

图 9-9　选择向上面

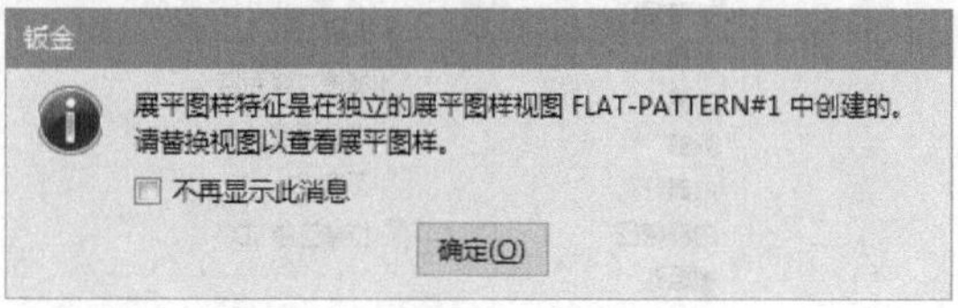

图 9-10　“钣金”提示框

3. 设置视图显示

1）单击“应用模块”功能区“设计”面组中的“制图”按钮，进入制图环境。

2）选择“菜单(M)”→“首选项(P)”→“制图(D)…”选项，弹出如图 9-11 所示的“制图首选项”对话框。

3）在对话框中的“视图”→“隐藏线”选项卡中设置隐藏线为“不可见”；在“视图”→“光顺边”选项卡中取消“显示光顺边”复选框的勾选；在“视图”→“虚拟交线”选项卡中取消“显示虚拟交线”复选框的勾选；在“展平图样”→“标注”选项卡中取消标注区域中所有复选框的勾选，如图 9-12 所示。

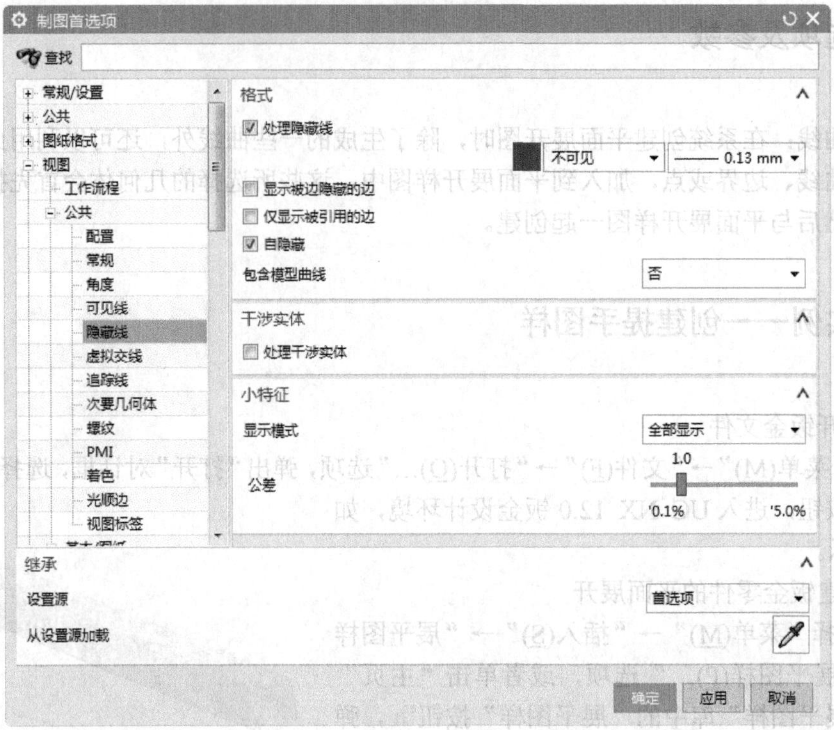

图 9-11 “制图首选项”对话框

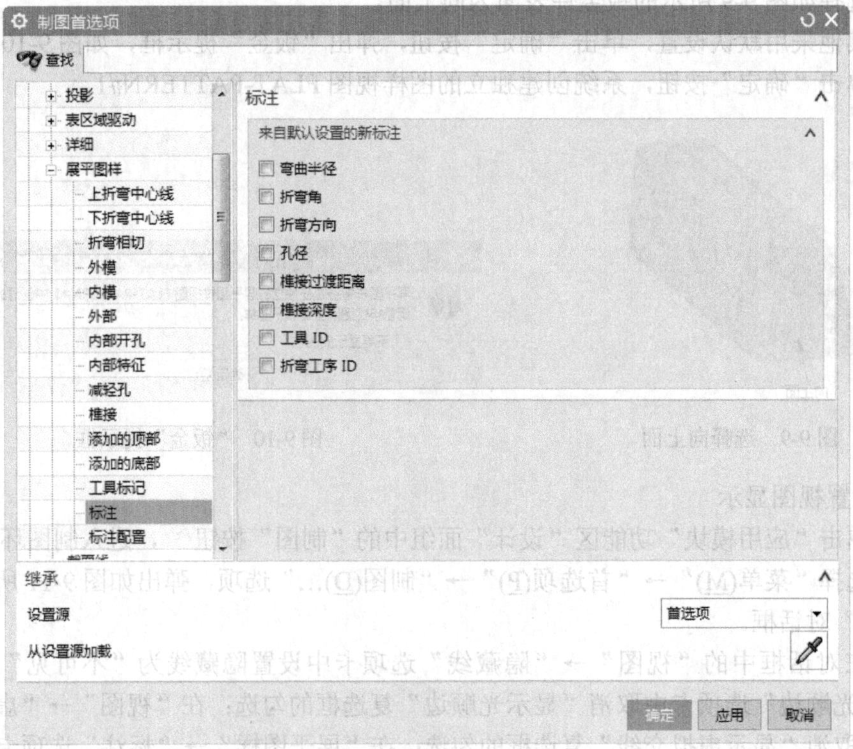

图 9-12 “标注”选项卡

4. 新建图纸

1）选择“菜单(M)”→“插入(S)”→“图纸页(H)...”选项，或者单击“主页”功能区中的“新建图纸页”按钮，弹出如图 9-13 所示的“工作表”对话框。

2）在对话框中选择“标准尺寸”选项，设置图纸“单位”为“毫米”，“大小”为“A3-297×420”，“比例”为 1∶1，“投影”为，单击“确定”按钮。

5. 创建基本视图

1）选择“菜单(M)”→“插入(S)”→“视图(W)”→“基本(B)...”选项，或者单击“主页”功能区“视图”面组中的“基本视图”按钮，弹出如图 9-14 所示的“基本视图”对话框。

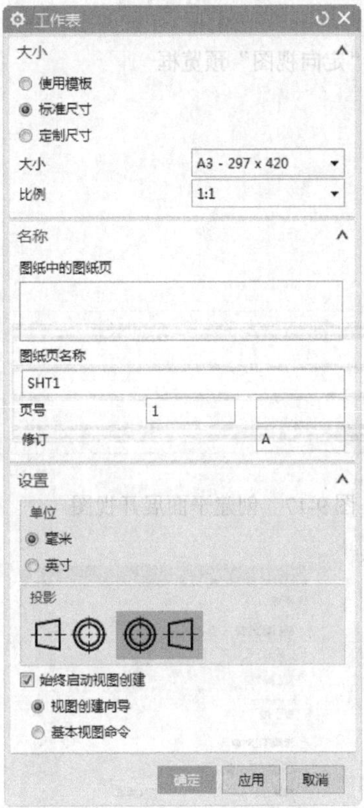

图 9-13 “工作表”对话框

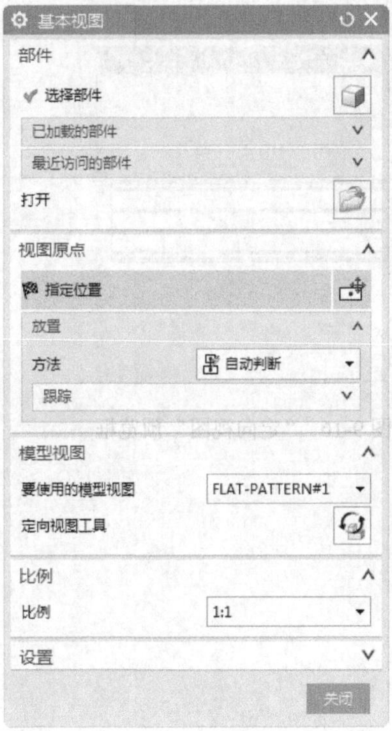

图 9-14 “基本视图”对话框

2）在“要使用的模型视图”下拉列表框中选择 FLAT-PATTERN#1，单击“定向视图工具”按钮，弹出如图 9-15 所示“定向视图工具”对话框和“定向视图”预览框。

3）在“法向”的“指定矢量”下拉列表框中选择“YC”轴，在“X 向”的“指定矢量”下拉列表框中选择“ZC”轴，“定向视图”预览框如图 9-16 所示，单击“确定”按钮。

4）在绘图窗口中的合适位置放置平面展开视图，如图 9-17 所示。

5）选择“菜单(M)”→“插入(S)”→“尺寸(M)”→“快速(P)...”选项，标注如图 9-18 所示的视图尺寸。

6）选择“菜单(M)”→“插入(S)”→“注释(A)”→“注释(N)...”选项，或者单击“主页”功能区“注释”面组中的“注释”按钮A，弹出如图 9-19 所示的“注释”对话框。添加如图 9-20 所示的文本标签。

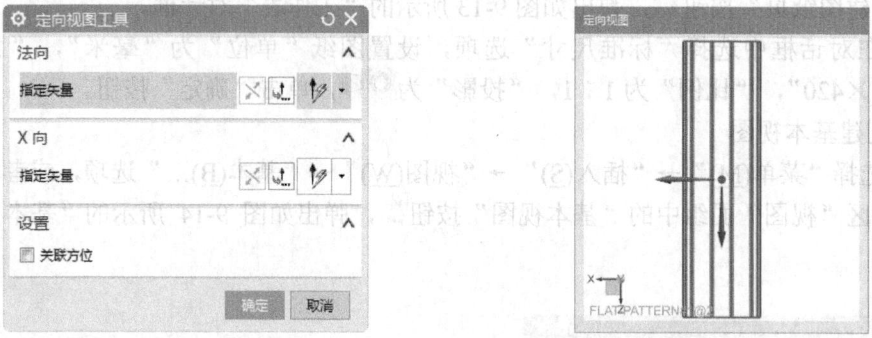

图 9-15　“定向视图工具”对话框和“定向视图”预览框

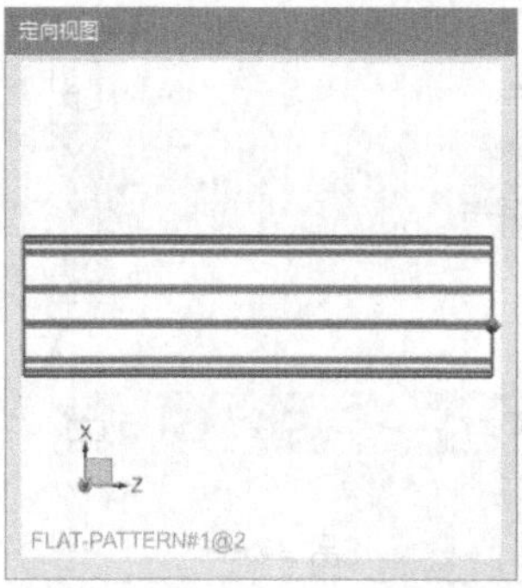

图 9-16　“定向视图”预览框

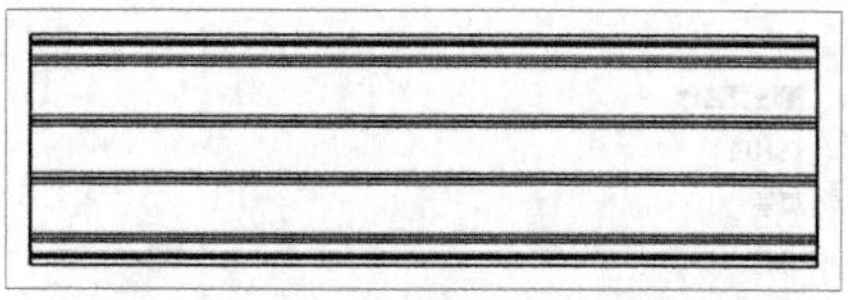

图 9-17　创建平面展开视图

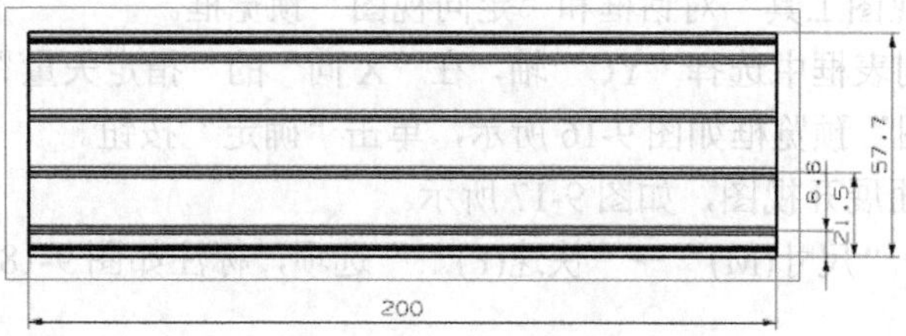

图 9-18　标注视图尺寸

图 9-19　“注释”对话框

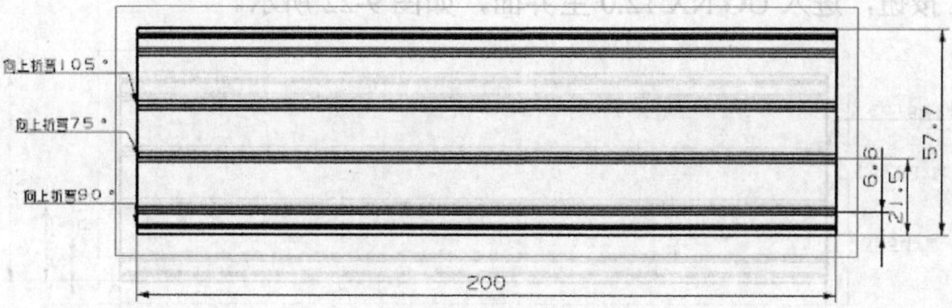

图 9-20　添加文本标签

9.3　导出展平图样

选择“菜单(M)”→“插入(S)”→“展平图样(L)”→“导出展平图样(X)...”选项，或者单击“主页”功能区“展平图样”库中的“导出展平图样”按钮，弹出如图 9-21 所示“导出展平图样”对话框。

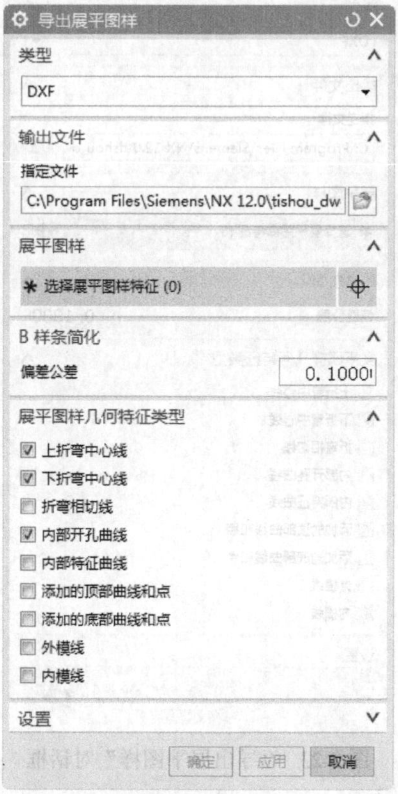

图 9-21　“导出展平图样”对话框

1. 打开钣金文件

选择“菜单(M)”→“文件(F)”→“打开(O)...”选项，弹出“打开”对话框，选择 tishou1.

prt，单击 OK 按钮，进入 UG NX 12.0 主界面，如图 9-22 所示。

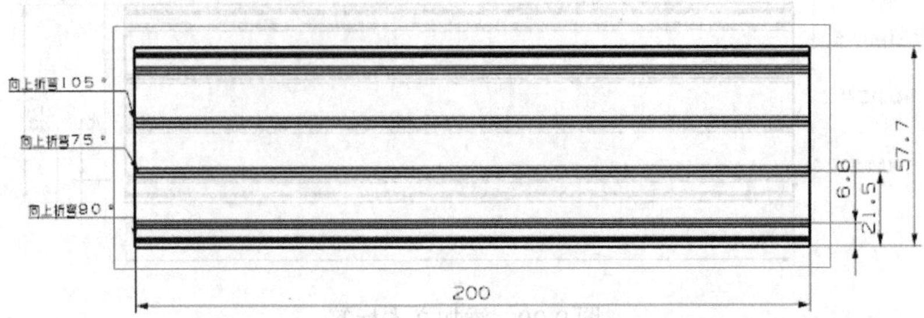

图 9-22　打开钣金文件

2. 导出展平图样

1）单击“应用模块”功能区“设计”面组中的“钣金”按钮，进入钣金设计环境。

2）选择“菜单(M)”→“插入(S)”→“展平图样(L)”→“导出展平图样(X)...”选项，或者单击“主页”功能区“展平图样”库中的“导出展平图样”按钮，弹出如图 9-23 所示“导出展平图样”对话框。

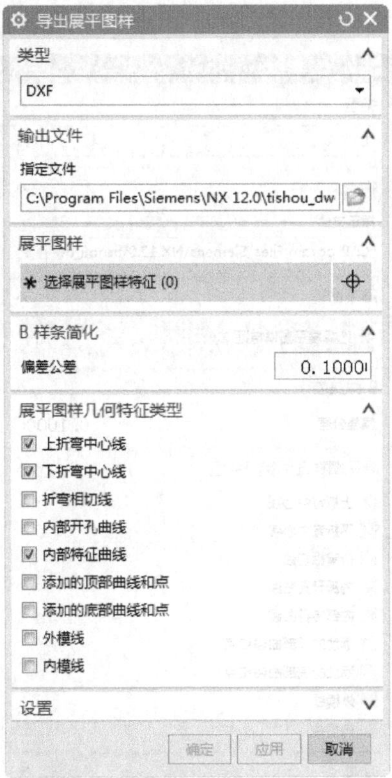

图 9-23　“导出展平图样”对话框

3）在对话框中选择 DXF 类型，指定输出文件路径，在“展平图样几何特征类型”中勾选“上折弯中心线”“下折弯中心线”和“内部特征曲线”复选框。

4）在“部件导航器”中选择“展平图样”为展平图样特征，单击“确定”按钮，创建.dxf 文件。

第10章

UG NX 12.0 高级钣金

本章主要介绍 UG NX 12.0“高级钣金”下拉菜单中的各种特征的创建方法和步骤。通过对实例的操作，可以使读者更快速地掌握创建钣金件的方法和操作技巧。

重点与难点

- 高级弯边
- 桥接折弯
- 钣金成形

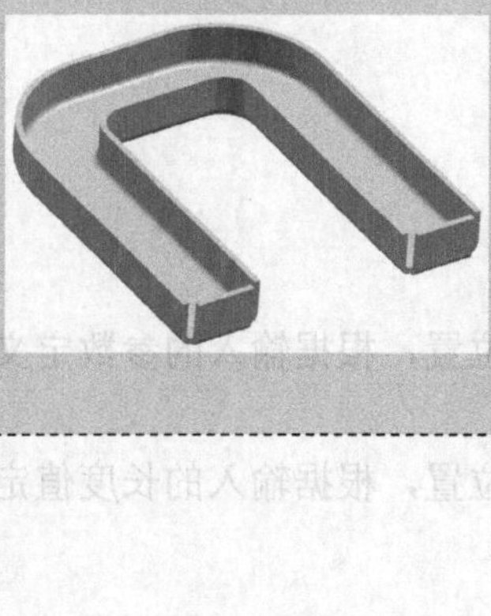

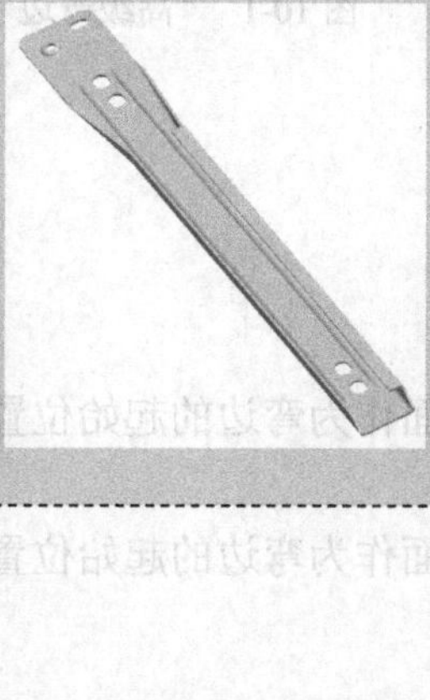

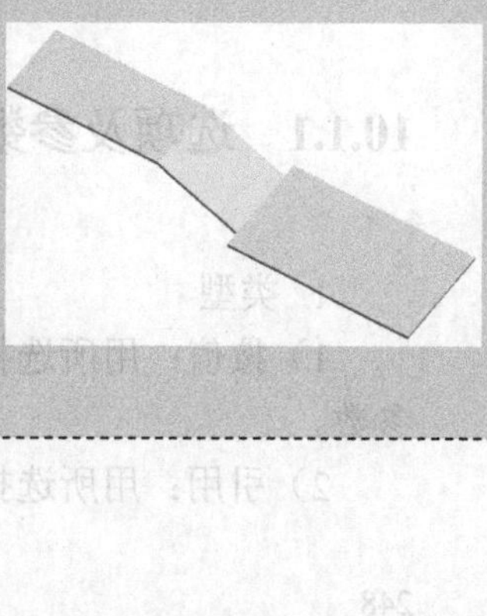

10.1 高级弯边

选择“菜单(M)”→“插入(S)”→“高级钣金(A)”→“高级弯边(A)...”选项，或者单击“主页”功能区“折弯”面组“更多”库中的“高级弯边”按钮，弹出如图 10-1 所示的“高级弯边”对话框。

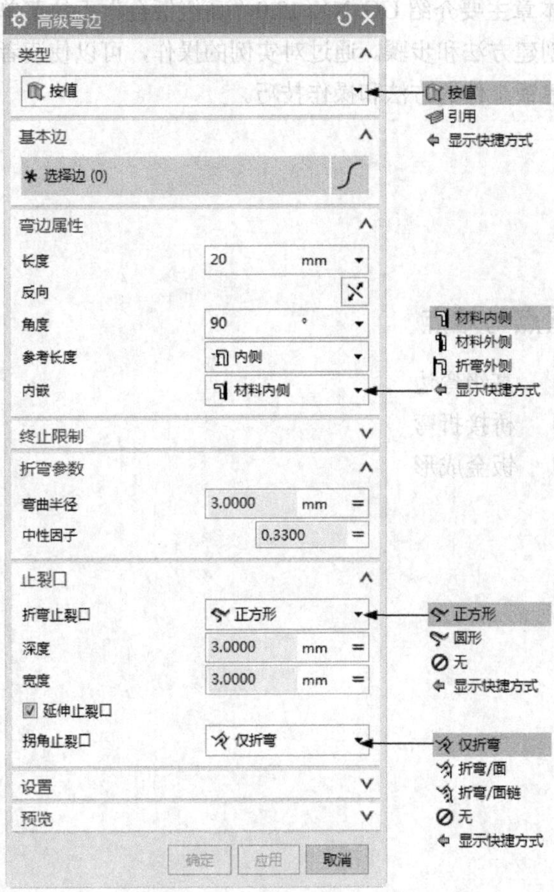

图 10-1 “高级弯边”对话框

10.1.1 选项及参数

1. 类型

1）按值：用所选择的平面作为弯边的起始位置和终止位置，根据输入的参数定义弯边参数。

2）引用：用所选择的平面作为弯边的起始位置和终止位置，根据输入的长度值定义弯边的长度，再根据所选的参考面确定弯边的角度值，同时剪裁钣金壁。

2. 自动判断长度

勾选此复选框，自动判断弯边的长度直到指定的物体参考。

10.1.2 实例——U 型槽

首先利用“突出块”命令创建基本钣金件，然后利用“高级弯边”命令创建所有的弯边；即可 U 形槽的创建。如图 10-2 所示。

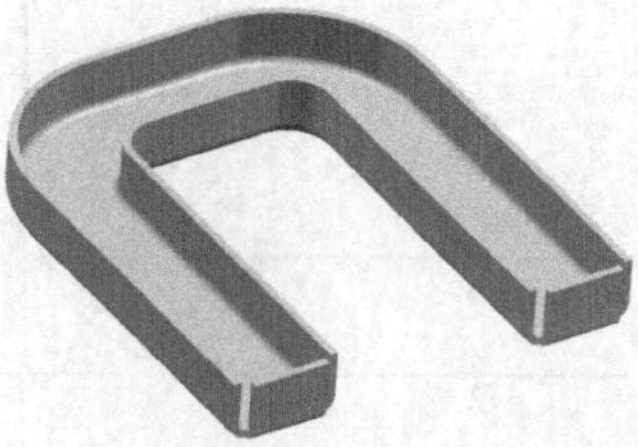

图 10-2 U 形槽

1. 创建钣金文件

选择“菜单(M)”→“文件(F)”→“新建(N)...”选项，或者单击“主页”功能区中的“新建”按钮，弹出“新建”对话框。在“模板”列表框中选择“NX 钣金”选项。在“名称”文本框中输入 Uxingcao，在“文件夹”文本框中输入非中文保存路径，单击“确定”按钮，进入 UG NX 12.0 钣金设计环境。

2. 创建突出块特征

1）选择“菜单(M)”→“插入(S)”→“突出块(B)...”，或者单击“主页”功能区“基本”面组中的“突出块”按钮，弹出如图 10-3 所示的“突出块”对话框。

2）在“突出块”对话框中的“类型”下拉列表框中选择“底数”，单击“表区域驱动”选项组中的“绘制截面”按钮，弹出如图 10-4 所示的“创建草图”对话框。

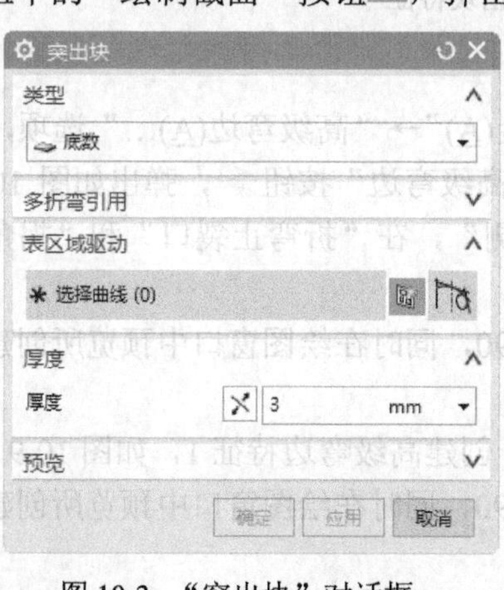

图 10-3 “突出块”对话框

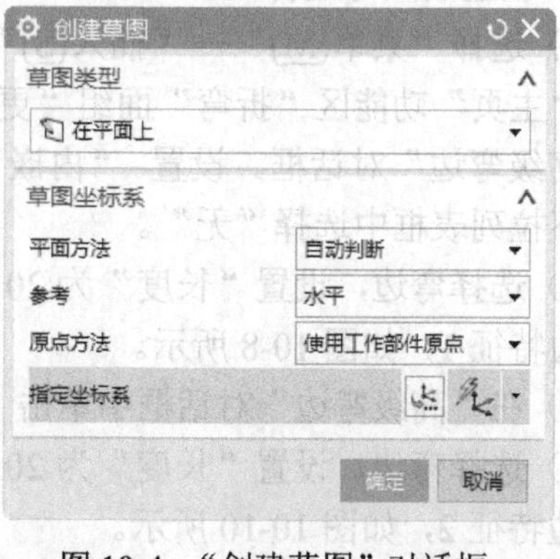

图 10-4 “创建草图”对话框

3）在“创建草图”对话框中选择 XC-YC 平面为草图工作平面，设置“水平”面为参考平面，单击“确定”按钮，进入草图绘制环境，绘制如图 10-5 所示的草图。单击“完成”按钮，草图绘制完毕。

4）在绘图窗口中预览所创建的突出块特征，如图 10-6 所示。

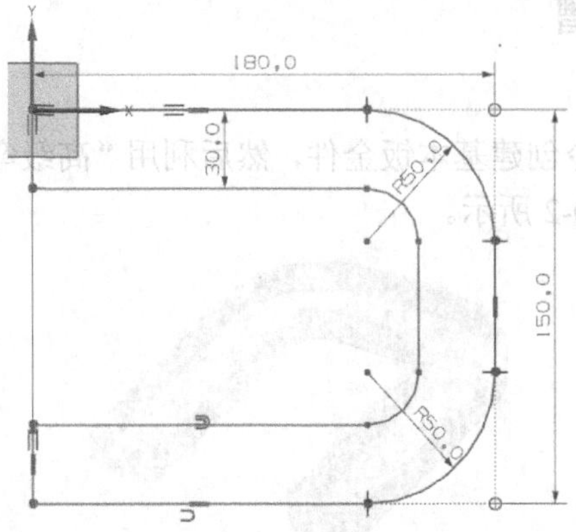

图 10-5　绘制草图

5）在“突出块”对话框中单击“确定”按钮，创建突出块特征，如图 10-6 所示。

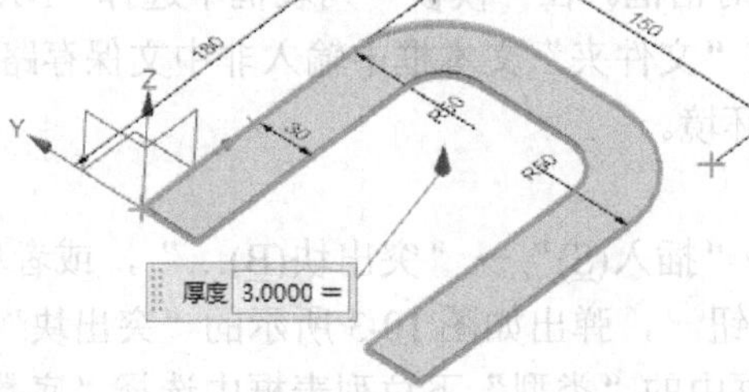

图 10-6　预览所创建的突出块特征

3. 创建高级弯边特征

1）选择“菜单(M)”→“插入(S)”→“高级钣金(A)”→“高级弯边(A)…”选项，或者单击“主页”功能区“折弯”面组“更多”库中的“高级弯边”按钮，弹出如图 10-7 所示“高级弯边”对话框。设置 “内嵌”为“折弯外侧”，在“折弯止裂口”和“拐角止裂口”下拉列表框中选择“无”。

2）选择弯边，设置“长度”为 20，“角度”为 90，同时在绘图窗口中预览所创建的高级弯边特征 1，如图 10-8 所示。

3）在“高级弯边”对话框中单击“应用”按钮，创建高级弯边特征 1，如图 10-9 所示。

4）选择弯边，设置“长度”为 20，“角度”为 90，同时在绘图窗口中预览所创建的高级弯边特征 2，如图 10-10 所示。

5）在“高级弯边”对话框中单击“应用”按钮，创建高级弯边特征 2，如图 10-11 所示。

6）选择弯边，设置“长度”为 20，“角度”为 90，同时在绘图窗口中预览所创建的高级弯边特征 3，如图 10-12 所示。

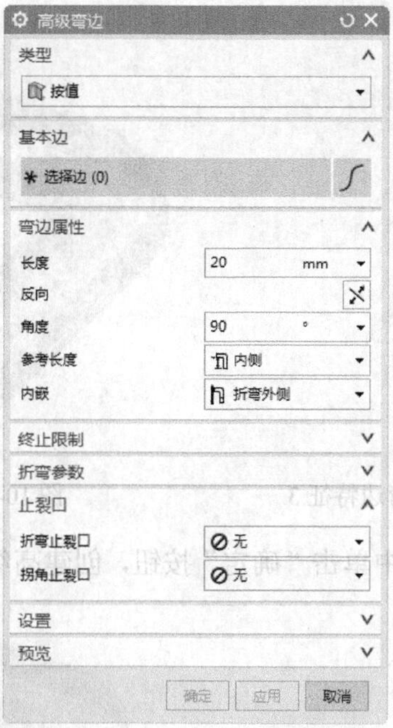

图 10-7　“高级弯边”对话框

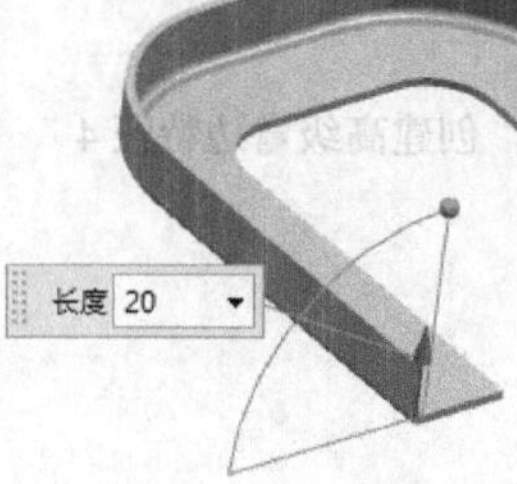

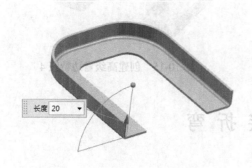

图 10-8　预览所创建的高级弯边特征 1

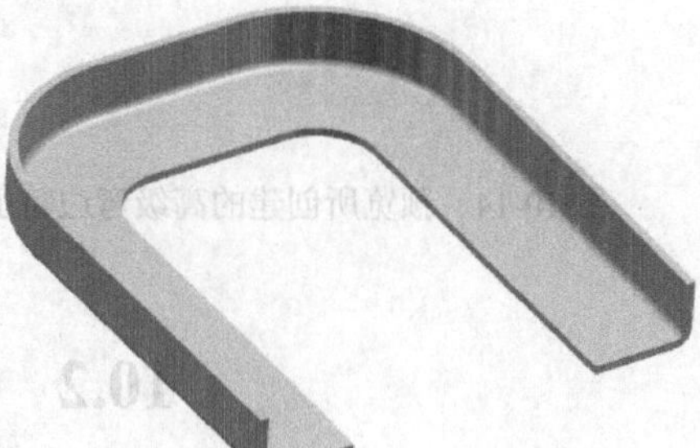

图 10-9　创建高级弯边特征 1

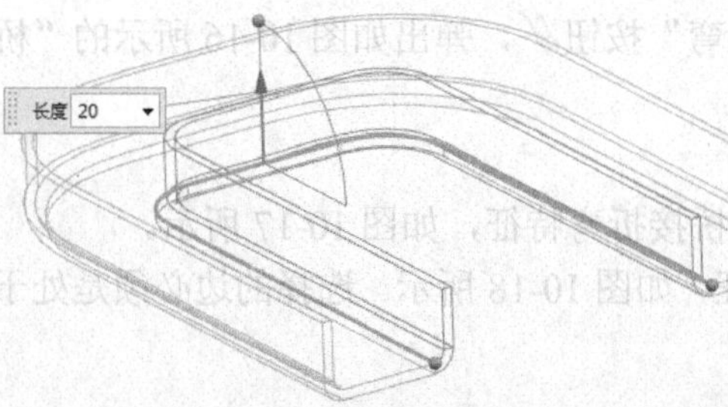

图 10-10　预览所创建的高级弯边特征 2

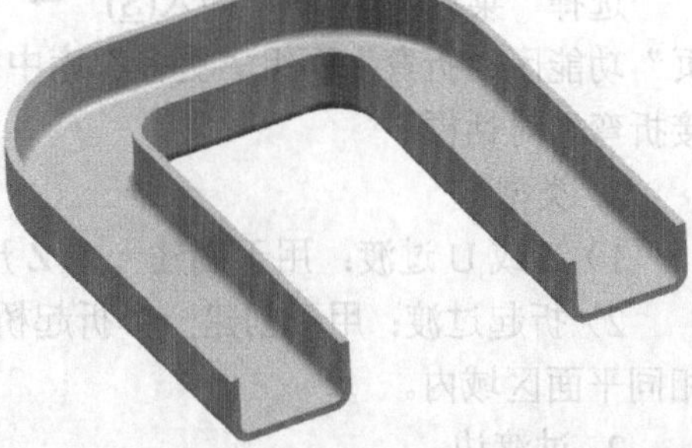

图 10-11　创建高级弯边特征 2

7）在“高级弯边”对话框中单击“应用”按钮，创建高级弯边特征 3，如图 10-13 所示。

8）选择弯边，设置“长度”为 20，“角度”为 90，同时在绘图窗口中预览所创建的高级弯边特征 4，如图 10-14 所示。

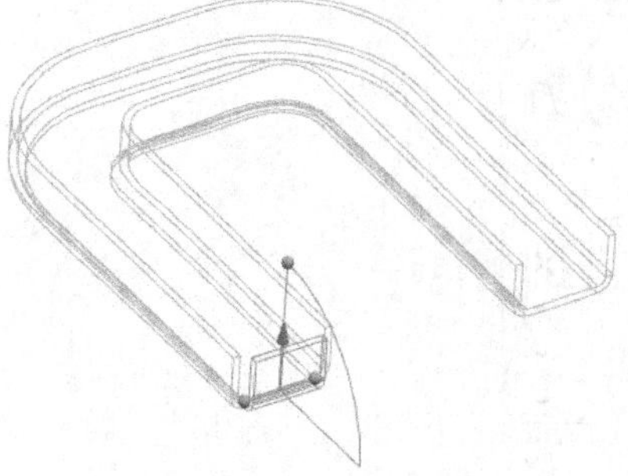

图 10-12　预览所创建的高级弯边特征 3

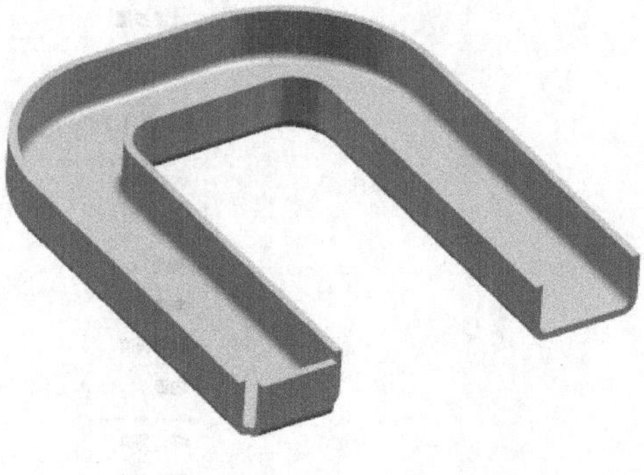

图 10-13　创建高级弯边特征 3

9）在“高级弯边”对话框中单击“确定”按钮，创建高级弯边特征 4，如图 10-15 所示。

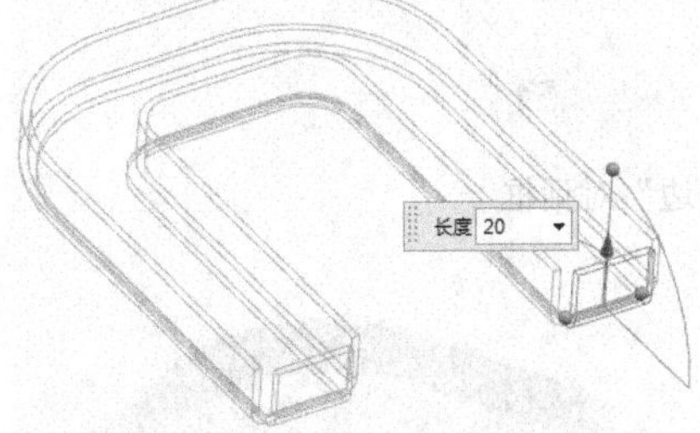

图 10-14　预览所创建的高级弯边特征 4

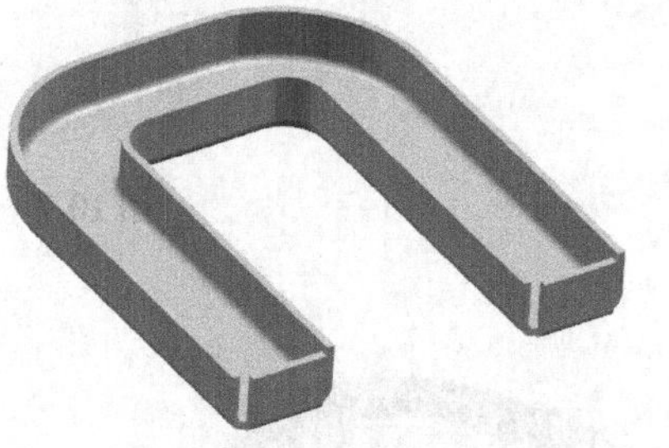

图 10-15　创建高级弯边特征 4

10.2　桥 接 折 弯

钣金桥接折弯指在钣金件的基本体和特征体之间创建一个轮廓面，此轮廓面的形状受基本体和目标体外形的约束。

选择“菜单(M)”→“插入(S)”→“折弯(N)”→“桥接折弯(D)...”选项，或者单击“主页”功能区“折弯”面组“更多”库中的“桥接折弯”按钮，弹出如图 10-16 所示的“桥接折弯”对话框。

1. 类型

1）Z 或 U 过渡：用于创建一个 Z 形或 U 形的桥接折弯特征，如图 10-17 所示。

2）折起过渡：用于创建一个折起桥接折弯特征，如图 10-18 所示。选择的边必须是处于相同平面区域内。

2. 过渡边

1）选择起始边：指为钣金桥接特征指定的与钣金桥接特征相切的一个边。

2）选择终止边：指在创建钣金桥接时，为钣金桥接特征指定的钣金桥接特征与基本面相邻的一个或多个曲线。

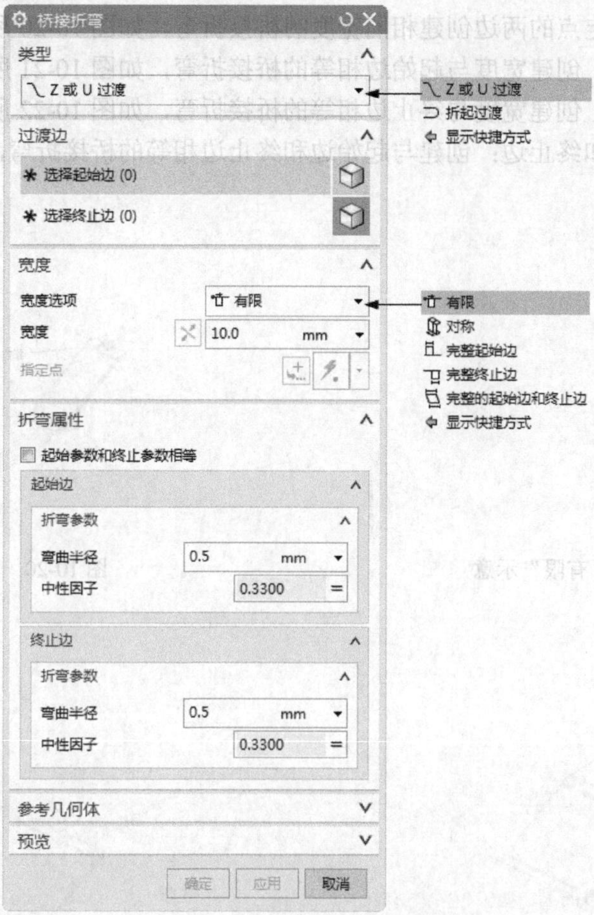

图 10-16　“桥接折弯”对话框

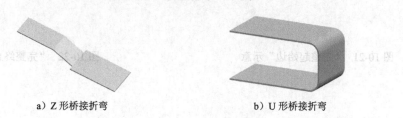

a）Z 形桥接折弯　　　　b）U 形桥接折弯

图 10-17　“Z 或 U 过渡”类型示意

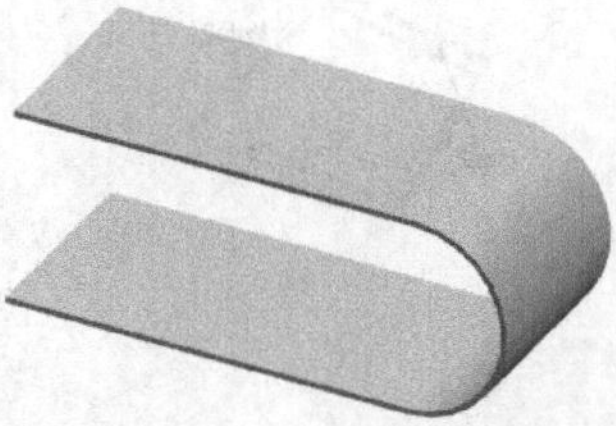

图 10-18　“折起过渡”类型示意

3. 宽度选项

1）有限：使用指定的起始边、终止边和点创建桥接折弯，如图 10-19 所示。

2）对称：在指定点的两边创建相同宽度的桥接折弯，如图 10-20 所示。

3）完整起始边：创建宽度与起始边相等的桥接折弯，如图 10-21 所示。

4）完整终止边：创建宽度与终止边相等的桥接折弯，如图 10-22 所示。

5）完整的起始和终止边：创建与起始边和终止边相等的桥接折弯，如图 10-23 所示。

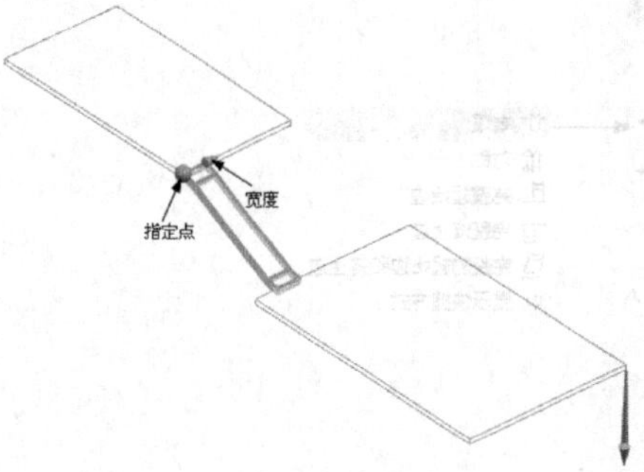

图 10-19 “有限”示意

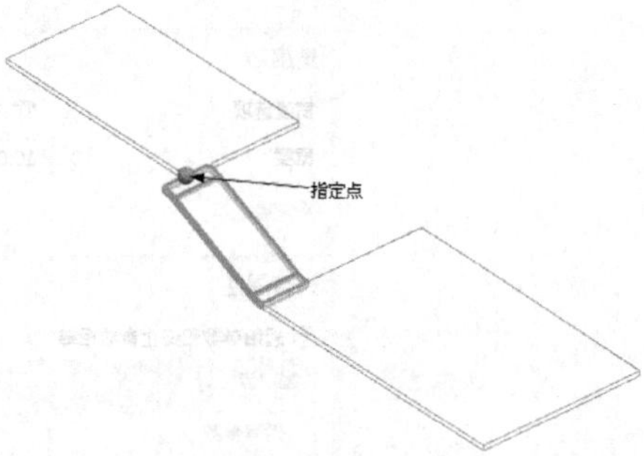

图 10-20 “对称”示意

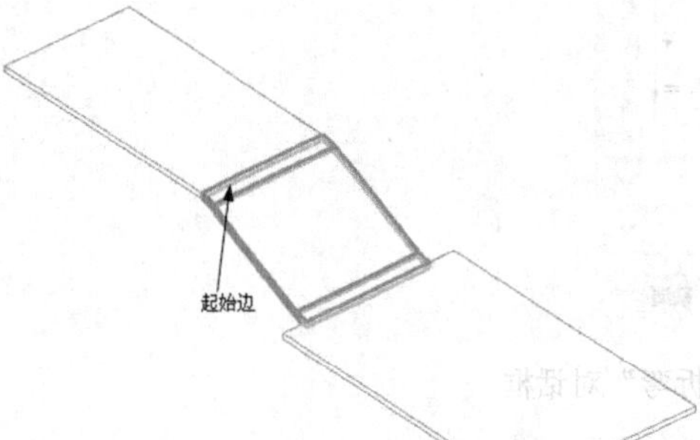

图 10-21 “完整起始边”示意

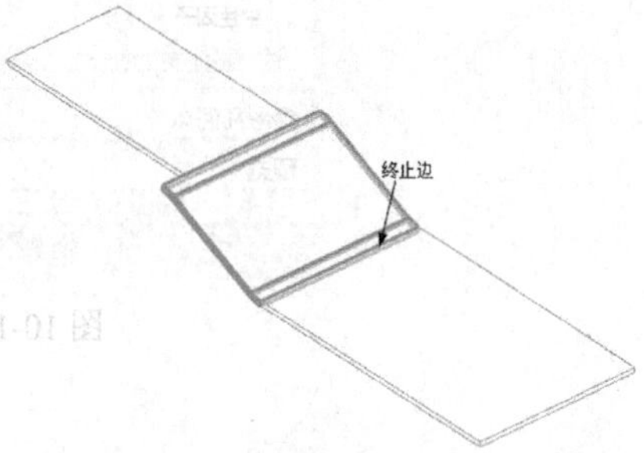

图 10-22 “完整终止边”示意

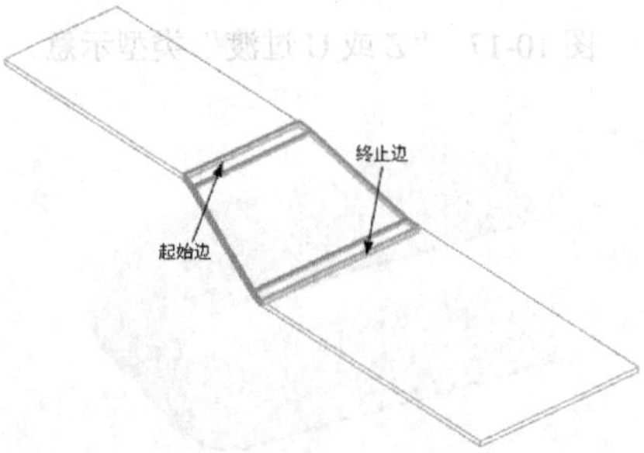

图 10-23 “完整的起始和终止边”示意

10.3　钣 金 成 形

选择“菜单(M)”→“插入(S)”→“高级钣金(A)”→“钣金成形(M)...”选项，或者单击“主页”功能区“折弯”面组中的“钣金成形”按钮，弹出如图 10-24 所示的“钣金成形”对话框。

1. 开始区域

用于为钣金成形特征指定最初钣金件体的一组表面。它能够在区域边界上创建一个成形到目标边界的有限元网格。

单击按钮，在绘图窗口的钣金件体中选择钣金成形的一组表面，作为钣金成形的区域边界。

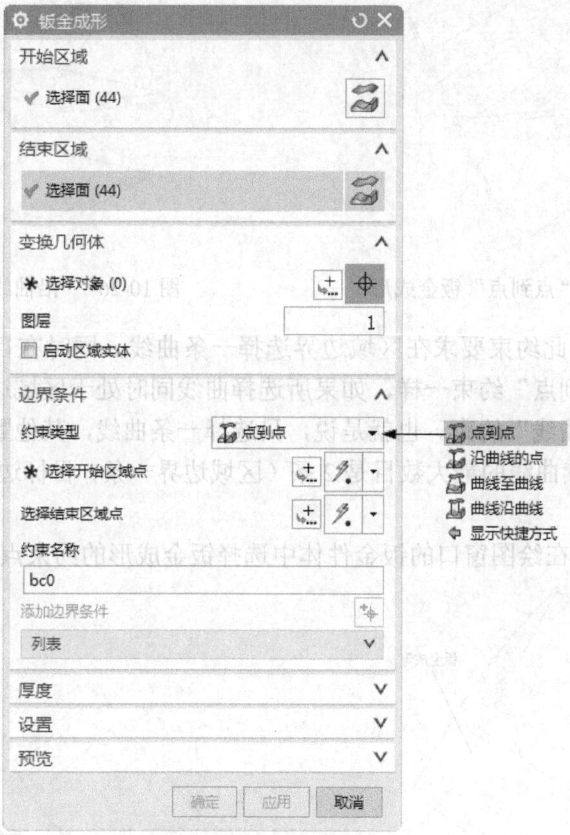

图 10-24　“钣金成形”对话框

2. 结束区域

用于为钣金成形特征指定钣金件体被成形的一组表面。区域的有限元网格映射到这组表面。

单击按钮，在绘图窗口的钣金件体中选择钣金成形的一组表面，作为钣金成形的结束边界。

UG NX 12.0

3. 变换几何体

用于将选择的区域边界变换为目标边界的目标体。

4. 边界条件

（1）约束类型　其下拉列表框中包括以下选项。

1）点到点：此约束要求在区域边界选择一个点，同时在目标边界上选择一个相对应的点。如果所选择点同时处于区域边界和目标边界上，可以直接应用“点到点”约束。也就是说，只选择一个点，其他默认即可。对于个别边界条件，可以指定点的数目是 2 个（区域边界一个，目标边界一个）。如果选择不同的点，那么原来的点将自动被取消，此时将使用新的点。在绘图窗口的钣金件体中选择钣金成形的约束点，如图 10-25 所示。

2）沿曲线的点：在绘图窗口的钣金件体中选择钣金成形的约束点，如图 10-26 所示。

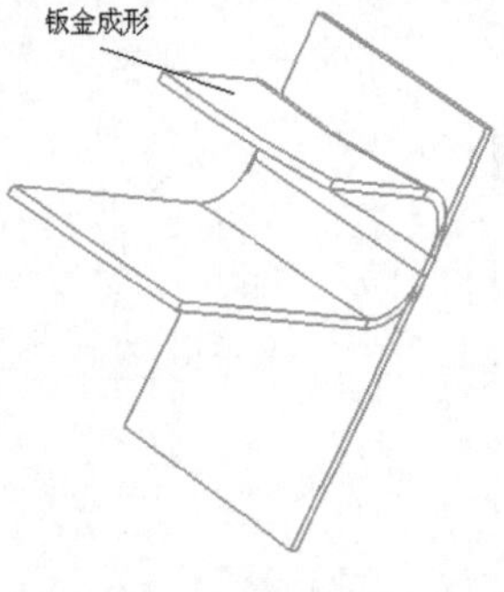

图 10-25　“点到点”钣金成形

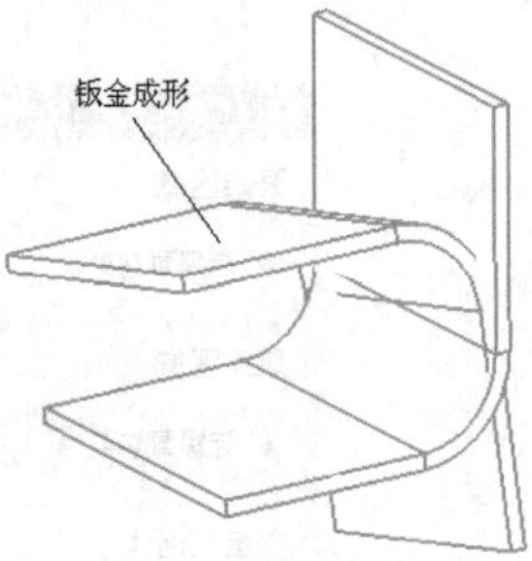

图 10-26　“沿曲线的点”钣金成形

3）曲线至曲线：此约束要求在区域边界选择一条曲线，同时在目标边界上选择一条相对应的曲线。与“点到点”约束一样，如果所选择曲线同时处于区域边界和目标边界上，可以直接应用“曲线至曲线”约束。也就是说，只选择一条曲线，其他默认即可。对于个别边界条件，可以指定连续曲线的最大数目是 2 条（区域边界一条，目标边界一条），如图 10-27 所示。

4）曲线沿曲线：在绘图窗口的钣金件体中选择钣金成形的约束点，如图 10-28 所示。

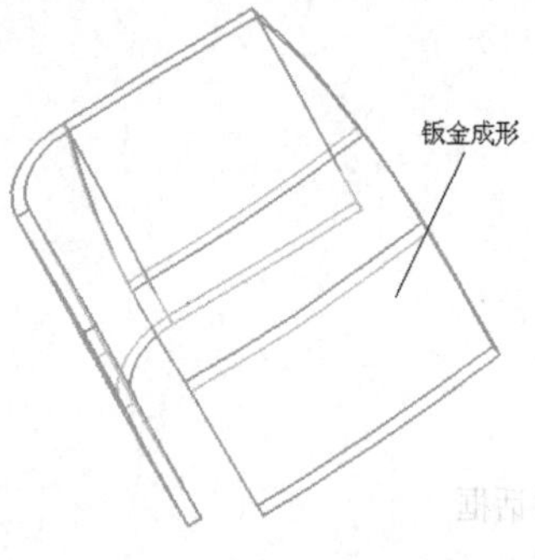

图 10-27　“曲线至曲线”钣金成形

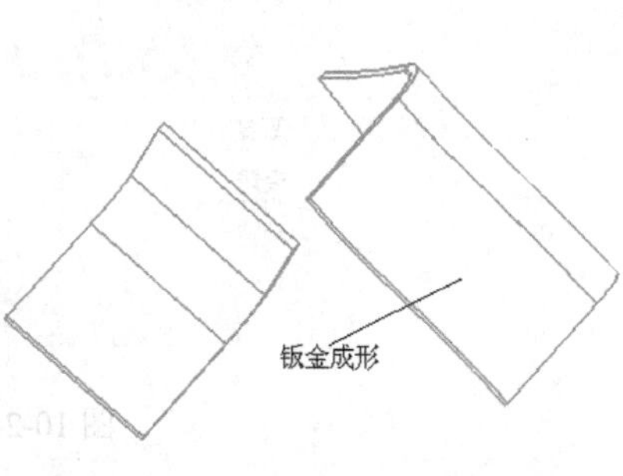

图 10-28　“曲线沿曲线”钣金成形

（2）约束名称　在文本框中输入新的约束名，单击＜Enter＞键，新的名称就会出现在列表中。

（3）添加边界条件　　单击按钮，系统自动在列表中创建一个边界条件。

（4）删除　　单击按钮，选择的名称在列表中被删除。

5. 设置

（1）材料属性

1）屈服应力：指材料从弹性阶段转变为塑性阶段所需要的应力。一般材料的弹性强度远大于塑性阶段强度。但是，一些材料的性能（如复合材料、橡胶等）在某种意义上和这个假设相矛盾，这时就要确定合适的强度值进行钣金成形分析。屈服应力也称为弹性极限。

2）弹性模量：表示产生单位应变时所需的应力，是反映材料对弹性变形抵抗能力的一个性能指标。其值越大，则在相同应力下产生的弹性变形就越小。弹性模量在材料的屈服应力范围内是有效的。

3）切线模量：是表示应力和应变之间的一种线性关系，应力值在弹性范围内是有效的。

4）泊松比：是横向应变与纵向应变的绝对值之比。

5）*r* 值：指成形材料的平均应变比或各向异性属性，*r* 值的大小表示钣金成形特征转换成其他形状的难易程度。*r* 值越大，材料受拉变薄或受压变厚时受到的阻力越大。均质材料的 *r* 值默认为 1。

6）中性因子：指在进行钣金成形分析时钣金成形网格所采用的偏置距离。它是由厚度比确定的（即 0.5 表示 1/2 厚度值）。中性因子的取值范围在 0.0～1.0 之间。

（2）移除孔

1）移除孔：勾选“移除孔”复选框，当网格化算法在网格化区域边界时，网格穿过这些孔的边界，忽略这些内部孔，并且删除它们。

2）最小模量：最小模量适用于网格穿过孔边缘或移除孔的情形。系统在分析时将最小模量值赋予处在区域边界中每个孔域的每个元节点。

（3）公差　适用于在区域边界产生有限元网格的情形。用户可定义公差，包括“弦”“角度”和“线性”。如果公差和区域边界的总大小相比非常小，那么由此产生元的数目是有限的（即元数目>1000）；如果公差和边界区域的总大小相比非常大，那么在公差允许范围内不能产生最终的映射结果。系统会根据钣金件的复杂性，自动推断公差。

10.4　综合实例——抽屉支架

首先利用“突出块”命令创建基本钣金件，然后利用“高级弯边”命令创建两侧的附加壁，利用“法向开孔”修剪部分料；最后利用“倒角”命令在钣金件上倒圆，即可完成。抽屉支架的创建，如图 10-29 所示。

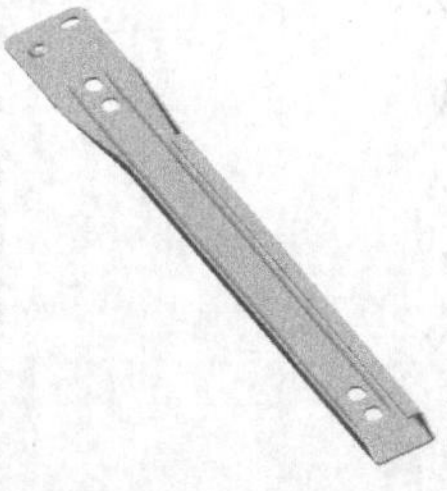

图 10-29　抽屉支架

1. 创建钣金文件

选择“菜单(M)”→“文件(F)”→“新建(N)...”选项，弹出“新建”对话框。在“模板”列表框中选择“NX 钣金”选项。在“名称”文本框中输入 choutizhijia，在“文件夹”文本框中输入非中文保存路径，单击“确定”按钮，进入 UG NX 12.0 钣金设计环境。

2. 钣金参数预设置

选择“菜单(M)”→“首选项(P)”→“钣金(H)...”选项，弹出如图 10-30 所示的“钣金首选项”对话框。设置“全局参数”选项组中的“材料厚度”为 0.8，“弯曲半径”为 0.8，“让位槽深度”和“让位槽宽度”都为 0，在“公式”下拉列表框中选择“折弯许用半径公式”。单击“确定”按钮，完成 NX 钣金预设置。

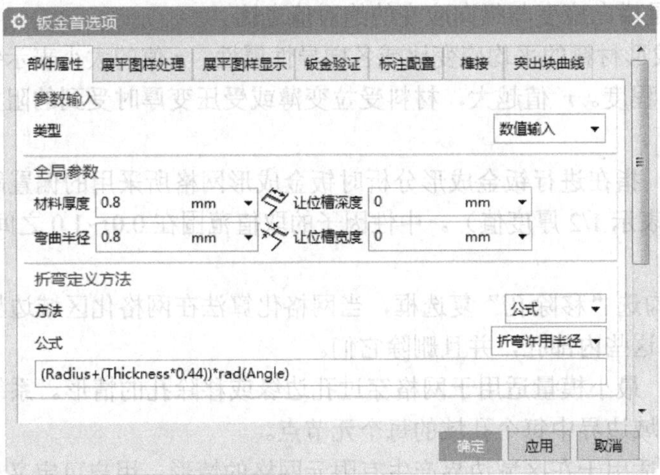

图 10-30 “钣金首选项”对话框

3. 创建突出块特征

1）选择“菜单(M)”→“插入(S)”→“突出块(B)...”选项，或者单击“主页”功能区“基本”面组中的“突出块”按钮，弹出如图 10-31 所示的“突出块”对话框。

2）在“突出块”对话框中的“类型”下拉列表框中选择“底座”，单击“表区域驱动”选项组中的“绘制截面”按钮，弹出如图 10-32 所示的“创建草图”对话框。

图 10-31 “突出块”对话框

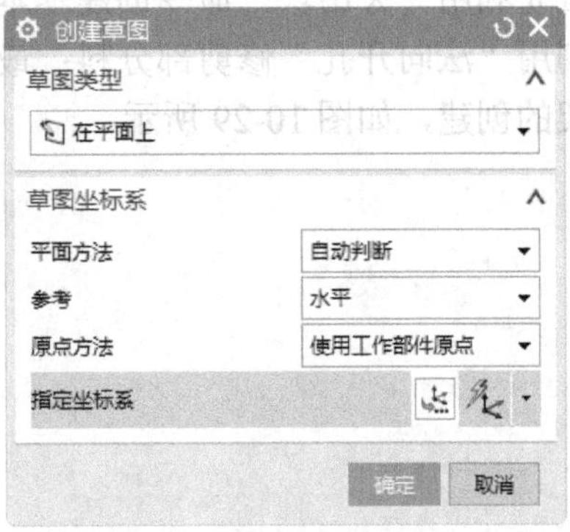

图 10-32 “创建草图”对话框

3）在“创建草图”对话框中选择 XC-YC 平面为草图工作平面，设置“水平”面为参考平面，单击“确定”按钮，进入草图绘制环境，绘制如图 10-33 所示的草图 1。单击“完成”按钮，草图绘制完毕。

4）在绘图窗口中预览所创建的突出块特征，如图 10-34 所示。

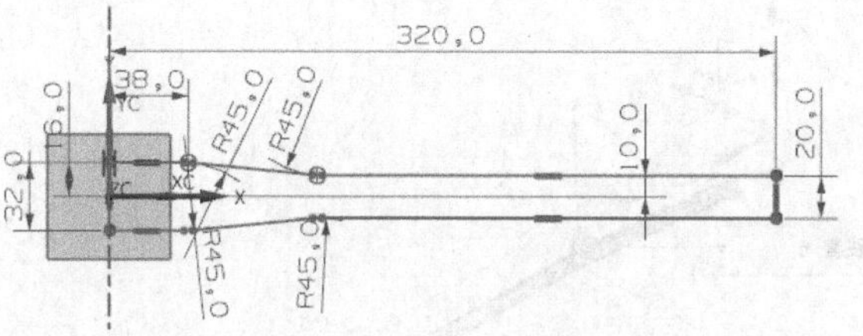

图 10-33　绘制草图 1

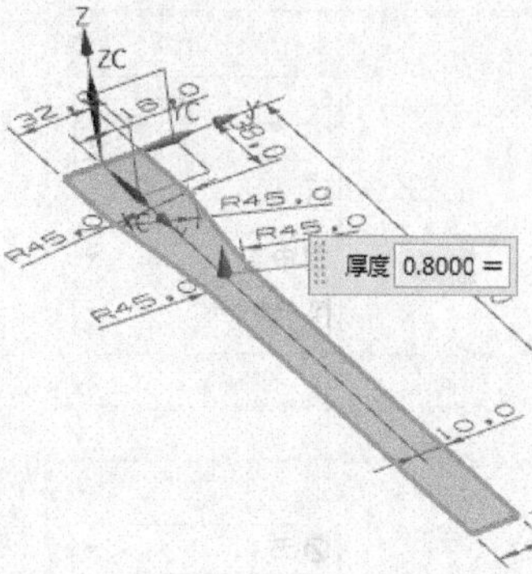

图 10-34　预览所创建的突出块特征

5）在“突出块”对话框中单击“确定”按钮，创建突出块特征，如图 10-35 所示。

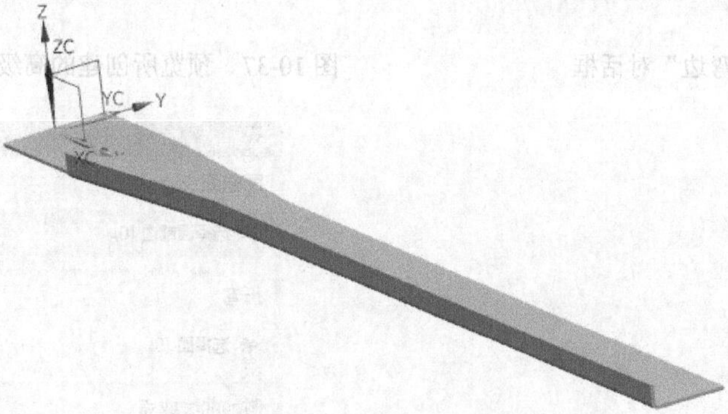

图 10-35　创建突出块特征

4. 创建高级弯边特征 1

1）选择“菜单(M)”→“插入(S)”→“高级钣金(A)”→“高级弯边(A)…”选项，或者单击“主页”功能区“折弯”面组“更多”库中的“高级弯边”按钮，弹出如图 10-36 所示“高级弯边”对话框。设置“内嵌”为“折弯外侧”，在“折弯止裂口”和“拐角止裂口”下拉列表框中选择“无”。

2）选择弯边，设置“长度”为 6，“角度”为 90，同时在绘图窗口中预览所创建的高级弯边特征 1，如图 10-37 所示。

3）在“高级弯边”对话框中单击“确定”按钮，创建高级弯边特征 1，如图 10-38 所示。

5. 创建伸直特征

1）选择“菜单(M)”→“插入(S)”→“成形(R)”→“伸直(U)…”选项，或者单击“主页”功能区“成形”面组中的“伸直”按钮，弹出如图 10-39 所示“伸直”对话框。

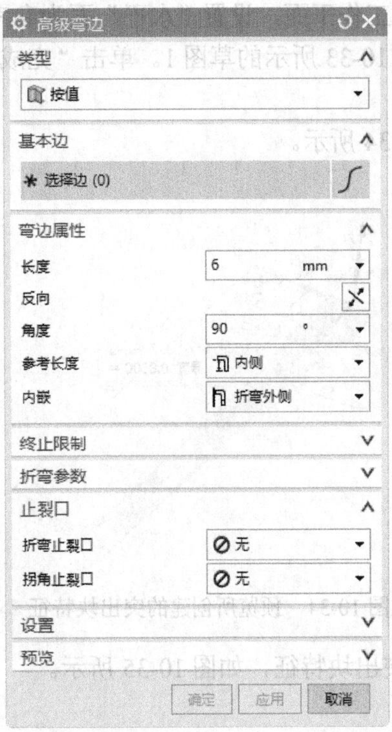

图 10-36 “高级弯边”对话框

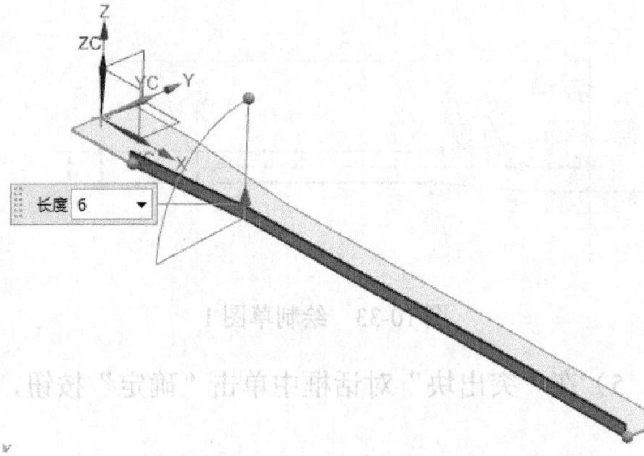

图 10-37 预览所创建的高级弯边特征 1

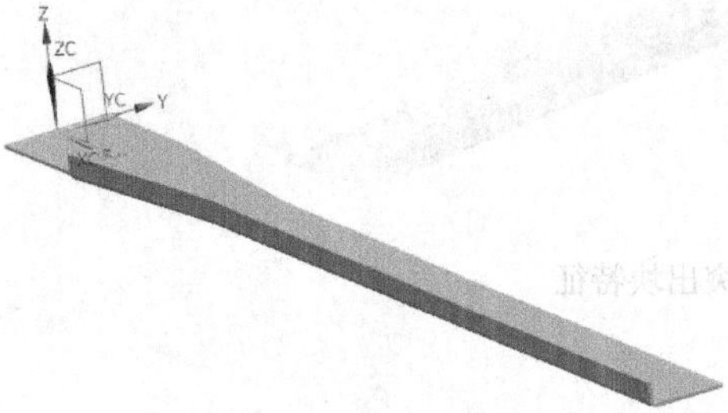

图 10-38 创建高级弯边特征 1

图 10-39 “伸直”对话框

2）在绘图窗口中选择突出块上表面为固定面，选择如图 10-40 所示的折弯面。

3）在“伸直”对话框中单击“确定”按钮，展开钣金件，如图 10-41 所示。

6. 创建法向开孔特征 1

1）选择“菜单(M)”→“插入(S)”→“切割(T)”→“法向开孔(N)...”选项，或者单击“主页”功能区“特征”面组中的“法向开孔”按钮，弹出如图 10-42 所示“法向开孔”对话框。设置“切割方法”为“厚度”，“限制”为“直至下一个”。

2）单击“绘制截面”按钮，弹出“创建草图”对话框。在绘图窗口中选择草图工作平面 1，如图 10-43 所示。

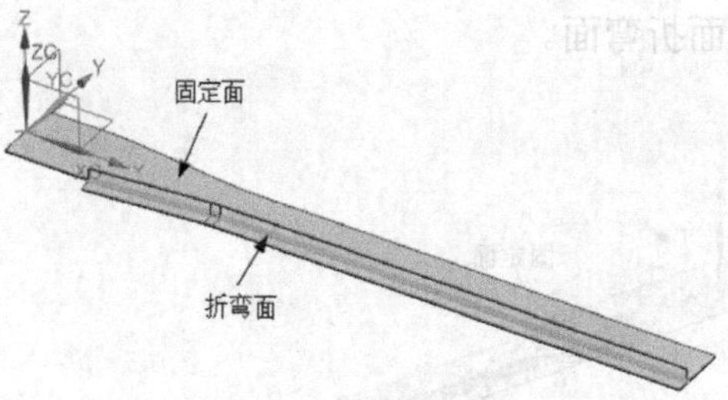

图 10-40　选择固定面和折弯面

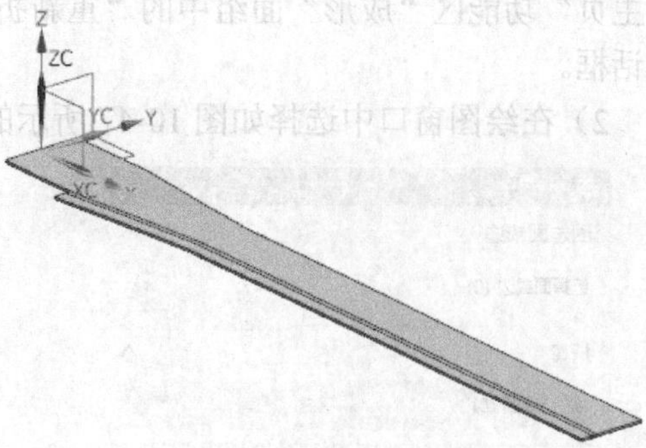

图 10-41　展开钣金件

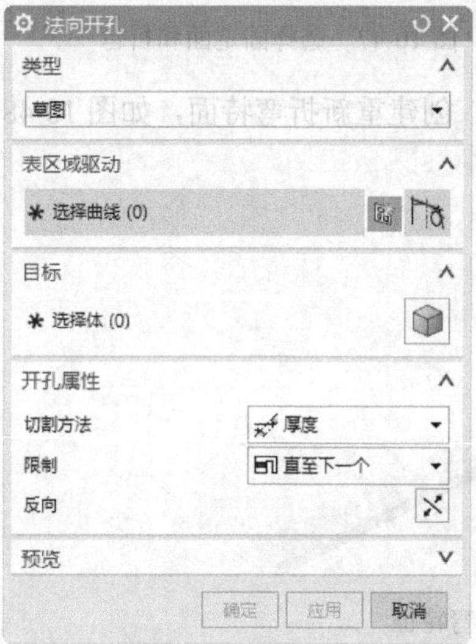

图 10-42　“法向开孔”对话框

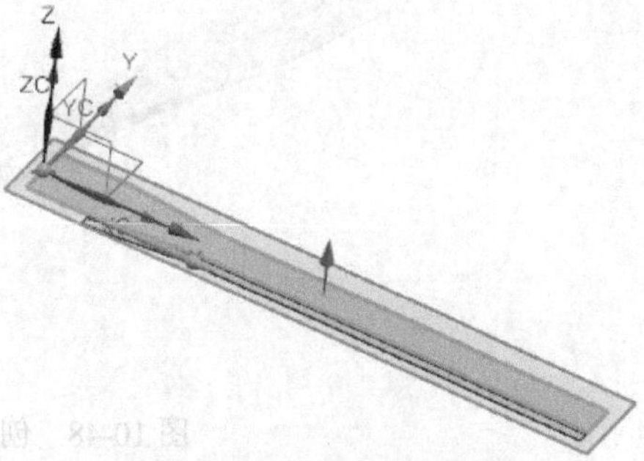

图 10-43　选择草图工作平面 1

3）绘制如图 10-44 所示的裁剪轮廓 1。单击“完成”按钮，草图绘制完毕。

4）返回“法向开孔”对话框，单击“确定”按钮，创建法向开孔特征 1，如图 10-45 所示。

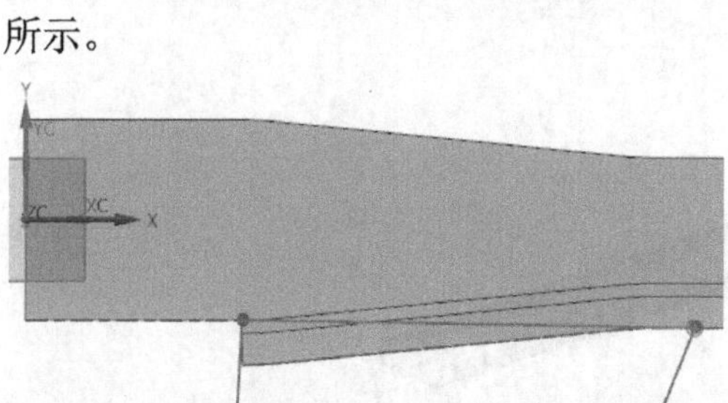

图 10-44　绘制裁剪轮廓 1

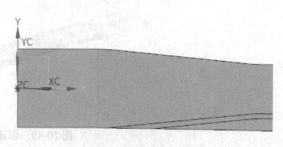

图 10-45　创建法向开孔特征 1

7. 创建重新折弯特征

1）选择“菜单(M)”→“插入(S)”→“成形(R)”→“重新折弯(R)…”选项，或者单击

“主页”功能区“成形”面组中的“重新折弯”按钮，弹出如图 10-46 所示“重新折弯”对话框。

2）在绘图窗口中选择如图 10-47 所示的固定面折弯面。

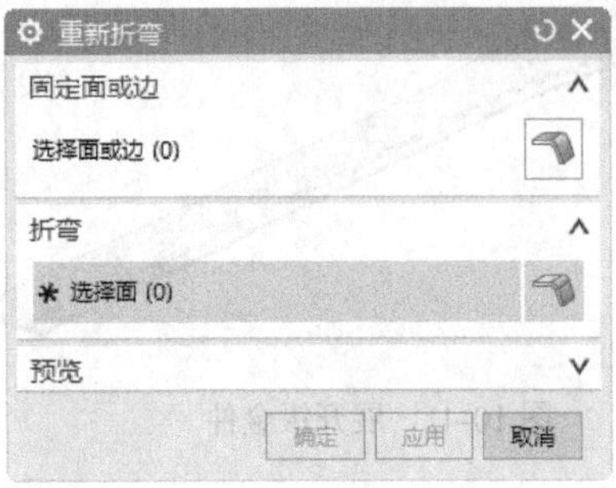

图 10-46 “重新折弯”对话框

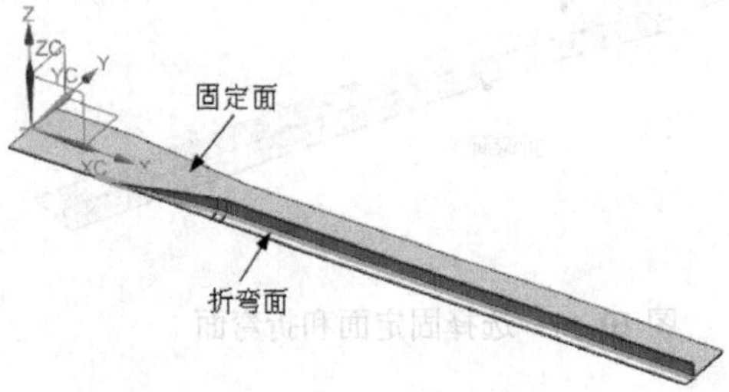

图 10-47 选择固定面和折弯

3）在“重新折弯”对话框中单击“确定”按钮，创建重新折弯特面，如图 10-48 所示。

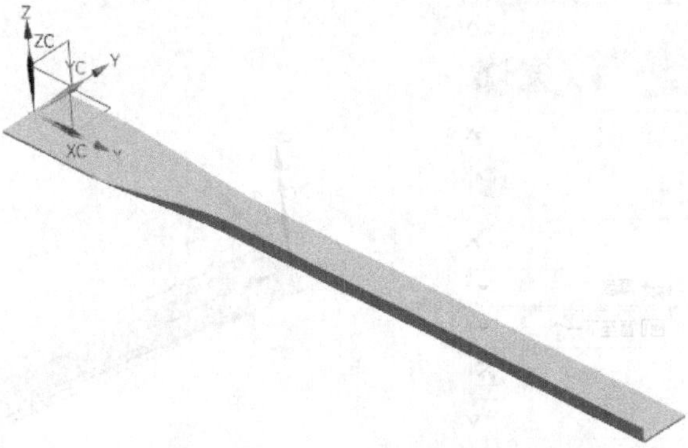

图 10-48 创建重新折弯特征

8. 创建另一侧弯边

重复步骤 4～7，在另一侧创建相同参数的高级弯边，如图 10-49 所示。

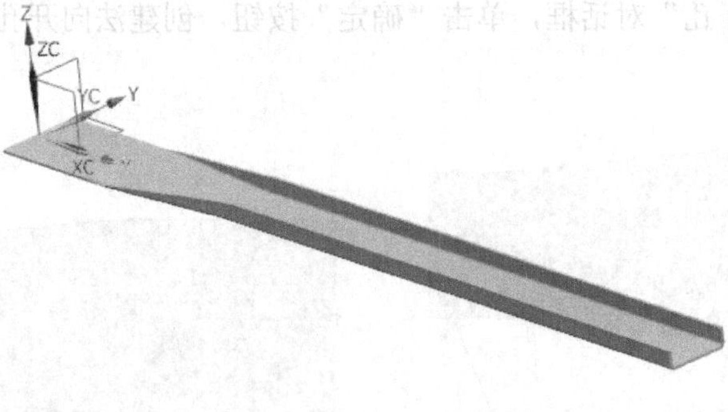

图 10-49 创建另一侧弯边

9. 创建高级弯边特征 2

1）选择“菜单(M)”→“插入(S)”→“高级钣金(A)”→“高级弯边(A)...”选项，或者单击“主页”功能区“折弯”面组“更多”库中的“高级弯边”按钮，弹出如图 10-50 所示“高级弯边”对话框。设置“内嵌”为“折弯外侧”，在“折弯止裂口”和“拐角止裂口”下拉列表框中选择“无”。

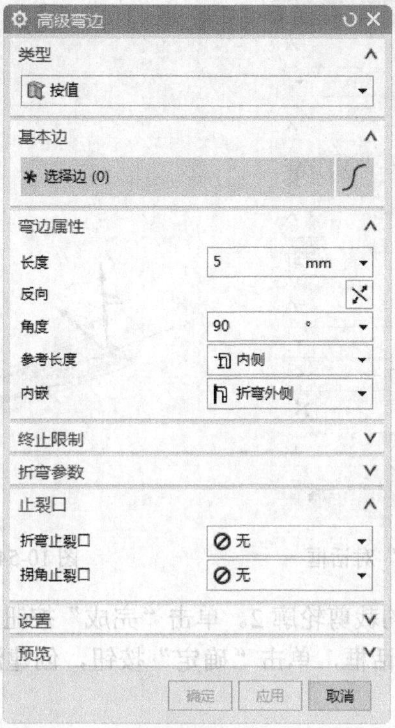

图 10-50　“高级弯边”对话框

2）选择弯边，设置“长度”为 5，“角度”为 90，同时在绘图窗口预览所创建的高级弯边特征 2，如图 10-51 所示。

3）在“高级弯边”对话框中单击“确定”按钮，创建高级弯边特征 2，如图 10-52 所示。

10. 创建法向开孔特征 2

1）选择“菜单(M)”→“插入(S)”→“切割(T)”→“法向开孔(N)...”选项，或者单击“主页”功能区“特征”面组中的“法向开孔”按钮，弹出如图 10-53 所示“法向开孔”对话框。设置“切割方法”为“厚度”，“限制”为“直至下一个”。

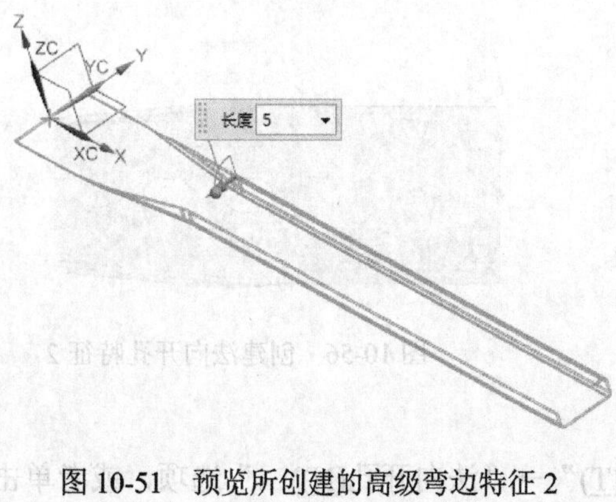

图 10-51　预览所创建的高级弯边特征 2

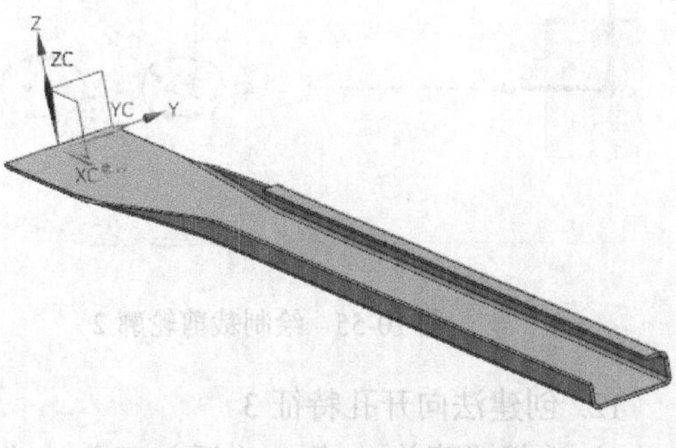

图 10-52　创建高级弯边特征 2

UG NX 12.0

2）单击“绘制截面”按钮，弹出“创建草图”对话框。在绘图窗口中选择草图工作平面 2，如图 10-54 所示。

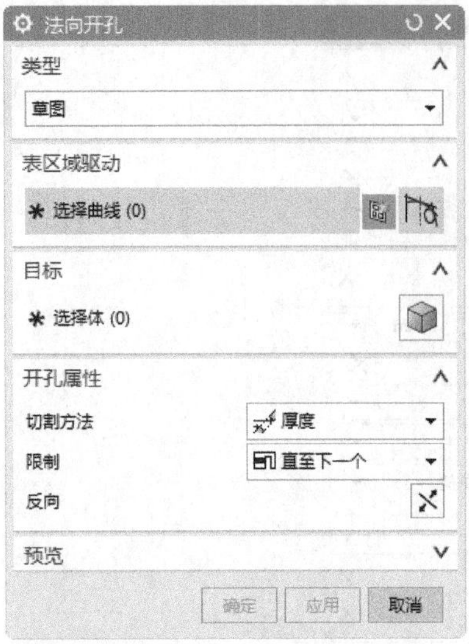

图 10-53 “法向开孔”对话框

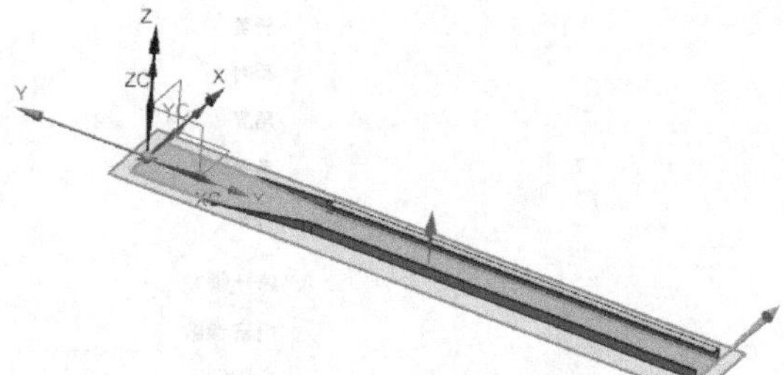

图 10-54 选择草图工作平面 2

3）绘制如图 10-55 所示的裁剪轮廓 2。单击“完成”按钮，草图绘制完毕。

4）返回“法向开孔”对话框，单击“确定”按钮，创建法向开孔特征 2，如图 10-56 所示。

11. 阵列特征

1）选择“菜单(M)”→“插入(S)”→“关联复制(A)”→“阵列特征(A)...”选项，或者单击“主页”功能区“特征”面组中的“阵列特征”按钮，弹出如图 10-57 所示“阵列特征”对话框。

2）选择上步创建法向开孔为要形成阵列的特征，设置“布局”为“线性”，“指定矢量”为“XC 轴”，“数量”为 2，“节距”为 230。

3）在对话框中单击“确定”按钮，特征法向开孔阵列，如图 10-58 所示。

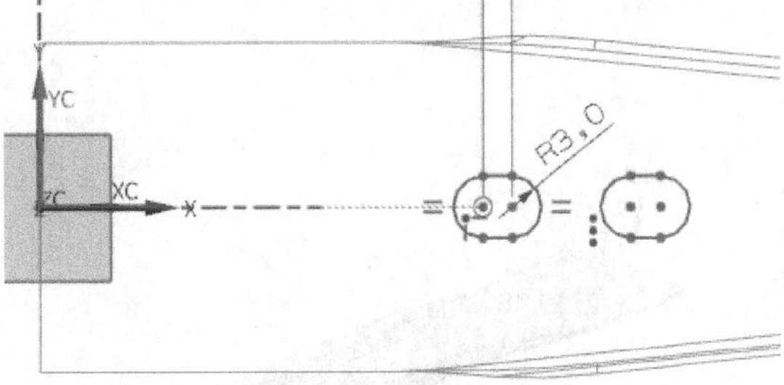

图 10-55 绘制裁剪轮廓 2

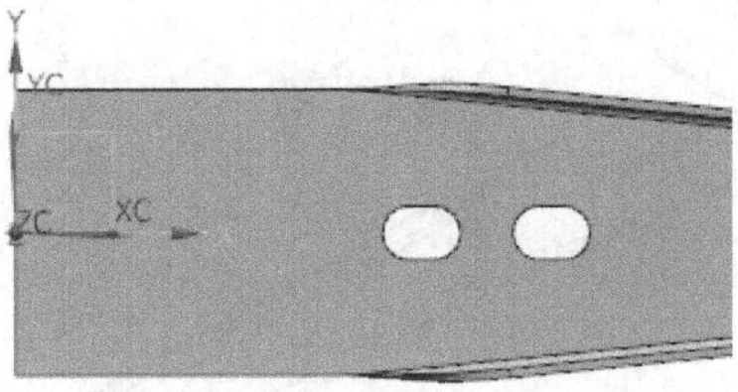

图 10-56 创建法向开孔特征 2

12. 创建法向开孔特征 3

1）选择“菜单(M)”→“插入(S)”→“切割(T)”→“法向开孔(N))...”选项，或者单击

“主页”功能区“特征”面组中的“法向开孔”按钮，弹出如图 10-59 所示“法向开孔”对话框。设置“切割方法”为“厚度”，“限制”为“直至下一个”。

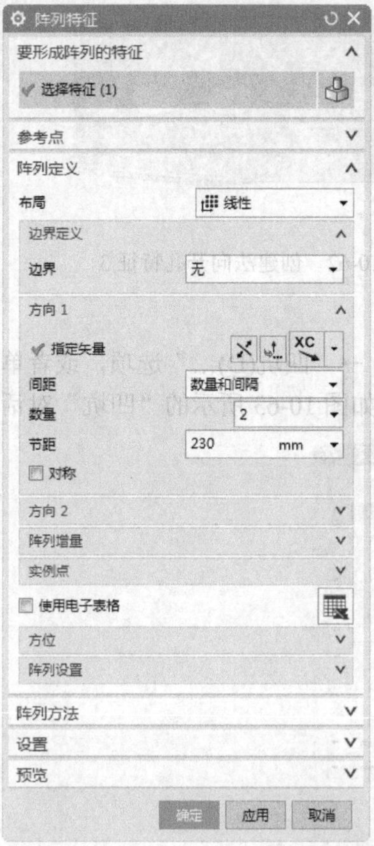

图 10-57　“阵列特征”对话框

图 10-58　阵列法向开孔特征

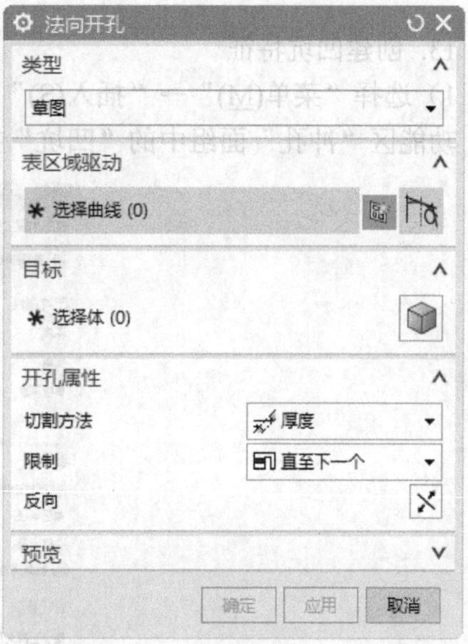

图 10-59　“法向开孔”对话框

2）单击“绘制截面”按钮，弹出“创建草图”对话框。在绘图窗口中选择草图工作平面 3，如图 10-60 所示。

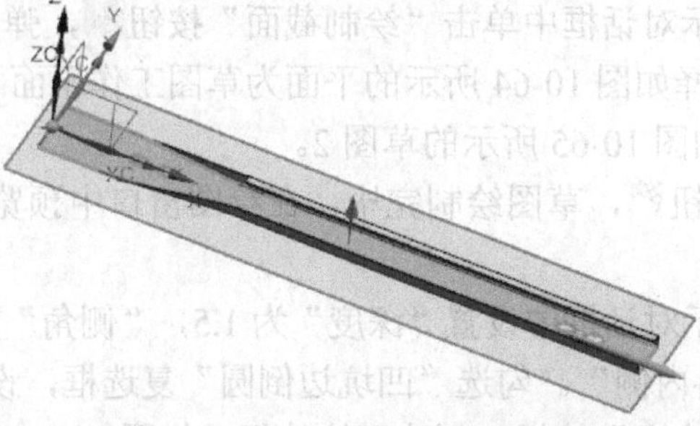

图 10-60　选择草图工作平面 3

3）绘制如图 10-61 所示的裁剪轮廓 3。单击“完成”按钮，草图绘制完毕。

4）返回到“法向开孔”对话框单击“确定”按钮，创建法向开孔特征 3，如图 10-62 所示。

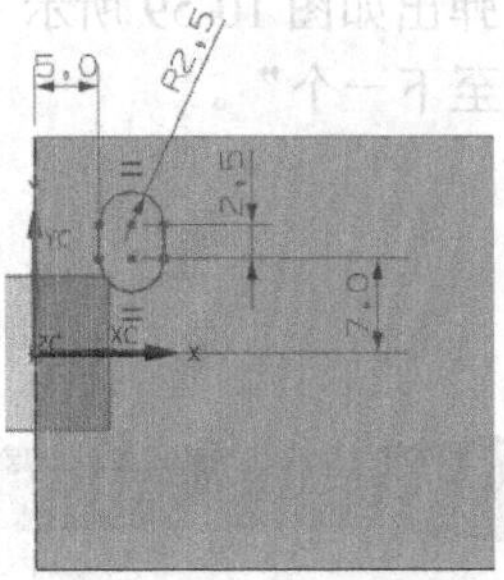

图 10-61　绘制裁剪轮廓

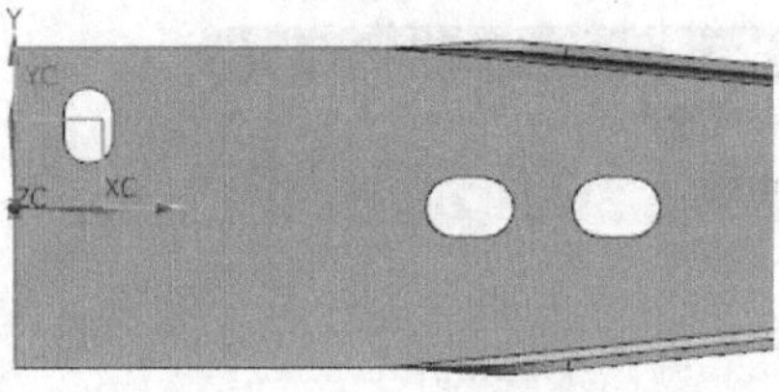

图 10-62　创建法向开孔特征 3

13. 创建凹坑特征

1）选择“菜单(M)”→“插入(S)”→“冲孔(H)”→“凹坑(D)…”选项，或者单击“主页”功能区“冲孔”面组中的“凹坑”按钮，弹出如图 10-63 所示的“凹坑”对话框。

图 10-63　“凹坑”对话框

2）在如图 10-63 所示对话框中单击“绘制截面”按钮，弹出“创建草图”对话框。

3）在绘图窗口中选择如图 10-64 所示的平面为草图工作平面 4，单击“确定”按钮，进入草图绘制环境，绘制如图 10-65 所示的草图 2。

4）单击“完成”按钮，草图绘制完毕，在绘图窗口中预览所创建的凹坑特征，如图 10-66 所示。

5）在如图 10-63 所示对话框中设置“深度”为 1.5，“侧角”为 0，“参考深度”为“外侧”，“侧壁”为“材料内侧”。勾选“凹坑边倒圆”复选框，设置“冲压半径”和“冲模半径”均为 0.5。单击“确定”按钮，创建凹坑特征，如图 10-67 所示。

14. 创建法向开孔特征 4

1）选择“菜单(M)”→“插入(S)”→“切割(T)”→“法向开孔(N)…”选项，或者单击“主页”功能区“特征”面组中的“法向开孔”按钮，弹出如图 10-59 所示“法向开孔”对话框。设置“切割方法”为“厚度”，“限制”为“直至下一个”。

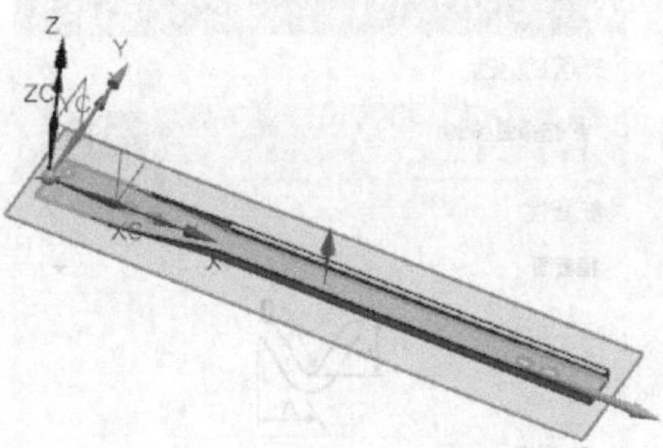

图 10-64　选择草图工作平面 4

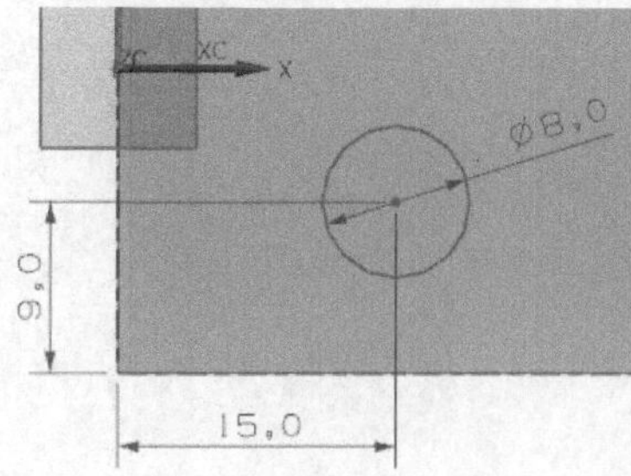

图 10-65　绘制草图 2

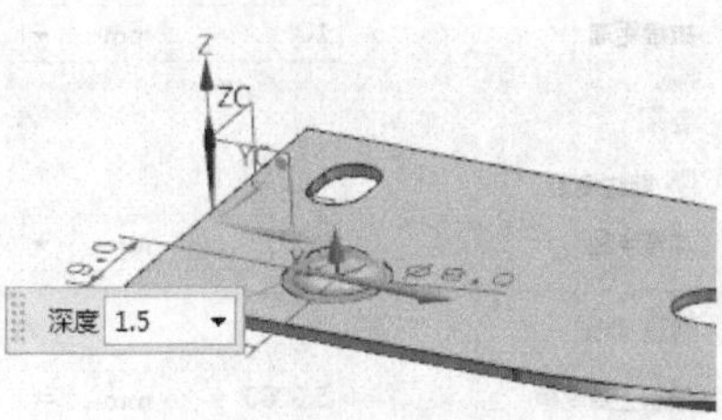

图 10-66　预览所创建的凹坑特征

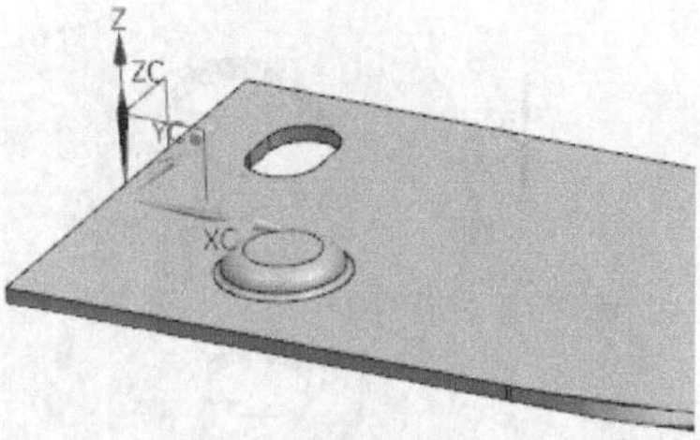

图 10-67　创建凹坑特征

2）单击“绘制截面”按钮，弹出“创建草图”对话框。在绘图窗口中选择草图工作平面 5，如图 10-68 所示。

3）绘制如图 10-69 所示的裁剪轮廓 4。单击“完成”按钮，草图绘制完毕。

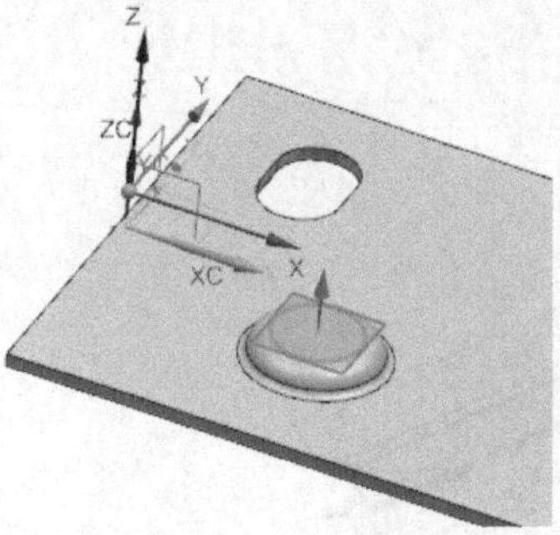

图 10-68　选择草图工作平面 5

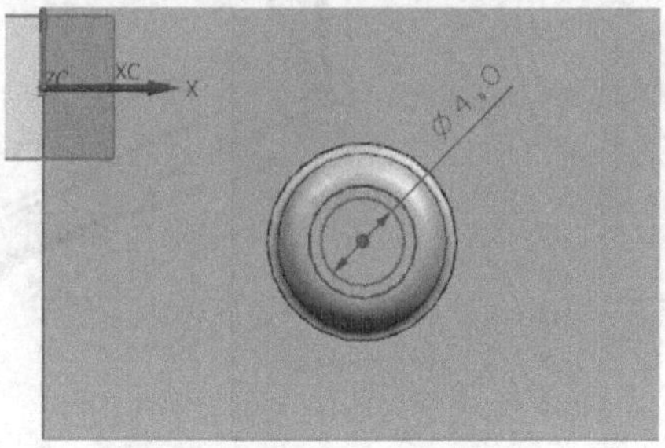

图 10-69　绘制裁剪轮廓 4

4）返回“法向开孔”对话框单击“确定”按钮，创建法向开孔特征 4，如图 10-70 所示。

15. 创建筋特征

1）选择“菜单(M)”→“插入(S)”→“冲孔(H)”→“筋(B)…”选项，或者单击“主页”功能区“冲孔”面组中的“筋”按钮，弹出如图 10-71 所示“筋”对话框。

2）设置“横截面”为“V 形”，“深度”为 3，“半径”为 3，“端部条件”为“锥孔”，“拔模距离”为 10，勾选“筋边倒圆”复选框，输入“冲模半径”为 0.2。

3）单击“表区域驱动”选项组中的“绘制截面”按钮，选择如图 10-72 所示的面为草图工作平面 6。

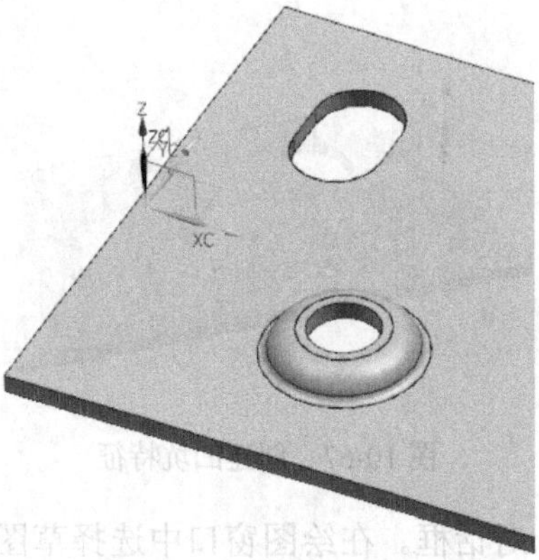

图 10-70　创建法向开孔特征 4

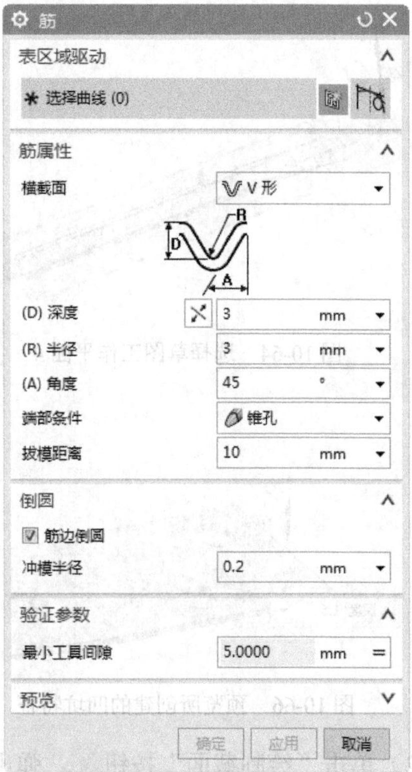

图 10-71　“筋”对话框

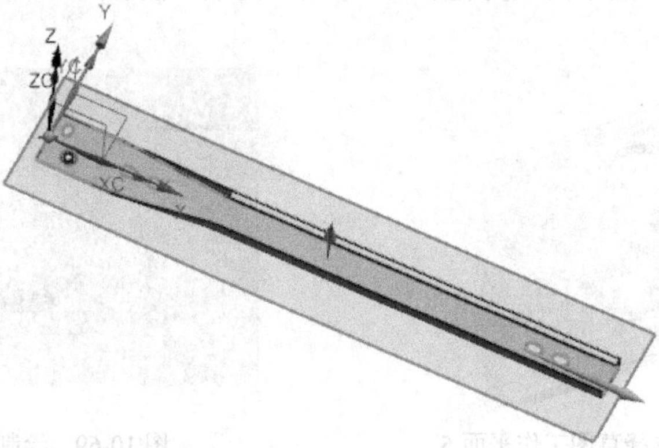

图 10-72　选择草图工作平面 6

4）绘制如图 10-73 所示的草图 3。单击“完成”按钮，草图绘制完毕。

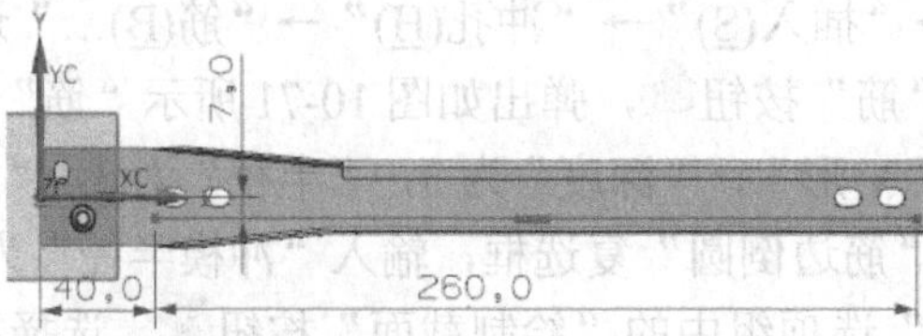

图 10-73　绘制草图 3

5）在绘图窗口中预览所创建的筋特征，如图 10-74 所示。

6）在“筋”对话框中单击“确定”按钮，创建筋特征，如图 10-75 所示。

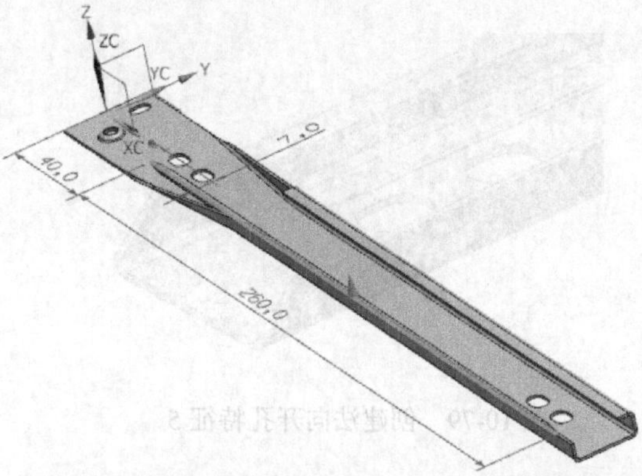

图 10-74　预览所创建的筋特征

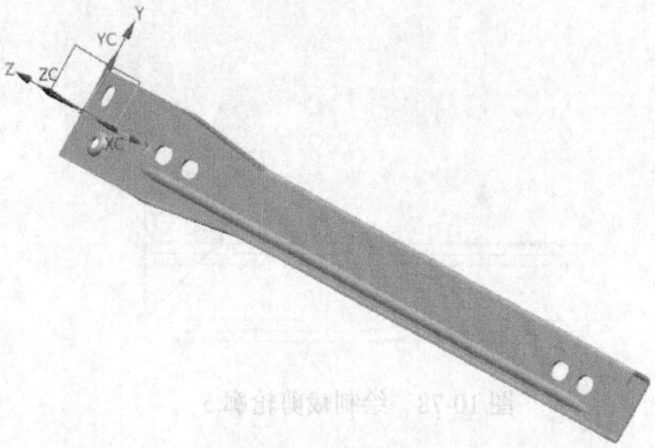

图 10-75　创建筋特征

16. 镜像特征

1）选择“菜单(M)”→“插入(S)”→“关联复制(A)”→“镜像特征(R)...”选项，弹出如图 10-76 所示的“镜像特征”对话框。

2）选择上步创建的筋特征为要镜像的特征。

3）选择“新平面”选项，在“指定平面”下拉列表框中选择“XC-ZC 平面”为镜像平面。

4）单击“确定”按钮，创建镜像特征后的钣金件，如图 10-77 所示。

17. 创建法向开孔特征 5

图 10-76　“镜像特征”对话框

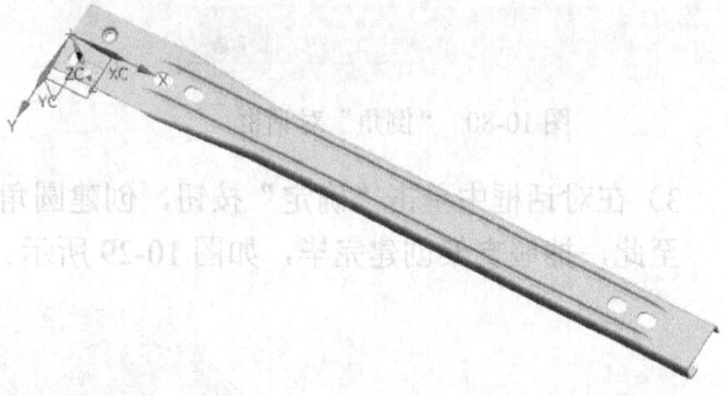

图 10-77　创建镜像特征后的钣金件

1）选择“菜单(M)”→“插入(S)”→“切割(T)”→“法向开孔(N)...”选项，或者单击“主页”功能区“特征”面组上的“法向开孔”按钮，弹出如图 10-59 所示“法向开孔”对话框。设置“切割方法”为厚度，“限制”为值，勾选“对称深度”复选框，设置“深度”为 30。

2）单击“绘制截面”按钮，弹出“创建草图”对话框。在绘图窗口中选择 XC-ZC 平面为草图工作平面。

3）绘制如图 10-78 所示的裁剪轮廓 5。单击“完成”按钮，草图绘制完毕。

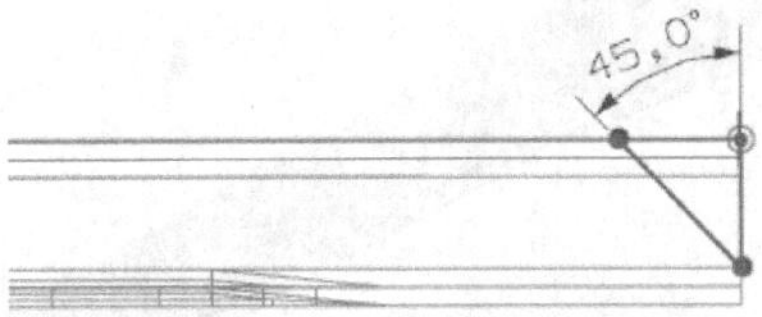

图 10-78　绘制裁剪轮廓 5

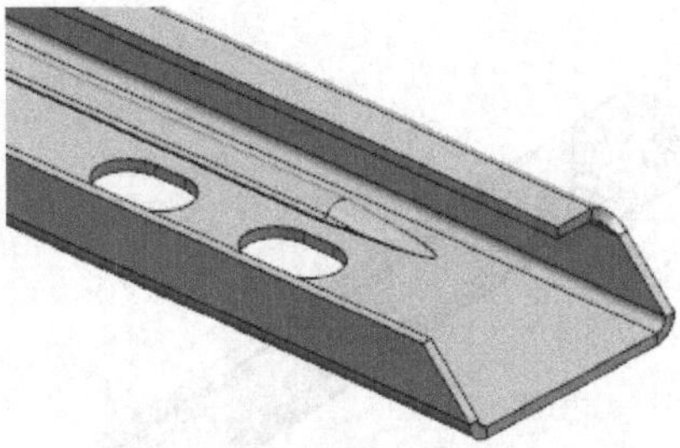

图 10-79　创建法向开孔特征 5

4）返回“法向开孔”对话框，单击“确定”按钮，创建法向开孔特征 5，如图 10-79 所示。

18. 创建圆角特征

1）选择“菜单(M)”→“插入(S)”→“拐角(O)”→“倒角(B)...”选项，或者单击“主页”功能区“拐角”面组中的“倒角”按钮，弹出如图 10-80 所示的“倒角”对话框。设置“方法”为“圆角”，“半径”为 5。

2）在绘图窗口中选择如图 10-81 所示的弯边棱边为要倒角的边。

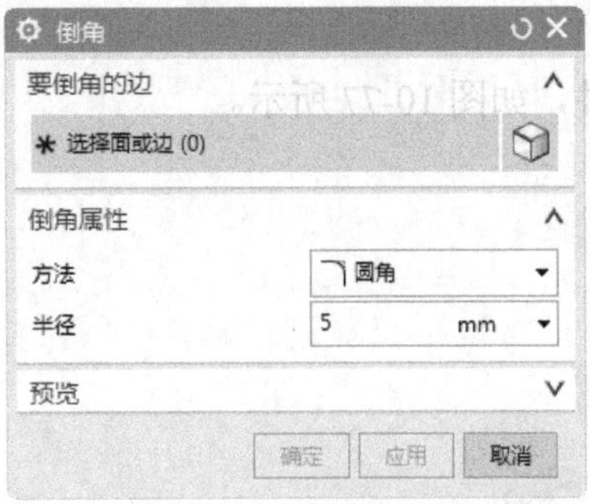

图 10-80　“倒角”对话框

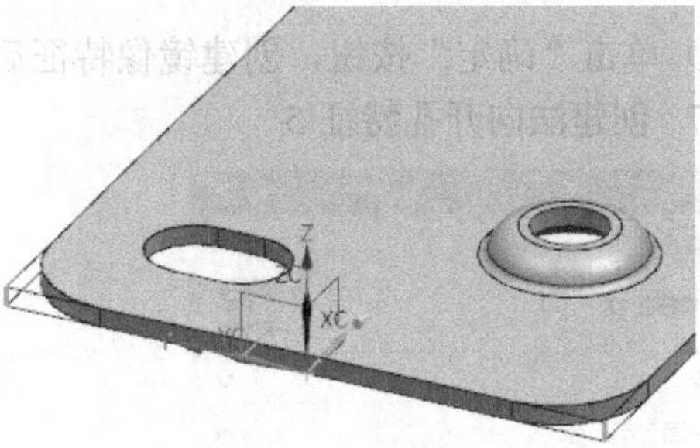

图 10-81　选择要倒角的边

3）在对话框中单击“确定”按钮，创建圆角特征，如图 10-82 所示。

至此，抽屉支架创建完毕，如图 10-29 所示。

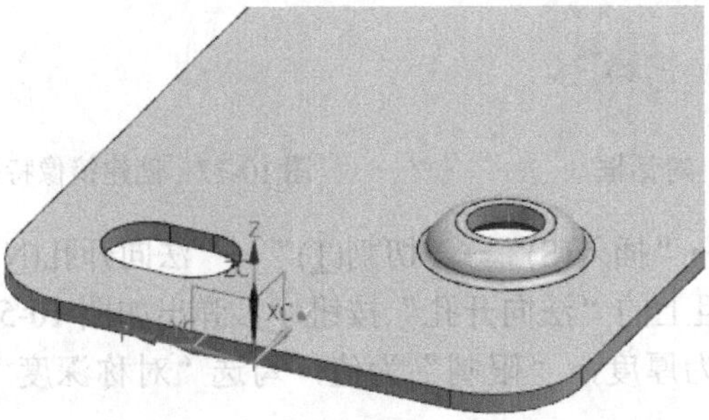

图 10-82　创建圆角特征

第11章

消毒柜综合实例

本章主要介绍消毒柜的建模过程。消毒柜主要由顶后板、左侧板、右侧板、底板、吊板、左右加强条、底壳、内胆主板及内胆侧板等组成，通过本章的学习，使读者掌握通过钣金特征完成模型创建的方法和技巧。

重点与难点

- 箱体顶后板
- 箱体左侧板
- 箱体右侧板
- 箱体底板
- 箱体吊板
- 箱体左右加强条
- 箱体底壳
- 内胆主板
- 内胆侧板

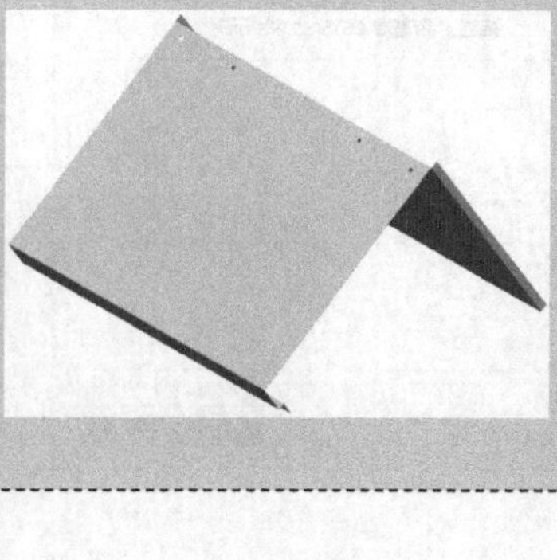

11.1　箱体顶后板

首先利用“轮廓弯边”命令创建钣金基体，然后利用“弯边”命令在实体上创建弯边，最后利用“法向开孔”命令在钣金件上创建孔，即可完成箱体顶后板的创建，如图 11-1 所示。

图 11-1　箱体顶后板

1. 新建文件

选择“菜单(M)”→“文件(F)”→“新建(N)...”选项，或者单击“主页”功能区“标准”面组中的“新建”按钮，弹出“新建”对话框，如图 11-2 所示。在“模板”中选择“NX 钣金”，在“名称”文本框中输入 dinghouban，在“文件夹”文本框中输入非中文保存路径，单击“确定”按钮，进入 UG NX 12.0 钣金设计环境。

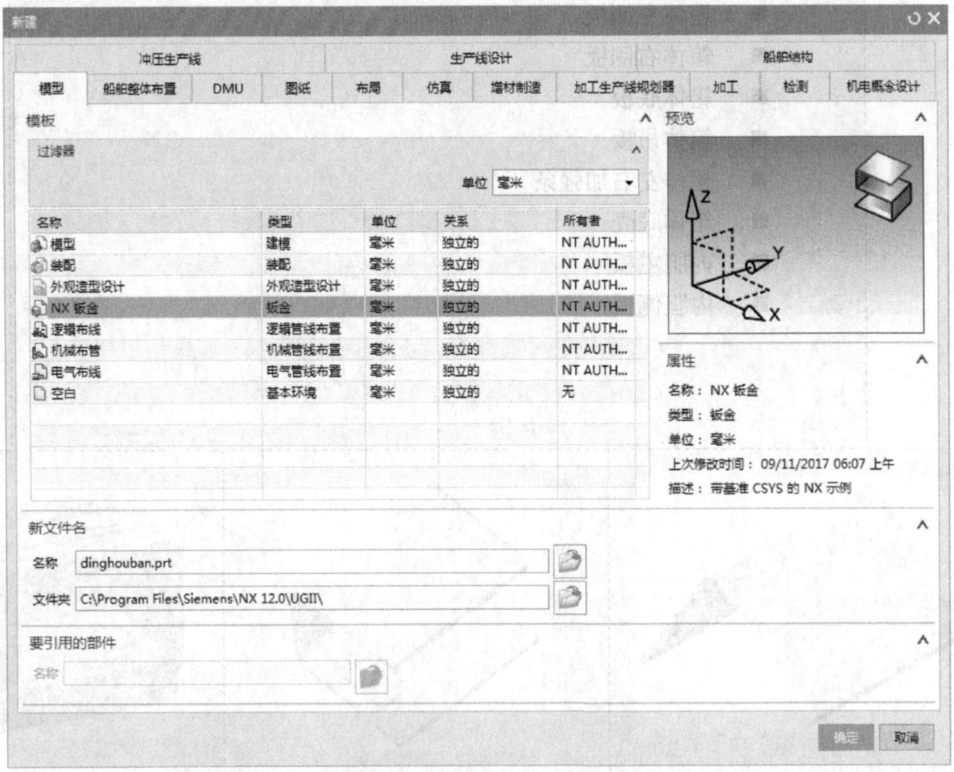

图 11-2　“新建”对话框

2. 钣金首选项预设置

1）选择“菜单(M)”→“首选项(P)”→“钣金(H)...”选项，弹出如图 11-3 所示的“钣金首选项”对话框。

2）设置“全局参数”选项组中的“材料厚度”为 0.6，“弯曲半径”为 0.6，“让位槽深度”和“让位槽宽度”都为 0，在“方法”下拉列表框中选择“公式”，在“公式”下拉列表框中选择“折弯许用半径”。

3）单击“确定”按钮，完成 NX 钣金首选项预设置。

3. 创建轮廓弯边特征

1）选择“菜单(M)”→“插入(S)”→“折弯(N)”→“轮廓弯边(C)...”选项，或者单击“主页”功能区“折弯”面组中的“轮廓弯边”按钮，弹出如图 11-4 所示“轮廓弯边”对话框。设置“宽度选项”为“有限”，“宽度”为 300，“折弯止裂口”和“拐角止裂口”都为“无”。

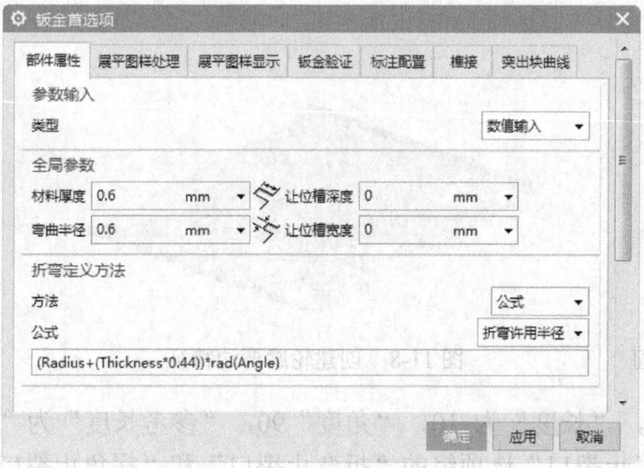

图 11-3　“钣金首选项”对话框

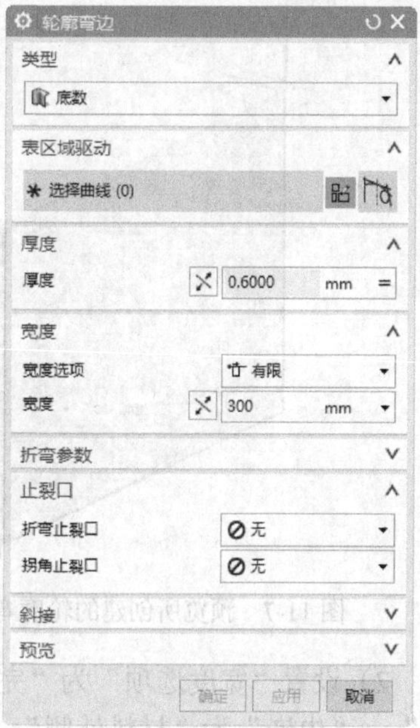

图 11-4　“轮廓弯边”对话框

2）单击“表区域驱动”选项组中的“绘制草图”按钮，弹出如图 11-5 所示的“创建草图”对话框。

3）在“创建草图”对话框中，“平面方法”选择“自动判断”，选择“XC-YC 平面”为草图工作平面，设置“水平”面为参考平面，单击“确定”按钮，进入草图绘制环境，绘制如图 11-6 所示的草图 1。单击“完成”按钮，退出草图绘制环境。

4）返回“轮廓弯边”对话框，在绘图窗口中预览所创建的轮廓弯边特征，如图 11-7 所示。

5）在“轮廓弯边”对话框中单击“确定”按钮，创建轮廓弯边特征，如图 11-8 所示。

4. 创建弯边特征

1）选择“菜单(M)”→“插入(S)”→“折弯(N)”→“弯边(F)...”选项，或单击“主页”

功能区“折弯”面组中的“弯边”按钮，弹出如图 11-9 所示“弯边”对话框。

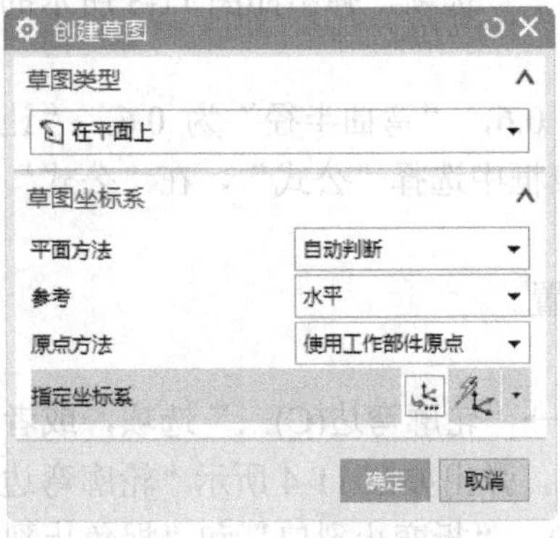

图 11-5 “创建草图”对话框

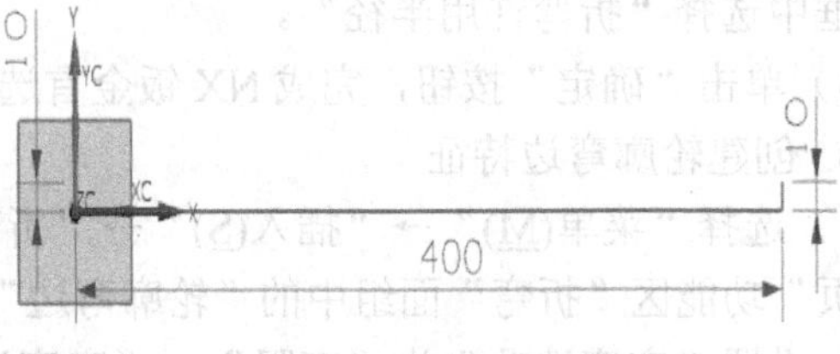

图 11-6 绘制草图 1

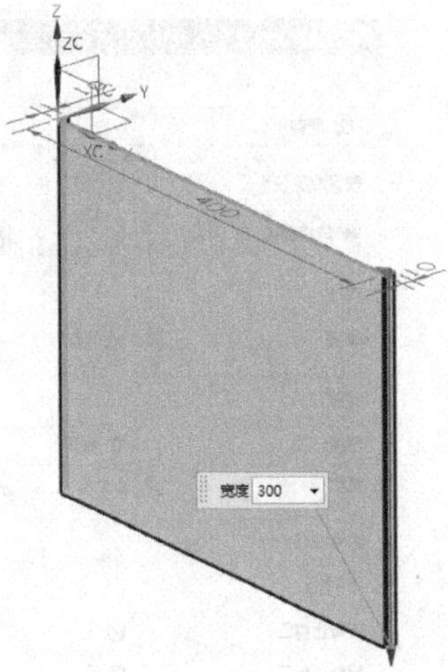

图 11-7 预览所创建的轮廓弯边特征

图 11-8 创建轮廓弯边特征

2）设置“宽度选项”为“完整”，“长度”为 10，“角度”90，“参考长度”为“外侧”，“内嵌”为“材料外侧”，在“止裂口”选项组的“折弯止裂口”和“拐角止裂口”下拉列表框中选择“无”。

3）选择弯边，同时在绘图窗口中预览所创建的弯边特征 1，如图 11-10 所示。

4）在“弯边”对话框中，单击“应用”按钮，创建弯边特征 1，如图 11-11 所示。

5）选择弯边，同时在绘图窗口中预览所创建的弯边特征 2，如图 11-12 所示。在“弯边”对话框中设置“宽度选项”为“完整”，“长度”为 15，“角度”为 90，“参考长度”为“外侧”，“内嵌”为“材料外侧”，在“折弯止裂口”和“拐角止裂口”下拉列表框中选择“无”。

6）在“弯边”对话框中，单击“应用”按钮，创建弯边特征 2，如图 11-13 所示。

7）选择弯边，同时在绘图窗口中预览所创建的弯边特征 3，如图 11-14 所示。设置“宽度选项”为“完整”，“长度”为 300，“角度”为 90，“参考长度”为“外侧”，“内嵌”为“材料外侧”，在“折弯止裂口”和“拐角止裂口”下拉列表框中选择“无”。

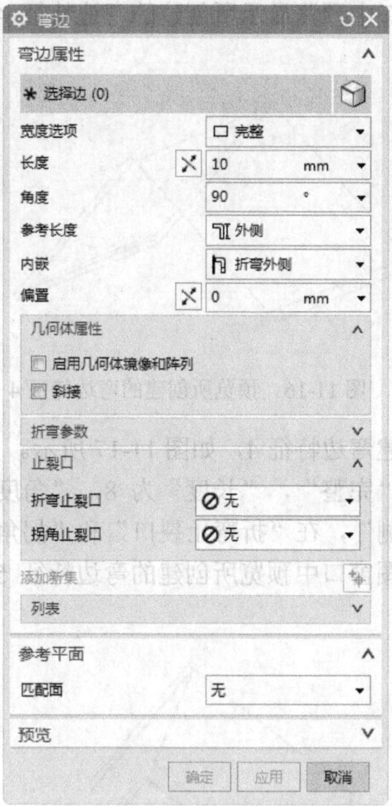

图 11-9　“弯边”对话框

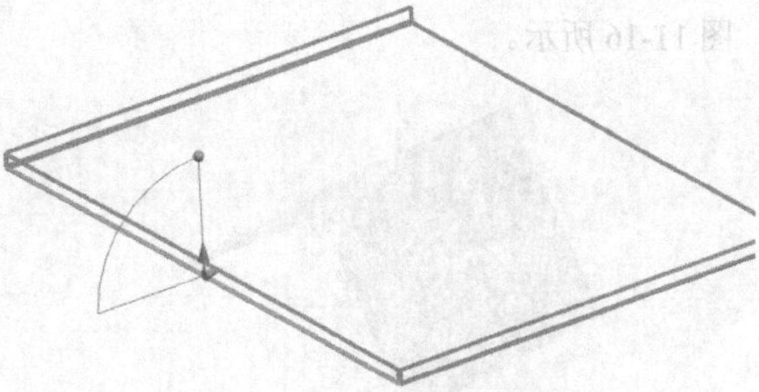

图 11-10　预览所创建的弯边特征 1

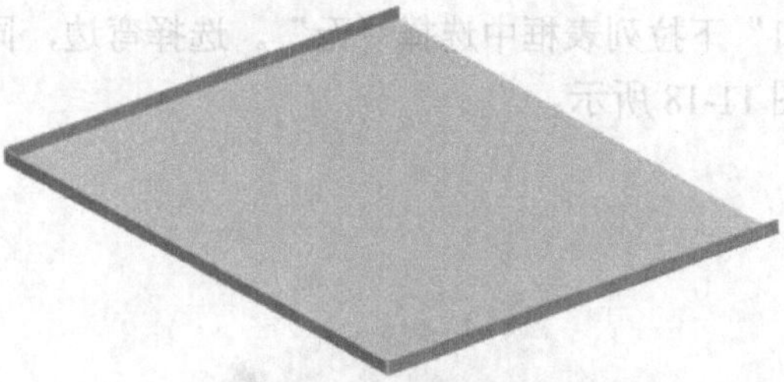

图 11-11　创建弯边特征 1

图 11-12　预览所创建的弯边特征 2

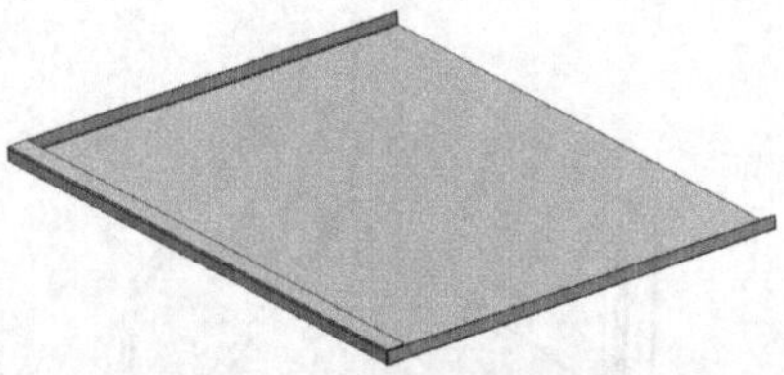

图 11-13　创建弯边特征 2

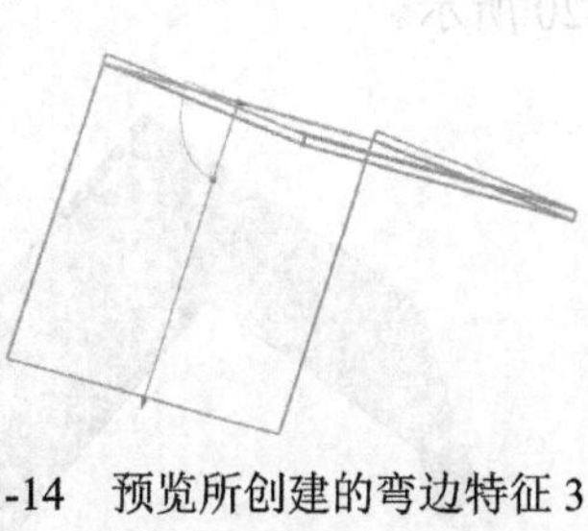

图 11-14　预览所创建的弯边特征 3

8）在“弯边”对话框中单击“应用”按钮，创建弯边特征 3，如图 11-15 所示。

9）在“弯边”对话框中设置“宽度选项”为“完整”，“长度”为 40，“角度”为 90，“参考长度”为“外侧”，“内嵌”为“材料外侧”，在“折弯止裂口”和“拐角止裂口”

下拉列表框中选择“无”。选择弯边，同时在绘图窗口中预览显示所创建的弯边特征 4，如图 11-16 所示。

图 11-15　创建弯边特征 3

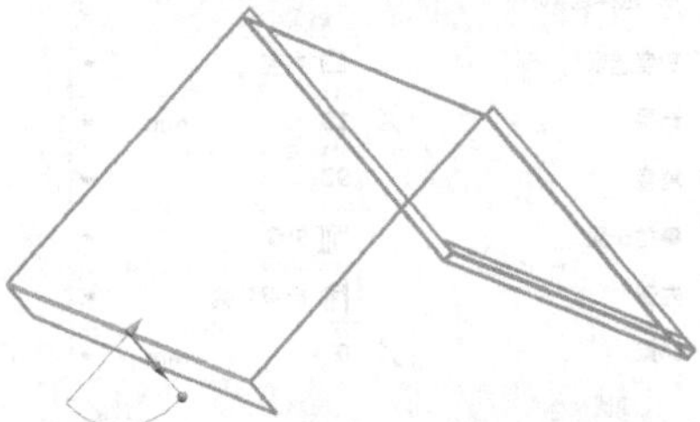

图 11-16　预览所创建的弯边特征 4

10）在“弯边”对话框中单击“应用”按钮，创建弯边特征 4，如图 11-17 所示。

11）在“弯边”对话框中，设置“宽度选项”为“完整”，“长度”为 8，“角度”为 90，“参考长度”为“外侧”，“内嵌”为“材料外侧”，在“折弯止裂口”和“拐角止裂口”下拉列表框中选择“无”。选择弯边，同时在绘图窗口中预览所创建的弯边特征 5，如图 11-18 所示。

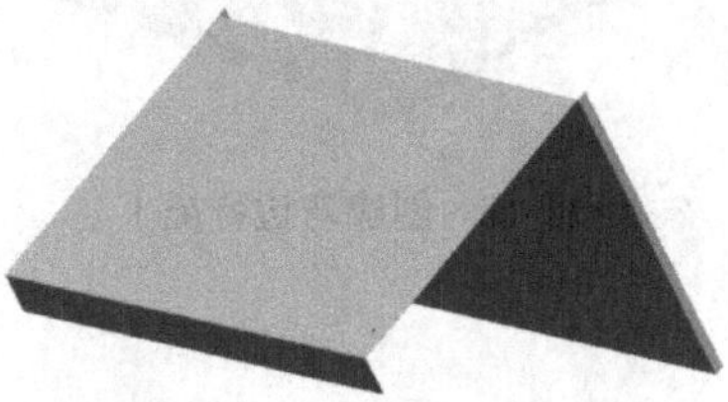

图 11-17　创建弯边特征 4

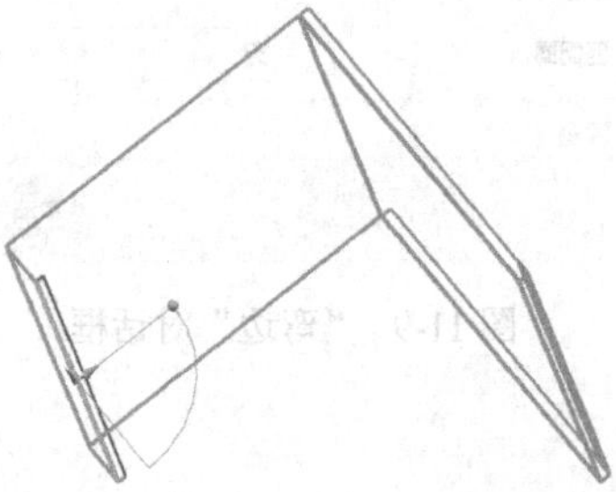

图 11-18　预览所创建的弯边特征 5

12）在“弯边”对话框中单击“应用”按钮，创建弯边特征 5，如图 11-19 所示。

13）在“弯边”对话框中设置“宽度选项”为“完整”，“长度”为 20，“角度”为 90，“参考长度”为“外侧”，“内嵌”为“材料外侧”，在“折弯止裂口”和“拐角止裂口”下拉列表框中选择“无”。选择弯边，同时在绘图窗口中预览所创建的弯边特征 6，如图 11-20 所示。

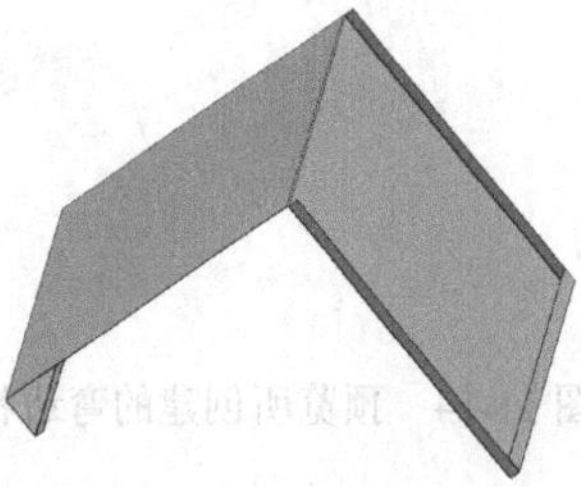

图 11-19　创建弯边特征 5

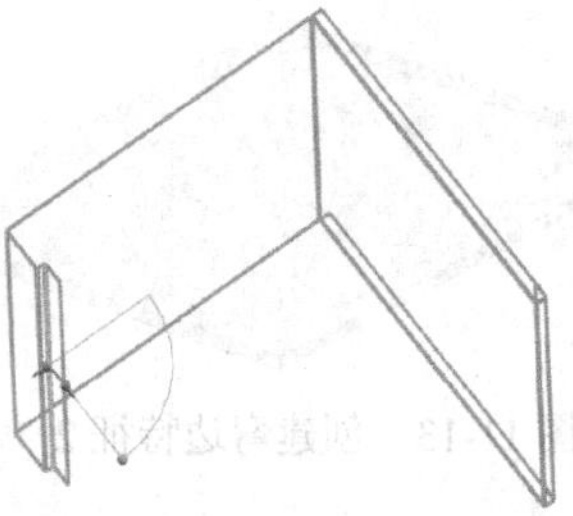

图 11-20　预览所创建的弯边特征 6

14）在“弯边”对话框中单击“确定”按钮，创建弯边特征 6，如图 11-21 所示。

5. 创建法向开孔特征

1）选择“菜单(M)”→“插入(S)”→“切割(T)”→“法向开孔(N)...”选项，或者单击“主页”功能区“特征”面组中的“法向开孔”按钮，弹出如图 11-22 所示“法向开孔”对话框。

图 11-21　创建弯边特征 6

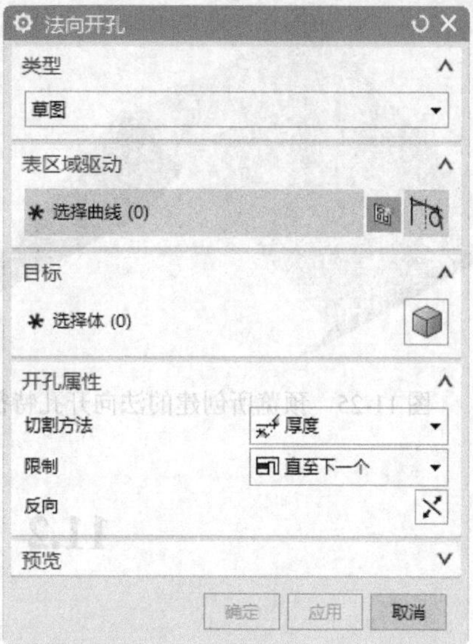

图 11-22　“法向开孔”对话框

2）在“法向开孔”对话框中单击“绘制截面”按钮，弹出“创建草图”对话框。“平面方法”选择“自动判断”。在绘图窗口中选择草图工作平面，如图 11-23 所示。

3）在“创建草图”对话框中单击“确定”按钮，进入草图绘制环境。单击“主页”功能区“曲线”面组中的“圆”按钮，选择“圆心和直径定圆”，设置坐标为（20，−12），“直径”为 5，继续设置坐标为（80，−12），“直径”为 5，绘制如图 11-24 所示的草图 2。单击“主页”功能区“曲线”面组中的“直线”按钮，设置起点坐标（200，10），“长度”和“角度”分别为 360 和 270。单击“主页”功能区“曲线”面组中的“镜像曲线”按钮，选择两个小圆，中心线为所创建的直线，单击“确定”按钮。单击“完成”按钮，草图绘制完毕。

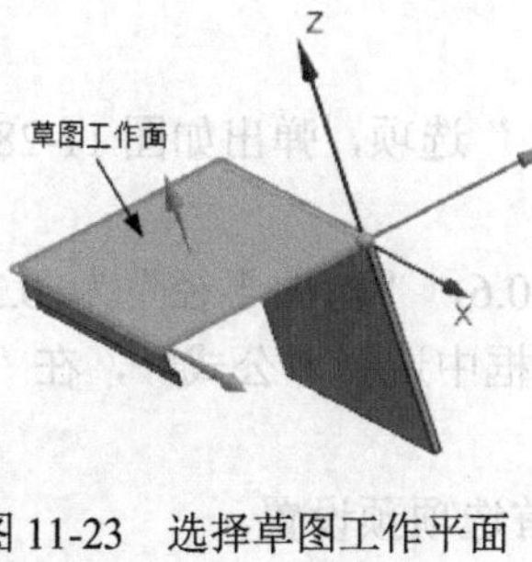

图 11-23　选择草图工作平面

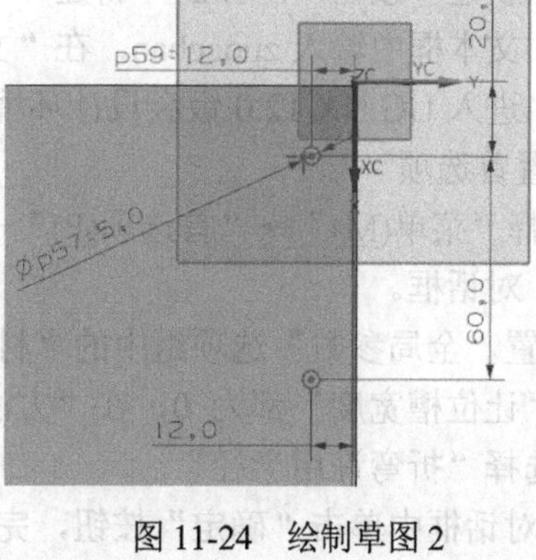

图 11-24　绘制草图 2

4）在绘图窗口中预览所创建的法向开孔特征，如图 11-25 所示。

5）在“法向开孔”对话框中输入“深度”为 5，单击“确定”按钮，创建法向开孔特征，如图 11-26 所示。

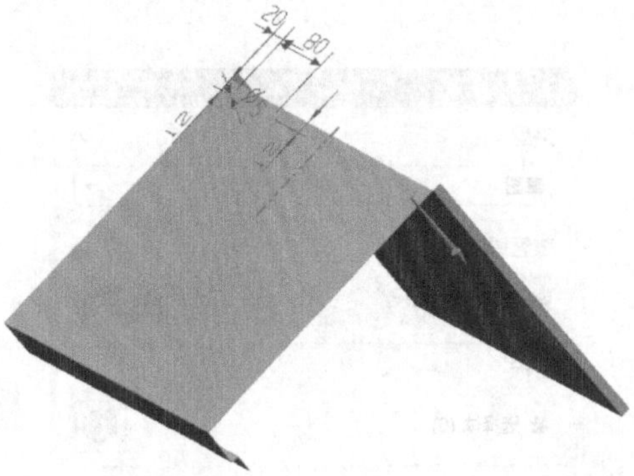

图 11-25 预览所创建的法向开孔特征

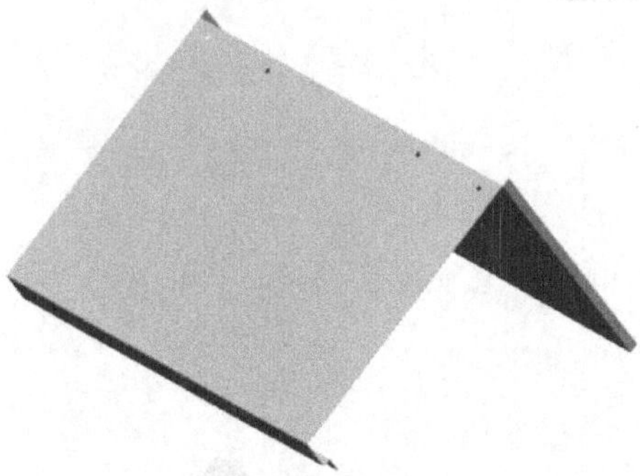

图 11-26 创建法向开孔特征

11.2 箱体左侧板

首先利用“拉伸”命令创建基本实体，再利用“撕边”命令在实体的四边创建撕边，通过“转换为钣金”命令将其转换成钣金件，最后利用“伸直”命令伸直并利用“法向开孔”命令修剪弯边，即可完成箱体左侧板的创建，如图 11-27 所示。

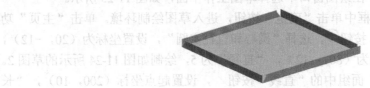

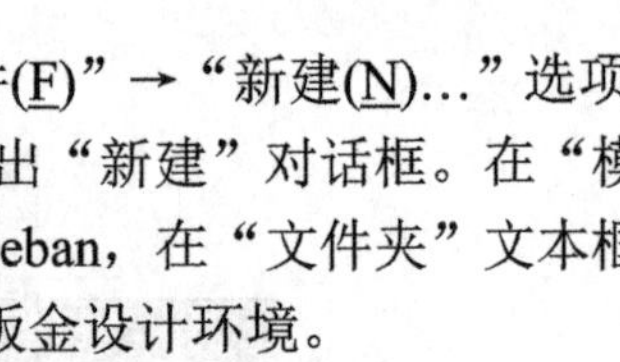

图 11-27 箱体左侧板

1. 新建文件

选择“菜单(M)”→“文件(F)”→“新建(N)…”选项，或者单击“主页”功能区“标准”面组中的“新建”按钮，弹出“新建”对话框。在“模板”列表框中选择“NX 钣金”，在“名称”文本框中输入 zuoceban，在“文件夹”文本框中输入非中文保存路径，单击“确定”按钮，进入 UG NX 12.0 钣金设计环境。

2. 设置首选项

1）选择“菜单(M)”→“首选项(P)”→“钣金(H)…”选项，弹出如图 11-28 所示的“钣金首选项”对话框。

2）设置“全局参数”选项组中的“材料厚度”为 0.6，“弯曲半径”为 0.3，“让位槽深度”和“让位槽宽度”都为 0，在“方法”下拉列表框中选择“公式”，在“公式”下拉列表框中选择“折弯许用半径”。

3）在对话框中单击“确定”按钮，完成 NX 钣金首选项预设置。

3. 绘制草图

1）选择“菜单(M)”→“插入(S)”→“在任务环境中绘制草图(V)...”选项，弹出如图 11-29 所示的“创建草图”对话框。

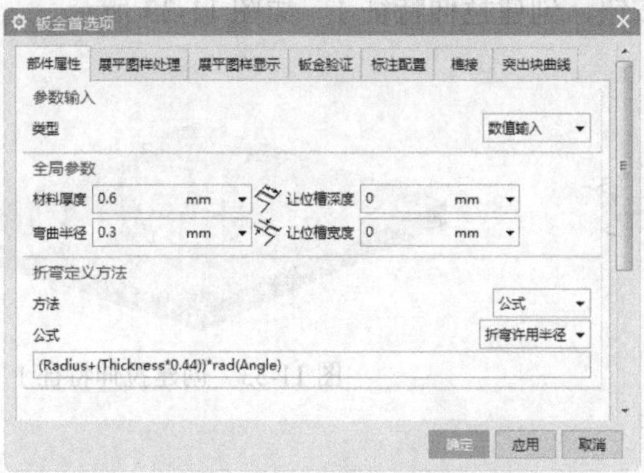

图 11-28 “钣金首选项”对话框

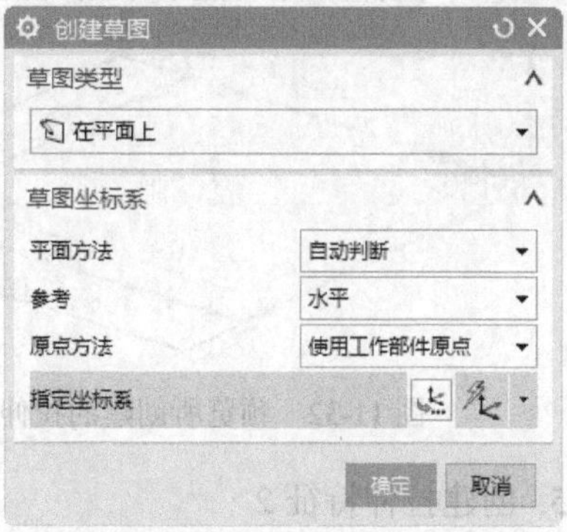

图 11-29 “创建草图”对话框

2）在“创建草图”对话框中，“平面方法”选择“自动判断”，选择“XC-YC 平面”平面为草图工作平面，设置“参考”为“水平”，单击“确定”按钮，进入草图绘制环境。单击“主页”功能区“曲线”面组中的“矩形”按钮，选择“按 2 点”矩形方法，选择“原点”，设置“宽度”和“高度”分别为 310 和 301.2，绘制如图 11-30 所示的草图 1。单击“完成”按钮，退出草图绘制环境。

4. 创建拉伸特征 1

1）选择“菜单(M)”→“插入(S)”→“切割(T)”→“拉伸(X)...”选项，或者单击“主页”功能区“特征”面组“更多”库中的“拉伸”按钮，弹出如图 11-31 所示的“拉伸”对话框。

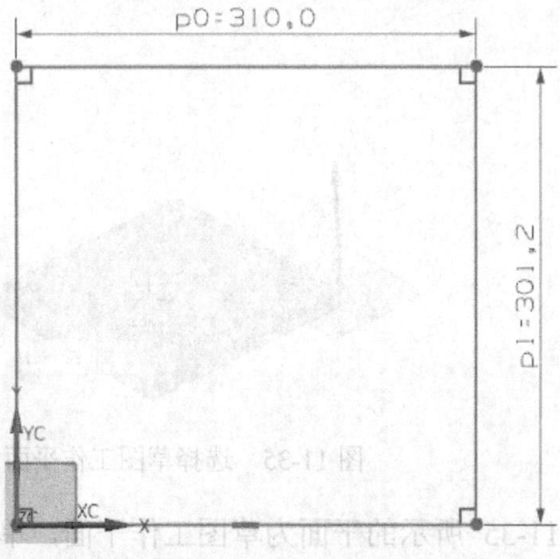

图 11-30 绘制草图 1

图 11-31 “拉伸”对话框

2）在绘图窗口中选择图 11-30 所示的草图。在“拉伸”对话框中的“结束”的“距离”文本框中输入 20，“指定矢量”选择“ZC 轴”，同时在绘图窗口中预览所创建的拉伸特征，如图 11-32 所示。

3）在“拉伸”对话框中单击“确定”按钮，创建拉伸特征 1，如图 11-33 所示。

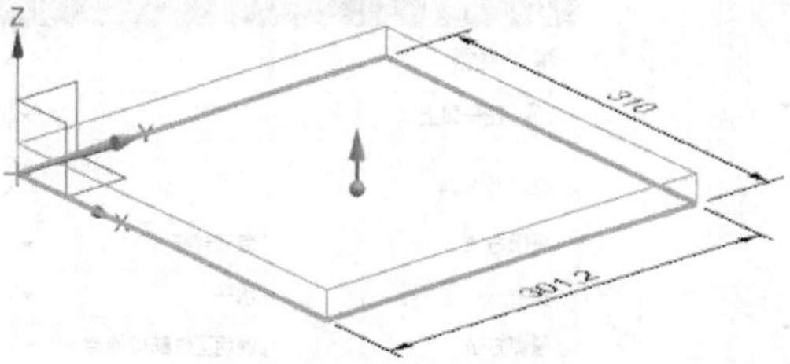

图 11-32　预览所创建的拉伸特征

图 11-33　创建拉伸特征 1

5. 创建拉伸特征 2

1）选择“菜单(M)”→“插入(S)”→“切割(T)”→“拉伸(X)...”选项，或者单击“主页”功能区“特征”面组“更多”库中的“拉伸”按钮，弹出如图 11-34 所示的“拉伸”对话框。

图 11-34　“拉伸”对话框

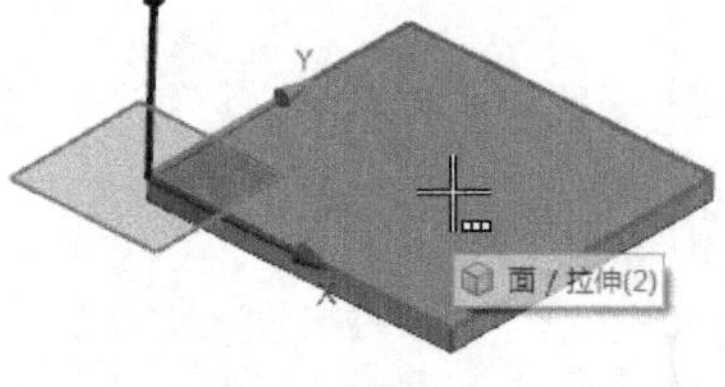

图 11-35　选择草图工作平面 1

2）单击“绘制截面”按钮，选择如图 11-35 所示的平面为草图工作平面，单击“确定”按钮，进入到草图绘制环境，绘制如图 11-36 所示的草图 2。

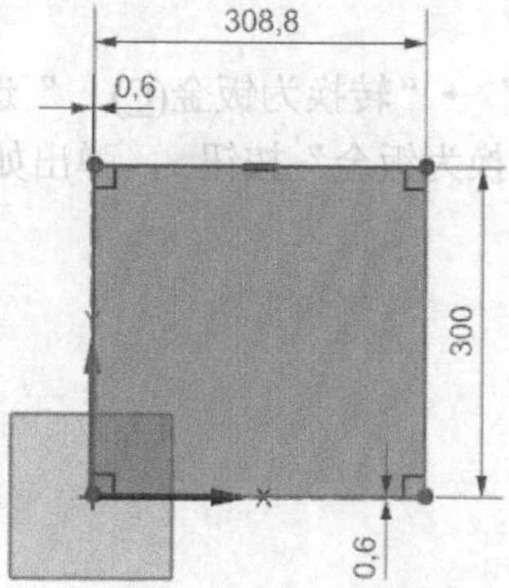

图 11-36　绘制草图 2

图 11-37　创建拉伸特征 2

3）单击“完成”按钮，返回“拉伸”对话框。在“拉伸”对话框中的“结束”的“距离”文本框中输入 19.4，“指定矢量”选择“-ZC 轴”，在“布尔”下拉列表框中选择“减去”，单击“确定”按钮，创建拉伸特征 2，如图 11-37 所示。

6. 创建撕边特征

1）选择“菜单(M)”→“插入(S)”→“转换(V)”→“撕边(R)…”选项，或者单击“主页”功能区“基本”面组“转换”库中的“撕边”按钮，弹出如图 11-38 所示“撕边”对话框。

2）在绘图窗口中选择边（里侧的边），如图 11-39 所示。

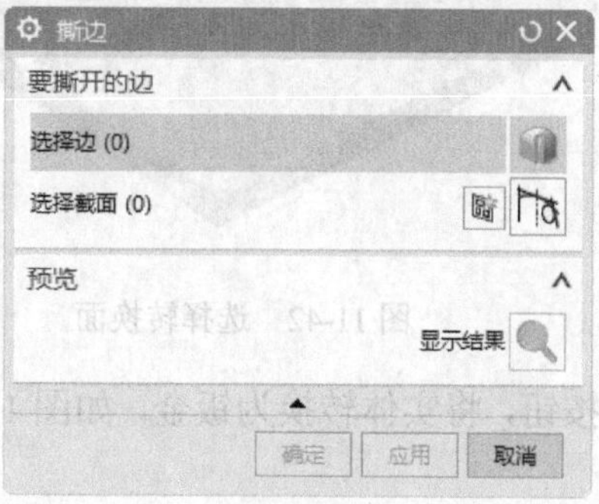

图 11-38　“撕边”对话框

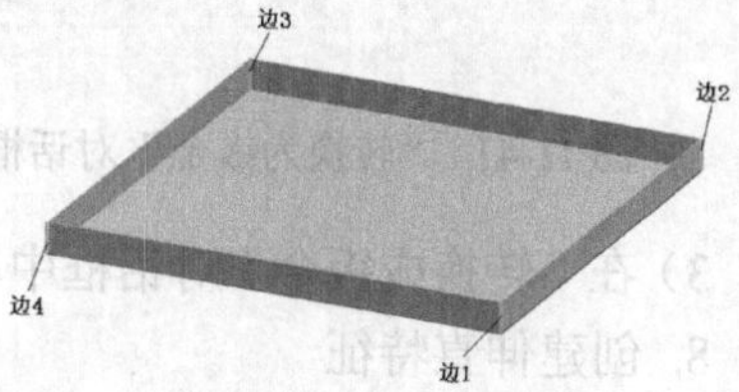

图 11-39　选择边

3）在“撕边”对话框中单击“确定”按钮，创建撕边特征，如图 11-40 所示。

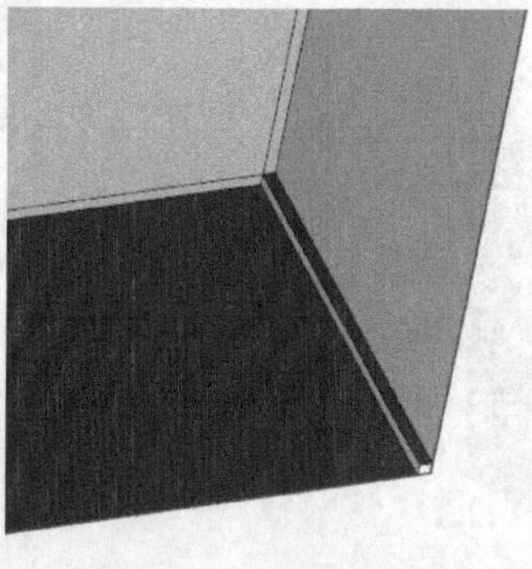

图 11-40　创建撕边特征

7. 创建转换为钣金特征

1）选择“菜单(M)”→“插入(S)”→“转换(V)”→“转换为钣金(C)...”选项，或者单击“主页”功能区“基本”面组“转换”库中的“转换为钣金”按钮，弹出如图 11-41 所示“转换为钣金”对话框。

2）在绘图窗口中选择转换面，如图 11-42 所示。

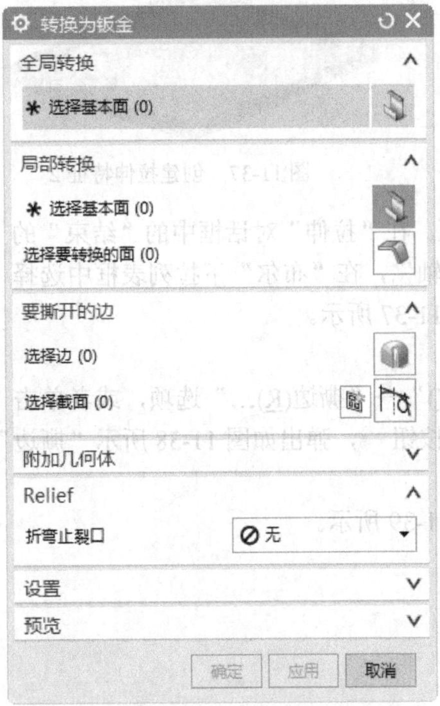

图 11-41 “转换为钣金”对话框

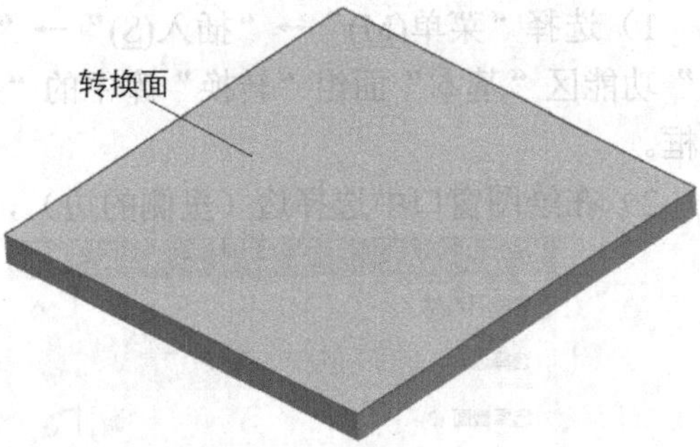

图 11-42 选择转换面

3）在“转换成钣金”对话框中单击“确定”按钮，将实体转换为钣金，如图 11-43 所示。

8. 创建伸直特征

1）选择“菜单(M)”→“插入(S)”→“成形(R)”→“伸直(U)...”选项，或者单击“主页”功能区“成形”面组中的“伸直”按钮，弹出如图 11-44 所示“伸直”对话框。

图 11-43 将实体转换为钣金

图 11-44 “伸直”对话框

2）在绘图窗口中选择固定面，如图 11-45 所示。

3）在绘图窗口中选择折弯面，如图 11-46 所示。

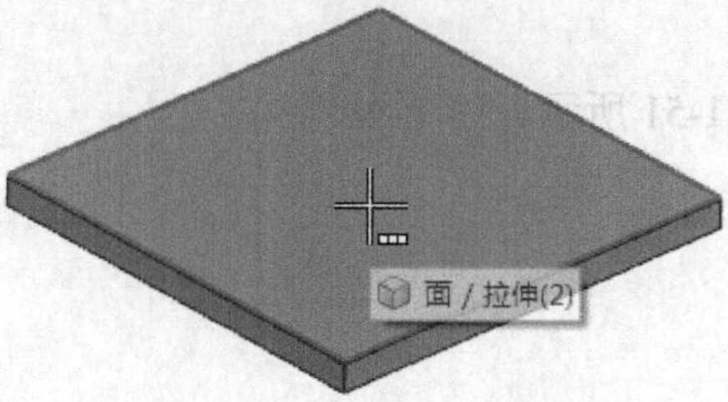

图 11-45　选择固定面

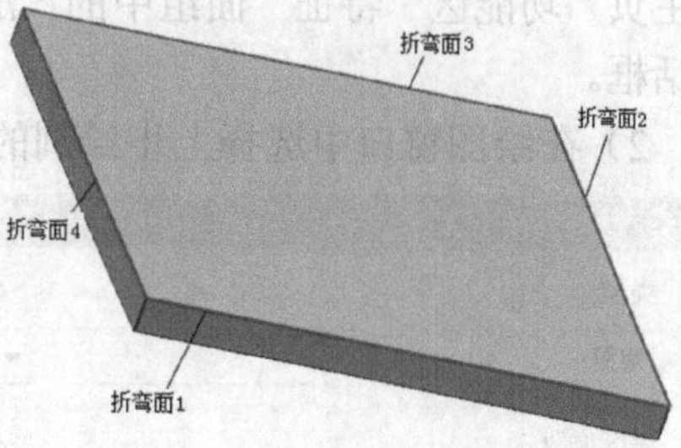

图 11-46　选择折弯面

4）在“伸直”对话框中单击“确定”按钮，创建伸直特征，如图 11-47 所示。

9. 绘制草图

1）选择“菜单(M)”→“插入(S)”→“在任务环境中绘制草图(V)...”选项，“平面方法”选择“自动判断”，选择草图工作平面 2，如图 11-48 所示。

图 11-47　创建伸直特征

图 11-48　选择草图工作平面 2

2）进入草图绘制环境，绘制如图 11-49 所示的草图 3。单击“完成”按钮，退出草图绘制环境。

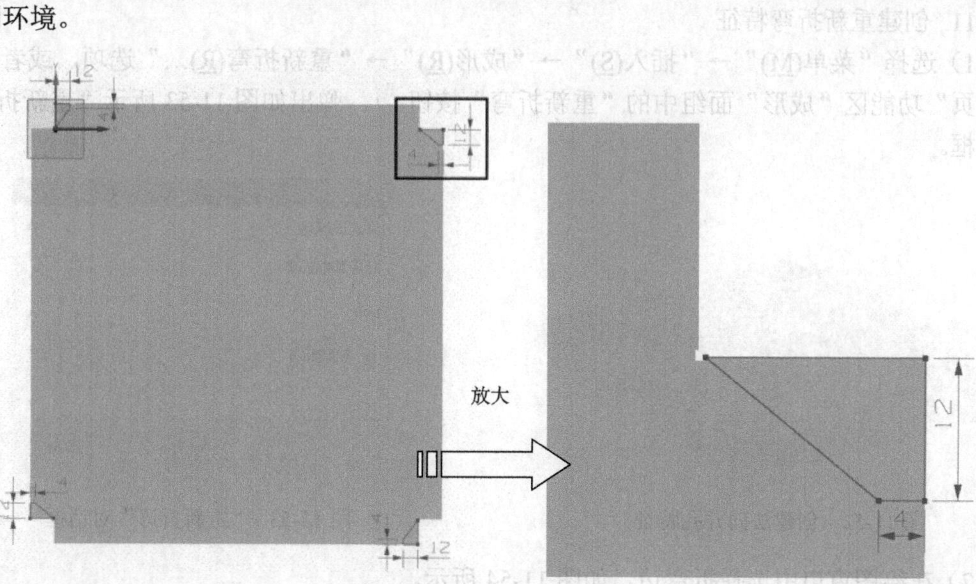

图 11-49　绘制草图 3

10. 创建法向开孔特征

1）选择“菜单(M)”→“插入(S)”→“切割(T)”→“法向开孔(N)...”选项，或者单击“主页”功能区“特征”面组中的“法向开孔”按钮，弹出如图 11-50 所示的“法向开孔”对话框。

2）在绘图窗口中选择上步绘制的草图，如图 11-51 所示。

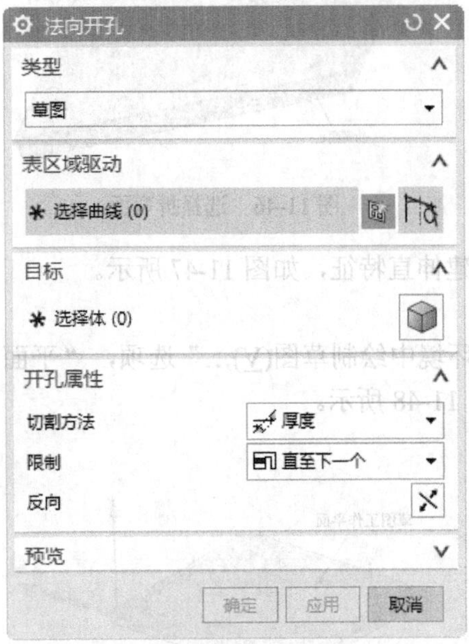

图 11-50 “法向开孔”对话框

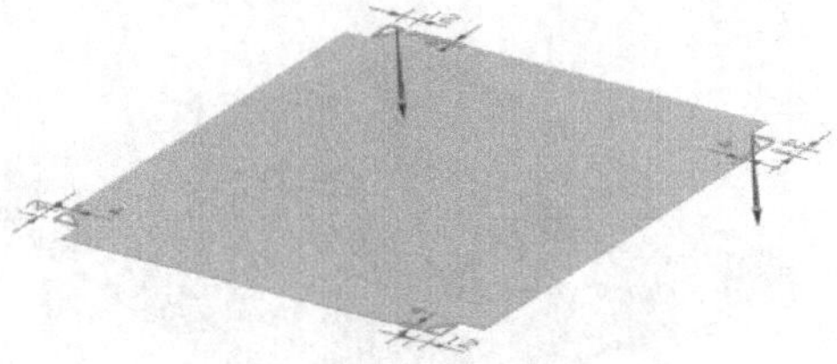

图 11-51 选择绘制的草图

3）在“法向开孔”对话框中，“切割方法”选择“厚度”，“限制”选择“直至下一个”，单击“确定”按钮，如图 11-52 所示。

11. 创建重新折弯特征

1）选择“菜单(M)”→“插入(S)”→“成形(R)”→“重新折弯(R)...”选项，或者单击“主页”功能区“成形”面组中的“重新折弯”按钮，弹出如图 11-53 所示“重新折弯”对话框。

图 11-52 创建法向开孔特征

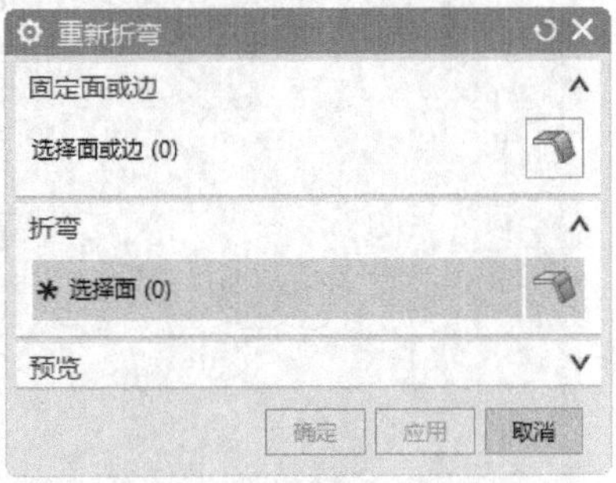

图 11-53 “重新折弯”对话框

2）在绘图窗口中选择折弯边，如图 11-54 所示。

3）在“重新折弯”对话框中单击“确定”按钮，创建重新折弯特征，如图 11-55 所示。

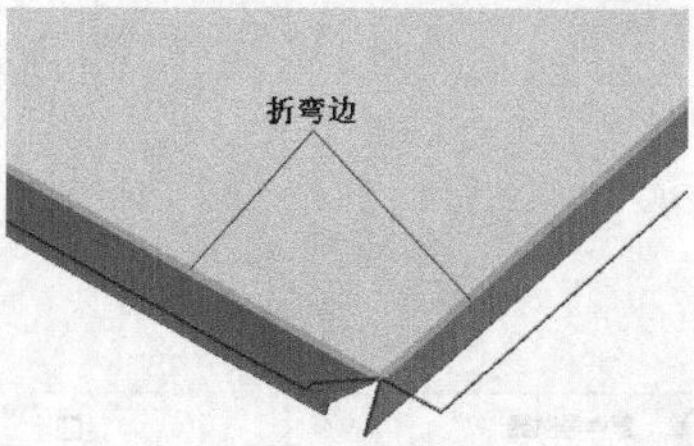

图 11-54　选择折弯边

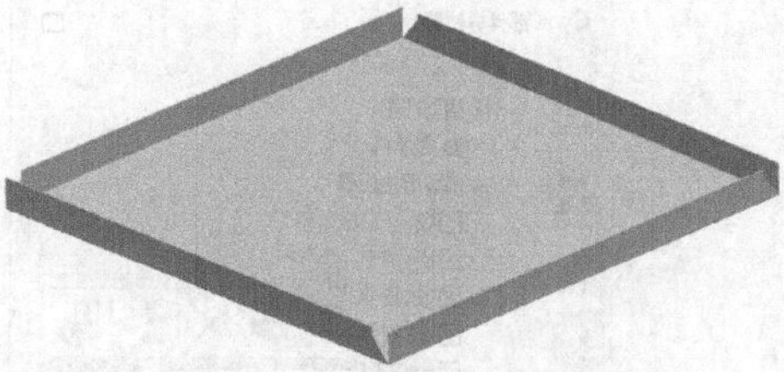

图 11-55　创建重新折弯特征

11.3　箱体右侧板

在箱体左侧板的基础上删除部分特征并编辑拉伸特征，然后利用“撕边”命令切割视图的边缘，并利用“转换为钣金”命令将实体转换为钣金件，利用“弯边”命令在钣金件上创建弯边以及封闭拐角，最后利用“伸直”命令展开弯边并修剪弯边，即可完成箱体右侧板的创建，如图 11-56 所示。

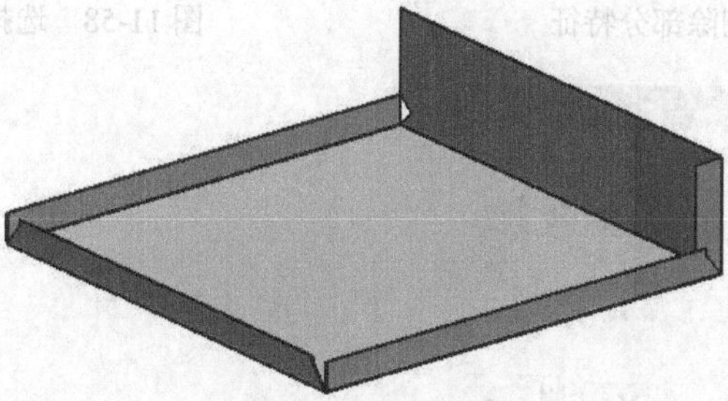

图 11-56　箱体右侧板

1. 弹出文件

选择“菜单(M)”→“文件(F)”→“弹出(O)…”选项，弹出“打开”对话框。选择 zuoceban.prt，单击 OK 按钮，弹出文件。

2. 另存文件

选择“菜单(M)”→“文件(F)”→“另存为(A)…”选项，弹出“另存为”对话框。在“文件名”中输入 youceban，单击 OK 按钮，另存钣金文件。

3. 删除特征

单击绘图窗口左侧的图标，打开“部件导航器”。选择拉伸（3），在其上单击鼠标右键，在弹出的快捷菜单中选择“删除”选项，如图 11-57 所示。

4. 编辑腔体特征

1）单击绘图窗口左侧的图标，弹出“部件导航器”。选择拉伸（3），在其上单击鼠标右键，在弹出的快捷菜单中选择“编辑参数”选项，如图 11-58 所示。

2）弹出如图 11-59 所示的“拉伸”对话框，单击“绘制截面”按钮，进入草图绘制环境。将宽度值修改为 302，如图 11-60 所示。

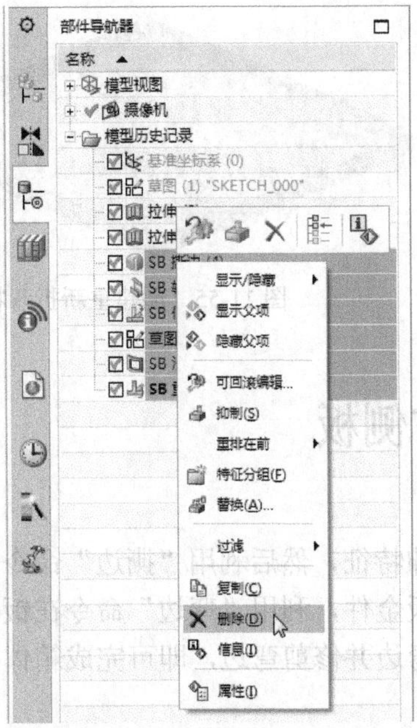

图 11-57　删除部分特征

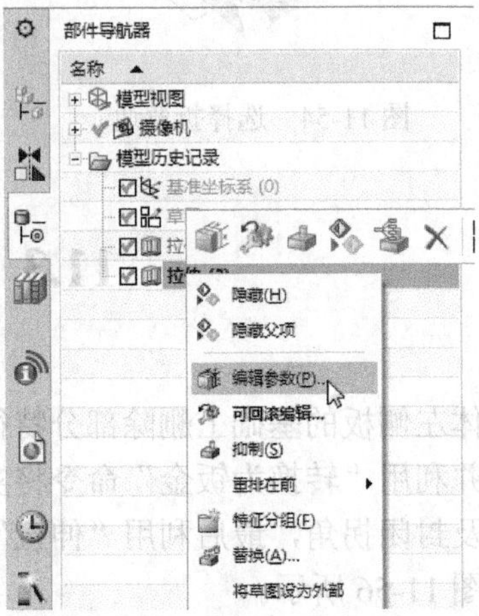

图 11-58　选择要编辑的特征

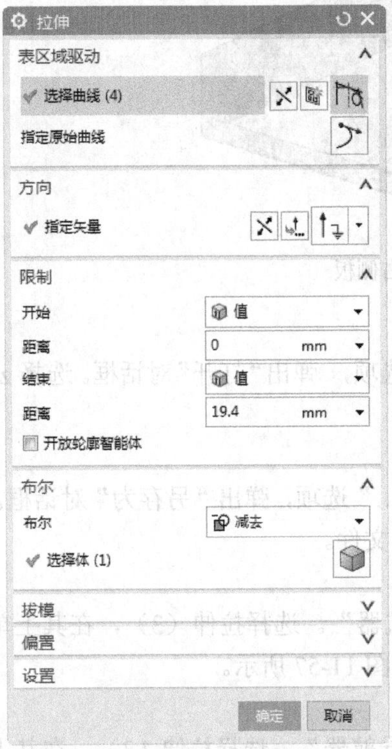

图 11-59　“拉伸”对话框

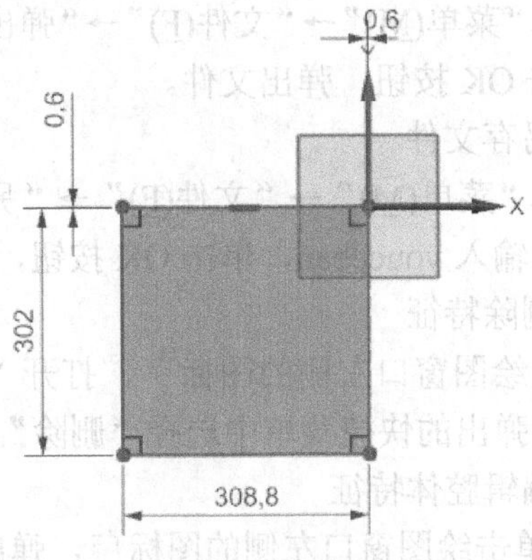

图 11-60　修改草图

3）单击“完成”按钮，返回“拉伸”对话框。单击“确定”按钮，完成拉伸特征的编辑，如图 11-61 所示。

5. 创建切边特征

1）选择“菜单(M)”→“插入(S)”→“转换(V)”→“撕边(R)...”选项，或者单击“主页”功能区“基本”面组“转换”库中的“撕边”按钮，弹出如图 11-62 所示“撕边”对话框。

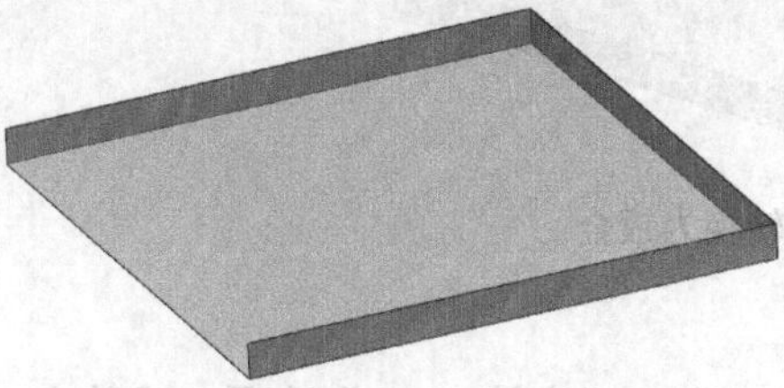
图 11-61　编辑后的拉伸特征

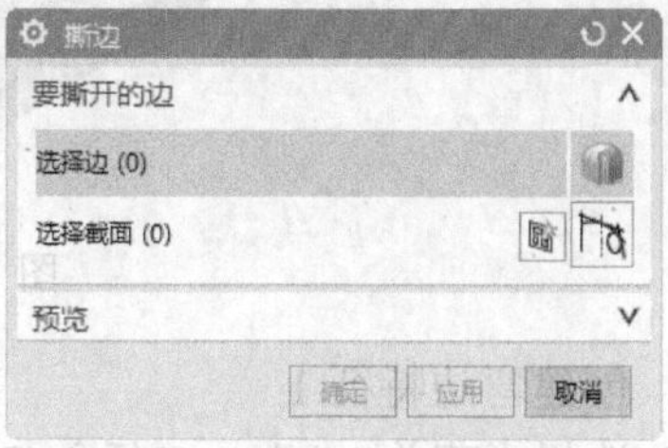

图 11-62　“撕边”对话框

2）在绘图窗口中选择要撕开的边，如图 11-63 所示。

3）在“撕边”对话框中单击“确定”按钮，创建撕边特征，如图 11-64 所示。

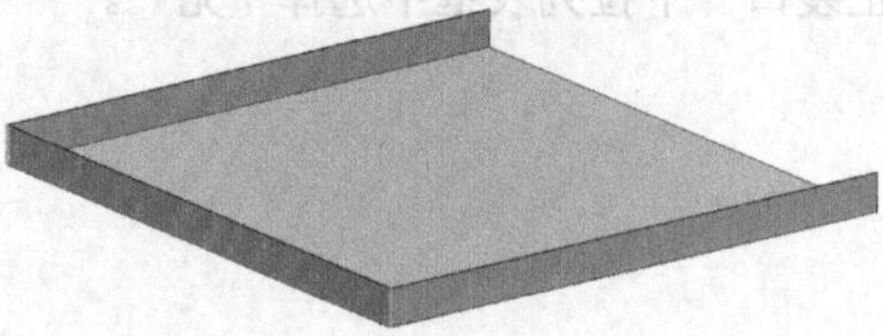
图 11-63　选择要撕开的边

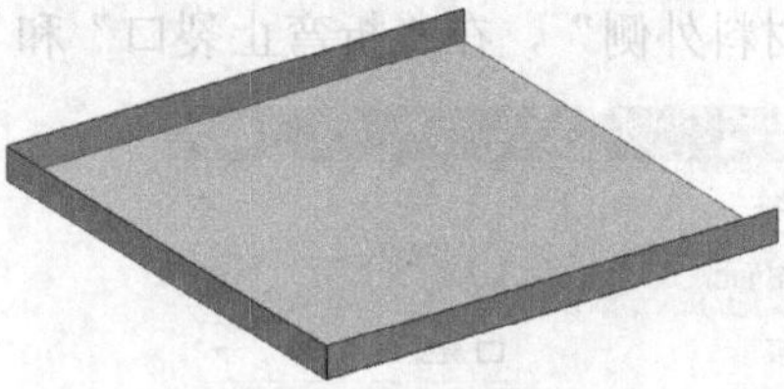
图 11-64　创建撕边特征

6. 创建转换为钣金特征

1）选择“菜单(M)”→“插入(S)”→“转换(V)”→“转换为钣金(C)...”选项，或者单击“主页”功能区“基本”面组“转换”库中的“转换为钣金”按钮，弹出如图 11-65 所示的“转换为钣金”对话框。

2）在绘图窗口中选择转换面，如图 11-66 所示。

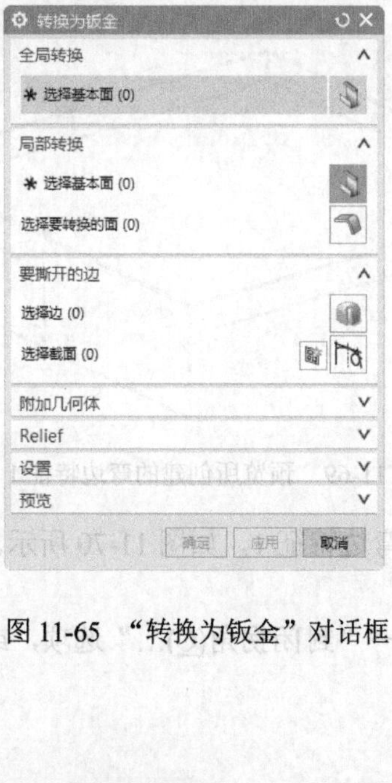

图 11-65　“转换为钣金”对话框

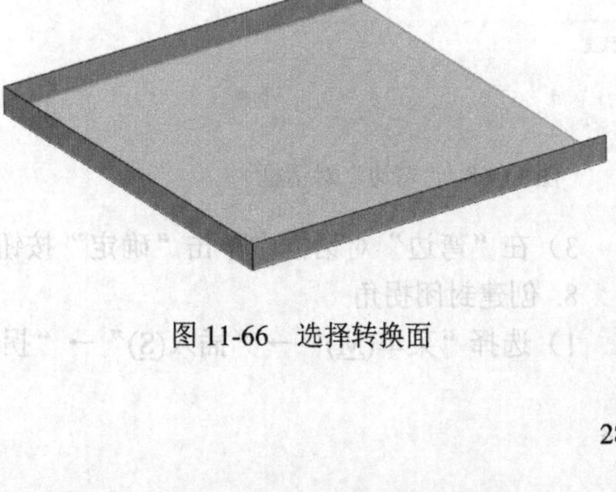
图 11-66　选择转换面

3）在“转换为钣金”对话框中单击“确定”按钮，将实体转换为钣金，如图 11-67 所示。

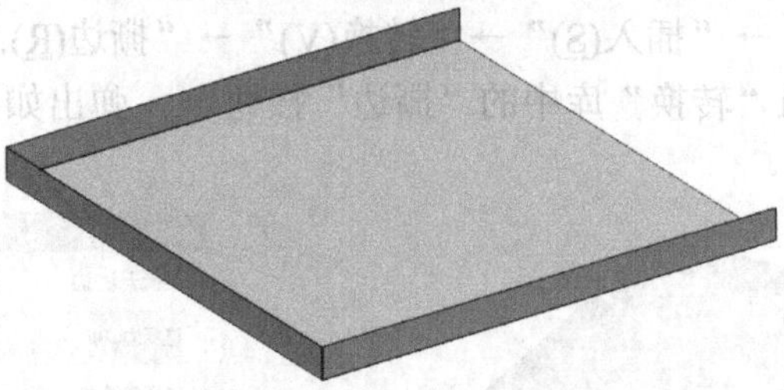

图 11-67　将实体转换为钣金

7．创建弯边特征 1

1）选择“菜单(M)”→“插入(S)”→“折弯(N)”→“弯边(F)...”选项，或单击“主页”功能区“折弯”面组中的“弯边”按钮，弹出如图 11-68 所示“弯边”对话框。

2）选择弯边，同时在绘图窗口中预览所创建的弯边特征 1，如图 11-69 所示。设置“宽度选项”为“完整”，“长度”为 75，“角度”为 90，“参考长度”为“外侧”，“内嵌”为“材料外侧”，在“折弯止裂口”和“拐角止裂口”下拉列表框中选择“无”。

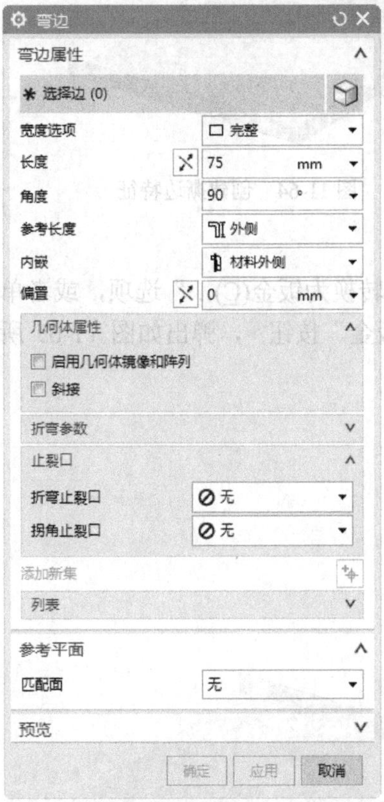

图 11-68　“弯边”对话框

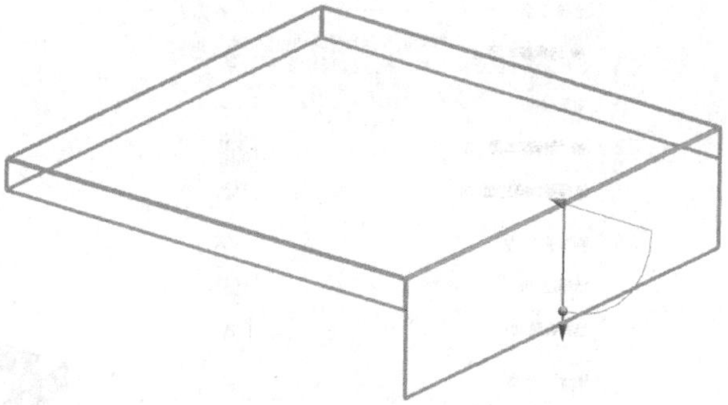

图 11-69　预览所创建的弯边特征 1

3）在“弯边”对话框中单击“确定”按钮，创建弯边特征 1，如图 11-70 所示。

8. 创建封闭拐角

1）选择“菜单(M)”→“插入(S)”→“拐角(O)”→“封闭拐角(C)...”选项，或者单击

“主页”功能区“拐角”面组中的“封闭拐角”按钮，弹出如图 11-71 所示“封闭拐角”对话框。设置“处理”为“弹出”，“重叠”为“封闭”，“缝隙”为 0。

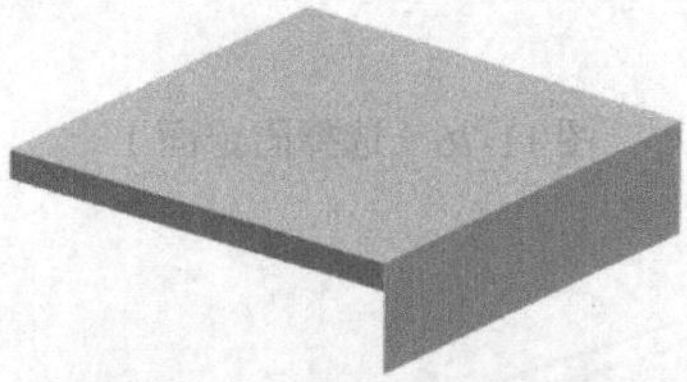

图 11-70　创建弯边特征 1

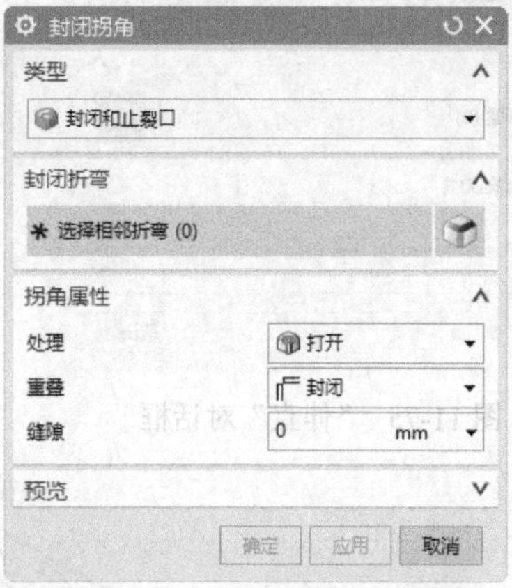

图 11-71　“封闭拐角”对话框

2）在绘图窗口中选择相邻弯边区域，如图 11-72 所示。

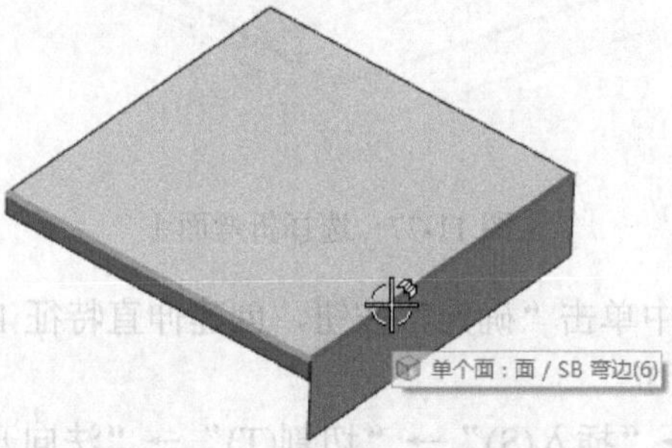

图 11-72　选择相邻弯边区域

3）在“封闭拐角”对话框中单击“应用”按钮，创建封闭拐角 1，如图 11-73 所示。

4）同理，按照上述步骤，创建封闭拐角 2，如图 11-74 所示。

图 11-73　创建封闭拐角 1

图 11-74　创建封闭拐角 2

9. 创建伸直特征 1

1）选择“菜单(M)”→“插入(S)”→“成形(R)”→“伸直(U)…”选项，或者单击“主页”功能区“成形”面组中的“伸直”按钮，弹出如图 11-75 所示“伸直”对话框。

2）在绘图窗口中选择固定面 1，如图 11-76 所示。

3）在绘图窗口中选择折弯面 1，如图 11-77 所示。

图 11-75 “伸直”对话框

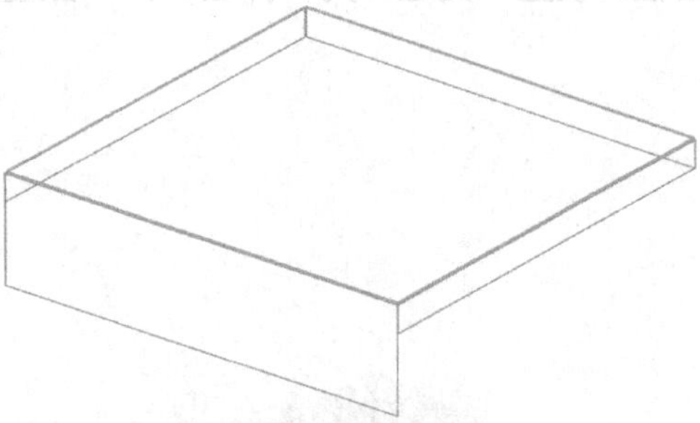

图 11-76 选择固定面 1

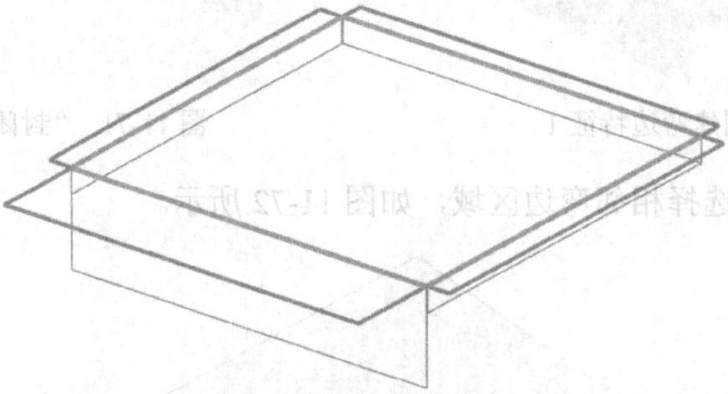

图 11-77 选择折弯面 1

4）在“伸直”对话框中单击“确定”按钮，创建伸直特征 1，如图 11-78 所示。

10. 创建法向开孔特征 1

1）选择“菜单(M)”→“插入(S)”→“切割(T)”→“法向开孔(N)...”选项，或者单击“主页”功能区“特征”面组中的“法向开孔”按钮，弹出如图 11-79 所示 “法向开孔”对话框。

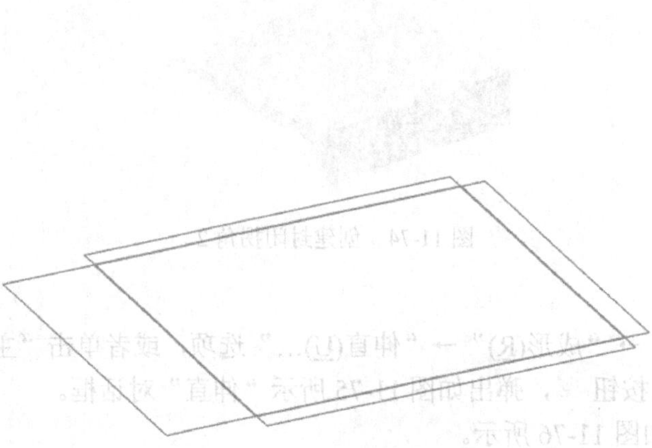

图 11-78 创建伸直特征 1

图 11-79 “法向开孔”对话框

2）在“法向开孔”对话框中单击“绘制截面”按钮，弹出如图 11-80 所示的“创建草图”对话框。

3）在“创建草图”对话框中选择草图工作平面 1，如图 11-81 所示，单击“确定”按钮。

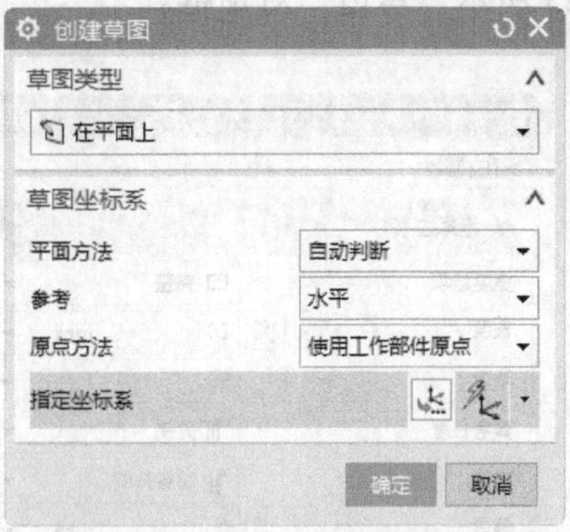

图 11-80　“创建草图”对话框

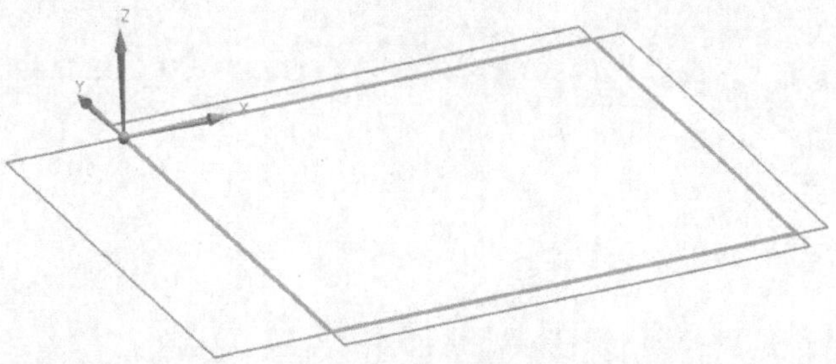

图 11-81　选择草图工作平面 1

4）进入草图绘制环境，绘制如图 11-82 所示的裁剪轮廓 1。单击“完成”按钮，草图绘制完毕。

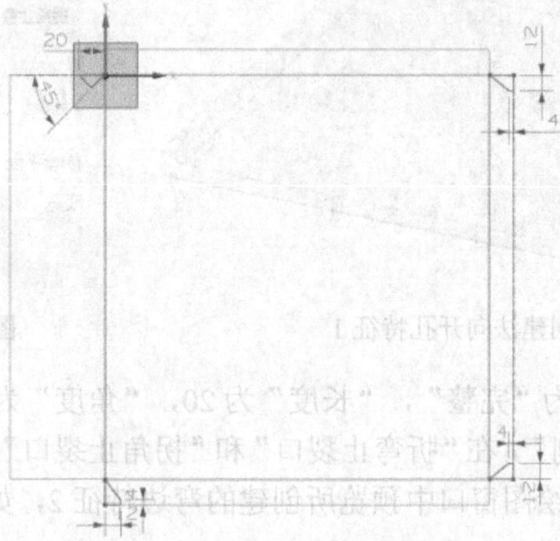

图 11-82　绘制裁剪轮廓 1

5）在绘图窗口中预览所创建的法向开孔特征，如图 11-83 所示。

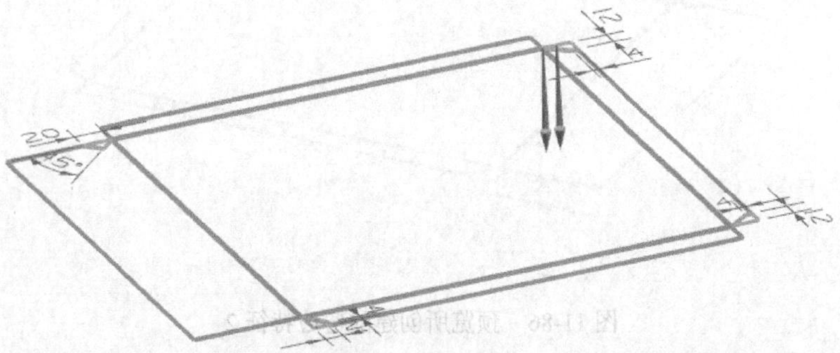

图 11-83　预览所创建的法向开孔特征

6）在“法向开孔”对话框中单击“确定”按钮，创建法向开孔特征 1，如图 11-84 所示。

11. 创建弯边特征 2

1）选择“菜单(M)”→“插入(S)”→“折弯(N)”→“弯边(F)...”选项，或单击“主页”功能区“折弯”面组中的“弯边”按钮，弹出如图 11-85 所示“弯边”对话框。

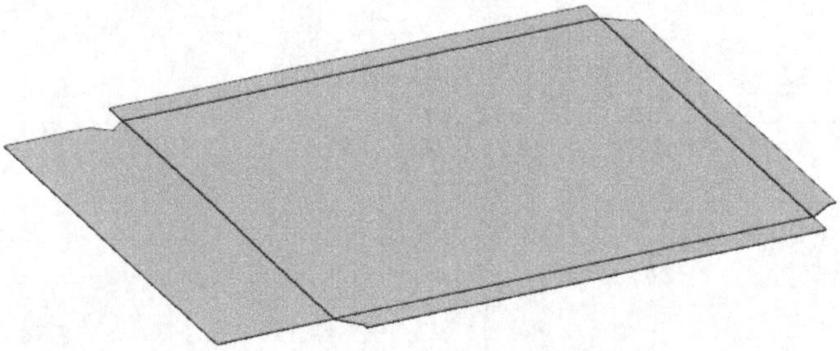

图 11-84　创建法向开孔特征 1

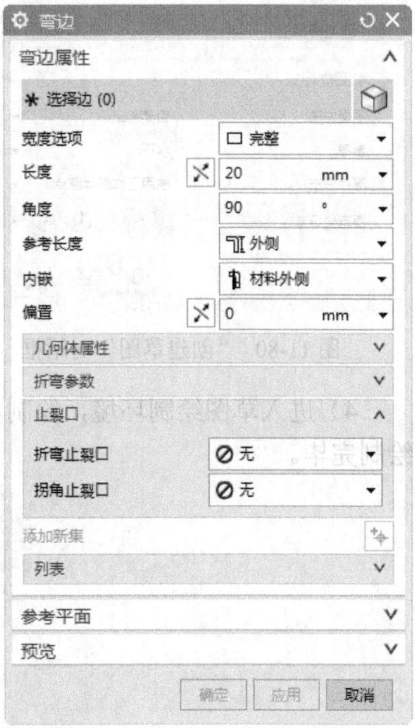

图 11-85　“弯边”对话框

2）设置“宽度选项”为“完整”，“长度”为 20，“角度”为 90，“参考长度”为“外侧”，“内嵌”为“材料外侧”，在“折弯止裂口”和“拐角止裂口”下拉列表框中选择“无”。

3）选择弯边，同时在绘图窗口中预览所创建的弯边特征 2，如图 11-86 所示。

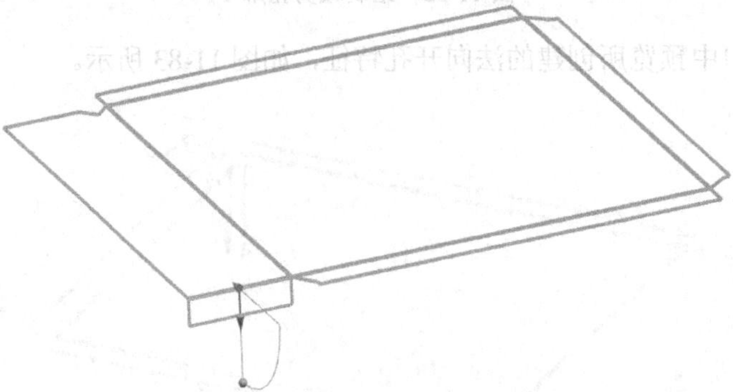

图 11-86　预览所创建的弯边特征 2

4）在“弯边”对话框中单击“确定”按钮，创建弯边特征 2，如图 11-87 所示。

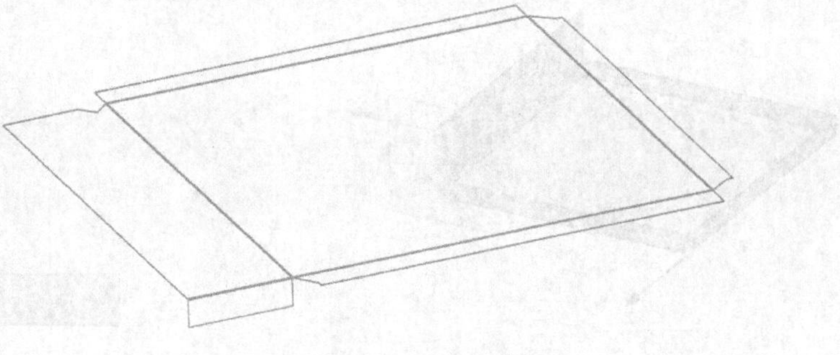

图 11-87 创建弯边特征 2

12. 创建重新折弯特征 1

1）选择“菜单(M)”→“插入(S)”→“成形(R)”→“重新折弯(R)...”选项，或者单击“主页”功能区“成形”面组中的“重新折弯”按钮，弹出如图 11-88 所示“重新折弯”对话框。

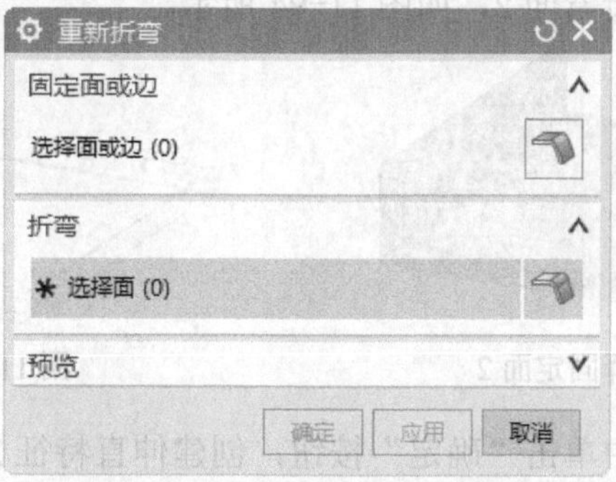

图 11-88 “重新折弯”对话框

2）在绘图窗口中选择重新折弯面 1，如图 11-89 所示。

3）在“重新折弯”对话框中单击“确定”按钮，创建重新折弯特征 1，如图 11-90 所示。

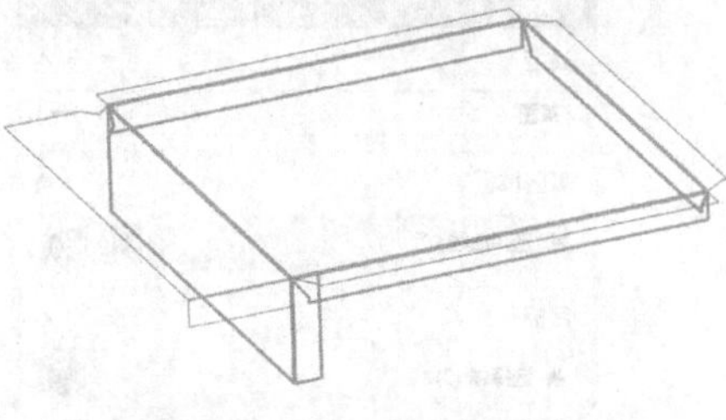

图 11-89 选择重新折弯面 1

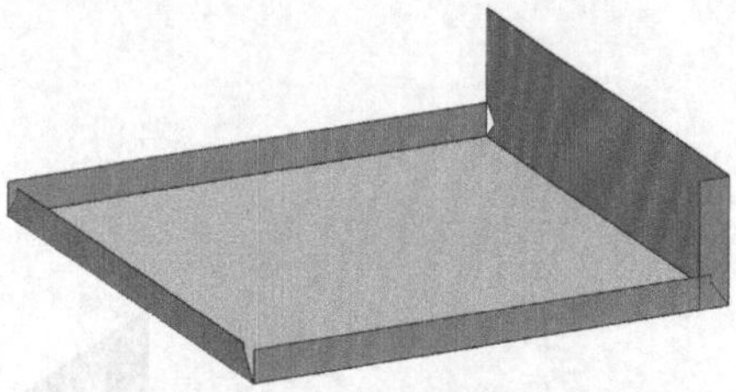

图 11-90 创建重新折弯特征 1

13. 绘制草图

1）选择“菜单(M)”→“插入(S)”→“在任务环境中绘制草图(V)...”选项，弹出“创建草图”对话框。在绘图窗口中选择草图工作平面 2，如图 11-91 所示。

2）单击“确定”按钮，进入草图绘制环境，绘制如图 11-92 所示的草图。单击“完成”按钮，退出草图绘制环境。

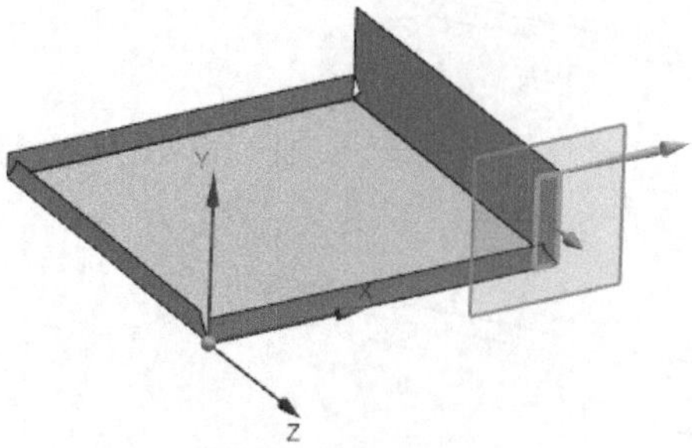

图 11-91　选择草图工作平面 2

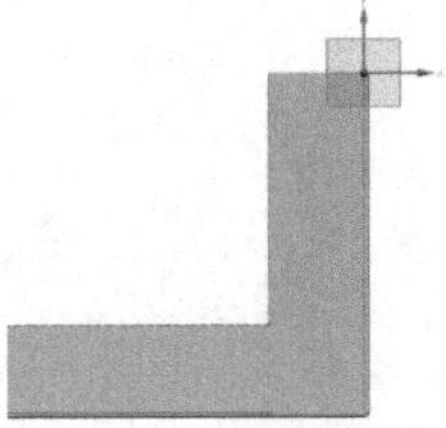

图 11-92　绘制草图

14. 创建伸直特征 2

1）选择“菜单(M)”→“插入(S)”→“成形(R)”→“伸直(U)…”选项，或者单击“主页”功能区“成形”面组中的“伸直”按钮，弹出“伸直”对话框。

2）在绘图窗口中选择固定面 2，如图 11-93 所示。

3）在绘图窗口中选择折弯面 2，如图 11-94 所示。

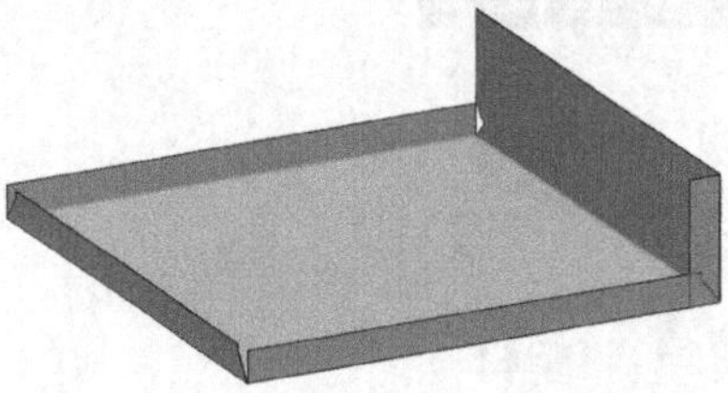

图 11-93　选择固定面 2

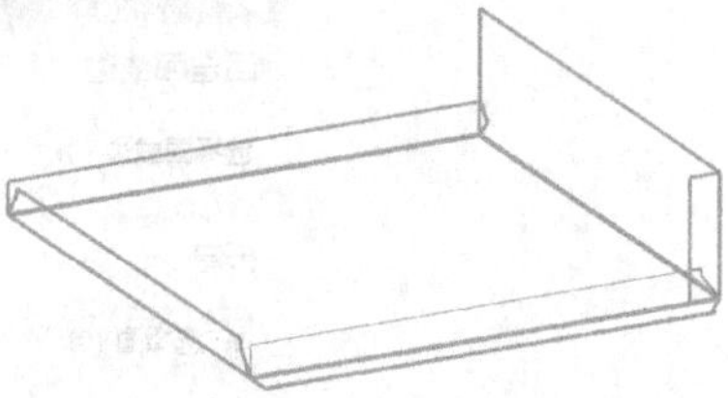

图 11-94　选择折弯面 2

4）在“伸直”对话框中单击“确定”按钮，创建伸直特征 2，如图 11-95 所示。

15. 创建法向开孔特征 2

1）选择“菜单(M)”→“插入(S)”→“切割(T)”→“法向开孔(N)…”选项，或者单击“主页”功能区“特征”面组中的“法向开孔”按钮，弹出如图 11-96 所示“法向开孔”对话框。

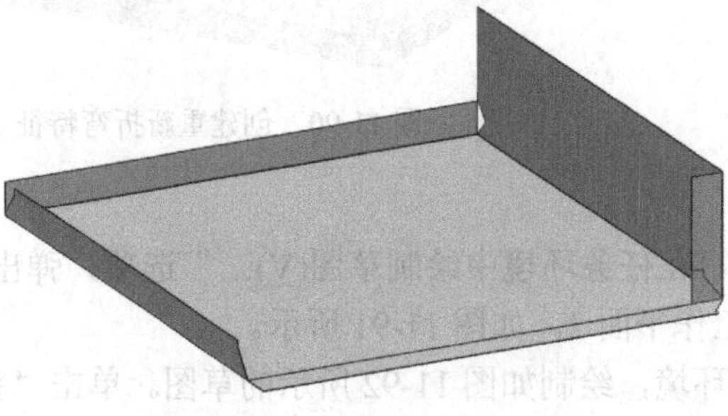

图 11-95　创建伸直特征 2

图 11-96　“法向开孔”对话框

2）在“法向开孔”对话框中单击“绘制截面”按钮，弹出“创建草图”对话框。

3）绘制如图 11-97 所示的裁剪轮廓 2，单击“完成”按钮，退出草图绘制环境。

4）在“法向开孔”对话框中单击“确定”按钮，创建法向开孔特征 2，如图 11-98 所示。

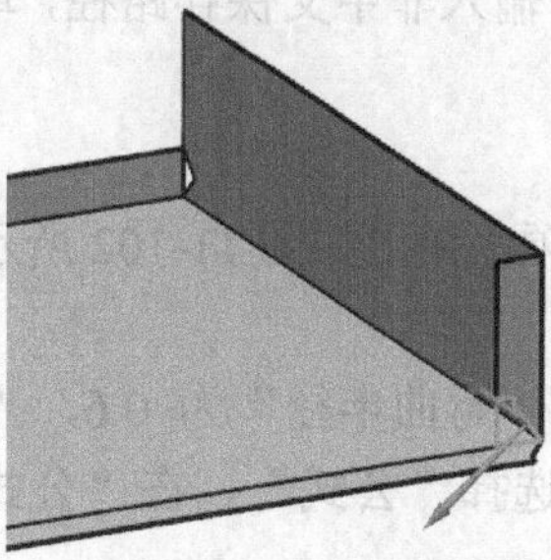

图 11-97　绘制裁剪轮廓 2

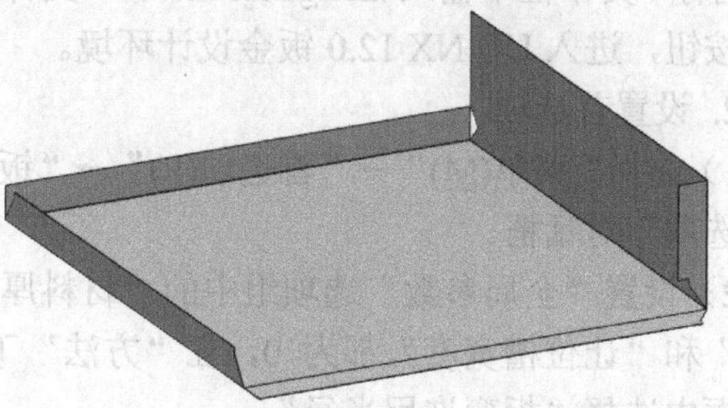

图 11-98　创建法向开孔特征 2

16. 创建重新折弯特征 2

1）选择“菜单(M)”→“插入(S)”→“成形(R)”→“重新折弯(R)...”选项，或者单击“主页”功能区“成形”面组中的“重新折弯”按钮，弹出“重新折弯”对话框。在绘图窗口中选择重新折弯面 2，如图 11-99 所示。

2）在“重新折弯”对话框中单击“确定”按钮，创建重新折弯特征 2，如图 11-100 所示。

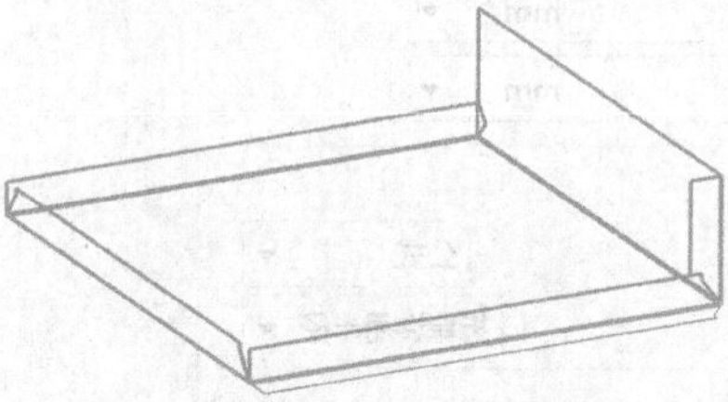

图 11-99　选择重新折弯面 2

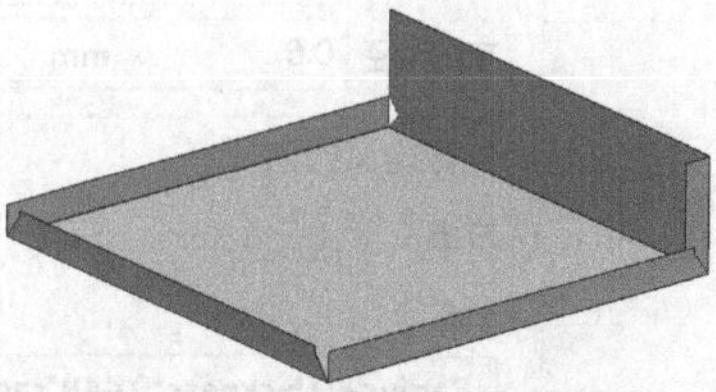

图 11-100　创建重新折弯特征 2

11.4　箱 体 底 板

首先利用“轮廓弯边”命令创建基本钣金件，然后利用“弯边”命令对其进行弯边，即可完成箱体底板的创建，如图 11-101 所示。

图 11-101　箱体底板

1. 新建文件

选择“菜单(M)”→“文件(F)”→“新建(N)...”选项，或者单击“主页”功能区“标准”面组中的“新建”按钮，弹出“新建”对话框。在“模板”列表框中选择“NX 钣金”，在“名称”文本框中输入 xiangtidiban，在“文件夹”文本框中输入非中文保存路径，单击“确定”按钮，进入 UG NX 12.0 钣金设计环境。

2. 设置首选项

1）选择“菜单(M)”→“首选项(P)”→“钣金(H)...”选项，弹出如图 11-102 所示的“钣金首选项”对话框。

2）设置“全局参数”选项组中的“材料厚度”为 0.6，“弯曲半径”为 0.6，“让位槽深度”和“让位槽宽度”都为 0，在“方法”下拉列表框中选择“公式”，在“公式”下拉列表框中选择“折弯许用半径”。

3）在对话框中单击“确定”按钮，完成 NX 钣金首选项预设置。

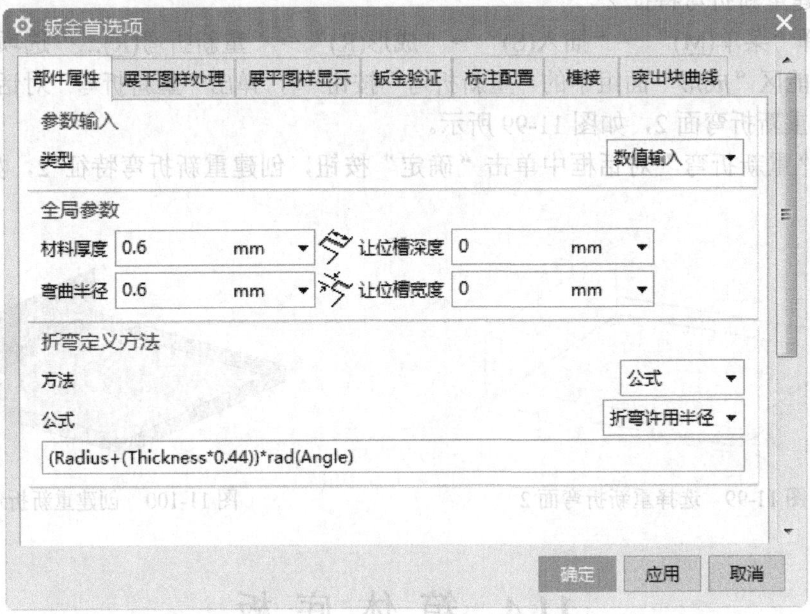

图 11-102 “钣金首选项”对话框

3. 创建轮廓弯边特征

1）选择“菜单(M)”→“插入(S)”→“折弯(N)”→“轮廓弯边(C)...”选项，或者单击“主页”功能区“折弯”面组中的“轮廓弯边”按钮，弹出如图 11-103 所示“轮廓弯边”对话框。

2）设置“宽度选项”为“有限”，“宽度”为 400，“折弯止裂口”和“拐角止裂口”都为“无”

3）在“轮廓弯边”对话框中设置“类型”为“底数”，单击“绘制草图”按钮，弹出如图 11-104 所示的“创建草图”对话框。

4）选择 XC-YC 平面为草图工作平面，设置“参考”为“水平”，单击“确定”按钮，进入草图绘制环境，绘制如图 11-105 所示的草图。单击“完成”按钮，草图绘制完毕。

5）在绘图窗口中预览所创建的轮廓弯边特征，如图 11-106 所示。

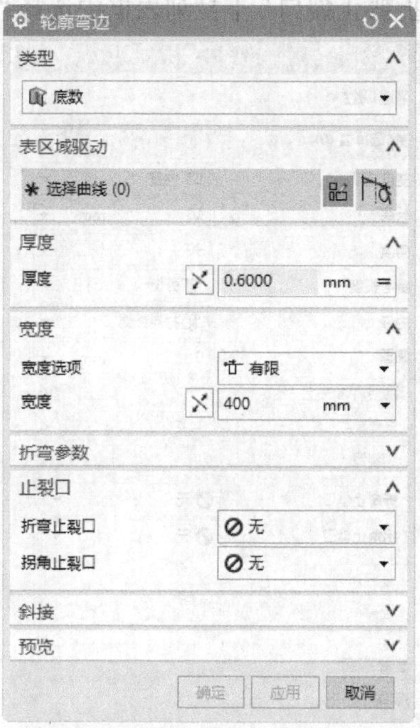

图 11-103 “轮廓弯边”对话框

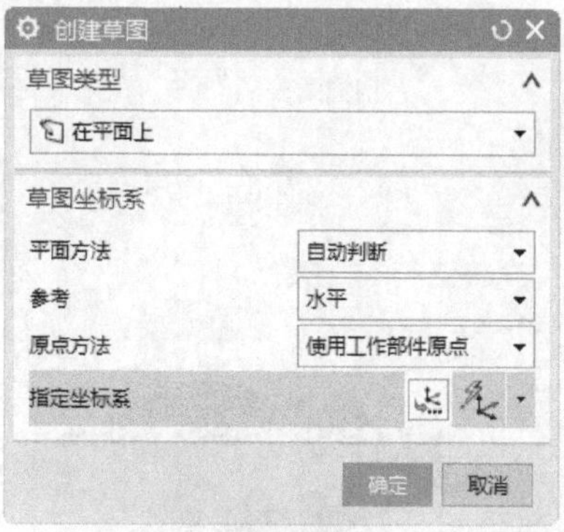

图 11-104 “创建草图”对话框

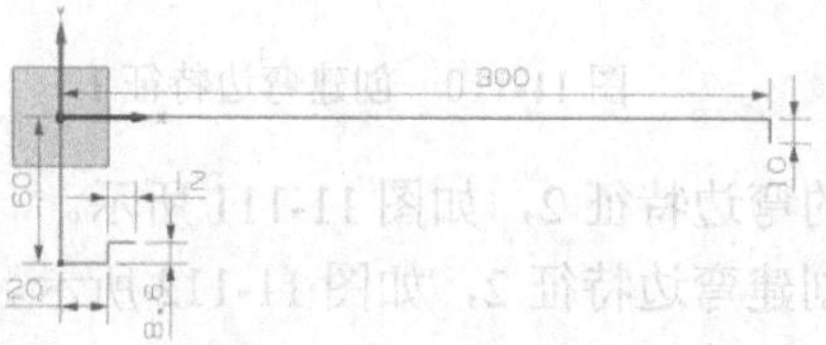

图 11-105 绘制草图

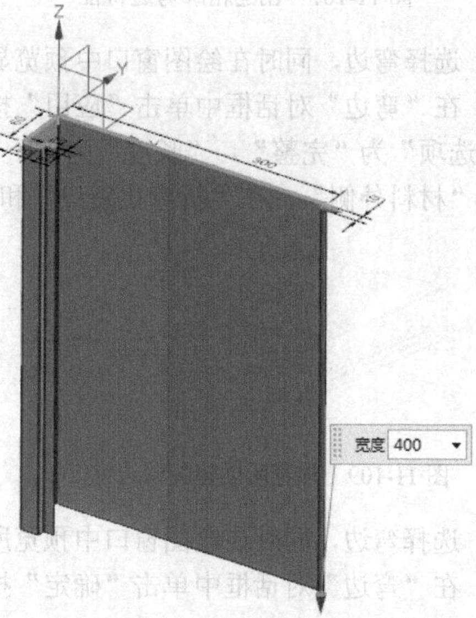

图 11-106 预览所创建的轮廓弯边特征

6）在“轮廓弯边”对话框中单击“确定”按钮，创建轮廓弯边特征，如图 11-107 所示。

4. 创建弯边特征

1）选择“菜单(M)”→“插入(S)”→“折弯(N)”→“弯边(F)…”选项，或单击“主页”功能区“折弯”面组中的“弯边”按钮，弹出如图 11-108 所示“弯边”对话框。

2）设置“宽度选项”为“完整”，“长度”为10，“角度”为90，“参考长度”为“外侧”，“内嵌”为“材料外侧”，在“拐角止裂口”和“折弯止裂口”下拉列表框中选择“无”。

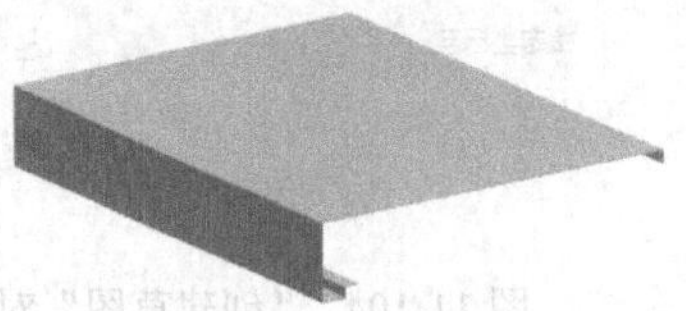

图 11-107　创建轮廓弯边特征

图 11-108　“弯边”对话框

3）选择弯边，同时在绘图窗口中预览显示所创建的弯边特征 1，如图 11-109 所示。

4）在“弯边”对话框中单击“应用”按钮，创建弯边特征 1，如图 11-110 所示。设置“宽度选项”为“完整”，“长度”为 10，“角度”为 90，“参考长度”为“外侧”，“内嵌”为“材料外侧”，在“折弯止裂口”和“拐角止裂口”下拉列表框中选择“无”。

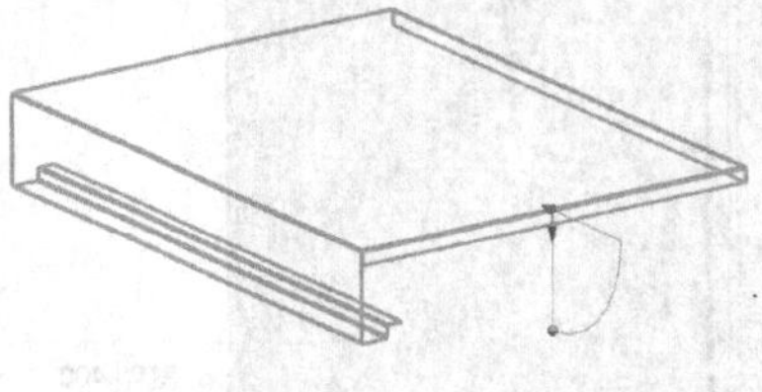

图 11-109　预览所创建的弯边特征 1

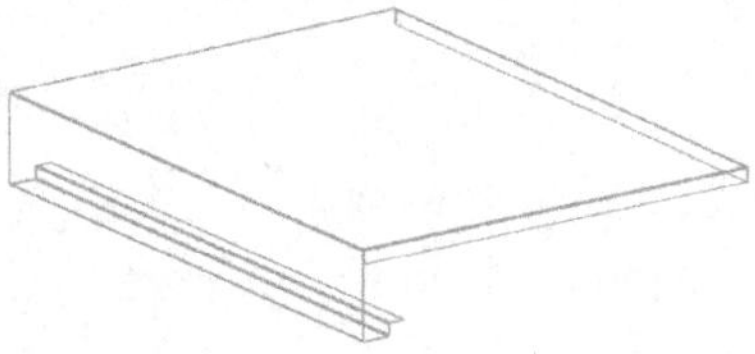

图 11-110　创建弯边特征 1

5）选择弯边，同时在绘图窗口中预览所创建的弯边特征 2，如图 11-111 所示。

6）在“弯边”对话框中单击“确定”按钮，创建弯边特征 2，如图 11-112 所示。

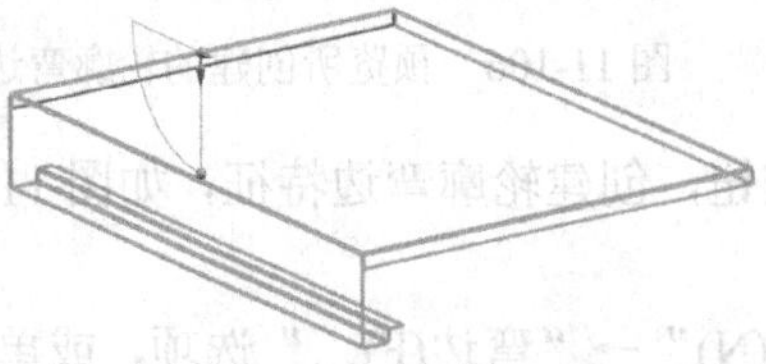

图 11-111　预览所创建的弯边特征 2

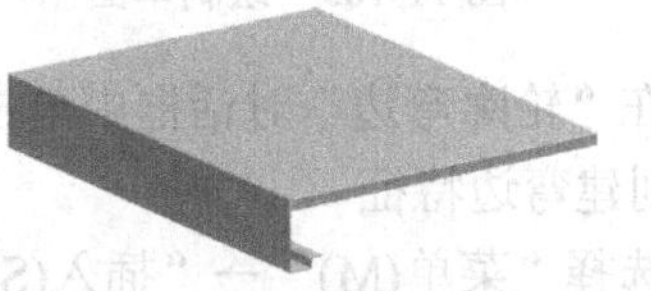

图 11-112　创建弯边特征 2

11.5 箱体吊板

利用“轮廓弯边”创建基本钣金件，然后利用“法向开孔”命令对钣金件进行修剪，最后利用“倒角”命令在钣金件的锐边上倒角，即可完成箱体吊板的创建，如图 11-113 所示。

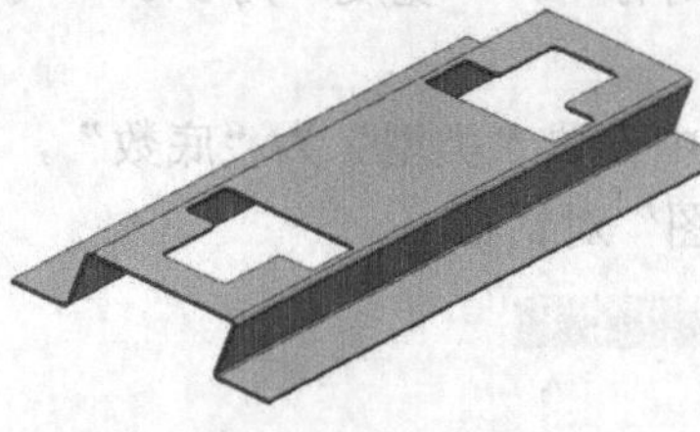

图 11-113　箱体吊板

1. 新建文件

选择“菜单(M)”→“文件(F)”→“新建(N)...”选项，或者单击“主页”功能区“标准”面组中的“新建”按钮，弹出“新建”对话框。在“模板”中选择“NX 钣金”，在“名称”文本框中输入 diaoban，在“文件夹”文本框中输入非中文保存路径，单击“确定”按钮，进入 UG NX 12.0 钣金设计环境。

2. 设置钣金首选项

1）选择“菜单(M)”→“首选项(P)”→“钣金(H)...”选项，弹出如图 11-114 所示的“钣金首选项”对话框。

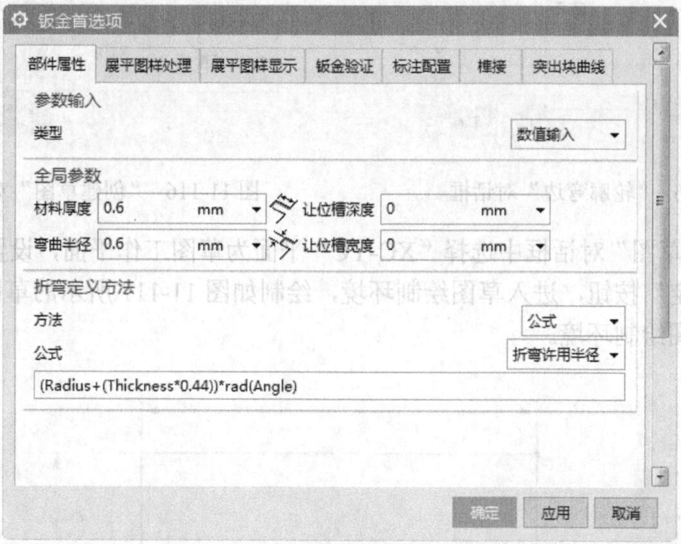

图 11-114　“钣金首选项”对话框

2）设置“全局参数”选项组中的“材料厚度”为 0.6，“弯曲半径”为 0.6，“让位槽深度”和“让位槽宽度”都为 0，在“方法”下拉列表框中选择“公式”，在“公式”下拉列表框中选择“折弯许用半径”。

3）单击“确定”按钮，完成 NX 钣金首选项设置。

3. 创建轮廓弯边特征

1）选择“菜单(M)”→“插入(S)”→“折弯(N)”→“轮廓弯边(C)...”选项，或者单击“主页”功能区“折弯”面组中的“轮廓弯边”按钮，弹出如图 11-115 所示“轮廓弯边”对话框。

2）设置“宽度选项”为“对称”，“宽度”为 340，“折弯止裂口”和“拐角止裂口”都为“无”。

3）在“轮廓弯边”对话框中设置“类型”为“底数”，单击“绘制草图”按钮，弹出如图 11-116 所示的“创建草图”对话框。

图 11-115 “轮廓弯边”对话框

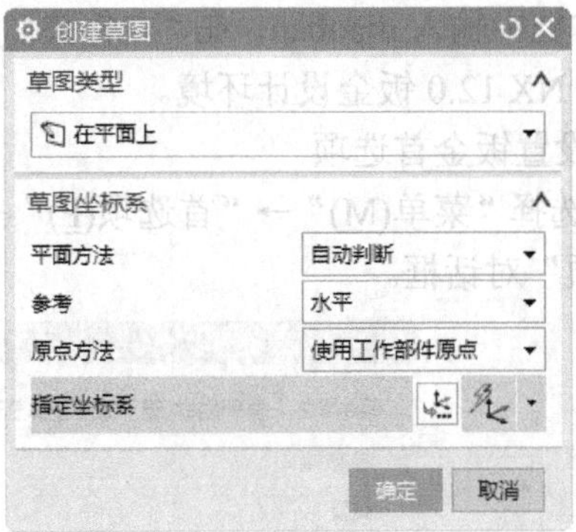

图 11-116 “创建草图”对话框

4）在“创建草图”对话框中选择“XC-YC”平面为草图工作平面，设置“参考”为“水平”，单击“确定”按钮，进入草图绘制环境，绘制如图 11-117 所示的草图。单击“完成”按钮，退出草图绘制环境。

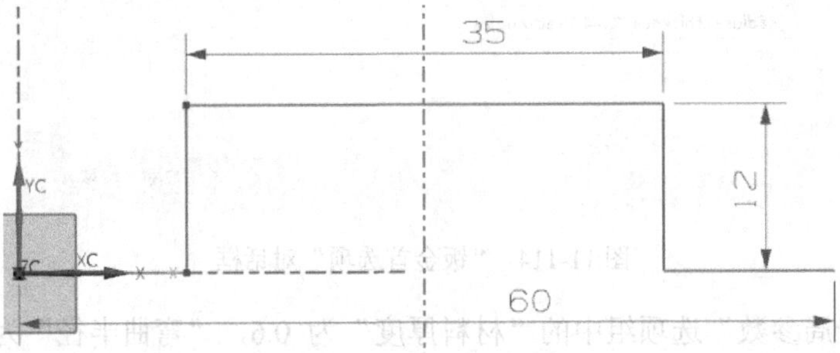

图 11-117 绘制草图

5）返回“轮廓弯边”对话框，在绘图窗口中预览所创建的轮廓弯边特征，如图 11-118 所示。

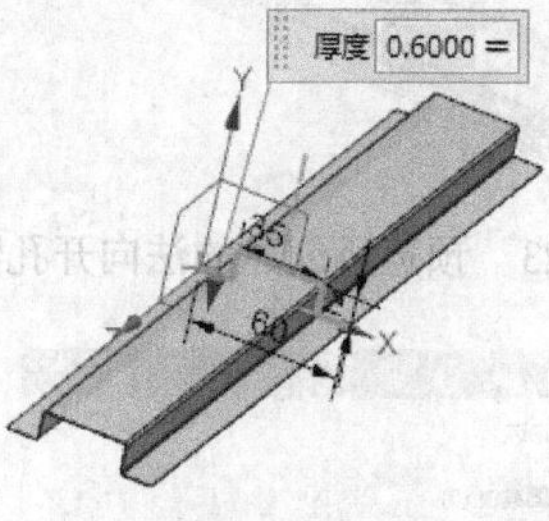

图 11-118　预览所创建的轮廓弯边特征

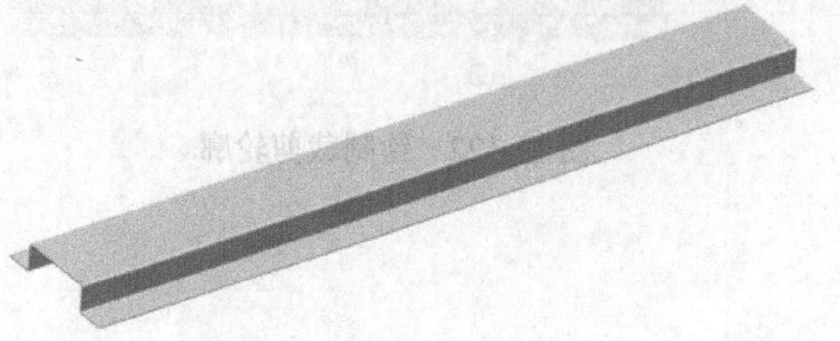

图 11-119　创建轮廓弯边特征

6）在“轮廓弯边”对话框中单击“确定”按钮，创建轮廓弯边特征，如图 11-119 所示。

4. 创建法向开孔特征

1）选择“菜单(M)”→“插入(S)”→“切割(T)”→“法向开孔(N)...”选项，或者单击“主页”功能区“特征”面组中的“法向开孔”按钮，弹出如图 11-120 所示“法向开孔”对话框。

2）在“法向开孔”对话框中单击“绘制截面”按钮，弹出“创建草图”对话框。在绘图窗口中选择草图工作平面，如图 11-121 所示。单击“确定”按钮。

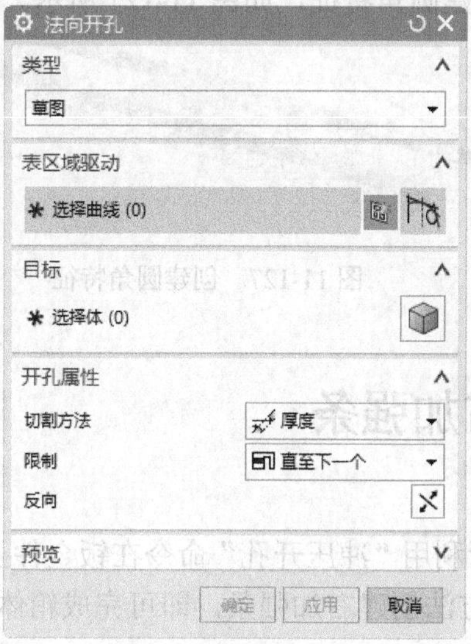

图 11-120　“法向开孔”对话框

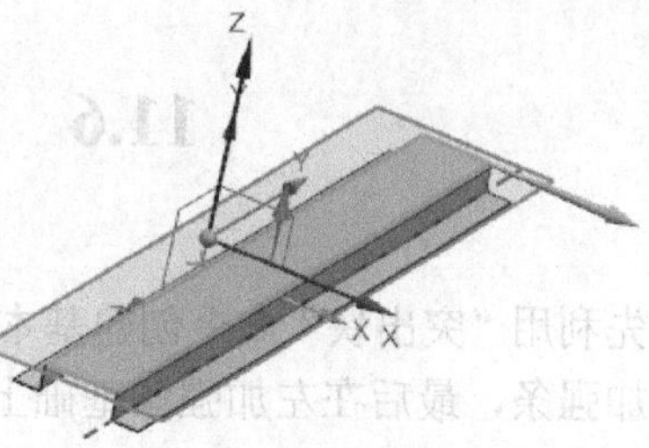

图 11-121　选择草图工作平面

3）进入草图设计环境，绘制如图 11-122 所示的裁剪轮廓。单击“完成”按钮，退出草图绘制环境。

4）在绘图窗口中预览所创建的法向开孔特征，如图 11-123 所示。

5）在“法向开孔”对话框中单击“确定”按钮，创建法向开孔特征，如图 11-124 所示。

5. 创建圆角特征

1）选择“菜单(M)”→“插入(S)”→“拐角(O)”→“倒角(B)...”选项，或者单击“主页”功能区“拐角”面组中的“倒角”按钮，弹出如图 11-125 所示“倒角”对话框。

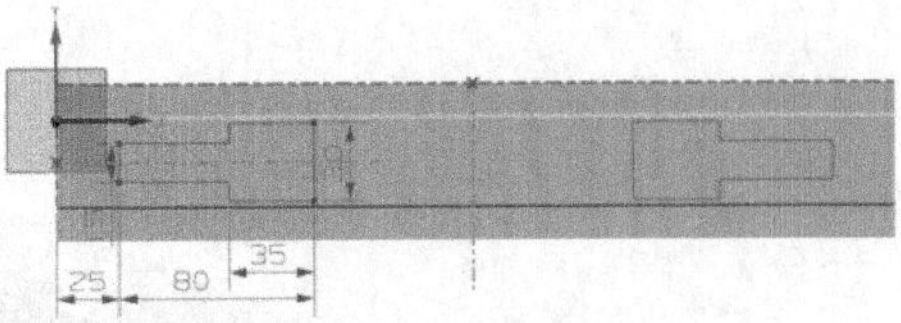

图 11-122　绘制裁剪轮廓

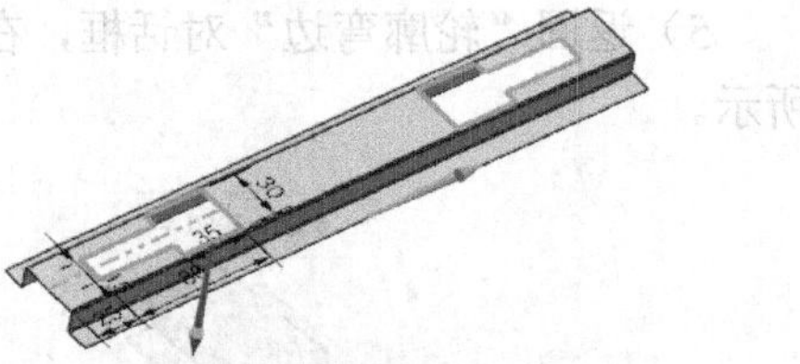

图 11-123　预览所创建的法向开孔特征

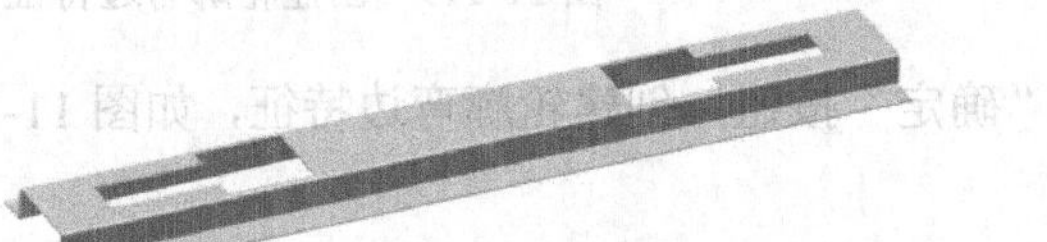

图 11-124　创建法向开孔特征

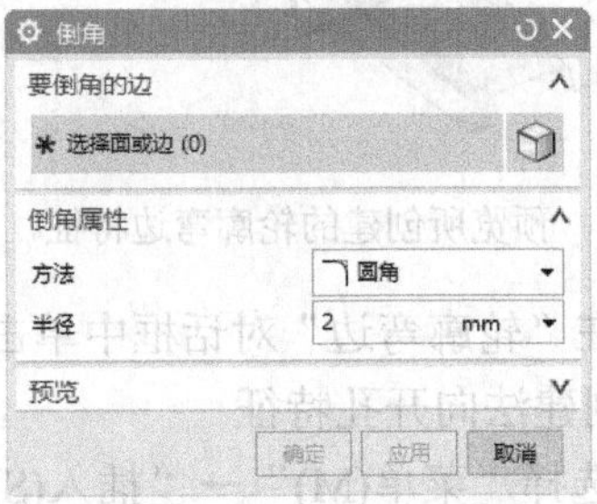

图 11-125　“倒角”对话框

2）在“方法”下拉列表框中选择“圆角”，设置“半径”为 2。

3）在绘图窗口中选择边，如图 11-126 所示。

4）在“倒角”对话框中单击“确定”按钮，创建圆角特征，如图 11-127 所示。

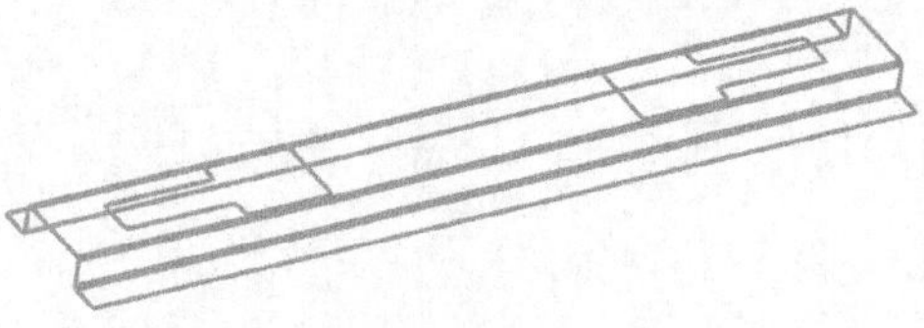

图 11-126　选择边

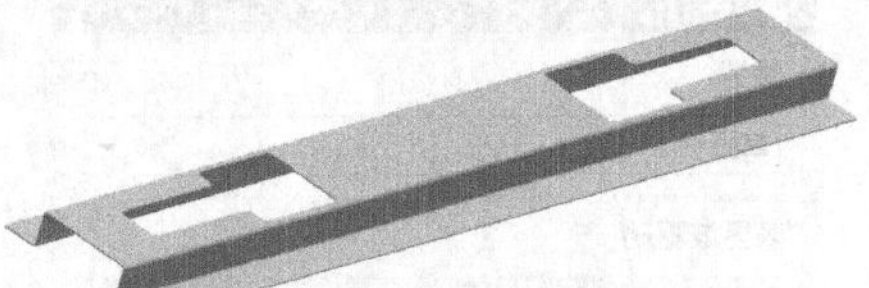

图 11-127　创建圆角特征

11.6　箱体左右加强条

首先利用“突出块”命令创建基本钣金件，然后利用“冲压开孔”命令在钣金件上开孔，创建左加强条，最后在左加强条基础上利用同样的方法创建右加强条，即可完成箱体左右加强条的创建，如图 11-128 所示。

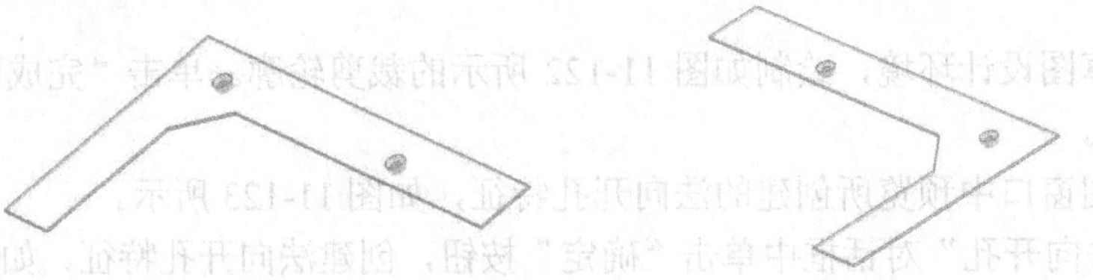

左加强条　　右加强条

图 11-128　箱体左右加强条

1. 新建文件

选择“菜单(M)”→“文件(F)”→“新建(N)...”选项，或者单击“主页”功能区“标准”面组中的“新建”按钮，弹出“新建”对话框。在“模板”中选择“NX 钣金”，在“名称”文本框中输入 zuojiaqiangtiao，在“文件夹”文本框中输入非中文保存路径，单击“确定”按钮，进入 UG NX 12.0 钣金设计环境。

2. 设置钣金首选项

1）选择“菜单(M)”→“首选项(P)”→“钣金(H)...”选项，弹出如图 11-129 所示的“钣金首选项”对话框。

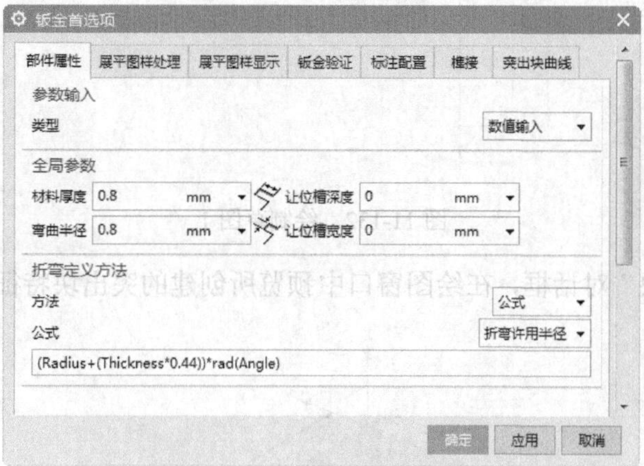

图 11-129　“钣金首选项”对话框

2）设置“全局参数”选项组中的“材料厚度”为 0.8，“弯曲半径”为 0.8，“让位槽深度”和“让位槽宽度”都为 0，在“方法”下拉列表框中选择“公式”，在“公式”下拉列表框中选择“折弯许用半径”。

3）单击“确定”按钮，完成 NX 钣金首选项设置。

3. 创建突出块特征

1）选择“菜单(M)”→“插入(S)”→“突出块(B)...”选项，或者单击“主页”功能区“基本”面组中的“突出块”按钮，弹出如图 11-130 所示的“突出块”对话框。

图 11-130　“突出块”对话框

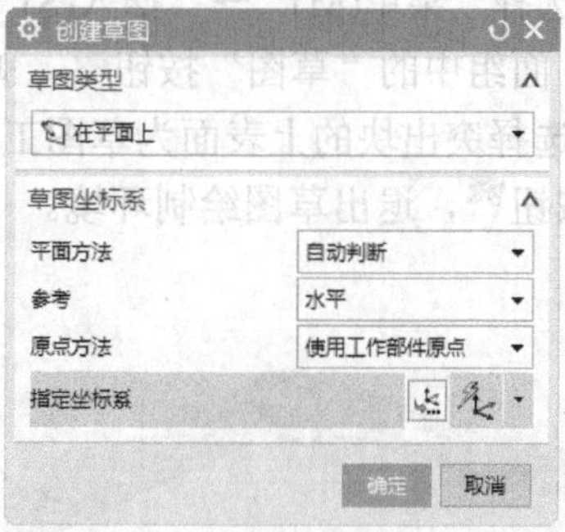

图 11-131　“创建草图”对话框

2）在“突出块”对话框中的“类型”下拉列表框中选择“底数”，单击“绘制截面”

按钮，弹出如图 11-131 所示的“创建草图”对话框。

3）在“创建草图”对话框中选择“XC-YC 平面”为草图工作平面，设置“参考”为“水平”，单击“确定”按钮，进入草图绘制环境，绘制如图 11-132 所示的草图 1。单击“完成”按钮，退出草图绘制环境。

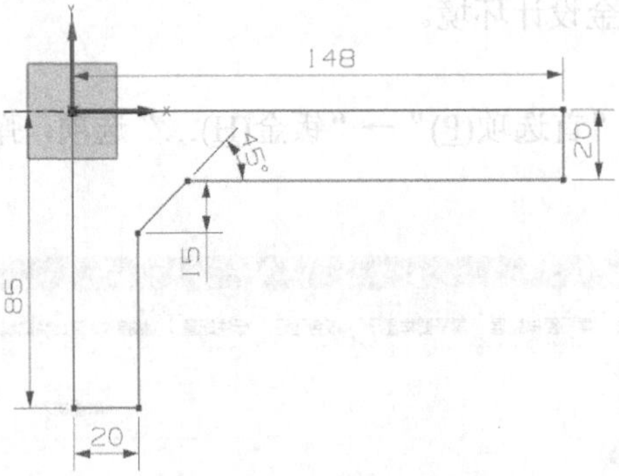

图 11-132　绘制草图 1

4）返回“突出块”对话框，在绘图窗口中预览所创建的突出块特征，如图 11-133 所示。

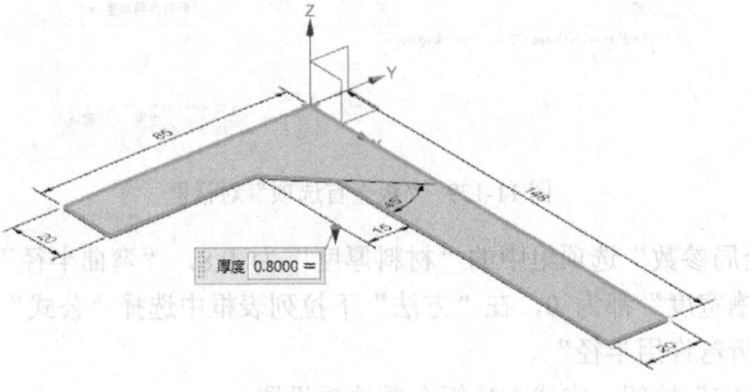

图 11-133　预览所创建的突出块特征

5）在“突出块”对话框中单击“确定”按钮，创建突出块特征，如图 11-134 所示。

4. 绘制草图 1

1）选择“菜单(M)”→“插入(S)”→“草图(H)...”选项，或者单击“主页”功能区“直接草图”面组中的“草图”按钮，弹出“创建草图”对话框。

2）选择突出块的上表面为草图工作平面，绘制如图 11-135 所示的草图 2。单击“完成草图”按钮，退出草图绘制环境。

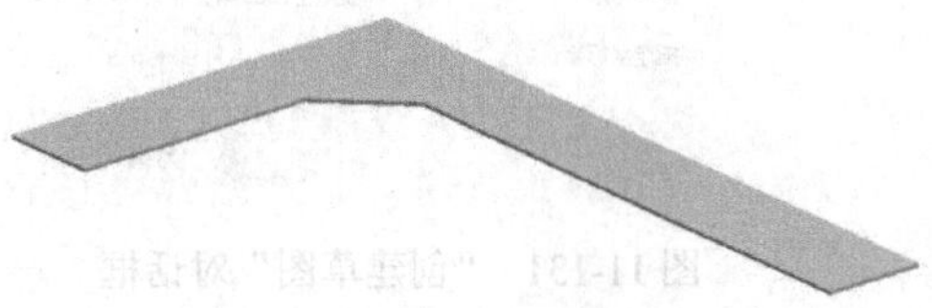

图 11-134　创建突出块特征

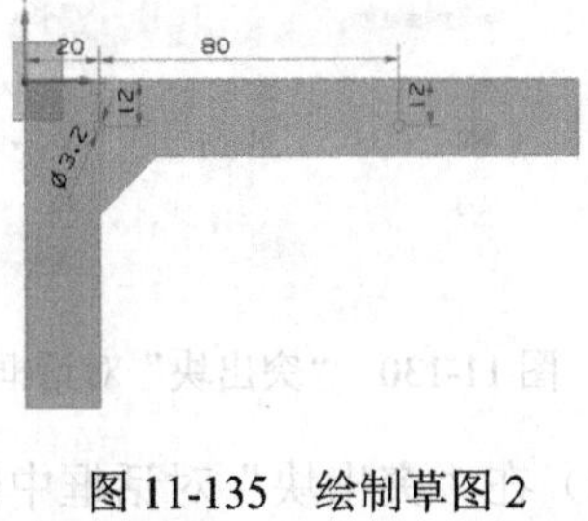

图 11-135　绘制草图 2

5. 创建冲压开孔特征 1～2

1）选择“菜单(M)”→“插入(S)”→“冲孔(H)”→“冲压开孔(C)...”选项，或者单击“主页”功能区“冲孔”面组中的“冲压开孔”按钮，弹出如图 11-136 所示的“冲压开孔”对话框。

2）在“深度”文本框中输入 2.5，“冲模半径”文本框中输入 0.6，“侧壁”文本框中输入 0，其他默认。

3）在绘图窗口中选择曲线 1，如图 11-137 所示。

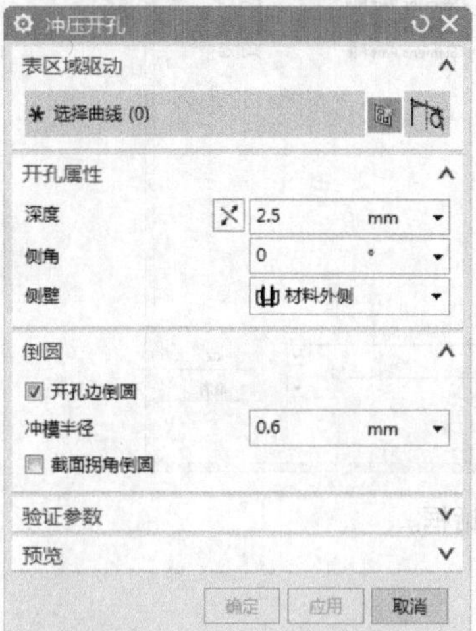

图 11-136 “冲压开孔”对话框

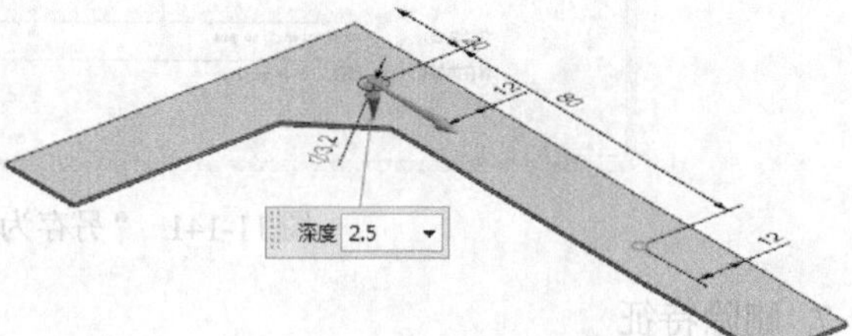

图 11-137 选择曲线 1

4）在“冲压开孔”对话框中单击“应用”按钮，创建冲压开孔特征 1，如图 11-138 所示。

5）在绘图窗口中选择曲线 2，如图 11-139 所示。

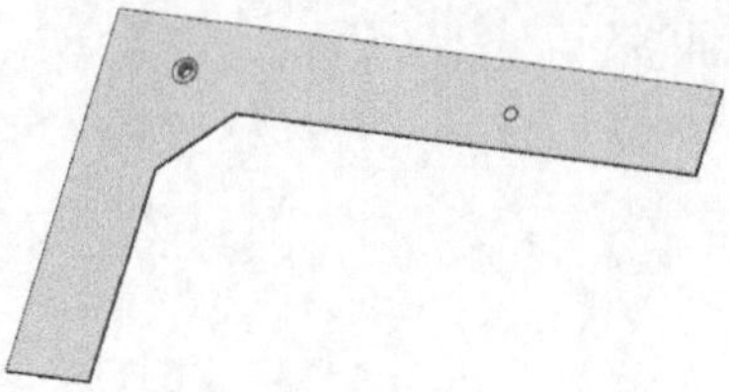

图 11-138 创建冲压开孔特征 1

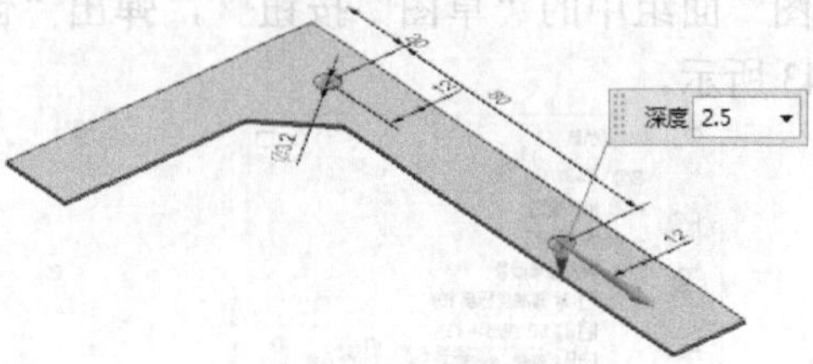

图 11-139 选择曲线 2

6）在“冲压开孔”对话框中单击“确定”按钮，创建冲压开孔特征 2，如图 11-140 所示。

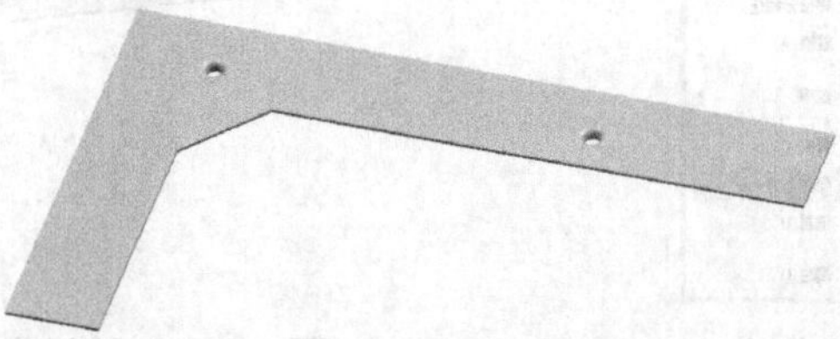

图 11-140 创建冲压开孔特征 2

UG NX 12.0

6. 另存钣金文件

选择“菜单(M)”→“文件(F)”→“另存为(A)…”选项，弹出“另存为”对话框，如图11-141所示。在“文件名”中输入 youjiaqiangtiao.prt，单击 OK 按钮，另存钣金文件。

图 11-141 “另存为”对话框

7. 删除特征

单击绘图窗口中左侧的图标，打开“部件导航器”，然后在“部件导航器”中选中步骤4创建的草图和步骤5创建的特征，在其上单击鼠标右键，在弹出的快捷菜单上选择“删除”按钮，如图11-142所示。删除选中的特征和草图。

8. 绘制草图2

1）选择“菜单(M)”→“插入(S)”→“草图(H)…”选项，或者单击“主页”功能区“直接草图”面组中的“草图”按钮，弹出“创建草图”对话框。选择草图工作平面，如图11-143所示。

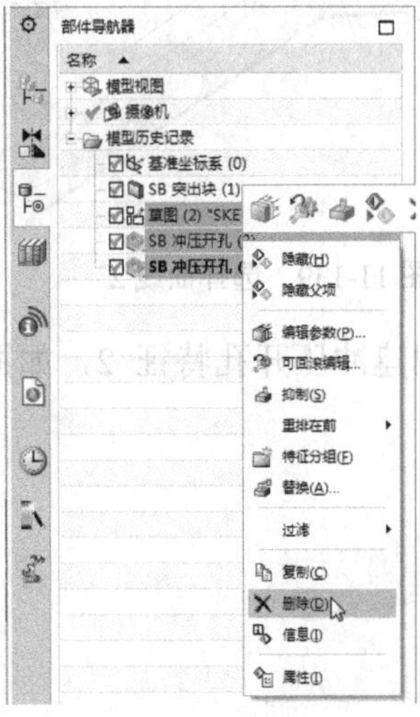

图 11-142 快捷菜单

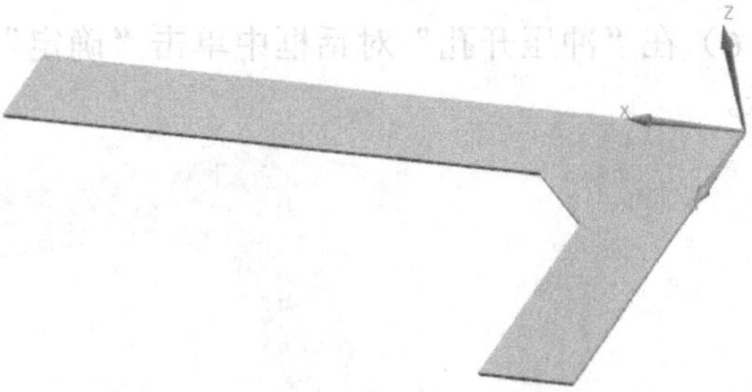

图 11-143 选择草图工作平面

2）进入草图绘制环境，绘制如图 11-144 所示的草图 3。单击“完成草图”按钮，退出草图绘制环境。

9. 创建冲压开孔特征

1）选择“菜单(M)”→“插入(S)”→“冲孔(H)”→“冲压开孔(C)…”选项，或者单击“主页”功能区“冲孔”面组中的“冲压开孔”按钮，弹出如图 11-145 所示“冲压开孔”对话框。

2）在绘图窗口中选择曲线 3，如图 11-146 所示。

3）在“冲压开孔”对话框中的“深度”文本框中输入 2.5，“冲模半径”文本框中输入 0.6，“侧壁”文本框中输入 0，其他默认。单击“应用”按钮，创建冲压开孔特征 3，如图 11-147 所示。

4）在绘图窗口中选择曲线 4，如图 11-148 所示。

5）在“冲压开孔”对话框中单击“确定”按钮，创建冲压开孔特征 4，如图 11-149 所示。

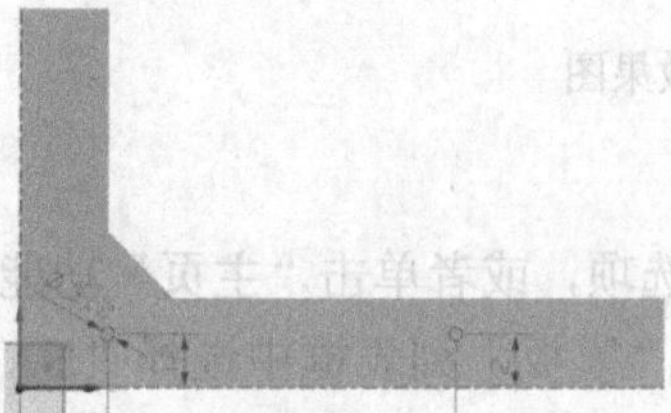

图 11-144　绘制草图 3

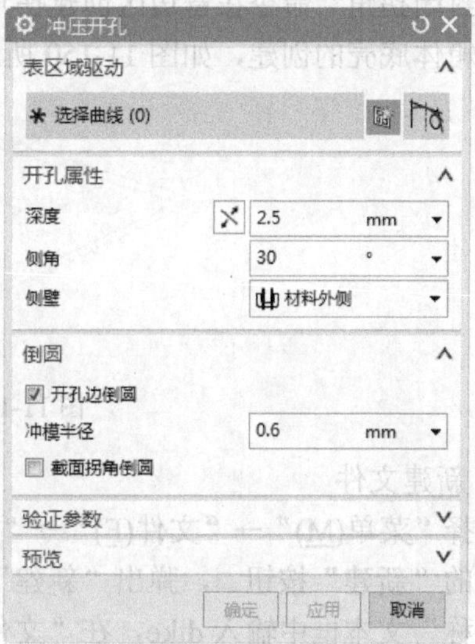

图 11-145 “冲压开孔”对话框

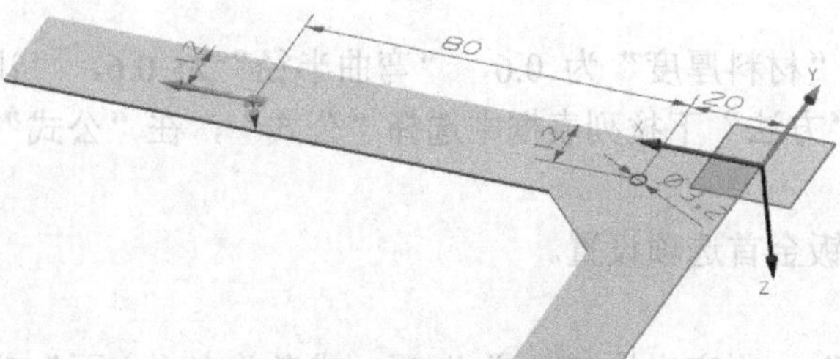

图 11-146　选择曲线 3

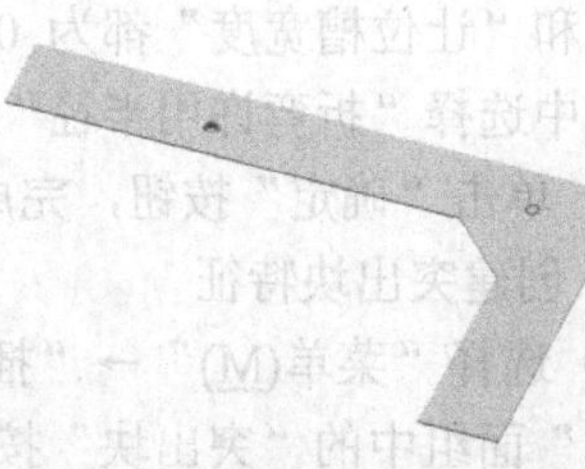

图 11-147　创建冲压开孔特征 3

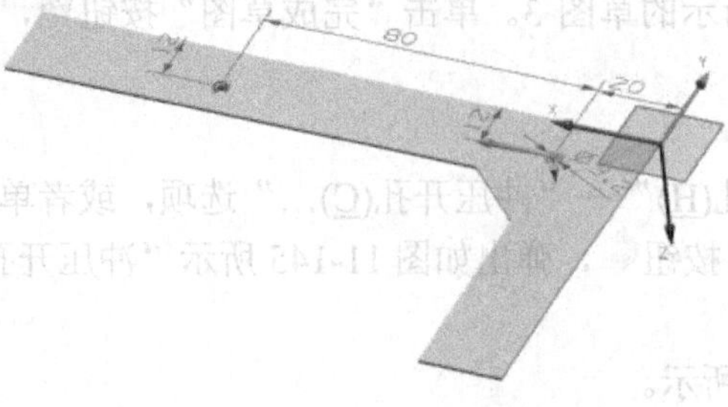

图 11-148　选择曲线 4

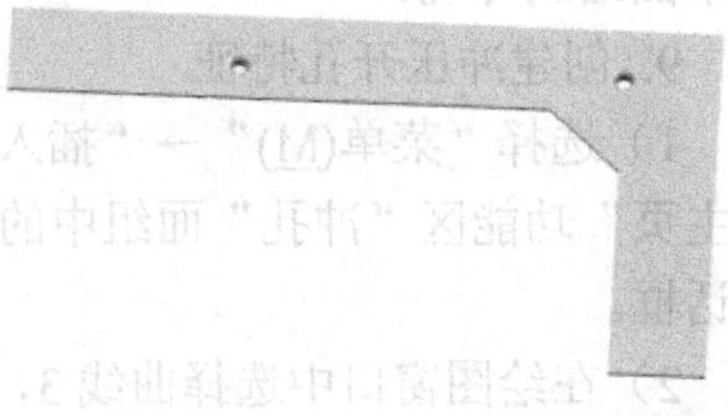

图 11-149　创建冲压开孔特征 4

11.7　箱 体 底 壳

首先利用“突出块”命令创建基本钣金件，然后利用“弯边”命令在钣金件上创建弯边，利用“封闭拐角”命令在弯边区创建拐角，最后利用“实体冲压”命令在钣金件上成形，即可完成箱体底壳的创建，如图 11-150 所示。

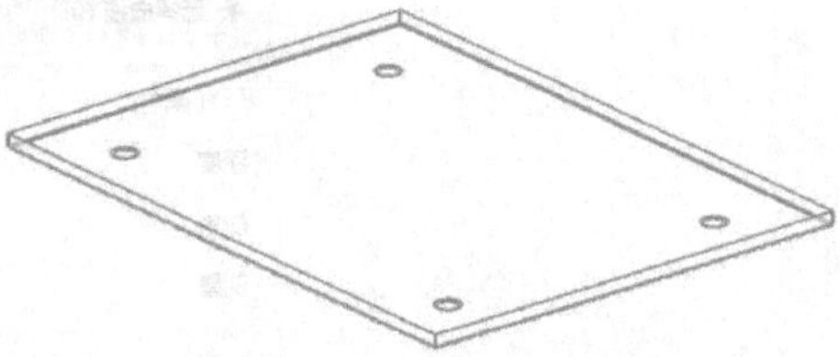

图 11-150　箱体底壳效果图

1. 新建文件

选择“菜单(M)”→“文件(F)”→“新建(N)...”选项，或者单击“主页”功能区“标准”面组中的“新建”按钮，弹出“新建”对话框。在“模板”列表框中选择“NX 钣金”，在“名称”文本框中输入 dike，在“文件夹”文本框中输入非中文保存路径，单击“确定”按钮，进入 UG NX 12.0 钣金设计环境。

2. 设置首选项

1）选择“菜单(M)”→“首选项(P)”→“钣金(H)...”选项，弹出如图 11-151 所示的“钣金首选项”对话框。

2）设置“全局参数”选项组中的“材料厚度”为 0.6，“弯曲半径”为 0.6，“让位槽深度”和“让位槽宽度”都为 0，在“方法”下拉列表框中选择“公式”，在“公式”下拉列表框中选择“折弯许用半径”。

3）单击“确定”按钮，完成 NX 钣金首选项设置。

3. 创建突出块特征

1）选择“菜单(M)”→“插入(S)”→“突出块(B)...”选项，或者单击“主页”功能区“基本”面组中的“突出块”按钮，弹出如图 11-152 所示的“突出块”对话框。

2）在“类型”下拉列表框中选择“底数”，单击“绘制截面”按钮，弹出如图 11-153

所示的“创建草图”对话框。选择“XC-YC 平面”为参考平面，单击“确定”按钮，进入草图绘制环境，绘制图 11-154 所示的草图 1。单击“完成”按钮，草图绘制完毕。

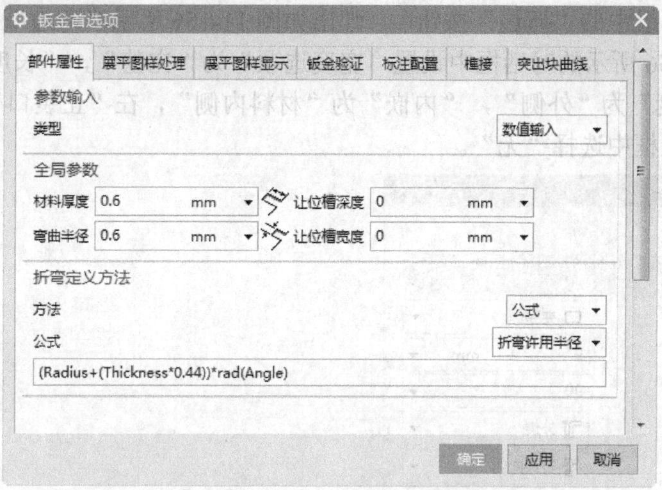

图 11-151 “钣金首选项”对话框

图 11-152 “突出块”对话框

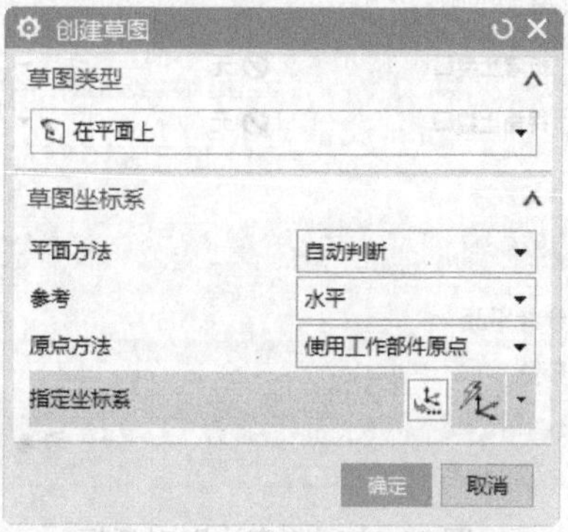

图 11-153 “创建草图”对话框

3）在“厚度”文本框中输入 0.6。单击“确定”按钮，创建突出块特征，如图 11-155 所示。

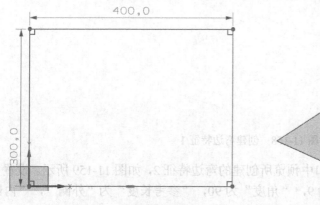

图 11-154 绘制草图 1

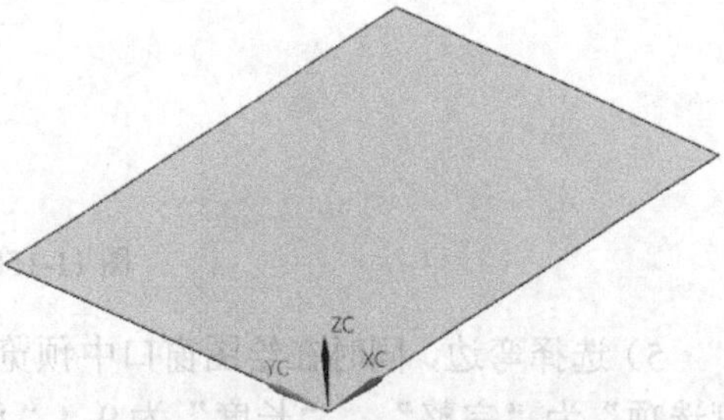

图 11-155 创建突出块特征

4. 创建弯边特征

1）选择“菜单(M)”→“插入(S)”→“折弯(N)”→“弯边(F)…”选项，或单击“主页”功能区“折弯”面组中的“弯边”按钮，弹出如图 11-156 所示“弯边”对话框。

2）在图 11-156 所示的对话框中设置“宽度选项”为“完整”，“长度”为 9，“角度”为 90，“参考长度”为“外侧”，“内嵌”为“材料内侧”，在“止裂口”选项组的“折弯止裂口”下拉列表框中选择“无”。

图 11-156 “弯边”对话框

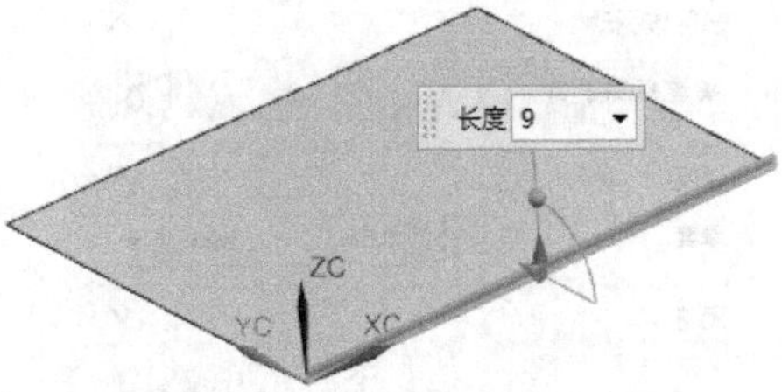

图 11-157 预览所创建的弯边特征 1

3）选择弯边，同时在绘图窗口中预览所创建的弯边特征 1，如图 11-157 所示。

4）在“弯边”对话框中单击“应用”按钮，创建弯边特征 1，如图 11-158 所示。

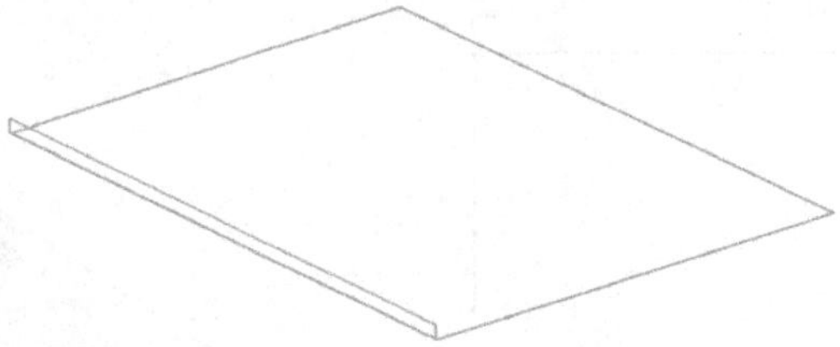

图 11-158 创建弯边特征 1

5）选择弯边，同时在绘图窗口中预览所创建的弯边特征 2，如图 11-159 所示。设置“宽度选项”为“完整”，“长度”为 9，“角度”为 90，“参考长度”为“外侧”，“内嵌”为“材料内侧”，在“折弯止裂口”和“拐角止裂口”下拉列表框中选择“无”。

6）在如图 11-156 所示的对话框中单击“应用”按钮，创建弯边特征 2，如图 11-160 所示。

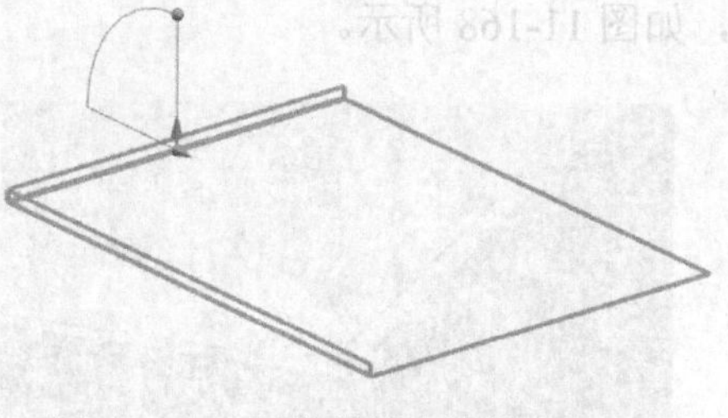

图 11-159　预览所创建的弯边特征 2

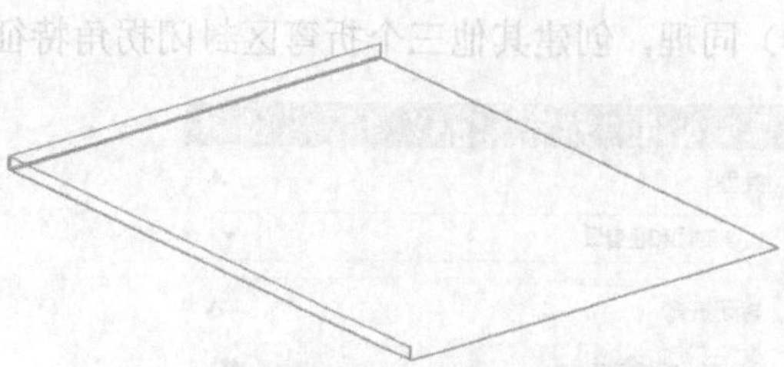

图 11-160　创建弯边特征 2

7）选择弯边，同时在绘图窗口中预览所创建的弯边特征 3，如图 11-161 所示。设置“宽度选项”为“完整”，“长度”为 9，“角度”为 90，“参考长度”为“外侧”，“内嵌”为“材料内侧”，在“折弯止裂口”和“拐角止裂口”下拉列表框中选择“无”。

8）在“弯边”对话框中单击“应用”按钮，创建弯边特征 3，如图 11-162 所示。

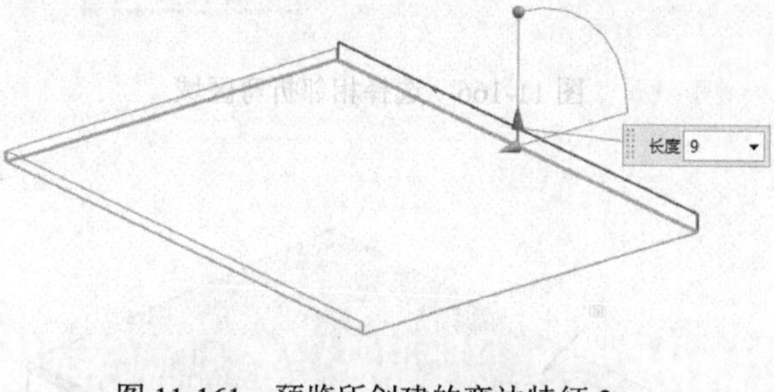

图 11-161　预览所创建的弯边特征 3

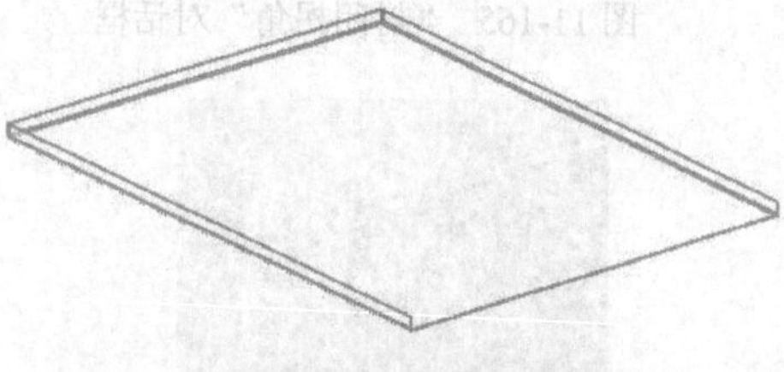

图 11-162　创建弯边特征 3

9）选择弯边，同时在绘图窗口中预览所创建的弯边特征 4，如图 11-163 所示。设置“宽度选项”为“完整”，“长度”为 9，“角度”为 90，“参考长度”为“外侧”，“内嵌”为“材料内侧”，在“折弯止裂口”和“拐角止裂口”下拉列表框中选择“无”。

10）在“弯边”对话框中单击“确定”按钮，创建弯边特征 4，如图 11-164 所示。

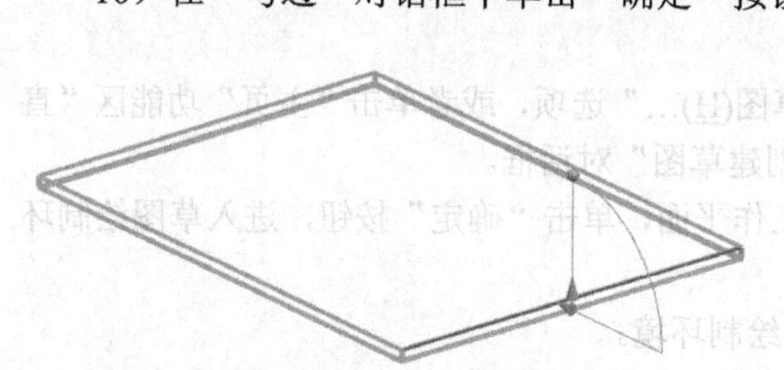

图 11-163　预览所创建的弯边特征 4

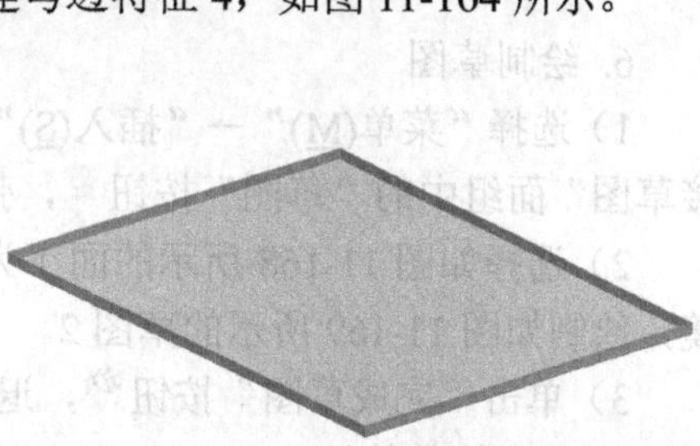

图 11-164　创建弯边特征 4

5. 创建封闭拐角特征

1）选择“菜单(M)”→“插入(S)”→“拐角(O)”→“封闭拐角(C)...”选项，或者单击“主页”功能区“拐角”面组中的“封闭拐角”按钮，弹出如图 11-165 所示的“封闭拐角”对话框。

2）设置“处理”为“弹出”，“重叠”为“封闭”，“缝隙”为 0。

3）在绘图窗口中选择如图 11-166 所示的相邻折弯区域。单击“应用”按钮，创建封闭拐角特征 1，如图 11-167 所示。

4）同理，创建其他三个折弯区封闭拐角特征，如图 11-168 所示。

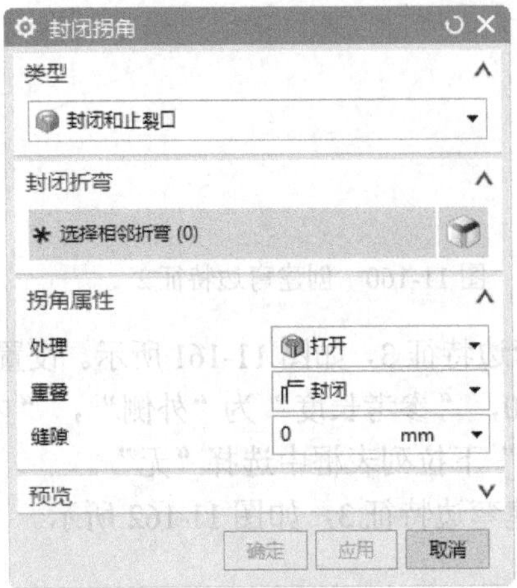

图 11-165 “封闭拐角”对话框

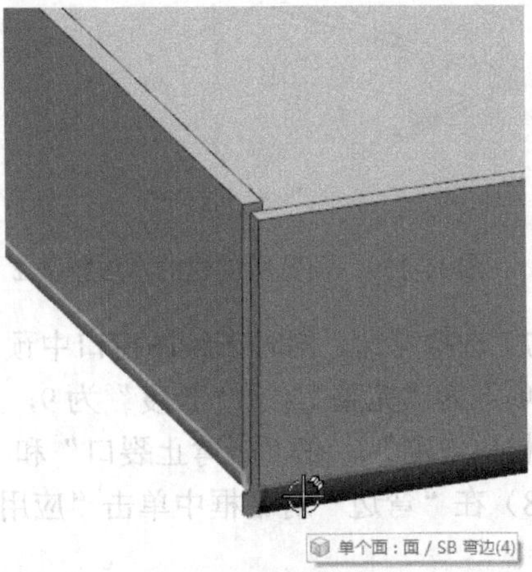

图 11-166 选择相邻折弯区域

图 11-167 创建封闭拐角特征

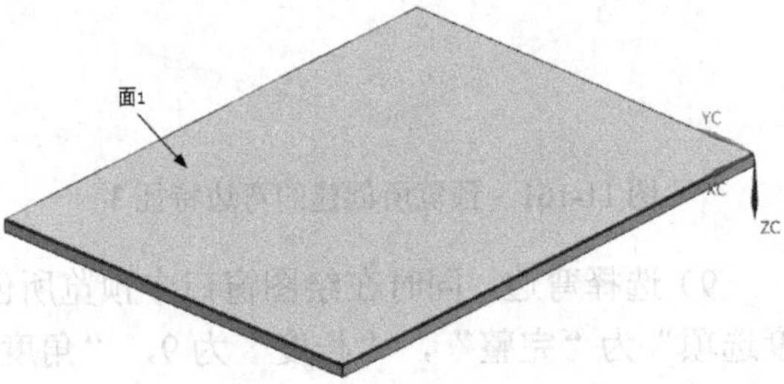

图 11-168 创建其他封闭拐角特征

6. 绘制草图

1）选择“菜单(M)”→“插入(S)”→“草图(H)...”选项，或者单击“主页”功能区“直接草图”面组中的“草图”按钮，弹出“创建草图”对话框。

2）选择如图 11-168 所示的面 1 为草图工作平面，单击“确定”按钮，进入草图绘制环境，绘制如图 11-169 所示的草图 2。

3）单击“完成草图”按钮，退出草图绘制环境。

7. 创建拉伸特征

1）隐藏钣金件，单击“应用模块”功能区“设计”面组中的“建模”按钮，进入建模环境。

2）选择“菜单(M)”→“插入(S)”→“设计特征(E)”→“拉伸(X)...”选项，或者单击“主页”功能区“特征”面组中的“拉伸”按钮，弹出如图 11-170 所示的“拉伸”对话框。

3）在绘图窗口中选择图 11-169 所示的草图曲线，在“指定矢量”下拉列表框中选择“ZC 轴”为拉伸方向。

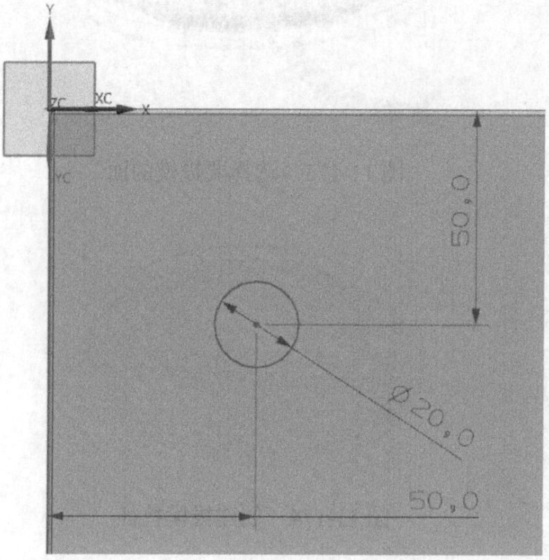

图 11-169　绘制草图 2

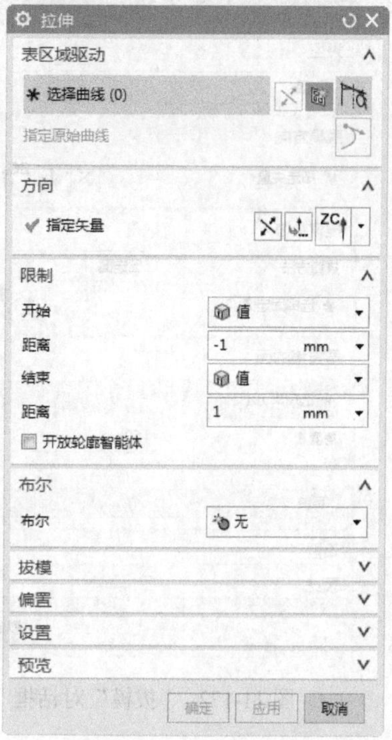

图 11-170　“拉伸”对话框

4）在对话框中的“开始”的“距离”文本框中输入-1，“结束”的“距离”文本框中输入 1。

5）单击“确定”按钮，创建拉伸特征，如图 11-171 所示。

图 11-171　创建拉伸特征

8. 创建拔模特征

1）选择“菜单(M)”→“插入(S)”→“细节特征(L)”→“拔模(T)...”选项，或者单击“主页”功能区“特征”面组中的“拔模”按钮，弹出如图 11-172 所示的“拔模”对话框。

2）选择拉伸体的上表面为固定面，选择拉伸体的四个侧面为要拔模的面，如图 11-173 所示。

3）在“指定矢量”下拉列表中选择“ZC 轴”，设置“角度”为 60。

4）单击“确定”按钮，创建拔模特征，如图 11-174 所示。

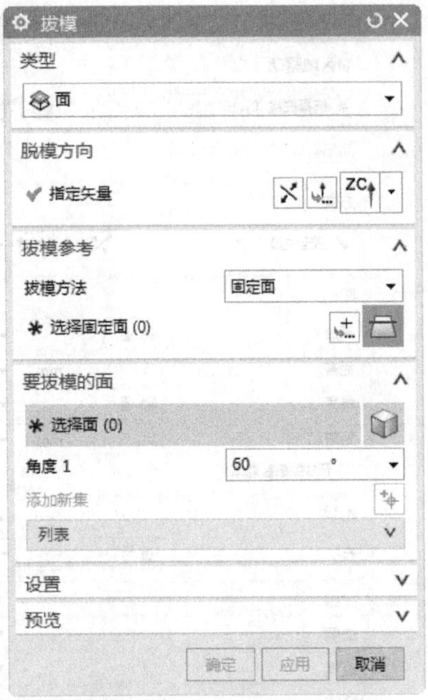

图 11-172 “拔模”对话框

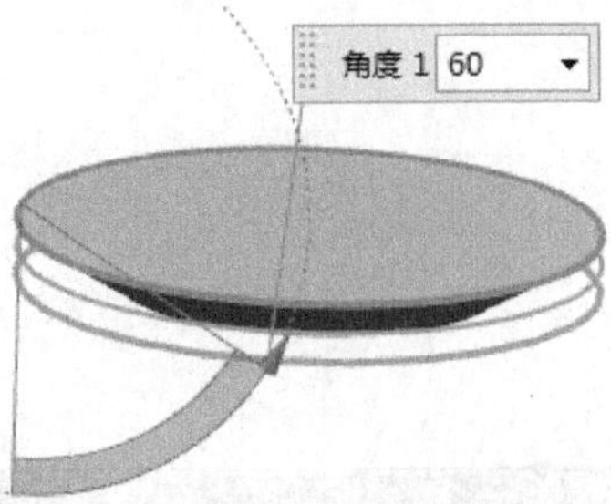

图 11-173 选择要拔模的面

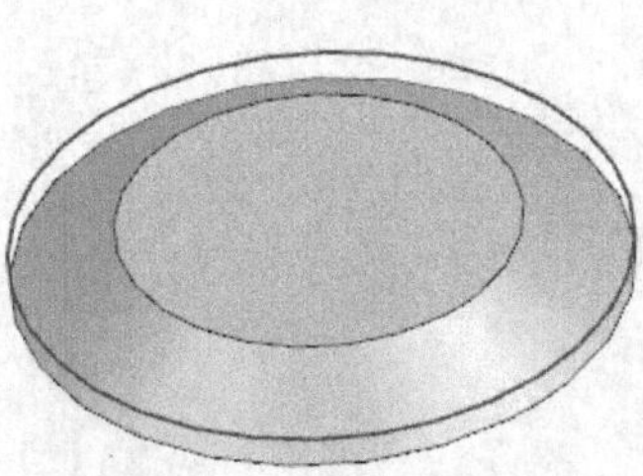

图 11-174 创建拔模特征

9. 创建实体冲压特征

1）显示钣金件，单击“应用模块”功能区“设计”面组中的“钣金”按钮，进入 UG NX 12.0 钣金设计环境。

2）选择“菜单(M)”→“插入(S)”→“冲孔(H)”→“实体冲压(S)...”选项，或者单击“主页”功能区“冲孔”面组中的“实体冲压”按钮，弹出如图 11-175 所示的“实体冲压”对话框。

3）选择“类型”为“冲压”。选择钣金件的上表面为目标面，选择拉伸体为工具体，选择拉伸体底面为冲裁面。

4）单击“确定”按钮，创建实体冲压特征，如图 11-176 所示。

图 11-175 “实体冲压”对话框

10. 阵列特征

1）选择“菜单(M)”→“插入(S)”→“关联复制(A)”→“阵列特征(A)...”选项，或者单击“主页”功能区“特征”面组中的“阵列特征”按钮，弹出如图 11-177 所示的“阵列特征”对话框。

2）在绘图窗口中或导航器中选择上步绘制的实体冲压特征为要形成阵列的特征。

3）选择“线性”布局，指定 XC 轴为方向 1，设置“数量”为 2，“节距”为 300；勾选“使用方向 2”复选框，指定 YC 轴为“方向 2”，设置“数量”为 2，“节距”为

200。单击“确定”按钮，阵列实体冲压特征，如图 11-178 所示。

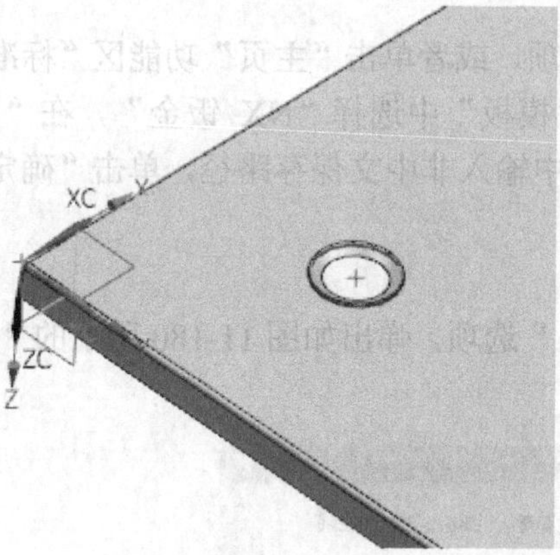

图 11-176　创建实体冲压特征

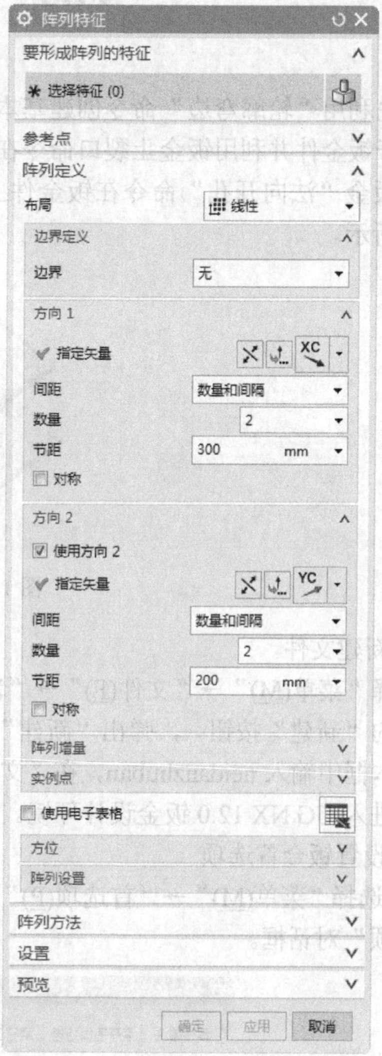

图 11-177　“阵列特征”对话框

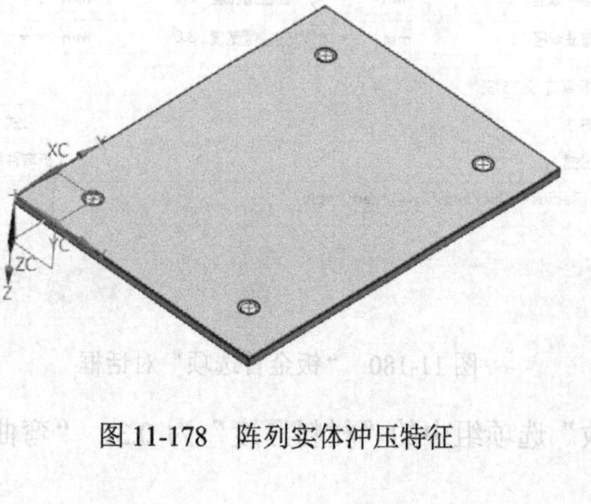

图 11-178　阵列实体冲压特征

11.8 内 胆 主 板

首先利用“轮廓弯边”命令创建基本钣金件，利用“弯边”命令在钣金件上创建弯边；然后展开钣金件并利用钣金止裂口命令在钣金件上创建切口；最后重新折弯并利用“凹坑”命令和钣金“法向开孔”命令在钣金件上创建凹坑和孔，即可完成内胆主板的创建，如图11-179 所示。

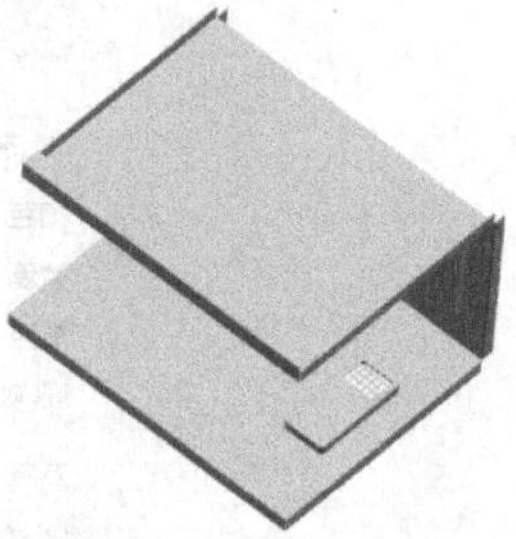

图 11-179　内胆主板

1. 新建文件

选择“菜单(M)”→“文件(F)”→“新建(N)...”选项，或者单击“主页”功能区“标准”面组中的“新建”按钮，弹出“新建”对话框。在“模板”中选择“NX 钣金”，在“名称”文本框中输入 neidanzhuban，在“文件夹”文本框中输入非中文保存路径，单击“确定”按钮，进入 UG NX 12.0 钣金设计环境。

2. 设置钣金首选项

1）选择“菜单(M)”→“首选项(P)”→“钣金(H)...”选项，弹出如图 11-180 所示的“钣金首选项”对话框。

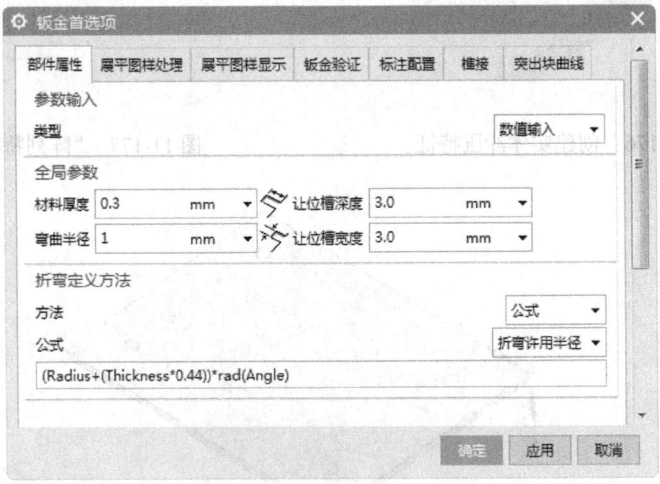

图 11-180　“钣金首选项”对话框

2）设置“全局参数”选项组中的“材料厚度”为 0.3，“弯曲半径”为 1，“让位槽深度”和“让位槽宽度”都为 3，在“方法”下拉列表框中选择“公式”，在“公式”下拉列表框中选择“折弯许用半径”。

3）单击“确定”按钮，完成 NX 钣金首选项设置。

3. 创建轮廓弯边特征

1）选择“菜单(M)”→“插入(S)”→“折弯(N)”→“轮廓弯边(C)...”选项，或者单击“主页”功能区“折弯”面组中的“轮廓弯边”按钮，弹出如图 11-181 所示“轮廓弯边”对话框。

2）设置“宽度选项”为“对称”，“宽度”为 357.6，“折弯止裂口”和“拐角止裂口”都为“无”。

3）在“轮廓弯边”对话框中设置“类型”为“底数”，单击“绘制截面”按钮，弹出如图 11-182 所示的“创建草图”对话框。

4）在“创建草图”对话框中选择“XC-YC”平面为草图工作平面，设置“参考”为“水平”，单击“确定”按钮，进入草图绘制环境，绘制如图 11-183 所示的草图 1。单击“完成”按钮，退出草图绘制环境。

5）返回“轮廓弯边”对话框，在绘图窗口中预览所创建的轮廓弯边特征，如图 11-184 所示。

6）在“轮廓弯边”对话框中单击“确定”按钮，创建轮廓弯边特征，如图 11-185 所示。

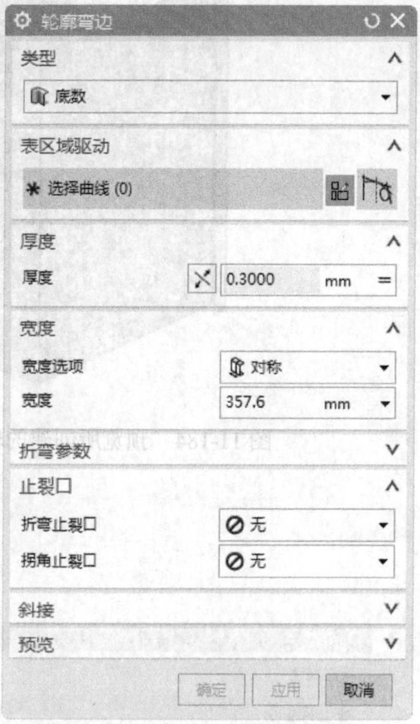

图 11-181 “轮廓弯边”对话框

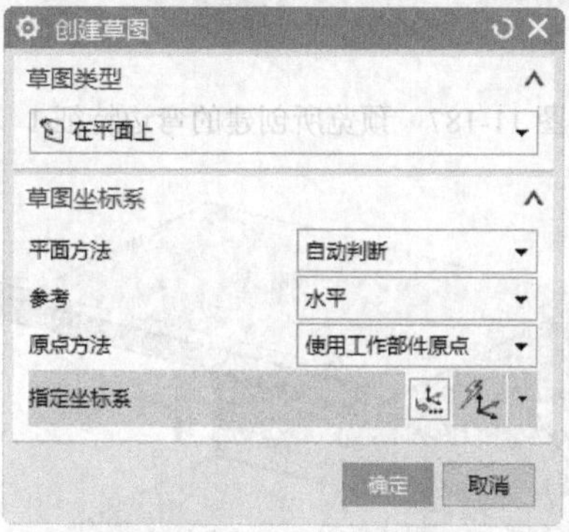

图 11-182 “创建草图”对话框

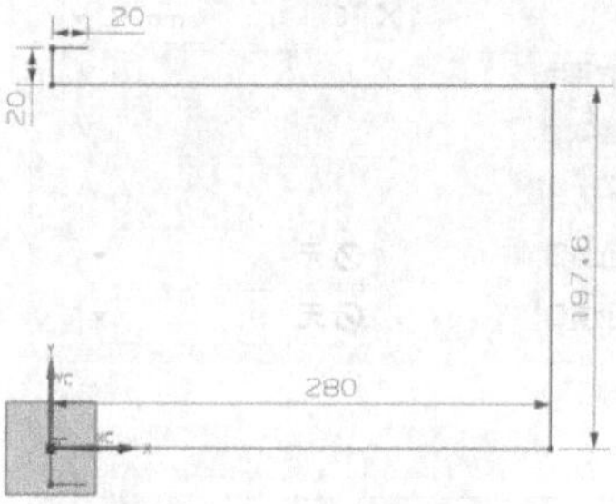

图 11-183 绘制草图 1

4. 创建弯边特征

1）选择“菜单(M)”→“插入(S)”→“折弯(N)”→“弯边(F)...”选项，或者单击“主页”功能区“折弯”面组中的“弯边”按钮，弹出如图 11-186 所示“弯边”对话框。

2）设置“宽度选项”为“完整”，“长度”为 15，“角度”为 90，“参考长度”为“外侧”，“内嵌”为“材料外侧”，在“折弯止裂口”和“拐角止裂口”下拉列表框中选择“无”。

3）选择弯边，同时在绘图窗口中预览所创建的弯边特征 1，如图 11-187 所示。

4）在“弯边”对话框中单击“应用”按钮，创建弯边特征 1，如图 11-188 所示。

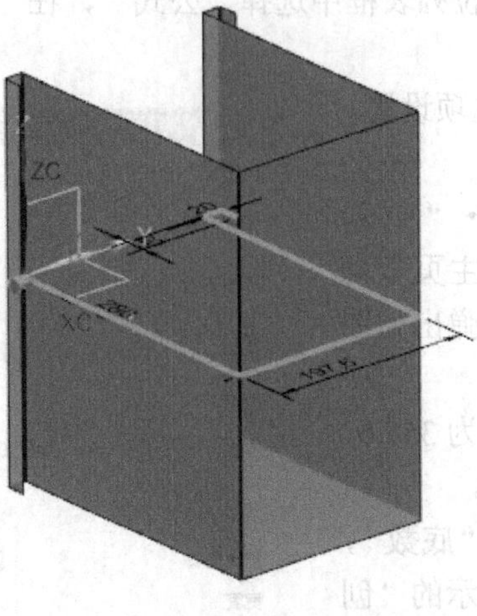

图 11-184　预览所创建的轮廓弯边特征

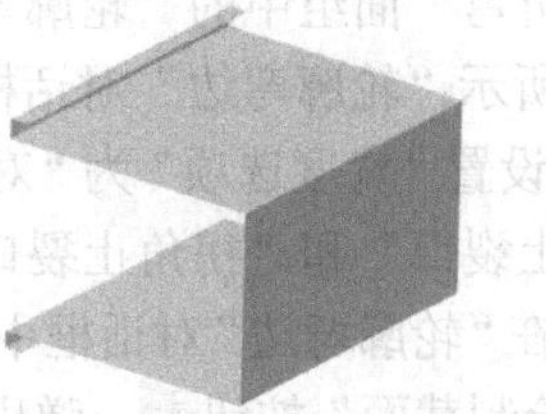

图 11-185　创建轮廓弯边特征

图 11-186　“弯边”对话框

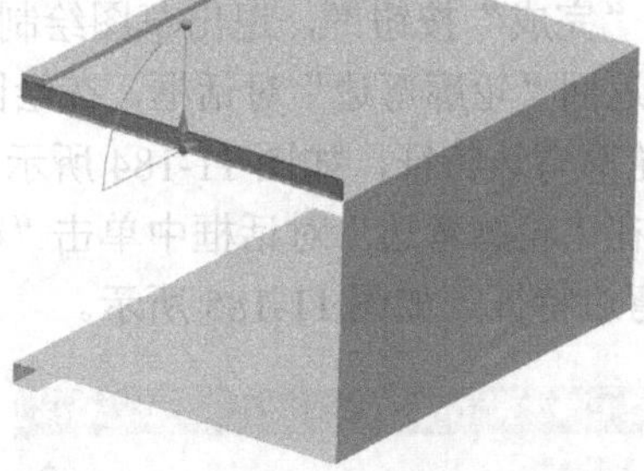

图 11-187　预览所创建的弯边特征 1

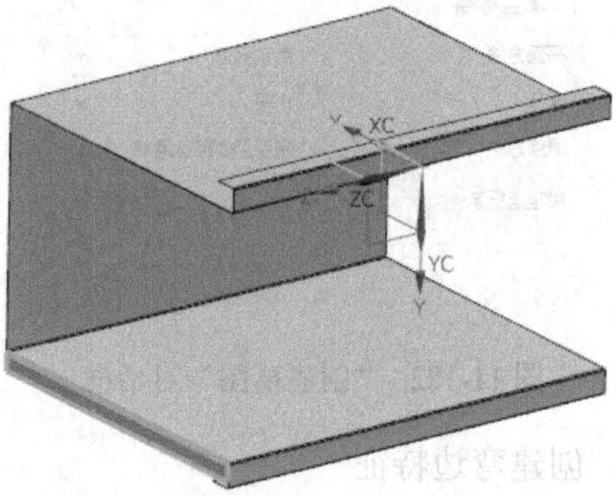

图 11-188　创建弯边特征 1

5）选择弯边，同时在绘图窗口中预览所创建的弯边特征 2，如图 11-189 所示。设置“宽度选项”为“完整”，“长度”为 15，“角度”为 90，“参考长度”为“外侧”，“内嵌”为“材料外侧”，在“折弯止裂口”和“拐角止裂口”下拉列表框中选择“无”。

6）在“弯边”对话框中单击“应用”按钮，创建弯边特征 2，如图 11-190 所示。

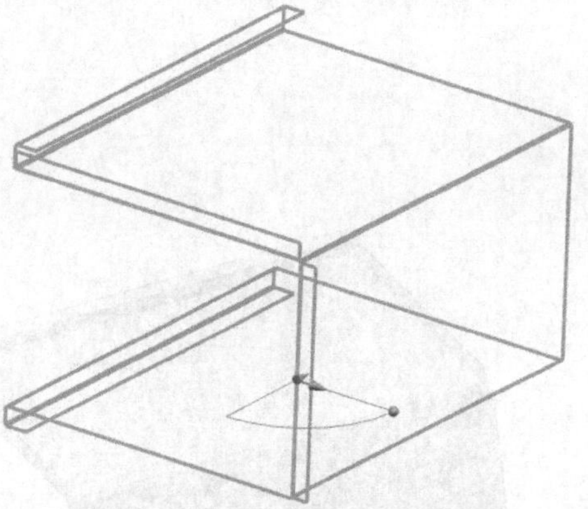

图 11-189　预览所创建的弯边特征 2

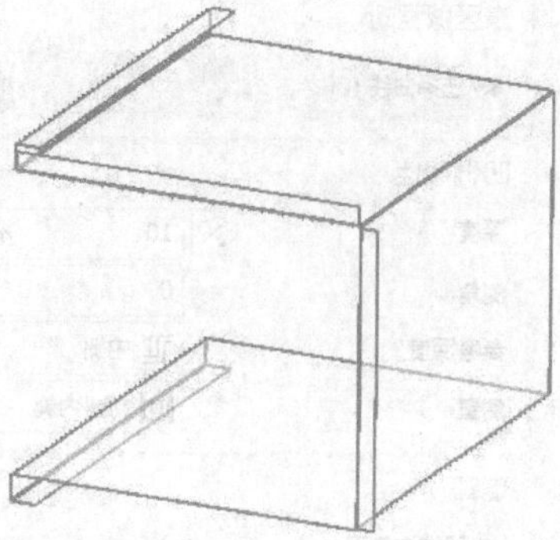

图 11-190　创建弯边特征 2

7）选择弯边，同时在绘图窗口中预览所创建的弯边特征 3，如图 11-191 所示。设置“宽度选项”为“完整”，“长度”为 15，“角度”为 90，参考长度为“外侧”，“内嵌”为“材料外侧”，在“折弯止裂口”和“拐角止裂口”下拉列表框中选择“无”。

8）在“弯边”对话框中，单击“应用”按钮，创建弯边特征 3，如图 11-192 所示。

9）同理，在另一侧创建三个弯边特征，如图 11-193 所示。

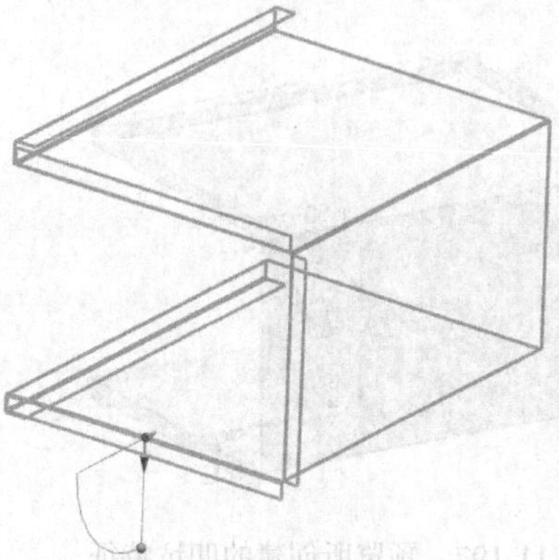

图 11-191　预览所创建的弯边特征 3

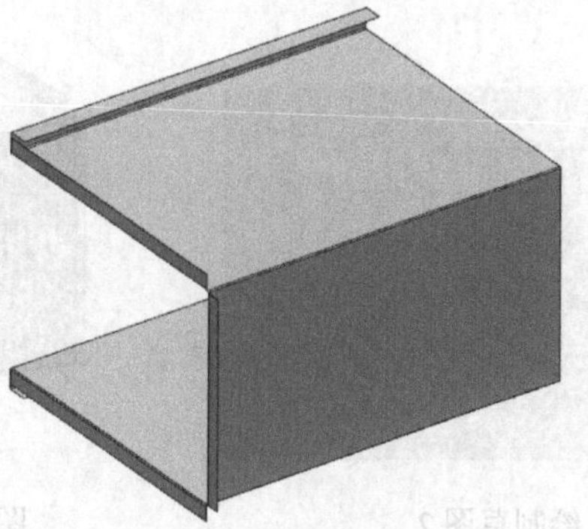

图 11-192　创建弯边特征 3

图 11-193　创建另一侧弯边特征

5. 创建凹坑特征 1～4

1）选择“菜单(M)”→“插入(S)”→“冲孔(H)”→“凹坑(D)…”选项，或者单击“主页”功能区“冲孔”面组中的“凹坑”按钮，弹出如图 11-194 所示的“凹坑”对话框。

2）在“凹坑”对话框中单击“绘制截面”按钮，弹出“创建草图”对话框。在绘图窗口中选择如图 11-195 所示的平面为草图工作平面 1。

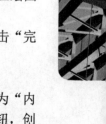

3）单击“确定”按钮，进入草图绘制环境，绘制如图 11-196 所示的草图 2。单击“完成”按钮，退出草图环境。

4）在绘图窗口中预览所创建的凹坑特征如图 11-197 所示。

5）在“凹坑”对话框中，设置“深度”为 10，“侧角”为 0°，“参考深度”为“内侧”，“侧壁”为“材料内侧”。取消勾选“凹坑边倒圆”复选框。单击“应用”按钮，创建凹坑特征 1，如图 11-198 所示。

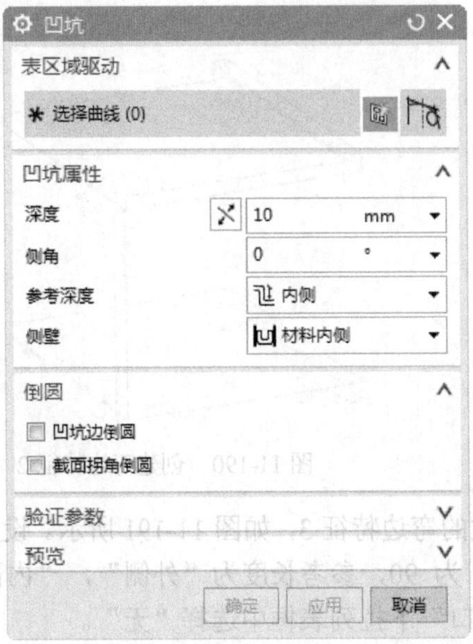

图 11-194 “凹坑”对话框

图 11-195 选择草图工作平面 1

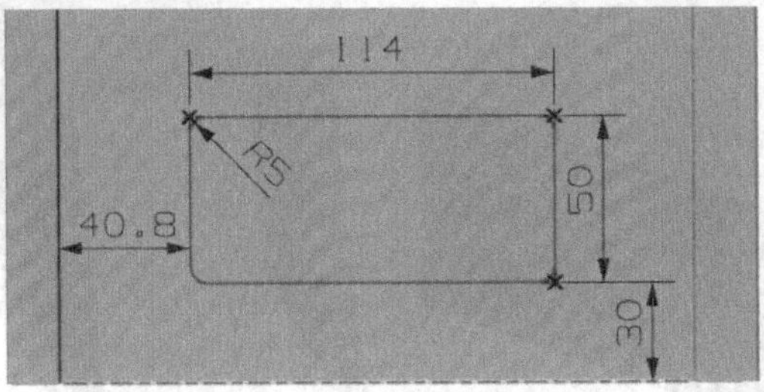

图 11-196 绘制草图 2

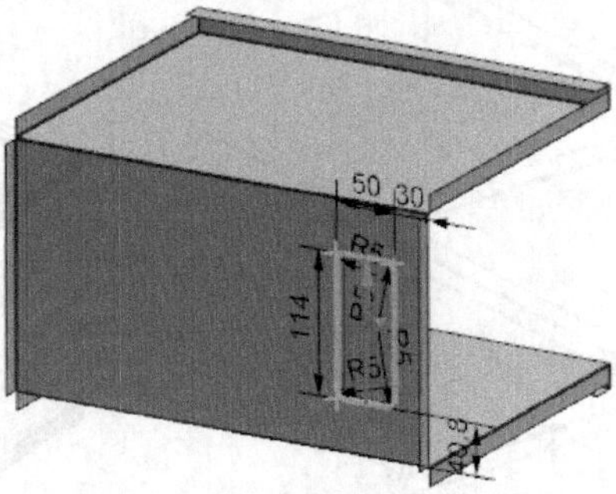

图 11-197 预览所创建的凹坑特征

6）同理，创建其他 3 个凹坑特征，凹坑之间的间距为 32.3，如图 11-199 所示。

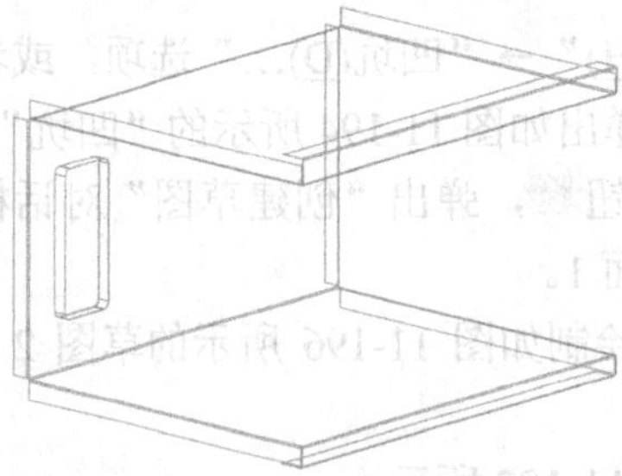

图 11-198 创建凹坑特征 1

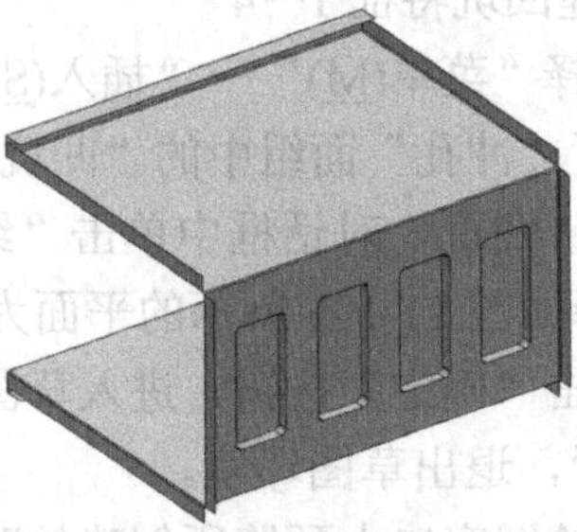

图 11-199 创建其他 3 个凹坑特征

6. 创建凹坑特征 5

1）选择“菜单(M)”→“插入(S)”→“冲孔(H)”→“凹坑(D)...”选项，或者单击“主页”功能区“冲孔”面组中的“凹坑”按钮，弹出“凹坑”对话框。单击“绘制截面”按钮，在绘图窗口中选择如图 11-200 所示的平面为草图工作平面 2。

2）进入草图绘制环境，绘制如图 11-201 所示的草图 3。单击“完成”按钮，退出草图绘制环境。

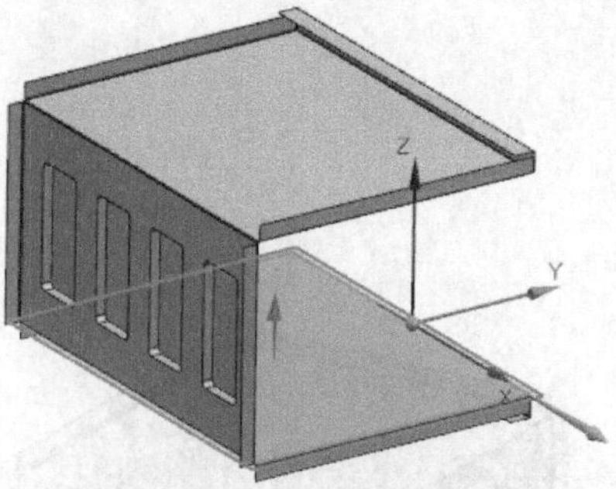

图 11-200　选择草图工作平面 2

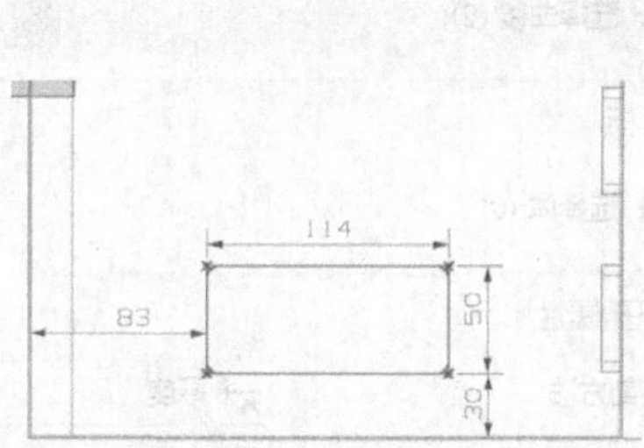

图 11-201　绘制草图 3

3）在绘图窗口中预览所创建的凹坑特征 2，如图 11-202 所示。

4）在“凹坑”对话框中设置“深度”为 10，“侧角”为 0°，“参考深度”为“内侧”，“侧壁”为“材料内侧”。取消勾选“凹坑边倒圆”复选框。单击“应用”按钮，创建凹坑特征 5，如图 11-203 所示。

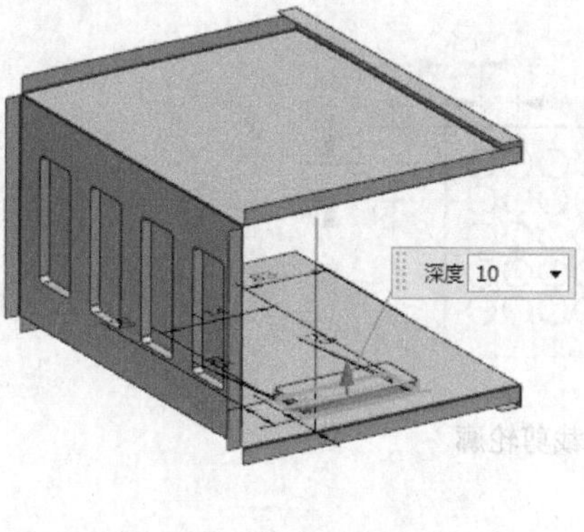

图 11-202　预览所创建的凹坑特征 2

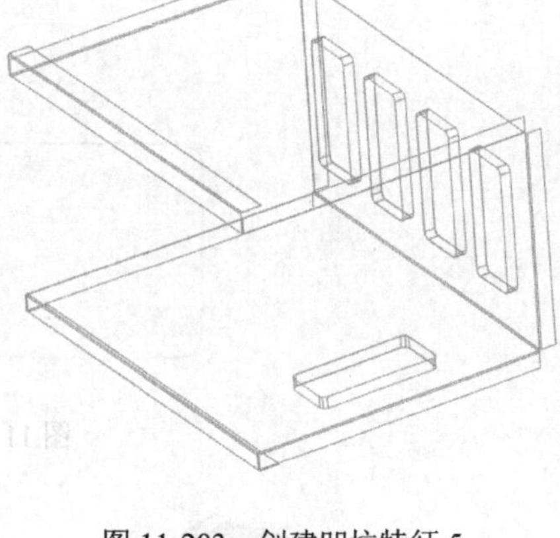

图 11-203　创建凹坑特征 5

7. 创建法向开孔特征

1）选择“菜单(M)”→“插入(S)”→“切割(T)”→“法向开孔(N)...”选项，或者单击“主页”功能区“特征”面组中的“法向开孔”按钮，弹出如图 11-204 所示“法向开孔”对话框。

2）在“法向开孔”对话框中单击“绘制截面”按钮，弹出“创建草图”对话框。在绘图窗口中选择草图工作平面 3，如图 11-205 所示。

3）单击“确定”按钮，进入草图设计环境，绘制如图 11-206 所示的裁剪轮廓。单击“完成”按钮，退出草图环境。

4）在绘图窗口中预览所创建的法向开孔特征，如图 11-207 所示。

5）在“法向开孔”对话框中单击“确定”按钮，创建法向开孔特征，如图 11-208 所示。

图 11-204 “法向开孔”对话框

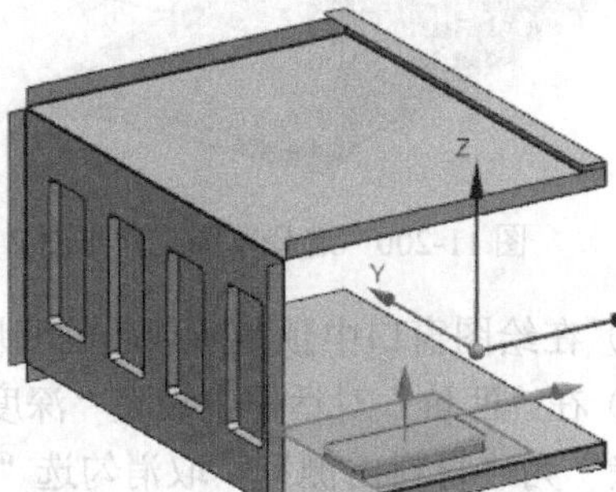

图 11-205 选择草图工作平面 3

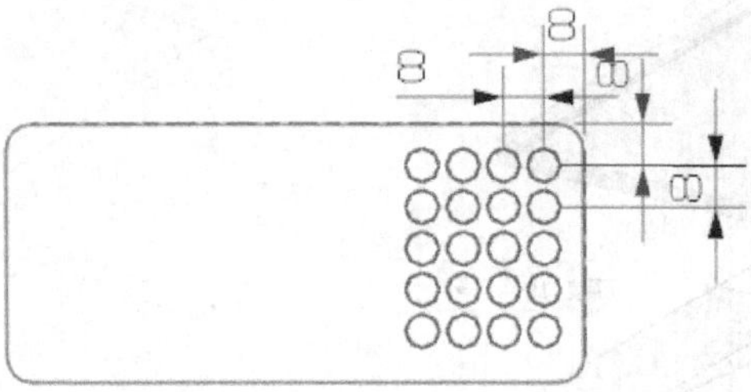

图 11-206 绘制裁剪轮廓

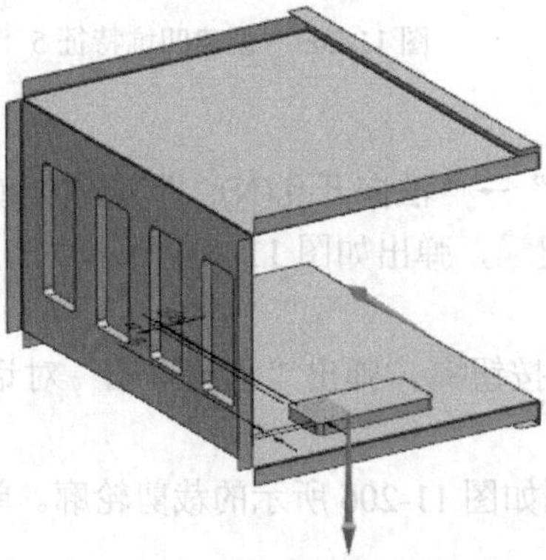

图 11-207 预览所创建的法向开孔特征

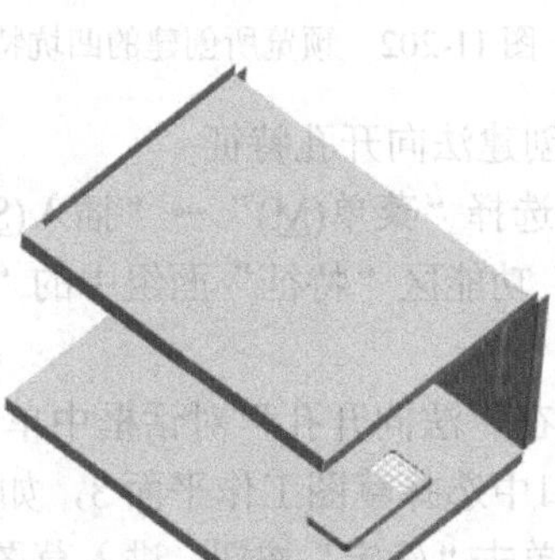

图 11-208 创建法向开孔特征

11.9 内胆侧板

首先利用“突出块”命令创建基本钣金件，然后利用“弯边”命令在钣金件上创建弯边，最后利用“凹坑”命令在钣金件上创建凹坑，即可完成内胆侧板的创建，如图 11-209 所示。

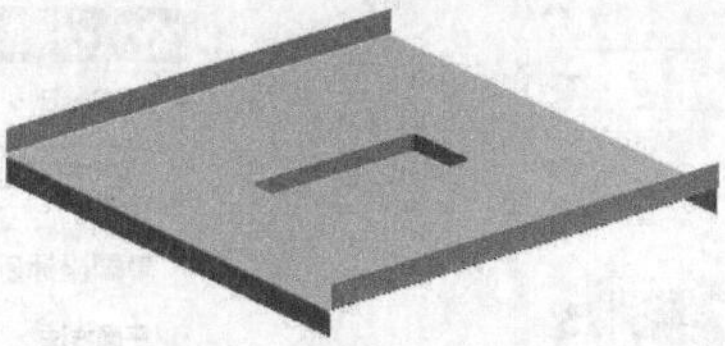

图 11-209 内胆侧板

1. 新建文件

选择“菜单(M)”→“文件(F)”→“新建(N)...”选项，或者单击“主页”功能区“标准”面组中的“新建”按钮，弹出“新建”对话框。在“模板”中选择“NX 钣金”，在“名称”文本框中输入 neidanceban，在“文件夹”文本框中输入非中文保存路径，单击“确定”按钮，进入 UG NX 12.0 钣金设计环境。

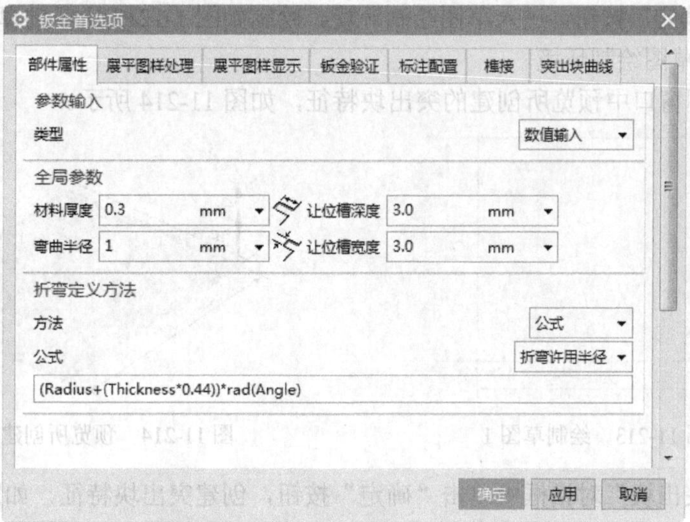

图 11-210 “钣金首选项”对话框

2. 设置钣金首选项

1）选择“菜单(M)”→“首选项(P)”→“钣金(H)...”选项，弹出如图 11-210 所示的“钣金首选项”对话框。

2）设置“全局参数”选项组中的“材料厚度”为 0.3，“弯曲半径”为 1，“让位槽深度”和“让位槽宽度”都为 0，在“方法”下拉列表框中选择“公式”，在“公式”下拉列表框中选择“折弯许用半径“。

3）单击“确定”按钮，完成 NX 钣金首选项设置。

3. 创建突出块特征

1）选择“菜单(M)”→“插入(S)”→“突出块(B)...”选项，或者单击“主页”功能区“基本”面组中的“突出块”按钮，弹出如图 11-211 所示的“突出块”对话框。

2）在“突出块”对话框中的“类型”下拉列表框中选择“底数”，单击“绘制截面”按钮，弹出如图 11-212 所示的“创建草图”对话框。

图 11-211 “突出块”对话框

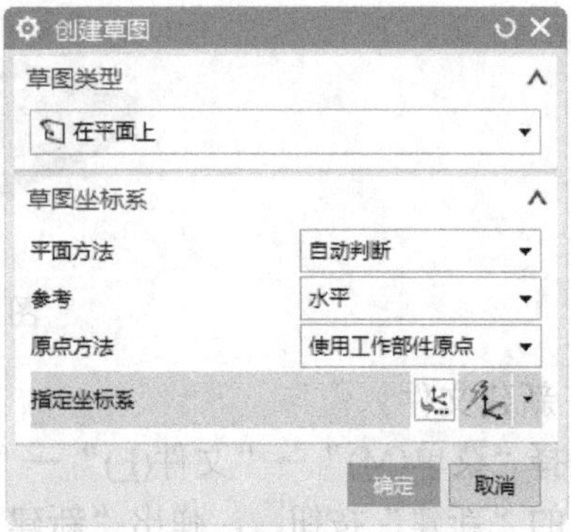

图 11-212 “创建草图”对话框

3）在“创建草图”对话框中选择“XC-YC 平面”为草图工作平面，设置“参考”为“水平”，单击“确定”按钮，进入草图绘制环境，绘制如图 11-213 所示的草图 1。单击“完成”按钮，退出草图绘制环境。

4）在绘图窗口中预览所创建的突出块特征，如图 11-214 所示。

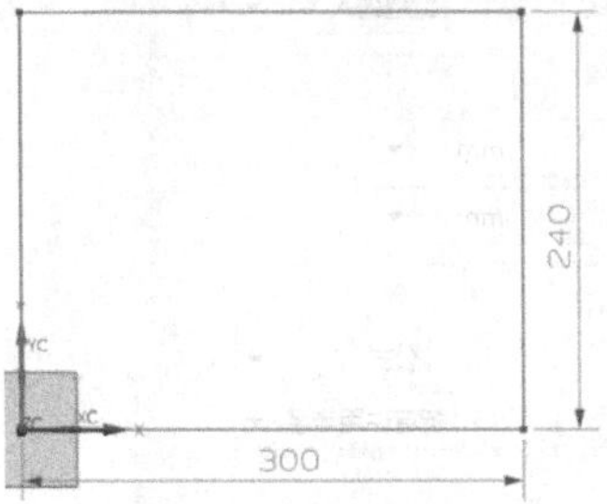

图 11-213 绘制草图 1

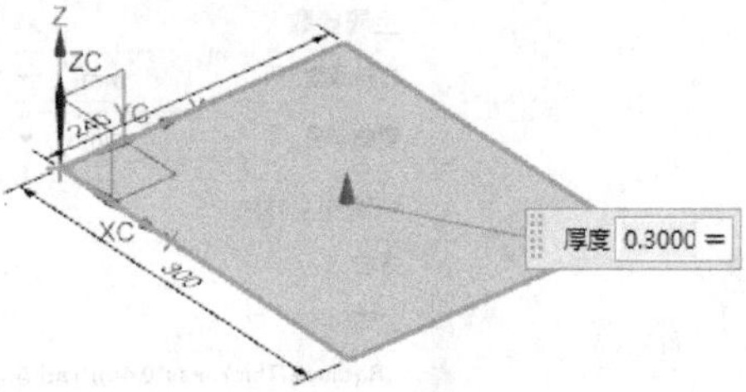

图 11-214 预览所创建的突出块特征

5）在“突出块”对话框中单击“确定”按钮，创建突出块特征，如图 11-215 所示。

图 11-215 创建突出块特征

4. 创建弯边特征

1）选择“菜单(M)”→“插入(S)”→“折弯(N)”→“弯边(F)...”选项，或者单击“主页”功能区“折弯”面组中的“弯边”按钮，弹出如图 11-216 所示“弯边”对话框。

2）在对话框中设置“宽度选项”为“完整”，“长度”为 15，“角度”为 90，“参考长度”为“外侧”，“内嵌”为“材料外侧”，在“折弯止裂口”和“拐角止裂口”下拉列表框中选择“无”。

3）选择弯边，同时在绘图窗口中预览所创建的弯边特征 1，如图 11-217 所示。

图 11-216　“弯边”对话框

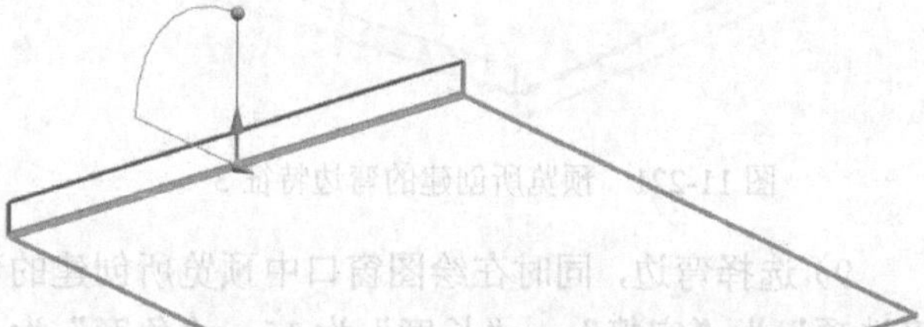

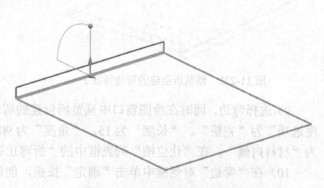

图 11-217　预览所创建的弯边特征 1

4）在“弯边”对话框中单击“应用”按钮，创建弯边特征 1，如图 11-218 所示。

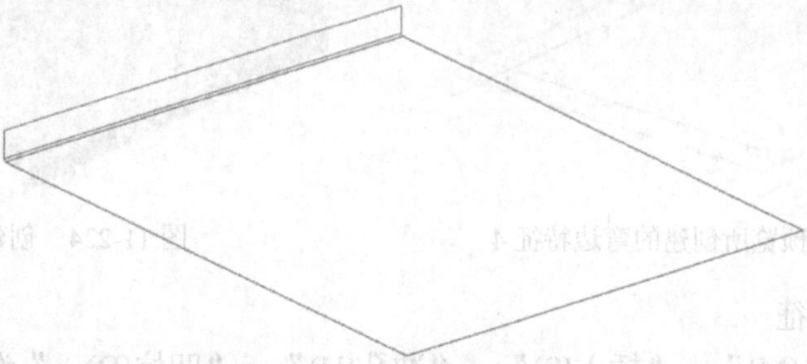

图 11-218　创建弯边特征 1

5）在“弯边”对话框中设置“宽度选项”为“完整”，“长度”为 15，“角度”为 90，“参考长度”为“外侧”，“内嵌”为“材料外侧”，在“折弯止裂口”和“拐角止裂口”下拉列表框中选择“无”。选择弯边，同时在绘图窗口中预览所创建的弯边特征 2，如图 11-219 所示。

UG NX 12.0

6）在“弯边”对话框中单击“应用”按钮，创建弯边特征 2，如图 11-220 所示。

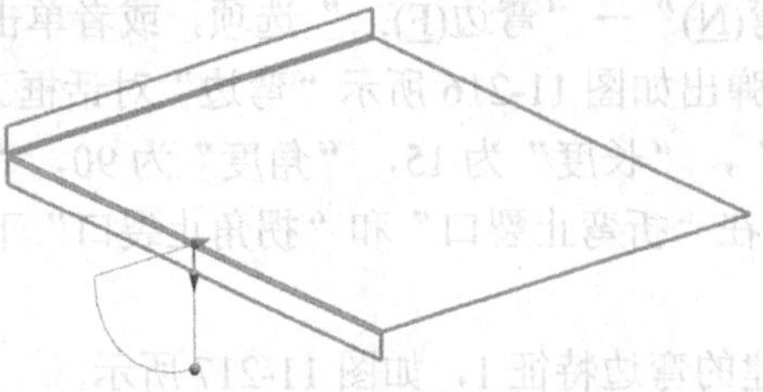

图 11-219　预览所创建的弯边特征 2

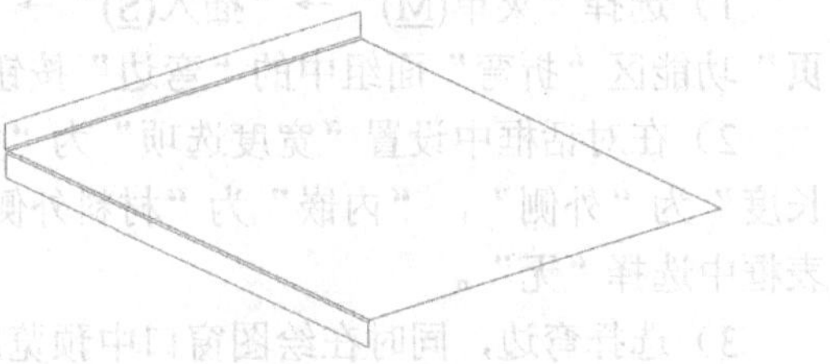

图 11-220　创建弯边特征 2

7）选择弯边，同时在绘图窗口中预览所创建的弯边特征 3，如图 11-221 所示。设置“宽度选项”为“完整”，“长度”为 15，“角度”为 90，“参考长度”为“外侧”，“内嵌”为“材料外侧”，在“折弯止裂口”和“拐角止裂口”下拉列表框中选择“无”。

8）在“弯边”对话框中单击“应用”按钮，创建弯边特征 3，如图 11-222 所示。

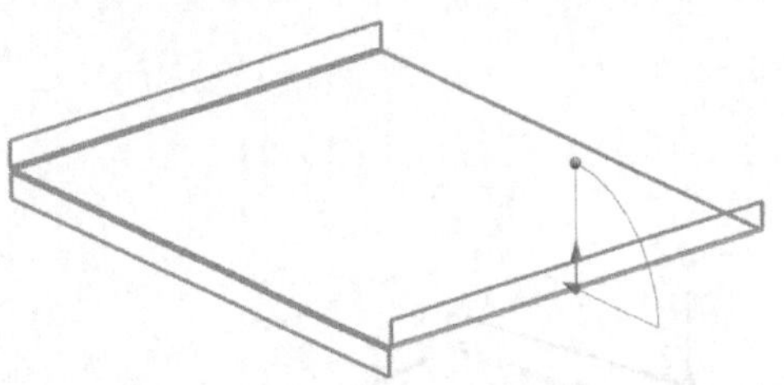

图 11-221　预览所创建的弯边特征 3

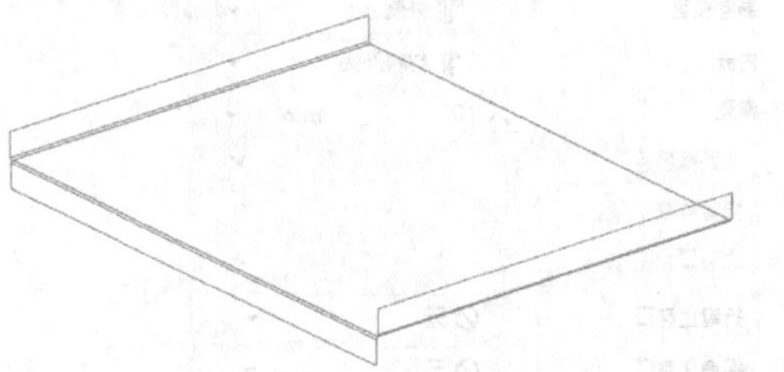

图 11-222　创建弯边特征 3

9）选择弯边，同时在绘图窗口中预览所创建的弯边特征 4，如图 11-223 所示。设置“宽度选项”为“完整”，“长度”为 15，“角度”为 90，“参考长度”为“外侧”，“内嵌”为“材料内侧”，在“让位槽”列表框中的“折弯止裂口”下拉列表框中选择“无”。

10）在“弯边”对话框中单击“确定”按钮，创建弯边特征 4，如图 11-224 所示。

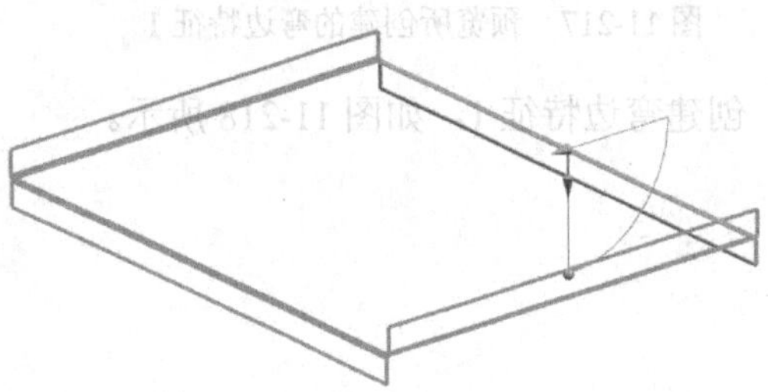

图 11-223　预览所创建的弯边特征 4

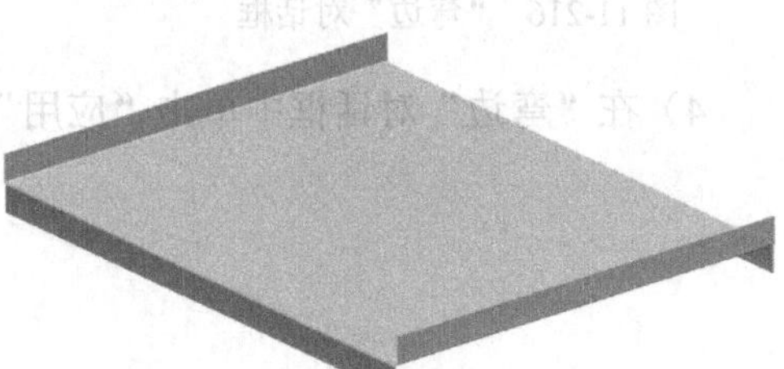

图 11-224　创建弯边特征 4

5. 创建凹坑特征

1）选择“菜单(M)”→“插入(S)”→“冲孔(H)”→“凹坑(D)...”选项，或者单击“主页”功能区“冲孔”面组中的“凹坑”按钮，弹出如图 11-225 所示的“凹坑”对话框。

2）在“凹坑”对话框中单击“绘制截面”按钮，弹出“创建草图”对话框。在绘图窗口中选择如图 11-226 所示的平面为草图工作平面。

3）单击“确定”按钮，进入草图绘制环境，绘制如图 11-227 所示的草图 2。单击“完成”按钮，退出草图绘制环境。

图 11-225　“凹坑”对话框

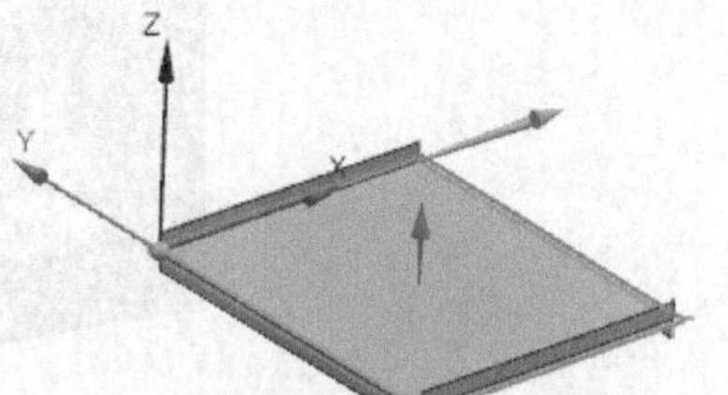

图 11-226　选择草图工作平面

4）在绘图窗口中预览所创建的凹坑特征，如图 11-228 所示。

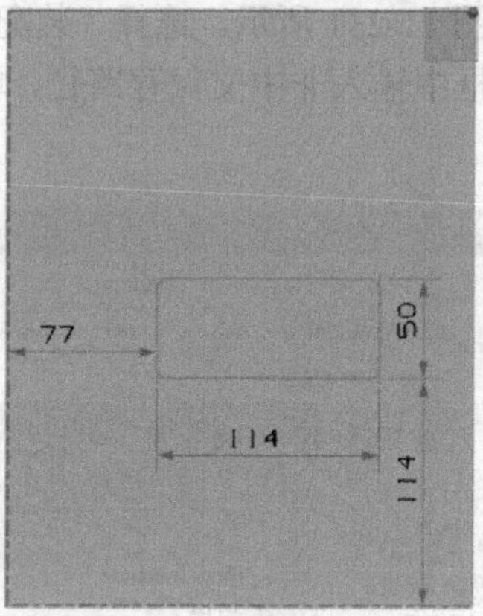

图 11-227　绘制草图 2

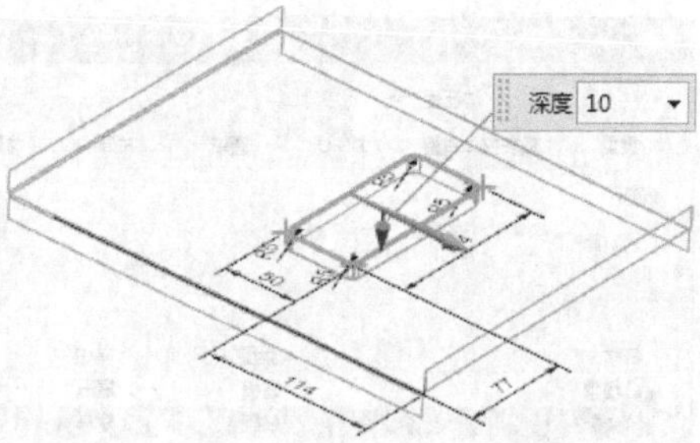

图 11-228　预览所创建的凹坑特征

5）在“凹坑”对话框中设置“深度”为 10，“侧角”为 0°，“参考深度”为“内侧”，“侧壁”为“材料内侧”。取消勾选“凹坑边倒圆”复选框。单击“确定”按钮，创建凹坑特征，如图 11-229 所示。

图 11-229　创建凹坑特征

11.10 装配消毒柜组件

利用“添加组件”命令，添加消毒柜的各个组件，并进行装配。装配后的消毒柜如图 11-230 所示。

图 11-230 消毒柜

1. 新建文件

选择“菜单(M)”→“文件(F)”→“新建(N)...”选项，或者单击“主页”功能区“标准”面组中的“新建”按钮，弹出“新建”对话框，如图 11-231 所示。选择“装配”模板，在“名称”文本框中输入 xiaodugui，在“文件夹”文本框中输入非中文保存路径，单击“确定”按钮，进入 UG NX 12.0 装配环境。

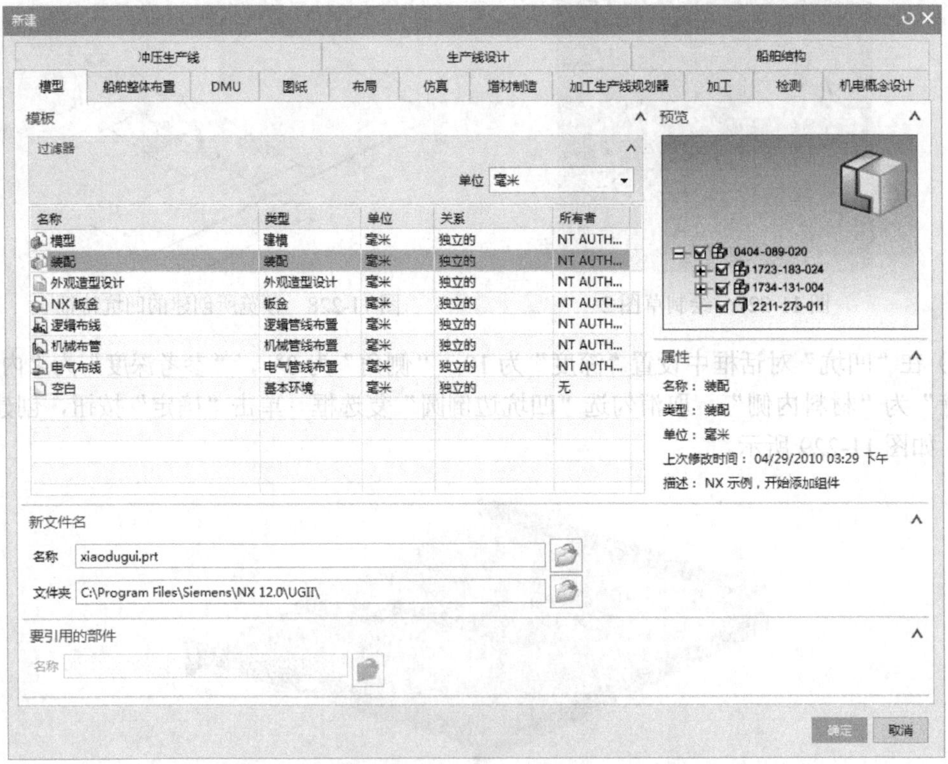

图 11-231 “新建”对话框

2. 安装顶后板

1）选择“菜单(M)”→“装配(A)”→“组件(C)”→“添加组件(A)...”选项，或者单击“主页”功能区“装配”面组中的“添加”按钮，弹出如图 11-232 所示的“添加组件”对话框。

2）单击“弹出”按钮，弹出“部件名”对话框。选择 dinghouban.prt，单击 OK 按钮，加载文件。同时在绘图窗口中弹出“组件预览”窗口，如图 11-233 所示。

3）在“添加组件”对话框中设置“装配位置”为“绝对坐标系-工作部件”，单击“确定”按钮，将顶后板定位于坐标原点，如图 11-234 所示。

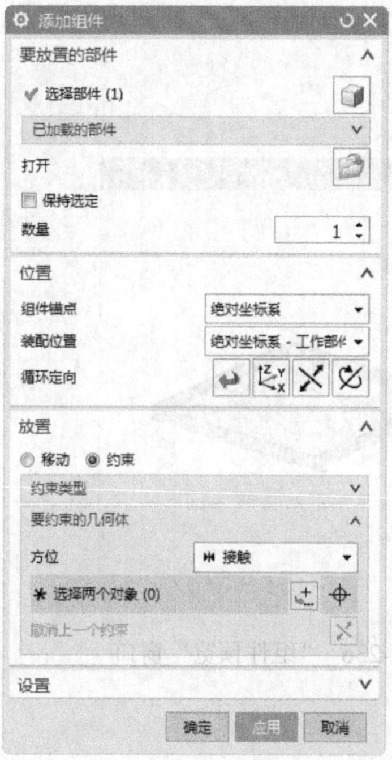

图 11-232　“添加组件”对话框

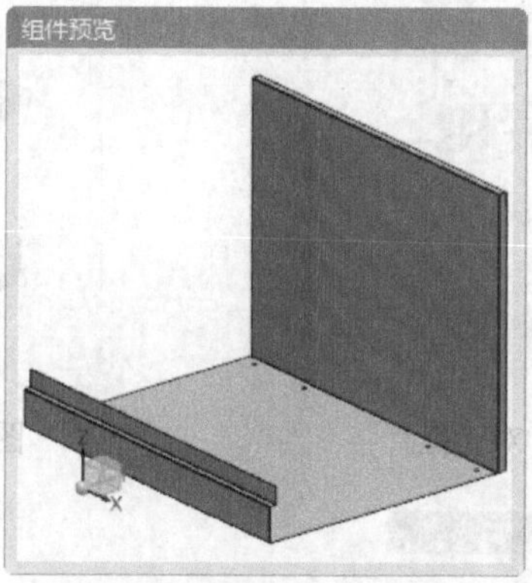

图 11-233　“组件预览”窗口

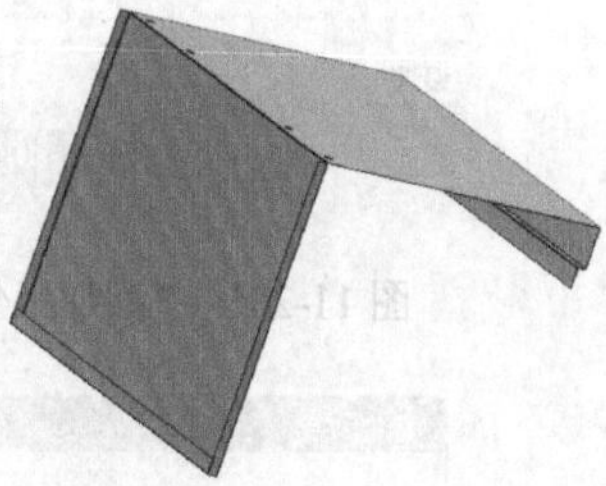

图 11-234　装配顶后板

3. 安装箱体左侧板

1）选择“菜单(M)”→“装配(A)”→“组件(C)”→“添加组件(A)...”选项，或者单击“主页”功能区“装配”面组中的“添加”按钮，弹出如图 11-235 所示的“添加组件”对话框。

2）单击“弹出”按钮，弹出“部件名”对话框。选择 zuoceban.prt，单击 OK 按钮，加载文件。同时在绘图窗口中弹出“组件预览”窗口，如图 11-236 所示。

4）在“添加组件”对话框中设置“放置”为“约束”，设置“约束类型”为“接触对齐”类型，选择“接触”方位，在绘图窗口中选择相配部件 1 和基础部件 1，如图 11-237 和图 11-238 所示。

5）再次在绘图窗口中选择相配部件 2 和基础部件 2，如图 11-239 和图 11-240 所示。

6）在绘图窗口中选择相配部件 3 和基础部件 3，如图 11-241 和图 11-242 所示。

7）在“装配约束”对话框中单击“确定”按钮，安装箱体左侧板，如图 11-243 所示。

图 11-235　“添加组件”对话框

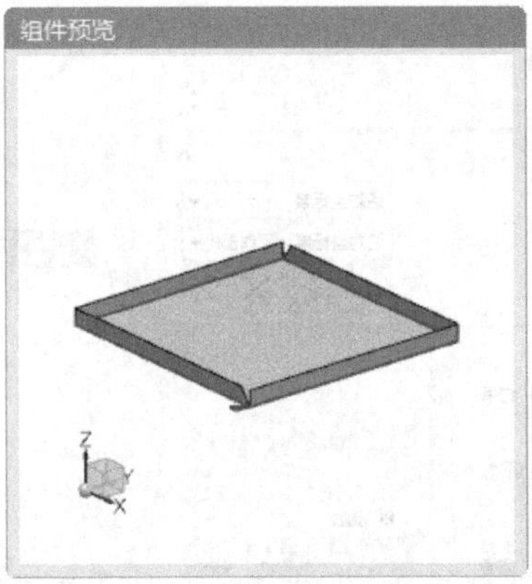

图 11-236　“组件预览”窗口

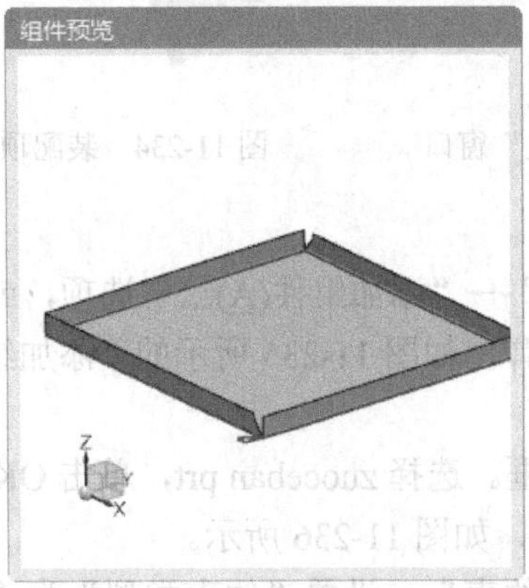

图 11-237　选择相配部件 1

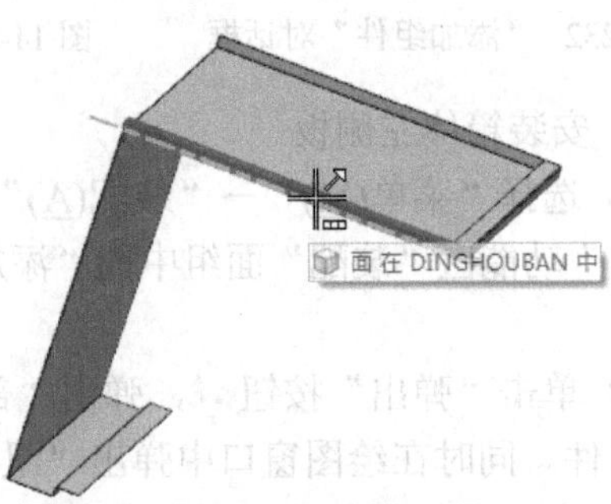

图 11-238　选择基础部件 1

4. 安装箱体右侧板

1）选择“菜单(M)”→“装配(A)”→“组件(C)”→“添加组件(A)...”选项，或者单击“主页”功能区“装配”面组中的“添加”按钮，弹出“添加组件”对话框。单击“弹出”按钮，弹出“部件名”对话框，选择 YouCeBan.prt，单击 OK 按钮，加载文件。同时在绘图窗口中弹出“组件预览”窗口，如图 11-244 所示。

图 11-239　选择相配部件 2

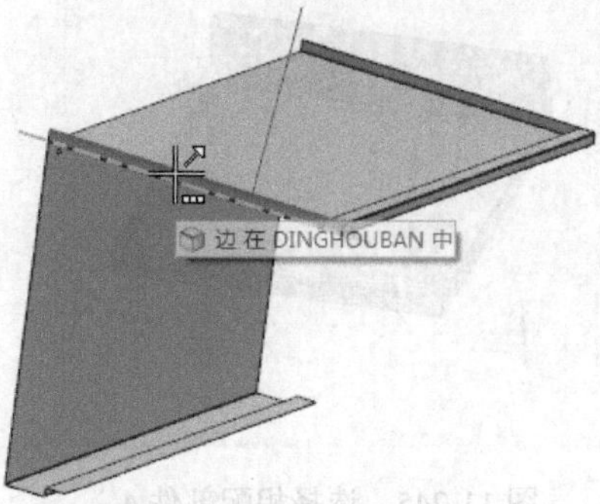

图 11-240　选择基础部件 2

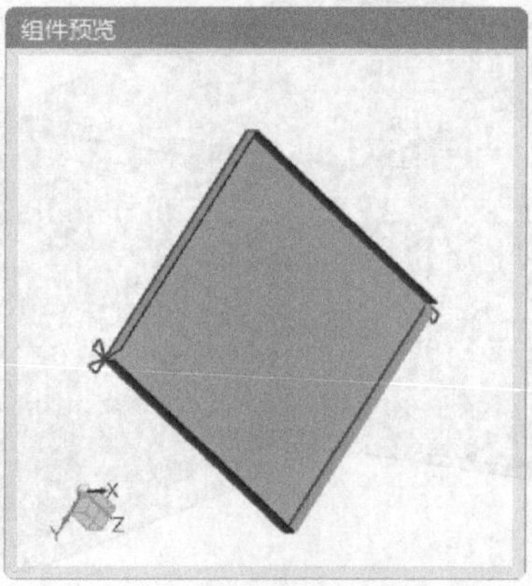

图 11-241　选择相配部件 3

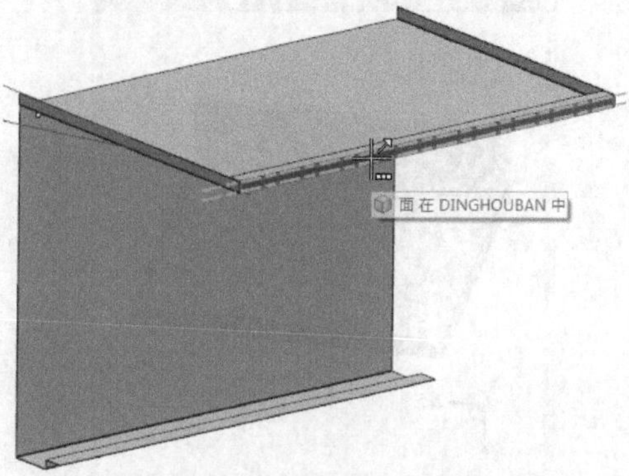

图 11-242　选择基础部件 3

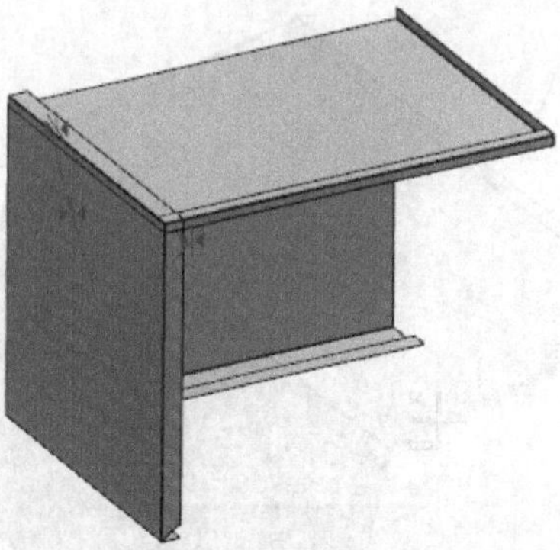

图 11-243　安装箱体左侧板

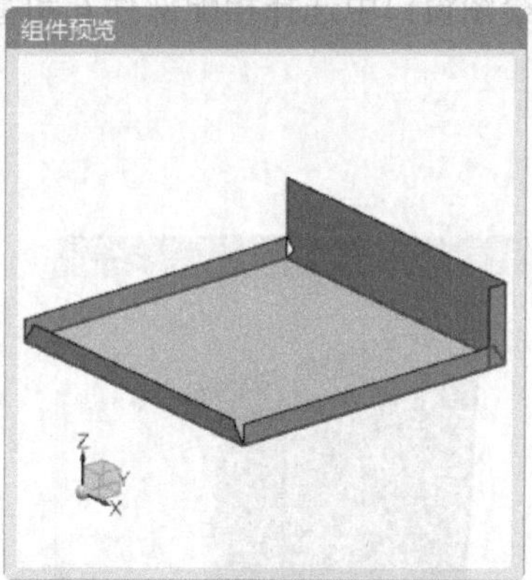

图 11-244　“组件预览”窗口

2）在“添加组件”对话框中设置“放置”为“约束”，选择“接触对齐”类型，选择“接触”方位，在绘图窗口中选择相配部件 4 和基础部件 4，如图 11-245 和图 11-246 所示。

3）在绘图窗口中选择相配部件 5 和基础部件 5，如图 11-247 和图 11-248 所示。

图 11-245　选择相配部件 4

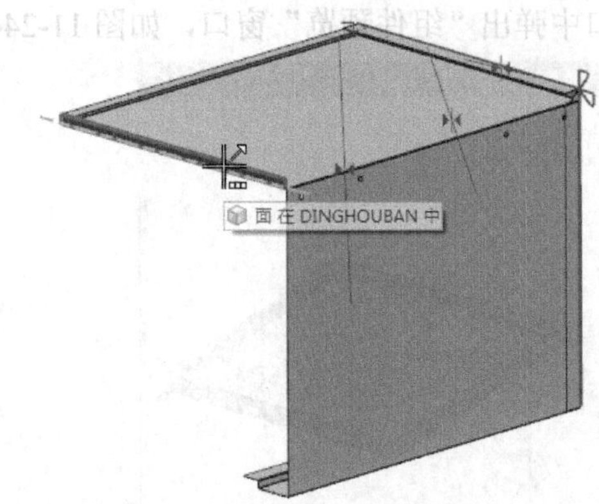

图 11-246　选择基础部件 4

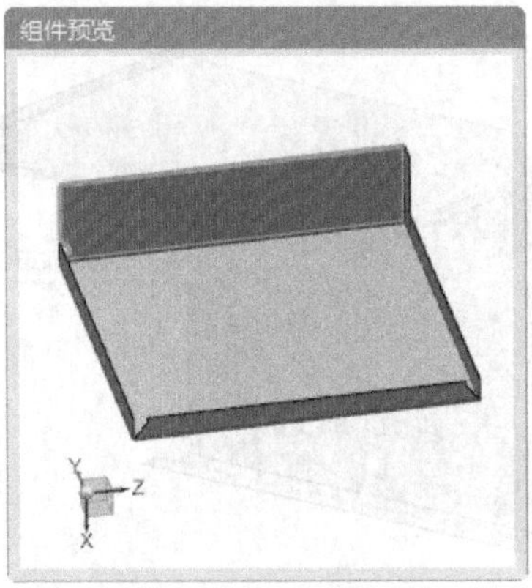

图 11-247　选择相配部件 5

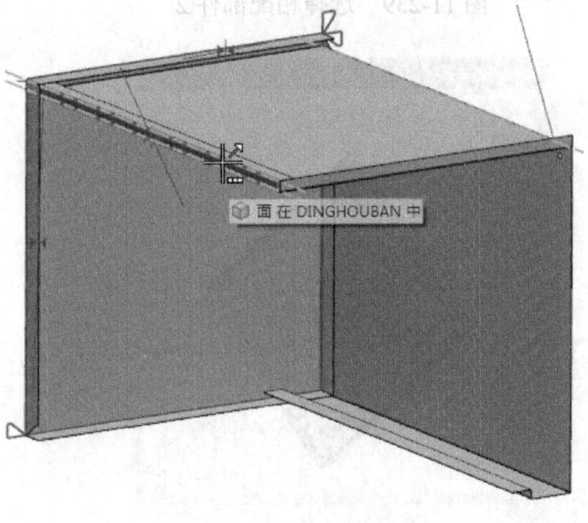

图 11-248　选择基础部件 5

4）在绘图窗口中选择相配部件 6 和基础部件 6，如图 11-249 和图 11-250 所示。

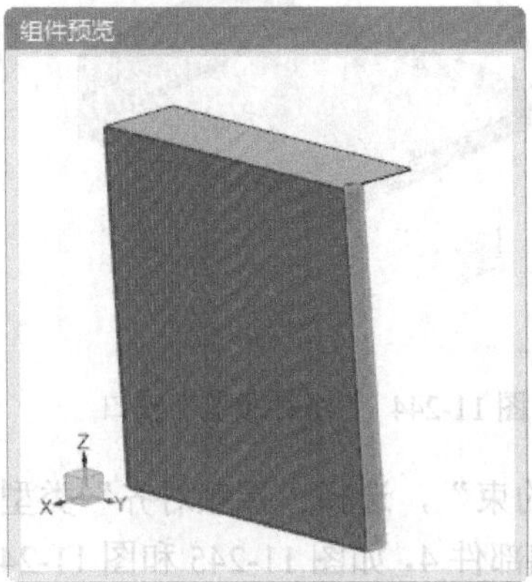

图 11-249　选择相配部件 6

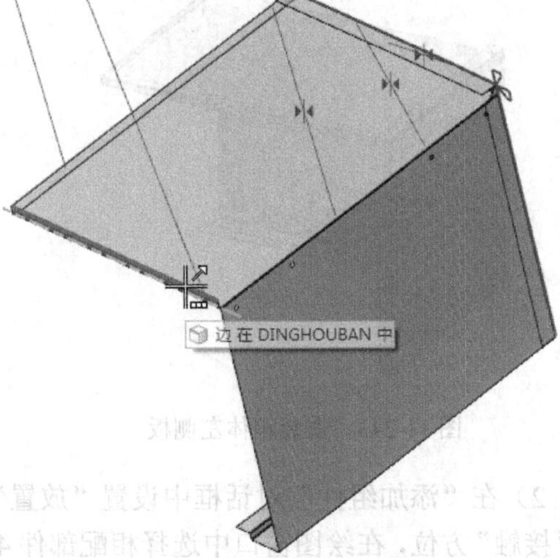

图 11-250　选择基础部件 6

5）在“添加组件”对话框中单击“确定”按钮，安装箱体右侧板，如图 11-251 所示。

5. 安装底壳

1）隐藏箱体左右侧板。选择“菜单(M)”→“装配(A)”→“组件(C)”→“添加组件(A)…”选项，或者单击“主页”功能区“装配”面组中的“添加”按钮，弹出“添加组件”对话框。单击“弹出”按钮，弹出“部件名”对话框。选择 DiKe.prt，单击 OK 按钮，加载文件。同时在绘图窗口中弹出“组件预览”窗口，如图 11-252 所示。

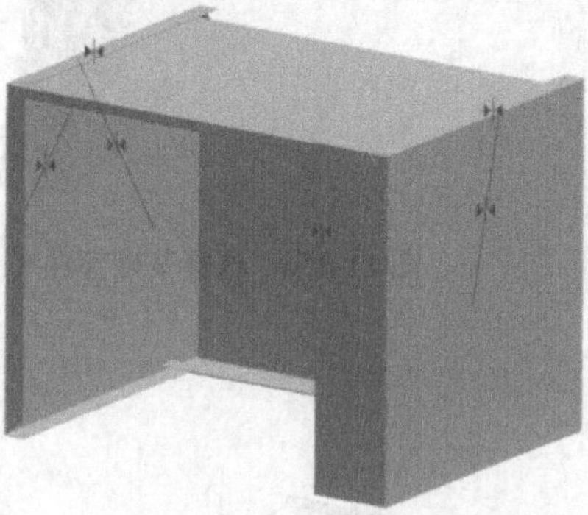

图 11-251　安装箱体右侧板

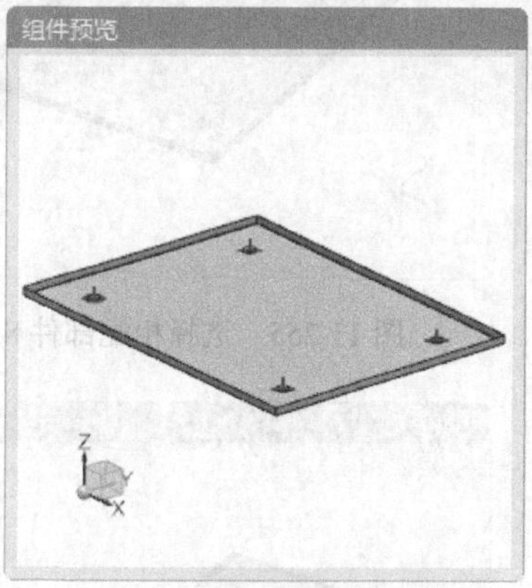

图 11-252　“组件预览”窗口

2）在“添加组件”对话框中设置“放置”为“约束”，选择“接触对齐”约束类型，在绘图窗口中选择相配部件 7 和基础部件 7，如图 11-253 和图 11-254 所示。

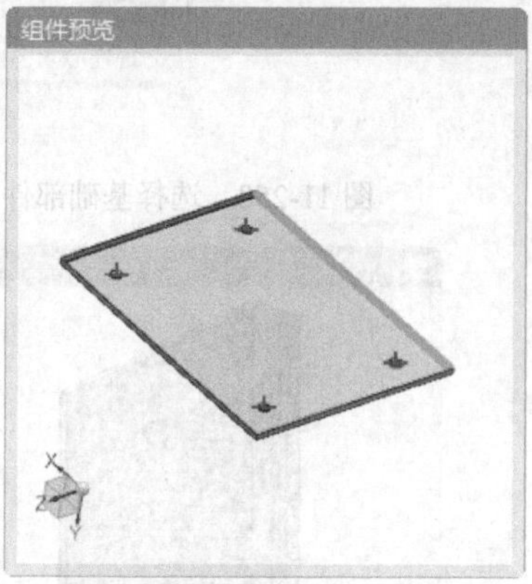

图 11-253　选择相配部件 7

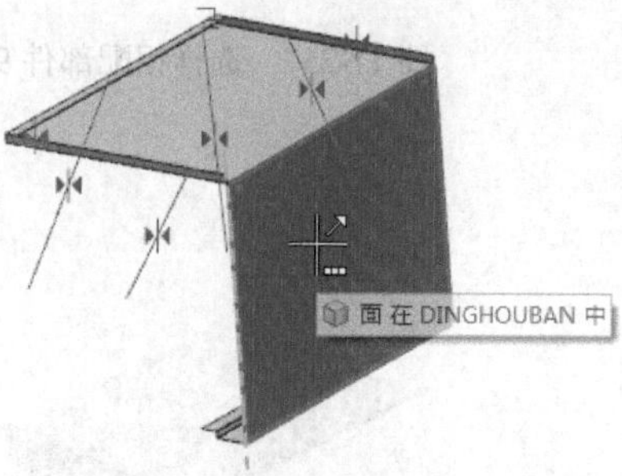

图 11-254　选择基础部件 7

3）在绘图窗口中选择相配部件 8 和基础部件 8，如图 11-255 和图 11-256 所示。

4）在绘图窗口中选择相配部件 9 和基础部件 9，如图 11-257 和图 11-258 所示所示。

5）在“添加组件”对话框中单击“确定”按钮，安装箱体底壳，如图 11-259 所示。

6. 安装箱体底板

1）选择“菜单(M)”→“装配(A)”→“组件(C)”→“添加组件(A)…”选项，或者单击“主页”功能区“装配”面组中的“添加”按钮，弹出“添加组件”对话框。单击“弹出”按钮，弹出“部件名”对话框，选择 xiangtiDiBan.prt，单击 OK 按钮，加载文件。同时在绘图窗口中弹出“组件预览”窗口，如图 11-260 所示。

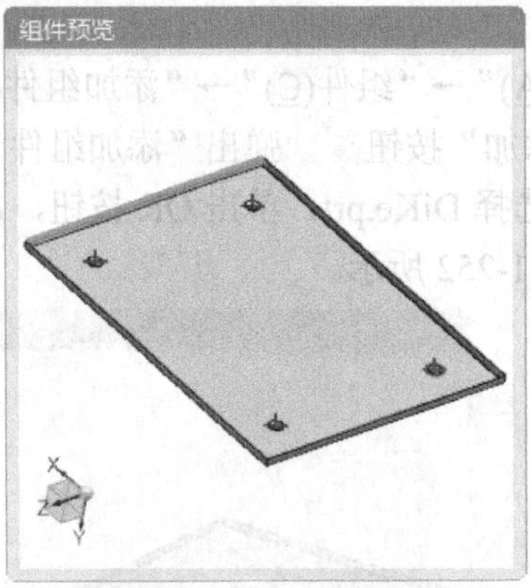

图 11-255　选择相配部件 8

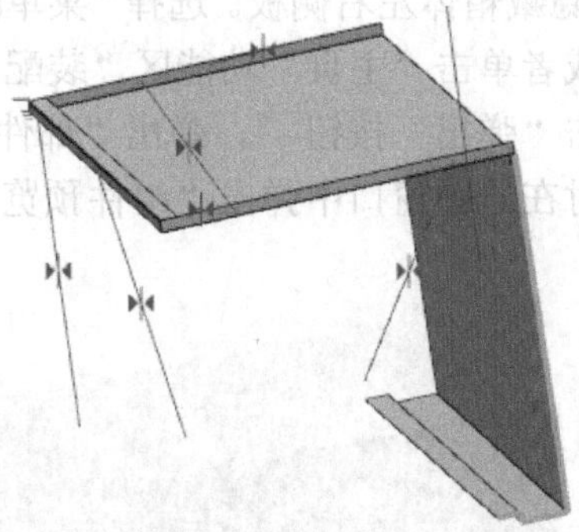

图 11-256　选择基础部件 8

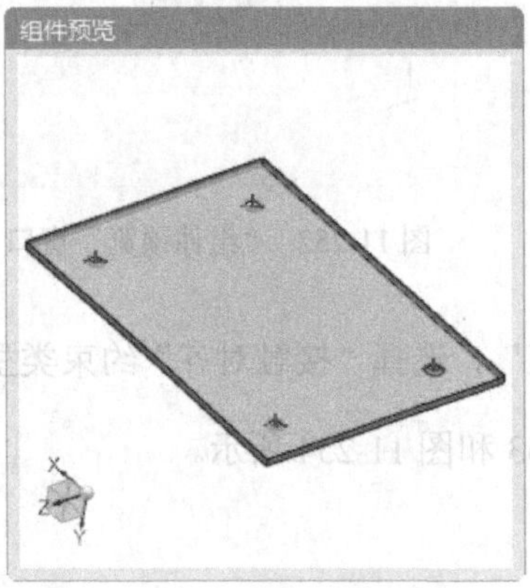

图 11-257　选择相配部件 9

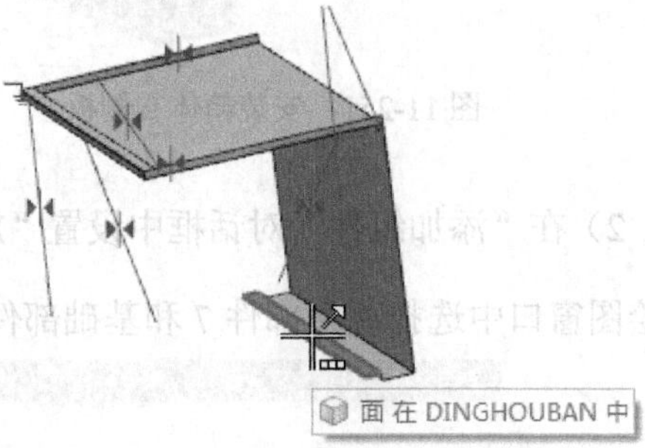

图 11-258　选择基础部件 9

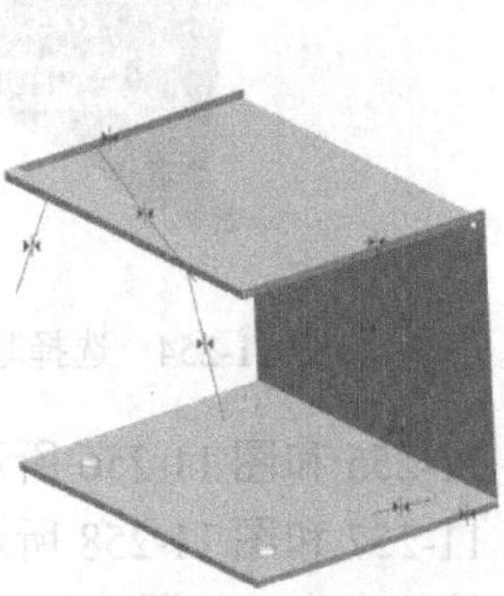

图 11-259　安装箱体底壳

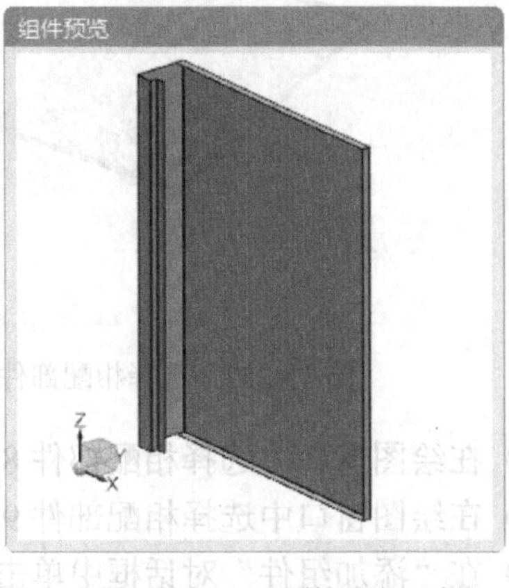

图 11-260　“组件预览”窗口

2）在“添加组件”对话框中设置“放置”为“约束”，选择“接触对齐”约束类型，选择“接触”方位，在绘图窗口中选择相配部件 10 和基础部件 10，如图 11-261 和图 11-262 所示。

图 11-261　选择相配部件 10

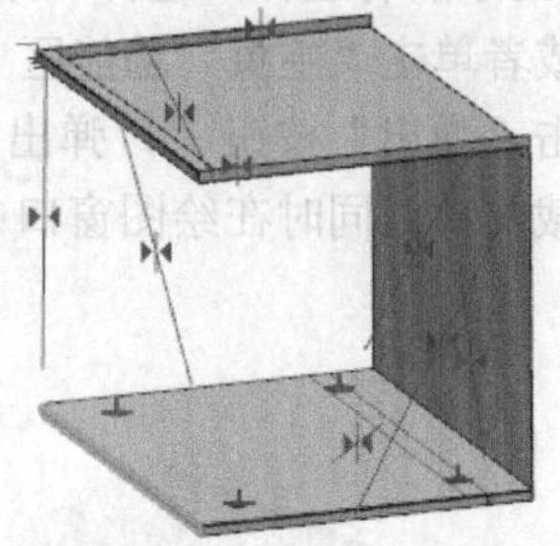

图 11-262　选择基础部件 10

3）在绘图窗口中选择相配部件 11 和基础部件 11，如图 11-263 和图 11-264 所示。

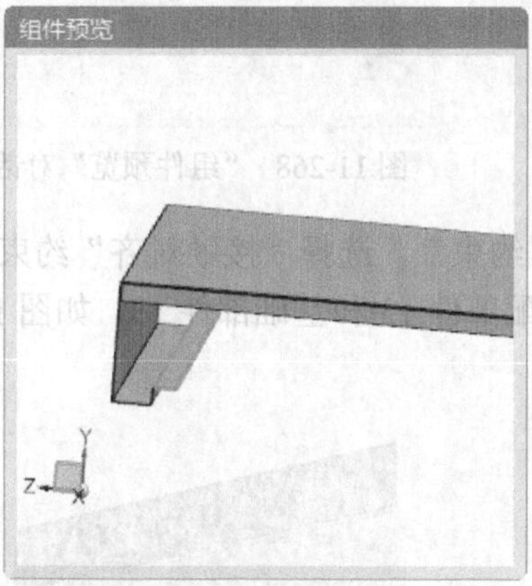

图 11-263　选择相配部件 11

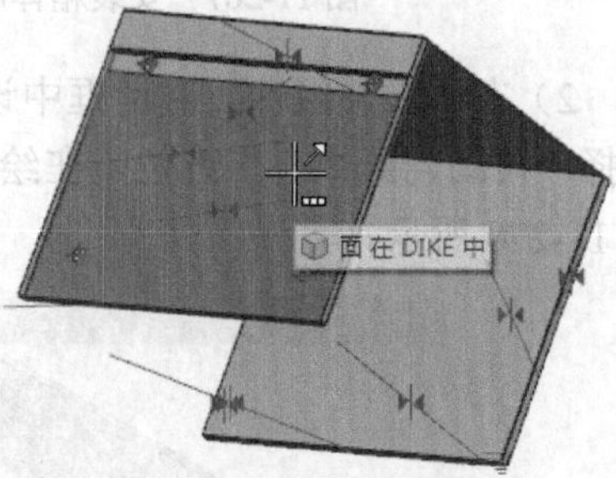

图 11-264　选择基础部件 11

4）在绘图窗口中选择相配部件 12 和基础部件 12，如图 11-265 和图 11-266 所示。

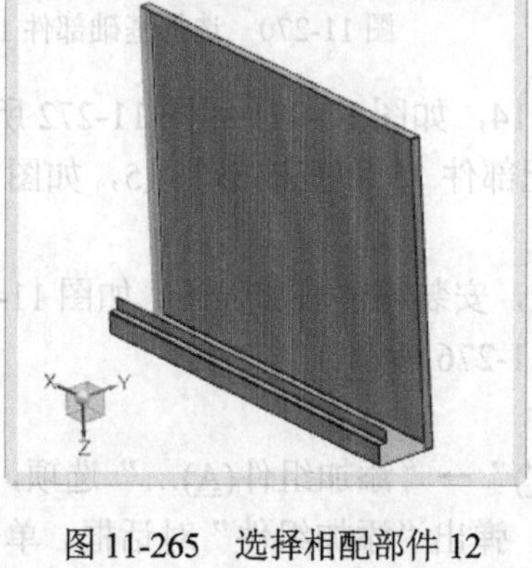

图 11-265　选择相配部件 12

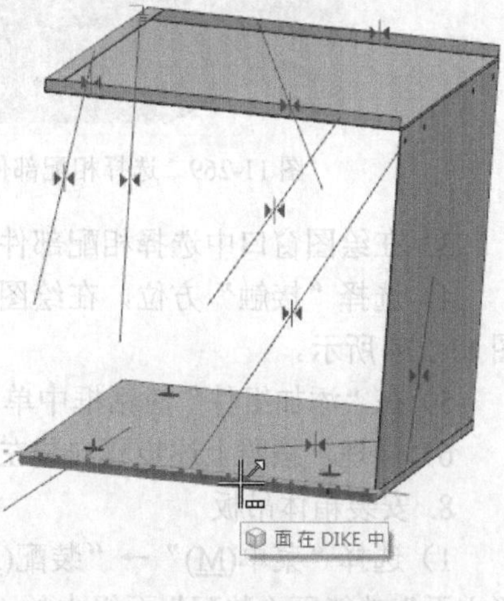

图 11-266　选择基础部件 12

5）在“添加组件”对话框中单击“确定”按钮，安装箱体底板，如图 11-267 所示。

7. 安装箱体左右加强条

1）显示所有组件。选择“菜单(M)”→“装配(A)”→“组件(C)”→“添加组件(A)…”选项，或者单击“主页”功能区“装配”面组中的“添加”按钮，弹出“添加组件”对话框。单击“弹出”按钮，弹出“部件名”对话框。选择 youJiaQiangTiao.prt，单击 OK 按钮，加载文件。同时在绘图窗口中弹出“组件预览”窗口，如图 11-268 所示。

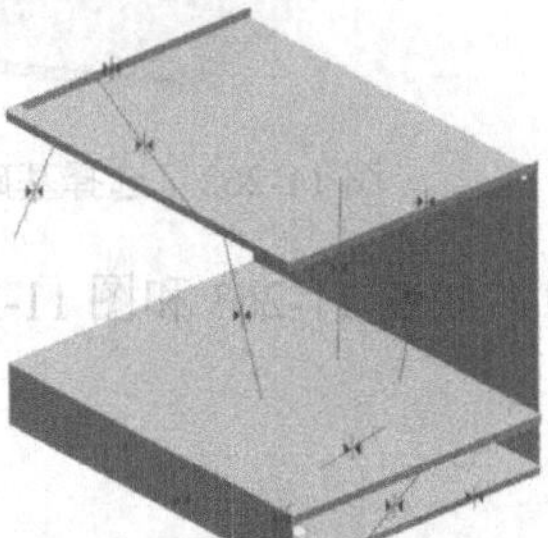

图 11-267　安装箱体底板

图 11-268　“组件预览”对话框

2）在“添加组件”对话框中设置“放置”为“约束”，选择“接触对齐”约束类型，选择“自动判断中心”方位，在绘图窗口中选择相配部件 13 和基础部件 13，如图 11-269 和图 11-270 所示。

图 11-269　选择相配部件 13

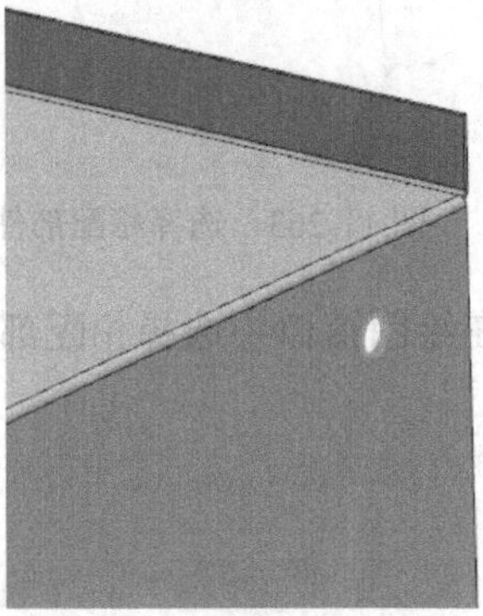

图 11-270　选择基础部件 13

3）在绘图窗口中选择相配部件 14 和基础部件 14，如图 11-271 和图 11-272 所示。

4）选择“接触”方位，在绘图窗口中选择相配部件 15 和基础部件 15，如图 11-273 和图 11-274 所示。

5）在“添加组件”对话框中单击“确定”按钮，安装箱体右加强条，如图 11-275 所示。

6）同理，按照上述步骤安装左加强条，如图 11-276 所示。

8. 安装箱体吊板

1）选择“菜单(M)”→“装配(A)”→“组件(C)”→“添加组件(A)…”选项，或者单击“主页”功能区“装配”面组中的“添加”按钮，弹出“添加组件”对话框。单击“打开”

按钮，弹出“部件名”对话框，选择 DiaoBan.prt，单击 OK 按钮，加载文件。同时在绘图窗口中弹出“组件预览”窗口，如图 11-277 所示。

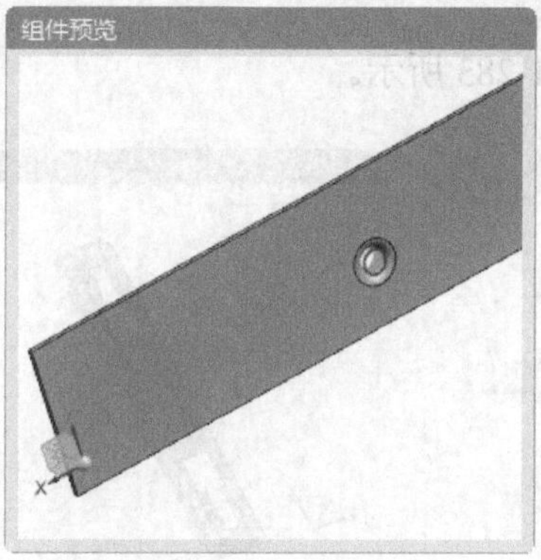

图 11-271　选择相配部件 14

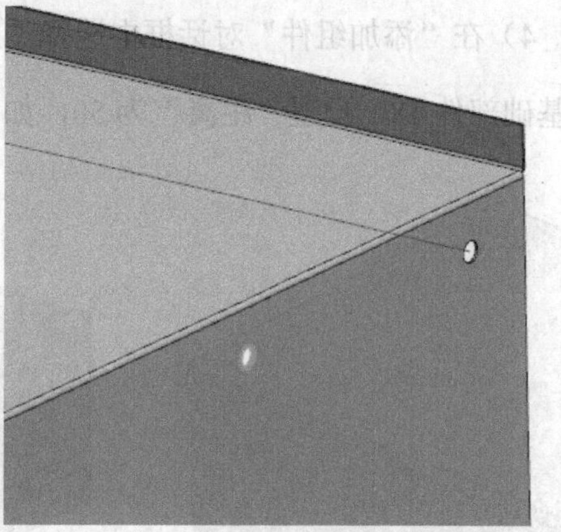

图 11-272　选择基础部件 14

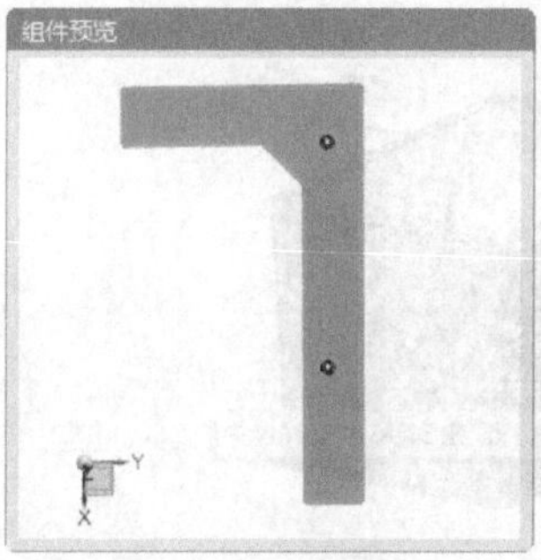

图 11-273　选择相配部件 15

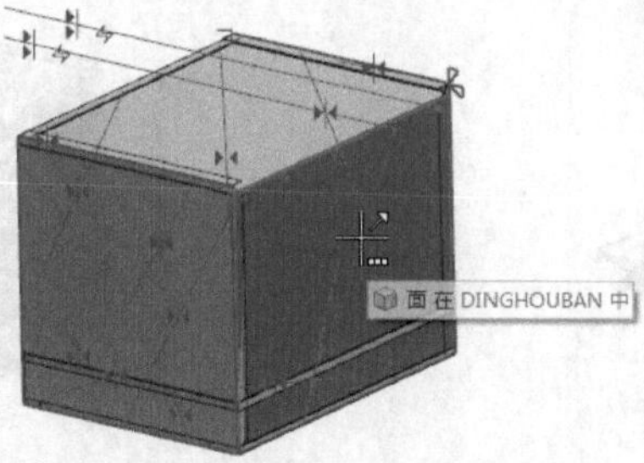

图 11-274　选择基础部件 15

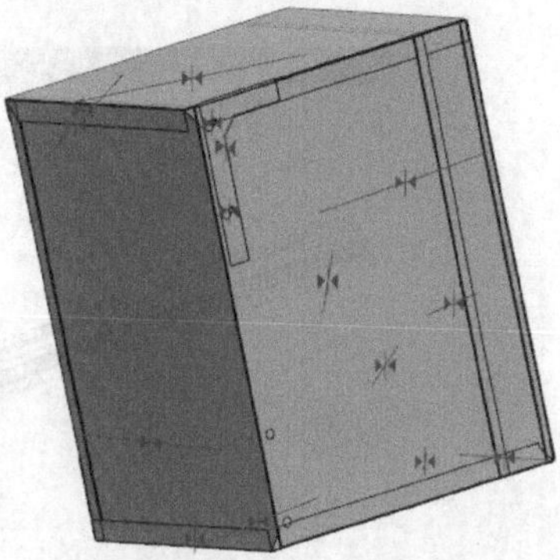

图 11-275　安装箱体右加强条

2）在“添加组件”对话框中设置“放置”为“约束”，选择“接触对齐”约束类型，选择“接触”方位，在绘图窗口中选择相配部件 16 和基础部件 16，如图 11-278 和图 11-279 所示。

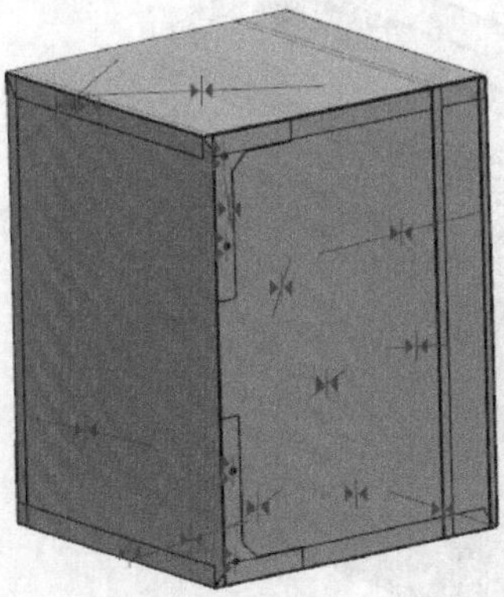

图 11-276　安装左加强条

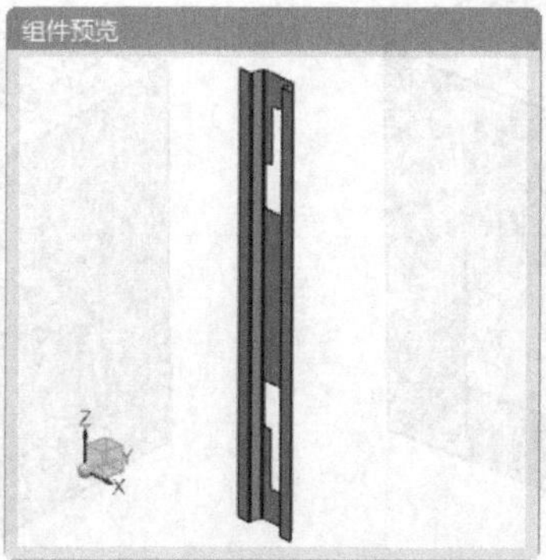

图 11-277　“组件预览”窗口

图 11-278　选择相配部件 16

3）再次在绘图窗口中选择相配部件 17 和基础部件 17，如图 11-280 和图 11-281 所示。单击“应用”按钮。

4）在“添加组件”对话框中选择“距离”约束类型，在绘图窗口中选择相配部件 18 和基础部件 18，设置“距离”为 50，如图 11-282 和图 11-283 所示。

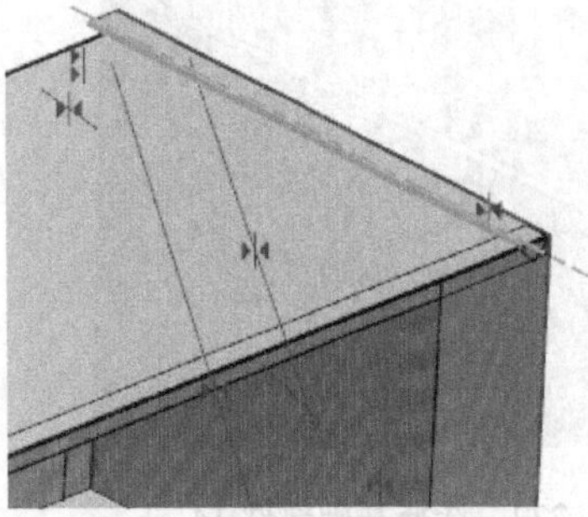

图 11-279　选择基础部件 16

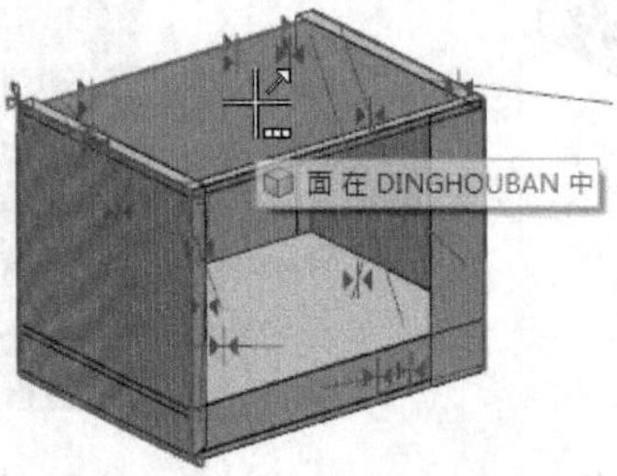

图 11-280　选择基础部件 17

图 11-281　选择相配部件 17

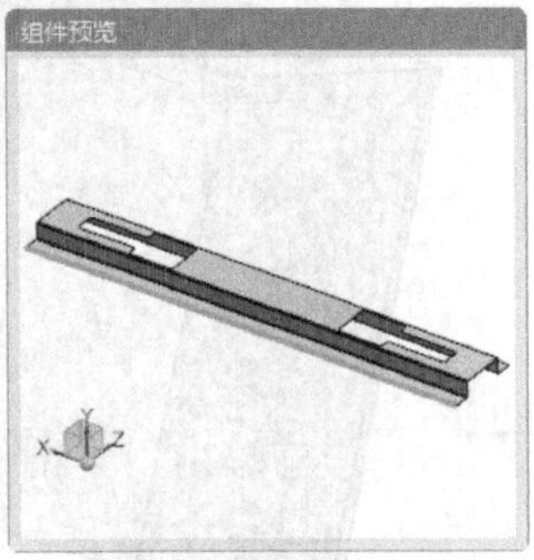

图 11-282　选择相配部件 18

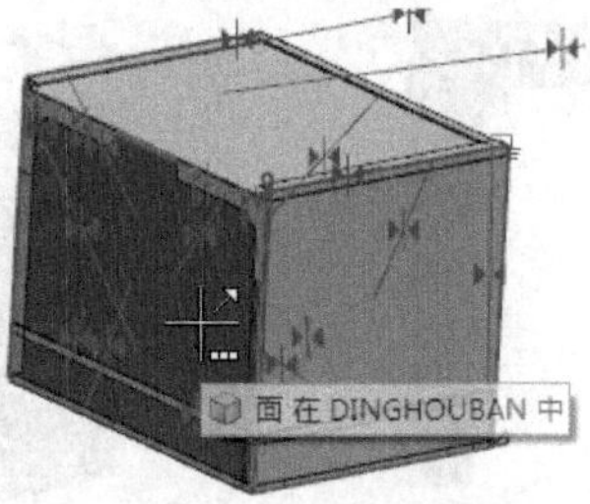

图 11-283　选择基础部件 18

5）在“添加组件”对话框中单击“确定”按钮，安装箱体吊板，如图 11-284 所示。

6）安装另一个箱体吊板，与上一个吊板距离为-50，如图 11-285 所示。

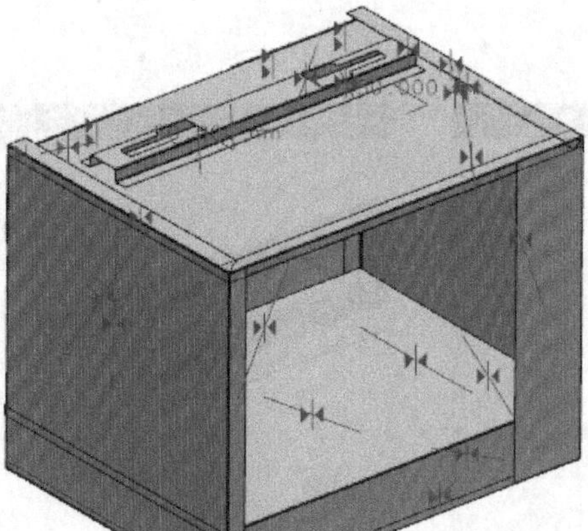

图 11-284　安装箱体吊板

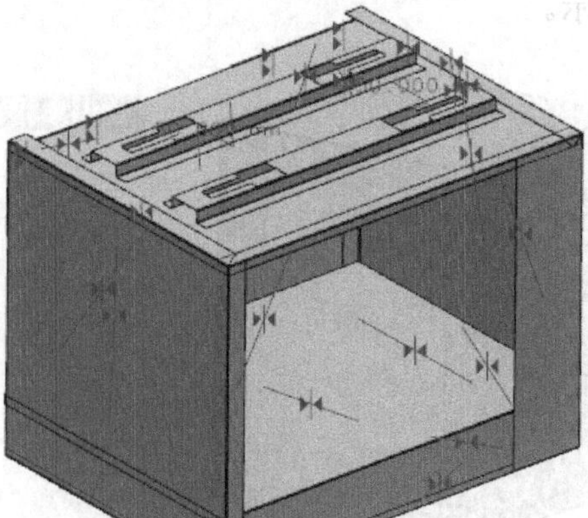

图 11-285　安装另一个箱体吊板

9. 安装内胆主板

1）隐藏箱体顶后板、左右加强条和吊板。选择“菜单(M)”→“装配(A)”→“组件(C)”→“添加组件(A)...”选项，或者单击“主页”功能区“装配”面组中的“添加”按钮，弹出“添加组件”对话框。单击“弹出”按钮，弹出“部件名”对话框，选择 NeiDanZhuBan.prt，单击 OK 按钮，加载文件。同时在绘图窗口中弹出“组件预览”窗口，如图 11-286 所示。

2）在“添加组件”对话框中设置“放置”为“约束”，选择“接触对齐”约束类型，选择“接触”方位，在绘图窗口中选择相配部件 19 和基础部件 19，如图 11-287 和图 11-288 所示。

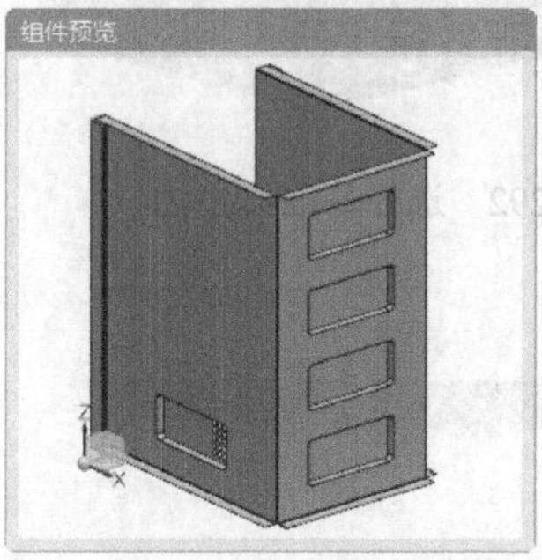

图 11-286　“组件预览”窗口

图 11-287　选择相配部件 19

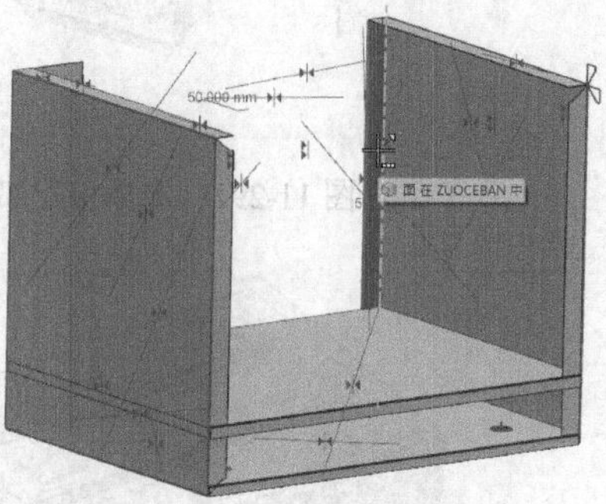

图 11-288　选择基础部件 19

3）在绘图窗口中选择相配部件 20 和基础部件 20，如图 11-289 和图 11-290 所示。

4）在绘图窗口中选择相配部件 21 和基础部件 21，如图 11-291 和图 11-292 所示。

5）显示所有组件，在“添加组件”对话框中单击“确定”按钮，安装内胆主板，如图 11-293 所示。

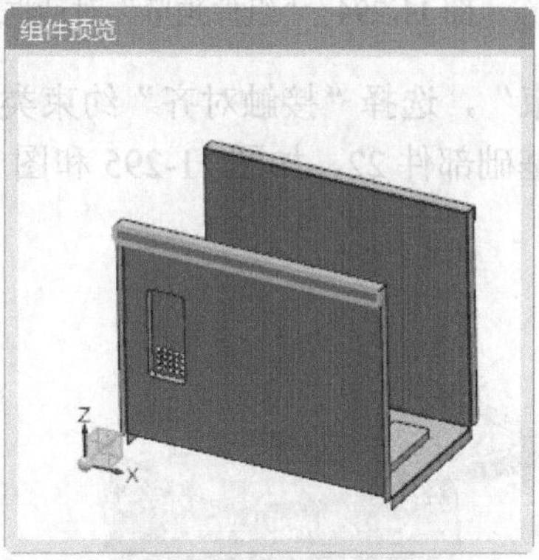

图 11-289　选择相配部件 20

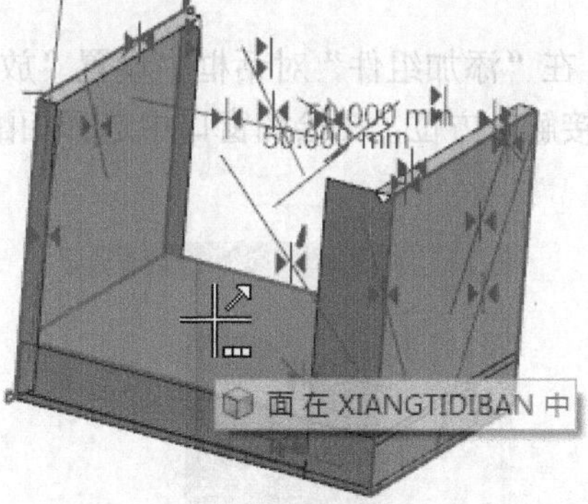

图 11-290　选择基础部件 20

10. 安装内胆侧板

1）除了内胆主板外，其他部件和工作部件隐藏。选择“菜单(M)”→“装配(A)”→“组件(C)”→“添加组件(A)...”选项，或者单击“主页”选项卡“装配”面组中的“添加”按钮，弹出“添加组件”对话框。单击“打开”按钮，弹出“部件名”对话框。选择

NeiDanCeBan.prt，单击 OK 按钮，加载文件。同时在绘图窗口中弹出“组件预览”窗口，如图 11-294 所示。

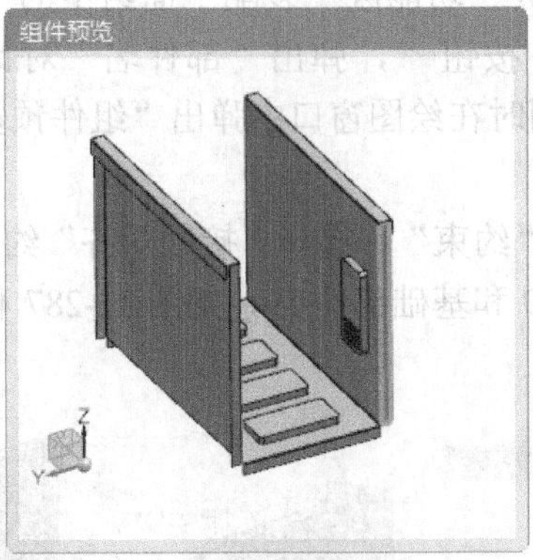

图 11-291　选择相配部件 21

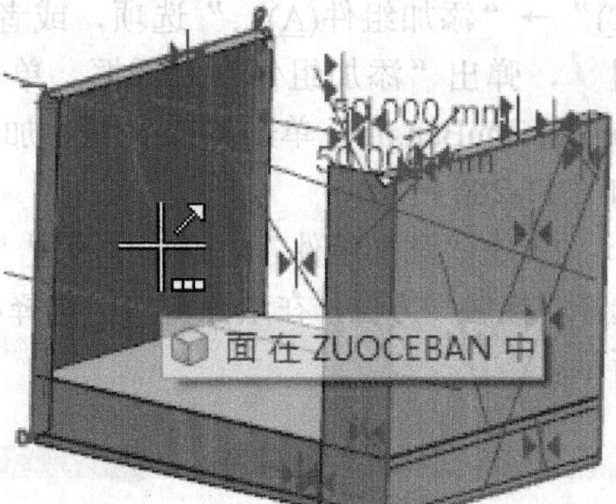

图 11-292　选择基础部件 21

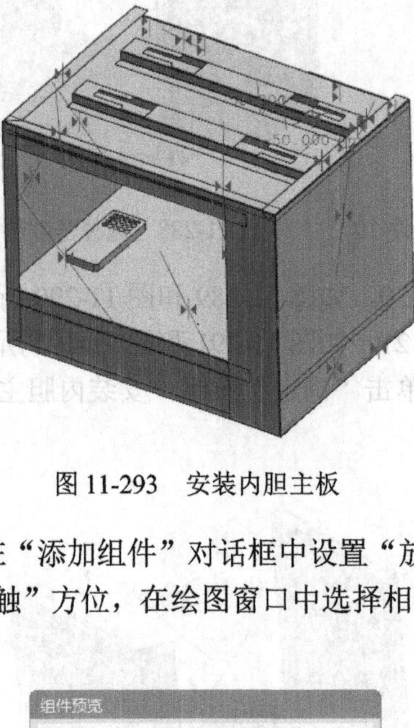

图 11-293　安装内胆主板

图 11-294　“组件预览”对话框

2）在“添加组件”对话框中设置“放置”为“约束”，选择“接触对齐”约束类型，选择“接触”方位，在绘图窗口中选择相配部件 22 和基础部件 22，如图 11-295 和图 11-296 所示。

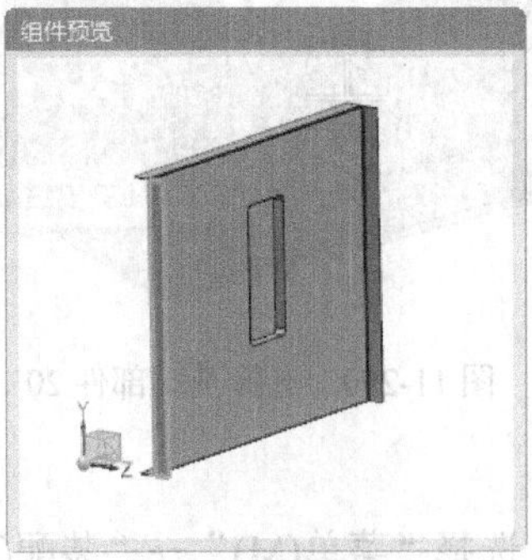

图 11-295　选择相配部件 22

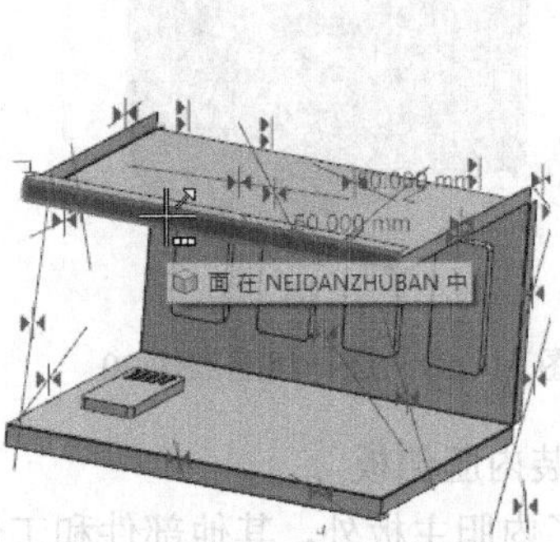

图 11-296　选择基础部件 22

3）在绘图窗口中选择相配部件 23 和基础部件 23，如图 11-297 和图 11-298 所示。

4）在绘图窗口中选择相配部件 24 和基础部件 24，如图 11-299 和图 11-300 所示。

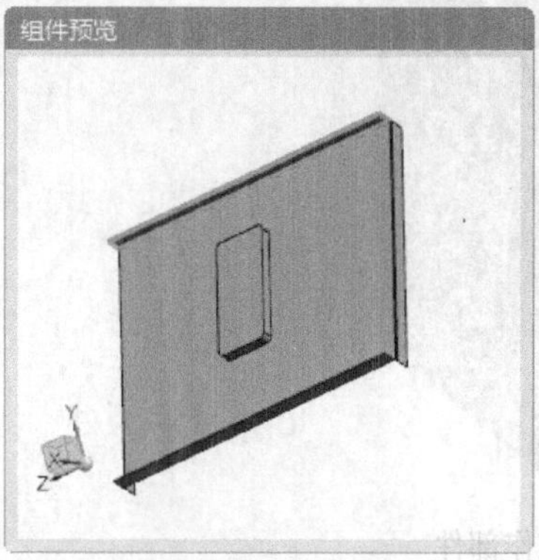

图 11-297　选择相配部件 23

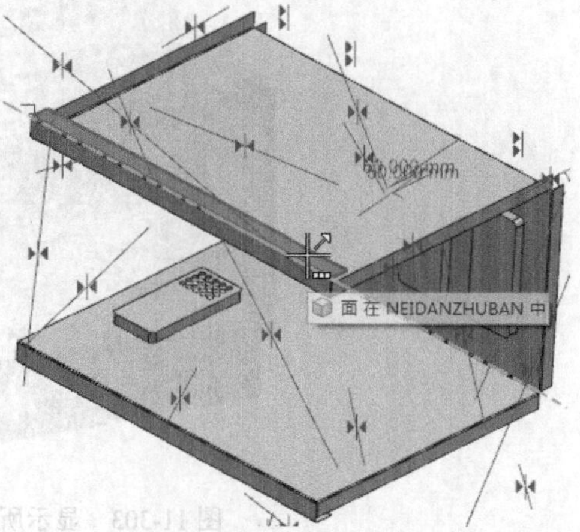

图 11-298　选择基础部件 23

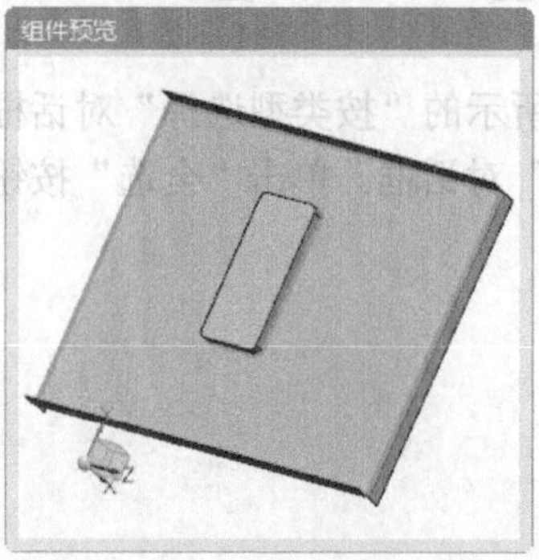

图 11-299　选择相配部件 24

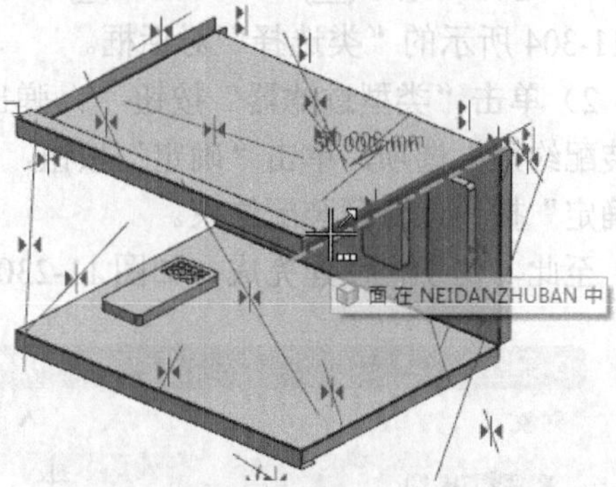

图 11-300　选择基础部件 24

5）在“添加组件”对话框中单击“确定”按钮，安装内胆右侧板，如图 11-301 所示。

6）同理，按照上述步骤安装内胆左侧板，如图 11-302 所示。

7）显示所有组件和工作部件，如图 11-303 所示。

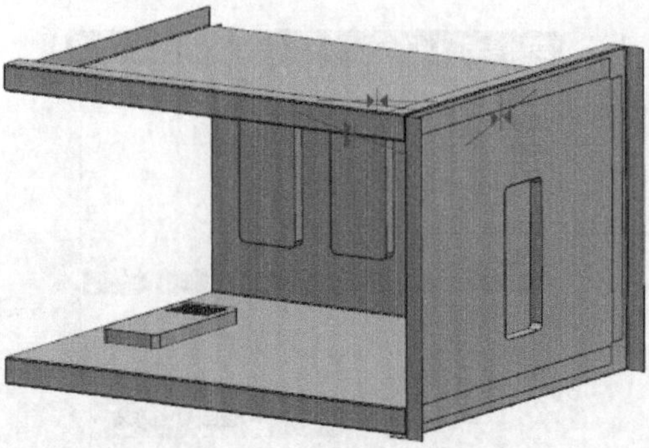

图 11-301　安装内胆右侧板

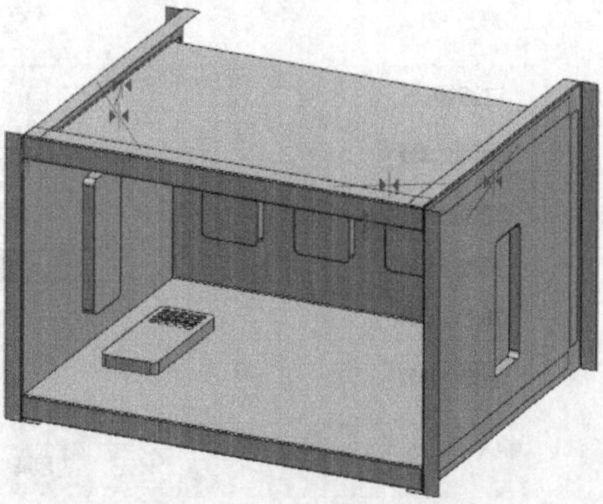

图 11-302　安装内胆左侧板

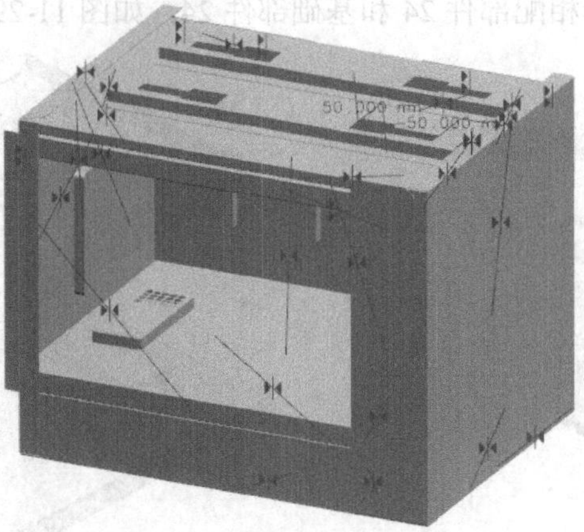

图 11-303　显示所有组件和工作部件

11. 隐藏装配约束

1）选择“菜单(M)”→“编辑(E)”→“显示和隐藏(H)”→“隐藏(H)...”选项，弹出如图 11-304 所示的“类选择”对话框。

2）单击“类型过滤器”按钮，弹出如图 11-305 所示的“按类型选择”对话框。选择“装配约束”选项，单击“确定”按钮，返回“类选择”对话框。单击“全选”按钮，单击“确定”按钮，隐藏装配约束。

至此，消毒柜创建完成，如图 11-230 所示。

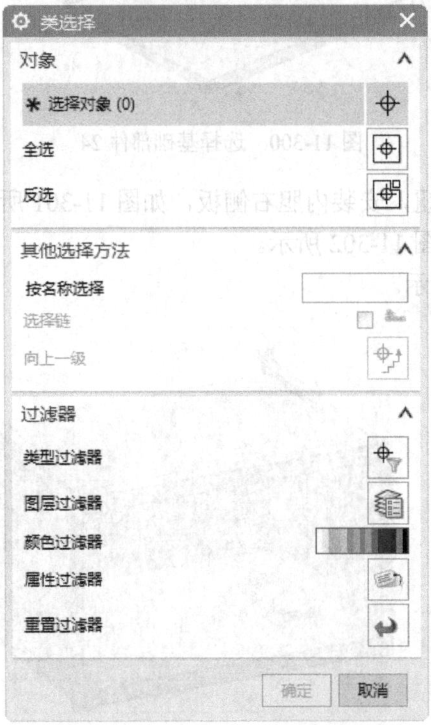

图 11-304 “类选择”对话框

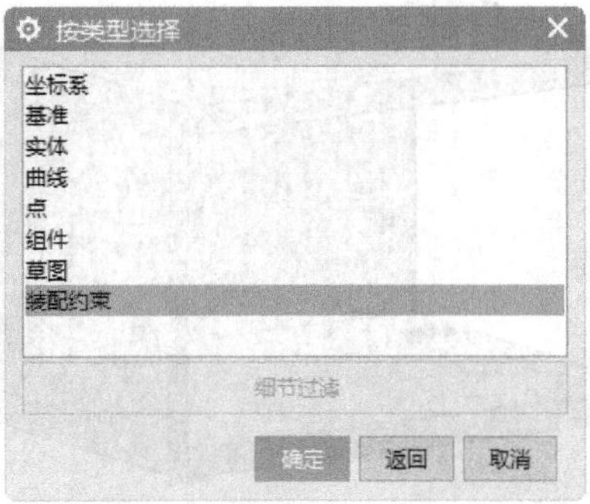

图 11-305 “按类型选择”对话框